矿物材料系列丛书

杨华明　总主编

矿物材料科学基础

杨华明　主编

陈德良　陈　瀛　副主编

科学出版社

北　京

内 容 简 介

本书重点介绍了矿物材料的基本概念、矿物学基础、晶体结构、表/界面特性、精深加工理论、表面改性及功能化原理、复合结构设计等共性科学基础。全书共 9 章，内容包括矿物材料概述（概念、发展趋势）；矿物学基础（成因、结构演变、物性等）；矿物材料晶体结构（概念、典型硅酸盐结构、构效关系等）；矿物材料表面与界面（几何特性、表/界面能、吸附、团聚、分散等）；矿物材料加工理论（提纯、粉碎、分级、分离等）；矿物材料热力学基础（基本参数、相图、矿物熔体热力学等）；矿物材料表面改性（概念、改性剂、改性方法与原理等）；矿物材料功能化改性的方法及原理；矿物材料的结构/功能复合设计（概念、原则等）。

本书可作为材料科学与工程、矿物材料工程、绿色矿业、矿物加工工程、无机非金属材料工程等学科和专业的教材或主要教学参考书，同时亦可供相关专业科研人员及矿物材料领域有关工程技术人员、企事业管理人员参考。

图书在版编目(CIP)数据

矿物材料科学基础/ 杨华明主编. —北京：科学出版社，2023.10
(矿物材料系列丛书/杨华明总主编)
ISBN 978-7-03-076428-7

Ⅰ. ①矿…　Ⅱ. ①杨…　Ⅲ. ①矿物-材料　Ⅳ. ①P57

中国国家版本馆 CIP 数据核字(2023)第 178643 号

责任编辑：杨新改 / 责任校对：杜子昂
责任印制：徐晓晨 / 封面设计：东方人华

科学出版社 出版
北京东黄城根北街 16 号
邮政编码：100717
http://www.sciencep.com

北京中科印刷有限公司 印刷
科学出版社发行　各地新华书店经销
*
2023 年 10 月第　一　版　开本：720×1000　1/16
2023 年 10 月第一次印刷　印张：27 1/4
字数：530 000

定价：118.00 元
(如有印装质量问题，我社负责调换)

“矿物材料系列丛书”编委会

丛 书 序

矿物材料是人类社会赖以生存和发展的重要物质基础，也是支撑社会经济和高新技术产业发展的关键材料。结合《国家中长期科学和技术发展规划纲要》《国家战略性新兴产业发展规划》等要求，为加快推进战略性新兴产业的发展，亟需将新型矿物功能材料放在更加突出的位置。通过深入挖掘天然矿物的表/界面结构特性，解析矿物材料加工及制备过程的物理化学原理，开发矿物材料结构、性能的表征与测试手段，研发矿物材料精细化加工及制备的新方法，推进其在生物医药、新能源、生态环境等领域的应用，实现矿物材料产业的绿色、安全和高质量发展。

“矿物材料系列丛书”基于矿物材料制备及应用中涉及的多学科知识，重点阐述矿物材料科学基础、加工及制备方法、结构及性能分析等主要内容。丛书之一《矿物材料科学基础》基于矿物学、矿物加工、材料、生物、环境等多学科交叉，全面介绍矿物学特性、矿物材料构效关系及其应用的基础理论；丛书之二《矿物材料制备技术》从典型天然矿物功能材料的制备技术出发，重点介绍天然矿物表面改性、结构改型、功能组装等精细化功能化制备功能矿物材料的方法；丛书之三《矿物材料结构与表征》阐述矿物材料表/界面及结构特性在其制备及应用中的重要作用，介绍天然矿物、矿物材料表/界面及结构特性的相关表征技术；丛书之四《矿物材料性能与测试》介绍天然矿物、矿物材料及其在各领域应用中涉及的主要性能评价指标，总结矿物材料应用性能的相关测试方法；丛书之五《矿物材料计算与设计》主要介绍矿物材料计算与模拟的基本原理与方法，阐述计算模拟在各类矿物材料中的应用。丛书其他分册将重点介绍面向战略性新兴产业的生物医药、新能源、环境催化、生态修复、复合功能等系列矿物材料。

本丛书总结和融合了矿物材料的基础理论及应用知识，汇集了国内外同行在矿物材料领域的研究成果，整体科学性和系统性强，特色鲜明，可供从事矿物材料、矿物加工、矿物学、材料科学与工程及相关学科专业的师生以及相关领域的工程技术人员参考。

杨华明

2023年6月

丛书序

前　言

进入 21 世纪以来，低碳绿色发展的国家战略促使材料科学以前所未有的速度向前发展。其中，矿物材料因储量丰富、天然结构与性能多元、绿色环保等优势成为现代材料科学的重要组成部分，亦是众多工业领域和相关学科关注的热点。推动矿物材料学科发展在促进经济转型和科技进步等方面发挥着日益重要的作用。

矿物及矿物材料品类多、成因及结构复杂，精深加工直接影响矿物材料的性质及使役行为，如何更好地发展矿物的精深加工方法、厘清矿物材料的构效关系、理解影响矿物材料加工及应用的相关理论及机制，对推动矿物材料学科的发展具有重要的意义。

本书以矿物及矿物材料的晶体结构、表/界面特性、深加工方法及热力学原理、表面改性及功能化等共性科学基础为主线，系统介绍了矿物材料的基本概念、矿物学基础、晶体结构、表/界面特性、精深加工理论、表面改性及功能化原理、复合结构设计等内容。章节安排的逻辑上，按由结构基础、加工方法、热力学原理到应用设计逐步推进，符合认知规律。内容上包括了矿物材料的概念、发展趋势，矿物的成因、结构演变、物性等，矿物材料晶体结构的概念、典型硅酸盐结构、构效关系等，矿物材料的几何特性、表/界面能、吸附、团聚、分散等，矿物及矿物材料的提纯、粉碎、分级、分离等，矿物材料热力学基本参数、相图、矿物熔体热力学等，矿物材料表面改性的概念、改性剂、改性方法与原理等，矿物材料功能化改性的方法及原理，以及矿物材料应用上的结构/功能复合设计原则等，既突出了共性基础与原理理论，又强调了应用发展的前沿趋势与相关原则。

本书由杨华明、陈德良、陈瀛共同编写。全书共9章，其中，第1、4、5、6章由杨华明教授、陈德良教授共同执笔；第2、3章由陈瀛博士执笔；第7、8、9章由陈德良教授执笔。本书由杨华明教授统稿，陈德良教授负责全书的整理工作。

本书出版得到了中国地质大学（武汉）研究生精品课程与教材建设项目的资助，感谢纳米矿物材料及应用教育部工程研究中心、中国地质大学（武汉）和东莞理工学院各位领导与老师的大力支持与帮助！书中引用了前人的文献和观点，并列出了相应参考文献，对前人的贡献致以最诚挚的感谢；如有遗漏，表示最诚恳的歉意。
由于作者水平有限，书中难免有疏漏和不足之处，敬请读者批评指正。

作　者

2023 年 6 月

前　　言

目　　录

第1章 矿物材料概述

1.1 矿物材料的概念、结构及物性

自20世纪80年代初提出矿物材料以来，我国矿物材料产业得到迅猛发展，其应用几乎涉及所有的工业领域，包括建材、化工、机械、冶金、轻纺、电子、农业、食品、医药、环保、宝石、工艺美术等。

1.1.1 矿物材料的定义

矿物材料的定义在很长时间以来都没有确定说法。理解矿物材料概念的关键与原则在于：范围既不能太宽，也不能太窄，应当根据矿物材料自身特点与规律、矿物材料产业与应用情况、矿物材料研究与发展方向，确定在一个合适的范围之内。矿物材料的定义可考虑以下主要因素：①能够体现矿物材料本质；②能够体现矿物材料基本特点；③能够与金属材料、化工原料等区别；④简明扼要，易于理解。

依据《材料科学技术名词》，矿物材料(mineral materials)的定义可表述为“经过加工处理后能用于制造相关制品的矿物”。据此，矿物材料可理解为以矿物为主要或重要组分的材料，明确并突出了矿物在矿物材料中的核心地位。一般地，材料的物理、化学性能和使用效能是由材料的结构与组成所决定的。从材料学角度看，矿物是一种集组成与结构于一体的基元组分，不仅矿物材料的主要或重要组分是矿物，而且其主要或重要的物理、化学性能及使用效能也源于矿物。因此，矿物材料是以矿物为基元组分且能体现矿物本质特征的一类材料。

矿物材料是一种特殊类型的材料，既有其他材料的共性，也有其自身的特性，可依据不同原则进行分类。①按矿物材料状态可分为单晶、多晶、非晶、复合、粉体材料等；②按用途和行业可分为玻璃、陶瓷、耐火材料等；③按材料工艺可分为机械加工材料、化学处理材料、热处理材料、水热处理材料、熔融处理材料、胶结处理材料、烧结处理材料等，也可分为熔浆型、烧结型和胶凝型材料。

地壳矿物资源丰富，种类繁多，对应的矿物材料也十分多样，包括膨润土、硅藻土、沸石、海泡石、凹凸棒石、磷灰石、蛭石、电气石、高岭土、石英砂、

碳酸钙、累托石、石墨、重晶石、锰矿物、氧化铁矿物、伊利石、白云石、粉煤灰、煤矸石、赤泥、尾矿等。膨润土是典型 2∶1 层结构的硅酸盐矿物质，具有良好的吸附特性，在环境污染治理中有着广泛的应用，可用于废水、油污、废气、汽车尾气净化，以及土地填埋防渗、矿区修复、放射性废物处理等方面。高岭土则是典型 1∶1 型黏土矿物，经改性修饰内部孔道后呈现出优异的选择吸附性能，在废水重金属离子和有机污染物处理中有着广泛应用。

1.1.2　矿物材料的组成和结构特点

从材料组成上看，矿物材料一般指在材料组成的质量分数(通常大于 50%)上是以矿物为主的材料。同时，也包括那些尽管材料的主要组分不是矿物(通常小于 50%)，但以矿物为重要组分的材料，其重要性在于矿物对材料的相关性能起决定性的作用。矿物材料的矿物组成特点有助于将它与金属材料、高分子材料、化工原料等区分开来，因为它们不是以矿物为主要或重要组分。

结构特性是非金属矿物的重要性能和应用特性之一，在加工中要尽量保护矿物的天然结晶特性和晶型结构。例如，在一定纯度下矿物特有结构要尽可能地少破坏，如鳞片石墨、云母的片晶等颗粒直径越大或径厚比越大而价值越高，硅灰石粉体的长径比越大而价值越高，海泡石和石棉纤维越长而价值越高等。

矿物组成与结构是矿物材料的基本表征。矿物一方面是特定地质作用与加工条件的产物，另一方面又是决定矿物材料的性能与使用效能的内在因素，在矿物材料研究的“四面体”(组成、结构、工艺、性能)中占有承前启后的地位，并起着指导作用。理解矿物材料的组成与结构及它们和形成与加工之间、性能与使用效能之间的内在联系，是矿物材料学的基本研究内容。

结构矿物学主要研究矿物的晶体结构、形态、成分及与性能和生成条件关系的一门科学，是研究矿物材料组成和结构的重要方面。矿物物理学则是研究矿物材料的组成和结构的有效方法，主要应用固体物理学、量子化学的理论以及近代物理和化学技术来探讨矿物的微观结构，研究矿物结构、矿物化学、矿物物理和矿物成因中的本质问题，包括矿物谱学新技术、新进展以及各种谱学与电子束原理及手段在矿物学中的应用等。应用结构矿物学与矿物物理学这些理论与技术，可研究出矿物中的离子价态、配位、局域对称、有序度、键性、电子构造、磁性、晶体缺陷、晶格变形、相转变、电荷密度分布、相关系、晶体结构、辐射中心等信息。

1.1.3　矿物材料的应用性能

矿物材料的基本性质与应用性能，主要包括矿物材料的颗粒特性、光学性质、力学性质、热学性质和电磁性质等。

1.1.3.1　矿物材料的颗粒特性

颗粒通常是指固体粒子，但乳状液中的液滴、液体中所含的气泡也属于颗粒的范畴，故颗粒本身包含了固、液、气三相物质。矿物材料的颗粒则是单指矿物的颗粒，其颗粒的大小不同，性质也不同。颗粒越小，比表面积越大，表面能越高，溶解度越大，熔点越低，相应的光、电、磁、热等性质也随之发生变化。矿物材料颗粒的大小与矿物材料的用途之间的关系见表1-1。

表1-1　矿物材料颗粒的大小与矿物材料的用途之间的关系

粒度/μm	＞500	500～75	75～10	10～0.1	＜0.1
粒级	粗粒	中细粒	细粒	亚超细粒	超细粒
加工方法	破碎	粗磨	细磨	超细粉碎	胶体及微粉碎
检测方法	肉眼观察	肉眼观察、放大镜	放大镜、显微镜	显微镜、电子显微镜	电子显微镜
应用范围	无机复合材料骨架	细砂填料	粉料、填料、颗粒增强材料、化工制品原料等	优质填料、涂料、矿物颜料、化工陶瓷原料、悬浮体材料等	胶体级材料、高性能涂料、颜料、糊料、黏胶材料等

1）颗粒的粒径和粒度

矿物颗粒的大小常用粒径和粒度来表征。粒径是指单个矿物颗粒的大小，粒度通常是指颗粒群大小的整体概念，所谓颗粒群是指许多不同大小的颗粒所组成的集合体。

2）颗粒的形状

颗粒的形状是指该颗粒的外轮廓边界或表面上各点所连成的图像。矿物材料的颗粒形状对其性质和用途都有重要影响。如颗粒在介质中的运动特性、表面化学性质、流变性质等都受颗粒形状的影响。对于颗粒形状的分析通常分为定性分析和定量分析两种；颗粒形状的定性分析见表1-2。由表1-2可知，颗粒形状是非常粗糙的，通常难以确切描述颗粒的形状特性。

表1-2　颗粒形状的定性分析

名称	形状描述	形状简图
球形	圆球体	
滚圆形	表面比较光滑，近似于椭圆形	

续表

名称	形状描述	形状简图
多角形	具有清晰的边缘或粗糙的多面体	
不规则形	无任何对称形体	
粒状体	具有大致相同的量纲的不规则体	
片状体	板片状形体	
枝状体	形状似树枝	
纤维状	规则或不规则线状体	
多孔状	表面或内部有孔隙	

3）颗粒表面和比表面积

矿物材料的颗粒表面是极不规则的，大部分矿物属晶体结构，在晶体的表面，通常存在台阶、裂隙、沟槽、位错、缺陷等。通常将组成晶体的全部质点都定位在晶体结构中的正确位置上的晶体，称为理想晶体。事实上这种理想晶体是不存在的，自然界中的实际矿物晶体都不可避免地存在缺陷，并且这种缺陷在理论上和实际应用中都有重要意义，如晶体缺陷决定着矿物颗粒的化学活性，并对其光学性质、电学性质、声学性质、力学性质和热学性质等都有影响。

矿物晶体缺陷可分为点缺陷、线缺陷、面缺陷和体缺陷等多种类型。点缺陷是指在晶体点阵位置上存在空位或被外来杂质原子取代，如类质同象替代就属于这种情况。线缺陷是指在晶体中沿某一条线附近的原子排列偏离了理想晶体的点阵结构，如位错就是一种线缺陷。面缺陷存在于由许多单晶颗粒组成的多晶体中；多晶体不同取向的晶粒之间的界面称为晶粒界面，若晶粒界面附近的原子排列出现紊乱，就构成了面缺陷。体缺陷是一种比较大的缺陷，如固体包裹物、空洞等，该类缺陷与基质晶体已不属于同一物相。

矿物材料颗粒的表面缺陷对其表面性质和颗粒的行为等有直接影响。例如，当半导体矿物材料的表面缺陷率仅为10^{-6}数量级时，就足以使其表面的吸附性改变50%；表面缺陷则可使矿物颗粒的表面化学活性发生变化。晶体矿物在研磨后将产生非晶质化，如磨光的石英晶体表面被无定形 SiO_2 所覆盖，其厚度可达数十纳米，此时即使加热到 200℃，其表面依然有相当数量的羟基存在(约 4～5 个/nm^2)，从而大大提高了颗粒表面的化学活性。

单位体积或单位质量的矿物所具有的表面积称为矿物颗粒的比表面积。矿物颗粒的粒度越细，颗粒的比表面积就越大，如粒度为 1 cm 的颗粒破碎到粒度 1 μm 时，该矿物颗粒的比表面积增大约 1 万倍。颗粒的表面积可分为外表面积和内表面积。外表面积是指颗粒的外部轮廓所包络的表面积，由颗粒的大小和外部形状所决定。内表面积则是由颗粒内部的孔隙、裂纹等构成的表面积。

4）矿物的吸附性

吸附性是指矿物颗粒表面吸附其他物质的能力，可分为物理吸附和化学吸附两类。物理吸附是指被吸附的物质与矿物颗粒表面之间的相互作用很弱，通常仅形成分子键，其吸附过程中释放出的能量约为 20 kJ/mol，吸附时不发生化学反应。例如，高岭石对 N_2 和空气中的水分的吸附就是物理吸附。化学吸附是指被吸附的物质与矿物颗粒表面之间发生相互作用形成化学键，通常为共价键，其吸附过程释放出的能量约为 200 kJ/mol，该能量可引起吸附物分子键的断裂，从而生成新的化合物。例如，CaO 吸附空气中的 CO_2 形成 $CaCO_3$。

矿物材料的吸附性得到了广泛应用，工业上具有强吸附性的矿物常被用作催化剂和吸附剂，农业中常将它们用作农药和化肥的载体等。影响矿物材料颗粒表面吸附性的因素有很多，主要包括以下方面：

(1) 矿物材料和被吸附物质的种类。不同的矿物具有不同的吸附性，同一种矿物对不同物质的吸附性也不一样。

(2) 比表面积。矿物材料的比表面积越大，矿物颗粒的吸附量就越大。比表面积的大小取决于矿物颗粒的大小和分散程度。如边长为 1 cm 的立方体的表面积为 6 cm^2，把它破碎至 10^{-7} cm 的颗粒，其表面积将达到 6000 m^2，增大了 1000 万倍。

(3) 温度。吸附过程一般为放热过程，降低温度有利于吸附作用的发生，但对于化学吸附，升高温度将是有利的。

(4) 湿度和压力。环境的湿度和压力将影响矿物的吸附能力。例如，纤蛇纹石石棉的吸湿性随空气中湿度的增加而增强。环境蒸气压增大，矿物的吸湿性也提高。

5）矿物颗粒的表面电性

矿物颗粒的表面电性是指矿物颗粒表面的带电现象，起因于矿物颗粒表面的化学吸附、表面层中离子的溶解或置换等作用。处于水溶液中的矿物颗粒，因对水中带电离子的吸附作用而形成吸附双电层结构。吸附双电层结构是指当矿物颗粒与液相间产生相对运动时，将有一与矿物颗粒表面紧密结合在一起的液体层随矿物颗粒一起移动，该液体层就被称为吸附层；吸附层之外是扩散层，吸附层与扩散层的分界面称为滑动面。滑动面与溶液本体之间的电位差叫作颗粒的动电电位，通常以 Zeta 电位(ζ)表示。测定和研究矿物颗粒的 Zeta 电位，即可了解矿物的表面电性。

矿物的表面电性是决定矿物絮凝、凝聚、分散和吸附等作用的最重要因素。影响矿物颗粒表面电性的主要因素有：

(1) 矿物的种类。不同的矿物其颗粒的表面电性不同，矿物的动电电位可为正值，也可为负值，各矿物的动电电位的大小也相差很大。如纤蛇纹石的动电电位为正值，方解石、白云母的为负值。

(2) 溶液的性质。溶液中的电介质浓度越高，矿物颗粒的双电层中的反号离子越多，表面电性也随之发生改变。溶液中离子的价态也影响矿物颗粒的表面电性。

(3) 矿物的颗粒形状和大小。矿物颗粒表面不光滑及粒度减小都将使矿物颗粒的表面带电性增强。

(4) 表面风化。矿物颗粒的表面风化后，其溶解性和氧化性等也将随之发生变化，导致矿物表面的电性也随之改变。如纤蛇纹石石棉的动电电位为正值，但风化后的其动电电位常为负值。

(5) 杂质。矿物颗粒中混有其他杂质时对其表面电性也有影响。

6）矿物与液体的亲和性

矿物与液体的亲和性主要包括矿物的表面润湿性、流变性、水溶性和分散性等。当矿物颗粒与液体物质接触时，一旦形成界面，就会发生降低表面能的吸附现象，液体物质将在固体颗粒表面铺展开来，这种液体在固体颗粒表面铺开的现象称为润湿，液体在固体颗粒表面铺开的能力即称为液体对固体的润湿性。通常用接触角来度量矿物固体表面的润湿性强弱(即亲水或疏水程度)。当气泡在矿物固体颗粒表面附着(或水滴附着于固体表面)时，其接触是三相接触(称为三相润湿周边)；当三相界面的自由能(以界面张力表示)达到平衡条件时，在润湿周边上任意一点处，液/气界面的切线与固/液界面切线之间的夹角称为平衡接触角，简称接触角(用 θ 表示)。

1.1.3.2　矿物材料的光学性质

矿物材料的光学性质包括颜色、折射率、光泽、白度、透明度、发光性、条痕等性质。

1）矿物的颜色

本质上颜色是具有一定波长的电磁波，即一定波长的电磁波会呈现出一定的颜色。例如，各种可见颜色的光波波段为：紫色 400～450 nm、蓝色 450～480 nm、青色 480～510 nm、绿色 510～550 nm、黄色 550～590 nm、橙色 590～630 nm、红色 630～670 nm。当矿物颗粒材料受到光线照射时，矿物颗粒对可见光区域内不同波长的光进行选择性吸收，而将透射、反射出的不被吸收的光波进行混合，该混合色即为该矿物的颜色。

矿物颗粒呈现颜色的原因是矿物成分中过渡金属元素的电子跃迁、离子间的电荷转移或者矿物结构中存在色心而导致的对光的选择性吸收。此外，矿物中的裂隙、包裹体、双晶纹以及表面存在的氧化物薄膜等引起的干涉、衍射、散射等也可使矿物产生不同的颜色。矿物的颜色一般采用与实物的颜色作对比的方法来描述。例如，铅灰色、烟灰色、金黄色、铜黄色、橘黄色、乳白色、砖红色、肉红色、橄榄绿色、天蓝色等。由于矿物的颜色复杂，常采用在主色前加辅色的方法进行描述，基本色写在后面，而次要色写在前面。例如，褐黄色、黄绿色、蓝灰色等。

2）矿物的折射率

物质的折射率 n 是光在空气中的传播速度 v_0 与光在该物质中的传播速度 v_m 之比，其值也等于光的入射角 γ 的正弦与折射角 β 的正弦之比，如图 1-1 所示。

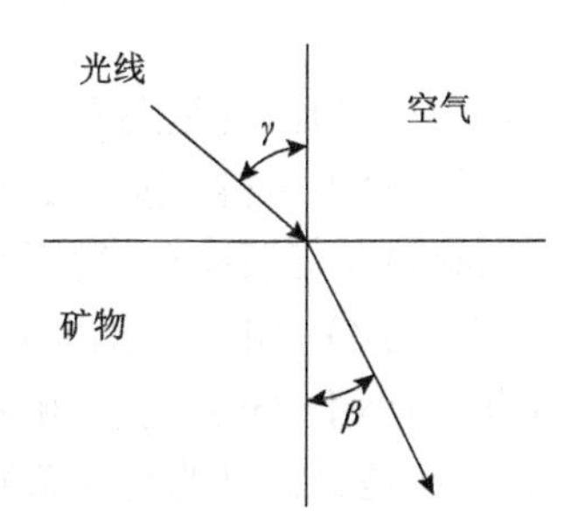

图 1-1　矿物的光折射示意图

$$n=\frac{v_0}{v_m}=\frac{\sin\gamma}{\sin\beta}$$

矿物的折射率是表征透明矿物性质的重要参数之一，也是鉴定矿物的重要依据。矿物的折射率可用折射率仪进行测定。

3）矿物的光泽

光泽是指矿物颗粒表面对可见光的反光能力。折射率与光泽成正比关系，折射率越大，矿物的光泽越强。矿物的光泽一般可分为以下几种情况：

(1) 金属光泽：$n>3$，反光很强，类似镀铬金属表面的反光，如方铅矿、黄铁矿。

(2) 半金属光泽：$n=2.6\sim3$，反光较强，似一般金属表面，如磁铁矿。

(3) 金刚光泽：$n=1.9\sim2.6$，反光很强，灿烂耀眼，如金刚石。

(4) 半金刚光泽：$n=2.0\sim2.6$，如锆石。

(5) 亚金刚光泽：$n=1.9\sim2.0$。

(6) 强玻璃光泽：$n=1.7\sim1.9$，反光较强，似普通玻璃表面，如石英晶面、红宝石、蓝宝石等。

(7) 玻璃光泽：$n=1.54\sim1.7$，如电气石、水晶等。

(8) 亚玻璃光泽：$n=1.21\sim1.54$，如欧泊、萤石等。

在实际应用中有时还将矿物的光泽分为丝绢光泽、珍珠光泽、油脂光泽、沥青光泽等特殊光泽。

4）矿物的白度

白度是指矿物表面反射白光的能力。通常定义为矿物表面对特定波长入射光的反射强度 I 与标准白板（由 MgO 或 $BaSO_4$ 制成）对该特定波长的入射光的反射强度 I_0 之比的百分数，即

$$白度=\frac{I}{I_0}\times 100\%$$

矿物的白度是陶瓷、造纸、涂料等矿物填料的重要质量指标之一。例如，造纸用高岭土填料，按白度可划分为：一级品（白度不小于 81%）、二级品（白度不小于 80%）、三级品（白度不小于 78%）、四级品（白度不小于 77%）、五级品（白度不小于 76%）。电子元件用陶瓷高岭土要求白度不小于 80%；搪瓷品用高岭土要求白度不小于 75%。黏土矿物中所含的有机质、碳、铁、钛等杂质会影响其白度，其中铁是最常见的有害杂质。

5）矿物的透明度

透明度是指矿物晶体允许可见光透过的程度，分为透明、半透明和不透明三种。

矿物的颜色、包裹体、解理、裂纹以及集合体等都将影响矿物的透明度。透明度是鉴定宝玉石品种和质量的重要性质之一。

6）矿物的发光性

发光性是指矿物颗粒在外来能量的激发下，发出可见光的性质。能导致矿物发光的杂质元素称为矿物发光的活化剂。含稀土元素的萤石和方解石常常产生荧光，含钙的磷酸盐中当存在镧族元素代替钙时也常常发出磷光。广泛应用的人工合成磷光体中常用的发光活化剂有稀土、碱土、Bi、Pb、Mn、Hg、Fe、Cu、Zn、Ag、Cr、Ce、Ni 和 Co 等。

7）矿物的条痕

为排除他色与假色对矿物颜色的影响，往往用矿物的条痕来鉴定矿物。条痕是矿物粉末的颜色，通常在未上釉的瓷板上擦划来获取条痕。无瓷板时可将矿物研成粉末进行观察。矿物的条痕比矿物的颜色更固定，是矿物的主要鉴定特征。例如，赤铁矿的颜色有赤红、铁红、钢灰等色，可是其条痕总是樱红色。

条痕对于硬度小或脆性的有色矿物具有重要鉴定意义，但对于硬度大于瓷板的矿物无条痕色，没有鉴定意义。

1.1.3.3　矿物的力学性质

矿物材料的力学性质是指矿物材料在受到外力作用下所表现出来的各种宏观性质。

1）矿物的硬度与耐磨性

矿物的硬度是指当矿物受到刻划、压入或研磨等作用时所表现出来的机械强度。测定矿物硬度的方法通常有莫氏硬度 H_M 和显微硬度 H 两种。莫氏硬度计（由 Friedrich Mohs 于 1882 年提出的），是用相互刻划的方法来测定矿物的相对硬度。显微硬度是利用显微硬度仪测定矿物的硬度，也称为压入硬度。莫氏硬度 H_M 和显微硬度 H 之间存在如下关系：

$$H_M = 0.7\sqrt[3]{H}$$

矿物的硬度是矿物成分及内部结构牢固性的具体表现之一，主要取决于其内部结构中质点间联结力的强弱，即化学键的类型及强度。典型原子晶格（如金刚石）具有很高的硬度，但以配位键为主的原子晶格的硫化物矿物，由于其键力不太强而硬度并不高。离子晶格矿物的硬度通常较高，但随离子性质的不同而变化较大。金属晶格矿物的硬度比较低（某些过渡金属除外）。分子晶格因分子间键力极弱，其硬度最低。

耐磨性是指矿物遭受摩擦作用时所表现出来的抵抗机械磨损的能力，常用耐磨率 M 来表征。矿物的耐磨率可定义为：一定尺寸和形状的矿物晶体（矿物晶体的集合体）在耐磨机上承受一定荷重，置于一定的磨损条件下，经过规定的磨程磨削后，试样单位受磨面积 A 上的磨蚀量（G_1-G_2，其中 G_1、G_2 分别为磨损前后样品的质量）。

矿物的耐磨性随矿物硬度的提高而增强。影响矿物硬度的主要因素有以下几个方面：①原子价态和原子间距。矿物的硬度随原子电价的增高而增大，并同原子间距的平方成反比。②配位数。矿物的硬度随原子配位数的增大而增大。③离子键或共价键的状态。矿物的硬度随化学键的共价性增强而增大，即具有离子键的矿物硬度低，具有共价键的矿物硬度高。

矿物的硬度和耐磨性具有重要的实用价值，如硬度高、耐磨性能好的金刚石、刚玉等矿物材料被广泛应用于研磨、抛光、切削等工艺中，而硬度低的石墨、滑石等则被广泛地用作固体润滑剂。

2）解理、断口与裂开

解理是矿物晶体受到外力作用时，沿一定的结晶学方向做平面破裂的性质。破裂的平面称为解理面。解理的方向服从于晶体的对称性，解理发生及其完善的程度取决于晶体结构中不同方向上的键强差异，解理面平行于强键。

矿物解理可以从解理的方向、组数、夹角，以及解理的等级等方面来进行描述。依解理产生的难易性及完好性，矿物解理可分为五级：

(1) 极完全解理（eminent cleavage）。矿物受力后极易裂成薄片，解理面平整而光滑，如云母、石墨、透石膏的解理。

(2) 完全解理 (perfect cleavage)。矿物受力后易裂成光滑的平面或规则的解理块，解理面显著而平滑，常见平行解理面的阶梯，如方铅矿、方解石的解理。

(3) 中等解理 (good or fair cleavage)。矿物受力后，常沿解理面破裂，解理面较小而不很平滑，且不太连续，常呈阶梯状，却仍闪闪发亮，清晰可见，如蓝晶石的解理。

(4) 不完全解理 (poor or imperfect cleavage)。矿物受力后，不易裂出解理面，仅断续可见小而不平滑的解理面，如磷灰石、橄榄石的解理。

(5) 极不完全解理 (cleavage in traces)。矿物受力后，很难出现解理面，仅在显微镜下偶尔可见零星的解理缝，通常称为无解理，如石英、石榴石、黄铁矿的解理。

断口是矿物晶体在外力作用下所产生的不规则破裂面，化学键强度在各方向上差别不大的矿物晶体 (如石英、石榴石等) 易产生断口。

裂开 (或称裂理，parting) 是矿物晶体在某些特殊条件下 (如杂质的夹层及机械双晶等)，受应力后沿着晶格内一定的结晶方向破裂成平面的性质。裂开的平面称为裂开面 (parting plane)。

3）机械形变

矿物的机械形变是指矿物受到外力作用时所产生的形状和体积的变化。根据在外力停止作用后矿物的形变能否恢复原状，可将机械形变分为弹性形变、塑性形变。

4）抗压强度、抗折强度和抗拉强度

矿物的抗压强度、抗折强度和抗拉强度是表征矿物材料机械强度的主要力学性能参数，在建筑工程、材料加工等应用领域具有重要意义。

5）矿物的脆性与延展性

矿物的脆性 (brittleness) 是指矿物受外力作用时易发生碎裂的性质，与矿物的硬度无关。有些脆性矿物虽然易碎但硬度很高。自然界绝大多数非金属晶格矿物都具有脆性，如自然硫、萤石、黄铁矿、石榴石和金刚石等。

延展性 (ductility) 是指物质受外力拉引时易成为细丝、在锤击或碾压下易形变成薄片的性质。矿物的延展性是矿物受外力作用发生晶格滑移形变的一种表现，是金属键矿物的一种特性。自然金属元素矿物，如自然金、自然银和自然铜等均具强延展性。某些硫化物矿物 (如辉铜矿) 也具有一定的延展性。

1.1.3.4　矿物的热学性质

矿物的热学性质包括矿物的导热性、热膨胀性和耐热性等性质。

1）导热性

导热性通常以热传导来衡量，矿物的热传导是指矿物与其他物体直接接触部分之间的热传递过程。该过程是依靠矿物的微观质点 (分子、原子或电子) 的能量传递来实现的，与宏观运动无关，即导热性是矿物本身固有属性。

2）热膨胀性

矿物的热膨胀性通常用线热膨胀率 α 表征，是指温度每升高 1 K，矿物在长度方向的增长量 Δl 与原长度 l 之比，即

$$\alpha = \frac{\Delta l}{l}$$

热膨胀曲线是以线热膨胀率 α 为纵坐标、温度 T 为横坐标绘制的曲线。依据热膨胀曲线的形状，将矿物的热膨胀分为正常热膨胀和异常热膨胀两种(图 1-2)。正常热膨胀是指线热膨胀率 α 与温度 T 呈线性关系的热膨胀；异常热膨胀是指线热膨胀率 α 与温度 T 呈非线性关系的热膨胀。

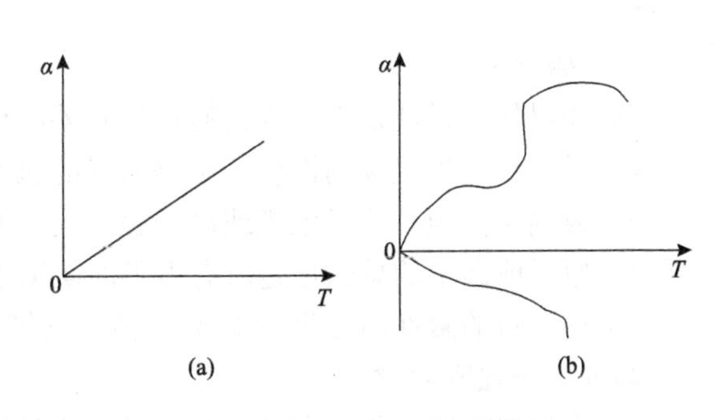

图 1-2 矿物的热膨胀曲线
(a) 正常热膨胀；(b) 异常热膨胀

对于热膨胀曲线出现拐点的矿物材料，说明其热膨胀率时大时小，曲线下降表明矿物材料是热收缩，也称为负热膨胀。同一曲线既有上升又有下降，说明该矿物材料受热时既有膨胀又有收缩发生。自然界的大部分矿物材料都是热胀冷缩，这是由于组成矿物的原子受热时振动加剧，振幅加大，从而增大了原子间距，导致了矿物的膨胀。

影响矿物材料热膨胀的主要因素有晶体结构和化学键强度。晶体结构紧密的矿物热膨胀率大，如 MgO、Al_2O_3 的晶体结构是以氧的紧密堆积为基础，其热膨胀率大。化学键强度对料热膨胀的影响规律为：沿化学键强的方向矿物的热膨胀率小，在化学键弱的方向矿物的热膨胀率大。因此，沿分子键方向上矿物材料的热膨胀率最大，离子键方向上次之，共价键方向上最小，且常有负膨胀发生。热膨胀性对耐火材料、保温材料、型砂和模具等所使用的矿物材料的选择具有重要的指导意义。

3）耐热性

矿物的耐热性是指矿物材料抵抗因加热而导致的成分变化和晶体结构破坏的能力。在加热过程中，矿物成分主要是通过氧化、还原、分解、失水或气体释放等方式发生变化；矿物的晶体结构的破坏则主要表现为相变、分解、熔融等现象。矿物材料产生以上变化的温度越高，表明该矿物的耐热性越好。

影响矿物材料耐热性的主要因素有：晶体类型和化学成分。一般具有共价键的矿物材料熔点最高，如金刚石约 4000℃；离子键的矿物材料熔点也较高，如刚玉为 2000～2030℃，方镁石为 2800～2940℃；金属键的矿物材料熔点较低；分子

键的矿物材料熔点最低。一般含有水、OH^-和易与氧形成挥发性气体的元素，如C、S、N 等，以及含助熔成分如 K_2O、Na_2O、CaO 和 MgO 等成分的矿物材料，其耐热性较差。

1.1.3.5 矿物材料的电磁学性质

矿物材料的电磁学性质包括磁性、介电性、焦电性、压电性等磁学性质和电学性质。

1）磁性

矿物材料的磁性是指矿物材料在受到外磁场作用时呈现出的被外磁场吸引、排斥和对外界产生磁场的性质。矿物材料的磁性主要来源于矿物组成成分中的原子磁矩或离子磁矩。原子磁矩或离子磁矩又主要来自核外电子的自旋磁矩和轨道磁矩。原子或离子的总磁矩是所有电子的轨道磁矩和自旋磁矩之和。

矿物材料的磁性由磁化率 χ 来表征，它等于磁化强度 M(或单位体积内的磁矩)与外磁场强度 H 之比。

矿物材料的比磁化率定义为矿物材料的磁化率 χ 与矿物材料的密度 ρ 之比。由于比磁化率 $\chi_{比}$ 较易测量，因此通常用比磁化率 $\chi_{比}$ 来表征矿物材料的磁性。

2）导电性

矿物材料的导电性是指矿物材料对电流的传导能力的强弱。导电性用电阻率 ρ 来表示。

$$\rho = R\frac{S}{L}$$

矿物材料的导电能力很大程度上取决于矿物晶体化学键的类型。具金属键的矿物材料因为晶体结构中有自由电子存在，故导电性强；而离子键、共价键和分子键的矿物材料的导电性弱或者不导电。此外，矿物材料的导电性还受类质同象组分、温度、湿度、空隙(裂隙)等因素的影响。

根据导电能力的不同，可将矿物材料分为导体、半导体和非导体三种。导体矿物材料的电阻率小于 10^4 Ω·cm，如自然铜、石墨等。半导体矿物材料的电阻率为 $10^4 \sim 10^{10}$ Ω·cm，如少量富含铁和锰的硅酸盐矿物材料，以及铁和锰的氧化物等。非导体矿物材料的电阻率一般大于 10^{10} Ω·cm，如石英、长石、白云母和方解石等。自然金属和石墨等矿物材料作为导电体，应用于电线、电极等；非导体的白云母、石棉等矿物材料可作为绝缘材料；半导体的矿物材料则被广泛应用于无线电工业等各高技术领域。

3）介电性

矿物材料的介电性是指矿物材料处在外加电场中产生感应电荷的性质，由介电常数来表征。矿物材料的介电常数反映了矿物材料处于外加电场中时的极化作用，极化作用越大，介电常数越大。所谓极化是指矿物颗粒在电场作用下电荷发生位移的现象，该位移也称为偶极矩p，其值为

$$p=\alpha E$$

矿物材料的极化从微观机制上可分为四种类型：①电子极化，由电子云对原子核产生的位移引起的极化；②离子极化，由阴、阳离子的相对位移引起的极化；③偶极子转向极化，对于含有偶极子的分子在电场的作用下发生偶极子的转向，以趋于一致形成的极化；④空间电荷极化，由于在介电质内带有不同电荷的阴离子和阳离子分别向阳极和阴极聚集，从而导致电场歪曲造成的极化。

矿物材料的介电性是评价绝缘材料和电容材料的重要指标。

4）压电性

矿物材料的压电性是指矿物晶体在垂直于极轴方向受到压应力或张应力作用时，在矿物材料的极轴两端产生电荷的性质。两端电荷数量相等而符号相反，且产生的荷电量正比于所施加的应力的大小。当应力方向反转时，两端的电荷也随之易号。同时沿极轴两端矿物材料将产生伸长或缩短，这种现象称为矿物材料的电致伸缩。

只有不具对称中心而有极轴存在的矿物材料晶体才可能具有压电性，水晶的二次轴是极轴，具有压电性，且应用广泛，如无线电工业中的各种换能器、超声波发生器以及谐振片等均使用了压电水晶。

5）焦电性

矿物材料的焦电性是指某些电介质矿物材料晶体，当改变其所受温度时，能使矿物材料在极轴的两端产生符号相反的电荷的性质。具有焦电性的典型矿物材料是电气石，矿物的焦电性已在红外探测器等技术中得到应用。

6）热电性

矿物的热电性是指矿物晶体当受热或者冷却时，在晶体的某些结晶方向产生荷电的性质。矿物晶体的热电性主要存在于无对称中心、具有极性轴的矿物晶体中，如电气石、方硼石、异极矿等。

1.2　矿物材料的未来走向

1.2.1　矿物材料的知识体系

我国的矿物材料学科作为一门科学研究的方向，是从20世纪80年代初开始

形成并发展的。我国矿物资源(尤其是非金属矿物资源)为开发利用产物，具有明显区别于其他材料分支的特点。矿物材料的学科概念有狭义和广义之分。狭义矿物材料中的许多品种，如非金属矿物制品、矿物粉体材料及其表面改性产物、大理石及花岗石、宝石及玉石、部分硅酸盐矿物材料、部分人工矿物晶体材料等，具有无机非金属材料的某些特征，但又不同于严格意义上的无机非金属材料。广义矿物材料中的部分硅酸盐材料(水泥、玻璃、传统陶瓷和耐火材料等)、部分人工晶体材料和特种陶瓷材料等显然同时属于无机非金属材料。因此，矿物材料拥有自己相对独立的学科领域与知识体系，而且与无机非金属材料存在一定的交叉重叠。矿物材料与金属材料也有一定关系。首先，有少数矿物材料是由金属矿物加工制备而成，同时也是金属材料的新成员。其次，一些天然矿物或人工合成矿物可以通过与金属材料复合，加工制备成为矿物/金属复合材料(如莫来石增强铝基复合材料等)。可见，矿物材料与金属材料也存在一定交叉领域。矿物材料与高分子材料的关系主要体现在通过加工复合而成的矿物/聚合物复合材料。许多粒状(如石英等)、片状(如白云母等)、纤维状(如硅灰石等)矿物经过表面改性后，能够与高分子材料(聚丙烯、聚乙烯、PVC 等)复合制备成矿物/聚合物复合材料。因此，矿物材料与高分子材料也存在一定的交叉范围。

我国矿物材料学科首先在设有地质与岩石矿物、矿业工程的大专院校得到重视。矿物材料一般是在一级学科矿业工程下设置与采矿工程、矿物加工工程平行的二级学科或者在地质或材料科学与工程一级学科下设立相应的二级学科。目前，我国已有十几所院校具有矿物材料工程专业硕士和博士学位授予权。

2000 年以来，矿物材料，特别是非金属矿物材料领域的科学研究和技术开发十分活跃，从事该领域研究开发的科技人员，包括大专院校的博士生和硕士生逐年增多。2005 年，国家自然科学基金委员会设立了“矿物材料与应用”学科，近十年来与该学科相关的国家自然科学基金资助的项目逐年显著增长。

矿物材料学科是矿物加工工程专业的一个重要的特色方向，以矿物材料工程博士点为依托，多所高校建立了具有典型矿物学、矿物材料、矿物加工背景的矿物材料工程专业人才培养体系。尽管大多数的矿业工程、地质和材料科学与工程类科研院所早已开展该领域的研究开发，但我国目前尚未真正建立矿物材料学科的相关本科专业。矿物材料学科建设的现状已无法满足快速发展的矿物材料产业及相关应用领域的需要。

1.2.2 矿物材料的发展及面临的挑战

我国矿物材料研究方向包括环境矿物材料、能源矿物材料、医药用矿物材料、农药化肥载体材料以及其他电磁功能矿物材料等。该领域在近年来取得了丰硕的成果，发展了若干新的研究方向，尤其是在环境及农业领域的应用研究中取得了一系列创新成果。同时，我国矿物材料发展仍存在局限，主要体现在两个方面：一是矿物材料基础研究，特别是矿物成分-结构-性能关系研究薄弱，新型矿物功能材料研发缺少理论指导；二是研究成果与工业生产和实际应用的需求仍存在较大差距，很多成果难以推广应用。

未来 10～15 年是我国经济社会发展的关键期，矿物材料的研究应与国家经济社会发展的需要更紧密结合，以满足国家重大战略需求。建设富强、美丽的中国，实现中国梦，需要更多性能优异的矿物材料，特别是新能源、环境及生物医药用新型矿物功能材料。因此加强矿物材料基础研究，揭示矿物成分-结构-性能关系，研发矿物功能新材料并加强成果的推广应用，成为矿物材料研究者共同的任务。矿物材料研究者任重道远。

众所周知，矿物材料学科不仅具有材料科学属性，同时又有矿物科学属性，具有明显的学科交叉特点。矿物材料学科相关课程应结合各自的学科优势，适当加大矿物学、结晶学、岩石学等专业基础课程的比重，以培养具有扎实的“岩石学-矿物学-材料学”专业理论基础、具有较强的工程实践能力、具有显著的创新意识和创新能力、能够在未来解决矿物材料加工与应用过程中复杂工程问题能力的人才为目标。矿物材料学科的发展离不开专业特色的培养，专业方向应结合当前社会需求与人才市场需求，注重学生工程实践与创新能力的培养。矿物材料目前的分类还不完全，随着矿物材料与应用科学研究的进一步深化和矿物材料与产业的进一步发展，矿物材料的分类将更加科学和完善。

矿物材料是伴随高技术与新材料产业发展、传统产业结构调整和优化升级、健康环保、节能与新能源等产业兴起的新的研究领域。全球高新技术产业的快速发展、传统产业的技术进步以及建设生态与环境友好型社会的目标将给矿物材料学科发展带来前所未有的发展机遇。功能化是矿物材料的主要发展趋势。未来将重点开展与航空航天、海洋开发、生物化工、电子信息、新能源、节能环保、新型建材、特种涂料、快速交通工具以及生态与健康、现代农业等相关的功能性矿物材料。同时，应构建先进的矿物材料性能表征平台和矿物材料标准体系，强化矿物材料的应用研究，充分了解市场与产业需求，使矿物材料学科更好地适应和引领相关应用产业的进步和发展。

参 考 文 献

黄万抚. 2012. 矿物材料及其加工工艺. 北京: 冶金工业出版社.

李子琦. 2018. 矿物材料的概念与分类. 绵阳: 第八届全国矿物科学与工程学术会议, 102.

廖立兵. 2010. 矿物材料的定义与分类. 硅酸盐通报, 29(5): 1067-1071.

廖立兵, 汪灵, 董发勤, 彭同江, 白志民. 2012. 我国矿物材料研究进展(2000—2010). 矿物岩石地球化学通报, 31(4): 323-339.
吕国诚，廖立兵，李雨鑫，田林涛，刘昊. 2020. 快速发展的我国矿物材料研究——十年进展(2011～2020 年). 矿物岩石地球化学通报, 39(4): 714-725, 682.
孙志明. 2018. 浅谈地矿类院校矿物材料学科现状与发展趋势. 教育教学论坛, (1): 8-9.
汪灵. 2006. 矿物材料的概念与本质. 矿物岩石, (2): 1-9.
吴季怀. 2001. 矿物材料刍议. 矿物学报, (3): 278-283.

第 2 章　矿物学基础

矿物指由地质作用所形成的天然单质和化合物，它们具有相对固定的化学组成，其化学成分可用化学式表达。矿物具有特定的内部结构，是内部质点(原子、离子等)在三维空间按照一定规律所形成的固体，它们的物理化学性质非常稳定，是组成岩石和矿石的基本单元。

地球上的矿物分布与空间和时间有一定关联。

2.1　地球上矿物的空间分布

地球的内部结构为一同心状圈层构造，由地心至地表依次分化为地核、地幔、地壳。由于它们都蕴含了丰富的、不同种类的矿物，因此，系统性地研究矿物，能够帮助我们更深层次认识地球构造。

2.1.1　地核的物质成分

地球地核的物质成分主要由铁(Fe)、镍(Ni)组成，外核才会有一些轻元素出现，如 Si、S 等。

2.1.2　地幔的矿物组成

下地幔主要由具有钙钛矿结构的硅酸盐组成或由铁(Fe)、镍(Ni)的氧化物和硫化物组成。

上地幔中的化学成分是超镁铁质的，矿物种相对于地壳少了许多，只有约 40 种。构成上地幔的岩石主要为橄榄岩类(包括二辉橄榄岩和方辉橄榄岩)、辉石岩和榴辉岩。它们主要是硅酸盐矿物，如橄榄石、辉石、石榴石等。也有一些非硅酸盐矿物，如方解石、白云石、磁铁矿、刚玉、金红石、钙钛矿、尖晶石、铬铁矿、钛铁矿、磷灰石、石墨、金刚石、碳硅石和钾铁镍硫化物等。镁橄榄石、顽火辉石、透辉石和镁铝榴石是上地幔的主要造岩矿物。柯石英、高铬镁铝榴石、金刚石、碳硅石及钾铁镍硫化物是上地幔的专属性矿物。

2.1.3　地壳的矿物组成

大自然给人类最珍贵的礼物之一就是 100 多种化学元素和它们组成的多种矿物，而它们大部分分布在地壳中。地壳从深部至浅部，为玄武岩层—花岗岩层—变质岩层—沉积岩层。地壳包含有多种矿物，其中含氧的种类占绝对多数，如氧化物、氢氧化物、多种类型的含氧盐，其次还有硫化物、卤化物、单质矿物等。

2.2　地壳中矿物的空间分布

除了地壳中矿物的类型，矿物的空间分布也值得注意。地壳主要包括玄武岩层、花岗岩层、变质岩层、沉积岩层及其各层中的矿物。

2.2.1　玄武岩层中矿物的分布

(1) 构成玄武岩层的岩石主要为辉长岩和玄武岩，在其底部，由于温度和压力的增高，辉长岩还可能变成麻粒岩。主要分布于陆壳的下层。

(2) 玄武岩层主要矿物为橄榄石、辉石、角闪石、石榴石、基性长石、铬铁矿、铜镍硫化物、铂族元素矿物、金刚石和自然铬等。

(3) 分布于基性-超基性岩中的橄榄石、辉石以富镁(Mg)为特征。

2.2.2　花岗岩层中矿物的分布

(1) 花岗岩层中主要包括各种长英质的岩浆岩和变质岩。底部集中的大量花岗岩类岩石，以酸性岩为特征，SiO_2 含量很高。主要分布于陆壳的上层。

(2) 花岗类岩石主要矿物为：碱性长石、斜长石、黑云母、锆石、褐帘石、独居石等。

(3) 花岗伟晶类岩石的主要矿物为：长石、石英、云母、晶质铀矿、锡石、黄玉、绿柱石、电气石、铌钽铁矿等。

2.2.3　变质岩层中矿物的分布

变质岩层占地壳总体积的 27.4%，成分受原岩成分的制约，主要分布于陆壳，矿物种类相当多，几乎包括了玄武质层与花岗质层中的所有矿物。另外还有许多变质岩所特有的矿物，如蛇纹石、透闪石等。不同的变质相、不同的温度压力条件下形成的变质岩，其矿物组成也不同。

2.2.4　沉积岩层中矿物的分布

沉积岩层主要分布于地壳表层。成分特点：H_2O、CO_2、S、Cl、Br、F、有机质的含量显著增高。类型复杂：残留风化型，含水氧化物、氢氧化物(褐铁矿)；风化淋滤型，如辉铜矿、铜蓝；机械沉积型，如自然金、金刚石等；化学沉积型，如石盐、石膏、方解石、白云石等；物化沉积型，如方解石、白云石、磷灰石等。

2.3　地球矿物的时间分布

自然界的矿物是地球活动过程中不同阶段的产物，掌握矿物在地球上的存在形式和时间分布特征，需要认识地球演化和与之相适应的矿物演化关系。

(1) 硅酸盐。岩浆成因的硅酸盐类矿物算是地球上最古老矿物，它们早在 45 亿年前，地球从天文阶段进入地质时期，就开出现；而沉积成因的硅酸盐类矿物生成的同位素年龄都小于 35 亿年。

(2) 碳酸盐。内生成因的碳酸盐矿物，形成于 26 亿～34 亿年前。

(3) 磷酸盐。内生成因的磷灰石矿物，形成于 23 亿～25 亿年前；而外生成因的磷灰石小于 20 亿年。

(4) 硼酸盐。内生成因的硼酸盐矿物，形成于 17 亿～19 亿年前；而外生成因的硼酸盐矿物在 8.5 亿～14.5 亿年前。

(5) 硫酸盐。外生沉积成因的硫酸盐(石膏、重晶石)矿物，大约形成于 10 亿年前的沉积岩中。

(6) 其他含氧盐。其他含氧盐矿物有很多种，如钨酸盐发现于伟晶岩、花岗岩中，出现在 8 亿～10 亿年前。钒酸盐、砷酸盐、钼酸盐、硝酸盐，出现在 2 亿～3 亿年，有的矿物出现晚一些，约几百万到几千万年。

(7) 氧化物。地球上最早且分布最广的矿物，35 亿年前的太古代就出现氧化物硅铁质沉积，氧化物几乎遍布各个地质年代。

(8) 砷化物与硒化物。内生的砷化物与硒化物最早出现在 19 亿年前的地质时期，外生的砷化物与硒化物大约最早出现在 14 亿年前，如砷铂矿、砷镍矿、砷钴矿等。

(9) 氟化物、氯化物和溴化物。氟化物最早出现在 19 亿年左右，如萤石。氯化物大约在 10 亿年前，如石盐(NaCl)。溴化物最早出现在泥盆纪蒸发岩中。

2.4　矿物分类

广泛采用以矿物本身的成分和结构为依据的晶体化学分类。

2.4.1　矿物的成分和结构

矿物分单质和化合物两种。单质是由一种元素组成的矿物，如金刚石(C)、自然金(Au)。化合物则是由阴、阳离子组成的，并根据阴离子成分的不同分为不同类型。

各类化合物和单质矿物共十八类。这些矿物中硅酸盐矿物种数最多，占整个矿物种类的 24%，占地壳总质量 75%，硫卤化物最少，只有一种。

矿物分为五大类。第 1 大类：自然元素矿物；第 2 大类：硫化物及其类似化合物矿物；第 3 大类：氧化物及氢氧化物矿物；第 4 大类：含氧盐矿物(包括硅酸盐、硼酸盐、磷酸盐、砷酸盐、钒酸盐、碳酸盐、硫酸盐、钨酸盐、钼酸盐、硝酸盐、铬酸盐等)；第 5 大类：卤化物矿物(氟化物、氯化物、溴化物、碘化物)。

2.4.2　化合物类型及其阴离子与阴离子团的成分

矿物的化合物类型及其阴离子与阴离子团的成分主要有：

硫化物　S^{2-}　　氧化物　O^{2-}

氢氧化物　$(OH)^{-}$　　卤化物　F^{-}、Cl^{-}、Br^{-}、I^{-}

碳酸盐　$[CO_3]^{2-}$　　硫酸盐　$[SO_4]^{2-}$

硝酸盐　$[NO_3]^{-}$　　铬酸盐　$[CrO_4]^{2-}$

钨酸盐　$[WO_4]^{2-}$　　钼酸盐　$[MoO_4]^{2-}$

磷酸盐　$[PO_4]^{3-}$　　钒酸盐　$[VO_4]^{3-}$

砷酸盐　$[AsO_4]^{3-}$　　硅酸盐　$[SiO_4]^{4-}$

硼酸盐　$[BO_3]^{3-}$　　亚硒酸盐　$[SeO_3]^{2-}$

亚碲酸盐　$[TeO_3]^{2-}$　　硒酸盐　$[SeO_4]^{2-}$

碲酸盐　$[TeO_4]^{2-}$　　碘酸盐　$[IO_3]^{2-}$

氧卤化物　$[O_2Cl_2]^{6-}$　　氢氧卤化物　$[(OH)_3Cl]^{4-}$

硫卤化物　$[S_2Cl_2]^{6-}$

2.5　地球上矿物的成因

2.5.1　地质作用

按矿物的化学成分与化学性质，通常将矿物划分为五类，每一类矿物都具有相似的化学性质和物理性质。

科研工作者已经在地球上发现了6000余种矿物，且每年持续有几十种新矿物被发现，但绝大多数不常见。最常见的不过有200多种，重要矿产资源的矿物也就数十种，地壳中常见的造岩矿物只有20～30种，其中石英、长石、云母等硅酸盐矿物占92%，而石英和长石含量高达63%。

地壳中矿物是存在的自然化合物和少数自然元素，具有相对固定化学成分和性质，具有稳定的相界面和结晶习性。矿物的形成、稳定和演化等特征，取决于其所处的地质环境及物理化学条件，即取决于地质作用及温度、压力、组分的浓度、介质的酸碱度(pH值)、氧化还原电位(E_h值)和组分的化学位(μ_i)、逸度(f_i)、活度及时间等因素。这些矿物中硅酸盐矿物种数最多，占整个矿物种类的25%，占地壳总质量的75%。

矿物是地质作用的产物，组成岩石、矿石的基础。根据地质作用的性质，可将之分为①内生作用：岩浆作用，伟晶作用，热液作用，火山作用；②外生作用：风化作用，沉积作用(包括机械沉积、化学沉积、胶体沉积和生物沉积)；③变质作用：接触变质(包括热变质作用、接触交代作用)，区域变质作用。

2.5.2　内生作用

内生作用主要是由地球内部热能所导致的矿物形成的各种地质作用(如图2-1所示)，包括岩浆作用、伟晶作用、热液作用、火山作用。岩浆和热液作用过程中，温度和组分浓度起主要作用；火山和伟晶作用中，温度和压力起主导作用。

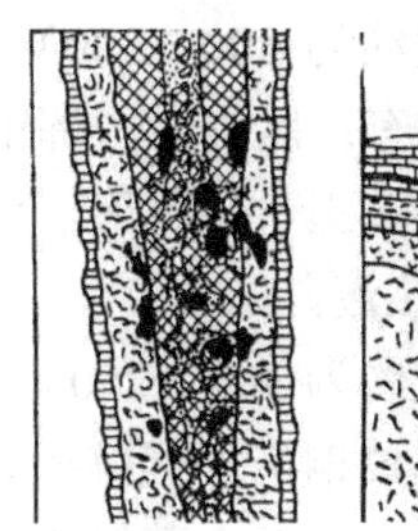
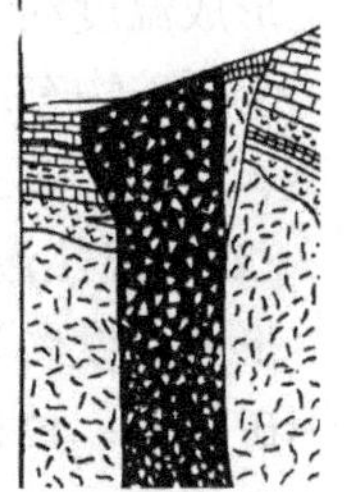

图2-1　内生作用示意图

1）岩浆作用

岩浆作用是指岩浆从形成、运动、冷凝成岩的全过程中，岩浆本身及其对围岩所产生的一系列变化。岩浆作用是地球内能向外释放的另一种表现形式，可分为喷发作用和侵入作用，相应形成的岩浆岩分别称为火山岩和侵入岩。

主要矿物从高温到低温结晶析出的依次顺序为：橄榄石、辉石、角闪石、云母的 Mg、Fe 硅酸盐矿物；对应的硅酸盐矿物还有斜长石(钙长石、培长石、拉长石、中长石、更长石、钠长石)的 Ca、Na 硅酸盐矿物，以及正长石(K)、微斜长石(K、Na、Ca)以及石英等造岩矿物。在岩浆作用过程中形成不同的矿物组合，构成不同的岩石类型。

岩浆作用可以形成重要的矿床：如超基性岩主要形成铬铁矿、铂族元素矿物、钒钛磁铁矿、金刚石；基性岩形成铜镍硫化物矿床，以及含磷、锆、铌、钽的矿物。

2）伟晶作用

伟晶作用指形成伟晶岩及其有关矿物的地质作用。伟晶作用是岩浆作用的继续。矿物在 400～700℃之间、外压大于内压的封闭系统中，由富含挥发组分和稀有元素、稀土元素以及放射性元素的残余岩浆缓慢地进行结晶，因而可以形成巨大的、完好的晶体。

伟晶岩可分为岩浆伟晶岩和变质伟晶岩，如花岗伟晶岩、碱性伟晶岩、基性伟晶岩、超基性伟晶岩等，其中花岗伟晶岩分布最广、最具有工业价值，其次是碱性伟晶岩。

伟晶岩中挥发分氟、硼等大量聚集，富含碱质、稀有以及放射性元素，如 Li、Be、Rb、Cs、Nb、Ta、Th、U、Sn 等。形成的矿物颗粒粗大，主要矿物有长石、云母、石英、锂辉石、锆石、绿柱石、电气石、黄玉、铌钽铁矿、褐钇铌矿、磷铈镧矿等。

3）热液作用

热液作用是指从气水溶液一直到热水溶液过程中形成矿物的作用。按照矿物形成温度的不同，热液作用分为高温、中温和低温三种类型。

(1) 高温热液。

形成温度约为 500～300℃，形成 W-Sn-Mo-Bi-Be-Fe 的矿物组合及相应的矿床。金属矿物有：黑钨矿、辉钼矿、辉铋矿、磁黄铁矿、毒砂等。非金属矿物有：石英、云母、黄玉、电气石、绿柱石等。

(2) 中温热液。

形成温度约为 300～200℃，形成 Cu-Pb-Zn 的硫化物矿物组合和相应的矿床。金属矿物有：黄铜矿、闪锌矿、方铅矿、黄铁矿、自然金等。非金属矿物有：石英、方解石、白云石、菱镁矿、重晶石等。

(3) 低温热液。

形成温度约为 200～50℃，形成 As-Sb-Hg-Ag 的硫化物矿物组合及相应的矿床。金属矿物有：雄黄、雌黄、辉锑矿、辰砂、自然银等。非金属矿物有：石英、方解石、蛋白石、重晶石等。

4）火山作用

火山作用是指火山活动及其对自然界产生的影响，包括在地面的影响和对地下的影响，引起地震，改变地球面貌，形成熔岩高原、火山锥、火山地堑、火山构造凹地等地表形态；喷出碳酸气、火山灰和其他气体，改变大气成分及影响大气活动；分离出火山水，增加地球水圈质量；以及使地下水温度升高，造成温泉、矿泉、间歇喷泉；促进地球内部元素迁移，形成矿床；等等。

岩浆可分为原生岩浆和再生岩浆。原生岩浆是由地核俘获的熔融物质形成的，地核俘获熔融物质和其他一些物质形成巨厚的熔融层，这些物质的成分是不均匀的。原生岩浆凝固形成最原始的地球外壳。

再生岩浆包括原生岩浆变异出的岩浆和重熔岩浆。常见的各类侵入岩，如超基性岩、基性岩、中性岩、酸性岩和碱性岩等，以及火山喷发出的各类岩浆，它们都是再生岩浆，只是来源深度、通道物质成分及分异程度不同而已。

岩浆由地球深处移动到地壳内形成侵入岩，或喷发到地表形成火山，岩浆移动的动力主要有：①由于地球内球比重大于液态层和外球，在绕太阳公转时，内球始终偏向引力的反方向，内球不在地球中心。形成内球对液态层由内向外的挤压力，使岩浆和其他气液态物质由地球内部向外移动或喷发到地表。②岩浆结晶或发生其他物化反应，产生一些水和气，形成膨胀挤压力，使岩浆和其他气液态物质由地球内部向外移动或喷发到地表。

火山作用中矿物自岩浆熔体或火山喷气中快速结晶，或由火山热液充填、交代火山岩而形成。在地表，岩浆在常压、高温下快速结晶，形成与岩浆成分相对应的各种喷出岩。

造岩矿物与岩浆岩类似，区别在于出现高温相矿物，如透长石、高温石英等。矿物除形成斑晶外，均成隐晶质。岩石具有气孔、流纹构造。火山热液充填于火山岩气孔或交代火山岩，气孔中由于充填物而成杏仁体构造。主要矿物有沸石、蛋白石、方解石、自然铜等。由火山喷气凝华的产物有自然硫、雄黄、雌黄、硫化物和石盐。

火山灰可作肥沃的肥料，也可带来大量矿物质，但其也会造成生命财产损失和空气污染。

2.5.3　外生作用

外生作用是指地球表面或近地表，在较低温和压力下由于太阳能、水、大气和生物等因素的参与而形成矿物的各种地质作用。酸碱度（pH 值）和氧化还原电位（E_h 值）对矿物的形成具有重要意义。按照地质作用的不同，可分为风化作用和沉积作用(包括机械沉积、化学沉积、胶体沉积和生物沉积)。

1）风化作用

风化作用包括物理风化、化学风化和生物风化作用。原生矿物风化后发生分解和破坏，形成新的条件下稳定的矿物和岩石。不同矿物抗风化的能力是不同的：硫化物、碳酸盐最易风化，硅酸盐、氧化物较稳定，自然元素最稳定。

在风化作用下，易溶解矿物的部分组分如 K、Na、Ca 等形成真溶液，被地表水带走，留下残余空洞；部分难溶组分如 Si、Al、Fe、Mn 等则残留在地表，生成氧化物、氢氧化物，如褐铁矿、硬锰矿、锰土(称为铁帽、锰帽)、铝土矿、高岭石、孔雀石、蓝铜等次生矿物。

金属硫化物矿床较易风化，在良好的风化作用条件下，可以呈现垂直分带，从地表向地下深部分为氧化带、次生富集带和原生带(图 2-2)。它们的发育程度与地下水有关，其特点为：

(1)氧化带。分布在地表至潜水面之间，大致相当如地下水渗透带，该部位水解作用和氧化作用非常强烈，硫化物在氧化过程中大部分金属形成可溶性盐类而被淋滤。一些铁和锰的硫化物很容易被氧化，形成氧化物和氢氧化物，构成铁帽。

(2)次生富集带。分布于地下水流动带。从氧化带淋滤出来的一些金属硫酸盐溶液渗透到潜水面以下，在还原条件下，与原生硫化物或与化学性活泼的围岩(如石灰岩)发生化学反应，生成次生硫化物，从而增加了原生矿石某些金属的含量，使一些有用金属富集起来，形成次生富集带。如金属硫化物矿床经风化产生的 $CuSO_4$ 和 $FeSO_4$ 溶液，渗至地下水面以下，再与原生金属硫化物反应，可产生含铜量很高的辉铜矿、铜蓝等，从而形成铜的次生富集带。

(3)原生带。分布在大致相当于滞留水带，原生硫化物没有被风化。

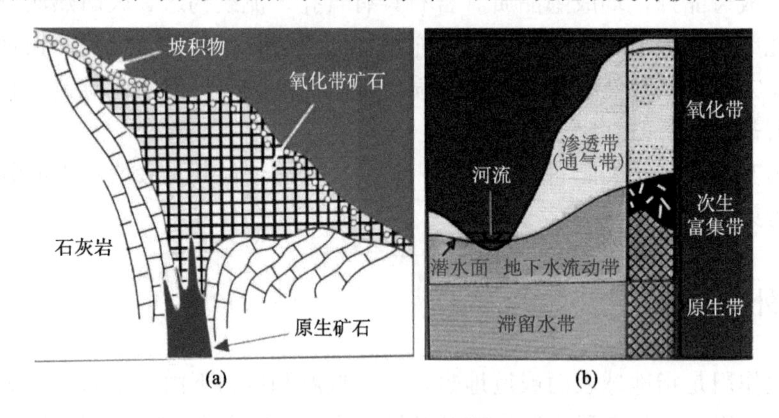

图 2-2　硫化物矿体的(a)氧化露头；(b)次生变化

2）沉积作用

沉积作用包括机械沉积、化学沉积、胶体沉积和生物沉积。

(1) 机械沉积。当风化产物被水流冲刷和再沉积时，物理和化学性质稳定的矿物就形成机械沉积。如长石、石英砂，以及少量重矿物，构成砂岩等沉积岩。比重较大的矿物在河谷或其他有利地段集中堆积形成漂砂矿床，如 Au、Pt 等。

(2) 化学沉积。由溶液直接结晶。多在干旱炎热气候条件下，在干涸的内陆湖泊、半封闭的潟湖及海湾中，各种盐类溶液因过饱和而结晶。如在真溶液盐湖中析出结晶的矿物有石膏、硬石膏、石盐、钾盐、硼砂、光卤石等。

(3) 胶体沉积。胶体溶液被带入湖、海盆内，受到电介质的作用发生凝聚而沉淀，形成 Fe、Mn、Al、Si 的氧化物和氢氧化物，如鲕状赤铁矿、铝土矿、软锰矿、肾状硬锰矿等。胶体矿物常形成致密块状、鲕状、肾状、豆状等形态。

(4) 生物沉积。由生物的有机体、骨骼和遗骸堆积而成，如硅藻土、石灰岩、磷块岩、煤、油页岩、石油等。

2.5.4　变质作用

变质作用包括接触变质作用和区域变质作用。

1）接触变质作用

接触变质作用是指由于岩浆侵入，使围岩受到热的影响而引起的变质作用。引起围岩的重结晶，也可形成新一类矿物。根据变质作用过程中有无交代作用，又可分为两个亚类：热接触变质作用、接触交代变质作用。由于围岩的化学成分及变质条件，将产生不同的变质矿物。以泥质岩为例，泥质岩在热接触变质条件下形成各种角岩：低级变质（温度不高）时，生成斑点状红柱石；中级变质（温度中等）时，主要生成堇青石、石榴石、白云母；高级变质（高温）下，生成矿物为矽线石、正长石、刚玉、石墨等。

在酸性或中酸性岩浆岩和碳酸盐岩石的接触带上，通过交代作用将引发矽卡岩的形成，成为矽卡岩化。后期有热液矿化交代作用，形成 Fe、Cu、W、Mo、B 和多金属等矿床。矽卡岩是在 600～400℃左右形成的，金属矿物是在 450～200℃形成的，深度一般在 1～4.5 km。

(1) 镁矽卡岩。围岩是白云岩或白云质灰岩。主要矿物有镁橄榄石、尖晶石、透辉石、镁铝榴石、磁铁矿等。

(2) 钙矽卡岩。围岩以石灰岩为主。主要矿物有钙铝榴石、钙铁榴石、透辉石、钙铁辉石、硅灰石、方柱石、符山石等。

2）区域变质作用

区域变质作用是指伴随区域构造运动而发生的大面积的变质作用。引起岩石

(或矿床)发生变化的直接因素是高温、高压和以 H_2O、CO_2 为主要活动性组分的流体，使原岩的矿物重结晶，并常常伴有一定程度的交代作用，形成新的矿物组合。区域变质作用下形成的矿物与原岩的成分和变质程度相关，向生成不含 OH 的方向发展，向体积小、比重大的矿物转化，定向压力下柱状和片状矿物呈定向排列，使岩石具有片理和片麻理构造。

主要分类为：①低级区域变质作用，一般形成白云母、绿帘石、阳起石、蛇纹石、滑石、绿泥石和黑云母等含 OH 的硅酸盐矿物；②中级区域变质作用，常形成角闪石、斜长石、石英、石榴石、透辉石、绿帘石、云母等；③高级区域变质作用，生成不含 OH、在高温下稳定的矿物，如正长石、斜长石、堇青石、矽线石、辉石、橄榄石、刚玉和尖晶石等。

2.6 矿物形成的时空关系

在不同成矿阶段所形成的同种矿物，则属于不同的世代。按其形成时间的先后而依次区分为第一世代、第二世代等。由于各成矿阶段间均有一定的时间间隔，其成矿介质和形成条件不可能一致，因此不同世代的同一种矿物，在成分、物理性质、形态等方面往往有微小的差异。例如，我国著名的湖南桃林铅锌矿床中的闪锌矿就具有三个世代，其不同世代的闪锌矿的成分和某些物理性质均有一些差异。

2.6.1 矿物的生成顺序和矿物的世代

自然界地质体中各种矿物在形成时间上会有一定顺序和世代，如图 2-3 所示。矿物通常按晶格能降低的顺序析出，共生的矿物的晶格能大致相近。矿物的空间分布、多成因性及世代性，确定了同种矿物在晶形、物性、成分、结构等方面存在明显差异。

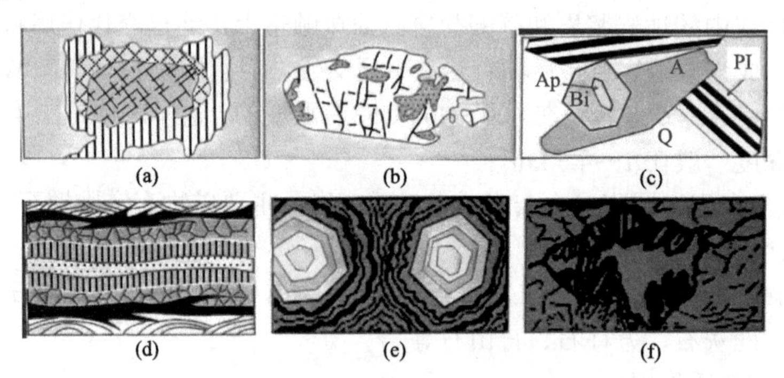

图 2-3 矿物生成顺序的标志

(a)包围；(b)交代；(c)自形程度；(d)对称条带；(e)环带构造；(f)晶洞

在一个地质体中，同种矿物有时也出现先后多次形成的现象，这种先后形成的关系称为矿物的世代。一般说来，矿物的世代是与一定的成矿阶段相对应的。由于一个矿床的形成往往不是一次完成的，而是经历了很长时间，在这个长时间内，成矿溶液可以多次作用，从而相应地出现多个成矿阶段。

自形程度是指组成岩石的矿物的形态特点，它主要取决于矿物的结晶习性、岩浆结晶的物理化学条件、结晶的时间、空间等。

同种矿物也有生成早晚的不同。凡经过一定时间间隔，介质和生成条件发生改变或生长经过中断时，其前后所生成的同种矿物，属于两个世代。在一个矿床中，同种矿物在形成时间上的先后关系，与一定的成矿阶段相对应。

2.6.2 矿物的共生和伴生

如图2-4所示，矿物在空间上的共存，不管生成时间先后，只要在空间上共同存在的不同矿物就称为一个矿物组合。矿物的共生，是同一成因、同一成矿期（或成矿阶段）所形成的不同矿物共存于同一空间的现象。矿物的伴生，是不同成因或矿期（或成矿阶段）的矿物组合。

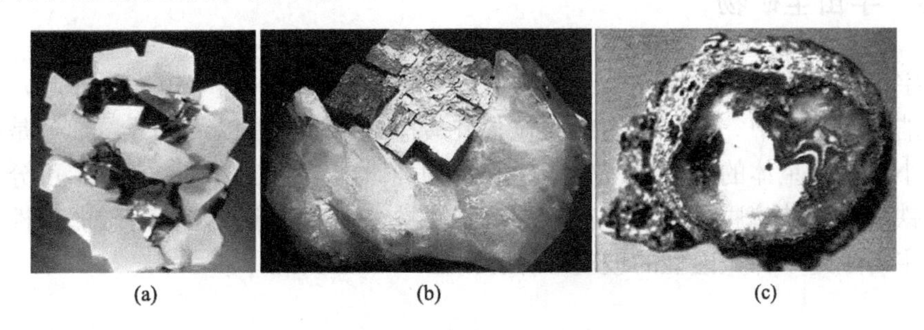

(a) (b) (c)

图2-4 矿物的共生组合（a，b）和伴生组合（c）

研究矿物的共生、伴生、组合与生成顺序，有助于探索矿物的成因和生成历史。同一种矿物，在不同的条件下形成时，其成分、结构、形态或物性上可能显示不同的特征，称为标型特征，它是反映矿物生成和演化历史的重要标志。

2.7 宇宙矿物的分布

宇宙矿物是构成地球以外其他天体的矿物。宇宙矿物包括宇宙尘矿物、陨石矿物及月岩矿物等三大类。宇宙矿物大多与地壳中的矿物相同，只有少数尚未在地壳中发现，推测可能存在于地壳以下。随着现代科技的发展，人类越来越注重宇宙的研究，宇宙矿物研究也成为其重要基础，成为人们格外重视的研究对象。

2.7.1 陨石矿物

陨石是宇宙的星际物质坠落到地球上或其他星球上的一些碎块，它是一种天然的多相矿物体系。按其组成成分不同，可以分为石陨石、铁陨石和石铁陨石三种类型。

石陨石主要是 Mg、Fe、Ca 的硅酸盐矿物组成，包括橄榄石、斜方辉石和单斜辉石等，含镍、铁不多。而铁陨石主要由铁-镍组成，石铁陨石主要由数量大致相当的硅酸盐矿物与金属镍铁组成。

2.7.2 月岩矿物

目前从月岩样品中发现的矿物有 60 余种，其中有少数是地球上未曾发现的。月球表层由一层松散的土壤(3～12 m)以及表土层下面的月海玄武质岩石组成。月球矿物成分非常接近于地球上的超基性-基性岩的成分，矿物有单斜辉石、斜方辉石、钛铁矿、三斜辉石、尖晶石、磷灰石、钾长石、自然金、石墨等。

2.7.3 宇宙尘矿物

宇宙尘矿物是由众多细小粒子组成的一种固态尘埃，自宇宙大爆炸起，便四散在浩瀚宇宙之中。宇宙尘的组成包含硅酸盐、碳等元素以及水分，部分是由彗星、小行星等星体的崩解而产生的，大小为几微米至几百微米。宇宙尘可分为铁质、铁石质、玻璃质。铁质宇宙尘具有强磁性，铁石质宇宙尘具有较弱磁性，玻璃质宇宙尘是一种无磁性的玻璃球体。

2.8 矿物的形态

矿物的形态是指矿物单体、规则连生体及同种矿物集合体的形态，是矿物化学和晶体结构的外在反映。矿物形态是鉴定矿物的重要依据，是研究矿物成因的主要内容，是开发利用矿物成分和结构的重要依据。

2.8.1 理想晶体与实际晶体

1）理想晶体

在几何结晶学中，所有讨论的单形和聚形均为理想晶体，同一晶体的单形的晶面同形等大，在内部结构上严格服从空间格子规律。黄铁矿和磁铁矿在发育良好的情况下，其形貌接近理想的立方体和八面体，如图 2-5 所示。

图 2-5　黄铁矿的立方体与磁铁矿的八面体

2）实际晶体

由于受到外界环境的影响，其内部结构和外部形态偏离理想晶体所遵循的规律，形成非理想形态(歪晶)。例如，内部结构有缺陷(空位、位错等)，则外形上表现出同一单形的晶面不同形等大，甚至缺失一些晶面，有时晶面上还有花纹、阶梯等，如图 2-6 所示。

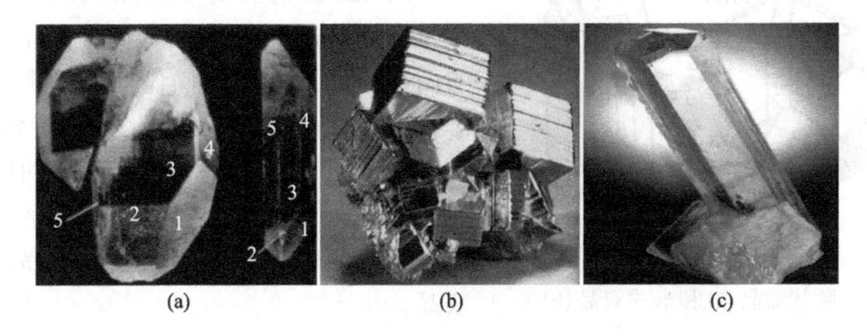

(a)　(b)　(c)

图 2-6　(a)石英、(b)黄铁矿和(c)绿柱石晶体缺陷在外形上的表现

2.8.2　聚合体的形态

矿物聚合体有多种形态，有石英晶簇状聚合体形态、闪锌矿粒状聚合体形态、方解石菊花晶簇状聚合体形态(图 2-7)等。

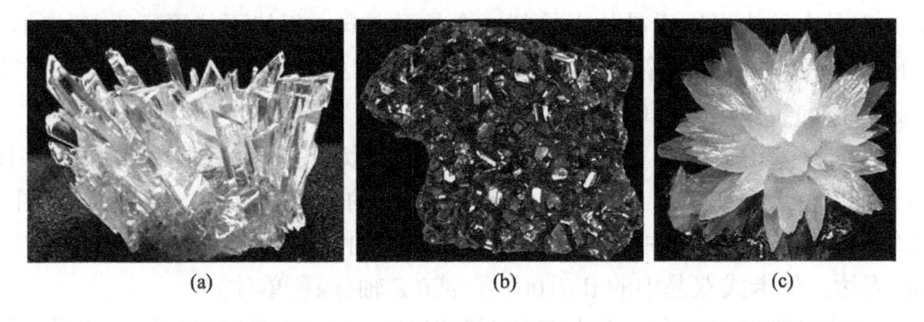

(a)　(b)　(c)

图 2-7　石英聚合体形态(a)、闪锌矿聚合体形态(b)、方解石聚合体形态(c)

2.8.3　规则连生

晶体不仅以单晶形式存在，也以多晶(两个以上)共生的形式存在。在多晶共生形式中，又有无规律共生和规律共生两种方式。晶体的规律共生有两种类型：同种晶体的规则连生(如双晶)和不同种晶体的规则连生[如浮生(外延生长)和交生(固溶体离熔)]。

2.8.3.1　双晶

1）双晶的概念

两个或两个以上同种单体按一定的对称关系取向所形成的规则连生晶体即为双晶。构成双晶的两个单体通过相关的对称操作彼此重合或平行。

锡石的膝状双晶由两个单晶体构成[图 2-8(a)]，图中的坐标系是针对上部单晶体的。容易看出，下面单体通过图 2-8(a)中平面 *ABCD* 的反映与上面单体完全重合。钾长石的卡式双晶[图 2-8(b)]是互为双晶的两个单体通过对称操作而彼此平行的例子；图中深色单体通过直线 tl 旋转 180°后不能与无色单体重合，但两者的所有晶面和晶棱，以及对称要素都彼此平行。因此，图 2-8 中的两个规则连生的晶体都是双晶。

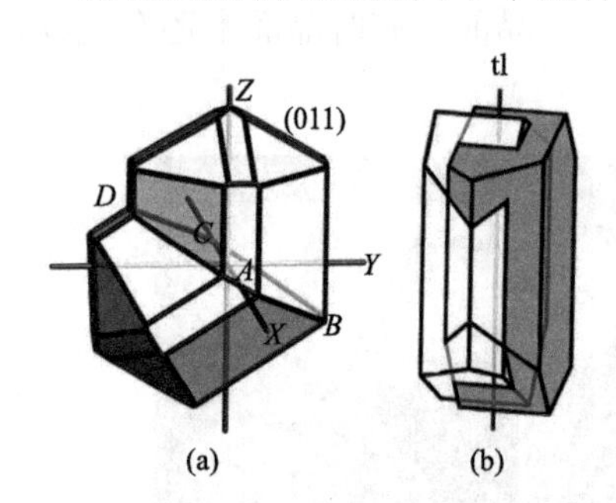

图 2-8　膝状双晶(a)和卡式双晶(b)

2）双晶要素

使双晶的两单体重合或者平行所借助的几何要素称作双晶要素，如双晶面和双晶轴。

(1)双晶面(tp)。双晶面是一假想的几何平面，构成双晶的两个单体通过它的反映达到重合或平行。图 2-8(a)中的平面 *ABCD* 是锡石膝状双晶的一个双晶面。注意：双晶面始终平行于晶体上的某一个晶面方向，但绝不能平行于晶体的对称面。所以，双晶面用晶面符号表示，例如双晶面 *ABCD* 与(011)面平行，所以膝状双晶的双晶面记作：tp //(011)。

(2)双晶轴(tl)。双晶轴是一根假想的直线，双晶的一个单体通过它旋转 180°与另一个单体重合或平行。图 2-8(b)卡式双晶上的直线 tl 即为一根双晶轴。注意：双晶轴绝不能平行单体中的偶次对称轴。双晶轴以双晶中一个单体的晶棱符号[*uvw*]表达，如卡式双晶中的 tl //[001]，或// *Z* 轴(深色单体)。

一个双晶可以有一个或多个双晶面和双晶轴。双晶面与双晶轴的关系是或者平行，或者垂直。

3）双晶结合面

双晶结合面是双晶中两个单体彼此结合的物理界面，它可以是一个平面，如锡石膝状双晶的双晶结合面就是平面 *ABCD*；它也可以是一个折线状的面，如卡式双晶中深、浅色单体的折线状界面。

与双晶面一样，双晶结合面也用晶面符号表示，如膝状双晶的双晶结合面是(011)，而卡式双晶的双晶结合面是(010)。

4）双晶律

单体构成双晶的规律就叫作双晶律。

双晶律的命名原则如下：①以双晶的特征矿物命名，如尖晶石律；②以发现地命名，如卡尔斯巴双晶(卡式双晶)；③以双晶的特殊形状命名，如膝状双晶；④以双晶要素(如 tp / tl)命名；⑤以双晶面的性质命名，如底面双晶。

5）双晶类型

根据双晶中两单体的结合方式，可将双晶分为以下两大类型：

(1) 穿插双晶：两个或多个单体互相穿插形成双晶，特征是双晶结合面曲折复杂(不是一个简单平面)，如卡式双晶。

(2) 接触双晶：双晶结合面为简单平面的双晶。接触双晶进一步分成：①简单接触双晶：两单体以一平面状的双晶结合面结合形成的双晶，如膝状双晶。②聚片双晶：多个单体按同一双晶律聚合，而且它们的双晶结合面互相平行，如钠长石律聚片双晶。③环状双晶：三个以上单体按同一双晶律聚合成一封闭的环。④复合双晶：即两种不同的双晶律同时存在于一个双晶中，如卡-钠复合双晶。

6）双晶形成机理

双晶的成因说法很多，并未有统一说法，但下面三种形成方式基本得到认可。

(1) 生长双晶：生长过程中形成的双晶。

(2) 转变双晶：晶体形成后，因所在温度或压力条件的变化而形成的双晶，如从β-石英转变成α-石英时，在α-石英中形成的道芬双晶，前人的研究显示该双晶还可能为应力所致。

(3) 机械双晶：因机械力产生的双晶，如方解石的负菱面体$\{01\bar{1}2\}$双晶。

2.8.3.2 外延生长(浮生)

一种晶体按一定结晶学方位附生在另一种晶体表面上的现象叫作晶体的外延生长(或叫作浮生)，它也包括一种晶体以另一种晶体为晶核并在晶核上长大的现象。外延生长的必要条件是互为附生的两种晶体有结构特征相似的面网，如质点的排布方式和质点间距等，结构差距越小，附生成功的概率越大；当然，

如果质点的性质也相近，附生成功的概率更大。图 2-9(a)是三方晶系的赤铁矿(Fe_2O_3)以(0001)面在等轴晶系的磁铁矿(Fe_3O_4)(111)面上附生的例子，从图中可以看到两种晶体的 L^3 彼此平行(重合)。图 2-9(b)是//赤铁矿[0001]方向局部结构的投影图，(c)是//磁铁矿[111]方向局部结构的投影图，其中大白球是氧，小黑球是 Fe。赤铁矿(H)和磁铁矿(M)结构中黑球构成的六边形中两黑球中心的距离分别是 0.503 nm 和 0.587 nm，则两者的错配率($|R_M-R_H|/R_M$)×100%=14.31%。

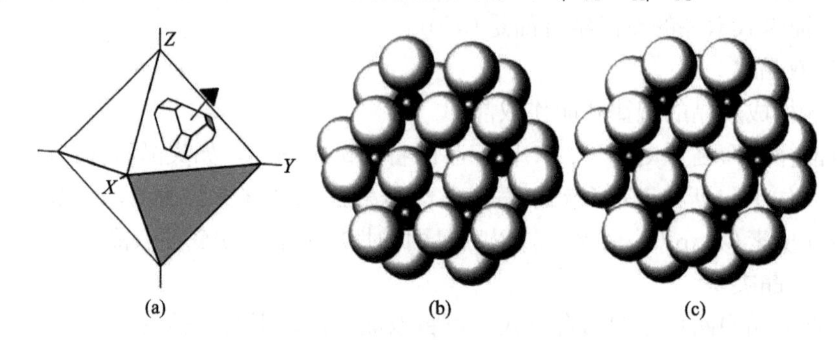

图 2-9 磁铁矿上附生的赤铁矿晶体的局部结构特征

2.8.3.3 固溶体离溶(交生)

交生是一种晶体按一定结晶学方位嵌生于另一种晶体中的现象。该现象的形成机理是高温固溶体在常温下的离溶，即某种在高温条件下稳定、具有比较复杂组分的晶相在降温途中失稳，一种晶相从主晶相中分离出来；由于晶体的空间已基本确定，其中数量少的晶相只好嵌于主晶相的晶体(寄主)中。例如，钛铁矿($FeTiO_3$，$R\bar{3}$)中含有大量赤铁矿(Fe_2O_3，$R\bar{3}c$)片晶。原因是高温时，大量 Fe_2O_3 溶解在 $FeTiO_3$ 晶体中；当温度下降到 550～660℃时赤铁矿呈薄的叶片状从钛铁矿中析出，并定向地存在于钛铁矿晶体中。闪锌矿含乳滴状黄铜矿的现象也是这种成因。

2.8.4 晶体的表面微形貌

实际晶体的表面基本都不是理想晶面。不同的矿物，其晶体表面的微形貌特征也不同，主要包括晶面条纹、生长层、螺旋纹、生长丘、蚀象等。晶面的微形貌对于生长条纹尤其敏感，它可以提供丰富的生长机制和内部结构信息。

1）晶面条纹

由于不同单形的细窄晶面反复相聚、交替生长而在晶面上出现的一系列直线状平行条纹，也称聚形条纹。这是晶体的一种阶梯状生长现象，只见于晶面上的生长条纹。

矿物晶面上的一系列平行的或交叉的条纹，服从晶体对称性。它是在晶体生产过程中，两个相互邻近的紧密交替发育而形成的。

晶面条纹(聚形条纹、生长条纹)只出现于矿物晶面上，粗细、宽窄不同。除聚形条纹外，还有聚片孪晶纹，这种条纹不但见于晶面上，还见于晶体内部，粗细、宽窄相同。

黄铁矿立方体晶面上有三组相互垂直的晶面条纹，服从对称型。如图2-10所示，这样条纹的出现，使黄铁矿立方体的对称型 $3L^4 4L^3 6L^2 9PC$ 降低到了五角十二面体的对称型 $3L^2 4L^3 3PC$。黄铁矿立方体晶面上条纹是立方体与五角十二面体交替出现的结果。

图2-10 黄铁矿晶面条纹

电气石的柱面纵纹是复三方柱与六方柱交替生长的结果，石英的柱面横纹是六方柱与菱面体交替生长的结果，黄玉的柱面纵纹是斜方柱与斜方双锥交替生长的结果，如图2-11所示。

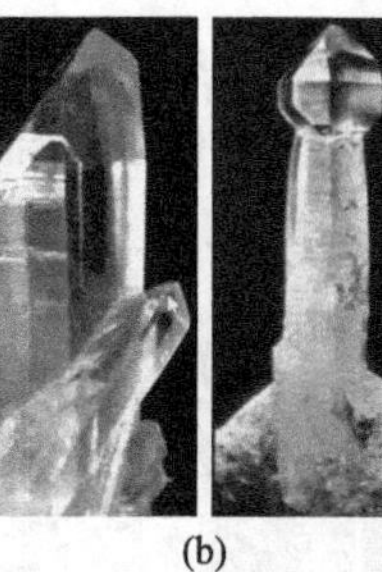

(a) (b) (c)

图2-11 电气石的柱面纵纹(a)、石英的柱面横纹(b)、黄玉的柱面纵纹(c)

2）生长层

晶面上一系列平行生长的堆叠层，形成如地图上等高线一样的花纹，这是面网平稳向外生长的结果(层生长理论)。例如，金刚石的生长层(生长台阶)，黄铁矿八面体晶面上等边(正)三角形花纹形成正三角形生长层(图2-12)。

图 2-12　(a) 金刚石晶面和 (b) 黄铁矿晶面上生长层

3）螺旋纹(晶面台阶)

螺旋纹指晶面上由于螺旋生长所留下的螺旋线纹，可以用螺旋位错生长理论作解释。如莫来石晶体和黑钨矿表面的螺旋生长纹，如图 2-13 所示。

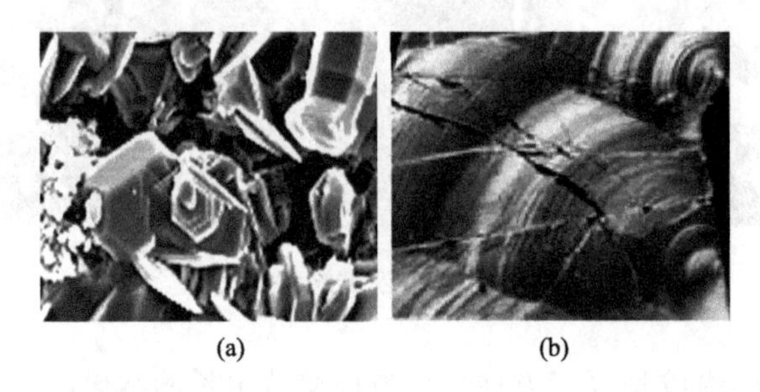

图 2-13　莫来石晶体的螺旋位错生长 (a)、黑钨矿表面的生长台阶 (b)

4）生长丘

生长丘是指晶面上稍微凸起的丘状体，这是由于晶面上局部的晶格缺陷堆积生长而成的。这种现象在很多矿物晶体表面非常常见，如刚玉、钻石和绿柱石的晶体表面，见图 2-14。

图 2-14　刚玉 (a)、钻石 (b)、绿柱石 (c) 晶面生长丘

5）蚀象

蚀象是指晶面受溶蚀而形成的凹坑(溶蚀坑)，有一定的形状和方向。蚀象的

形状和分布，主要受晶体内部质点的排列方式的控制。所以，不仅不同种类的晶体其蚀象的形状和方位不同，就是同一晶体单形的晶面上，蚀象的形状和方位一般也不相同(图 2-15)。

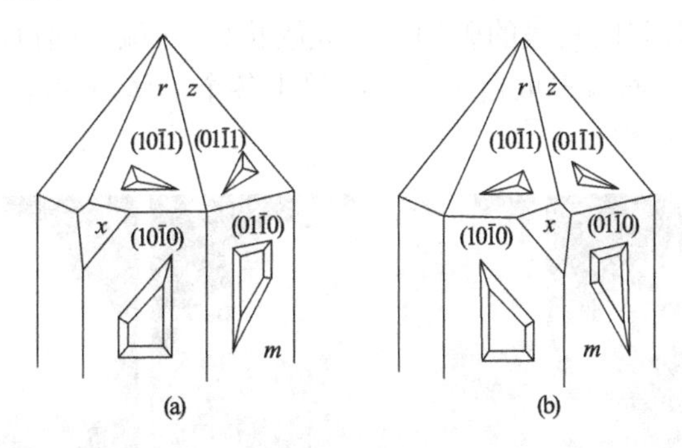

图 2-15　石英晶面上蚀象的形状和方位

2.8.5　矿物集合体的形态

矿物大多数都是以集合体的形式出现的。显晶质矿物，其集合体形态主要取决于单体的形态和它们的集合方式；隐晶质或胶体矿物，其集合形态主要取决于形成条件。根据颗粒大小(或可辨度)可分为：显晶质矿物集合体，用肉眼或放大镜可以辨认出个体的；隐晶质矿物集合体，用显微镜可以辨认出个体的；胶态矿物集合体，用显微镜也不能辨认出个体的。

1）显晶质矿物集合体

(1)按矿物单体的形态(习性)和集合方式。

矿物单体的形态和集合方式有粒状、片状、板状、针状、柱状、放射状、纤维状、毛发状等。按照集合的方向，可分为一、二和三向延伸几何体，形貌特征如图 2-16 所示：一向延伸集合体为针状、柱状、棒状、束状、毛发状、放射状等。例如，黄磷铁矿、辉锑矿、中沸石、铬酸铅矿等。二向延展集合体为片状集合体

(a)　(b)　(c)

图 2-16　(a)辉锑矿(一向)、(b)铁锂云母(二向)和(c)橄榄石(三向)

(云母)、板状集合体(重晶石、黑钨矿)、鳞片状集合体(石墨、绿泥石)等。三向等长集合体为石榴石、橄榄石等，可分为粗粒、中粒、细粒。

(2)按组成集合体的矿物生长方式。

a. 晶簇。由具有共同基底的矿物个体成簇状(另一端空间自由发展)集合而成，常产于晶洞中。压电石就多取自于石英晶簇中各个单体纯净部分。图 2-17 为紫石英和鱼眼石晶簇的形貌。

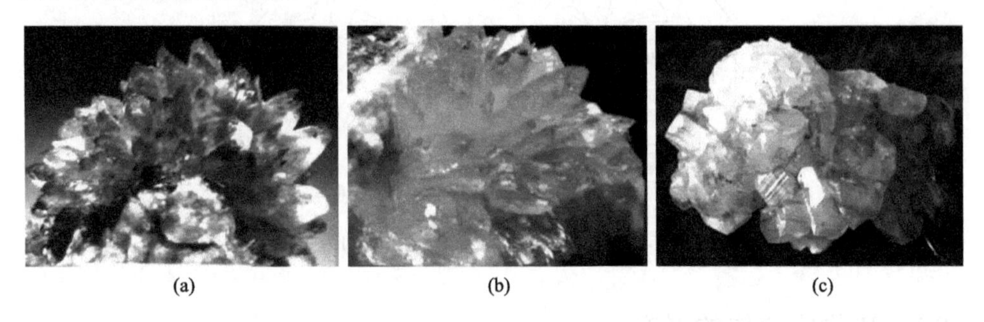

图 2-17　(a)紫石英晶簇状；(b，c)鱼眼石晶簇状

b. 块状。本身就是矿物个体上的一块，也许是隐晶质矿物，用放大镜也难以分辨个体。

2）隐晶质和胶态集合体

隐晶质集合体只有在显微镜的高倍镜下才能分辨出矿物单体，许多黏土矿物皆如此，几千倍至几万倍才能分辨出矿物单体。

胶态集合体在电子显微镜下也分辨不出单体矿物界线，单体矿物实际上并不存在。胶态集合体可由溶(熔)液直接凝结而成或由胶体老化而成，不存在个体。由于胶体的表面张力作用，常使集合体表面趋向呈球状外貌。胶体老化后，成为隐晶质，也可以成显晶质，使球体内部形成放射纤维状。例如，孔雀石、硬锰矿、绿松石、玛瑙等常以胶态集合体出现，如图 2-18 所示。

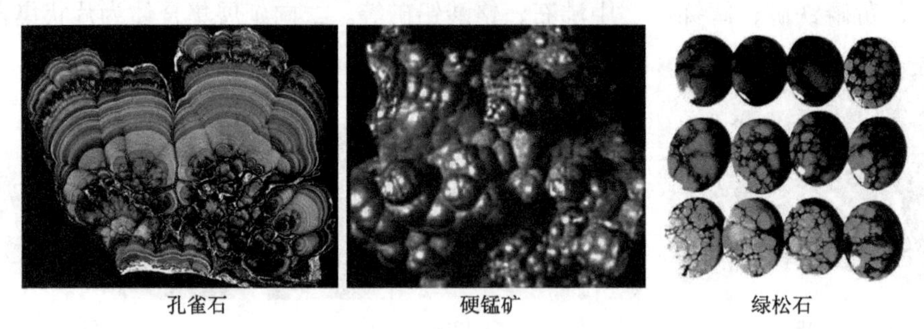

图 2-18　胶态集合体形貌

按形成方式和外表整体特征划分，其主要类型有：

(1)分泌体。常为胶体成因。在不规则岩体或球状的空洞中，胶体物质或晶质物质由洞壁向中心逐层沉淀而成的同心层状构造的矿物集合体。同心层的各层成分、颜色多为不同，从而表现为带状色环现象，如雨花石与玛瑙。分泌体中心常留有空腔或长有晶簇。

(2)结核。常为胶体成因。物质围绕一核心自内向外逐层生长而成的球体、凸镜状或瘤状集合体。粒径不一，从几毫米到几米。结核体的内部构造可以是放射状、同心层状或致密块状的。有的结核体中心是空的或被其他物质充填。

结核体常形成于沉积岩中，成分来源于围岩。结核体的矿物常为磷灰石、方解石、菱铁矿、褐铁矿、黄铁矿、蛋白石等。

(3)鲕状、豆状集合体。常为沉积作用形成。围绕一物质(矿物碎片、砂砾、气泡等)生长而成，鲕状或豆粒内部具同心层状构造。鲕状、豆状彼此间通常被同种成分的物质胶结在一起。

鲕状集合体，如同鱼子大小的圆球群；豆状集合体，如同豌豆大小的圆球群。

(4)钟乳状集合体。常为凝胶再结晶。由同一基底向外逐层生长而成的，呈圆锥状、圆柱状等的矿物集合体。其内部常具有同心层状构造或放射状构造，有时可能是空心的。按其形状命名，有石钟乳、石笋、石柱等。

(5)葡萄状、肾状集合体。其成因、产状及构造均与钟乳状集合体类同。在空隙或裂隙中，由共同的基底向外逐层生长，并具有同心层状和放射状构造，但外形呈多个相互连接的半球，如葡萄状、肾状的矿物集合体。

(6)其他类型。粉末状、土状、膜状、皮壳状等集合体。例如，皮壳状绿松石集合体、高岭石粉末状集合体。

2.8.6　矿物形成的方式和条件

1）矿物形成方式

由气态转变成为固态，如 $H_2S+O \longrightarrow S+H_2O$；由液态(溶液和熔体)转变为固态，如石盐和岩浆冷凝；由固态转变成固态，如重结晶、固态相变、脱玻化。

2）矿物形成条件

取决于温度、压力、组分浓度、介质酸碱度(pH值)、氧化还原电位(E_h值)。

3）晶形的变化

矿物形成后，受后来溶液的溶蚀，晶体几何凸多面体的角顶、晶棱变圆滑，逐渐向球状晶形过渡。

2.8.7　矿物成分和结构变化

矿物形成之后，在后来的地质作用下，当物理化学条件的改变超出矿物的稳定环境时，矿物就会发生变化。

1）化学成分的变化

(1)交代作用：已经形成的矿物与熔体、气液或溶液的相互作用而发生组分上的交换，使原矿物转变为其他矿物。

例如，在风化作用中，正长石会发生高岭石化：

$$4K[(AlSi_3)O_8]+4H_2O+2CO_2 \longrightarrow Al_4[Si_4O_{10}](OH)_8+8SiO_2+2K_2CO_3$$

(2)失水作用：含水矿物因失去所含的结晶水而变成另一种矿物的作用。例如，石膏转变成硬石膏，形成假象。

$$CaSO_4 \cdot 2H_2O \longrightarrow CaSO_4+2H_2O$$

(3)水化作用：无水的矿物因一定比例的水加入到矿物晶格中而变成含结晶水的矿物的作用。例如：硬石膏转变成石膏，形成假象。

$$CaSO_4+2H_2O \longrightarrow CaSO_4 \cdot 2H_2O$$

2）矿物结构的变化

(1)相转变。很多矿物在不同物理条件下会发生同质多象转变，如α-石英和β-石英互变。

(2)玻璃化作用和变生矿物。

(3)胶体结晶作用和胶体矿物，如蛋白石-石英。

2.8.8　矿物相变研究

探讨矿物的成因、了解矿物及其所在地质体的形成条件和演化历史，对指导找矿及人工合成晶体材料均有重要意义。

晶体结构的变化主要包括同质多象相变和多型相变等。同质多象相变：当外界条件改变到一定程度时，同质多象各变体之间在固态条件下发生结构的转变。多型相变：同种物质的不同多型之间的转变。

1）重建式相变

晶体结构发生了彻底改变，包括键性、配位态及堆积方式等的变化，再重新建立起新变体结构。转变需要外界提供相当高的活化能力才可发生。

2）移位式相变

无需破坏原有的键，仅结构中原子或离子稍作位移即实现了相转变(畸变式)。此类相变通常迅速且可逆。

3）有序-无序相变

同种物质晶体结构的无序态与有序态之间的转变。

(1)有序化是必然趋势。

(2)有序-无序相变往往是达一定的临界温度后，通过结构有序的连续变化，而在或长或短的时间内逐步完成的。

(3)温度升高，促使晶体结构从有序到无序，晶体对称程度增高；而温度缓慢降低，则有利于无序结构的有序化，晶体的对称性降低。

2.8.9 假象和副象

1）假象

交代作用通常沿矿物的边缘、裂隙、解理开始进行，若交代强烈时，原来的矿物可全部被新形成的矿物所代替。当交代后矿物成分已完全转变为新的矿物，但仍保留原矿物的外形，此现象称为假象。属于交代成因的称为交代假象，如褐铁矿呈黄铁矿假象或称假象褐铁矿。

2）副象

矿物发生同质多象转变时，其晶体结构及物理性质均发生明显的变化，新的矿物仍保留原矿物的外形。

2.8.10 晶质化与非晶质化

1）晶质化

随着时间的推移，一些非晶质化矿物在漫长的地质年代中渐变为结晶体矿物，称为晶质化和脱玻化。如蛋白石转变为石英，火山玻璃的脱玻化形成石英、长石晶雏等。

2）非晶质化

非晶质化的矿物称为变生矿物。与晶质化现象相反，一些含U、Th等放射性元素的晶质矿物，在放射性元素蜕变时放出的α射线的作用下，其晶格遭受破坏，转变为非晶质矿物，称为非晶质化或玻璃化。如晶质的锆石因含放射性元素，由于放射性元素蜕变，放出能量(α 射线)而非晶质化变为变生矿物水锆石，进一步变成曲晶石，与此同时矿物的一系列物理性质也随之变化。

2.8.11　矿物标型

标型矿物是指只限于某种特定的成岩、成矿作用中才能形成的矿物，亦即单成因矿物，所以，标型矿物都是单成因的，它们的出现就可作为成因上的标志。矿物的标型特征是指不同成因的同种矿物，由于其形成时的物理化学条件有所不同，而在其成分、结构、晶形、物理性质上反映出一定的差异，此种差异可作为成因上的标志。例如，只产于碱性火山岩和次火山岩中的白榴石；只生成在低温热液矿床中的辰砂、辉锑矿；只产于中级变质岩中的十字石，标志变质作用环境。蓝闪石是低温高压条件的标志矿物，柯石英是超高压变质(2.8 GPa)的产物。标型矿物可以表征特定的地质作用条件。

矿物标型可以分为以下几种情况。①成分标型：微量元素类质同象混入物。②结构标型：多型、有序度、阳离子配位、键长、晶胞体积等。③型态标型：晶体的形状、习性、大小、双晶界面、集合体等特点。④物性标型：颜色、条痕、光泽、硬度、相对密度、发光性、磁化率、热电系数等。

标型矿物或标型矿物的共生组合，强调矿物或矿物组合的单成因性，其本身即是成因上的标志。了解地壳、地幔和宇宙，探索矿物及地质体的成因，有利于指导找矿勘探，评价地质体的含矿性。

矿物的标型特征，能反映矿物的形成和稳定条件的矿物学特征。全球性的矿物标型较少，多为地区性标型。

2.8.12　矿物中包裹体

矿物中包裹体是指矿物生长过程中或形成过程中，被捕获包裹于矿物晶体缺陷(如晶格空位、位错、空洞和裂隙等)中的，至今尚完好封存在主矿物中并与主矿物有着相界线的一部分。

1）矿物中包裹体的相态

矿物中包裹体的相态是多种多样的，可以是气态也可以是液态或固态。

2）包裹体类型

按成因可分为原生、次生和假次生包裹体。

(1)原生包裹体：矿物结晶过程中被捕获封存的成岩成矿物介质(含气液的流体或硅酸盐熔融体)。与主矿同时形成。常沿主矿物的一些结晶方向，呈带条、环状、群片状。

(2)次生包裹体：矿物形成以后，后期热液沿矿物的微裂隙贯入，引起矿物局部溶解或重结晶，因而形成定向排列的包裹体。常沿矿物裂隙分布。

(3) 假次生包裹体：矿物生长过程中，由于构造应力作用，使矿物晶体产生局部破裂或蚀坑，成矿流体进入其中，并使这些部位发生重结晶而被继续生长的晶体封存所形成的包裹体。其沿愈合裂隙分布，但裂隙只局限于主矿物内部，并不切穿矿物晶体颗粒；普遍存在于矿物中，数量当多；形状各异，成分复杂，可以是气态、液态或固态；大小不一，气液包裹体大多小于 10 μm。

2.9　矿物的物理性质

晶体的物理性质是晶体作为材料得以利用的根本，也是晶体作为材料有别于矿石的根本。晶体的物理性质取决于晶体的成分和结构。当我们要修改或调整晶体的某种性质时，就必须在晶体的成分和结构上下功夫。只有搞清楚了所要修改或调整的性质的机理，才有可能定量地控制那个性质并加以应用。

2.9.1　光学性质

1）矿物颜色

物质的颜色是物质的成分和结构与可见光相互作用的结果。自然白光由 7 种纯色光构成，图 2-19 为反映这些色光分布与关系的色品图。

矿物的颜色多种多样，是其最明显、最直观的物理性质。矿物对不同波长可见光吸收程度不同的反映：对光全部吸收呈黑色，对所有波长的色光均匀吸收呈

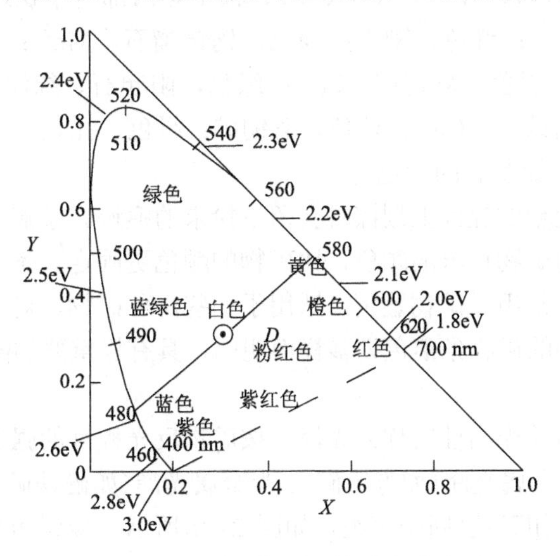

图 2-19　色品图

不同程度的灰色，基本上不吸收呈无色或白色，选择吸收一些波长的色光呈吸收色光的补色。

矿物学中一般将颜色分为 3 类：①自色，矿物本身固有的成分、结构所决定的颜色，具有鉴定意义。例如孔雀石的翠绿色，黄铜矿的铜黄色，赤铁矿的红色。②他色，由外来的机械杂质，如带色矿物微粒、气泡等所引起的颜色，与矿物晶格的成分结构无关。如刚玉 Al_2O_3，纯净时呈无色；含微量 Cr 时呈红色(红宝石)；含微量 Fe、Ti 时呈蓝色(蓝宝石)。他色很不稳定，因产地、形成条件的不同而异，有时可作一些矿物的辅助识别标志。③假色，是由于矿物内部裂隙或表面的氧化膜对光的折射、散射引起的。如斑铜矿新鲜面为古铜红色，氧化后因表面的氧化薄膜引起反射光的干涉而呈现蓝紫色的锖色。矿物内部含有定向的细微包体，当转动矿物时可出现颜色变幻的变彩，透明矿物的解理或裂隙有时可引起光的反射、干涉而出现彩虹般的晕色等。乳光又称蛋白光，是胶态集合体或超显微晶质如蛋白石、珍珠质或玉髓等的光色。其起因类似丁铎尔效应，即胶体分散相或超显微粒子的漫反射效应。变彩则是由于矿物内部有微细叶片状包裹物引起光的干涉作用(月长石)，或由于本身内部结构的特征(蛋白石)。

呈色的原因，一类是白色光通过矿物时，内部发生电子跃迁过程而引起对不同色光的选择性吸收所致；另一类则是物理光学过程所致。导致矿物内电子跃迁的内因，最主要的是色素离子的存在。色素离子是指过渡金属元素如 Ti、V、Cr、Mn、Fe、Ni 以及 W、Mo、U、Cu、稀土等内部电子跃迁激发，使矿物呈现色彩。例如，Cr^{3+}：红色，刚玉；绿色，钙铬榴石。Mn^{2+}：玫瑰色，菱锰矿、蔷薇辉石。Mn^{4+}：黑色，软锰矿。Fe^{2+}：绿色，阳起石、绿泥石。Fe^{3+}：红色、褐色，赤铁矿、褐铁矿。Cu^{2+}：蓝色，蓝铜矿；绿色，孔雀石、绿松石。晶格缺陷形成“色心”，如萤石的紫色等。

矿物在白色无釉的瓷板上划擦时会留下粉末的痕迹。条痕是矿物在白色瓷板上擦划后所留下的矿物粉末的颜色，比矿物的颜色更固定。条痕的颜色可以消除假色，减弱他色，常用于矿物鉴定，适用于一些深色矿物，对浅色矿物无鉴定意义。对不透明矿物的矿物条痕色调多样而明朗，具有极重要的鉴定意义。

2）矿物光泽

矿物平整表面反光的性质称为光泽。按矿物反光程度的强弱，用类比法可将矿物的光泽分为：金属光泽(如方铅矿)、半金属光泽(如磁铁矿)、金刚光泽(如金刚石)及玻璃光泽(如石英)四个等级，如图 2-20 所示。金属和半金属光泽的矿物条痕一般为深色，金刚或玻璃光泽的矿物条痕为浅色或白色。

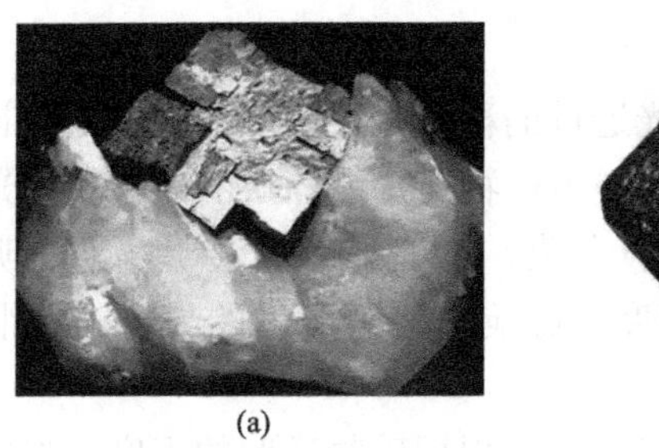

图 2-20　(a) 方铅矿 (金属光泽) 和 (b) 磁铁矿 (半金属光泽)

当矿物表面不平整、带有极小孔隙或不是单晶体而是隐晶质或非晶质集合体时，会表现一些特殊的光泽，如图 2-21 所示。油脂光泽：解理不发育的透明矿物，在不平坦的断口上表现得如同固态油脂一样的光泽，如石英、石榴石的断口。丝绢光泽：透明矿物呈纤维状集合体时，表面呈现丝绸一样的光泽，如纤维状石膏、石棉等。珍珠光泽：部分透明、完全或极完全解理的矿物，由于内层解理面反射光相互干涉形成类似珍珠或贝壳珍珠层表面的柔和又多彩的光泽，如白云母、方解石的解理面。土状光泽：粉末状或土状隐晶质矿物集合体表面呈现出的类似黏土样的暗淡光泽，如隐晶质高岭石。还有树脂光泽、蜡状光泽。

图 2-21　一些特殊的光泽

影响光泽的主要因素是矿物的化学组成和晶格类型，具有金属键的矿物多呈金属光泽、半金属光泽；具有共价键的矿物多呈金刚光泽或玻璃光泽；具有离子键或分子键的矿物，对光的吸收小，反光弱，光泽也就弱。

3）透明度

透明度是指矿物晶体允许可见光透过的程度，透明度和光泽是互补的两种属性。肉眼观察矿物的透明度时，通常隔着矿物薄片或碎块的刃边观察光亮处的近物，并根据所见近物的清晰程度进行分类，一般可分为透明、半透明、不透明矿物三级，指矿物透过可见光的程度。影响矿物透明度的外在因素很多，如厚度、含有包裹体、表面不平滑等。

通常是在厚为 0.03 mm 薄片的条件下，根据矿物透明的程度，将矿物分为透明矿物(如石英)、半透明矿物(如辰砂)和不透明矿物(如磁铁矿)。

透明矿物，指的是允许绝大部分可见光通过，隔着其薄片或碎块的刃边，可清晰观察到物体轮廓，如白云母、石英、长石。半透明矿物，指的是隔着矿物薄片或碎块，仅能见另一侧物体的模糊阴影，如闪锌矿、辰砂。不透明矿物，不允许可见光透过，隔着矿物薄片或碎块，不能见另一侧物体，如磁铁矿、黄铁矿。

许多矿物标本看来并不透明，实际上都属于透明矿物，如普通辉石等。一般具玻璃光泽的矿物均为透明矿物，显金属或半金属光泽的为不透明矿物，具金刚光泽的则为透明或半透明矿物。

4）发光性

发光性是指矿物受到外界能量激发(如加热、紫外线、X 射线等)时发出的可见光的性质。矿物晶体结构中的质点受外界能量激发产生电子跃迁，在电子由激发态回到基态的过程，又将吸收的能量以可见光的形式释放出来。少数矿物的发光性是自身固有的特征，如白钨矿($Ca[WO_4]$)中含有少量钼。大多数矿物的发光性与晶格中存在微量元素充当活化剂相关，如闪锌矿中含微量 Cu。

加热、摩擦以及阴极射线、紫外线、X 射线的照射都是激发矿物发光的因素，激发停止，发光即停止的称为荧光；激发停止发光仍可持续一段时间的称为磷光。

(1)荧光。

外界激发能量停止作用后，矿物便停止发光，这种光称为荧光。常见的具有发光性的矿物如石膏、方解石、萤石、金刚石、白钨矿等。发光性是鉴定这些矿物的重要特征之一，如图 2-22 中的石膏和方解石在日光和荧光下呈现出截然不同的形貌特征。

(a)

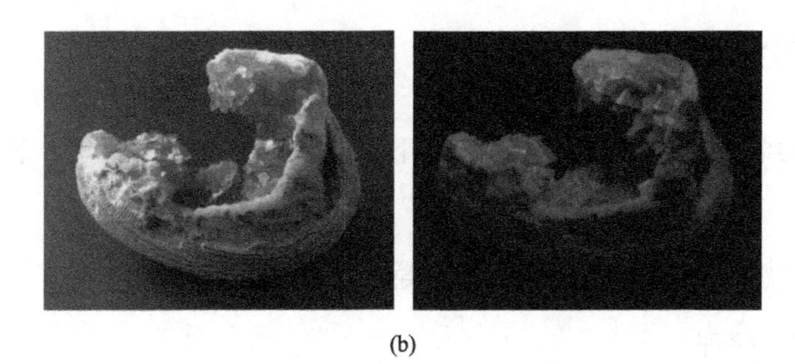

(b)

图 2-22 (a)石膏(含有机杂质)与荧光；(b)蛤蜊化石中的方解石与荧光
图片引自："矿业在线"微信公众号

(2)磷光。

若外界能量停止作用后，矿物仍能在短时间内继续发光，呈一种缓慢发光的光致冷发光现象，这种光称为磷光。当矿物经一定波长的入射光(通常是紫外线或X 射线)照射，吸收光能后进入激发态(通常具有和基态不同的自旋多重度激发态)，然后缓慢地退激发并发出比入射光的波长长的出射光(通常波长在可见光波段)。当入射光停止后，发光现象持续存在。发出磷光的退激发过程是被量子力学的跃迁选择规则禁戒的，因此这个过程很缓慢。所谓的"在黑暗中发光"的材料通常都是磷光性材料，如夜明珠。

(3)特殊的光学效应。

由于矿物内部具有包裹体、孪晶、微细物等内在因素，会导致光的干涉、散射、衍射等现象，使矿物显现出特殊光学效应，如猫眼效应、星光效应(图 2-23)。

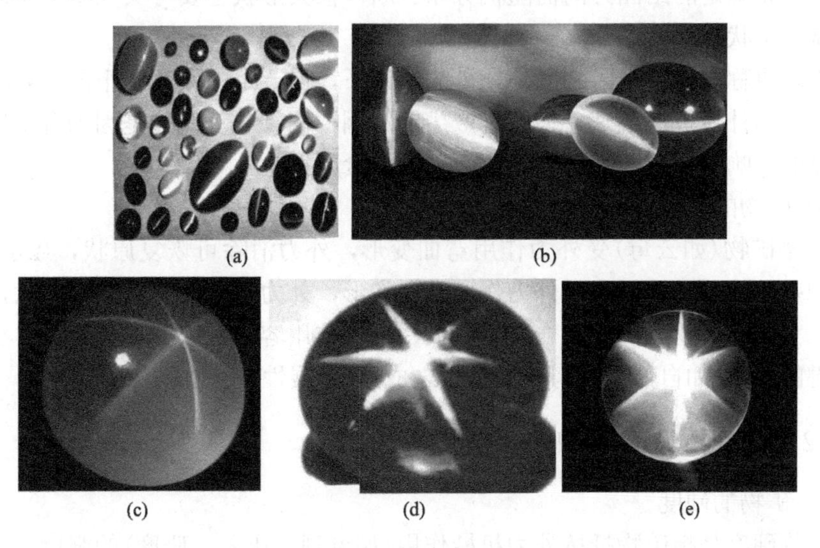

(a) (b) (c) (d) (e)

图 2-23 特殊光学效应
(a，b)猫眼效应；(c～e)星光效应

2.9.2　力学性质

矿物的力学性质指矿物在外力作用下表现出来的硬度、解理、裂开、断口等物理性质。

2.9.2.1　矿物的解理、断口与裂理等

1）矿物的解理

在外力作用下，矿物晶体沿着一定的结晶学平面破裂形成一系列光滑平面的性质称为解理。解理面一般也是原子排列最密的面网、阴阳电性中和的面网、两层同号离子相邻的面网，以及化学键力最强的方向，解理服从晶体的对称性。解理面可用单形符号表示，如方铅矿具立方体{100}解理、普通角闪石具{110}柱面解理等。

根据解理产生的难易和解理面完整的程度，可将解理分为：①极完全解理(如云母)；②完全解理(如方解石)；③中等解理(如普通辉石)；④不完全解理(如磷灰石)；⑤极不完全解理(如石英)。不同种类的矿物，其解理发育程度不同，有些矿物无解理，有些矿物有一组或数组程度不同的解理。

观察解理时，需要区别晶面和解理面，注意解理完善程度，还要关切解理的组数及夹角，不同解理完善程度差别等。如石盐有三组解理面，夹角均为直角；重晶石在一个方向上完全解理，另两个方向为中等解理。

2）矿物的断口、裂理

断口是指矿物在外力作用如敲打下，沿任意方向产生的各种断面，不平整、不光滑、无确定的结晶方向而随机分布。断口依其形状主要有贝壳状、锯齿状、参差状、土状等。

裂理也称裂开，是矿物晶体在外力作用下，沿一定的结晶学平面破裂的非固有性质。它外观极似解理，但两者产生的原因不同。裂理往往是因为含杂质夹层或双晶的影响等，并非某种矿物所必有的因素所致。

3）矿物的弹性、挠性、脆性、延性

一些矿物(如云母)受外力作用弯曲变形，外力消除可恢复原状，显示弹性。而另一些矿物(如绿泥石)受外力作用弯曲变形，外力消除后不再恢复原状，显示挠性。大多数矿物为离子化合物，它们受外力作用容易破碎，显示脆性。少数具金属键的矿物(如自然金)，具延性(拉之成丝)、展性(捶之成片)。

2.9.2.2　矿物的硬度、相对密度

1）矿物的硬度

矿物硬度是指矿物抵抗外力机械作用(如刻划、压入、研磨)的强度，其在很大程度上取决于矿物的成分和结构，与晶体结构中化学键型、原子间距、电价和

原子配位等密切相关。原子晶格的矿物硬度最高，如金刚石；离子晶格的矿物通常较高，但随离子性质的不同而变化较大；金属晶格矿物的硬度较低；分子晶格的矿物硬度最低，如自然硫。晶体结构中质点排列方式对硬度的影响很大，结构不紧密将降低硬度，如滑石层状结构硬度低。含结晶水的矿物，其硬度也不高，如石膏。矿物的硬度具有方向性和对称性，不同方向上硬度不同，如蓝晶石。

根据机械力不同划分硬度，称为莫氏硬度，这种方法应用性较广。另外，有压力硬度、研磨硬度等。在鉴定矿物时，常用一些矿物互相刻划比较其相对硬度，一般用 10 种矿物分为 10 个相对等级作为标准。德国莫斯以 10 种矿物的划痕硬度作为标准，定出 10 个硬度等级，称为莫氏硬度。

10 种矿物的莫氏硬度级依次为：金刚石(diamond，10)，刚玉(corundum，9)，黄玉(topaz，8)，石英(quartz，7)，长石(feldspar，6)，磷灰石(apatite，5)，萤石(fluorite，4)，方解石(calcite，3)，石膏(gypsum，2)，滑石(talc，1)。其中金刚石最硬，滑石最软。被测矿物的硬度是与莫氏硬度计中标准矿物互相之间刻划、比较来确定的。此方法的测值虽然较粗略，但方便实用，常用以测定天然矿物的硬度。

另一种硬度为维氏硬度，它是压入硬度，用显微硬度仪测出，以 kg/mm^2 表示。

2）矿物的相对密度

矿物的相对密度是指纯净、均匀的单矿物在空气中的质量与同体积水在 4℃时质量之比。相对密度取决于组成元素的原子量和晶体结构的紧密程度。虽然不同矿物的相对密度差异很大，琥珀的相对密度小于 1，而自然铱的高达 22.7，但大多数矿物具有中等相对密度(2.5～4)。矿物的相对密度可以实测，也可以根据化学成分和晶胞体积计算出理论值。

相对密度分为三级：轻级相对密度小于 2.5，如石墨(2.5)、自然硫(2.05～2.08)、食盐(2.1～2.5)、石膏(2.3)等；中级相对密度由 2.5 到 4，大多数矿物的相对密度属于此级，如石英(2.65)、斜长石(2.61～2.76)、金刚石(3.5)等；重级相对密度大于 4，如重晶石(4.3～4.7)、磁铁矿(4.6～5.2)、白钨矿(5.8～6.2)、方铅矿(7.4～7.6)、自然金(14.6～18.3)等。

2.9.3　其他性质

2.9.3.1　矿物的电学性质

矿物在电场作用下的物理性质称为矿物的电学性质，包含导电性、介电性、压电性、热电性、铁电性。

1）导电性

矿物对电的传导能力，导电性的大小用电阻率来表示。良导体：金属自然元素矿物，如自然金、自然银、自然铁、自然铜、自然铂、石墨以及部分金属硫化物，如磁黄铁矿。半导体：金刚石、金红石、自然硫。绝缘体：白云母、石棉。矿物导电性与矿物内部构造的化学键有关，金属键具有自由电子，均属导电矿物，离子键没有自由电子，一般不属导电矿物。

2）介电性

矿物在电场作用下被极化性质称矿物介电性。在外电场作用下，不导电的物体(电介质)，在紧靠带电体的一端会出现异号的过剩电荷，另一端则出现同号的过剩电荷，这种现象称为电介质的极化。常见的 4 种电极化方式见图 2-24。

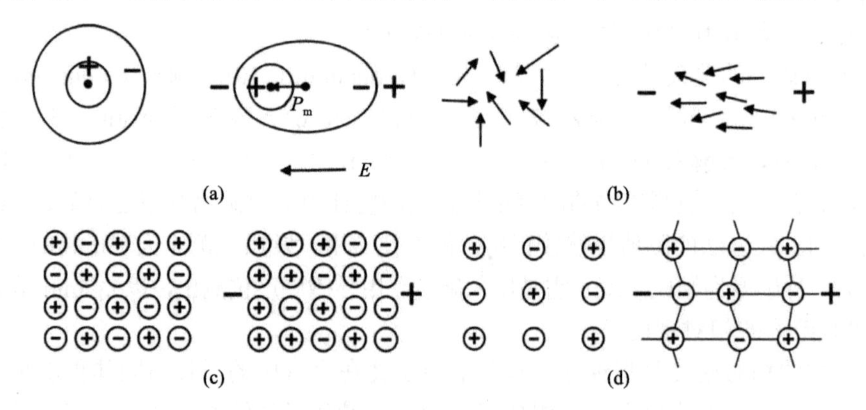

图 2-24　4 种电极化机理的示意图

(a) 电子极化；(b) 空间电荷极化；(c) 偶极子转向极化；(d) 离子位移极化

如果将某一均匀的电介质作为电容器的介质而置于其两极之间，则由于电介质的极化，将使电容器的电容量比以真空为介质时的电容量增加若干倍。矿物的这一性质称为介电性，其使电容量增加的倍数即为该物体的介电常数，用以表示物体介电性的大小。

在矿物分离工作中可利用矿物的介电性来分离电介质矿物：将矿物样品放在介电常数适当大小的某种电介质液体中，此时在外电场作用下，介电常数大于电介质液体的矿物将向电极集中，而小于电介质液体的矿物则被电极所排斥，从而将不同介电常数的矿物分离开。常见矿物的介电常数见表 2-1。

表 2-1　常见矿物的介电常数

电磁性矿物		重矿物，相对密度＞2.9		轻矿物，相对密度＜2.9	
矿物	介电常数	矿物	介电常数	矿物	介电常数
榍石	4.4	闪锌矿	4.9	石英	6.1～8.7
镁铝榴石	5.2	黄玉	5.2	钠长石	4.7

续表

电磁性矿物		重矿物，相对密度>2.9		轻矿物，相对密度<2.9	
矿物	介电常数	矿物	介电常数	矿物	介电常数
烧绿石	5.2	锆石	5.3	方解石	7.9～8.1
电气石	5.6	萤石	5.4	白云母	9.5
角闪石	5.8	磷灰石	6.0	黑云母	11
绿帘石	6.2	辉铋矿	6.6		
独居石	6.9	辰砂	6.7		
金红石	10	锡石	13		
铬铁矿	10.4	方铝矿	>33.7		
铌铁矿	11.5	辉钼矿	>33.7		
黑钨矿	12	毒砂	>33.7		
锡石	14	黄铁矿	>33.7		

3）压电性

矿物晶体在外来压力、拉力作用下，产生的电荷性质称矿物压电性。压电效应是指矿物晶体产生电荷，随作用力改变“+、−”极产生变化，压缩形成“+”极，拉伸形成“−”极。将压电矿物晶体置交变电场中，则产生伸缩机械振动，形成“超声波”。压电矿物晶体有石英、电气石等，可用于无线电的各种换能器、超声波发生器。

根据对称中心、极轴(极性点群)，可以判断晶体的基本电性质，如表2-2所示。在32个晶体点群中有11个具有对称中心，有对称中心的晶体压电张量的所有分量均等于零，它们都不是压电体。属于点群432的晶体虽无对称中心，但其对称性较高，也没有压电性。压电晶体只可能属20个点群。

表2-2　32个晶体点群与压电性关系

<table>
<tr><td rowspan="2">不具有对称中心的点群(21种)，其中具有压电性点群(20种)</td><td>极性点群(热释电点群)(10种)</td><td>1，2，3，4，6，m，mm2，4mm，3m，6mm</td></tr>
<tr><td>非极性点群(11种)</td><td>222，$\bar{4}$，422，$\bar{4}2m$，32，$\bar{6}$，622，$\bar{6}m2$，23，$\bar{4}3m$
432(不具有压电性)</td></tr>
<tr><td colspan="2">具有对称中心的点群(11种)</td><td>$\bar{1}$，2/m，mmm，4/m，4/mmm，$\bar{3}$，3m，6/m，6/mmm，m3m，m3</td></tr>
</table>

天然压电矿物有石英、电气石等。人工合成材料有酒石酸钾钠、磷酸二氢铵、压电陶瓷、碘酸锂、铌酸锂、氧化锌和高分子压电薄膜等。

4）热(焦)电性

有些矿物具有热电性，在热的作用下也能激起表面电荷。如电气石晶体在受热时，其结晶 *C* 轴的两端会产生数量相等而符号相反的电荷。

5）铁电性

铁电性是晶体因自发极化而产生铁电畴的现象；铁电性在居里温度以上消失。自发极化是指在没有外电场的情况下，晶体中自发形成电偶极子的现象。与压电晶体和热电晶体的一个显著区别在于，铁电单晶体由无数个铁电畴构成，这使单相多晶陶瓷的铁电性和单晶的铁电性差别不大，而压电和热电晶体的压电性和热电性只能在单晶上才有体现。相比单晶的生产，陶瓷的生产要容易得多。经过极化处理的铁电陶瓷在机械压力和热的作用下可以很容易地产生压电和热电效应。因此，铁电陶瓷在很多场合取代了压电和热电晶体。

2.9.3.2　矿物的磁性

矿物受外磁场吸引或排斥的性质称为矿物的磁性。物质之间存在万有引力，它是一种引力场。磁场与之类似，是一种布满磁极周围空间的场。磁场的强弱可以用磁力线数量来表示，磁力线密的地方磁场强，磁力线疏的地方磁场弱。单位截面上穿过的磁力线数目称为磁通量密度。

物质的磁性不但是普遍存在，而且是多种多样的。身体和周边的物质，远至各种星体和星际中的物质，微观世界的原子、原子核和基本粒子，宏观世界的各种材料，都具有磁性。

磁性是物质放在不均匀的磁场会受到磁力的作用。在相同的不均匀磁场中，由单位质量的物质所受到的磁力方向和强度，来确定物质磁性的强弱。任何物质都具有磁性，所以任何物质在不均匀磁场中都会受到磁力的作用。

1）磁性的分类

物质的磁性可以分为抗磁性、顺磁性、铁磁性、反铁磁性和亚铁磁性。由于矿物内部所含原子或离子的原子磁矩的大小及其相互取向关系的不同，它们在被外磁场所磁化时所表现的性质也不相同，从而可分为抗磁性(如石盐)、顺磁性(如黑云母)、反铁磁性(如赤铁矿)、铁磁性(如自然铁)和亚铁磁性(如磁铁矿)。

由于原子磁矩是由不成对电子引起的，因而凡只含具饱和的电子壳层的原子和离子的矿物都是抗磁的，而所有具有铁磁性或亚铁磁性、反铁磁性、顺磁性的矿物都是含过渡元素的矿物。但若所含过渡元素离子中不存在不成对电子时(如毒砂)，则矿物仍是抗磁的。具铁磁性和亚铁磁性的矿物可被永久磁铁所吸引；具亚铁磁性和顺磁性的矿物则只能被电磁铁所吸引。矿物的磁性常被用于探矿和选矿。

(1) 抗磁性。当磁化强度为负时，固体表现为抗磁性。Bi、Cu、Ag、Au 等金属具有这种性质。在外磁场中，这类磁化了的介质内部的磁感应强度小于真空中的磁感应强度。抗磁性物质的原子(离子)的磁矩应为零，即不存在永久磁矩。当抗磁性物质放入外磁场中，外磁场使电子轨道改变，感生一个与外磁场方向相反的磁矩，表现为抗磁性。所以抗磁性来源于原子中电子轨道状态的变化。抗磁性物质的抗磁性一般很微弱。

(2) 顺磁性。顺磁性物质的主要特征是，不论外加磁场是否存在，原子内部存在永久磁矩。但在无外加磁场时，由于顺磁物质的原子做无规则的热振动，宏观看来，没有磁性；在外加磁场作用下，每个原子磁矩比较规则地取向，物质显示出极弱的磁性。磁化强度与外磁场方向一致，为正，而且严格地与外磁场成正比。顺磁性物质的磁性除与外磁场有关外，还依赖于温度。其磁化率与热力学温度成反比。

顺磁性物质的磁化率一般也很小。一般含有奇数个电子的原子或分子，电子未填满壳层的原子或离子，如过渡元素、稀土元素，还有铝、铂等金属，都属于顺磁物质。

(3) 铁磁性。Fe、Co、Ni 等是铁磁性物质，即使在较弱的磁场内，也可得到极高的磁化强度，其磁化率为正值，但当外场增大时，由于磁化强度迅速达到饱和，其磁场强度变小。

铁磁性物质具有很强的磁性，主要起因于它们具有很强的内部交换场。铁磁物质的交换能为正值，而且较大，使得相邻原子的磁矩平行取向(相应于稳定状态)，在物质内部形成许多小区域——磁畴。铁磁物质能在弱磁场下强烈地磁化，自发磁化是铁磁物质的基本特征，也是铁磁物质和顺磁物质的区别。

铁磁体的铁磁性只在某一温度以下才表现出来，超过这一温度，由于物质内部热骚动破坏了电子自旋磁矩的平行取向，因而自发磁化强度变为 0，铁磁性消失(称为居里点)。在居里点以上，材料表现为强顺磁性。

(4) 反铁磁性。磁矩反平行交错有序排列，但不表现宏观强的净磁矩，这种磁有序状态称为反铁磁性。与铁磁性一样，其微小磁矩在磁畴内排列整齐，所不同的是，在这些材料中，反平行排列相互对立。

不论在什么温度下，都不能观察到反铁磁性物质的任何自发磁化现象，因此其宏观特性是顺磁性的，磁化率为正值。温度很高时，磁化率极小，温度降低，逐渐增大，在一定温度时，达最大值。在极低温度下，由于相邻原子的自旋完全反向，其磁矩几乎完全抵消，故磁化率几乎接近于 0。当温度上升时，使自旋反向的作用减弱，磁化率增加。当温度升到一定时，热骚动的影响较大，此时反铁磁体与顺磁体有相同的磁化行为。

(5) 亚铁磁性。亚铁磁性是在无外加磁场的情况下，磁畴内相邻原子间存在电子的交换作用或其他相互作用，使它们的磁矩在克服热运动的影响后，处于部分抵消的有序排列状态，以致还有一个合磁矩的现象。不同子晶格的磁矩方向和反铁磁一样，但是不同子晶格的磁化强度不同，不能完全抵消掉，所以有剩余磁矩，称为亚铁磁。反铁磁性物质大都是合金，如 TbFe 合金。亚铁磁也有从亚铁磁变为顺磁性的临界温度，称为居里温度。

2）磁性的应用

磁性是物质的一种基本属性。磁性材料具有磁有序的强磁性物质，广义上还包括可应用其磁性和磁效应的弱磁性及反铁磁性物质。

磁性材料按性质可分为金属和非金属两类，前者主要有电工钢、镍基合金和稀土合金等，后者主要是铁氧体材料。按使用又可分为软磁材料、永磁材料和功能磁性材料，功能磁性材料主要有磁致伸缩材料、磁记录材料、磁电阻材料、磁泡材料、磁光材料、旋磁材料以及磁性薄膜材料等。反映磁性材料基本磁性能的有磁化曲线、磁滞回线和磁损耗等。

(1) 永磁材料。永磁材料分为三类：①合金类；②铁氧体类；③金属间化合物类。永磁材料有多种用途：扬声器、话筒、电表、按键、电机、继电器、传感器、开关等；磁控管和行波管等微波电子管、显像管、钛泵、微波铁氧体器件、磁阻器件等；磁轴承、选矿机、磁力分离器、磁性吸盘、磁密封、磁黑板、玩具、标牌、密码锁、复印机、控温计等。其他方面的应用，如磁疗、磁化水、磁麻醉等。

(2) 软磁材料。软磁材料可分为四类：①合金薄带或薄片，如 FeNi、FeSi 等；②非晶态合金薄带，如 Fe 基、Co 基、FeNi 基或 FeNiCo 基等配以适当的 Si、B、P 和其他掺杂元素(磁性玻璃)；③磁介质(铁粉芯)，如 FeNi(Mo)、FeSiAl、铁氧体等粉料；④铁氧体，如尖晶石型。

软磁材料的应用甚广，主要用于磁性天线、电感器、变压器、磁头、耳机、继电器、电视偏转轭、电缆、传感器、电磁铁、磁场探头、磁性基片、电磁吸盘等。

(3) 压磁材料。压磁材料在外加磁场作用下会发生机械形变，故又称磁致伸缩材料，它的功能是作磁声或磁力能量的转换。

2.9.4　放射性

放射性元素能够自发地从原子核内部放出粒子或射线，同时释放出能量，这种现象叫作放射性，这一过程叫作放射性衰变。含有放射性元素如 U、Tr、Ra 等的矿物叫作放射性矿物。

在含有放射性元素离子的矿物中，这些离子经过衰变后所产生的稳定元素离子的大小和电价都发生了变化，必然要使矿物结构遭到破坏，如四价的 ^{238}U 最后衰变到 Pb^{4+}，常使晶格破坏而形成变非晶质体。主要组成为 U、Th 的矿物可完全成为变非晶质体，像沥青铀矿；当 U、Th 呈少量类质同象存在时，经过漫长地质时代可部分形成变非晶质体，像前寒武纪岩浆岩或变质岩中的锆石。

放射性核放出的 α 粒子即 He^{2+} 具有很强的电子亲和性，为强氧化剂，这种衰变可使矿物中或相邻矿物中所含的过渡金属离子(如 Fe^{2+})氧化成高价离子(Fe^{3+})，从而使晶体结构发生破坏，可形成部分的变非晶质体。前者的例子很多，例如含有 U、Th 及 Fe 的铌钽复杂氧化物；后者常见的例子是黑云母中的放射性矿物包裹体，在放射性矿物周围常出现部分变非晶质体并使黑云母出现褪色晕圈。在许多情况下通过加热可使变非晶质矿物恢复其原始晶体结构。

参 考 文 献

李胜荣. 2009. 结晶学与矿物学. 北京: 地质出版社.
路凤香. 2002. 岩石学. 北京: 地质出版社.
潘兆橹. 1993. 结晶学及矿物学. 北京: 地质出版社.
秦善, 王长秋. 2006. 矿物学基础. 北京: 北京大学出版社.
舒良树. 2020. 普通地质学(第四版). 北京: 地质出版社.

第3章 矿物材料晶体结构

3.1 硅酸盐晶体结构特征

已知的硅酸盐矿物共有600余种，占已知矿物种的1/4，广泛分布在各种类型的岩石之中，主要形成造岩矿物、脉石矿物、非金属矿物矿产资源。硅酸盐是人工合成晶体的重要成分，在高科技研究工作中占有重要的地位。

硅(Si)在自然界是一种分布极广的元素，有三种同位素：^{28}Si、^{29}Si、^{30}Si。构成硅酸盐矿物的主要是^{28}Si，^{30}Si只在低温条件下产出。^{28}Si在自然界以四价阳离子形式存在(离子半径为0.039 nm)，除了硅与氧形成分布极广的SiO_2以外，硅主要是与氧结合构成各种形式的络阴离子，并同其他阳离子结合形成硅酸盐矿物。

3.1.1 硅酸盐矿物的化学组成

1）形成硅酸盐矿物的造种元素

形成硅酸盐矿物的造种元素如表3-1所示。

表3-1 形成硅酸盐矿物的造种元素

	ⅠA	ⅡA	ⅢB	ⅣB	ⅤB	ⅥB	ⅦB	Ⅷ			ⅠB	ⅡB	ⅢA	ⅣA	ⅤA	ⅥA	ⅦA	0
1	H																	
2	Li	Be											B	C	N	O	F	
3	Na	Mg											Al	Si	P	S	Cl	
4	K	Ca	Sc	Ti	V	Cr	Mn	Fe	Co	Ni	Cu	Zn			As			
5		Sr	Y	Zr	Nb									Sn	Sb			
6	Cs	Ba	Lu	Hf														
7			Th,U															

2）硅酸盐晶体中的阳离子配位

形成硅酸盐的造种元素有41种，除了构成阴离子的元素以外，常见的硅酸盐矿物的阳离子及配位形式有：

配位数为 4 的　B^{3+}、Be^{2+}、Al^{3+}、Ti^{4+}、Fe^{2+}、Zn^{2+}、Fe^{3+}、Mg^{2+}；

配位数为 5 的　Al^{3+}；

配位数为 6 的　Al^{3+}、Ti^{4+}、Mg^{2+}、Li^{+}、Zr^{4+}、Mn^{2+}、Ca^{2+}、Fe^{2+}、Se^{3+}；

配位数为 7 的　Ca^{2+}；

配位数为 8 的　Zr^{4+}、Na^{+}、Ca^{2+}、Fe^{2+}、Mn^{2+}；

配位数为 12 的 K^{+}、Ba^{2+}。

配位数相同或相近的离子间存在着广泛的类质同象代替，所以使硅酸盐矿物晶体化学成分及结构变得非常复杂。

3）硅酸盐晶体中的阴离子特征

常见的附加阴离子有 OH^{-}、O^{2-}、F^{-}、Cl^{-}、S^{2-}、$[PO_4]^{3-}$、$[SO_4]^{2-}$、$[CO_3]^{2-}$。阴离子之间也存在着复杂普遍的类质同象代替。

硅酸盐中除了 OH 外，还常有 H_2O 分子参加到骨架空隙中成为吸附水，如沸石的架状空洞中存在的水分子。此外，还可以 H_3O^+形式作为阳离子参加到骨架中去，如角闪石中的 H_3O^+离子。

Al^{3+}、Ge^{4+}的离子半径分别为 0.046 nm、0.044 nm，与 Si^{4+}离子极为相近，络阴离子中的 Si^{4+}常可被 Al^{3+}、Ge^{4+}所代替。Al^{3+}代替 Si^{4+}的现象极为普遍，在硅酸盐中具有重要意义。Al^{3+}配位数介于 4 与 6 之间，所以 Al^{3+}常以两种配位数参加到硅酸盐中去，当 Al^{3+}配位数为 4 时，则代替 Si^{4+}形成铝氧四面体，参与硅氧骨干，这对硅酸盐晶体结构起着重要作用。当 Al^{3+}配位数为 6 时，则作为一般铝氧八面体连接硅氧骨干。在岩浆晚期，Ge^{4+}的含量增加，提供了 Ge^{4+}代替 Si^{4+}的机会。

3.1.2　硅酸盐的晶体结构

1）硅氧骨干的基本特征

目前对硅酸盐的晶体结构已有比较系统的研究。硅酸盐的晶体结构是以硅氧四面体作为基本结构单位。Si 在四个氧的中心，形成硅氧四面体，Si—O 平均键长为 0.162 nm，O—O 平均键长为 0.264 nm，O—Si—O 键角的理论值为 109.5°；随着岛状硅酸盐到架状硅酸盐，Si—O 键长约从 0.1630 nm 减少到 0.1603 nm。当 Si 被 B^{3+}、Be^{2+}代替时，T—O（T 为四面体中心阳离子）键长缩小；当 Si 被 Al^{3+}、Ge^{4+}、Fe^{2+}、Ti^{4+}代替时，则 T—O 键长增加；当 Si—O 为 0.1603 nm 时，Al—O 为 0.1716 nm。此外，T—O 键长的变化与 O—T—O 键角成反比。随着 Si 被其他离子代替，四面体的形状亦将发生变化，对结构产生一定的影响。

在硅酸盐的晶体结构中，硅氧四面体除了以单四面体形式存在外，许多情况下以共角顶方式连接成双四面体、环、链、层和架等骨干。这些骨干再同其他阳离子结合而构成各种结构基型的硅酸盐，如双四面体岛状基型、环状基型、链状基型、层状基型和架状基型的硅酸盐。单纯由一种硅氧四面体组成的硅酸盐，称为单一硅酸盐。实际上，在硅酸盐中更多见到的是硅氧四面体与铝氧四面体、硼氧四面体、铍氧四面体、钛氧八面体(或[TiO_5]单维)等以共角顶方式连接成各种骨干，它们再与其他阳离子结合构成各种基型的硅酸盐，分别称之为铝硅酸盐、硼硅酸盐、铍硅酸盐、钛硅酸盐。它们与通常所谓的铝的硅酸盐等在概念上有所不同。

以铝硅酸盐为例加以说明：如叶蜡石 $Al_2[Si_4O_{10}](OH)_2$ 和白云母 $K\{Al_2[AlSi_3O_{10}](OH)_2\}$。叶蜡石是铝的硅酸盐，其层状骨干完全是由单一的硅氧四面体组成，再与硅氧骨干以外的阳离子 Al 相结合，这种 Al 阳离子并未参与骨干，而是以六次配位形式构成铝氧八面体，并与层状骨干以共棱方式连接。而白云母的层状骨干是由硅氧四面体和铝氧四面体联合组成，这种铝硅层状骨干再与铝氧八面体六次配位的铝离子和十二次配位的钾离子所构成的铝氧配位八面体和钾氧配位多面体以共棱方式相结合，白云母实际上是一种 K 和 Al 的铝硅酸盐。又例如蓝晶石 $Al_2[SiO_4]O$ 和硅线石 $Al[AlSiO_5]$：蓝晶石的晶体结构是由硅氧四面体与[AlO_6]八面体共棱结合而成的，称为铝的硅酸盐；硅线石是由硅氧四面体和铝氧四面体共角顶连接而成的链，再与[AlO_6]八面体共棱结合而成的，称为铝的铝硅酸盐。

2）阳离子配位的基本特征

在硅酸盐的晶体结构中，硅氧四面体的连接方式同与之结合的其他阳离子的种类之间存在着一定的内在联系。从晶体化学角度看，硅氧四面体的连接方式必然要同与之结合的其他阳离子相适应，致使硅氧骨干的形式在很大程度上取决于阳离子的大小及其配位多面体的形式。硅氧骨干以外的阳离子可分成中等阳离子和大阳离子两类。中等阳离子主要是六次配位的 Al^{3+}、Mg^{2+}、Fe^{2+}及 Mn^{2+}、Ti^{4+}等阳离子，配位多面体的棱长为 0.26～0.28 nm，与[SiO_4]四面体棱长大致吻合，故与此相适应结合的硅氧骨干以孤立的[SiO_4]四面体为主。大阳离子主要是 Ca^{2+}、K^+、Na^+、Ba^{2+}等阳离子，其配位多面体棱长远超过[SiO_4]四面体的棱长，所以与这类阳离子配合形成的硅氧骨干就不完全是孤立的[SiO_4]四面体，而是与[SiO_4]连接成的双四面体、环、链等相适应。大阳离子或存在于层状硅氧骨干之间，或充填于架状骨干的大空隙中，起着连接层或平衡电价的作用。

3.1.3　硅酸盐矿物的分类

硅酸盐矿物种类多、结构类型复杂，可按岛状、环状、链状、层状及架状基型的晶体结构进行分类，其特征分述如下。

3.1.3.1　岛状基型硅酸盐

岛状基型硅酸盐可分为简单岛状基型和复杂岛状基型。根据岛的类型的不同，可分为四面体岛状基型、双四面体岛状基型和两种岛型共存的岛状基型。图 3-1 为不同类型的岛状基型。

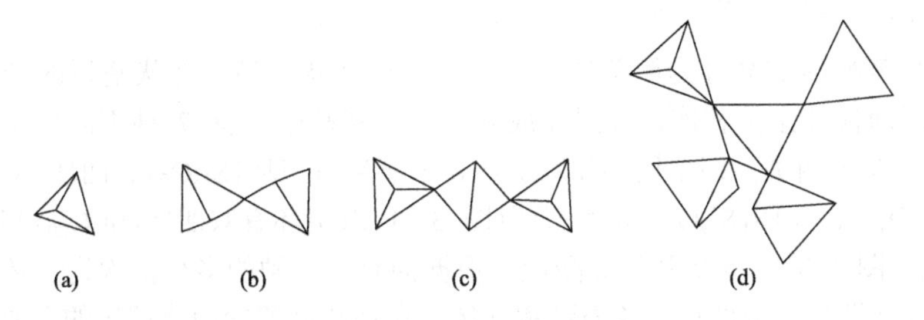

图 3-1　不同类型的岛状基型硅氧骨干
(a)孤立硅氧四面体；(b)双硅氧四面体；(c)三硅氧四面体；(d)中心为铝氧四面体，其他为硅氧四面体

1）岛状基型硅酸盐晶体结构

(1)四面体岛状基型。硅氧四面体[SiO_4]$^{4-}$在晶体结构中孤立呈岛状。硅氧四面体的四个角顶完全为活性氧，通过这些活性氧与其他阳离子(主要有 Ca、Al、Mg、Fe、Mn、Zn、Ce、Y 等)相结合。大多数矿物各自具有独特的结构型，如橄榄石族、石榴子石族矿物。

(2)双四面体岛状基型。双四面体[Si_2O_7]$^{6-}$在晶体结构中孤立地呈岛状存在。双四面体是由两个四面体共一个角顶组成的，具有 6 个活性氧，分别同其他阳离子(主要是 Ca、Na、Fe、Mn、Ti、Zr、Pb 等)结合。几乎每个族种都具有各自独特的结构类型。

(3)两种岛型共存的岛状基型。有硅氧四面体和双四面体共存、硅氧四面体和[Si_3O_{10}]共存、硅氧四面体和[$AlSi_4O_{16}$]共存，与之结合的阳离子主要有 Ca、Al、Mg、Fe、Mn 等。硅氧四面体和双四面体共存的岛状基型，如绿帘石族的锰硅铝矿是硅氧四面体和[Si_3O_{10}]共存的例子，其结构中的[Si_3O_{10}]为三重四面体[图 3-1(c)]。硅氧四面体和[$AlSi_4O_{16}$]共存的岛状基型，如氯黄晶中[$AlSi_4O_{16}$]的中心四面体为[AlO_4]，其他为[SiO_4]，如图 3-1(d)所示。

2）岛状基型硅酸盐的物性

岛状基型硅酸盐在形态和物理性质上因岛型的不同而存在着差异。在四面体岛状基型中，硅氧四面体本身的等轴性使晶体具有近似等轴状的外形，重折率小，多色性和吸收性较弱，常具有中等至不完全的多方向解理。四面体岛状基型硅酸盐的原子堆积密度较大，一般具有硬度大、密度大和折射率高的特点。双四面体岛状基型晶体则不完全相同，在晶体外形上往往具有等轴状到一向延长的特征，晶体的硬度、折射率稍有偏低，表现出稍大的异向性，重折率、多色性和吸收性都有所加大或增强，这显然是与晶体结构中所存在的非等轴性的双四面体有关。此外，对于少量含水或附加阴离子(OH^-、F^-)的岛状基型晶体来说，其硬度、密度、折射率皆有所降低。

3.1.3.2　环状基型硅酸盐

环状基型硅酸盐分为简单环状基型、复杂环状基型。环状基型的硅氧骨干由硅氧四面体共角顶相连，并封闭成环。在硅酸盐中，有 7 种不同类型的环，这 7 种环又分两类，即单层环和双层环。单层环有三环[Si_3O_9]、四环[Si_4O_{12}]、六环[Si_6O_{18}]、九环[Si_9O_{27}]和斧石环(图 3-2)。双层环有双四环[Si_8O_{20}]和双六环[$Si_{12}O_{30}$](图 3-3)。环状基型硅酸盐中根据拥有矿物种的多少依次为六环和双六环、三环和四环、双四环、斧石环和九环。在环状硅酸盐中连接环的主要阳离子有 Ca、Na、K、Al、Fe、Mn、Mg、Li、Zr 等。一般在环的大空隙中，常为水分子、OH^-或较大阳离子所占据。

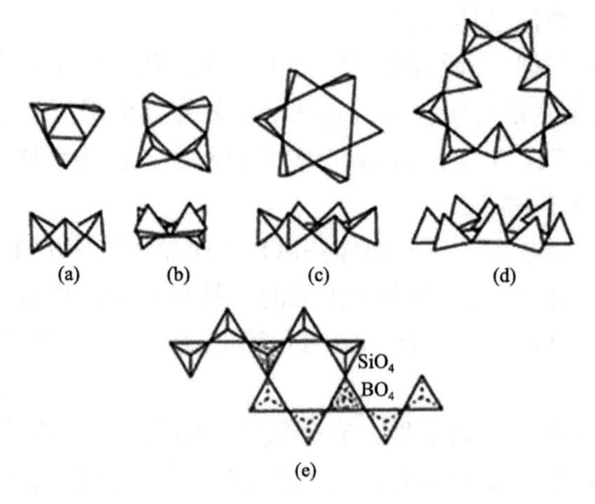

图 3-2　不同类型的单层环硅氧骨干及斧石环硅氧骨干

(a)三环；(b)四环；(c)六环；(d)三环和九环共存；(e)斧石环(带耳的六环)

1）环状基型硅酸盐晶体结构

(1)三环[图 3-2(a)]是由 3 个硅氧四面体各共 2 个角顶而组成，为环硅灰石族所具有。

(2)四环[图 3-2(b)]是由 4 个硅氧四面体各共 2 个角顶而组成，为钙钇铒矿、羟铝铜钙石、纤硅钡铁矿和包头矿所具有。

(3)六环[图 3-2(c)]是由 6 个硅氧四面体各共用 2 个角顶连接而成的。属于六环基型硅酸盐的有绿柱石、堇青石、电气石和透视石等族的矿物。但是六环在各族矿物中存在着差异。绿柱石族和堇青石族矿物的六环基本相似。绿柱石六环中硅氧四面体的活性氧连线(即棱)与环平面垂直，平行于 c 轴。环本身具有 L^6 对称。而堇青石六环中有一硅氧四面体为铝氧四面体所代替，使晶体结构对称性降低，为斜方。电气石族矿物的六环是环内硅氧四面体的两个活性氧的指向与绿柱石、堇青石不同，其中一个指向在环平面内，另一个指向与环平面大致垂直，六环中的硅氧四面体两两相同，使环本身具有 L^3 对称。透视石的六环虽与绿柱石相似，但环内每个硅氧四面体的活性氧棱不是与环平面垂直，而是与环平面斜交，并且环内 6 个硅氧四面体是相间重复的，环具有 L^3 对称。

(4) 三环和九环两种环[图 3-2(d)]，是三环和九环两种环共存，如异性石族矿物。

(5) 斧石族矿物为带耳的六环，现称之为斧石环[图 3-2(e)]，它是由两个硅氧双四面体同两个硼氧四面体相间连接成六环，其中两个硼氧四面体又各与另一硅氧双四面体相连如耳状，以[$B_2O_2(Si_2O_7)_4$]或[$Si_8B_2O_{10}$]表示。

(6) 双三环还未发现代表性矿物[图 3-3(a)]。

(7) 双四环是由 2 个四环共 4 个角顶所组成的双层四环，如硅钙铀钍矿族矿物[图 3-3(b)]。

(8) 双六环是由 2 个六环共 6 个角顶对接而成的，是一种双层六环[图 3-3(c)]。双层六环内的 Si 可部分地为 Al 所代替。双六环为大隅石族和整柱石族所特有。

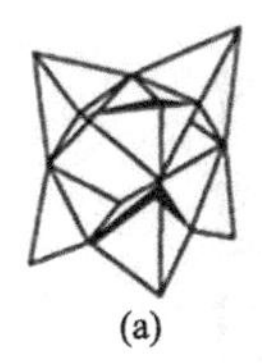
(a)

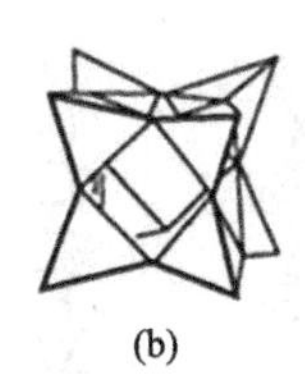
(b)

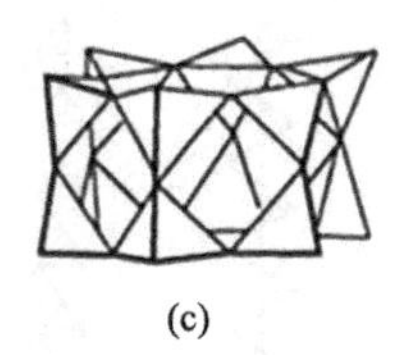
(c)

图 3-3　三种类型的双层环硅氧骨干
(a) 双三环；(b) 双四环；(c) 双六环

2）环状基型硅酸盐的物性

环状基型硅酸盐的晶体结构中，由于具有二向展平的单层环和短柱双层环，以及环在结构中的方位经常呈平行分布，所以晶体在形态上常呈三方、六方和四方的板状、板柱状、柱状的外形，这显然是与环本身的对称有关。另一方面，环本身虽然具有三方、六方及四方的对称，但它们与阳离子连接方式的不同，常降低了对称性而呈斜方、单斜或三斜。尽管如此，它们总也摆脱不了环本身对称的影响，而常具有假三方、假六方及假四方的特征。从原子堆积密度上看，环状基型硅酸盐比岛状基型稍小，反映为密度、硬度和折射率一般也要比岛状基型硅酸盐稍低。值得注意的是，由于环状基型硅酸盐中环本身的非等轴性的存在，导致环状硅酸盐无论在形态上还是物理性质上都表现出异向性，其程度比岛状基型硅酸盐稍大，比链状和层状基型硅酸盐要小得多。一般与环平面一致的方向折射率较高，与之垂直的方向折射率较低，重折率较大，通常呈一轴晶或二轴晶负光性。多色性和吸收性与环方位相应的过渡元素离子的分布密切相关，异向性表现明显，电气石是最为突出的例子。

3.1.3.3　链状基型硅酸盐

链状基型硅酸盐分为简单链状基型、复杂链状基型。链状基型的硅氧骨干是由硅氧四面体共 2 个(或 3 个)角顶连接成的一向无限延伸的链，可以分为单链、双链和似管状链。在链状基型硅酸盐中，约有 15 种类型不同的链，其中以辉石单链、闪石双链最为重要，硬硅钙石链、硅灰石链、蔷薇辉石链次之。其他类型的链为个别硅酸盐矿物种所特有。在链状基型硅酸盐中，连接链的主要阳离子有 Ca、Na、Fe、Mg、Al、Mn、Ti、K、Ba、Li 等。

1）链状基型硅酸盐晶体结构

(1)辉石链是由硅(包括部分的铝)氧四面体共 2 个角顶构成的直线形单链[图 3-4(a)]，以 K[Si_2O_6]表示。链的重复单位长 0.52 nm。每一重复单位中有 4 个活性氧，活性氧有 2 个大致相互成直角的指向。链与链间通过活性氧与阳离子相连接，其中包括辉石族、纤锰柱石-纤铁柱石族和斜硅铜矿、钛硅钠石等。

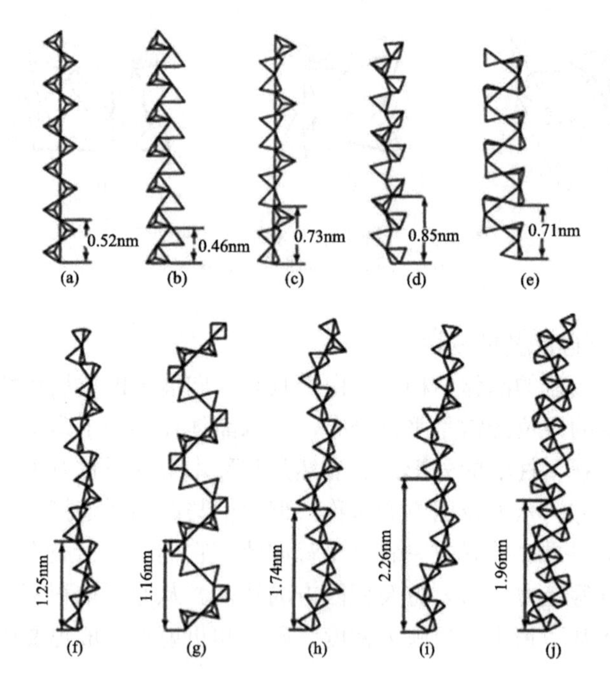

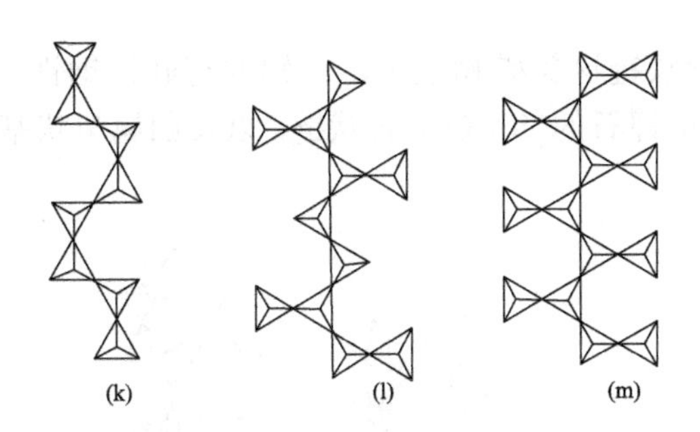

图 3-4　单链类型的硅氧骨干

(a)辉石[Si_2O_6]链；(b)高温 $Ba_2[Si_2O_6]$链(合成)；(c)硅灰石[Si_3O_9]链；(d)水硅钡石[$Si_4O_8(OH)_4$]链；(e)硅钒锶石[Si_4O_{12}]链(归入层状基型)；(f)蔷薇辉石[Si_5O_{15}]链；(g)硅钙锡矿[Si_6O_{18}]链；(h)三斜锰辉石[Si_7O_2]链；(i)铁辉石Ⅲ[Si_9O_{27}]链(合成)；(j)铅辉石[$Si_{12}O_{36}$]链；(k)铝钛硅石链(归入架状基型)；(l)钛硅铁钠石链；(m)星叶石链。(l)和(m)也可归入层状基型

(2)硅灰石链是由一双四面体与一单四面体以角顶相连而成的直线形单链，以[Si_3O_9]表示[图 3-4(c)]。链的重复单位长 0.73 nm，每一重复单位有 6 个活性氧。具有硅灰石链的晶体除了硅灰石族以外，还有针钠钙石-针钠锰石。

(3)闪石链是由 2 个辉石链共角顶连接而成的直线形双链，以[Si_4O_{11}]表示[图 3-5(b)]。闪石链的重复单位长 0.52 nm，每一重复单位具有 6 个活性氧，活性氧有 2 个大致互成直角的指向，与辉石链不同的是还具有附加阴离子(OH^-)。链与链间通过活性氧与阳离子相连接。闪石链主要为闪石族矿物所具有，还发现个别矿物种，像纤硅铜矿和铅铍闪石，结构中亦具有闪石链。

(4)蔷薇辉石链与硅灰石链相似，是由 2 个双四面体和 1 个四面体连接而成的直线形链，以[Si_5O_{15}]表示[图 3-4(f)]。蔷薇辉石链的重复单位长 1.25 nm，每个重复单位中具有 10 个活性氧。此种链为蔷薇辉石族所特有。

(5)硬硅钙石链是由活性氧指向相反的 2 个硅灰石链共角顶连接而成的一种双链，以[Si_6O_{17}]表示[图 3-5(d)]。链的重复单位长 0.734 nm，每个重复单位中具有 20 个活性氧。具有硬钙石链的有硬硅钙石族矿物和硅铁钙钡石等。

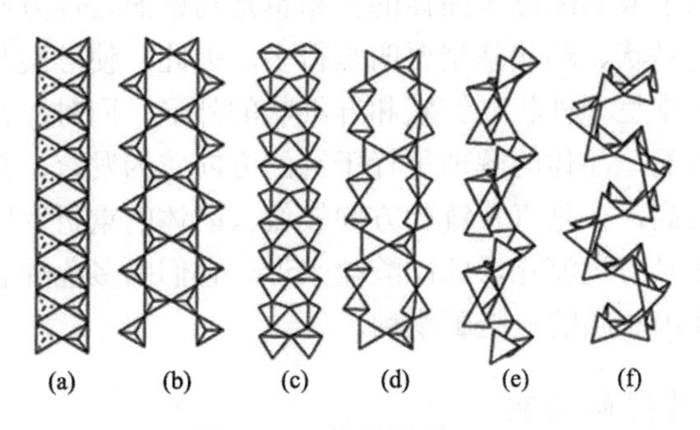

图 3-5　双链的类型

(a)矽线石链；(b)闪石[Si_4O_{11}]链；(c)$Li_4[SiCe_3O_{10}]$链(合成)；(d)硬硅钙石[Si_6O_{17}]链；(e)板晶石[Si_6O_{15}]链；(f)紫钠铝硅石[$Si_{12}O_3$]

(6) 具有近似管状链这类矿物很少，已知的有硅铁钠钾石的[Si_8O_{20}]管状链[图 3-6 (a)]和硅钙钠钾石的[$Si_{12}O_{30}$]管状链，以及归属架状基型的短柱石链，参见图 3-6 (b)。

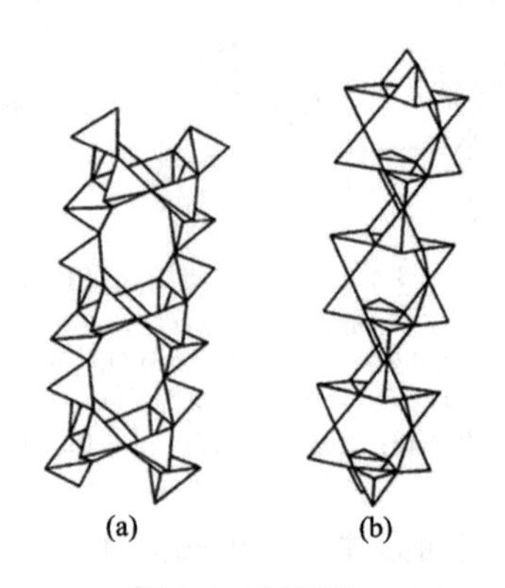

图 3-6　似管链

(a) 硅铁钠钛钾石[Si_8O_{20}]链；(b) 短柱石[Si_8O_{20}]链，可归入架状基型

在链状基型硅酸盐矿物中，阳离子的配位多面体同链的类型之间相互制约的关系极为明显，尤其是大阳离子的配位多面体，对硅氧骨干往往起着支配作用。如顽火辉石 Mg_2[Si_2O_6]中 Mg^{2+}半径为 0.072 nm，[MgO_6]八面体共棱所组成的折线形链的重复周期长度与辉石的重复周期 0.52 nm 相适应[图 3-4 (a)]。在硅灰石 Ca_3[Si_3O_9]中，Ca^{2+}的半径为 0.108 nm，[CaO_6]八面体的共棱所组成的直线形链的 2 个重复周期长度则与硅灰石链的重复周期 0.73 nm 相当[图 3-4 (c)]。又如在高温相的 Ba_2[Si_2O_6]中，Ba^{2+}的离子半径为 0.137 nm，[BaO_6]八面体共棱所组成的直线形链的重复周期与高温 Ba_2[Si_2O_6]链的重复周期(0.46 nm) 相适应[图 3-4 (b)]。

2）链状基型硅酸盐的物性

在链状基型硅酸盐晶体结构中，绝大多数情况下链都是相互平行分布的，同时连接链的阳离子或其配位多面体的分布也是与链的延伸方向一致的，这种结构上的异向性比起岛状、环状基型要明显得多。因此，使硅酸盐晶体在形态上表现为单向伸长，经常呈现柱状、针状和纤维状的外形。同时，在物理性质上表现的异向性也十分明显。晶体的解理平行于链的方向较为发育。折射率在平行或近于平行链的方向较高，在垂直于链的方向较低。晶体的重折率较岛状、环状基型为大。对于组成中具有过渡元素的硅酸盐来说，它们的多色性和吸收性是非常明显的，如辉石族和闪石族的一些矿物种。

3.1.3.4　层状基型硅酸盐

层状基型硅酸盐晶体可分为简单层状基型和复杂层状基型。层状基型的硅(包括铝、硼、铍)氧骨干主要是由硅(包括铝、硼、铍)氧四面体共 3 个角顶连接成两向展平的网层，另外也有由不同类型的硅氧四面体链与 TiO_6 八面体、[TiO_5]单锥或 ZrO_6 八面体相连而成的网层(如层状钛硅酸盐、层状锆硅酸盐)，或者由硅氧四面体与 UO_2 连接而成的网层(如层状铀硅酸盐)。在层状硅酸盐晶体中，以六方网层为主，其次是鱼眼石层、钡铁钛石层、黄长石层及星叶石层、水硅钙石层，其他类型的层只为个别矿物族种所特有。在层状硅酸盐中，连接层的阳离子有两类：一类是离子半径中等的 Fe、Mg、Al、Mn、Ti、Li 等；另一类是离子半径大的 Ca、Na、K、Ba 等。

1. 层状基型硅酸盐晶体结构

1）六方网层

六方网层是由硅(铝)氧四面体共 3 个角顶彼此连接成六方(或三方)状的网层，以[$(SiAl)_4O_{10}$]表示六方网层的活性氧可指向一端或两端，指向一端的可以看作由辉石链连接而成的[图 3-7(b)]。在层状硅酸盐中，最常见的是云母结构层，它是由 2 个六方网层、活性氧指向相对的夹一层阳离子(半径中等的阳离子)所构成[图 3-8(a)、(b)、(c)]。具有这种结构的有云母族、滑石-叶蜡石族、黄绿脆云母族、绿泥石族、蒙脱石-蛭石族、黑硬绿泥石族、水云母族、镁珍珠云母族、硅硼锂铝石族和锂白榍石族。另外，由单层六方网层同阳离子结合而成的单层结构[图 3-8(d)、(e)、(f) 和图 3-9(a)、(b)]有蛇纹石、高岭石族、多水高岭石族和绿锥石族等矿物种。在这种单层网层中，硅氧四面体的活性氧，有的不完全指向一方而是指向两方，像叶蛇纹石[图 3-7(c) 和图 3-9(c)]。此情况对于坡缕石-海泡石族矿物就更为典型了。坡缕石的网层结构由活性氧指向不同的双辉石链连接而成[图 3-7(e) 和图 3-9(e)]，而海泡石是由活性氧指向不同的三重辉石链连接而成[图 3-7(d)]。

极少情况下呈不规则的六方网层[图 3-7(a)]，如硅钡石 $Ba_2[Si_4O_{10}]$。

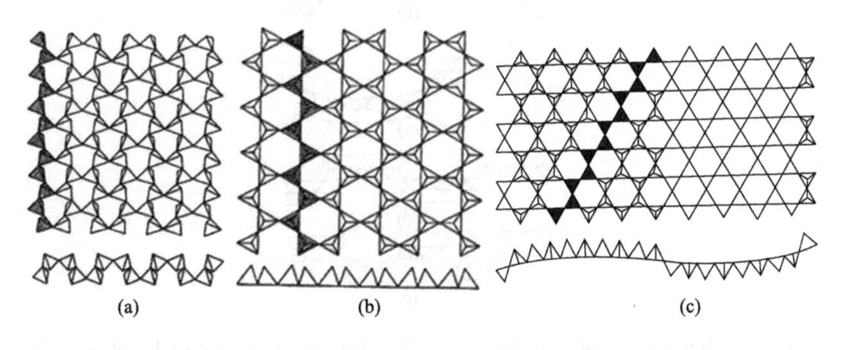

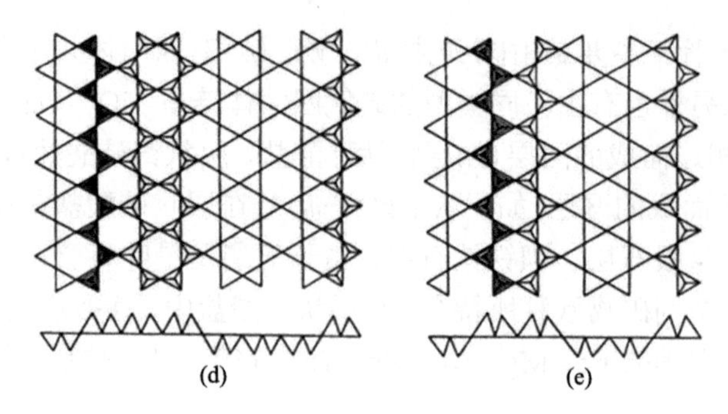

图 3-7 不同类型的六方网层
(a)硅钡石六方网层；(b)云母网层；(c)叶蛇纹石网层；(d)海泡石网层；(e)坡缕石网层

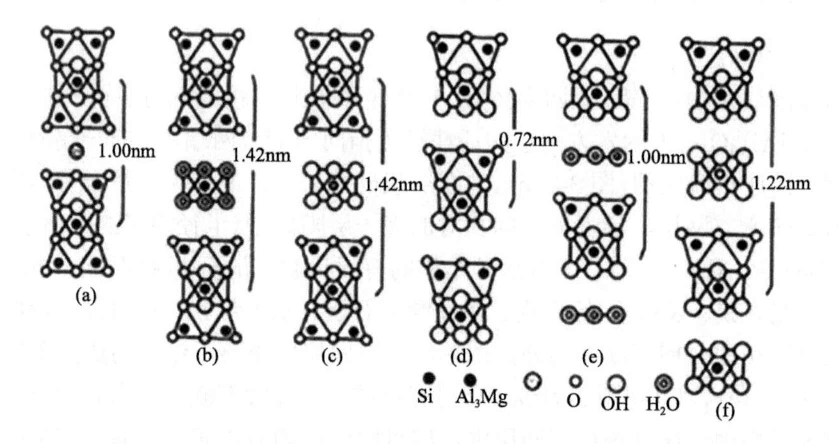

图 3-8 具有六方网层的层状基型硅酸盐矿物的晶体结构断面单位示意图
(a)云母；(b)蒙脱石；(c)绿泥石；(d)高岭石或蛇纹石；(e)多水高岭石；(f)可能存在的结构

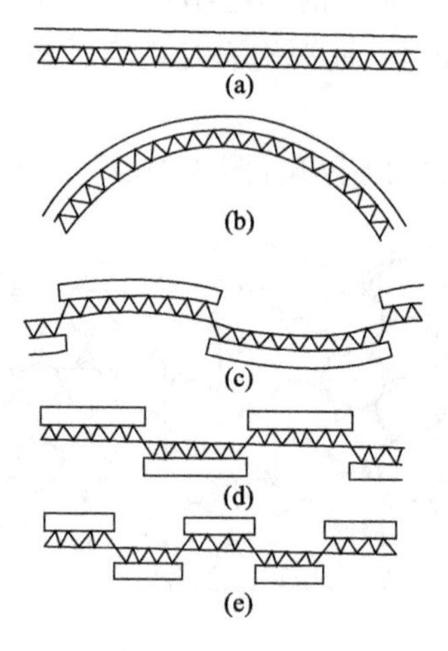

图 3-9 具有单层六方网层的层状硅酸盐体结构断面图(长方空框表示阳离子层)
(a)高岭石；(b)蛇纹石；(c)叶蛇纹石；(d)皂石；(e)坡缕石

在层状基型硅酸盐中具有六方网层的矿物几乎占层状基型硅酸盐矿物种总数的一半。

2）八环-四环网层

以鱼眼石网层最为典型，它是由活性氧指向上方的硅氧四面体四元环与活性氧指向下方的四元环沿对角线方向共角顶连接而成的单层网层，以$[Si_4O_{10}]$表示，如图 3-10 所示。也可以看作由活性氧指向相反的双四面体链连接而成的。五角水硅钒钙石、硅硼钙石和硅铍钇矿与鱼眼石的结构相似，不过它们的四元环有所不同。在五角水硅钒钙石的四元环中，四面体的活性氧并不是全部指向一方，而是有半数的指向相反。在硅硼钙石和硅铍钇矿的四元环中，有半数的四面体分别为硼氧四面体和铍氧四面体所代替。

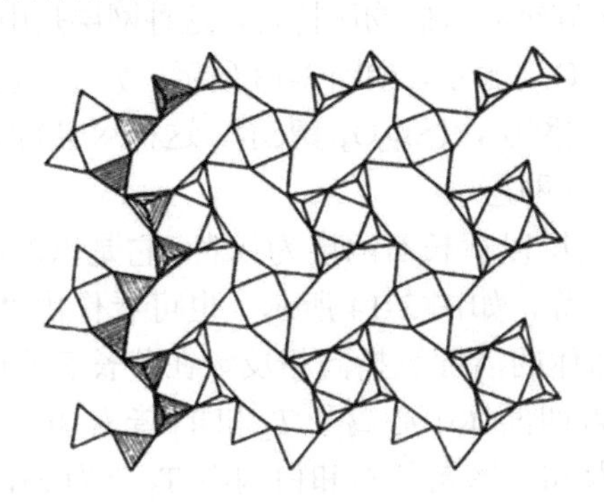

图 3-10　鱼眼石网层

3）八环-四环双层网层

八环-四环网层除了上述的单层网层以外，还存在着双层网层，它是由 2 个单层网层通过四元环之间共角顶构成双层。它们又有共 1 个角顶和共 2 个角顶之分，前者如片硅碱钙石和莫水硅钙钡石，双层网层以$[Si_8O_{19}]$表示，如图 3-11 所示。后者如碱硅钙石，双层网层以$[Si_8O_{18}]$表示，如图 3-12 所示。

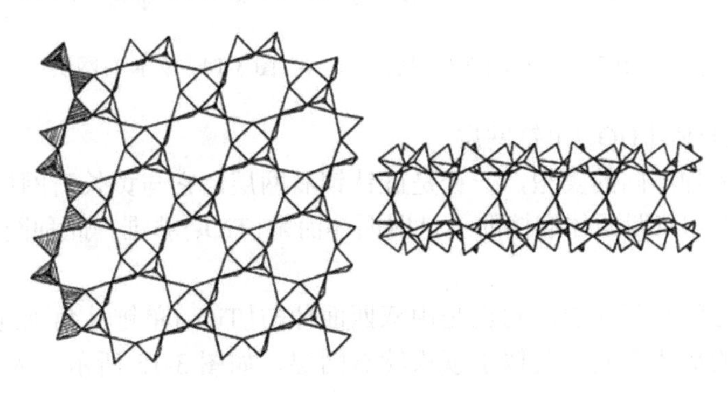

图 3-11　片硅碱钙石双层网层

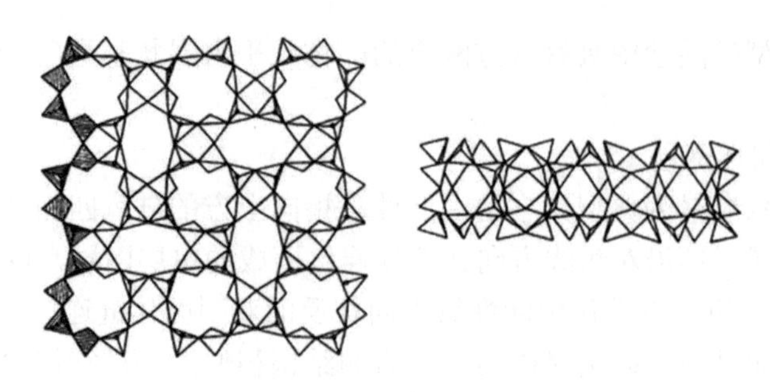

图 3-12　碱硅钙石双层网层

4）八环-五环网层

八环-五环网层为水硅钙石族矿物所特有。这种网层是由硬硅钙石链彼此错开对接而成单层网层，以[Si_6O_{15}]表示，如图 3-13 所示。另外，硬硅钙石链可相互超复地共角顶构成过渡型的双层网层，[$Si_{12}O_{31}$]表示。这种网层为雪硅钙石族矿物所特有。

5）双四面体-四面体网层

双四面体-四面体网层以黄长石网层为代表。它是以双四面体和四面体共角顶连接而成，具有四方对称，如图 3-14 所示。也可看作由“黄长石链”连接而成，相邻黄长石链中双四面体的活性氧指向相反。在黄长石族中，四面体中心阳离子 T_1 为 Mg、Al 或 Zn，双四面体中心离子 T_2 和 T_1 皆为 Si，在顾家石族中，顾家石 T_1 为 Be，T_2 和 T_3 皆为 Si，密黄长石和白闪石 T_1 皆为 Si，前者 T_2 和 T_3 为 Si 和 Be，后者为 Be 和 Si。

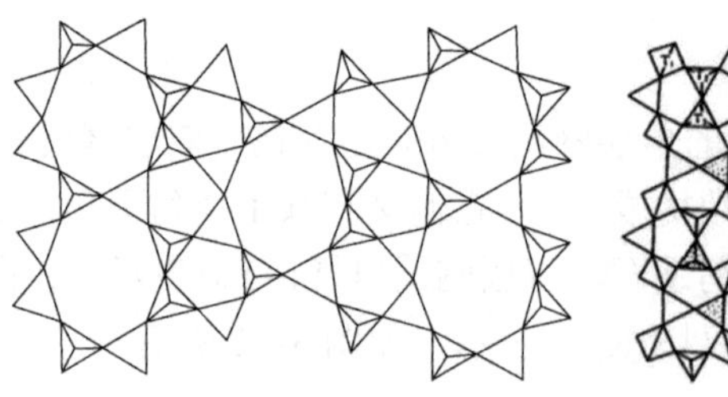

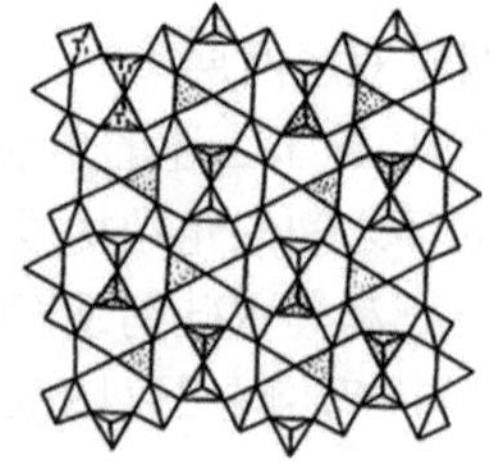

图 3-13　水硅钙石网层　　　　图 3-14　黄长石网层

6）双四面体-[TiO_5]单锥网层

已知有两种不同的类型，一种是硅钛钡石网层，它与黄长石网层极为相似，不同之处在于与双四面体连接的不是四面体而是[TiO_5]单锥，此种网层为硅钛钡石所特有。

另一种是闪叶石网层，它也是由双四面体与[TiO_5]单锥共角顶连接而成的，但彼此连接的形式不同，类似于钡铁钛石网层，如图 3-15 所示。闪叶石族具有此种网层。

7）双四面体-[TiO_6]八面体网层

以钡铁钛石网层为代表，它由双四面体和[TiO_6]八面体共角顶连接而成(图 3-15)。具有此种网层的除钡铁钛石外，还有水硅钛钠石族，硅钛钠钡石族也基本与此相同。

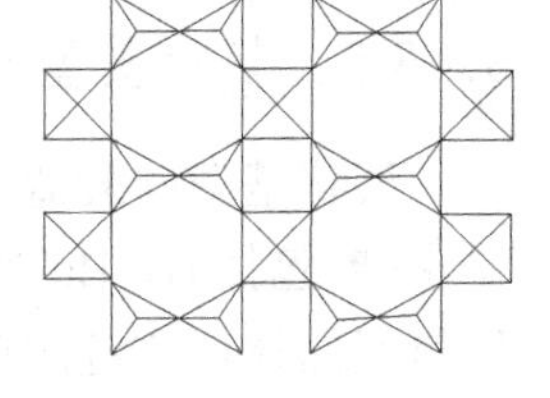

图 3-15 钡铁钛石网层

8）双四面体链-[TiO_6]八面体网层

为星叶石族所特有，该网层是由双四面体链(亦称星叶石链)与[TiO_6]八面体共角顶连接而成，简称星叶石网层，如图 3-16 所示。

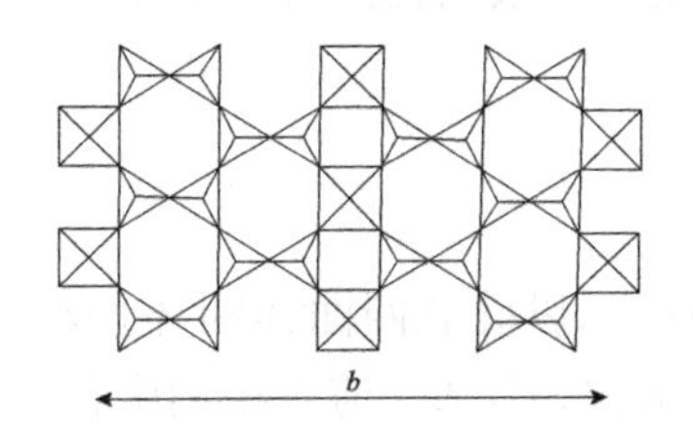

图 3-16 星叶石网层

在上述的三种类型的网层中，除硅钛钡石网层外，其他网层在晶体结构中都是两层网层中夹一层阳离子(如 Fe、Mn、Ti、Na 等)，从而构成类似于云母的三层结构层。这种类似云母的结构层与结构层之间为半径较大的阳离子(Sr、Ba)及 Na_3PO_4 或 H_2O 分子所占据。

总的看来，在层状基型硅酸盐的晶体结构中最普遍存在的是单层网层。典型的双层网层仅见于片硅碱钙石、莫水硅钙钡石和碱硅钙石等少数族种中。最有意义的是三层网层的发现(图 3-17)，它是一种向架状过渡的网层，现仅为葡萄石所具有。近年又不断发现单层网层和三层网层之间的过渡型，如硅铁钡矿、雪硅钙石和菱钾铁石(图 3-18)等。

图 3-17 葡萄石网层

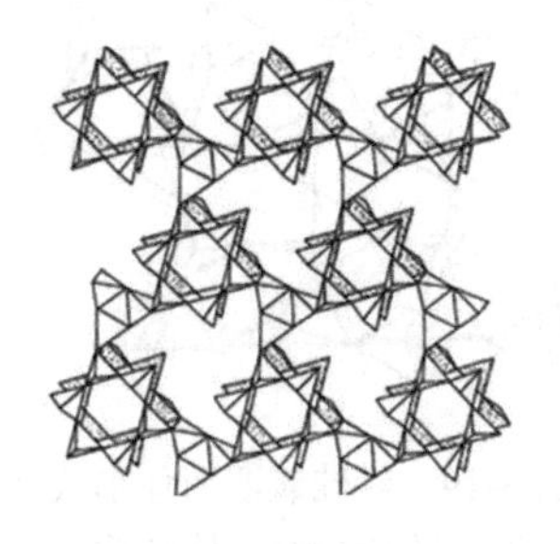

图 3-18 菱钾铁石网层

2. 层状基型硅酸盐的物性

在层状基型硅酸盐中，由于硅氧骨干为两向展平的网层，同时与之结合的阳离子等的分布也具有成层分布的特点，反映到晶体外形上一般呈二向展平的板状、片状的形态，并大都具有一组平行于网层的完全解理。在晶体光学性质上的反映，绝大多数是一轴晶或二轴晶，负光性折光率。Ne 或 Np 垂直于或近垂直于网层，且重折率大。当硅酸盐晶体的化学组成中具有过渡元素离子时，多色性和吸收性都十分显著。

3.1.3.5　架状基型硅酸盐

架状基型硅酸盐可分为简单架状基型和复杂架状基型。架状基型的硅氧骨干是由硅(包括 B、Be 等)氧四面体彼此共 4 个角顶连接成三维空间的骨干，或是由硅氧四面体环或链同钛(或锆等)氧配位多面体(主要是八面体)共角顶连接而成。架状基型硅氧骨干与环状、链状和层状基型的骨干比较起来要复杂得多，主要原因是架状骨干呈三维空间发育，所以要深入认识它，就必须根据构成骨干的次一级单元(如环、链、网层)来剖析。

1. 架状基型硅酸盐晶体结构

(1) 硅氧四面体四环(或六环)连接而成的等轴状骨干。以硅氧四面体四环(或六环)连接而成的等轴状骨干，以方钠石结构和方沸石结构为代表。前者结构中存在着四环和六环，而后者除了四环和六环以外，还存在十二环。属于方钠石型结构的有方钠石族、日光榴石族和铍方钠石族，属于方沸石型结构的有方沸石族、白榴石族和香花石。

(2) 硅氧四面体六环或双层六环为结构单元形成的骨干。以硅氧四面体六环或双层六环为结构单元，彼此连成骨干的矿物种由于六环或双层六环的环面在晶体结构中皆呈水平分布，致使它们往往具有六方或三方对称的特点。属于此种类型的矿物族种有霞石族、钙霞石族、菱沸石族及毛沸石和菱钾沸石。

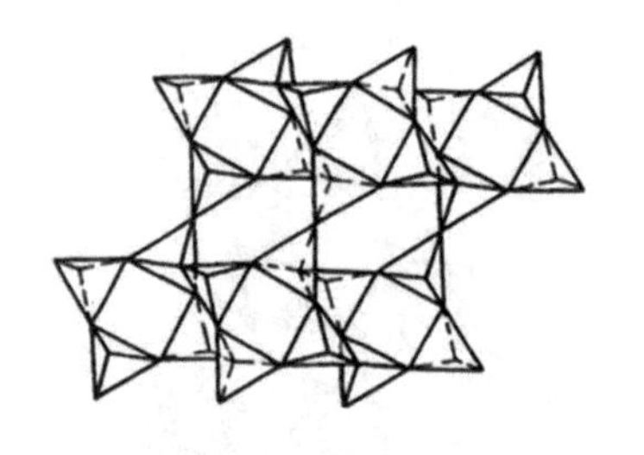

图 3-19　以硅氧四面体形式表示的透长石晶体结构在 c 轴方向呈四环链

(3) 四环链彼此相连成架状的结构。具有四环链彼此连成架状的结构类型最多，约占架状基型硅酸盐矿物总数的 1/4。四环链可分为长石四环链、方柱石四环链、钠沸石四环链和硅锆钠石四环链。

a. 长石四环链是由环面近于平行{010}的硅(铝)氧四面体四环，彼此共 2 个相对的角顶构成沿 c 轴伸长的链(图 3-19)，这种链再在 a 轴和 b 轴方向通过链内四面体共角顶连接而成长石骨架，它为长石族所具有。

b. 方柱石四环链矿物有方柱石、短柱石、赛黄晶、副钡长石和锶长石等，其中以方柱石为代表。方柱石链是由硅(铝)氧四面体四环(环面水平，2 个相对的四面体的角顶指向上方，两个指向下方)与硅氧四面体四环沿 c 轴方向共角顶连接而成的。方柱石族的骨架为平行于 c 轴分布的方柱石四环链以硅氧四面体四环共角顶连接而成(图 3-20)。短柱石骨架与方柱石骨架稍有不同，连接方柱石四环链的不是硅氧四面体四环而是[TiO_6]八面体。赛黄晶、副钡长石和锶长石有所不同，前者组成四环的硅氧四面体有 2 个为硼氧四面体，而后两种矿物的四环全部为硅氧四面体。

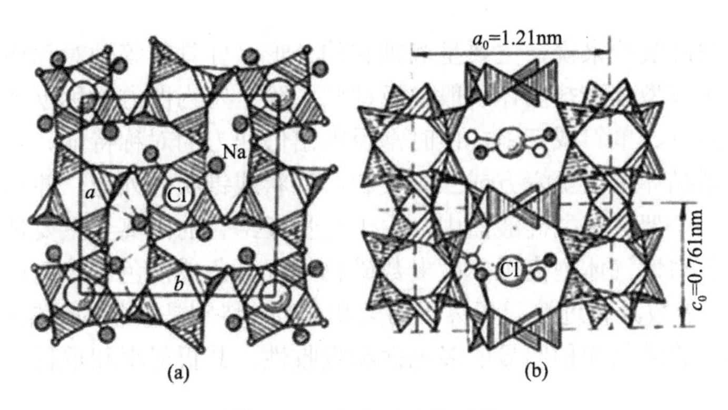

图 3-20 方柱石晶体结构

c. 钠沸石四环链与方柱石四环链有些类似，不同之处在于四环与四环之间不是直接共角顶，而是通过另一硅氧四面体共角顶连接而成(图 3-21)，此种钠沸石内环链彼此通过环中四面体共角顶连接成骨架，为钠沸石族所具有。

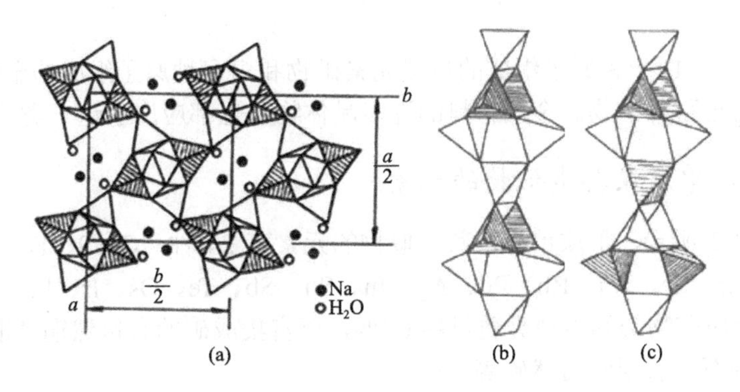

图 3-21 钠沸石晶体结构

(a) 钠沸石晶体结构的一部分在(001)面上的投影；(b)、(c)分别为钠沸石和杆沸石的晶体结构中[SiO_4]和[AlO_4](阴影部分)所占据的位置

d. 硅锆钠石四环链与长石四环链基本相似，但在链的延长方向略有压缩，使四环与四环之间共角顶连接的四面体呈超覆状，同时四环链与四环链之间是由[ZrO_6]八面体共角顶连接成骨架的，此种骨架为硅锆钠石所特有。

(4) 硅氧四面体三环和[TiO_6]八面体或[ZrO_6]八面体连成架状的结构，如蓝锥矿族和钠锆石族的矿物。

2. 架状基型硅酸盐的物性

与其他结构基型相比，架状基型硅酸盐由于硅氧骨干呈三维空间发育的骨架，晶体结构疏旷、异向性小，致使其晶体一般具有密度小、折射率低、重折率小及具有多方向解理等特点，但是在架状基型中又因“结构单元”的不同，从而使晶体在形态上和某些物理性质上表现出一定的差异。对于四环(或六环)组成的等轴状架状基型的硅酸盐来说，主要呈等轴状的外形，并具有等轴对称特征。而四环链组成的架状基型硅酸盐晶体一般呈板柱状，除个别为四方对称以外，多数呈现低级对称：斜方、单斜或三斜，但时常反映出假四方的对称特征。六环或三环组成的架状基型晶体主要呈六方或三方板状、柱状或锥状的外形，并具有六方对称或三方对称。在架状基型硅酸盐中，由于与骨架结合的阳离子主要是碱金属或碱土金属元素之惰性气体型离子，故多数矿物呈现无色或浅色，多色性、吸收性都不明显。只有少数具有过渡元素离子的架状矿物，特别是架状的钛锆硅酸盐矿物，往往具有特殊的颜色和稍明显的多色性和吸收性，其折射率和重折率、密度都稍有增高和增大。

3.2　其他矿物晶体结构特征

3.2.1　单质

自然界中，由一种原子组成的自然元素矿物和由多种原子组成的金属互化物，已发现的有近百种矿物。金属材料的许多晶体物质也都应属于这一类。

1. 形成单质及其类似物的元素

如表 3-2 所示，形成单质及其类似物的元素有 24 种：C、S、Fe、Co、Ni、Cu、Zn、As、Se、Ru、Rh、Pd、Ag、In、Sn、Sb、Te、Os、Ir、Pt、Au、Hg、Pb、Bi。单质矿物类约占地壳质量的 0.1%，可富集成矿的有自然铜、银金矿、自然铂、金刚石、石墨和自然硫等。

表 3-2　形成单质及其类似物的元素

	ⅠA	ⅡA	ⅢB	ⅣB	ⅤB	ⅥB	ⅦB	Ⅷ			ⅠB	ⅡB	ⅢA	ⅣA	ⅤA	ⅥA	ⅦA	0
1																		
2														C				
3																S		
4								Fe	Co	Ni	Cu	Zn			As	Se		
5								Ru	Rh	Pd	Ag		In	Sn	Sb	Te		
6								Os	Ir	Pt	Au	Hg		Pb	Bi			
7																		

主要分为两类元素：一类在周期表中属Ⅷ族和ⅠB 族的 d 型元素(或过渡元素)；另一类在周期表中属ⅣA～ⅥA 主族的 sp 型元素。此外还有少量锌、汞和铟，

处于上述两类元素的中间过渡地位。

2. 单质及其类似物的晶体结构特征

1）d型元素类的晶体。这类晶体物质具有典型的金属键，原子呈最紧密堆积，对称性较高，属配位结构基型。其中，多数为立方最紧密堆积，具有立方面心格子的铜型结构，如自然铜、银金矿、自然铂、自然钯等。少数为六方最紧密堆积，具有六方底心格子的金属锇型结构，如自然锇、自然钌等。自然铁具有立方体心的金属钼型结构，钴铁矿(FeCo)为氯化铯型结构。还有一些铜型结构的衍生结构，如铜金矿型、金三铜矿结构。

2）sp型元素类的晶体。这类晶体物质主要为共价键、分子键，是由sp杂化键所决定的。①ⅣA主族元素碳、锡和铅所构成的金刚石、自然锡、自然铅属配位基型，随原子序数增大金属性增强。金刚石具有四面体状sp^3型共价键，自然锡为畸变的金刚石结构，具有六次配位，向金属键过渡；自然铅呈立方最紧密堆积，配位数为12，具有金属键。②石墨在层内具有平面sp^2的共价-金属键，层间为分子键。③ⅥA主族元素所形成的自然硫为环状基型，是由8个硫原子以共价键连接成S_8环状分子，环分子之间为分子键。硒和碲由于sp^2型杂化键的存在，配位数为2，形成螺旋状链，链间为分子键，链状基型。④ⅤA主族元素砷、锑、铋形成的晶体，由于元素三方单锥状的sp^3型杂化键，形成不平的层次结构，层内为共价-金属键，层状基型。

3. 单质及其类似物的物性

d型元素类的晶体物质，不透明、有金属光泽、硬度低、密度大、延展性强，是热和电的良导体。大多数成因与超基性岩铜镍、铬、铂矿床有关，铜、银和汞与热液成因有关，少数与火山作用有关。

除金刚石以外，sp型元素类的晶体物质具有分子键。在物理性质上，它们的非金属性表现突出，硬度低、熔点低、导热性与导电性不良；随原子序数的增大，金属性逐渐增强。其成因多样，内生和表生都有。

4. 单质及其类似物的晶体化学分类

第一亚类　配位基型：金刚石(C)族、锇铱(Os、Ir)族、铂(Pt)族、铁(Fe)族、铜(Cu)族、锡(Sn)族、锌(Zn)族、银汞矿(Ag_2Hg_3)族。

第二亚类　环状基型：自然硫(S)。

第三亚类　链状基型：碲(Te)族。

第四亚类　层状基型：石墨(C)族、砷(As)族。

3.2.2　氧化物

本类包括金属元素氧化物(如 Fe_3O_4、Al_2O_3)和非金属元素氧化物(如 SiO_2、H_2O)。目前已发现的有 200 余种矿物，人工合成的晶体物质繁多。

1）形成氧化物及其类似物的元素

如表 3-3 所示，形成氧化物及其类似物的元素有 42 种：H、Li、Be、O、F、Na、Mg、Al、Si、Cl、K、Ca、Ti、V、Cr、Mn、Fe、Ni、Cu、Zn、As、Se、Y、Zr、Nb、Mo、Ag、Cd、Sn、Sb、Te、Ba、La、Ta、W、Hg、Tl、Pb、Bi、Th、U、Ce。氧化物矿物在地壳中分布广泛，成因多样，为岩浆、变质和表生作用的产物。可富集成铁、锰、铬、铝、钛、锡、铌、钽、铀、钍等氧化物矿床及石英、刚玉等。

表 3-3　形式氧化及其类似物的元素

	ⅠA	ⅡA	ⅢB	ⅣB	ⅤB	ⅥB	ⅦB	Ⅷ			ⅠB	ⅡB	ⅢA	ⅣA	ⅤA	ⅥA	ⅦA	0
1	H																	
2	Li	Be														O	F	
3	Na	Mg											Al	Si			Cl	
4	K	Ca		Ti	V	Cr	Mn	Fe		Ni	Cu	Zn			As	Se		
5			Y	Zr	Nb	Mo					Ag	Cd		Sn	Sb	Te		
6		Ba	La,Ce		Ta	W						Hg	Tl	Pb	Bi			
7			Th, U															

2）类质同象特征

氧化物阴离子部分的主要元素是氧及少量的 Cl^-、OH^-和 F^-。氧有三种同位素 ^{16}O、^{17}O、^{18}O。

阳离子主要为惰性气体型离子和过渡性离子，铜型离子少见，类质同象广泛。

等价类质同象	异价类质同象
Ca、Sr、Ba	Na^+、Ca^{2+}、Y^{3+}、Ce^{3+}
Mg、Fe、Mn	Li^+、Al^{3+}
Al、Cr、V、Fe、Mn	Fe^{2+}、Sc^{3+}
Sb、Bi	Ca^{2+}、Ce^{3+}
La、Ce、Y	Fe^{2+}、Ti^{4+}
Zr、Hf	Fe^{3+}、Ti^{4+}
Zr、Th	Fe^{2+}、Nb^{3+}

Ce、Th	Ti^{4+}、Nb^{3+}
Th、U	Sn^{4+}、Nb^{5+}
Nb、Ta	
Mo、W	

类质同象替换主要出现在以离子键为主的结构中，在复杂氧化物中更加广泛。在以共价键为主的结构（如石英）和以分子键为主的结构（如方锑矿）中，类质同象代换则较为有限。异价类质同象的替换时常导致缺席结构的产生，当缺席有序化时则会导致超结构的产生。

3）晶体结构特征

(1) 氧化物中以离子键为主，共价键、分子键为次。阳离子主要为惰性气体型离子和过渡型离子，少见铜型离子。

(2) 氧化物的晶体结构可看成阴离子氧（0.132 nm）呈最紧密堆积，阳离子充填在八面体、四面体以及其他类型的空隙中。在氧呈最紧密堆积的结构中，其垂直堆积层方向的晶胞参数常为最紧密堆积层厚（0.231 nm）的倍数。如尼日利亚石-6H中，氧的堆积层垂直于c轴，晶胞参数c=1.378 nm，约为氧堆积厚（0.231 nm）的6倍。

(3) 部分氧化物中，也出现氧和大半径的阳离子共同呈最紧密堆积，而较小半径的阳离子充填其形成的空隙的情况。如钙钛矿（$CaTiO_3$）中 O^{2-}和 Ca^{2+}共同呈立方最紧密堆积，而 Ti^{4+}充填八面体空隙中。

(4) 含有大半径碱金属阳离子的氧化物中，常使氧不呈紧密堆积。在共价键、分子键为主的氧化物中，氧也难实现最紧密堆积。

(5) 配位数有 4、6、8、12 多种类型：

配位数为 4 的主要有 Be^{2+}、Mg^{2+}、Fe^{2+}、Mn^{2+}、Ni^{2+}、Zn^{2+}、Cu^{2+}；

配位数为 6 的主要有 Mg^{2+}、Fe^{2+}、Mn^{2+}、Ni^{2+}、Al^{3+}、Fe^{3+}、Cr^{3+}、V^{3+}、Ti^{4+}、Zr^{4+}、Sn^{4+}、Ta^{5+}、Nb^{5+}；

配位数为 8 的主要有 Zr^{4+}、Th^{4+}、U^{4+}；

配位数为 12 的主要有 Ca^{2+}、Na^{+}、Y^{3+}、Ce^{3+}、La^{3+}。

(6) 主要为三方晶系、四方晶系、斜方晶系、单斜晶系等。氧化物结构中配位八面体的基本大小与晶胞参数之间存在着明显的依赖关系，见表 3-4。八面体厚度（t，两相对八面间的距离），0.22～0.24 nm；八面体棱长（l），0.28～0.30 nm；八面体高（h，两相对角顶间的距离），0.38～0.40 nm。刚玉、赤铁矿和钛铁矿的c为配位八面体厚度的 6 倍；钙钛矿的a为 TiO_6 八面体高的 2 倍；金红石的c为配位八面体的棱长；板钛矿、铌钽铁矿的a为八面体厚度的倍数，b为八面体棱长的 2 倍。

表 3-4　氧化物中配位八面体大小同晶胞参数间的关系

名称	分子式	晶系	结构基型	晶胞参数与相当配位八面体/nm		
				a	*b*	*c*
刚玉	Al_2O_3	三方	配位	0.476		1.299≈6*t*
赤铁矿	Fe_2O_3	三方	配位	0.503		1.375≈6*t*
钛铁矿	$FeTiO_3$	三方	配位	0.508		1.403≈6*t*
钽铁矿	$FeTa_2O_6$	三方	配位	0.738		0.451≈2*t*
钙钛矿	$CaTiO_3$	单斜	架状	0.758≈2*h*		
金红石	TiO_2	四方	链状	0.459		0.296≈*l*
重钽铁矿	$FeTa_2O_6$	四方	链状	0.475		0.926≈3*l*
铌钽铁矿	$(Fe,Mn)(Nb,Ta)_2O_6$	斜方	链状	1.424≈6*t*	0.573≈2*l*	0.508
黑钨矿	$(Fe,Mn)WO_4$	单斜	链状	0.479≈2*l*	0.574≈2*l*	0.499
板钛矿	TiO_2	斜方	层状	0.918≈4*t*	0.545≈2*l*	0.515

4）物性特征

物性特征主要有：①这类物质经常形成完好的晶体，配位和架状基型的晶体形态更为理想。②光学性质与阳离子成分关系密切，如阳离子为惰性气体型时表现出玻璃光泽，当阳离子为过渡型时为半金属光泽。③不同的阳离子，如过渡型元素铁、锰、铬、钛等使晶体呈现不同颜色。④力学性质除了与键性密切外，还与晶体结构基型相关。如配位、架状基型氧化物硬度较大，一般大于 5.5；链状、层状基型氧化物硬度较小，具有明显解理性。⑤密度与原子量有关。⑥化学键以离子键为主，并常有共价键性，使晶体熔点高、溶解度小。

3.2.3　碳酸盐

阳离子主要为 Ca、Mg、Mn、Zn、Fe、Ba、Sr、Pb 等二价阳离子；阴离子为 $[CO_3]^{2-}$。按离子排列方式和晶体对称性的不同，本节将碳酸盐类晶体分为方解石型结构和文石型结构两个族：①方解石族和②文石族。

在碳酸盐类晶体中，$[CO_3]^{2-}$配位多面体为平面三角形，它们在三维空间做近似最紧密堆积，不同半径的金属阳离子充填在其中的孔隙中。随着阳离子半径的不断增大，三方的方解石型结构逐渐转变成斜方的文石型结构。这种具有相同晶体化学式、相同类型化合物中结构型随化学成分变化而规律变化的现象称为型变。引起型变的主要原因被认为是离子半径和离子极化力的不同。

方解石和文石型结构物质的晶体化学式是 $R^{2+}[CO_3]^{2-}$。当半径<0.1 nm 的阳离子 Mg^{2+}、Mn^{2+}、Zn^{2+}、Fe^{2+}、Co^{2+}等分别与$[CO_3]^{2-}$结合时，形成方解石型结构晶

相(R^{2+}六次配位)；当半径>0.1 nm的阳离子Ba^{2+}、Sr^{2+}、Pb^{2+}等分别与$[CO_3]^{2-}$结合时，形成文石型结构晶相(R^{2+}九次配位)；Ca^{2+}的半径介于上述两类离子之间，所以$Ca[CO_3]$有同质二象：方解石和文石。在$R^{2+}[CO_3]^{2-}$的型变过程中，随着R^{2+}半径的增大，不同晶相菱面体晶胞的夹角逐渐增大，最后转变成斜方对称。从配位数可知，文石的密度应该大于方解石。

1）方解石

(1)晶体结构特征。方解石型结构可视为NaCl型结构的衍生结构：将NaCl结构中的Na和Cl分别替代为Ca和$[CO_3]$，并使$[CO_3]$平面三角形垂直于L^3便形成了方解石型结构。由此导致原来的立方面心晶胞沿该三次轴方向压扁成菱面体，晶体的对称也降低为三方。方解石型结构如图3-22(a)所示。方解石的低温同质多象变体是文石。

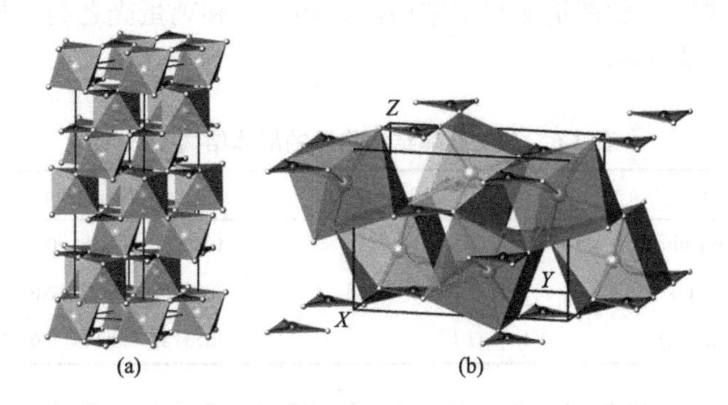

图3-22 方解石和文石的晶体结构

(a)方解石的晶胞；(b)文石的晶胞。平面三角形是$[CO_3]$，配位多面体中心是Ca

(2)物性特征。方解石晶体的重折率很大，具有$\{10\bar{1}0\}$完全解理，H=3，D=2.6～2.9。无色透明的方解石叫作冰洲石，无双晶者是高级光学材料，用来生产起偏器。由于$\{10\bar{1}0\}$的完全解理，在开采冰洲石时要非常小心，另外一个要小心的原因是它容易因机械力而形成双晶。其他类型的方解石被用来生产石灰和水泥；纯净者可做填料和涂料，如改性方解石粉可用于橡胶、塑料、油漆等领域。致密块状的集合体可以做建筑装饰石材。

与方解石等结构的主要物质列于表3-5。

表3-5 与方解石等结构物质的晶体结构参数

英文名称	晶体化学式	a_0，c_0/nm
菱钴矿(Sphaerocobaltite)	$Co[CO_3]$	0.4662，1.4963
菱锌矿(Smithsonite)	$Zn[CO_3]$	0.4652，1.5025
菱镁矿(Magnesite)	$Mg[CO_3]$	0.4637，1.5023

续表

英文名称	晶体化学式	a_0，c_0/nm
菱铁矿(Siderite)	$Fe[CO_3]$	0.4691，1.5379
菱锰矿(Rhodochrosite)	$Mn[CO_3]$	0.4773，1.5642
白云石(Dolomite)	$CaMg[CO_3]_2$	0.4803，1.5984
菱镉矿(Otavite)	$Cd[CO_3]$	0.4923，1.6287

2）文石

(1)晶体结构特征。在文石晶体结构中，Ca 和$[CO_3]$按六方最紧密堆积的方式排列。每个 Ca 周围有 6 个$[CO_3]$、有 9 个氧与之配位，因此 CN_{Ca}=9，CN_O=4(3Ca，1C)。图 3-22(b)是文石晶体结构。文石在约 420℃不可逆地转变成方解石。生物成因的碳酸钙物质一般都是文石型结构，诸如贝壳和鸡蛋壳之类。与文石等结构的主要物质列于表 3-6。

表 3-6　与文石等结构物质的晶体结构参数

中英文名称	晶体化学式	a_0，b_0，c_0/nm
碳酸锶矿(Strontianite)	$Sr[CO_3]$	0.5090，0.8358，0.5997
白铅矿(Cerussite)	$Pb[CO_3]$	0.5180，0.8492，0.6134
碳酸钡矿(Witherite)	$Ba[CO_3]$	0.5312，0.8895，0.6428

(2)物性特征。浅色或白色；玻璃光泽，断口油脂光泽。硬度 3.5～4；解理平行{010}不完全；H=3.5～4.5，D=2.9～3.3；贝壳状断口。密度 2.94 g/cm^3。遇冷稀 HCl 剧烈起泡。在自然界文石不稳定，常转变为方解石。

3.2.4　硫酸盐

硫酸盐矿物是金属阳离子与硫酸根$[SO_4]^{2-}$相化合而成的含氧盐矿物。目前已知的硫酸盐矿物种数有 301 种。它们中的石膏、硬石膏、重晶石、天青石、芒硝、明矾石等均能富集成具有工业意义的矿床。

在硫酸盐矿物中，可以与硫酸根化合的金属阳离子中，最主要的是 Ca^{2+}、Mg^{2+}、K^+、Na^+、Ba^{2+}、Sr^{2+}、Pb^{2+}、Fe^{3+}、Al^{3+}和 Cu^{2+}。阴离子部分除$[SO_4]^{2-}$外，有时还有附加阴离子，其中以$(OH)^-$为最主要。此外，许多硫酸盐矿物中存在结晶水。

1. 晶体结构特征

硫酸盐矿物晶体结构中存在的$[SO_4]^{2-}$络阴离子较一般的阴离子大，与大半径的

二价阳离子如 Ba^{2+}、Sr^{2+}、Pb^{2+}结合成无水化合物，如重晶石 $Ba[SO_4]$；而与离子半径较小的二价阳离子，如 Mg^{2+}、Cu^{2+}等，则结合成含结晶水的硫酸盐，如泻利盐 $Mg[SO_4]\cdot 7H_2O$；当离子半径介于上述大小之间者，如 Ca^{2+}，既可形成无水硫酸盐硬石膏 $Ca[SO_4]$，又可形成含水硫酸盐石膏 $Ca[SO_4]\cdot 2H_2O$。一价碱金属阳离子虽然能与 $[SO_4]^{2-}$ 结合成无水或含水硫酸盐，如无水芒硝 $Na_2[SO_4]$ 或芒硝 $Na_2[SO_4]\cdot 10H_2O$，但更主要的是与二价或三价阳离子(如 Al^{3+}、Fe^{3+})一起与 $[SO_4]^{2-}$ 结合成含附加阴离子 $(OH)^-$ 或含结晶水的复杂硫酸盐，如明矾石 $KAl_3[SO_4]_2(OH)_6$。

1）石膏

在石膏的晶体结构中，硫酸根 $[SO_4]^{2-}$ 呈斜方四面体，Ca 的配位数为 8，配位多面体 $[CaO_6(H_2O)_2]$ 由 12 个三角形面构成，见图 3-23(a)。$[SO_4]$ 和 $[CaO_6(H_2O)_2]$ 平行 Z 轴共棱连接成 $[SO_4]+[CaO_6(H_2O)_2]$ 双链，H_2O 分布在 $[CaO_6(H_2O)_2]$ 多面体平行 X 轴的两个角顶上，具体见图 3-23。$[SO_4]+[CaO_6(H_2O)_2]$ 双链之间在 X 轴方向靠 H_2O 的氢键联结，形成一个平行(010)方向、由 $[SO_4]+[CaO_6(H_2O)_2]$ 双链构成的层[图 3-23(b)]；$[SO_4]+[CaO_6(H_2O)_2]$ 双链层之间靠分子间力联结，如图 3-23(a)所示。

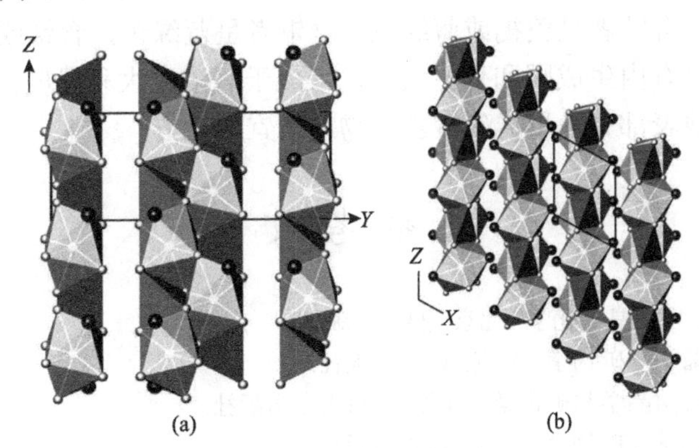

图 3-23　石膏的晶体结构

(a)//[100]方向的投影图；(b)一个(010)双链层//[010]方向的投影图

黑线所限为晶胞范围，黑球是 H_2O，深色四面体是 $[SO_4]$，浅色多面体是 $[CaO_6(H_2O)_2]$

2）重晶石

在重晶石晶体结构中，$[SO_4]$ 四面体呈孤立岛状，Ba 处于 7 个 $[SO_4]$ 四面体之间与其中的 12 个 O 联结形成一个 12 次配位的多面体。在结构中，$[BaO_{12}]$ 多面体共棱平行(100)方向形成一个 $[BaO_{12}]$ 多面体层，层内与一部分 $[SO_4]$ 四面体共棱联结，层间亦通过 $[BaO_{12}]$ 多面体和 $[SO_4]$ 以共棱的方式联结，从而构成重晶石晶体结构，如图 3-24 所示。

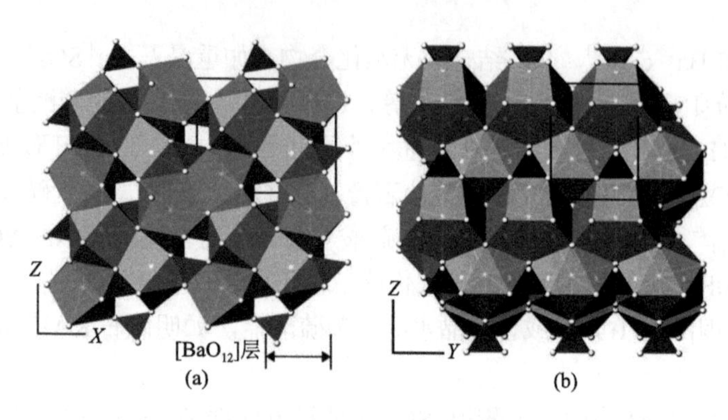

图 3-24　重晶石的晶体结构

(a)//[010]方向的投影图；(b)一个(100)层//[100]方向的投影图
黑线所限为晶胞范围；多面体：深色是$[SO_4]$，浅色是$[BaO_{12}]$；小白球是 O

2. 物性特征

本类矿物的特征是硬度低，通常在 2～3.5 之间。密度一般不大，在 2～4 g/cm^{3}左右，含钡和铅的硫酸盐矿物则可高至 4 g/cm^3，甚至可达 6～7 g/cm^3。颜色一般呈白色或无色，含铁者呈黄褐或蓝绿色，含铜者呈蓝绿色，含锰或钴者呈红色。

硫酸盐矿物有内生成因和外生成因，形成于氧浓度大和温度低的条件下，因此地壳浅部和地表部分是形成硫酸盐矿物最适宜的地方。

参 考 文 献

陈敬中, 等. 2010. 现代晶体化学. 北京: 科学出版社.

李胜荣. 2009. 结晶学与矿物学. 北京: 地质出版社.

罗谷风. 1993. 基础结晶学与矿物学. 南京: 南京大学出版社.

潘兆橹. 1993. 结晶学及矿物学. 北京: 地质出版社.

彭志忠, 周公度, 唐有祺. 1957. 葡萄石的晶体结构. 科学通报, (11): 330-331.

秦善. 2011. 结构矿物学. 北京: 北京大学出版社.

田键. 2010. 硅酸盐晶体化学. 武汉: 武汉大学出版社.

王璞, 等. 1982. 系统矿物学. 北京: 地质出版社.

第4章　矿物材料表面与界面

4.1　矿物颗粒的几何特性

众所周知，球体或正立方体的尺寸可以仅用一个参数来完整地描述。但是，实际矿物颗粒的形状通常并非如此规则。对于形状不规则的颗粒，如何度量其尺寸？尺寸不同且相对数量不等的颗粒群，如何从整体上来度量其特征平均尺寸？颗粒不规则的程度如何量化？形状和尺寸对颗粒表面状态的影响又如何量化等？这些正是本节所讨论的主要内容。

4.1.1　矿物颗粒的大小与分布

矿物颗粒几何特性主要包括颗粒大小(尺寸)、形状、比表面积和孔径等。其中，尺寸的大小是颗粒最重要的几何特征参数。

4.1.1.1　粒径和粒度

粒径(particle diameter)是指以单个颗粒为对象，表征单颗粒的几何尺寸的大小。粒度(particle size)是指以颗粒群为对象，表征所有颗粒在总体上几何尺寸大小的概念。

1. 单颗粒的粒径

实际颗粒大多并非球形，为了解决单个颗粒(即在颗粒群中分别逐一取颗粒时)因形状不规则所带来的尺寸度量问题，有必要约定一些度量方式来获得统一规则下的单颗粒尺寸大小。常用的单颗粒粒径度量方式主要有：轴径、球当量径、圆当量径和定向径。

1）轴径

轴径是指用颗粒的某些特征线段，通过某种平均的方式来表征单颗粒的尺寸大小。通常，以颗粒处于最稳定状态下的外截长方体的长(l)、宽(b)、高(h)作为颗粒的特征线段，获得三轴平均径，如图 4-1 所示，也可以长(l)和宽(b)作为颗粒的特征线段获得二轴平均径。轴径的平均算式如表 4-1 所示。

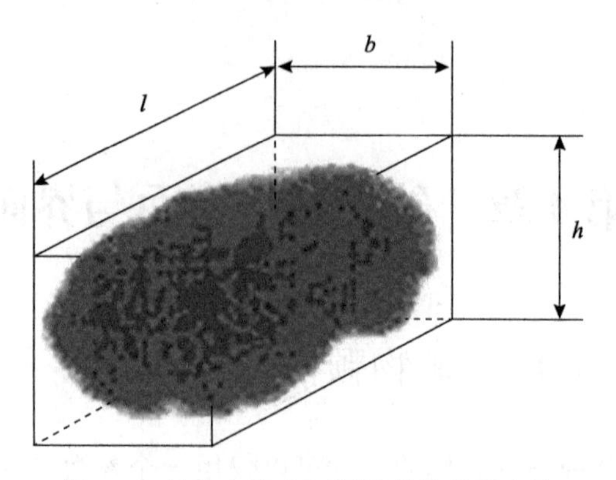

图 4-1　最稳定状态下颗粒的外截长方体

表 4-1　单颗粒的轴径平均算式

名称	符号	算式
三轴算术平均径	d_c	$d_c=\frac{l+b+h}{3}$
三轴几何平均径	d_z	$d_z=\sqrt[3]{lbh}$
三轴调和平均径	d_x	$d_x=\frac{3}{\frac{1}{l}+\frac{1}{b}+\frac{1}{h}}$
二轴算术平均径	d_b	$d_b=\frac{l+b}{2}$
二轴几何平均径	d_y	$d_y=\sqrt{lb}$

2）球当量径

球当量径是指用与颗粒具有相同特征参量的球体直径来表征单颗粒的尺寸大小。这些特征参量可以是体积、面积、比表面积、运动阻力、沉降速度等。几种主要的单颗粒球当量径如表 4-2 所示。

表 4-2　单颗粒的球当量径

名称	符号	算式	物理意义或定义
等体积球当量径	d_{v}	$d_{\mathrm{v}}=\sqrt[3]{\frac{6V}{\pi}}$	与颗粒具有相同体积的球体直径
等面积球当量径	d_{s}	$d_{\mathrm{s}}=\sqrt{\frac{S}{\pi}}$	与颗粒具有相同表面积的球体直径

续表

名称	符号	算式	物理意义或定义
等比表面积球当量径	d_{sv}	$d_{sv}=\frac{d_v^3}{d_s^2}$	与颗粒具有相同比表面积的球体直径
阻力当量径(阻力直径)($Re<0.5$)	d_d	$F_R=C\rho V^2 d_d^2$	在黏度相同的流体中，与颗粒速度相同且具有相同运动阻力的球体直径
Stokes 当量径(Stokes直径)	d_{st}	$d_{st}=\sqrt{\frac{18v\eta}{g(\rho_p-\rho)}}$	在同一流体中的层流区内($Re<0.5$)，与颗粒具有相同沉降速度的球体直径

注：V为颗粒体积；S为颗粒表面积；F_R为颗粒在流体中的沉降阻力；C为颗粒运动阻力系数；ρ为液体密度；v为颗粒运动速度；η为流体动力黏度；ρ_p为颗粒密度。

3）圆当量径

圆当量径是指用与颗粒具有相同投影特征参量的圆的直径来表征单颗粒的尺寸大小。这些投影特征参量包括面积、周长等。几种主要的单颗粒圆当量径如表4-3所示。

表4-3　单颗粒圆当量径

名称	符号	算式	物理意义或定义
投影面积直径	d_a	$d_a=\sqrt{\frac{4A}{\pi}}$	与颗粒在稳定位置的投影面积相等的直径
随机定向投影面积直径	d_p	$d_p=\sqrt{\frac{4A_i}{\pi}}$	与颗粒在任意位置的投影面积相等的直径
投影周长直径	d_π	$d_\pi=\frac{L}{\pi}$	与颗粒在稳定位置的投影面积外形周长相等的圆直径

注：A为颗粒在稳定位置的投影面积；A_i为颗粒在任意位置的投影面积；L为颗粒在稳定位置的投影外形周长。

4）定向径

定向径是在以光镜(或电镜)进行颗粒形貌图像的粒度分析中，对所统计的颗粒尺寸度量，均与某一方向平行，并以某种规定的方式获取每个颗粒的线性尺寸作为单颗粒的粒径，如图4-2所示。几种主要的单颗粒定向径如表4-4所示。

图4-2　单颗粒的定向径

表 4-4　单颗粒的定向径定义

名称	符号	物理意义或定义
Feret 直径	d_F	沿一定方向，与颗粒投影外形相切的一对平行线之间的距离
Martin 直径	d_M	沿一定方向，将颗粒投影面积二等分的分割线长度
Krumbein 直径(最大弦直径)	d_{CH}	沿一定方向，由颗粒投影外形边界所限定的最大长度

2. 颗粒群的平均粒度

实际粉体是由不同粒径和相对数量的颗粒组成的颗粒集合体，即颗粒群，为表征颗粒群所有颗粒在尺寸和相对数量上尺寸大小的总体平均量值，通常采用平均粒度的概念(习惯上称为平均粒径)来表征这种平均量值。

颗粒群的平均粒径是根据数理统计原理，通过对颗粒群中所有单颗粒的粒径及相对数量的加权平均计算获得。根据不同的权重系数，有不同的颗粒群平均粒径计算式，如表 4-5 所示。其中，将颗粒群划分为若干窄小的粒级：d 为任意粒级的粒径；n 为该粒级的颗粒数量；w 为该粒级的颗粒质量。

表 4-5　颗粒群的平均径

名称	符号	计算式	
		个数基准	质量基准
算术平均径	D_a	$\frac{\sum nd}{\sum n}$	$\frac{\sum \frac{w}{d^2}}{\sum \frac{w}{d^3}}$
几何平均径	D_g	$(d_1^n \cdot d_2^n \cdots d_n^n)^{\frac{1}{n}}$	$(d_1^w \cdot d_2^w \cdots d_n^w)^{\frac{1}{w}}$
调和平均径	D_h	$\frac{\sum n}{\sum \frac{n}{d}}$	$\frac{\sum \frac{w}{d^3}}{\sum \frac{w}{d^4}}$
长度平均径	D_{lm}	$\frac{\sum nd^2}{\sum nd}$	$\frac{\sum \frac{w}{d}}{\sum \frac{w}{d^2}}$
面积平均径	D_{sm}	$\frac{\sum nd^3}{\sum nd^2}$	$\frac{\sum w}{\sum \frac{w}{d}}$

续表

名称	符号	计算式	
		个数基准	质量基准
体积平均径（质量平均径）	D_{Vm}	$\frac{\sum nd^4}{\sum nd^3}$	$\frac{\sum wd}{\sum w}$
平均表面积径	D_S	$\sqrt{\frac{\sum nd^2}{\sum n}}$	$\sqrt{\frac{\sum \frac{w}{d}}{\sum \frac{w}{d^3}}}$
平均体积径	D_V	$\sqrt[3]{\frac{\sum nd^3}{\sum n}}$	$\sqrt[3]{\frac{\sum w}{\sum \frac{w}{d^3}}}$
峰值粒径（最大频率径）	D_{mod}	频率分布曲线上最高频率点对应的粒径	
中值粒径（中位径）	D_{med}	累积分布曲线上累积分布为50%的点对应的粒径	

4.1.1.2　粒度分布

1. 粒度分布的意义

对于任意一粉体，其颗粒大小都有一定的尺寸分布范围，且每一粒级的相对含量也不尽相同。平均粒径虽然表征了颗粒群所有颗粒在尺寸和相对数量上尺寸大小的总体平均量值，但其提供的颗粒群特征信息十分有限。而且，两个平均粒度相同的颗粒群，可以有完全不同的粒度分布和组成。因此，采用粒度分布的概念十分必要。

粒度分布表征的是颗粒群中各颗粒的大小及对应的数量比率，即粒度分布有颗粒的尺寸量值（粒径量值）和与尺寸量值对应的相对数量值（比率值）两个量值。

2. 粒度分布的表示方法

表征粉体粒度分布的常用方法有列表法、作图法、矩值法和函数法。

1）列表法

将粒度分析得到的数据（粒径区间、各粒级质量或个数）和由此计算的数据列成表格。通常，表格所包含的粒度信息为：①粒级（或粒径区间）及对应的相对百分含量（质量比率或个数比率）；②小于（或大于）某一粒径的筛下（或筛上）累积百分含量；③平均粒径(或某些特征粒径)。

例： 实测 1000 个颗粒，按几何级数划分成 12 个粒级，粒度分析数据综合表如表 4-6 所示。

表 4-6　列表法：粒度分析数据综合表

粒径范围 D_i～D_{i+1}/μm	间隔 ΔD/μm	平均粒径 D/μm	颗粒数 n/个	相对频率 $\Delta\Phi$/%	筛下累积 $U(D)$/%	筛上累计 $R(D)$/%
1.4～2.0	0.6	1.7	1	0.1	0.1	99.9
2.0～2.8	0.8	2.4	4	0.4	0.5	99.5
2.8～4.0	1.2	3.4	22	2.2	2.7	97.3
4.0～5.6	1.6	4.8	69	6.9	9.6	90.4
5.6～8.0	2.4	6.8	134	13.4	23.0	77.0
8.0～11.2	3.2	9.6	249	24.9	47.9	52.1
11.2～16.0	4.8	13.6	259	25.9	73.8	26.2
16.0～22.4	6.4	19.2	160	16.0	89.8	10.2
22.4～32.0	9.6	27.2	73	7.3	97.1	2.9
32.0～44.8	12.8	38.4	21	2.1	99.2	0.8
44.8～64.0	19.2	54.4	6	0.6	99.8	0.2
64.0～89.6	25.6	76.8	2	0.2	100	0
合计			n=1000	100	$D_a=\dfrac{\sum nD}{\sum n}=13.6\mu m$	

由于大多数粉体的粒度分布的峰值偏向于小粒级方向，因此，在小粒级范围的分割区间可密集一些。根据这一特点，表中按几何级数(比值 $\sqrt{2}$)将粒度分布范围划分成 12 个粒级(除采用较密集的粒级划分外，通常在粒级的划分中，几何级数较算术级数优先)。

2）作图法

作图法中通常有三种图：频率矩形分布图(非连续)、频率连续分布图(连续)、累积分布图。前两种表征在粒度分布范围内，任意尺寸颗粒的相对分布频率，即可反映任意某一粒级颗粒的相对含量；后一种表征在粒度分布范围内，大于或小于某一粒级尺寸的所有颗粒占总量的相对含量。

(1) 频率矩形分布图。在直角坐标系中，横坐标表示粒径(可等分或不等分划分，亦可取对数轴)、纵坐标表示各粒级尺寸颗粒的相对分布频率(相对含量)。

频率矩形分布图是一种简单的粒度分布图，反映各级粒径颗粒的相对含量变化及主导粒径的范围。由于图形的非连续性，不能反映粒级区间内的含量变化信息，如图 4-3 所示。

(2) 频率连续分布图。若将矩形分布图中的粒度间隔划分得足够小，并连接每个矩形顶边的中间点，可得一光滑曲线，此曲线图即为颗粒分布的频率连续分布图，如图 4-4 所示。

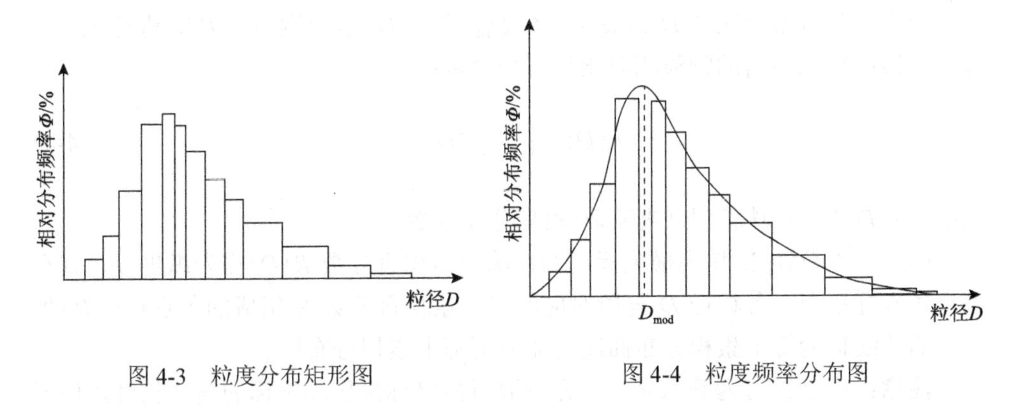

图 4-3　粒度分布矩形图　　　　图 4-4　粒度频率分布图

为进行后续的粒度分布数学分析，此处引入频度分布函数 $f(D)$ 的概念：

$$f(D)=\frac{\Phi_{i+1}-\Phi_i}{D_{i+1}-D_{i+1}}=\frac{\Delta\Phi}{\Delta D}\approx\frac{\mathrm{d}\Phi}{\mathrm{d}D} \tag{4-1}$$

式中，$f(D)$ 为粒度分布中的频度分布函数，即频率连续分布曲线的斜率，反映某一粒级颗粒相对含量变化大小的趋势；ΔD 为某一粒级区间颗粒的粒径差值 $D_{i+1}-D_i$；$\Delta\Phi$ 为对应于某一粒级区间粒径差值为 ΔD 的颗粒相对分布频率 Φ 的差值 $\Phi_{i+1}-\Phi$。

(3) 累积分布图。根据频度分布函数 $f(D)$ 的概念，可求得任意粒级 D_i～D_{i+1} 范围内颗粒的相对百分含量。

$$F(D)=\int_{D_i}^{D_{i+1}} f(D)\,\mathrm{d}D \tag{4-2}$$

式中，$F(D)$ 称为颗粒累积分布函数。

若从最小粒径 $D_{\min}$ 到某一粒径 $D\,(D>D_{\min})$ 范围内对 $f(D)$ 进行积分，可获得 $D_{\min}$～D 粒径范围内的颗粒相对累积百分含量。

$$U(D)=\int_{D_{\min}}^{D} f(D)\mathrm{d}D \tag{4-3}$$

式中，$U(D)$称为颗粒筛下累积分布函数。

若以粒径 D 为横坐标，颗粒的筛下累积百分数 $U(D)$ 为纵坐标，则在该直角坐标系中，粒径 D_i 与所对应的筛下累积百分数 U_i 组成的各点 (D_i, U_i) 所构成的曲线称为筛下累积分布曲线，即所谓筛下累积分布图。

同样，若从某一粒径 D 到最大粒径 $D_{\max}$ $(D<D_{\max})$ 范围内对 $f(D)$ 进行积分，可获得该粒径范围内的颗粒相对累积百分含量：

$$R(D)=\int_{D}^{D_{\max}} f(D)\mathrm{d}D \tag{4-4}$$

式中，$R(D)$称为颗粒筛上（或筛余）累积分布函数。

同样，以粒径 D 作为横坐标，颗粒筛上累积百分数 $R(D)$ 作为纵坐标，则在该直角坐标系中，各粒径 D_i 与所对应的筛上累积百分数 R_i 组成的各点 (D_i, R_i) 所构成的曲线称为筛上累积分布曲线，即所谓筛上累积分布图。

注意：横坐标可为算术坐标，亦可取对数坐标来压缩坐标的线性长度，便于作图。

根据频度分布函数 $f(D)$ 的概念，显然有

$$\int_{D_{\min}}^{D_{\max}} f(D)\,\mathrm{d}D=100\% \tag{4-5}$$

$$R(D)=100-U(D)\% \tag{4-6}$$

此外，根据分布函数 $F(D)$ 的概念可知，$F(D)$ 的导数即为频度分布函数 $f(D)$，即有 $F'(D)=f(D)$。粒度累积分布图如图 4-5 所示。

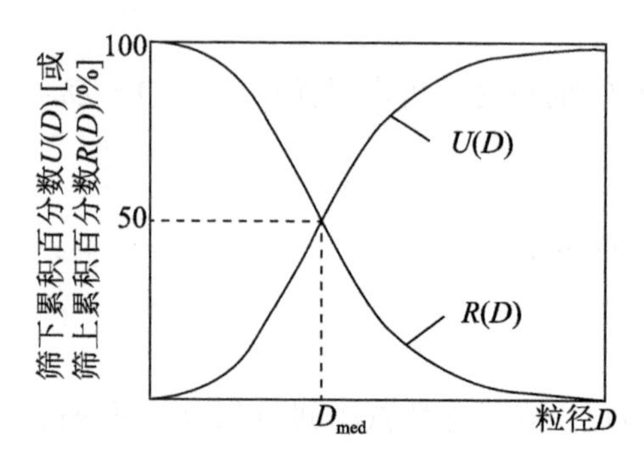

图 4-5　粒度累积分布图

3）矩值法

矩值法是以数理统计原理来计算颗粒群（即样本）粒度分布特征值——平均粒径和方差等。矩值法主要用于粒度测试技术中的计算机处理分析。

设观测数 D_1，D_2，…，D_n 为取自某整体（颗粒群）的一个容量（颗粒数量）为 n 的随机样本，则定义：

a.第 k 阶样本的原点矩为

$$a_k = \frac{1}{n}\sum_{i=1}^{n} D\frac{k}{i} \qquad (k = 1, 2, \cdots) \tag{4-7}$$

当 k=1 时，得样本的平均数：

$$a_1 = \bar{D} = \frac{1}{n}\sum_{i=1}^{n} D_i \tag{4-8}$$

b.第 k 阶样本的中心矩为

$$m_k = \frac{1}{n}\sum_{i=1}^{n} (D_i - \bar{D})^k \qquad (k = 1, 2, \cdots) \tag{4-9}$$

c.原点矩和中心矩的关系为

$$\begin{cases} m_2 = a_2 - a_1^2 \\ m_3 = a_3 - 3a_1a_2 + 2a_1^3 \\ m_4 = a_4 - 4a_1a_3 + 6a_1^2a_2 - 3a_4^4 \end{cases} \tag{4-10}$$

凡可用上述矩值关系表示的总体数字特征，均可写出相应的样本数字特征。例如，样本平均数：

$$\bar{D} = a_1 = \frac{1}{n}\sum_{i=1}^{n} D_i \tag{4-11}$$

即表示粒度平均值。

样本方差：

$$\sigma^2 = m_2 = \frac{1}{n}\sum_{i=1}^{n} (D_i - \bar{D})^2 \tag{4-12}$$

即表示粒度分布的离散程度。

样本的标准偏差：

$$\sigma = \sqrt{m_2} = \sqrt{\frac{1}{n}\sum_{i=1}^{n} (D_i - \bar{D})^2} \tag{4-13}$$

样本偏度系数：

$$C_{\mathrm{s}}=\frac{m_3}{m^{\frac{3}{2}}}=\frac{\sqrt{n}\sum_{i=1}^{n}(D_i-\bar{D})^3}{\left[\sum_{i=1}^{n}(D_i-\bar{D})^2\right]^{\frac{3}{2}}} \tag{4-14}$$

即表示粒度分布偏离对称分布的程度。

样本峰度系数：

$$C_{\mathrm{s}}=\frac{m_4}{m_2^2}=\frac{n\sum_{i=1}^{n}(D_i-\bar{D})^4}{\left[\sum_{i=1}^{n}(D_i-\bar{D})^2\right]^2} \tag{4-15}$$

即表示分布曲线形状峰度或陡峭度程度。

若样本容量很大，可分组，每组的平均值作为该粒径的平均粒径，按上述方法，则 k 阶原点矩定义为

$$a_k=\frac{\sum_{j=1}^{n}f_jD_j^k}{\sum_{j=1}^{n}f_j} \tag{4-16}$$

式中，n 为组数(粒级数)；D_j 为第 j 组的中值；f_j 为该组的相对频率数。则有

$$a_1=\bar{D}=\frac{\sum_{j=1}^{n}f_jD_j}{\sum_{j=1}^{n}f_j} \qquad (j=1,2,\cdots) \tag{4-17}$$

同理有

$$a_2=\frac{\sum_{j=1}^{n}f_jD_j^2}{\sum_{j=1}^{n}f_j} \qquad a_3=\frac{\sum_{j=1}^{n}f_jD_j^3}{\sum_{j=1}^{n}f_j} \tag{4-18}$$

以上述方法可获得样本容量很大时的粒度分布特征值。

4）函数法

函数法是用数学模型——粒度分布方程(粒度特性方程)来描述粒度分布规律。

函数法使研究对象由有限、离散的形式转化为无限、连续的形式，便于定量分析。但需注意的是，若函数类型选择或拟合不当会引起较大的分析误差。

除利用函数形式表征粒度分布状况外，还可基于粒度分布方程推导出颗粒群各种平均粒径、比表面积、单位质量颗粒数等参数。因此，在颗粒几何特性表征中，粒度分布方程是一种重要而实用的分析表征方法。

粒度分布方程通常是以实验分析为基础的经验式，具体形式甚多，常用的有几种：正态分布、对数正态分布、Rosin-Rammler 分布和 Gates-Gaudin-Schumann 分布。

(1) 正态分布。分布图像是一条钟形对称曲线(统计上亦称高斯曲线)，某些气溶胶和沉淀法制备的粉体，其个数分布近似符合这种分布，如图 4-6 所示。

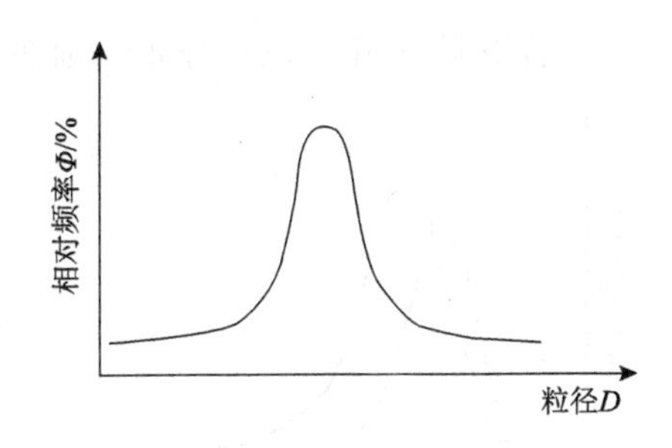

图 4-6　粒度的正态分布

若颗粒群符合正态分布，则其频率分布函数为

$$f(D)=\frac{1}{\sigma\sqrt{2\pi}}\exp\left[-\frac{(D-\bar{D})^2}{2\sigma^2}\right] \tag{4-19}$$

其筛下累积分布函数为

$$U(D)=\int_{D_{\min}}^{D}\frac{1}{\sigma\sqrt{2\pi}}\exp\left[-\frac{(D-\bar{D})^2}{2\sigma^2}\right]\mathrm{d}D \tag{4-20}$$

其中，σ 为标准偏差。

$$\bar{D}=\frac{1}{n}\sum_{i=1}^{n}n_iD_i \quad 或 \quad \bar{D}=\frac{1}{w}\sum_{i=1}^{n}w_iD_i$$

其中，D_i 为某一粒级的粒径(或某一粒级的平均粒径)；n_i、w_i 分别为对应粒径的颗粒数量、质量；n、w 分别为颗粒群的总颗粒数量、总质量。

$$\sigma=\sqrt{\frac{1}{n}\sum_{i=1}^{n}n_i(D_i-\bar{D})^2} \quad 或 \quad \sigma=\sqrt{\frac{1}{w}\sum_{i=1}^{n}w_i(D_i-\bar{D})^2}$$

令 $\frac{D-\bar{D}}{\sigma}=t$，则 $U(D)$ 可转化为标准正态分布，且当 $t=1$ 时，$U(D)$ 积分值可由标准正态分布表查得，为 0.8413；当 $t=-1$ 时，$U(D)$ 积分值可由标准正态分布表查得，为 0.1587；当 $t=0$ 时，$U(D)$ 积分值可由标准正态分布表查得，为 0.5。

由此可推出：

$$\begin{cases}\bar{D}=D_{50}\\ \sigma=D_{84.13}-D_{50} \quad 或 \quad \sigma=D_{50}-D_{15.87}\end{cases} \tag{4-21}$$

若颗粒群符合正态分布，则在正态概率纸上，其筛下(或筛上)累积分布函数为线性关系，即在正态概率纸上，纵坐标为筛下累积百分数，横坐标为粒径，则粒度分布各点直接在坐标中对应取点，各分布点构成(或近似构成)一条直线，线性相关度越高，越接近正态分布。

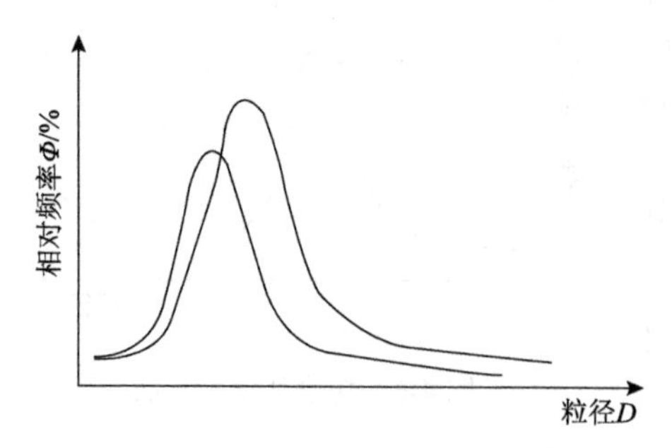

图 4-7　粒度的对数正态分布

(2) 对数正态分布。大多数粉体，尤其是粉碎法制备的粉体较为近似符合对数正态分布，其频度曲线是不对称的，曲线峰值偏向小粒径一侧，如图 4-7 所示。

将式(4-19)中的 D 和 σ 以相应的 $\ln D$ 和 $\ln\sigma_g$ 代替，则可得到对数正态分布的频度分布函数：

$$f(\ln D)=\frac{1}{\ln\sigma_g\sqrt{2\pi}}\exp\left[-\frac{(\ln D-\ln D_g)^2}{2\ln^2\sigma_g}\right] \tag{4-22}$$

其筛下累积分布函数为

$$U(\ln D)=\frac{1}{\sqrt{2\pi}\ln\sigma_g}\int_{D_{\min}}^{D}\exp\left[-\frac{(\ln D-\ln D_g)^2}{2\ln^2\sigma_g}\right]\mathrm{d}(\ln D) \tag{4-23}$$

式中，D_g 为几何平均径：

$$\ln D_g=\frac{1}{n}\sum_{i=1}^{n}n_i\ln D_i \qquad 或 \qquad \ln D_g=\frac{1}{w}\sum_{i=1}^{n}w_i\ln D_i$$

σ_g 为几何标准偏差：

$$\ln\sigma_g=\sqrt{\frac{1}{n}\sum_{i=1}^{n}n_i(\ln D-\ln D_g)^2} \qquad 或 \qquad \ln\sigma_g=\sqrt{\frac{1}{w}\sum_{i=1}^{n}w_i(\ln D-\ln D_g)^2}$$

同样令 $\frac{\ln D-\ln D_g}{\ln\sigma_g}=t$，则 $U(D)$ 可转化为标准正态分布，且分别当 t=1、−1 和 0 时，由标准正态分布表查得 $U(D)$ 相应积分值后，可推算出：

$$\begin{cases} D_g = D_{50} \\ \sigma_g = \dfrac{D_{84.13}}{D_{50}} \quad 或 \quad \sigma_g = \dfrac{D_{50}}{D_{15.87}} \end{cases} \tag{4-24}$$

若颗粒群符合对数正态分布，同样，在对数正态概率纸上，其筛下(或筛上)累积分布函数为线性关系，即在对数正态概率纸上，纵坐标为筛下累积百分数，横坐标为粒径，则粒度分布各点直接在坐标中对应取点，各分布点构成(或近似构成)一条直线，线性相关度越高，越接近正态分布，如图 4-8 所示。

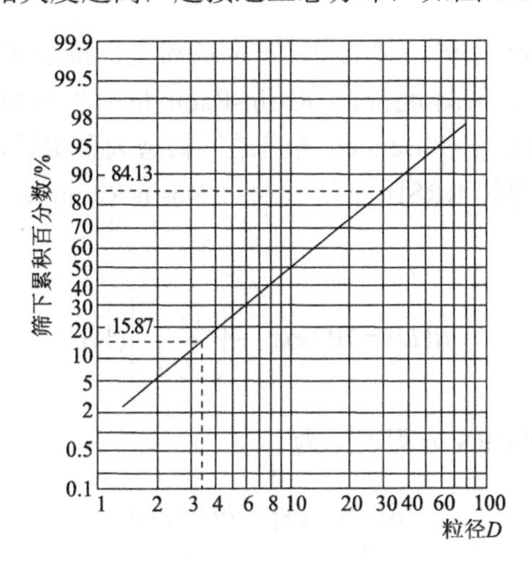

图 4-8　对数正态概率纸上的对数正态分布直线

通常，颗粒群以颗粒个数为基准的分布形式符合某种分布规律时，则以质量为基准的分布就不符合该规律。但对数正态分布不同，个数基准和质量基准均符合对数正态分布规律。故当颗粒群符合对数正态分布时，个数基准分布与质量基准分布有以下换算关系：

质量基准中位径 D'_{50}=个数基准中位径 $D_{50}\exp(3\ln^2\sigma_g)$

质量基准几何标准偏差 σ_g'=个数基准几何标准偏差 σ_g

符合对数正态分布的颗粒群，其各种平均径的计算如表 4-7 所示。

表 4-7　符合对数正态分布的平均径算式

名称	符号	计算式
算术平均径	D_a	$D_{50}\exp(0.5\ln^2\sigma_g)$
长度平均径	D_{lm}	$D_{50}\exp(1.5\ln^2\sigma_g)$

续表

名称	符号	计算式
面积平均径	D_{sm}	$D_{50}\exp(2.5\ln^2\sigma_g)$
质量平均径	D_{wm}	$D_{50}\exp(3.5\ln^2\sigma_g)$
平均面积径	D_s	$D_{50}\exp(\ln^2\sigma_g)$
平均体积径	D_v	$D_{50}\exp(1.5\ln^2\sigma_g)$
调和平均径	D_h	$D_{50}\exp(-1.5\ln^2\sigma_g)$

(3) Rosin-Rammler 分布。对于粉体产品或粉尘，特别在硅酸盐工业中，如煤粉、水泥等粉碎产品，较好地符合 Rosin-Rammler(罗辛-拉姆勒)分布。它是由 Rosin、Rammler、Sperling 和 Bennett 各自通过粉磨因素实验，以统计方法建立的，所以又称 RRS 方程(也称 RRSB 方程)。符合 Rosin-Rammler 分布的颗粒群筛下累积分布函数为

$$R(D)=100\exp\left[-\left(\frac{D}{D_e}\right)^n\right](\%) \tag{4-25}$$

若取 $b=D_e^{-n}$，则 RRS 方程表示为

$$R(D)=\exp(-bD^n)(\%) \tag{4-26}$$

式中，$R(D)$为粒径为 D 的颗粒所对应的筛上(筛余)累积质量百分数；D_e 为特征粒径，即当粉体符合 RRS 分布时，D_e 可反映粉体颗粒尺寸大小的特征值，其值越大，表示粒群总体尺寸越偏大，当 $D=D_e$ 时，$R(D_e)=(100/e)\%=36.8\%$，即表示筛上累积质量百分数为 36.8%所对应的颗粒尺寸为该粒群的特征粒径 D_e；n 为均匀性系数，即当颗粒群符合 RRS 分布时，用以表征粉体粒度分布范围的宽窄程度，其数值越大，表示粒度分布范围越窄。

为了便于 RRS 方程的实际应用，可将该方程进行线性化处理，即对 $R(D)$式取二次对数，整理后得

$$\lg\left[\lg\frac{100}{R(D)}\right]=n\lg D+C \tag{4-27}$$

式中，$C=\lg\lg e-n\lg D_e$。

若令 $Y=\lg\left[\lg\frac{100}{R(D)}\right]$，$X$=lg$D$，则在 X-Y 坐标系中，RRS 方程为一直线，直

线的斜率即为 n，截距为 C，其特征粒径 D_e 可由 $C = \lg\lg e - n\lg D_e$ 解出。

因此，若某一粉体粒度符合(或近似符合)Rosin-Rammler 分布，则粒径为 D 的颗粒及与 D 所对应的颗粒筛上累积质量百分数 $R(D)$，在经 $Y = \lg\left[\lg\dfrac{100}{R(D)}\right]$，$X$=lg$D$ 转化后的各点，在 X-Y 坐标中为线性(或近似线性)关系，线性相关度越高，与 RRS 分布偏离越小。为了避免人为的作图误差，可采用线性回归分析法得出斜率 n 和截距 C 及线性相关系数 r，具体方法如下。

若 (X_i, Y_i) 之间存在线性相关性，则 (X_i, Y_i) 各点符合线性方程

$$Y = nX + C$$

由线性回归法可获得线性回归系数：

$$\begin{cases} n = \dfrac{S_{XY}}{S_{XY}} \qquad C = \overline{Y} - n\overline{X} \\ \overline{X} = \dfrac{1}{m}\sum_{i=1}^{m} X_i \qquad \overline{Y} = \dfrac{1}{m}\sum_{i=1}^{m} Y_i \\ S_{XX} = \sum_{i=1}^{m}(X_i - \overline{X})^2 \qquad S_{YY} = \sum_{i=1}^{m}(Y_i - \overline{Y})^2 \\ S_{XY} = \sum_{i=1}^{m}(X_i - \overline{X})(Y_i - \overline{Y}) \end{cases} \tag{4-28}$$

线性相关系数为

$$r = \frac{S_{XY}}{\sqrt{S_{XX}\cdot S_{YY}}}$$

$|r|$ 值越趋近于 1，线性相关程度越高。

(4) Gates-Gaudin-Schumann 分布。对于某些粉碎产品，如颚式破碎机、辊式破碎机和棒磨机等粉碎产品，其粒度能较好地符合 Gates-Gaudin-Schumann 分布(简称 GGS 分布)，则球磨机粉碎产品也近似符合这种分布。符合 GGS 分布的颗粒群筛下累积分布函数为

$$U(D) = 100\left(\frac{D}{D_{\max}}\right)^m (\%) \tag{4-29}$$

式中，$U(D)$ 为粒径为 D 的颗粒所对应的筛下累积质量百分数；$D_{\max}$ 为颗粒群中尺寸最大的颗粒粒径；m 为颗粒群粒度分布模数，即当颗粒群符合 GGS 分布时，用以表征粒度分布范围的宽窄程度，其数值越大，表示粒度分布范围越窄。m 与

颗粒物料的性状和粉碎设备的性能有关。

同样，为便于方程的应用，可将 GGS 方程取对数进行线性化处理：

$$\lg\frac{U(D)}{100}=m\lg D-C \tag{4-30}$$

式中，$C=-m\lg D_{max}$。令 $Y=\lg\frac{U(D)}{100}, X=\lg D$，则在 X-Y 坐标系中，GGS 方程为直线，直线的斜率即为 m，截距为 C，其特征粒径 D_{max} 可由 $C=-m\lg D_{max}$ 解出，如图 4-9 所示。

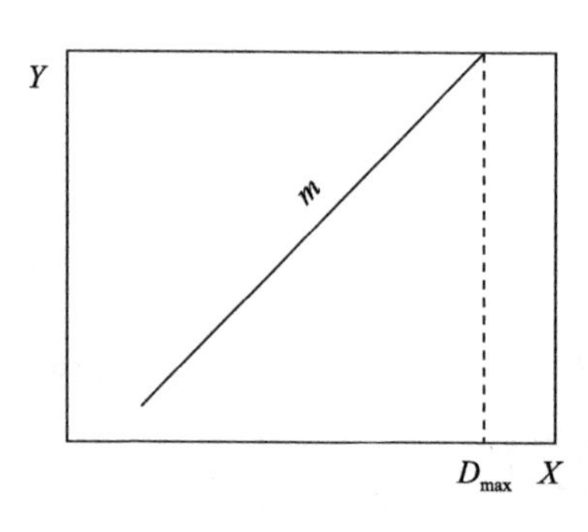

图 4-9　X-Y 坐标中的 GGS 分布图

因此，若某一粉体粒度符合(或近似符合)GGS 分布，则粒径为 D 的颗粒及与 D 所对应的颗粒筛上累积质量百分数 $U(D)$，在经 $Y=\lg\frac{U(D)}{100}$ 和 $X=\lg D$ 转化后的各点，在 X-Y 坐标中为线性(或近似线性)关系，线性相关度越高，与 GGS 分布偏离越小。同样可采用线性相关分析，得出 GGS 分布中的分布模型数 m 和最大粒径 D_{max} 及线性相关度。

4.1.2　矿物颗粒的形状

在颗粒形状的表述中，常使用一些较为形象的术语，如球形、立方形、柱形、片状、鳞片状、棒状、针状、纤维状、树枝状、毛绒状、海绵状，以及粗糙、光滑、尖角状、圆角状等(表 4-8)。但这些只是大致反映了颗粒形状的某些特征，是一种定性的描述。而在一些与颗粒形状密切相关的研究和应用问题中，需要对颗粒的几何形状作进一步的定量表征。

表 4-8　某些工业产品对粉体材料颗粒形状的要求

产品种类	对性质的要求	对颗粒形状的要求
涂料、墨水、化妆品	固着力、反光效果好	片状颗粒
橡胶填充料	增强、增韧和耐磨性	非长形颗粒、球形颗粒
塑料填充料	高冲击强度	针状、长形颗粒
炸药、爆燃材料(固体推进剂)	稳定性	光滑球形颗粒

续表

产品种类	对性质的要求	对颗粒形状的要求
洗涤剂和食品添加剂	流动性	球形颗粒
磨粒	研磨性	棱角状
抛光剂	抛光性	球形微粒

颗粒形状的表征主要包括形状因子和形状的数学分析两类方法，其中，形状因子又分为形状系数和形状指数两种形式；数学分析法常采用 Fourier 级数和分数维表征，此外，也采用谐函数和波函数等数学表征方式。

4.1.2.1　形状系数

形状系数：以颗粒几何参量的比例来表示颗粒与规则体的偏离程度。设颗粒的直径为 D、体积为 V、表面积为 S，常用的几种颗粒形状系数如表 4-9 所示。

表 4-9　颗粒的形状系数

名称	定义式	举例
体积形状系数	$\varphi_V = \dfrac{V}{D^3}$	球体：$\varphi_V = \dfrac{\pi}{6}$ 立方体：$\varphi_V = 1$
表面积形状系数	$\varphi_S = \dfrac{S}{D^2}$	球体：$\varphi_S = \pi$ 立方体：$\varphi_x S = 6$
比表面积形状系数	$\varphi_{SV} = \dfrac{\varphi_S}{\varphi_V}$ 或 $\varphi_{SV} = S_V D$	球体：$\varphi_{SV} = 6$ 立方体：$\varphi_{SV} = 6$
Carman 形状系数	$\varphi_C = \dfrac{D_{SV}}{D}$	球体：$\varphi_C = 1$

表 4-9 中 Carman 形状系数 φ_C 是与颗粒层流动阻力有关的形状系数，被定义为

$$\varphi_C = \frac{\text{与颗粒等体积的球体表面积}}{\text{颗粒的实际表面积}} = \frac{\pi D_V^2}{S} = \frac{\pi\left(\dfrac{6V}{\pi}\right)^{\frac{2}{3}}}{S}\frac{\left(\dfrac{6V}{\pi}\right)^{\frac{1}{3}}}{\left(\dfrac{6V}{\pi}\right)^{\frac{1}{3}}} = \frac{6V}{SD_V} = \frac{D_{SV}}{D_V}$$

4.1.2.2　形状指数

形状指数：以颗粒外截形体几何参量的无因次数组来表示颗粒的形状特征。颗粒的各种形状指数如表 4-10 所示。

表 4-10　颗粒的各种形状指数

	基准形状	名称	定义与算式
均匀度（均齐度）	长方体	长短度 N	长径比 $N=\dfrac{L}{B}$
		扁平度 M	径厚比 $M=\dfrac{B}{T}$
		Zingg 指数 F	$\dfrac{长短度}{扁平度}$　$F=\dfrac{N}{M}=\dfrac{LT}{B^2}$
充满度		体积充满度 F_V	$F_V=\dfrac{LBT}{V}$
		Schulz 指数 k	$k=nL^2B-100$
		Hager 指数 F_H	$F_H=\dfrac{L}{T}F_V$
	矩形	面积充满度 F_A	$F_A=\dfrac{LB}{A}$
与球或圆的比较	球	球形度 φ_δ	$\dfrac{与颗粒等体积的球体表面积}{颗粒的实际表面积}$ $\varphi_\delta=\dfrac{\pi D^2}{S}$
		Wadell 球形度	$\dfrac{与颗粒投影面积相等的圆的直径}{颗粒投影最小外截圆直径}$
	圆	圆形度 φ_L	$\dfrac{与颗粒投影面积相等的圆的周长}{颗粒投影的实际周长}$ $\varphi_L=\dfrac{\pi D_H}{SL}$　$D_H=\sqrt{\dfrac{4A}{\pi}}$
		圆角度	以颗粒投影图圆角处的曲率半径表示颗粒尖角的钝化程度 圆角度 $=\sum\dfrac{r_i}{NR}$
		表面指数 Z	$Z=\dfrac{L_r^2}{12.57A}$

注：T 为厚度；S 为表面积；B 为短径；L_r 为投影周长；L 为长颈；r_i 为圆角处曲率半径；V 为体积；R 为最大内截圆半径；A 为投影面积；r 为所计算圆角数量。

4.1.2.3　颗粒形状的数学分析法

采用形状系数和形状指数来描述颗粒形状特征，虽然简单而实用，并且能获得与标准体(如球体和圆形)偏离程度的联想，但给出形状因子却不能获得唯一对应的颗粒形状，或者说两个形状因子相同的颗粒，可能实际形状有明显的不同。

随着计算机技术，特别是数字图像处理技术的迅速发展，颗粒边界(轮廓)可以精确界定，为用数学分析法进行颗粒形状的表征提供了技术支撑。颗粒形状的数学分析法可以在一定程度上克服形状因子的表征缺陷。

以下介绍两种较为实用的颗粒形状数学分析法：Fourier 级数法和分数维法。

1. Fourier 级数分析法

1）极坐标法[(R, θ)法]

将根据颗粒投影图像所获得的颗粒边界线(轮廓线)进行数值化处理，并在 x-y 坐标中建立对应数组，即在边界线上取数十至数百个点(点数视分析精度而定)，并确定各点的对应坐标值(x_i, y_i)；求出颗粒边界线所包围图形的面积质心，并以该质心为极坐标点；将(x_i, y_i)点转化为极坐标点(R_i, θ_i)。这些 R 和 θ 值则近似地表征了颗粒的投影轮廓，也即获得了颗粒的形状和尺寸值，如图 4-10 所示。

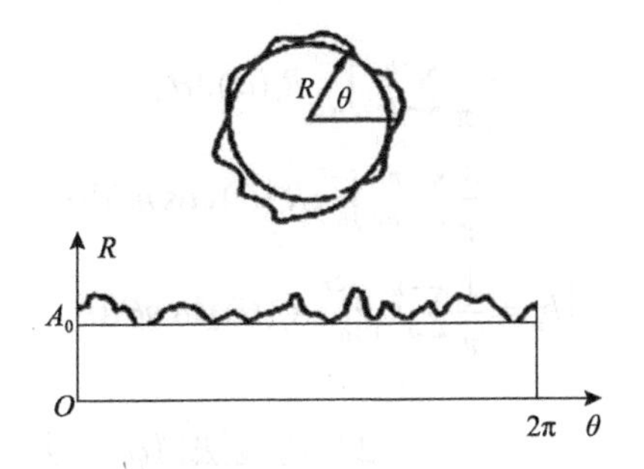

图 4-10　颗粒轮廓的极半径 R 与极角 θ 的关系

若在各方向上取足够多的颗粒投影面轮廓线，重复上述处理过程，可得颗粒三维数值图像。R 与 θ 间的关系，即颗粒投影轮廓线可用 Fourier 级数表征：

$$R(\theta) = A_0 + \sum_{m=1}^{\infty}(a_m \cos n\theta + b_m \sin n\theta) \tag{4-31}$$

由(R_i, θ_i)可确定 A_0 和一组系数$\{a_n\}$、$\{b_n\}$。显然当$\{a_n\}=\{b_n\}=0$ 时，图形是一半径为 A_0 的圆(颗粒投影轮廓线的内截圆)；当 n 较小时，Fourier 级数对颗粒形状表征较为粗略，或者说，低阶时，$\{a_n\}$、$\{b_n\}$反映了颗粒的主要特征；当 n 足够大时，Fourier 级数可以较精确地表征颗粒的实际形状，或者说，高阶时，$\{a_n\}$、$\{b_n\}$ 反映了颗粒形状的细节。

$$a_n = \frac{1}{\pi}\int_0^{2\pi} R(\theta)\cos n\theta \mathrm{d}\theta \qquad b_n = \frac{1}{\pi}\int_0^{2\pi} R(\theta)\cos n\theta \mathrm{d}\theta \tag{4-32}$$

颗粒边界线所包围图形的面积质心坐标为

$$x_{\mathrm{c}} = \frac{\sum M_{xi}}{\sum s_i} \qquad y_{\mathrm{c}} = \frac{\sum M_{yi}}{\sum s_i} \tag{4-33}$$

以质心坐标为极点，将在 z-y 坐标中的点 (x_i, y_i) 转化为极坐标中的点 $(R_{\mathrm{i}}, \theta_{\mathrm{i}})$，且 R 与 θ 的关系为

$$R_i(\theta) = \frac{(R_{i+1} - R_i)\theta + R_i\theta_{i+1} - R_{i+1}\theta_i}{\theta_{i+1} - \theta_i} \tag{4-34}$$

由于极角 θ 与颗粒投影图的位置有关，因此，规定投影轮廓最大长度方向为极半径的 θ=0 的位置。

$$\begin{cases} A_0 = \dfrac{1}{\pi}\sum_{i=1}^{n}\int_0^{2\pi} R_i(\theta)\mathrm{d}\theta \\ a_n = \dfrac{1}{\pi}\sum_{i=1}^{n}\int_0^{2\pi} R_i(\theta)\cos n\theta \mathrm{d}\theta \\ b_n = \dfrac{1}{\pi}\sum_{i=1}^{n}\int_0^{2\pi} R_i(\theta)\sin n\theta \mathrm{d}\theta \end{cases} \tag{4-35}$$

2）切线法[(φ, l) 法]

对于某些具有凹形特征的颗粒，若采用极坐标法，R_i 可能会产生多值问题，如图 4-11 所示。因此，可采用切线法对颗粒投影轮廓进行 Fourier 级数表征。

图 4-11　R_i 多值问题

设变量 $t=2\pi l/L$，L 表示颗粒轮廓线的总周长，则颗粒投影轮廓线可用 Fourier 级数表征：

$$\varphi(t)=\varphi_0+\sum_{K-1}^{\infty}(a_K\cos Kt+b_K\sin Kt) \tag{4-36}$$

$$\begin{cases}\varphi_0=\pi-\dfrac{1}{L}\sum_{i=1}^{N}l_i\Delta\varphi_i\\ a_K=\dfrac{1}{K\pi}\sum_{i=1}^{N}\Delta\varphi_i\sin\dfrac{2\pi Kl_i}{L}\qquad b_K=\dfrac{1}{K\pi}\sum_{i=1}^{N}\Delta\varphi_i\cos\dfrac{2\pi Kl_i}{L}\\ L=\sum_{i=1}^{2K+1}l_i\quad l_i=\sum_{i=1}^{N}\sqrt{\Delta x_i^2+\Delta y_i^2}\,(N=1,2,3,\cdots,2K+1)\end{cases} \tag{4-37}$$

2. 分数维法

1）分形与分数维

我们生活在三维空间里，容易将空间的维数看成一成不变的整数，如点是零维、直线是一维、平面是二维、立体是三维。但实际上，在自然界和数学中上都存在着一些不能用欧氏几何描述的图形，如 Koch 雪花曲线、分形树、海岸线、孤岛外形、颗粒轮廓线、分子的布朗运动轨迹以及浮云、大气湍流等。

将一维的单位长度直线分为 N 等份，每个线段的长度为 r，则有

$$Nr=1\qquad 或\qquad N=\frac{1}{r}$$

将二维的单位面积正方形分为 N 等份，每个小正方形的边长为 r，则有

$$Nr^2=1\qquad 或\qquad N=\left(\frac{1}{r}\right)^2$$

将三维的单位面积正方体分为 N 等份，每个小正方体的边长为 r，则有

$$Nr^3=1\qquad 或\qquad N=\left(\frac{1}{r}\right)^3$$

由此可知，r 的幂次就是该几何体能得到度量的欧氏空间的维数 d，即有

$$Nr^d=1\qquad 或\qquad N=\left(\frac{1}{r}\right)^d$$

上式取对数后即可得到欧氏维数的对数表达形式：

$$d = \frac{\ln N}{\ln \frac{1}{r}} \tag{4-38}$$

式中，N 为小几何体的数目；r 为小几何体线尺度所缩小的倍数(即每个小几何体的线度是原几何体的 $1/r$)。

当 d=1 时为直线，d=2 时为正方体，d=3 时为立方体，即表明欧氏几何图形的 d 为整数。显然，d 不是整数的几何图形，不是欧氏几何图形，称之为分形，而按式(4-38)算出的 d 不是整数的维数，称之为分数维，用 D 表示。

分形可分为自相似分形和自仿射分形两类，其中，自相似分形包括：严格自相似分形，如 Koch 雪花曲线、自相交分形曲线、Z 字形分形曲线、分形树、Cantor 集、Sierpinski 图形和分形曲面等；近似自相似分形，如海岸线、孤岛外形、颗粒轮廓线、河流、云、材料中的结晶、沉积、断口形貌等。自仿射分形包括：自仿射分形曲线、魔鬼台阶、大气压强以及股票和期货指数函数、Brown 曲线分形、$\frac{R}{S}$ 方法和分形等。

例如，严格自相似分形中的 Koch 雪花曲线的生成过程如图 4-12 所示。以此方式，不断地生成多边形，当生成过程趋于无穷时，多边形图形的边长趋于无穷大；多边形围成的面积趋于原等边三角形的 8/5。该图形的轮廓曲线称为 Koch 雪花曲线，图形是一种严格自相似分形，其分数维值为 1.2618。在数学上，Koch 雪花曲线是一种处处连续，处处不可微的自相似“病态曲线”。

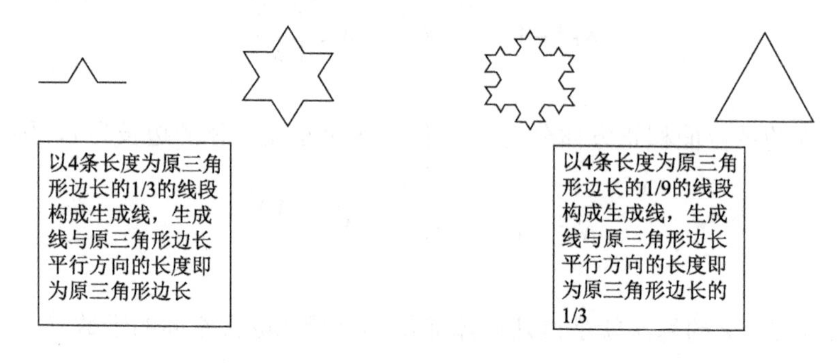

图 4-12　Koch 雪花曲线生成过程

又如，严格自相似分形中的分形树的生成过程如图 4-13 所示。

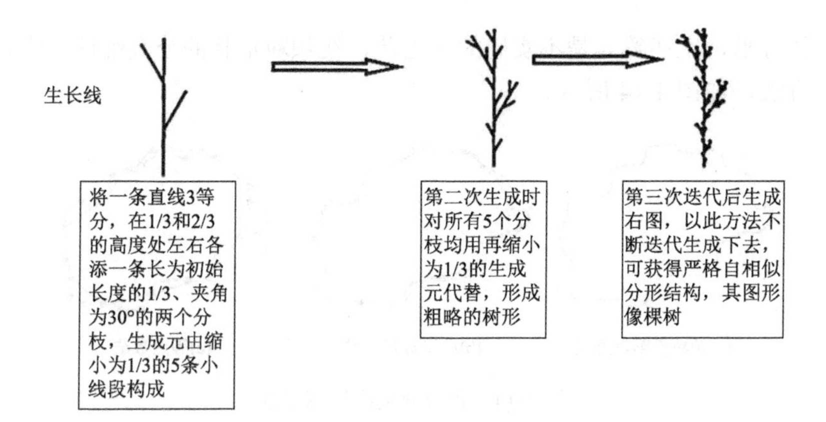

图 4-13　分形树生成过程

2）分形的定义

组成部分以自相似的方式与整体相似的形体称为分形，其特征为：①具有精细的结构，即有任意小比例的细节；②是不规则的，无论是整体还是局部均不能用欧氏几何描述；③有某种形式的自相似性，这种自相似可以是严格的自相似(有规分形)，也可以是近似的或统计意义上的自相似(无规分形)；④一般情况下，形体的分形维数大于其拓扑维数；⑤大多数情况下，形体可以用简单方法形成，如迭代法。

3）分数维的计算

如前所述，分形的分数维可以通过欧氏维数的对数表达形式[参见式(4-38)]计算。此外，分数维概念的提出者法国数学家 Mandelbrot 引用 Hausdorff 定义的空间维数作为分数维的计算式：

$$D = \frac{\ln k}{\ln L} \tag{4-39}$$

式中，L 为每一维尺寸的缩小或放大倍数；K 为由于维数缩小或放大 L 倍引起的形体的缩小或放大倍数。

4）颗粒形状的分数维表征

多数情况下，颗粒的形貌十分粗糙。其投影轮廓线为不规则图形，且具有任意小比例的细节。如果这种不规则图形具有某种程度的自相似性，则颗粒的形状可以用分数维值来表征其不规则的程度。颗粒在平面上的投影轮廓线图形，其分数维值的范围为 $1<D<2$，分数维值越高，表示颗粒形状越不规则。

对于严格自相似的分形，可以按上述分数维算式计算其分数维值，但对于近似自相似分形，上述算式是不实用的。因此，在颗粒形状的分数维计算中，有以下三种方法，如图 4-14 所示。

图 4-14　颗粒分数维计算方法

(1) 严格等步长法。在颗粒的投影轮廓线上给定起点、步长和计算方向，以等步长沿颗粒轮廓线行走，直至全部轮廓线走完。此法较麻烦，但计算精度较高。

(2) 等点数法。在颗粒的投影轮廓线上给定起点和计算方向，步长由每步跨过的点数决定，即每步跨过相同的点数，直至全部轮廓线走完。此法计算快捷，但有一定误差。

(3) 混合算法。结合前两种算法的优点，从起点开始，多边形下一个顶点为最接近给定步长的那个点。

5）严格等步长法的分数维计算法

设颗粒投影轮廓线的计算周长为 P，则

$$P = (N + \alpha)\lambda \tag{4-40}$$

式中，λ 为步长；N 为以步长 λ 构成颗粒投影轮廓线所需要的整数步长的步数；α 为最后一步的分数步 $(0 \leqslant \alpha < 1)$。

若步长足够小，可以忽略，即有

$$P = N\lambda \tag{4-41}$$

显然，步长 λ 越小，周长 P 越大。计算过程如下：

(1) 设定一个步长 λ_i，以 λ_i 沿颗粒轮廓线行走完全部颗粒轮廓线，得到相应的颗粒周长 P_i；

(2) 改变步长为 λ_{i+1}，得到相应的颗粒轮廓线周长 P_{i+1}；

(3) 逐次改变步长 λ，分别得到相应的颗粒轮廓线周长 P；

(4) 由此获得颗粒轮廓线步长和周长的数组 (λ_i, P_i)；

(5) 以 $\ln P$ 为纵坐标，$\ln\lambda$ 为横坐标，则在 $\ln\lambda$-$\ln P$ 的坐标下，确定($\ln\lambda_i$, $\ln P_i$)数组所对应的点；

(6) 若颗粒的投影轮廓线图形可用分形描述，则($\ln\lambda_i$, $\ln P_i$)数组在 $\ln\lambda$-$\ln P$ 坐标下具有线性或近似线性关系。这种 $\ln\lambda$-$\ln P$ 坐标图称为 Richardson 图。

(7) Mandelbrot 给出了分数维 D 和 Richardson 图中直线斜率 δ 的关系：

$$D = 1 - \delta \tag{4-42}$$

对于颗粒的投影轮廓线图形，其分数维值为 $1 < D < 2$。

6）计算示例

以 Koch 雪花曲线为例，采用严格等步长法计算其分数维值，如图 4-15 所示。

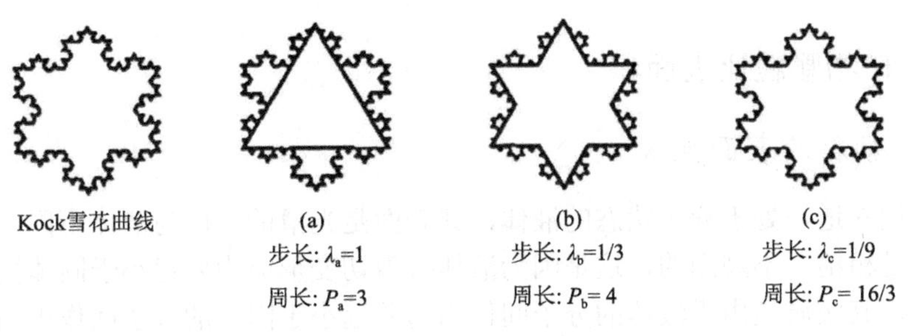

图 4-15　Koch 雪花曲线分数维计算

(1) 设步长 λ_a=1，根据 Koch 雪花曲线生成特征，原等边三角形边长即为周长 $P_a=3\lambda_a=3$；

(2) 取第一次生成线的每段长度为步长 $\lambda_b = \frac{\lambda_a}{3} = \frac{1}{3}$，则周长 $P_b=3\times4\lambda_b=4$；

(3) 取第二次生成线的每段长度为步长 $\lambda_c = \frac{\lambda_b}{3} = \frac{1}{9}$，则周长 $P_c=3\times4\times4\lambda_c=16/3$，得三个数组：$a$(1, 3)、$b$(1/3, 4)、$c$(1/9, 16/3)。

在 Richardson 图中取得三个对应点：a(ln1, ln3)、b(ln1/3, ln4)、c(ln1/9, ln16/3)，此三点在 Richardson 图中构成一斜率为 d 的直线(δ>90°)，如图 4-16 所示，斜率为

$$\delta = \frac{\ln 4 - \ln\frac{16}{3}}{\ln\frac{1}{3} - \ln\frac{1}{9}} = \frac{\ln 3 - \ln 4}{\ln 3} = 1 - \frac{\ln 4}{\ln 3}$$

则分数维值为

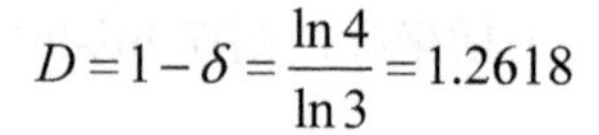

$$D = 1 - \delta = \frac{\ln 4}{\ln 3} = 1.2618$$

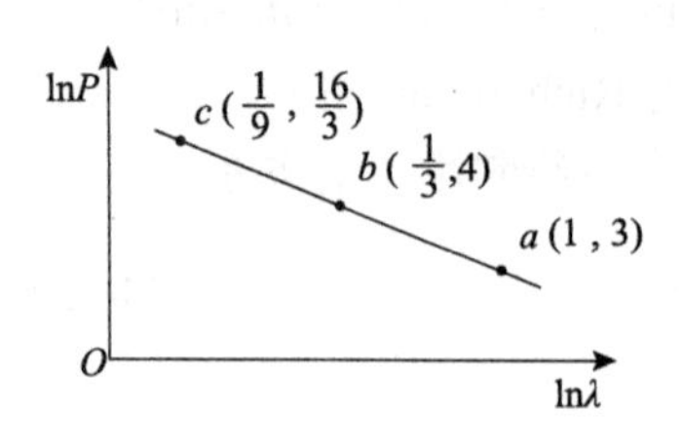

图 4-16　雪花曲线 Richardson 图

注意：由于已知 Koch 雪花曲线为严格自相似曲线，因此，只取了三点进行斜率计算。而对于实际颗粒的投影轮廓线图形，可能只是一种近似自相似分形，因此，需取足够多的点数，并通过线性回归法分析其线性相关度，得出相应斜率。若分析表明线性相关性不高，则所分析的颗粒轮廓曲线不具有分形特征，则不能用分数维表征其形状特征。

4.1.3　矿物颗粒比表面积

1. 颗粒的表面性状

我们知道，处于静止状态的液体，其表面是光滑的。但与液体不同，固体表面通常是粗糙、不规则的，这是因为液体抗剪切变形能力要远小于固体抗剪切变形能力，其实质是由于液体的分子间作用力要远小于固体的分子间作用力。液体的表面张力易于克服其剪切强度而趋于表面能稳定状态，即形成光滑的液体表面。固体的表面张力则远小于其剪切强度，表面张力不能改变固体表面的既成状态，因此，固体表面的形貌取决于其形成条件。

通常我们会认为经过十分仔细抛光的固体表面是很光滑的，但从微观上看，它仍然是凸凹不平的。有实验表明，将抛光后的两片金属表面用力压在一起，实际能接触的表面仅有其表观接触面的千分之一左右。

试想，精心加工的表面尚且如此，那么经风化、氧化等自然力作用形成的颗粒表面，或者经破碎、粉磨等机械力作用所形成的颗粒表面，其表面形态可想而知。因此，与块体相比，其颗粒表面结构则更为粗糙、复杂。

从颗粒的结构来看，大部分矿物属晶体结构，其表面也不会出现所谓的理想晶体表面，而存在着台阶、裂缝、沟槽、位错、扭曲、夹杂等多种缺陷形态。

需要指出的是，偏离理想状态的实际晶体，由于结构上存在着这些缺陷，使其在理论和实际应用上都有重要的价值。这里不讨论这些缺陷对颗粒表面物理或物理化学性质的影响，只介绍与缺陷有关的粗糙、不规则颗粒表面的几何结构表征方法——粉体比表面积。

2. 粉体比表面积

粉体比表面积是指单位体积(或单位质量)粉体所具有的颗粒总表面积。

$$\text{体积比表面积}S_V = \frac{\text{粉体颗粒的总表面积}}{\text{粉体颗粒的总体积}} = \frac{S}{V} \quad (\mathrm{m^2/m^3, m^2/mL}) \tag{4-43}$$

$$\text{质量比表面积}S_W = \frac{\text{粉体颗粒的总表面积}}{\text{粉体颗粒的总质量}} = \frac{S}{W} \quad (\mathrm{m^2/kg, m^2/g}) \tag{4-44}$$

$$S_V=\rho_p S_W \quad (\rho_p\text{为颗粒真密度})$$

粉体颗粒的总表面积是指颗粒轮廓所包络的表面积与呈开放状态的颗粒内部孔隙、裂缝表面积之和。因此，颗粒尺寸越小，其比表面积越大；颗粒表面越粗糙，即颗粒比表面积形状系数越大，其比表面积越大。

3. 粉体比表面积计算

1）基于单颗粒或颗粒群平均粒径的比表面积计算

当以单个颗粒粒径计算相应的比表面积，或以尺寸为平均粒径值的颗粒粒径来计算相应的比表面积时，我们可以通过颗粒形状因子的有关定义，来获取比表面积计算式。

(1)基于比表面积形状系数定义：

$$\varphi_{SV} = \frac{\text{表面积形状系数}}{\text{体积形状系数}} = \frac{\varphi_S}{\varphi_V} = \frac{\dfrac{S}{D_S^2}}{\dfrac{V}{D_V^3}} = D_{SV}\frac{S}{V} = D_{SV}S_V$$

即有

$$S_V = \frac{\varphi_{SV}}{D_{SV}} \quad \text{或} \quad S_W = \frac{\varphi_{SV}}{\rho_p D_{SV}} \tag{4-45}$$

(2)基于球形度形状指数定义：

$$\varphi_S = \frac{\text{与实际颗粒同体积的球体表面积}}{\text{实际颗粒表面积}} = \frac{\pi D_V^2}{S} = \frac{\pi\left(\dfrac{6V}{\pi}\right)^{\frac{2}{3}}}{S}\frac{\left(\dfrac{6V}{\pi}\right)^{\frac{1}{3}}}{\left(\dfrac{6V}{\pi}\right)^{\frac{1}{3}}} = \frac{6V}{SD_V} = \frac{6}{S_V D_V}$$

即有

$$S_{\mathrm{V}}=\frac{6}{\varphi_{\mathrm{S}}D_{\mathrm{V}}} \quad 或 \quad S_{\mathrm{W}}=\frac{6}{\rho_{\mathrm{p}}\varphi_{\mathrm{S}}D_{\mathrm{V}}} \tag{4-46}$$

(3) 基于 Carman 形状系数定义：

$$\varphi_{\mathrm{C}}=\frac{与实际颗粒同体积的球体表面积}{实际颗粒表面积}$$

同理可推得

$$S_{\mathrm{V}}=\frac{6}{\varphi_{\mathrm{C}}D_{\mathrm{V}}} \quad 或 \quad S_{\mathrm{W}}=\frac{6}{\rho_{p}\varphi_{\mathrm{C}}D_{\mathrm{V}}} \tag{4-47}$$

显然，仅对单个颗粒进行比表面积计算是没有实际意义的，因此，上述方法是将颗粒群中的每一个颗粒取其某一当量粒径，如等比表面积球当量径 D 或等体积球当量径 D_{V}。并以此当量径对颗粒群中所有颗粒，以某种加权平均计算方法获得相应当量粒径的平均值后，再通过式(4-46)或式(4-47)进行比表面积的平均值计算。

2）基于粉体粒度分布的比表面积计算

基于颗粒群平均粒径的比表面积计算是一种相对平均算法，由于忽略了粒度分布一些具体的差异，所以并不完全反映粉体的计算比表面积值。以下是基于粉体粒度分布的频率函数 $f(D)$ 进行粉体比表面积计算的方法。

设粉体粒度分布频率函数为 $f(D)$，则有

(1) 颗粒直径介于 $D\sim D+\mathrm{d}D$ 之间的颗粒，其相对体积百分数为 $f(D)\,\mathrm{d}D$。

(2) 颗粒直径介于 $D\sim D+\mathrm{d}D$ 之间的颗粒数为 $\mathrm{d}N$，即

$$\mathrm{d}N=\frac{Vf(D)\,\mathrm{d}D}{\varphi_{\mathrm{V}}D_{\mathrm{V}}^{3}}$$

式中，φ_{V} 为颗粒体积形状系数；V 为颗粒总体积。

(3) 颗粒直径介于 $D\sim D+\mathrm{d}D$ 之间的颗粒表面积为 $\mathrm{d}S$，即

$$\mathrm{d}S=\varphi_{\mathrm{S}}D_{\mathrm{S}}^{2}\mathrm{d}N$$

式中，φ_{S} 为颗粒表面积形状系数。

$$dS = \varphi_S D_S^2 \frac{Vf(D)dD}{\varphi_V D_V^3}$$

将 $\varphi_{SV} = \frac{\varphi_S}{\varphi_V}$ 和 $D_{SV} = \frac{D_V^3}{D_S^2}$ 代入上式，并在粒度分布范围（D_{min}～D_{max}）内对 D 积分：

$$S = V\int_{D_{min}}^{D_{max}} \frac{\varphi_{SV} f(D)dD}{D_{SV}}$$

由此可得

$$S_V = \varphi_{SV}\int_{D_{min}}^{D_{max}} \frac{f(D)dD}{D} \quad 或 \quad S_W = \frac{\varphi_{SV}}{\rho_p}\int_{D_{min}}^{D_{max}} \frac{f(D)dD}{D} \tag{4-48}$$

式中，D 为颗粒的等比表面积球当量径 D_{SV}。

3）几种粒度分布方程的比表面积计算

（1）Gates-Gaudin-Schumann 分布方程比表面积计算。

由粒度分布方程

$$U(D) = 100\left(\frac{D}{D_{max}}\right)^m (\%)$$

得频率函数：

$$f(D) = U'(D) = \frac{m}{D_{max}^m} D^{m-1}$$

根据式（4-48），在 0～D_{max} 内积分得

$$S_V = \frac{\varphi_{SV} m}{D_{max}^m}\int_0^{D_{max}} D^{m-1}dD = \frac{m}{m-1}\frac{\varphi_{SV}}{D_{max}} \tag{4-49}$$

（2）Rosin-Rammler 分布方程比表面积计算。

由粒度分布方程

$$U(D) = 1 - \exp\left[-\left(\frac{D}{D_e}\right)^n\right]$$

得频率函数：

$$f(D^n)=U'(D)=\frac{n}{D_e^m}e^{-\left(\frac{D}{D_e}\right)^n}D^{m-1}$$

根据式(4-48)，在0～∞区间积分：

$$S_V=\frac{\varphi_{SV}n}{D_e}\int_0^{\infty}\frac{D^{m-2}}{D^{m-1}}e^{-\left(\frac{D}{D_e}\right)^n}dD$$

令$t=\left(\frac{D}{D_e}\right)^n$，变换后得

$$S_V=\frac{\varphi_{SV}}{D_e}\int_0^{\infty}t^{-\frac{1}{m}}e^{-t}dD$$

根据伽马函数的定义：

$$\Gamma(1+\alpha)=\Gamma\left(1-\frac{1}{n}\right)=\int_c^{\infty}t^{-\frac{1}{n}}e^{-t}dt \qquad \left(\alpha=-\frac{1}{n}\right)$$

则有

$$S_V=\frac{\varphi_{SV}}{D_e}\Gamma\left(1-\frac{1}{n}\right) \tag{4-50}$$

当n=0.7～2.5时，式(4-50)有近似解(误差＜±2.5%)：

$$S_V=1.065\frac{\varphi_{SV}}{D_e}\exp\left(\frac{1.795}{n^2}\right) \tag{4-51}$$

(3)对数正态分布方程比表面积计算。
同样可推得

$$S_V=\frac{\varphi_{SV}}{D_g}\exp\left[\frac{1}{2}(\ln\sigma_g)^2\right] \tag{4-52}$$

需要指出的是，粒度分布方程属于经验方程，实际粉体只是近似服从某种粒

度分布形式，因此，上述方法只是粉体比表面积的一种近似计算方法。研究与应用中，粉体比表面积仍需要通过实验测试获得，且测试方法不同，比表面积值也有所不同。

4.2　矿物的表/界面及表/界面能

在稳定状态下，自然界的物质通常以气、液、固三种形态存在。三者之中，任意两相或两相以上的物质共存时，会分别形成气-液、气-固、液-液、液-固、固-固以及气-液-固多相界面。通常所讲的固体表面实际上是指气-固两相界面，而看到的液体表面则是气-液两相界面。

在不同的技术学科中，人们对材料表面的尺度往往有不同的划分和理解。从结晶学和固体物理学考虑，表面是指晶体三维周期结构同真空之间的过渡区，它包括不具备三维结构特征的最外原子层，如一个或数个原子层的区域。材料学中通常将气相(或真空)与凝聚相之间的分界面称为表面。从实用技术学科角度考虑，表面是指结构、物性、质点(原子、分子、离子)的能量状态和受力情况等与体相不相同的整个表面层，它的尺度范围常常随着客观物体表面状况的不同而改变，也随着不同技术学科领域研究所感兴趣的表面深度不同而对表面以不同尺度范围的划分。

4.2.1　表面张力和表面能

1. 表面张力

为说明表面张力的问题，当球形液滴被拉成扁平后(假设液体体积 V 不变)，液滴表面积 A 变大，这就意味着液体内部的某些分子被“拉到”表面并铺于表面上，因而使表面积变大。当内部分子被拉到表面上时，同样要受到向下的净吸力，这表明，在把液体内部分子搬到液体表面时，需要克服内部分子的吸引力而消耗功。因此，表面张力(σ)可定义为增加单位面积所消耗的功(表面张力在许多教材中用 γ 表示，请读者注意)。

$$\sigma = \frac{\text{所消耗的功}}{\text{增加的面积}} = \frac{-\mathrm{d}w'_{\text{可}}}{\mathrm{d}A} \tag{4-53}$$

按能量守恒定律，外界所消耗的功储存于表面，成为表面分子所具有的一种额外的势能，也称为表面能。

因为恒温恒压下，

$$-\mathrm{d}G = \mathrm{d}w'_{可}$$

式中，G 为表面自由能。$w'_{可}$ 为消耗功。将其代入式(4-53)，得

$$\mathrm{d}G = \sigma \mathrm{d}A$$

或

$$\sigma = \left(\frac{\partial G}{\partial A}\right)_{T,p}$$

所以表面张力又称为比表面自由能。在物理化学中，由热力学定律极易导出表面张力定义的其他表达式。

表面张力的 SI 单位为 N/m。可以用图 4-17 的演示来说明表面张力是作用在单位长度长的力。图 4-17 为一带有活动金属丝的金属丝框。将金属丝框蘸上肥皂水后缓慢拉动金属丝。设移动距离为 Δx，则形成面积为 $2l\Delta x$ 的肥皂膜(因为金属丝框上的肥皂膜有两个表面，所以要乘以 2)。在此过程中，环境所消耗的表面功为

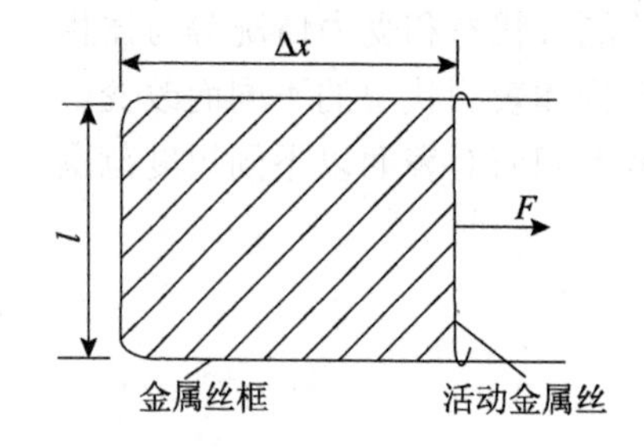

图 4-17　表面张力与表面功

$$-w'_{可} = F\Delta x \tag{4-54}$$

与式(4-53)比较，则

$$-w'_{可} = F\Delta x = \sigma \Delta A = \sigma 2l\Delta x$$

或

$$\sigma = \frac{F}{2l} \tag{4-55}$$

从这个演示可以看到，扩大肥皂膜时表面积变大，肥皂膜收缩时表面积变小，这意味着表面上的分子被拉入液体内部。肥皂膜收缩时，力的方向总是与液面平

行(相切)的。因此，从力学角度看，表面张力是在液体(或固体)表面上垂直于任一单位长度并与表面相切的收缩力。

综上所述，可以得出结论：分子间力可以引起净吸力，而净吸力引起表面张力。表面张力永远和液体表面相切，而和净吸力相互垂直。

2. 影响表面张力的因素

表面张力是液体(包括固体)表面的一种性质，而且是强度性质。有多种因素可以影响物质的表面张力。

1）物质本性

表面张力起源于净吸力，而净吸力取决于分子间的引力和分子结构，因此，表面张力与物质本性有关。例如，水是极性分子，分子间有很强的吸引力，常压下，20℃时水的表面张力高达 72.75 mN/m。而非极性分子的正己烷在同温下表面张力只有 18.4 mN/m。水银有极大的内聚力，故在室温下是所有液体中表面张力最高的物质(σ_{Hg}=485 mN/m)。当然，其他熔态金属的表面张力也很高(一般是在高温熔化状态时的数据)，例如，1100℃熔态铜的表面张力为 879 mN/m。

2）温度

温度升高时一般液体的表面张力都降低，且 σ-t 有线性关系(图 4-18)。当温度升高到接近临界温度时，液-气界面逐渐消失，表面张力趋近于零。温度升高，表面张力降低的定性解释是温度升高时物质膨胀，分子间距离增大，故吸引力减弱，σ 降低。当然也可用温度升高时气液两相的密度差别减小这个事实来说明。

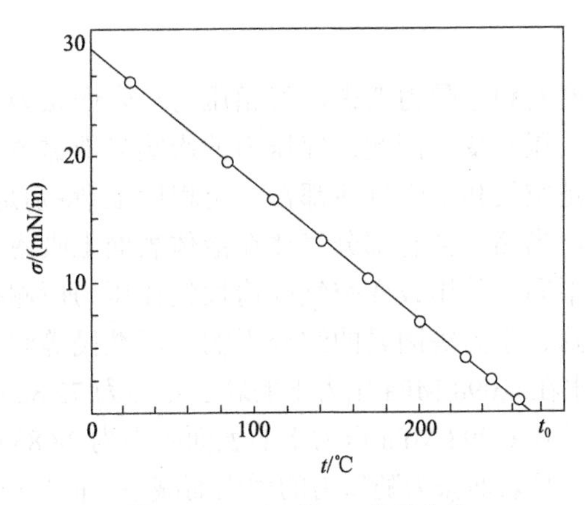

图 4-18　CCl_4 的 σ-t 关系曲线

关于表面张力和温度的关系式，目前主要采用一些经验公式。实验证明，非缔合性液体的 σ-t 关系基本上是线性的，可表示为

$$\sigma_T = \sigma_0[1 - K(T - T_0)] \tag{4-56}$$

式中，σ_T、σ_0 分别为温度 T 和 T_0 时的表面张力；K 为表面张力的温度系数。

当温度接近于临界温度时，液-气界面即行消失，这时表面张力为零。由此 Ramsay 和 Shields 提出了以下关系式：

$$\sigma \tilde{V}^{\frac{2}{3}} = K(T_c - T - 6.0) \tag{4-57}$$

式中，$\tilde{V}$ 为液体的摩尔体积；T_c 为临界绝对温度；K 为常数，非极性液体的 K 约为 2.2×10^{-7} J/K。式(4-57)是比较常用的公式。

某些液体在不同温度下的表面张力列于表 4-11 中。

表 4-11　几种液体在不同温度下的表面张力　（单位：mN/m）

液体	0℃	20℃	40℃	60℃	80℃	100℃
水	75.64	72.75	69.56	66.18	62.61	58.85
乙醇	24.05	22.27	20.60	19.01	—	—
甲苯	30.74	28.43	26.13	23.81	21.53	19.39
苯	31.6	28.9	26.3	23.7	21.3	—

3）压力

从气液两相密度差和净吸力考虑，气相压力对表面张力是有影响的。在一定温度下液体的蒸气压不变，因此研究压力的影响只能靠改变空气或惰性气体的压力来进行。可是空气和惰性气体都在一定程度上(特别是在高压下)溶于液体并为液体所吸收，当然也会有部分气体在液体表面上吸附，而且压力不同，溶解度和吸附量也不同，故用改变空气或惰性气体压力所测得的表面张力变化应是包括溶解、吸附、压力等因素的综合影响。严继民等测试了压力对表面张力的影响，例如，水在 0.098 MPa 压力下的表面张力为 72.82 mN/m，在 9.8 MPa 下为 66.43 mN/m；苯在 0.098 MPa 压力下的表面张力为 28.85 mN/m，在 9.8 MPa 下为 21.58 mN/m。可见表面张力随压力的增大而减小，但当压力改变不大时，压力对液体表面张力的影响很小。

3. 测定液体表面张力的方法

测定液体表面张力的方法很多，这里只简单介绍几种常用测定方法的原理，详细内容可参阅物理化学或胶体化学实验类书籍。

1）毛细上升法

这是一种理论根据清楚、实验方法简单、结果准确的方法。当干净的玻璃毛细管插入液体中时，若此液体能润湿毛细管壁，则因表面张力的作用，液体沿毛细管上升，直到上升的力（$2\pi r\cos\theta$）被液柱的重力（$\pi r^2\cdot\rho gh$）所平衡［图 4-19(a)］而停止上升，这时

$$2\pi r\sigma\cos\theta=\pi r^2\cdot\rho gh$$

或

$$\sigma=\frac{\rho ghr}{2\cos\theta} \tag{4-58}$$

式中，r 为毛细管半径；σ 为表面张力；g 为重力加速度；h 为液柱高；θ 为接触角，当液体能完全润湿毛细管时，θ=0°，因此测得液柱上升高度便能计算表面张力。精确测定时尚需对凹液面凹形部分液体体积的质量予以校正，可得

$$\sigma=r\left(h+\frac{r}{3}\right)\frac{\rho g}{2\cos\theta} \tag{4-59}$$

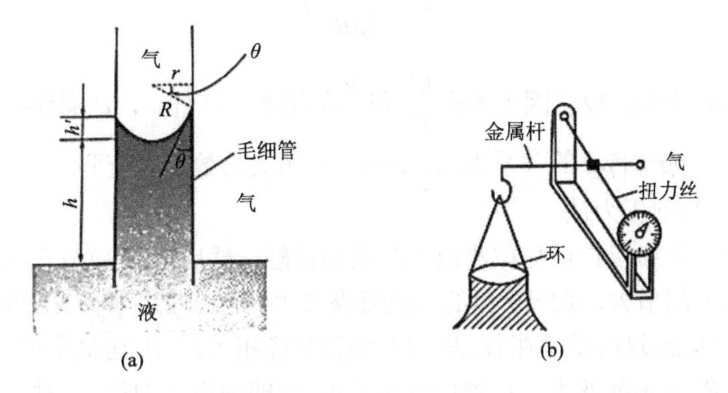

图 4-19　(a) 毛细上升法测表面张力；(b) Du Noũy 表面张力计示意图

2）环法

环法（也称 Du Noũy 法）通常用铂丝制成圆环，将它挂在扭力秤上，然后转动扭力丝使环缓缓上升，这时拉起来的液体呈圆筒形［图 4-19(b)］。当环与液面突然

脱离时(随时保持金属杆的水平位置不变)，所需的最大拉力为 F 和拉起液体的重力 mg 相等，也和沿环周围的表面张力反抗向上的拉力 F 相等。因为液膜有内外两面，所以圆环的周长为 $4\pi R$，故

$$F = mg4\pi R\sigma \tag{4-60}$$

式中，m 为拉起液体的质量；R 为环的平均半径。设环的内半径为 R'，铂丝本身的半径为 r，环的平均半径即为 $R=R'+r$(图 4-20)。由式(4-60)可得

$$\sigma = \frac{F}{4\pi R}$$

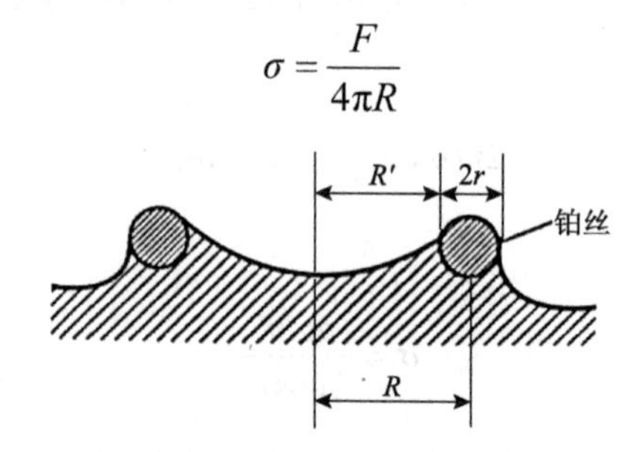

图 4-20　铂环的平均半径 R

若实验测出 F 便可以求得 σ。但实际上拉起的液体并不是圆筒形，故须乘上一个校正因子 f，从而

$$\sigma = \frac{F}{4\pi R} \cdot f \tag{4-61}$$

大量实验表明，校正因子 f 是 $\frac{R^3}{V}$ 和 $\frac{R}{r}$ 的函数。此外，V 是圆环拉起的液体体积，可自 $F = mg = V\rho g$ 的关系求出。f 值可自相关的数据表查到。

3）最大气泡压力法

实验时令毛细管管口与被测液体的表面接触，然后从 A 瓶放水抽气，随着毛细管内外压差的增大，毛细管口的气泡慢慢长大，泡的曲率半径 R 开始从大变小，直到形成半球形(这时曲率半径 R 与毛细管半径相等)，R 达最小值(此时压差值大)，而后 R 又逐渐变大，在泡内外压差最大(即泡内压力最大)时，压差计上的最大液柱差为 h，则

$$\Delta p_{\max} = \rho g h \tag{4-62}$$

实验验证表明，最大压差与液体的表面张力成正比，与曲率半径成反比，即

$$\Delta p_{\max} \propto \frac{\sigma}{\gamma} \qquad \text{或} \qquad \Delta p_{\max} = \frac{K\sigma}{r} \tag{4-63a}$$

实验和理论都证明比例常数 K 为 2，故

$$\Delta p_{\max} = \frac{2\sigma}{r} = \rho gh \qquad \text{或} \qquad \sigma = \frac{r}{2}\rho gh \tag{4-63b}$$

实验时若用同支毛细管和压力计对表面张力分别为 σ_1 和 σ_2 的两种液体进行测试，其相应的液柱差为 h_1 和 h_2，则据式(4-63b)可得

$$\frac{\sigma_1}{\sigma_2} = \frac{h_1}{h_2} \tag{4-63c}$$

由此可从已知表面张力的液体求得待测液的表面张力。

本方法与接触角无关，也不需要液体密度数据，而且装置简单、测定迅速，因此被广泛采用。

4.2.2　晶界与晶界能

晶体材料中存在着很多界面，例如：同一种相的白晶粒与晶粒的边界(称为晶界)、不同相之间的边界(称为相界)以及晶体的外表面等。在这些界面上晶体的排列存在着不连续性，因此界面也是晶体缺陷，属面缺陷。与空位及位错一样，界面对晶体的性能起了重要作用，例如：细化晶粒，增加晶界面积可以改善材料的力学性能，既提高强度又增加韧性；又如晶界及相界等区域为扩散及相变过程提供了有利的位置；此外，界面对材料的制备、加工工艺及显微组织形貌都有直接的影响。本节将简要地介绍界面的结构，并讨论界面能及其对材料行为的影响，通常把晶体的界面分成晶界、相界及表面三大类。

晶界能：不论是小角度晶界或大角度晶界，原子或多或少地偏离了平衡位置，所以相对于晶体内部，晶界处于较高的能量状态，高出的那部分能量称为晶界能，或称晶界自由能，记作 γ_G，其单位为 J/m^2。有时晶界能以界面张力的形式表示，其单位采用 $N/m(=J/m^2)$，记作 σ。

小角度晶界是由位错组成的，因此晶界能来自于位错的能量，它应该等于单位长度位错应变能 $U=\alpha G\boldsymbol{b}$ 乘以位错线的总长度，在 1 m×1 m 的晶界上位错线总长度为 $\frac{1}{D}\left(=\frac{\theta}{\boldsymbol{b}}\right)$，所以晶界能应为 $U\frac{\theta}{\boldsymbol{b}}$，依据单位长度刃型位错的应变能

$U_{\mathrm{E}}=\frac{G\boldsymbol{b}^2}{4\pi(1-\nu)}\ln\frac{r_1}{r_0}$ 可推得小角度晶界能 γ_{G} 与 θ 之间的关系式

$$\gamma_{\mathrm{G}}=\gamma_0\theta(B-\ln\theta)$$

式中，$\gamma_0=\frac{G\boldsymbol{b}}{4\pi(1-\nu)}$ 为材料常数，其中 G 为切变模量，$\boldsymbol{b}$ 为柏氏矢量，ν 为泊松比；B 为积分常数，取决于位错中心的错排能。由式可见，晶界能 γ 随位向差的增大而提高；此外还与材料的切变模量成正比，因为位错的应变能随切变模量 G 的增大而增高。

对于大角度晶界，由于其结构是一个相对无序的薄区，它们的界面能不随位向差而明显变化，可以把它近似看成材料常数。大角度晶界能的数值随材料变化，它与衡量材料原子结合键强弱的弹性模量 E 有很好的对应关系。一些材料的晶界能及弹性模量的数据如表 4-12 所示。

表 4-12　金属的晶界能及弹性模量

	Au	Cu	Fe	Ni	Sn
大角度晶界能/(J/m²)	0.36	0.60	0.78	0.69	0.16
弹性模量/GPa	77	115	196	193	40

图 4-21 给出了 Cu 在不同位向差下的晶界能实验数据，其变化规律与上述说明完全相符。

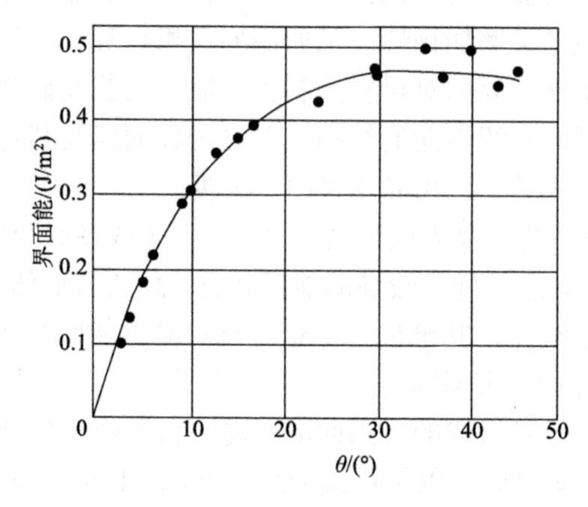

图 4-21　Cu 晶体的界面能与位向差的关系

4.2.3　表面和界面结构

在现实生活中，表面与界面现象无处不在，要想列举所有包含表面、界面现象的人类活动几乎是不可能的。表4-13中列举了一些典型实例。

表4-13　表界面现象一览表

分类	表界面现象
作为表面活性剂材料制造的产品	肥皂和洗涤剂(表面活性剂) 乳化剂和稳定剂(非表面活性剂) 除草剂和杀虫剂 织物软化剂
表界面现象的直接应用	润滑 黏结 泡沫 湿润和防水
天然和合成材料的纯化或改性	三次采油 制糖 烧结
生理应用	呼吸 关节润滑 液体输运中的毛细现象 动脉硬化

表/界面科学在经济建设中的作用越来越重要。利用表/界面的基本概念不但可以解决或协助解决许多实际和理论问题，同时还可以准确地推断其后果。以下列举几个具体事例。

1. 表面结构

由于表面处原子周期性排列突然中断，形成了附加表面能，表面原子的排列与内部有明显的差别。为减小表面能，原子排列必须做相应的调整，调整有两种方式，一种是自行调整，经过4～6层后，原子的排列与体内非常接近，晶格常数差已小于0.01 nm。另一种是靠外来因素调整表面能减小，系统稳定。图4-22显示了几种清洁表面结构，图中(a)、(b)和(c)为自行调整，(d)和(e)是靠外来因素调整，(f)为晶体表面经常存在的台阶。

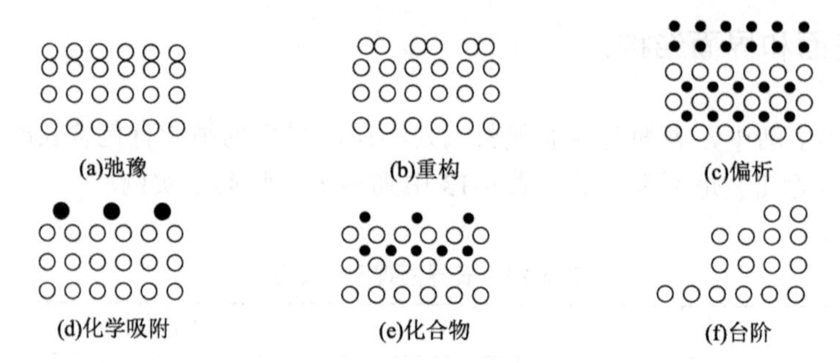

图 4-22　几种清洁表面结构

1）表面弛豫

弛豫是指表面区原子或离子间的距离偏离体内的晶格常数，但晶胞结构基本不变，如图 4-23 所示。

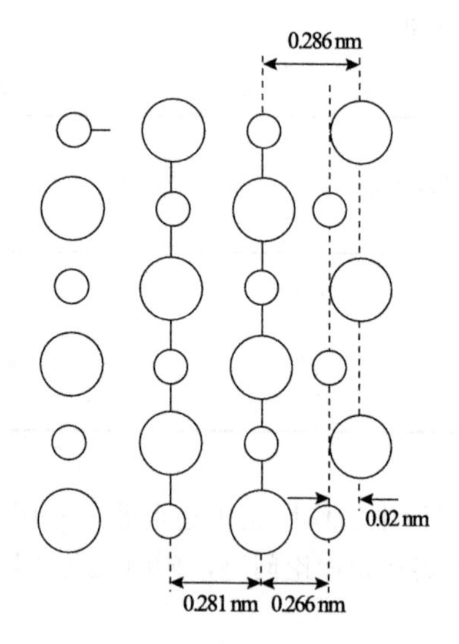

图 4-23　NaCl 晶体的表面弛豫

离子晶体的主要作用力是库仑静电力，是一种长程作用，因此表面容易发生弛豫，弛豫的结果是产生表面电矩。例如，NaCl 晶体的弛豫，见图 4-23。在表面处离子排列发生变化，体积大的负离子间的排斥作用使 Cl^-向外移动，体积小的 Na^+则被拉向内部，同时负离子易被极化，屏蔽正离子电场外露外移，结果原处于同一层的 Na^+和 Cl^-分成相距为 0.02 nm 的两个亚层，但晶胞结构基本没有变化，形成了弛豫。在 NaCl 晶体中，阳离子从(100)面缩进去，在表面形成 0.02 nm 厚度的双电层。

弛豫主要发生在垂直表面方向，又称为纵向弛豫，弛豫时的晶格常数变化取决于材料的特征和晶相。弛豫不仅在表面一层，而且会延伸到一定范围，如 NaCl(100)面的离子极化是发生在距表面 5 层的范围。弛豫过程保留了平行于表面的原子排列对称性。

2）表面重构

包括化合物半导体材料在内，许多半导体、少数金属的表面，原子排列都比较复杂，在平行衬底的表面上，原子平移的对称性与体内显著不同，原子作了较大幅度调整，这种表面结构称为重构。重构有两种：一种是表面的晶面与体内完全不同，称为超晶格或超结构；另一种是表面晶格常数增大，即表面的原子距离大于体内。发生重构是由于价键发生了畸变，如发生退杂化等，情况比较复杂。

3）偏析

偏析是指表面或界面附近薄层内化学组成偏离晶体内部的平均组成，某种原子、离子或化合物浓度明显高于内部，如图 4-22(c)所示。

4）表面吸附

固体表面存在大量的具有不饱和键的原子或离子，能吸引外来的原子、离子和分子，产生吸附。二氧化硅是陶瓷的主要成分，这类氧化物在低温下断裂时，其断面并不顺沿任何特定的结晶学方向，而是破坏了大量的 Si—O 键，表面形成具有不饱和键的 Si^{+}和 O^{2-}离子。这种高能高活性的表面能迅速地从空气中吸附氧和水，形成能量较低的表面。

5）表面化合物

有些碳化物陶瓷，如碳化硅在空气中易氧化，表面形成二氧化硅膜，它阻止了内部碳化硅进一步氧化。单晶硅表面也易氧化产生二氧化硅膜，情况与图 4-22(d)相似。

2. 界面结构

晶界的结构有两种不同的分类方法：一种是简单地把它分为小角度晶界和大角度晶界两种类型。晶界是多晶体中由于晶粒取向不同而形成的。根据相邻两个晶粒取向角度偏差的大小，可以这样分类。图 4-24 是小角度晶界的示意图，其中 θ 角是倾斜角，通常是 2°～3°。可以看出，小角度晶界可以看成由一系列刃型位错排列而成。为了填补相邻两个晶粒取向之间的偏差，使原子的排列尽量接近原来的完整晶格，每隔几行就插入一片原子，这样小角度晶界就成为一系列平行排列的刃位错。如果原子间距为 b，则每隔 $h=b/\theta$，就可以插入一片原子，因此小角度晶界上位错的间距应当是 h。图 4-24(b) 是小角度晶界的另一种可能结构。

一般认为，多晶体中，晶粒完全无序地排列就可能生成大角度晶界。在这种晶界中，原子的排列近于无序的状态。如果同样认为是一种刃位错的排列，那么在这种排列中位错的间距只有一两个原子的大小，这种模型已经失去意义。图 4-25 是大角度晶界的示意图。

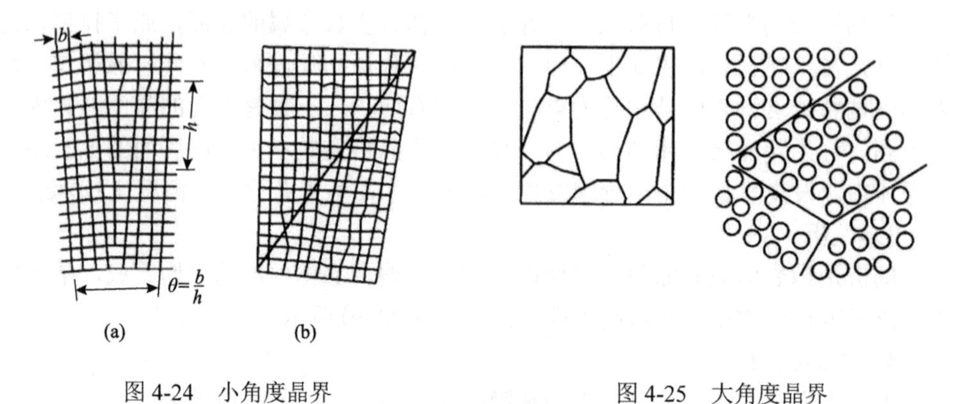

图 4-24　小角度晶界

图 4-25　大角度晶界

另外一种晶界结构是，两相邻晶粒在某些方向上共有部分晶格位置形成共格晶界。在这种共格晶界两边的原子，作镜像对称排列，实际上是一种双晶。当金属镁在空气中燃烧生成氧化镁时，就会出现这种双晶。对于 MgO 和 NaCl 这样的离子晶体，可能的共格晶界倾斜角为 36.8°{310}孪晶。图 4-26 是这种晶界的结构。

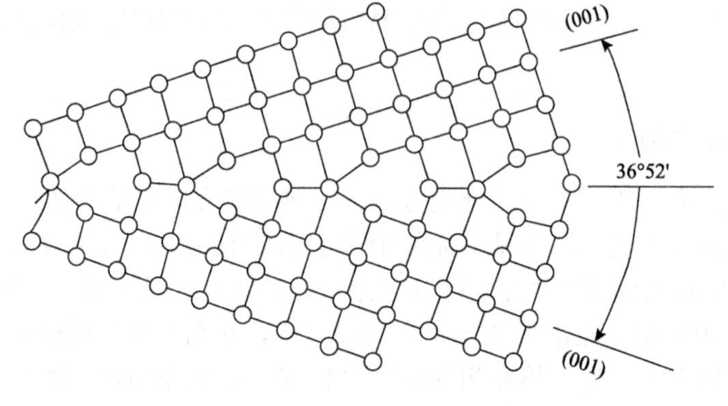

图 4-26　NaCl 或 MgO 中可能的 36.8°倾斜晶界(310)孪晶

另一种分类是根据晶界两边原子排列的连贯性来划分的，分成三种，第一种叫作连贯晶界。如果两个晶体结构相似，方向也接近，两个晶体之间的界面容易属于这种连贯边界，在这种界面上的原子连续地越过边界。例如，当氢氧化镁热分解生成氧化镁时就生成这种边界。在这种氧化物的生成过程中，氧的密堆积晶面是由与其相似的氢氧晶面演化来的，见图 4-27。因为当从原来的 $Mg(OH)_2$ 结构的区域转变到 MgO 结构的区域时，阳离子晶面是连续的。可是，两个类型的区域中的面间距 c_1 和 c_2 是不同的。晶面间距的不相配度用 $(c_2-c_1)/c_1=\delta$ 来定义。两个区域的晶面间隔不同，为了保持晶面的连续，必须有其中的一个相或两个相发生弹性应变，或通过引入位错而达到。这样两个相的相邻区域的尺寸大小才能一致起来。不相配度 δ 是弹性应变的一个量度。由于弹性应变的存在，使系统的能量增大。系统能量与 $c\delta^2$ 成比例，其中 c 为常数，系统的能量与结构不对称性 δ 的关系如图 4-28 所示。

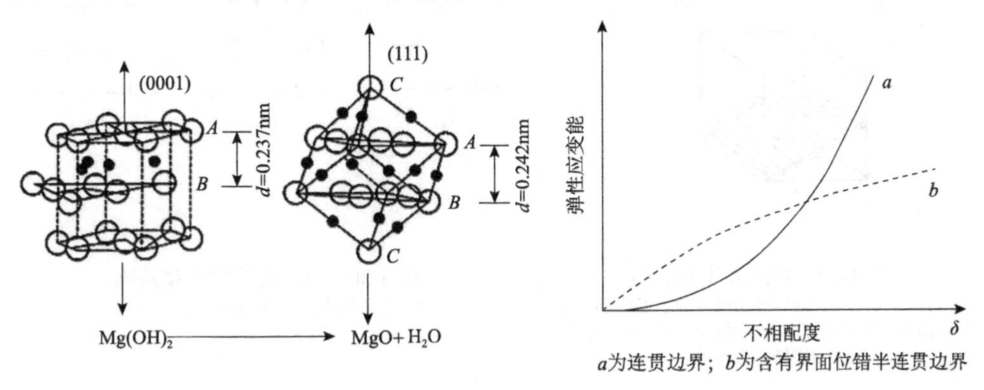

图 4-27 氧化镁和氢氧化镁之间的结晶学关系

图 4-28 储藏的应变能与两个相邻相的结构不相配度 δ 的函数关系

另外一种类型的晶界叫半连贯晶界。最简单的一种认为是只有晶面间距 c_1 小的一个相发生应变，弹性应变可以由引入半个原子晶面进入应变相而下降，这样就生成所谓界面位错。位错的引入，使在位错线附近发生局部的晶格畸变，显然晶体的能量也增加。

晶界能与 δ 的关系如图 4-28 中的虚线所示，可见，在同样的不相配度 δ 下，引入界面位错所引起的能量增加要比结构的弹性变形小。引入界面位错在能量上更加有利。

在结构上差别很大的固相之间，不可能形成连贯的晶界，而且必定是一种畸变的原子排列。一些原子占据每一个相邻晶体中原子位置之间的中间位置，这样的晶界称为非连贯晶界。

4.2.4 矿物的表/界面能

1）矿物的物理不均匀性

矿物在生成及地质矿床变化过程中，表面的凹凸不平、存在空隙和裂缝，以及晶体内部产生的各种缺陷、空位、夹杂、错位、镶嵌等现象，统称为物理不均匀性。图 4-29～图 4-32 表示了矿物的一些物理不均匀现象。

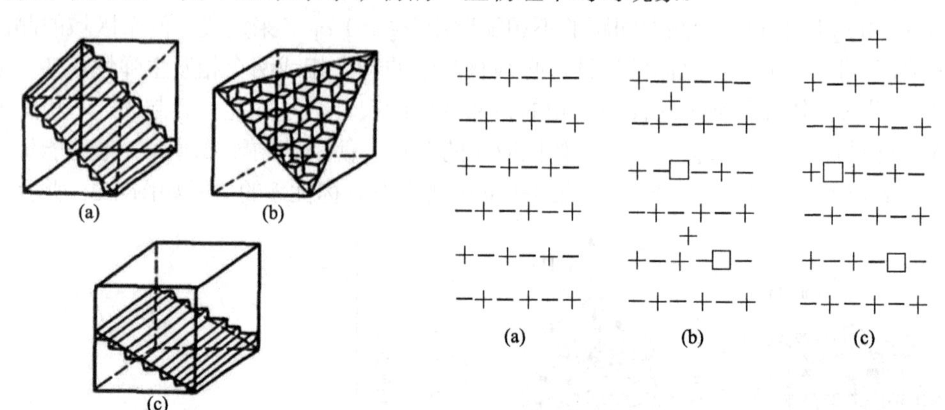

图 4-29　岩盐晶体裂解图
(a)岩盐晶体沿十二面体晶面破碎的表面；(b)岩盐晶体沿八面体晶面破碎的表面；(c)岩盐晶体对立方晶体面成任意破裂的表面

图 4-30　离子晶格的典型缺陷
(a)理想晶体；(b)间隙离子；(c)空位

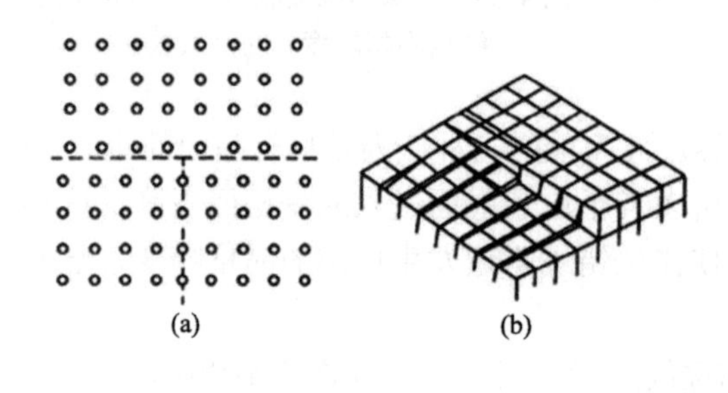

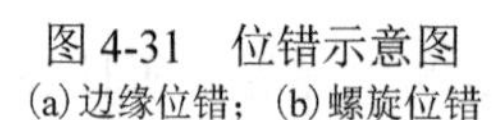

图 4-31　位错示意图
(a)边缘位错；(b)螺旋位错

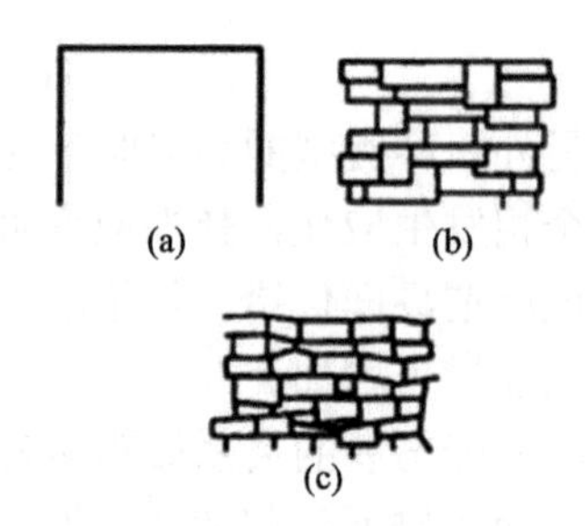

图 4-32　晶体的镶嵌现象
(a)完整晶体；(b)微晶的平行镶嵌；(c)微晶的无定向镶嵌

矿物的各种物理不均匀性，对浮选产生了直接的影响，实验证明晶格缺陷、杂质、位错及镶嵌等均影响矿物的可浮性。有人还研究过，加入杂质或清除矿物表面杂质，用放射能照射、加热和加压等方法来改变晶格缺陷及位错，从而人为地改变矿物的可浮性。

2）矿物的化学不均匀性

化学不均匀性指的是实际矿物中各种元素的键合不像矿物的化学分子式那样单纯，常夹杂许多非化学分子式的非计量组成物。

在硫化矿中，有些非计量夹杂物往往具有重要意义。如黄铜矿中的金(Au)、方铅矿中的银(Ag)、磁黄铁矿中的镍(Ni)和钴(Co)等。部分有色金属硫化矿的共生有价组分如表 4-14 所示，掌握金属共生的规律，对综合回收有价成分意义重大。

表 4-14　有色金属矿共生有价组分

矿石类型	主要成分	共生有价组分	共生有价组分占价值/%
多金属矿	Pb、Zn、Cu	S、Au、Ag、Cd、Bi、Sb、Hg、Co、Ba、In、Ga、Ge、Se、Te、Tl	38
铜矿	Cu	S、Au、Ag、Cd、Re、Se、Te、Tl	44
铜锌矿	Cu、Zn	S、Au、Ag、Cd、In、Ge、Se、Te、Tl	50
铜钼矿	Cu、Mo	S、Au、Ag、Cd、Re、Se	45
硫化镍矿	Ni、Cu	Co、S、Pt、Pb、Ru、Os	34
氧化镍矿	Ni	Co	24
铝土矿	Al	Ga、V	15
明矾石矿	Al	Na、K、Si、S、Ga、V	44

有些元素如铟(In)、镓(Ga)、镉(Cd)、锗(Ge)等，常不构成独立矿物，而混入其他矿物晶格中，成为混溶的均匀固态物质，形成“固溶体”。固溶体主要分为两类：①交替固溶体。此时一类组分的离子交换另一类组分离子，这种同类性质交替、外表形象保持不变的现象，称为类质同象交替。②间隙固溶体。此时是另一类组分侵入到原有组分的间隙中，又称为侵入固溶体。

不论类质同象交替或侵入间隙，两种组分均形成了难以分割的固溶体，对矿物的可浮性产生影响，因此，矿物的化学不均匀性使同一种矿物的可浮性变化较大。

4.2.5　矿物表面的电性

矿物在水溶液中受水分子及水中其他离子的作用，会发生表面吸附或表面电离、表面带电荷。矿物表面电性产生的原因大致有 4 种。

1. 矿物表面组分的优先解离

离子型晶体矿物在水中，其表面受到水偶极的作用，由于正、负离子受水偶极的吸引力不同，会产生不定当量的转移，有的离子会优先解离（或溶解）转入溶液。当正离子的溶解能力大于负离子的溶解能力时，正离子进入水溶液中，使固体表面带正电；反之，固体表面带负电。例如，图 4-33 中，由于萤石（CaF_2）中 F^-比 Ca^{2+}易溶于水，于是萤石表面就有过剩的 Ca^{2+}而带正电；溶入水中的 F^-受到矿物表面正电荷的吸引，在矿物表面形成配衡离子层：

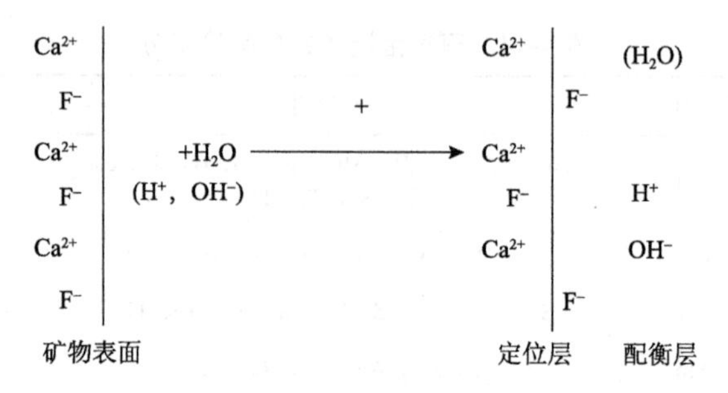

图 4-33　萤石（CaF_2）在水溶液中的离子运输图

重晶石（$BaSO_4$）、铅矾（$PbSO_4$）均属此类。正离子比负离子优先转入溶液的例子有白钨矿（$CaWO_4$），由于 Ca^{2+}优先转入溶液，白钨矿表面就有过剩的 WO_4^{2-}，因而表面荷负电。

2. 离子的优先吸附

矿物表面因极性和不饱和键的键能的不同，对不同离子的亲和力也不同，因而使得矿物表面对电解质溶液中正负离子的吸附不等当量，导致矿物表面带电，当矿物表面优先吸附了负离子时，矿物表面带负电荷；反之，则带正电荷。溶液中，过量的离子容易优先吸附在矿物表面。矿物表面本身的电性对吸附有选择性，反号离子更容易吸附在矿物表面。例如，白钨矿在自然饱和溶液中表面荷负电（即 WO^{2-}较多）。如向溶液中添加 Ca^{2+}，因表面吸附较多的 Ca^{2+}，其表面转向荷正电。在用 Na_2CO_3 加 $CaCl_2$ 合成 $CaCO_3$ 过程中，如 Na_2CO_3 过量，得到的 $CaCO_3$ 表面荷负电；若 $CaCl_2$ 过量，则 $CaCO_3$ 表面荷正电。

3. 电离后吸引 H^+或 OH^-

部分氧化物矿物与水作用时，矿物表面吸附水中的 H^+或 OH^-，从而在两相界面上生成酸性或碱性化合物，然后又部分电离，从而使矿物表面带电。现以石英在水中的溶解情况为例。

石英晶格破碎时：

$$>\mathrm{Si}<\begin{matrix}\mathrm{O}-\mathrm{Si}<\\ \mathrm{O}-\mathrm{Si}<\end{matrix} \longrightarrow >\mathrm{Si}<\begin{matrix}\mathrm{O}^{(-)}\\ \mathrm{O}^{(-)}\end{matrix} +2 >\mathrm{Si}<\begin{matrix}(+)\\ (+)\end{matrix}$$

吸附水中的 H^+和 OH^-，生成类似硅酸的产物：

$$>\mathrm{Si}<\begin{matrix}\mathrm{O}^{(-)}\\ \mathrm{O}^{(-)}\end{matrix} +2\mathrm{H}^+ \longrightarrow >\mathrm{Si}<\begin{matrix}\mathrm{OH}\\ \mathrm{OH}\end{matrix}$$

$$>\mathrm{Si}<\begin{matrix}(+)\\ (+)\end{matrix} +2\mathrm{OH}^- \longrightarrow >\mathrm{Si}<\begin{matrix}\mathrm{OH}\\ \mathrm{OH}\end{matrix}$$

硅酸为弱酸，部分解离，使矿物表面带负电。

$$>\mathrm{Si}<\begin{matrix}\mathrm{OH}\\ \mathrm{OH}\end{matrix} \longrightarrow >\mathrm{Si}<\begin{matrix}\mathrm{O}^-\\ \mathrm{O}^-\end{matrix} +2\mathrm{H}^+$$

石英表面的硅酸 H_2SiO_3 的解离程度与溶液的 pH 值有关，试验表明，当水中的 pH 值大于 2～3.7 时，石英表面带负电；当 pH 值小于 2～3.7 时，石英表面带正电。锡石也有类似情况：

$$>\mathrm{Sn}<\begin{matrix}\mathrm{O}^{(-)}\\ \mathrm{O}^{(-)}\end{matrix} +2\mathrm{H}^+ \longrightarrow >\mathrm{Sn}<\begin{matrix}\mathrm{OH}\\ \mathrm{OH}\end{matrix} \longrightarrow >\mathrm{Sn}<\begin{matrix}\mathrm{O}^-\\ \mathrm{O}^-\end{matrix} +2\mathrm{H}^+$$

4. 矿物晶格缺陷

由于矿物破裂，键断裂，矿物晶格结点上缺乏某种离子或非等量的类质同象交替间隙原子、空位等，使得矿物表面的电荷不平衡，从而使矿物表面带电。例如，高价的 Al^{3+}被低价 Mg^{2+}、Ca^{2+}取代，结果使矿物晶格带负电，为了维持电中性，矿物表面就必须吸附某些正离子(如碱金属离子 Na^+或 K^+)，当矿物质溶于水中时，这些碱金属阳离子因水化而从矿物表面进入溶液，因而使矿物表面带负电。

4.2.6　矿物表面的润湿性

粉体的润湿性实际上是液相与气相争夺颗粒表面的过程，即气-固表面的消失和液-固表面的形成过程。这一过程主要取决于颗粒表面及液体的极性差异。若两者极性接近或者一致时，则液-固表面容易取代气-固表面；反之，若两者极性不同，则液-固表面取代气-固表面的过程受阻，颗粒的润湿过程就不能自发进行。

颗粒的润湿性，同样用三相平衡接触角 θ 来表征。通常，$90°<\theta<180°$，表示颗粒表面完全不润湿；$0<\theta<90°$，表示颗粒表面可不同程度润湿；$\theta=0°$，则表示颗粒表面能完全润湿。由 $W\text{s}=\sigma_{\text{GL}}(\cos\theta-1)$ 也可看出，只要接触角 $\theta\neq 0°$，就意味着颗粒表面不能被液体完全润湿。

另一方面，实际颗粒的表面大多是非常粗糙的，相对来说，与平滑的固体表面有很大的区别，因此，在润湿性方面有所不同。另外，固体尺寸的减小，大多是以粉碎的方式进行的，所形成的新表面上的质点排列被打乱了，同时其静电作用也减弱了，使得颗粒难以进行水合作用。颗粒尺寸越小，越难与水相混合的现象在粉体中也是常见的。例如，$CrCl_3$ 原本是溶于水的，但粉碎后的颗粒(粉体)竟然能在水面漂浮数小时，只有将水变成酸性溶液后，才能溶解。

关于固体颗粒尺寸减小后其润湿性随之变化的现象，目前的研究成果较少，但我们还是可以根据固体表面的润湿性进行一些分析。

1. 粉体层表面表观接触角

与固体表面类似，粉体层的润湿性也可用液体对粉体层表面三相平衡接触角来表示。但粉体层的接触角不仅取决于液体与颗粒表面之间的界面张力，还受颗粒表面的粗糙度的影响。或者说在相同的体积下，密集态粉体聚集的颗粒真实表面积要比平滑的块体表面积大，所以，对粉体层表面的润湿程度要依据表面状况进行修正。定义：

$$\text{粉体层粗糙度} f=\frac{\text{粉体层真实表面积}}{\text{粉体层表观表面积}}\qquad (f>1)$$

则，根据杨氏方程，有

$$W_{\text{a}}=\sigma_{\text{GL}}(1+f\cos\theta)=\sigma_{\text{GL}}(1+f\cos\theta')\tag{4-64}$$

即有

$$\cos\theta' = f\cos\theta \tag{4-65}$$

上式表示的是，粉体层粗糙表面的表观接触角 θ' 与粉体相同材料的块体表面接触角 θ 之间关系，即所谓的 Wenzel 关系。

2. 颗粒在水-气表面的漂浮与润湿

颗粒在水-气表面的漂浮与润湿如图 4-34 所示，其中，图(a)表示在可忽略重力时(如颗粒尺寸微小或颗粒密度较接近水的密度)的状况；图(b)表示在重力作用明显时(如颗粒尺寸较大或颗粒密度较水的密度大)的状况。

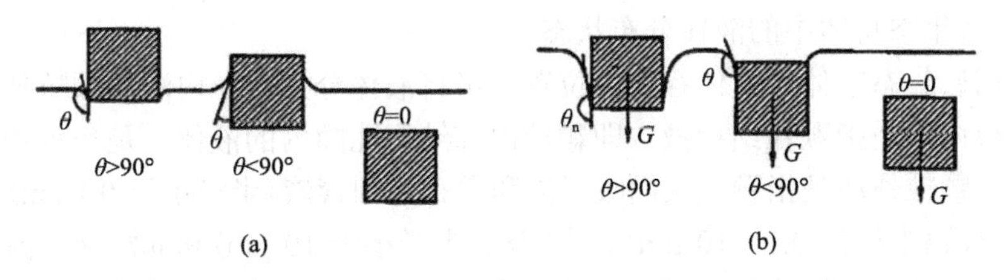

图 4-34　颗粒在水-气表面的漂浮

(1) 当颗粒的三相平衡接触角 θ=0°时，无论(a)或(b)状况，颗粒完全润湿、浸没于水中，悬浮或沉降。

(2) 当颗粒的三相平衡接触角 θ>90°时，对(a)状况：颗粒不被润湿，并趋向于尽可能地不与或少与水接触，因而颗粒将漂浮在水-气表面上，且大部分颗粒表面暴露在空气中；对(b)状况：颗粒不被润湿，并趋向于尽可能少与水接触，若颗粒的剩余重力不足以克服水-气表面的张力，颗粒将漂浮在水-气表面中，颗粒表面暴露在空气中的程度，取决于颗粒的重力。

(3) 当颗粒的三相平衡接触角 0°<θ<90°时，对(a)状况：在水-气表面张力的铅垂方向分力的作用下，颗粒有进入水中的趋势，颗粒的大部分表面积被浸没在水中；对(b)状况：在重力作用下，颗粒进入水中，润湿面向上移动，产生的前进接触角 θ_n 往往大于接触角 θ，甚至大于 90°，此时，颗粒所受到的剩余重力反而被一个向上的水-气表面张力的铅垂方向分力所平衡，颗粒将稳定地漂浮在水-气表面，但大部分颗粒是在水中。当然，若颗粒的重力足够大时，颗粒将浸没在水中并产生沉降。

在水-气表面产生稳定漂浮的颗粒尺寸，可通过力平衡关系获得，当颗粒尺寸及密度一定时，如密度为 2500 kg/m^3 的颗粒，其不同接触角下的立方形颗粒的最大漂浮尺寸如表 4-15 所示。

表 4-15　不同接触角下的立方形颗粒最大漂浮尺寸

接触角 θ/(°)	0	10	20	90
d_{max}/mm	0	约 0.7	1.0	约 3.0

总之，除非颗粒的三相平衡接触角 θ=0°，否则，颗粒在与液体润湿时，均有强弱不等的逃逸出液体的趋势，或者在液体中聚集成团，以使自由能趋于最低的稳定状态。

3. 密集态粉体中的液体

1）密集态粉体中的液体分布状态

根据密集态粉体中液体存在的位置，可将液体分为颗粒内液和颗粒外液两部分。颗粒内液是指颗粒结构液，即颗粒内部结构孔隙内的液体，是一种物理化学结合液。颗粒外液是指颗粒表面吸附液和微孔毛细管液(半径小于 0.1 μm)以及巨孔毛细管液(半径为 0.1～10 μm)、空隙液(半径小于 10 μm)和润湿液。前两者，吸附液和微孔毛细管液是物理化学结合液；后三者，巨孔毛细管液、空隙液和润湿液是机械结合液。

密集态粉体的润湿是指颗粒外液形成的润湿。为了便于形象分析，我们将颗粒外液根据液体含量(湿含量)从小到大归为吸附液、楔形液和毛细管上升液，如图 4-35 所示。

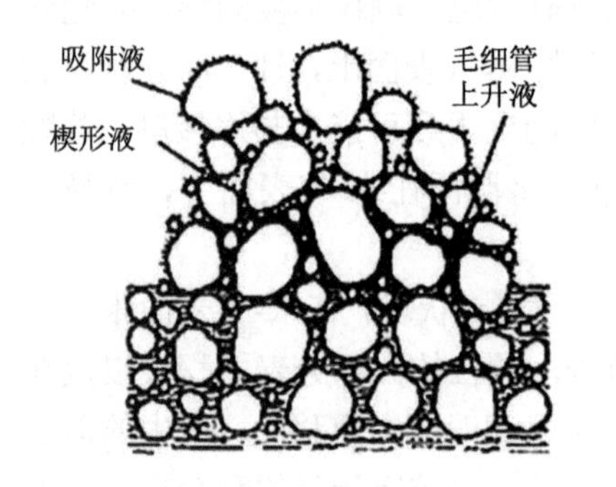

图 4-35　密集态粉体中的液体分布状态

2)密集态粉体中的液体含量的表示方法

若密集态粉体中，以湿粉体为基准的重量百分比为 w，则以干燥粉体为基准的重量百分比为 w'。定义粉体液体含量饱和度 S 为在粉体中空隙的单位体积内液体所占的体积百分数。

饱和度 S 与以湿粉体为基准的重量百分比 w 和以干燥粉体为基准的重量百分比 w' 之间的关系为

$$w = \frac{\varepsilon \rho S}{(1-\varepsilon)\rho_p + \varepsilon \rho S} \times 100\% \tag{4-66}$$

$$w' = \frac{\varepsilon \rho S}{(1-\varepsilon)\rho_p} \times 100\% \tag{4-67}$$

式中，ε 为密集态粉体的空隙率；ρ 为液体的密度；ρ_p 为颗粒的密度。

上两式表明密集态粉体的液体含量与其聚集结构有关。

4. 粉体润湿性的测量

三相平衡接触角是粉体表面对液体润湿性的主要判据。接触角的测量方法较多，其中，包括用少量的黏结剂将粉体黏结压制成型，再利用常规的固体表面接触角测量方法直接测取。该方法简便，测量所得数据在有些情况下比较准确。但对于颗粒尺寸较小的粉体，黏结剂的用量可能会对测量结果造成误差。同时，由于密集态粉体的堆积结构对润湿接触角有影响，该方法也受到一定的限制。以下介绍其他几种接触角的测量方法。

1）粉体浸透速度法

粉体浸透速度法有垂直浸透法和水平浸透法两种方式，如图 4-36 所示。垂直浸透法应用较多，对于润湿后容易产生重力拉断或张力收缩脱落的粉体，则采用水平浸透法。粉体浸透速度法测量过程如下：

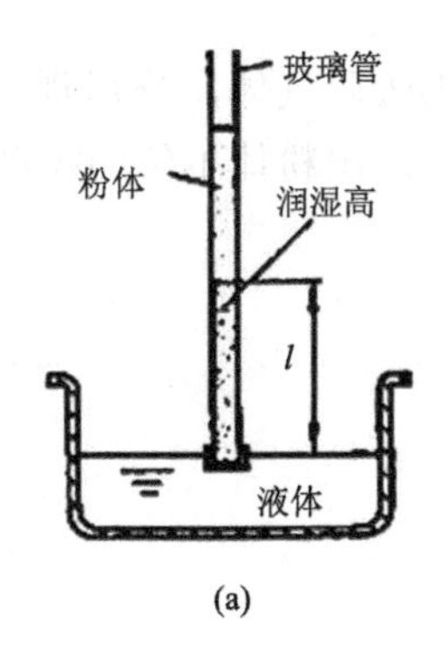

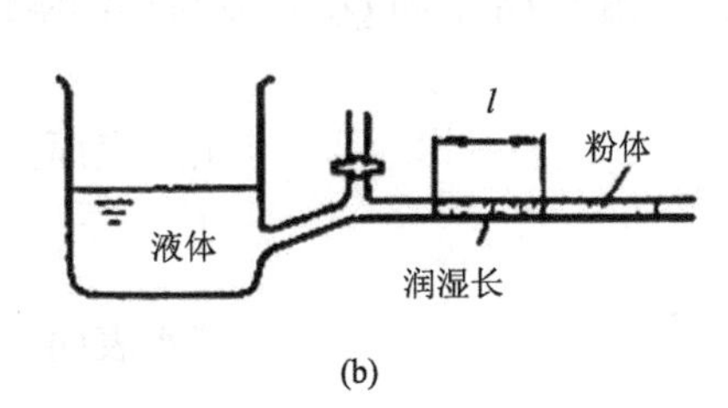

图 4-36　粉体浸透速度法
(a) 垂直浸透法；(b) 水平浸透法

(1) 将 200 目的被测粉体装入直径 8～10 mm 的玻璃管中，玻璃管一端以滤纸封口，通过振动或轻轻敲击获得一定的密实效果；

(2) 使玻璃管于铅垂或水平状态与润湿液体接触，并读取润湿时间；

(3) 记录在不同润湿时间内，对应的被液体润湿的粉体高度(或长度)，并按以下关系式获得粉体接触角 θ：

$$\frac{l^2}{t}=\frac{r\sigma_{GL}\cos\theta}{\eta} \tag{4-68}$$

式中，l 为被液体润湿的粉体高度(或长度)；t 为相应的粉体润湿时间；σ_{GL} 为液体的表面张力；η 为液体的动力黏度；θ 为润湿三相平衡接触角；r 为将颗粒间孔道视为毛细管时的平均毛细管半径。

为了确定 r 值，可采用对粉体完全润湿($\theta = 0°$)的液体标定该测量方法，以获得 r 值，或采用床层孔道当量直径的 Kozeny 处理方法，即

$$r=\frac{d_e}{2}=\frac{\varphi_C\varepsilon D_p}{12(1-\varepsilon)} \tag{4-69}$$

式中，d_e 为粉体在玻璃管中的孔道当量径；ε 为粉体在玻璃管中的装填空隙率；φ_c 为颗粒的 Carman 形状系数；D_p 为颗粒的等体积球当量径。也有简单地取 $r=D_p/2$，但误差较大。

粉体浸透速度法是基于液体弯曲液面附加压力的毛细管现象为原理的测量方法，故粉体在玻璃管中的装填密度对测量结果是有一定的影响的，因此，测量中应注意对样品装填的均匀性控制。

2）气体吸附法

与测量粉体表面的亲水度类似，以水蒸气和氮气为吸附气体，分别测出各自对粉体的吸附量，再以 BET 吸附法测量粉体的表面积，求出粉体单位面积对 H_2O 和 N_2 的吸附量 Q_{H_2O} 和 Q_{N_2}，则粉体润湿性判断：

$$\text{亲水表面：}\frac{Q_{H_2O}}{Q_{N_2}}>1 \tag{4-70}$$

$$\text{疏水表面：}\frac{Q_{H_2O}}{Q_{N_2}}<1 \tag{4-71}$$

3）浸湿热法

浸湿热是指粉体被液体浸湿时放出的热量。若浸湿时颗粒的表面积不变，浸湿前，颗粒在固-气相中的表面焓为 H_{SG}；浸湿后，颗粒在固-液相中的表面焓为 H_{SL}，由吉布斯-亥姆霍兹(Gibbs-Helmholtz)公式可得

$$H_{SG}=\sigma_{SG}-T\left(\frac{\partial\sigma_{SG}}{\partial T}\right) \tag{4-72}$$

$$H_{SL} = \sigma_{SL} - T\left(\frac{\partial \sigma_{SL}}{\partial T}\right) \tag{4-73}$$

则浸湿热 Q 为

$$Q = \sigma_{SG} - \sigma_{SL} - T\left(\frac{\partial \sigma_{SG}}{\partial T} - \frac{\partial \sigma_{SL}}{\partial T}\right)_p \tag{4-74}$$

将杨氏方程

$$\sigma_{SG} - \sigma_{SL} = \sigma_{GL}\cos\theta$$

代入式(4-74)，得浸湿热：

$$Q = \left[\sigma_{GL} - T\left(\frac{\partial \sigma_{GL}}{\partial T}\right)_p\right]\cos\theta \tag{4-75}$$

若测得浸湿热 Q，则由式(4-75)可得出三相平衡接触角 θ。

粉体浸湿热测量过程(图4-37)：①将被测粉体置于安瓿瓶中，并固定于搅拌器上；②安瓿瓶在恒定热量的液体容器中搅拌均匀加热；③安瓿瓶与液体温度恒定后，将安瓿瓶松开，并撞击底部的撞针而破碎；④撒落的粉体与液体接触并润湿；⑤释放的浸湿热，由精密量热计测出热量。

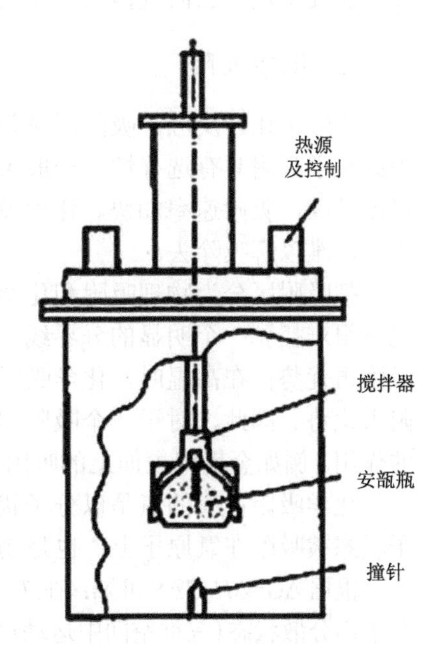

图4-37　浸湿热测量

该方法测量精度高，可获得粉体的微量浸湿热，并由此获得粉体其他的一些热力学信息，是研究粉体表面性质的重要手段。

4）其他粉体润湿性测量方法

(1)水渗透速度法。将粉体压制成试片，成型压力为20 MPa，试片直径为20 mm，厚度为10 mm。在试片表面滴加0.04 mL的蒸馏水，测定其渗透时间和平均渗透速度。

(2)吸水率。将粉体样品置于湿度和温度一定的环境中，测量样品的含水量变化。简单的方法是将粉体试样先烘干后，再放于底部盛有水的干燥器上层，加盖存放一定时间后，测量样品的含水量。

4.3 矿物表面的吸附特性

4.3.1 固体表面吸附现象

当气相或液相与固体接触时，一部分分子就在固体表面凝聚，这种现象称为吸附；通常称固体为吸附剂(adsorbent)，被吸附的物质为吸附质(adsorbate)。固体的比表面积越大，吸附现象越明显。按固体表面分子对被吸附气体分子作用力性质的不同，将吸附现象分为物理吸附和化学吸附两种类型。

1. 物理吸附

吸附质分子靠范德瓦耳斯力在固体表面吸附，物理吸附无选择性，任何吸附质都能在任何吸附剂表面上吸附，只是吸附量有所不同。越是易于液化的气体越易被吸附。物理吸附的吸附速率和解吸速率都很大，因而吸附可以很快达到平衡。范德瓦耳斯力的作用较弱，被物理吸附的分子其结构变化不大，接近于原分子状态。物理吸附的吸附热在数值上与气体的液化热相近，一般为每摩尔几百焦，最多不超几千焦，因而气体只有在低于它们的临界温度时物理吸附才是明显的。

2. 化学吸附

类似于化学反应，吸附后吸附质分子与吸附剂表面分子之间形成了化学键，因此化学吸附具有选择性。一般来讲，化学吸附的速率比物理吸附慢得多，随着温度升高，吸附速率加快。化学吸附是不可逆吸附，已被吸附的吸附质分子比较稳定，难以解吸除去。

把吸附区分为物理吸附和化学吸附是相对的，由于吸附的特殊性，在某些情况下很难找到一个明显的分界线。一般说来，低温下，化学反应速度缓慢，物理吸附占优势；在高温时，化学吸附速度随温度上升迅速增加，所以高温下化学吸附占优势。因此，对于一个吸附体系，需要同时考虑两种吸附在整个吸附过程中的作用。例如金属钨表面上的吸附就有三种情况：有的氧是以原子状态被钨吸附，属于化学吸附；有的氧是以分子状态被吸附，属于物理吸附；还有一些氧是以分子状态被吸附在氧原子上，也是物理吸附。

根据 $\Delta G=\Delta H-T\Delta S$ 可知：在 T 一定时，吸附过程的 ΔS 必定小于零，因为被吸附分子由分散状态(三维空间中运动)变为聚集状态(二维空间上运动)，这是一个混乱度减小的过程。而在给定的温度和压力下，吸附都是自动进行的，所以吸附过程的自由焓变化小于零，即 $\Delta G<0$，则必然是 $\Delta H<0$，这表示等温吸附过程都是放热的。

正由于吸附是放热过程，所以升高温度会使吸附量降低。例如将 10^{-3} kg 的活性炭放入 5.332×10^3 Pa 的 CO 气氛中，46℃时吸附 CO 约 4 mol，0℃时吸附 CO 约 11 mol。

通过吸附实验的测定(化学吸附和物理吸附)，可以直接或间接地了解固体表面的性质和孔径结构。多种现代物理方法如红外光谱、核磁共振等，均可研究洁净表面及表面吸附层的微观结构。

综上，在物理吸附中，粉体表面分子与气体分子之间的吸附力是范德瓦耳斯力，在化学吸附中，固体表面分子与气体分子之间可以有电子的转移、原子的重排、化学键的破坏与形成等，吸附力远大于范德瓦耳斯力而与化学键力相似，所以化学吸附类似于发生化学反应。正是因为两种吸附力性质上的不同，导致物理吸附与化学吸附特征上的一系列差异，见表 4-16。

表 4-16　物理吸附与化学吸附的比较

类别	物理吸附	化学吸附
吸附力	范德瓦耳斯力	化学键力
吸附分子层	被吸附分子可形成单分子层，也可形成多分子层	被吸附分子只能形成单分子层
吸附选择性	无选择性，任何固体皆能吸附任何气体，易液化者易被吸附	有选择性，指定吸附剂只对某些气体有吸附作用
吸附热	较小，与气体凝聚热相近，约为 $2\times10^4\sim4\times10^4$ J/mol	较大，接近化学反应热，约为 $4\times10^4\sim4\times10^5$ J/mol
吸附速率	较快，受温度影响小，易达到平衡，易解吸	较慢，随温度升高加快，不易达到平衡，不易解吸

3. 吸附热

在固体表面发生的物理吸附和化学吸附都是自发进行的，因此在温度和压力恒定时，$\Delta G<0$。当吸附质分子被吸附到固体表面后，分子运动的自由度减少了，所以 $\Delta S<0$。根据热力学基本关系式 $\Delta G=\Delta H-T\Delta S$ 可以推知，$\Delta H<0$。因此，吸附是放热过程(有时例外)。吸附热是表示吸附剂对吸附质吸附能力的一个物理量，吸附热的大小取决于吸附作用力的性质、吸附键的类型及强度等。化学吸附热大于物理吸附热。

4. 吸附表面相模型

吸附是粉体的一种重要现象。通过对粉体表面的吸附分析，可以获得颗粒表面性状的信息，如颗粒表面活性、表面基团、官能团的性质、比表面积(表面积)、孔隙结构和凝聚性。粉体表面吸附也是对粉体表面进行改性的重要手段。

被吸附在粉体表面的气体分子的动能小于粉体表面吸附中心位阱时，气体分子在粉体表面不能自由移动，吸附呈定域形式。气体分子动能大于粉体表面吸附中心位阱时，气体分子在粉体表面可以移动，吸附呈离域形式。

(1) 单层定域吸附表面相模型：具有 N_t 个吸附中心的固体表面单层定域吸附了 N_l 个气体分子，且每个气体分子只占据一个吸附中心时，吸附表面相由 (N_t-N_l) 个空白中心和 N_l 个结合在吸附中心上的吸附态分子的混合物构成，混合物中粒子总数为 N_t。

(2) 单层离域吸附表面相模型：具有 N_t 个吸附中心的固体表面单层离域吸附了 N_l 个气体分子而形成的吸附表面相由 N_t 个吸附中心和 N_l 个吸附态分子的混合物构成，混合物中粒子总数为 (N_t+N_l)。

(3) 多层吸附表面相模型：发生 n 层吸附形成的吸附表面相是在发生了 $(n-1)$ 层吸附而形成的表面上进一步发生单层吸附而得到的吸附表面相。当吸附中心在固体表面的分布是均匀的，且被吸附了的分子之间无相互作用时，空白中心与吸附态分子之间的混合是理想的。

4.3.2 矿物对气体的吸附

气体在颗粒表面的吸附(包括对水蒸气的吸附)可通过吸附等温线或吸附等压线来表征。前者反映的是在温度一定的条件下，吸附量 V 与平衡蒸气压 P 之间的关系；后者反映的是在压力一定的条件下，吸附量 V 与温度 T 之间的关系。

1. 吸附量

吸附质在粉体表面上的吸附量 Q 通常用单位质量的吸附剂所吸收气体体积表示，即

$$Q = V / m \tag{4-76}$$

式中，m 是吸附剂的质量；V 是被吸附气体体积(在标准状态下)。

另外，吸附量也可以用单位质量的吸附剂所吸附气体的物质的量或体积来表示。

$$Q = n / m \tag{4-77}$$

式中，n 是被吸附气体物质的量。如果吸附质是水蒸气，常用质量表示。

对于一个给定的系统(即一定的吸附剂与一定的吸附质)，达到平衡时的吸附

量 Q 与温度 t 及压力 p 有关。这种关系表示为

$$Q = f(t,\ p) \tag{4-78}$$

式中共有三个变量，为了找到它们的规律性，常固定一个变量，然后求出其他两个变量之间的关系。例如，

若 t=常数，则 $Q=f(p)$，称为吸附等温线(adsorption isotherm)；

若 p=常数，则 $Q=f(t)$，称为吸附等压线(adsorption isobar)；

若 Q=常数，则 $p=f(t)$，称为吸附等量线(adsorption isostere)。

这三种吸附曲线相互联系，一般实验测定的是吸附等温线，由它再画出相应的吸附等压线与吸附等量线，其中最常见的还是吸附等温线。

2. 吸附等温线

吸附等温线常见有 5 种基本类型(图 4-38)，其中 p 为气相平衡分压；p_0 为同温度下气体的饱和蒸气压；p/p_0 为相对压力；V 为被吸附气体的体积。(a)型吸附等温线为单分子层吸附；(b)～(e)型吸附等温线属于多层吸附。不同的吸附等温线反映了吸附剂表面性质的差异，也表明了吸附剂的孔分布性质及吸附质和吸附剂分子间的不同作用方式。因此，由吸附等温线的类型可以得到一些有关吸附剂表面性质、孔的分布以及吸附质和吸附剂相互作用等方面的信息，这就是研究吸附等温线的主要目的。

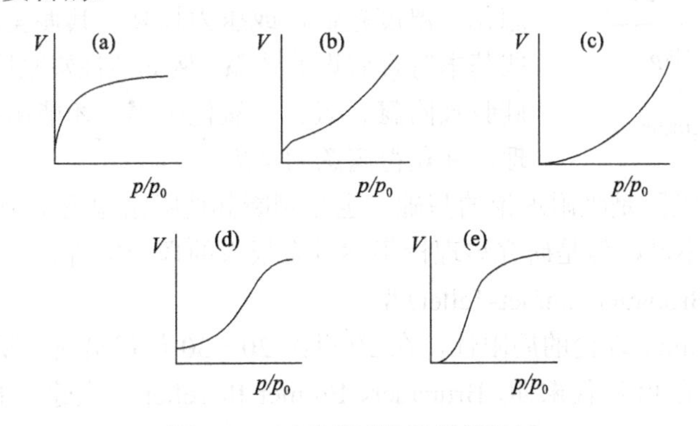

图 4-38　五种类型的吸附等温线

3. 吸附等温式

1）Langmuir 型

Langmuir 理论于 1916 年建立，至今仍然被广泛应用。Langmuir 型是一种重

要的单层吸附模型，其基本假设：①单分子层吸附，固体表面不饱和力场作用范围为分子直径大小；②固体表面均匀，各处的吸附能力相同，吸附热为常数；③被吸附分子间无相互作用力；④吸附平衡为动态平衡。

从动力学观点出发，认为气体在固体上的吸附是气体分子在吸附剂表面吸附与脱附两种过程达到动态平衡的结果。显然，气体分子只有碰到吸附剂的空白表面时才能发生吸附，已经吸附在固体表面上的分子由于热运动，一部分可以脱附，重新回到气相中去。

吸附等温方程：

$$V = \frac{aV_{\mathrm{m}}p}{1+ap} \tag{4-79}$$

式中，a 为吸附平衡常数；V_{m} 为饱和吸附量。适用于无孔或孔径小于 2.5 nm 时的颗粒表面吸附，如图 4-39 所示。

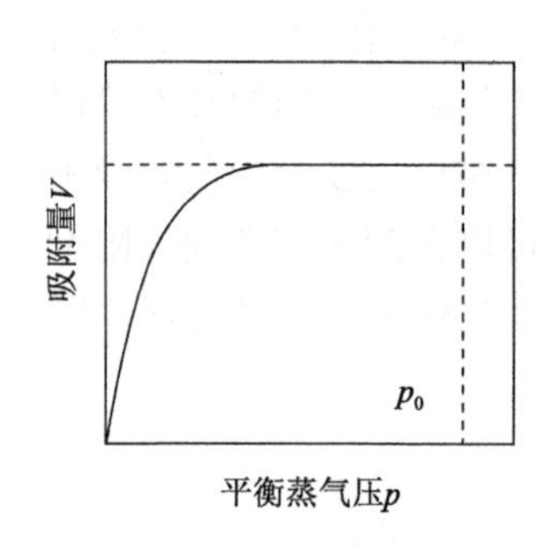

图 4-39　Langmuir 型

Langmuir 吸附等温式是理论式，它描述在均匀表面吸附分子彼此间没有作用，吸附是在单分子层情况下，吸附达到平衡时的规律性。适用于中等覆盖度，其吸附等温线既可以是物理吸附，也可以是化学吸附。它在吸附理论中所起的作用类似于气体运动理论中的理想气体定律。因此，吸附模型仅是实际情况的理想化。温度越低，或压力越高，其偏差越大。只有某些基本符合假设的体系。例如活性炭吸附一氧化二氮，硅胶吸附氩、氧、二氧化碳等，才能用该等温方程处理，并获得满意的结果。

Langmuir 吸附是吸附理论的基础，也是判断其他吸附理论正确与否的依据，尽管存在一些不足，但是研究该理论仍然具有很大的理论价值。

2）BET（Brunauer-Emmet-Teller）型

鉴于 Langmuir 理论的局限性，在 20 世纪 20～30 年代出现了新的吸附理论，其中最主要的是 30 年代末期，Brunauer、Emmet 和 Teller 三人建立的 BET 多分子层吸附理论。

多层吸附理论接受了 Langmuir 理论的基本假设，并补充了三个新的假定：①吸附是多分子层的；②除第一吸附层外，其他各层的吸附热都等于吸附质的液化热；③吸附分子的蒸发和凝聚只发生在暴露于气相中的表面上。因此，当固体表面吸附了一层分子后，可以范德瓦耳斯力继续进行多层吸附（见图 4-40）。在一定温度下，当吸附达到平衡时，气体的吸附量等于各层吸附量的总和。

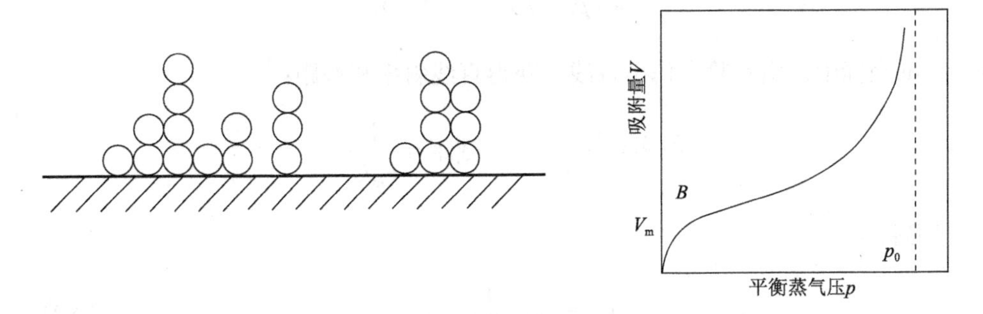

图 4-40　多层吸附示意图　　　　图 4-41　BET 型

根据上述分子层吸附模型，经过严格的数学推导，得到了吸附等温方程式：

$$V=\frac{V_mCp}{(p_0-p)\left[1+(C-1)\dfrac{p}{p_0}\right]} \tag{4-80}$$

式中，V_m 为低压时形成单层吸附的饱和吸附量；C 为与吸附单层气体的吸附热及液化热有关的常数：

$$C=\exp\left(\frac{E-E_L}{RT}\right) \tag{4-81}$$

其中，E 为吸附热，E_L 为液化热；p_0 为被吸附气体在温度 T 时成为液体的饱和蒸气压。

如图 4-41 所示为 BET 型吸附，在低压时形成单层吸附(单分子吸附)，以 B 为界，随着压力 p 的升高，呈多层物理吸附，适用于孔径大于 20 nm 或孔径不均匀的颗粒表面吸附。

利用 BET 型吸附在低压时(以 B 为界)的单层吸附现象，进行气体吸附法测量粉体比表面积，其方法如下。

将式(4-80)转化为以下形式：

$$\frac{p}{V(p_0-p)}=\frac{C-1}{V_mCp_0}\frac{P}{p_0}+\frac{1}{V_mC}$$

令

$$y = \frac{p}{V(p_0 - p)} \qquad x = \frac{p}{p_0}$$

则在 x-y 坐标中，由实验点作出直线，获得直线斜率和截距：

$$\text{斜率} = \frac{C-1}{V_m C} \qquad \text{截距} = \frac{1}{V_m C}$$

则解得

$$V_m = \frac{1}{\text{斜率} + \text{截距}} \tag{4-82}$$

由上式所得的 V_m，即可算出单位质量的颗粒表面铺满单分子层时所需的分子个数。若已知每个所占的面积，则可算出颗粒的质量表面。

总之，BET 多分子层吸附理论是在 Langmuir 理论基础上发展起来的，结合毛细凝结理论，它可以统一地解释五种类型的吸附等温线。因此，该理论在科学实际应用中占有极其重要的地位，至今仍是测定固体比表面积方法的基础。

3）Henry 型

吸附等温方程：

$$V = k_H P \tag{4-83}$$

式中，k_H 为吸附平衡常数；p 为在温度 T 下吸附量为 V 时的平衡压力。适用于小吸附量(低于饱和吸附量 V_m 的 1%)和其他吸附型的早期阶段，如图 4-42 所示。

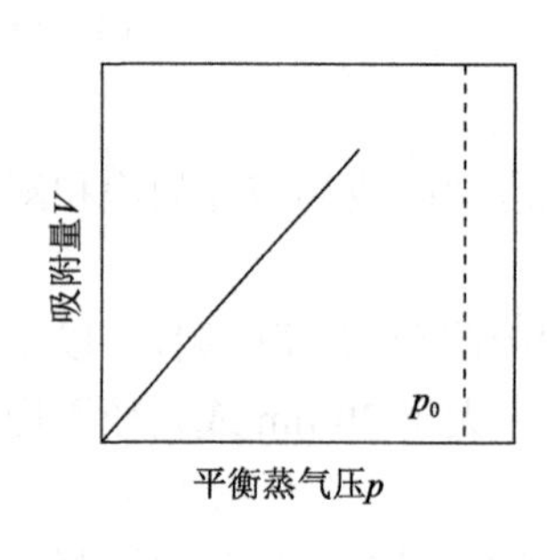

图 4-42　Henry 型

4）Freundlich 型

吸附等温方程：

$$V = kp^n \tag{4-84}$$

式中，k、n 为经验参数，均是温度 T 的函数。通常 T 大，则 k 小；n 在 0～1 范围内，反映 p 对 V 的影响强弱程度。

Freundlich 型吸附方程经验式形式简单，计算方便，可以较好地应用于很多单分子层吸附，特别是在中压范围内较为准确。但式中的常数没有明确的物理意义，不能说明吸附的机理，如图 4-43 所示。

5）BDDT(Brunauer-Deming-Dema-Teller)型

BDDT 型有多种吸附形式，其中 BDDT Ⅰ型相当于 Langmuir 型吸附；BDDT Ⅱ型相当于 BET 型吸附。另外三种吸附模型如图 4-44 所示。BDDT Ⅲ型：一开始就是多层吸附，大孔颗粒的吸附属此类型。BDDT Ⅳ型：低压时是单分子层吸附，随 p 的升高，颗粒表面孔隙内产生毛细管凝结，吸附量急剧增大，直至毛细管吸满达到饱和为止。BDDT Ⅳ型的吸附和脱附等温线不重合。BDDT Ⅴ型：低压时就是多层吸附，其他特点与 BDDT Ⅳ型相似。具有中等大小孔的颗粒表面吸附属此类型。BDDT Ⅴ型的吸附和脱附温线也不重合。

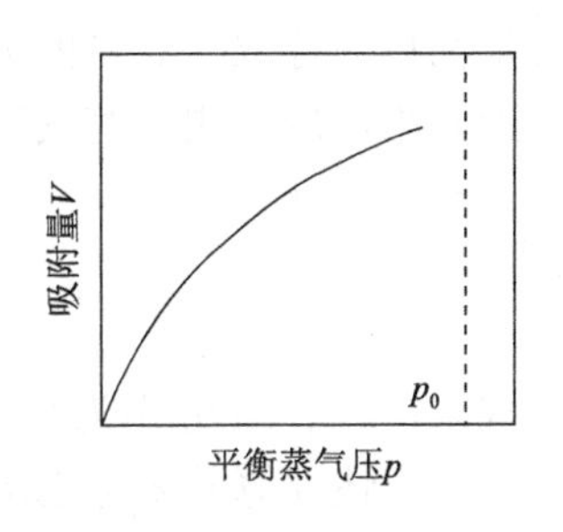

图 4-43　Freundlich 型

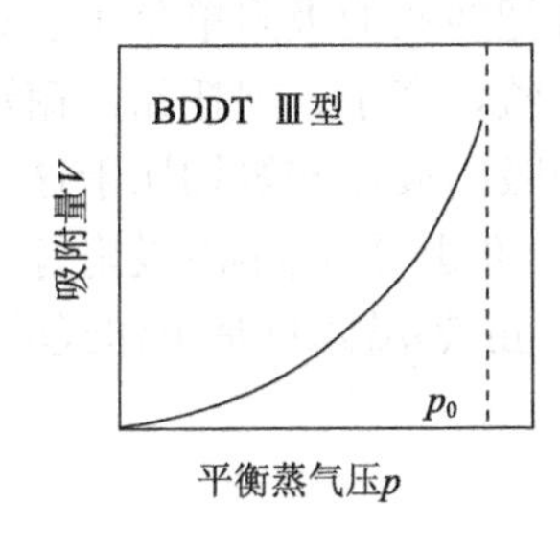

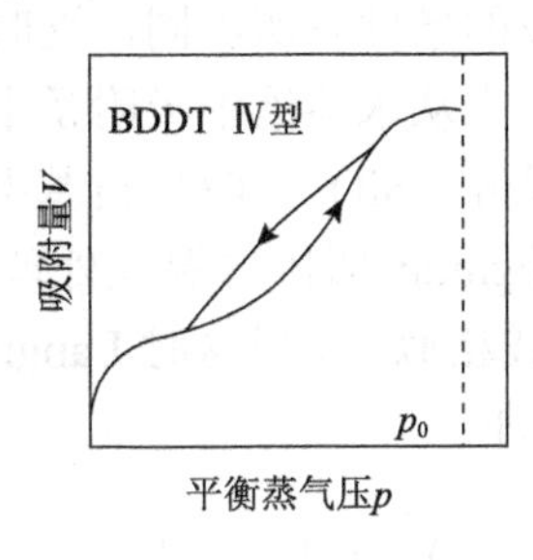

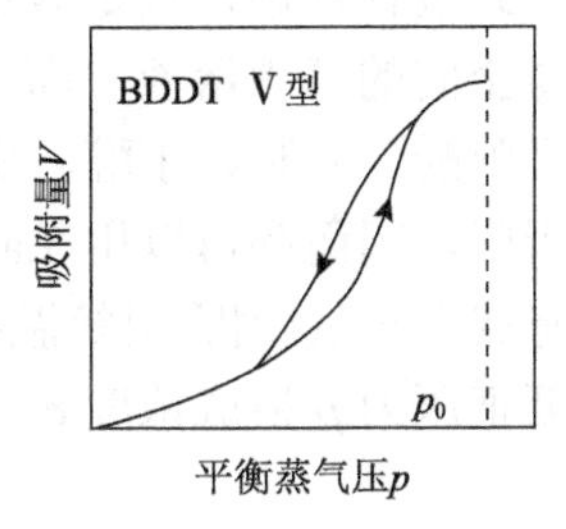

图 4-44　BDDT 型

4.3.3　矿物在溶液中的吸附

固体在溶液中吸附比较复杂，至今尚未建立起完整的理论。根据吸附质的不同，固体自溶液中的吸附可分为三类：从非电解质溶液中的吸附、从电解质溶液中的吸附和高分子表面活性剂在颗粒表面的吸附。

1. 非电解质在颗粒表面的吸附

非电解质是指不能电离的中性分子，如醇、醚、氨基酸、脂肪酸、硬脂酸、烃类等，其吸附力主要是分子间作用力，如氢键力、范德瓦耳斯力等。

固体自溶液中的吸附是比气体吸附更复杂的过程，原因是除了固体的立场外，还必须考虑液相中分子的相互作用。更为复杂的是，溶液中除了溶质外还有溶剂，固体从溶液中吸附时至少有两种组分在固体表面竞争位置。在吸附过程中，如果溶质在固体表面的浓度比溶液中大，则为正吸附，反之为负吸附。

固体吸附剂在溶液中的吸附过程虽然比较复杂，但测定吸附量的实验方法却很简单。称取一定量的吸附剂，放入一定量已知浓度的溶液中不断振荡，当吸附达到平衡后，测定溶液浓度的变化，利用下式可求出吸附量。

$$\frac{x}{m}=\frac{c_{前}-c_{后}}{m}W \tag{4-85}$$

式中，$c_{前}$、$c_{后}$分别为吸附前后溶液的浓度，m、W 分别为吸附剂和溶液的质量。由于上述计算并未考虑溶剂的吸附，所以 x/m 称为表观吸附量。如果溶质和溶剂都能被固体吸附，要想求出吸附量的绝对值则比较难。

在固-液吸附时，常见的吸附等温线有图 4-45 所示三种类型。图中的(a)型是单分子层吸附等温线，曲线的形状与气-固吸附等温线相似，因此可用 Langmuir 吸附等温式进行描述，只是假设的条件有所不同，这时把溶质的吸附单分子层看作是二维空间的理想溶液。高岭土从水溶液中吸附番木鳖、奎宁、阿托品，糖炭从水中吸附酚、苯胺、丁醇、戊醇，SiO_2、TiO_2 自苯中吸附硬脂酸等均属于这一类型的吸附，因而都可以用 Langmuir 吸附等温式处理。但是由于固-液吸附等温线只是形式上与气-固吸附等温线相似，所以这时 Langmuir 等温式只是用作经验式，而且要把压力 p 换成浓度 c，即

$$\frac{x}{m}=\left(\frac{x}{m}\right)_{\mathrm{m}}\frac{bc}{1+bc} \tag{4-86}$$

式中，$(x/m)_{\mathrm{m}}$ 相当于单分子层饱和吸附量；c 是吸附平衡时溶液的浓度；b 是与溶质和溶剂的吸附热有关的常数。

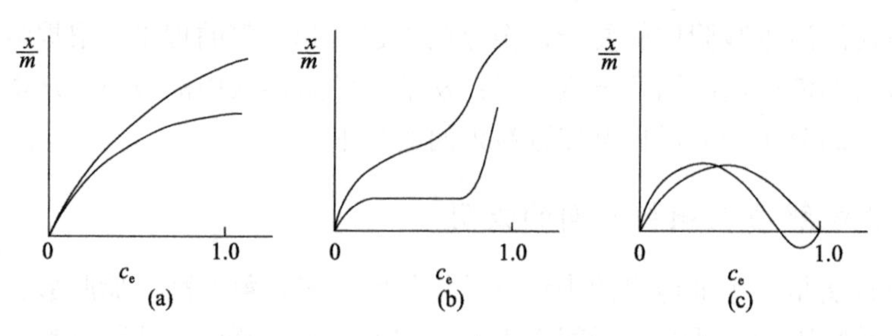

图 4-45　不同类型固-液吸附等温线

另外，还有些固-液吸附等温线虽然属于(a)型，但要用 Freundlich 吸附等温方程来描述。

图 4-45 中(b)型吸附等温线情况比较复杂，具有多分子层吸附的特征。例如，

石墨自水中吸附戊酸、乙酸的等温线就属于这种类型。这种类型的吸附等温线常可以用类似于 BET 公式进行处理。图 4-45 中(c)型吸附等温线比较特殊，吸附量出现了负值，因而没有已知的气-固吸附等温线与之对应。这充分显示了固-液吸附的特殊性和复杂性。出现这种情况的原因是固体吸附剂不仅吸附溶质也吸附溶剂，且在某一浓度内对溶剂的吸附大于对溶质的吸附，硅胶自苯中吸附乙醇就是如此。因此，表观法测定吸附量只适用于稀溶液。

一般说来，大多数稀溶液的固-液吸附体系都可以用 Langmuir 吸附等温式或 Freundlich 经验式处理。大量实验表明，固体自非电解质溶液中的吸附遵循以下经验规律：

(1) 极性相似者易于吸附，极性吸附剂易于吸附极性溶质，非极性吸附剂易于吸附非极性溶质。因此，如果从水溶液中吸附苯甲酸时应当选用非极性吸附剂，如活性炭等；反之，为了从苯溶液中吸附苯甲酸，则应当选用硅胶等极性吸附剂。如果第一种情况选用硅胶作吸附剂，则极性水分子将优先吸附，致使苯甲酸的吸附变得很弱，甚至难以进行。

(2) 溶解度小者易于吸附，溶解度越低的物质越容易被吸附。原因是溶质的溶解度越小，自溶液中逸出的倾向就越大，因而越易于被固体吸附。

(3) 界面自由能降低多者易于吸附，使固-液界面自由能降低越多的溶质被吸附的量越多。例如，用活性炭吸附水溶液中的脂肪酸同系物，其吸附量随着碳链的增加而增大，原因是随着碳链的增加，脂肪酸的表面活性不断增大，吸附时可使固-液界面自由能降得更低，体系更加稳定。

2. 电解质在颗粒表面的吸附

电解质在溶液中以离子形式存在，其吸附力主要是库仑力，且与颗粒表面的化学组成、结构及表面双电层有密切关系。此处的电解质是指无机电解质和离子型表面活性剂。

1）无机离子吸附

从热力学的角度看，分子或离子在固-液界面的吸附是体系自由能过剩自发做功所导致的结果，通过吸附使体系自由能减少，以趋于稳定。无机离子在颗粒表面的吸附自由能 $\Delta G_{\mathrm{ads,i}}$ 由以下各项组成：

$$\Delta G_{\mathrm{ads,i}}=\Delta G_{\mathrm{ele,i}}+\Delta G_{\mathrm{chem,i}}+\Delta G_{\mathrm{H,i}}+\Delta G_{\mathrm{solv,i}} \tag{4-87}$$

式中，$\Delta G_{\mathrm{ele,i}}$ 为静电作用吸附自由能；$\Delta G_{\mathrm{chem,i}}$ 为化学吸附自由能；$\Delta G_{\mathrm{H,i}}$ 为氢键吸附自由能；$\Delta G_{\mathrm{solv,i}}$ 为溶剂化作用自由能。其中，$\Delta G_{\mathrm{ele,i}}$ 为物理吸附；而 $\Delta G_{\mathrm{chem,i}}$、$\Delta G_{\mathrm{H,i}}$

和 $\Delta G_{solv,i}$ 均为特性吸附。

颗粒对无机离子的吸附，包括物理吸附和特性吸附，具体的吸附自由能组成主要取决于离子的价数和溶液浓度。

(1)无机离子的物理吸附。

无机离子的物理吸附发生在双电层外层的紧密层上，完全由库仑力(静电力)控制，只要是与颗粒表面电性呈异号的离子，就可在静电引力的作用下，作为平衡离子吸附在颗粒的双电层外层的紧密层上，压缩双电层，直至成为电中性，这个双电层外层的紧密层被称为斯特恩(Stern)面，如图 4-46 所示。

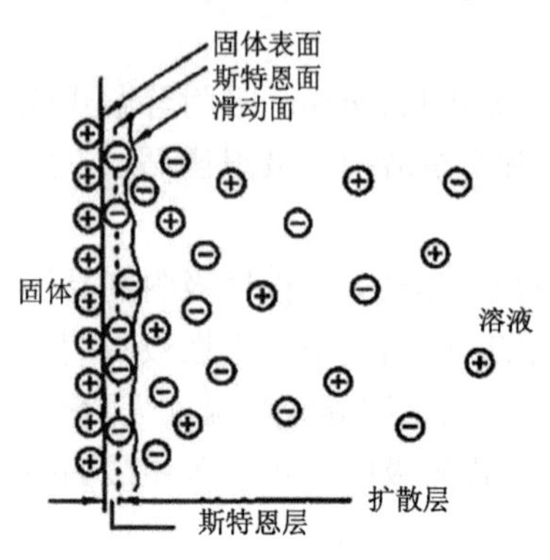

图 4-46　双电层外的斯特恩面

双电层是指在溶液中，颗粒表面常因表面基团的解离或自溶液中选择性地吸附某种离子而带电，由于电中性的要求，带电表面附近的液体中必有与颗粒表面电荷数量相等、电性相反的多余反离子，颗粒的带电表面和反离子构成了双电层。

双电层模型有多种，其中斯特恩双电层模型认为：溶液一侧的带电层应分为紧密层和扩散层两部分。紧密层为溶液中反离子及溶剂分子受到足够大的静电力、范德瓦耳斯力或特性吸附力而紧密吸附在固体表面上。其余反离子则构成扩散层。斯特恩面是指紧密层中反离子的电性中心所连成的假想面，距固体表面的距离约为水化离子的半径。斯特恩面上的电势 ϕ_x 称为斯特恩电势。

滑动面是指固-液两相发生相对移动的界面，在斯特恩面稍外一些，是凹凸不平的曲面。滑动面至溶液本体间的电势差，称为 ζ 电位。

无机离子在颗粒的斯特恩面上，物理吸附密度 Γ_i 可由斯特恩-格雷厄姆(Stern-Graham)方程式来表示：

$$\Gamma_i = 2R_iC\exp\left(-\frac{\Delta G_{ele,i}}{RT}\right) = 2R_iC\exp\left(-\frac{NF\zeta}{RT}\right) \tag{4-88}$$

式中，Γ_i 为无机离子在斯特恩面上的吸附密度；R_i 为吸附离子半径；C 为溶液中吸附离子的浓度；N 为吸附离子的价数；F 为法拉第常数；ζ 为溶液中颗粒表面的 Zeta 电位；R、T 分别为气体常数和温度。

(2)无机离子的特性吸附。

无机离子的特性吸附常发生在高价金属离子、高价阴离子、一价的氢及氢氧根离子上。

无机离子在颗粒的斯特恩面上，特性吸附密度为

$$\Gamma_{\mathrm{i}} = 2R_{\mathrm{i}}C\exp\left(-\frac{\Delta G_{\mathrm{ads,i}}}{RT}\right) = 2R_{\mathrm{i}}C\exp\left(-\frac{NF\zeta + \phi}{RT}\right) \tag{4-89}$$

式中，ϕ为特性吸附能，涉及化学吸附自由能 $\Delta G_{\mathrm{chem,i}}$、氢键吸附自由能 $\Delta G_{\mathrm{H,i}}$和溶剂化作用自由能 $\Delta G_{\mathrm{solv,i}}$。

2）表面活性剂离子吸附

表面活性剂离子吸附包括物理吸附和特性吸附，与无机离子吸附相比，主要区别在于，前者增加了表面活性剂碳氢链之间的疏水缔合作用能 $\Delta G_{\mathrm{CH_2}}$。

(1)表面活性剂离子的物理吸附。

当浓度很低时，烷基磺酸、烷基硫酸和铵离子在氧化物颗粒表面的吸附均属于静电物理吸附。例如，十六烷基三甲基溴化铵(CTAB)在$CaCO_3$和磷酸盐$Ca_{10}(PO_4)_5(OH)_2$颗粒表面吸附，由于碳酸钙颗粒表面荷负电的活性远小于磷酸盐颗粒，吸附单分子层只在磷酸盐颗粒表面出现，如图 4-47 所示。吸附和解吸实验表明，这种吸附有较好的可逆性，是较典型的静电物理吸附。

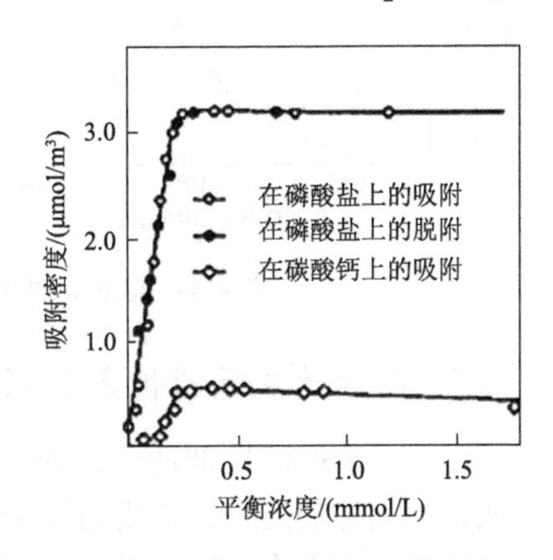

图 4-47 CTAB 在磷酸盐和碳酸钙颗粒表面的等温吸附曲线

(2)表面活性剂离子的特性吸附。

表面活性剂离子的特性吸附等温方程为

$$\Gamma_{\mathrm{i}} = 2R_{i}C\exp\left(-\frac{NF\zeta + \varphi + \Delta G_{\mathrm{CH}}\varepsilon}{RT}\right) \tag{4-90}$$

图 4-48 反映了吸附剂是表面荷正电的刚玉颗粒，吸附质是十二烷基磺酸钠 $R_{12}SO_3Na$ 的吸附过程和特点。吸附线可分为三个区域，表面整个吸附过程有三步：Ⅰ区为以静电吸引力为主的物理吸附，吸附自由能 $\Delta G_{\mathrm{ele,i}}$。随着十二烷基磺酸钠浓度的增加，吸附进入Ⅱ区，由于表面活性剂碳氢链的缔合作用，形成了半胶体，导致在刚玉颗粒表面的吸附密度迅速增大，表面ζ电位由正值减少到电中性，呈负电性，到ζ电位负值增大的三个阶段，出现特性吸附。当十二烷基磺酸钠浓度进一步加大，吸附进入Ⅲ区，形成了半胶束和胶束状态，表面活性剂

负离子间的静电排斥力也随之增加。导致吸附密度提高，但相应的负 ζ 电位升高速度大为减慢。

在实际应用中，常采用无机电解质和表面活性剂复合使用的共吸附。

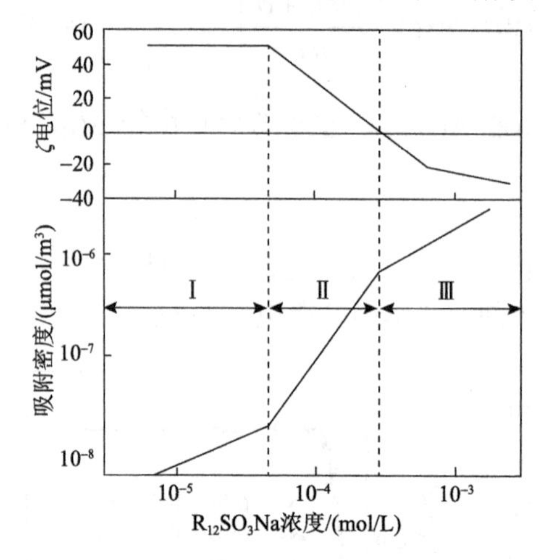

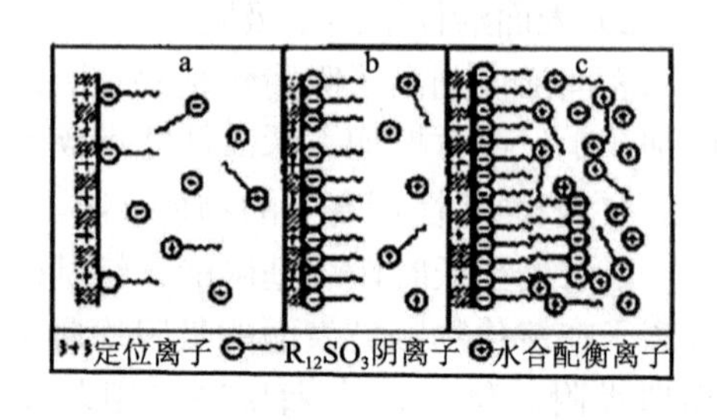

图 4-48　表面活性剂离子吸附等温线和对应的 ζ 电位

3. 高分子表面活性剂在颗粒表面的吸附

高分子表面活性剂是一类品种繁多、应用广泛、普遍存在的天然或人工合成物质，如天然的淀粉、合成的聚丙烯酰胺、聚苯乙烯胺等。有关高分子表面活性剂在颗粒表面吸附的研究很多，这里仅介绍高分子表面活性剂的吸附特性。

1）高分子吸附键类型

高分子表面活性剂主要通过其结构上的极性基团与颗粒表面活性点的作用来实现在颗粒表面的吸附。吸附键主要有氢键、共价键、疏水键和静电作用4 种。

(1)氢键。氢键键合是非离子型高分子表面活性剂在颗粒表面吸附的主要原因。例如，聚丙烯酰胺的酰胺基与颗粒表面的活性点生成氢键。单个氢键的键能较弱，为(2.1～4.2)×10^4 J/mol。但是，聚合度大于 14 000 的聚丙烯酰胺的一部分结构单元，同时与颗粒表面的氢键键合时，仍可获得很强的总键合强度。

(2)共价键。高分子表面活性剂与颗粒表面生成配位键的例子很多。例如，聚丙烯酸的阴离子活性基团与碳酸钙颗粒表面的 Ca^{2+} 生成化学键；磺化聚丙烯酰胺与锡石表面的 Sn^{4+} 也生成化学键；部分水解羟肟酸基的聚丙烯酰胺在钛铁矿表面吸附等，均是高分子表面活性剂与颗粒表面进行化学键合的例证。

(3)疏水键。高分子表面活性剂的疏水基可与非极性表面发生疏水键合作用而产生吸附。

(4) 静电作用。荷电表面与高分子表面活性剂离子，通过静电作用吸附在颗粒表面。例如，在自然的 pH 下，聚乙烯吡啶在石英表面的吸附；聚苯乙烯磺酸盐在荷正电的 Fe_2O_3 颗粒表面的吸附等，属此类吸附作用。但在有些情况下，静电作用对离子型高分子表面活性剂的吸附不起支配作用，此时，氢键或者更强的共价键可能成为主要因素。

2）高分子吸附形式

一般情况下，高分子表面活性剂在颗粒表面的吸附层结构，由直接吸附在颗粒表面的链序和溶液中自由分布的链尾和环链组成，它们的比例是由高分子表面活性剂与颗粒表面之间的吸附能大小决定的。图 4-49 示意了不同高分子表面活性剂在颗粒表面的吸附形式，其中，图 (a) 是柔性高分子表面活性剂分子的平躺吸附形式；图 (b) 是高分子表面活性剂分子的多结点吸附形式；图 (c) 是僵直高分子表面活性剂分子的垂直吸附形式；(d) 是末端可变形高分子表面活性剂分子的直立吸附形式；(e) 和 (f) 是对溶液加以相溶性的 AB 型共聚物多端吸附形式。

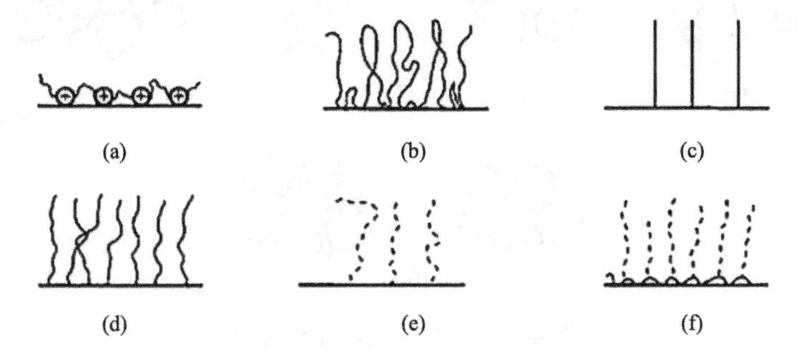

图 4-49　高分子表面活性剂吸附形式

高分子表面活性剂的吸附类型和吸附作用，主要取决于颗粒表面与高分子表面活性剂的性质和颗粒的表面状态及吸附环境，这些方面与小分子表面活性剂的吸附特性一致。但另一方面，由于高分子的分子量大，存在着空间位阻作用，致使高分子表面活性剂的吸附特性又与小分子表面活性剂的吸附有明显的差异，例如，①低浓度时吸附速度快，表明高分子表面活性剂与颗粒表面有强的亲和力；②吸附能大，吸附膜厚，致使颗粒间产生强烈的空间位阻效应；③高分子表面活性剂线性长度大，一个分子上含有多个活性位，故在颗粒表面有多种吸附构型；④分散体系浓度较高时，添加高分子表面活性剂可有效地改善分散体系的流变性能。

4.4　矿物颗粒的团聚与分散

粉体的凝聚是指在气相、液相或其他粉体介质中，粉体由于颗粒之间，或通过介质使颗粒之间相互作用而形成的不均匀聚集状态。粉体的分散则是指在气相、液相或其他粉体介质中，使粉体颗粒处于均匀、离散的分布状态。凝聚和分散是粉体在介质中两个反向行为状态。通常，凝聚是由于粉体的性状与介质的相互作用引起的，而分散则是需要通过对粉体性状和介质进行调控才可能实现。这种调控需要基于对粉体凝结成因的正确分析才能实现。

4.4.1　矿物颗粒团聚的类型

根据作用机理的差别，粉体的凝聚有 4 种不同的类型，如图 4-50 所示。

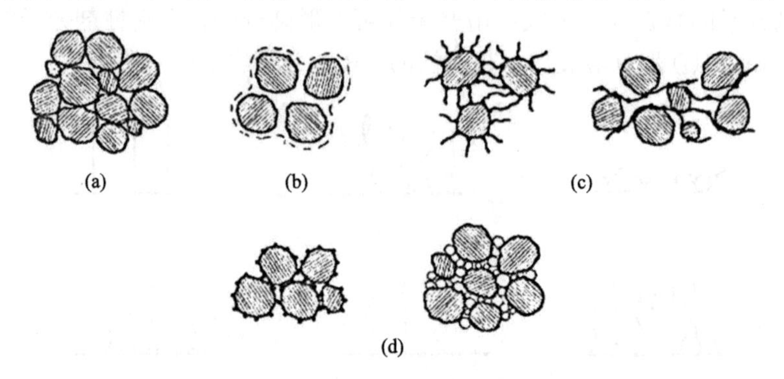

图 4-50　粉体凝聚的 4 种类型

(1) 聚集。粉体颗粒在空气(或其他气体)中，在范德瓦耳斯力、静电引力、液桥力或固桥力的作用下，聚集成团或附聚到器壁上。也有学者将同一物质的颗粒聚集称为颗粒的内聚，把一种物质的颗粒与另一种物质的颗粒(或器壁)聚集称为黏附，如图 4-50(a)所示。

(2) 凝结。当悬浮体中含有电解质时，由于颗粒表面双电层的扩散层受压缩，颗粒表面 ζ 电位降低而导致颗粒聚集，如图 4-50(b)所示。

(3) 絮凝。由于大分子表面活性剂或水溶性高分子的架桥作用，使颗粒链接成结构松散、似絮状聚集体，如图 4-50(c)所示。

(4) 团聚。由于非极性烃类油的桥连黏附作用或微小气泡的拱抬，使颗粒聚集成团，如图 4-50(d)所示。

4.4.2 矿物颗粒在气相中的团聚与分散

颗粒的内聚力有四种主要形式力，即范德瓦耳斯力、静电作用力、液体桥联力和固体桥联力，这是造成粉体在空气中凝聚的主要作用力；其中，固体桥联力致使颗粒产生刚性聚集。

1. 矿物颗粒在气相中的团聚

1）范德瓦耳斯力

范德瓦耳斯力是存在于分子之间的作用力，分子间的作用力由排斥力和吸引力两部分组成，其中，排斥力与距离的 12 次方成反比，吸引力与距离的 6 次方反比。由于吸引力远比排斥力大，所以，通常认为范德瓦耳斯力就是一种分子间的吸引力。

分子间作用力有三种来源：色散力、诱导力和取向力。

(1) 色散力。当非极性分子之间相互接近时，由于每个分子的电子不断运动和原子核的不断振动，发生电子云和原子核之间的瞬时相对位移，造成瞬间正、负电荷重心不重合，而出现瞬时偶极。而这种瞬时偶极又会诱导邻近分子也产生与其相互吸引的瞬时偶极。这种瞬时偶极间的不断重复作用，使得分子间始终存在着吸引力，即色散力(因其计算公式与光色散公式相似而称为色散力)。分子量越大、电子数越多、分子变形越大，则色散力越大。在极性分子与非极性分子之间或极性分子之间也存在着色散力。

(2) 诱导力。当极性分子与非极性分子相互接近时，非极性分子在极性分子的固有偶极矩的作用下，使非极性分子的电子云与原子核发生相对位移，产生诱导偶极。非极性分子诱导偶极与极性分子的固有偶极相互吸引而产生分子间的作用力，即诱导力。诱导力的大小与分子的极性和变形等有关。极性分子之间也存在诱导力。

(3) 取向力。当极性分子之间相互接近时，极性分子的固有偶极将同极相斥而异极相吸，使得分子间发生相对转动，使偶极异极相对，形成定向排列，即所谓“取向”。这种由于极性分子的取向而产生的分子间作用力，即取向力。偶极矩越大，取向力越大；温度越高，取向力越小。

根据色散力、诱导力和取向力的形成原因，可知：①极性分子之间的分子作用力有色散力、诱导力和取向力；②极性分子与非极性分子之间的分子作用力有色散力和诱导力；③非极性分子之间的分子作用力只有色散力。

因此，对于大多数分子来说，色散力是主要的分子作用力；只有对偶极矩很大的分子，如水，取向力才是主要的分子作用力；而诱导力通常很小。

总之，分子间作用力，即范德瓦耳斯力是一种不具有方向性和饱和性的分子间力，且作用范围约 1 nm，作用力较为弱小，其作用能每摩尔一般只有几千焦至几十千焦，即比化学键的键能小 1～2 个数量级。但对尺寸微小，且由极大量分子集合构成的独立体颗粒而言，大量分子间的作用力形成的协同作用，使得范德瓦耳斯力可在表面最短距离约 100 nm 范围内起作用。因此，对通常的粉体，范德瓦耳斯力是造成颗粒之间凝聚的一个重要因素。

对于半径分别为 R_1 及 R_2 的两个球体，分子间作用力 F_{M} 为

$$F_{\mathrm{M}} = \frac{A}{6h^2} \times \frac{R_1 R_2}{R_1 + R_2} \tag{4-91}$$

对于球与平板：

$$F_{\mathrm{M}} = -\frac{AR}{12h^2}$$

式中，h 为间距，nm；A 为哈马克(Hamaker)常数，J。哈马克常数是物质的一种特征常数，各种物质的哈马克常数不同，在真空中 A 的波动范围介于$(0.4～4.0)\times10^{-10}$ J 之间。例如，对于半径为 1 cm 的石英球体，$A=0.6\times10^{-10}$ J，在间距 $h=0.2$ nm 时，它与同质的石英平板在空气中作用，此时的分子吸引力为：$F_{\mathrm{M}}=1.2\times10^{-8}$ N。

2）静电力

在干空气中大多数颗粒是自然荷电的，荷电的途径有以下三种：①颗粒在其制备过程中荷电，例如电解法或喷雾法可使颗粒带电，在干法研磨过程中颗粒靠表面摩擦而带电；②与荷电表面接触可使颗粒接触荷电；③气态离子的扩散作用是颗粒带电的主要途径，气态离子由电晕放电、放射性、宇宙线、光电离及火焰的电离作用产生。颗粒获得的最大电荷量受限于其周围介质的击穿强度，在干空气中，约为 1.7×10^{18} 个电子/cm^2，但实际观测的数值往往要低得多。

引起静电吸引力有以下三种作用：

(1) 库仑力引起的静电引力。当两个颗粒分别荷有 q_1 和 q_2 电量时(此处的 q_1 和 q_2 可以是颗粒碰撞荷电、电场荷电、粉碎荷电或摩擦荷电等)，颗粒间存在着库仑力。若为等径球形颗粒，库仑力为

$$F = \pm\frac{1}{4\pi\xi_0}\frac{q_1 q_2}{(D_{\mathrm{p}} + a)^2} \tag{4-92}$$

(2) 接触电位差引起的静电引力。颗粒与其他物体接触时，颗粒表面电荷等电量地吸引对方的异号电荷，使物体表面出现剩余电荷，从而产生接触电位差，其

值可达 0.5 V，接触电位差引起的静电引力 F_e 可通过下式计算：

$$F_e=4\pi\rho_e S \tag{4-93}$$

式中，ρ_e 为表面电荷密度，$\rho_e=q/s$；Q 为实测单位电量；S 为接触面积。

(3) 由镜像力产生的静电引力。镜像力是一种电荷感应力，其大小由下式确定：

$$F_{im}=\frac{Q^2}{l^2} \tag{4-94}$$

式中，F_{im} 为镜像力，N；Q 为颗粒电荷，C；l 为电荷中心距离。

$$l=2(R+H+\frac{\delta}{2}-\Delta-\varepsilon) \tag{4-95}$$

式中，R 为颗粒半径，μm。

镜像力作用如图 4-51 所示。

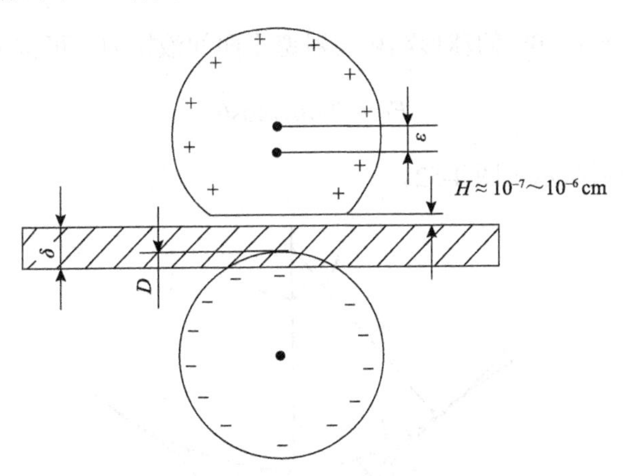

图 4-51　镜像力作用示意图

对粒径为 10 μm 的各种类型颗粒（白垩、煤烟、石英、砂糖、粮食及木屑等）的测量结果表明，颗粒在空气中的电荷在 600～1100 单位[$(9.16\times0.18)\times10^{-17}$ C]范围之内，据此可算得镜像力为$(2\sim3)\times10^{-12}$ N。

可见，在一般情况下，颗粒与物体间的镜像力可以忽略不计。

3）液桥力

由于弯曲表面的饱和蒸气压的升高，以及颗粒表面不饱和力场的作用，空气中的水会吸附或凝结在颗粒表面，形成水膜。水膜的厚度视颗粒表面的亲水程度和空气的湿度确定。颗粒亲水性越强，湿度越大，水膜越厚，当水膜厚度足以使颗粒接触点处形成透镜状或环状的液相集结时，开始形成液桥力，并加速颗粒的聚集。

(1)亲水性颗粒间及与亲水性器壁间的液桥力。

对表面亲水($\theta\approx0°$)的等径球形颗粒间液桥力，可按下式计算：

$$F_{\mathrm{lb}}=-(0.7\sim0.9)\pi\sigma D_{\mathrm{p}} \tag{4-96}$$

对表面亲水($\theta\approx0°$)的球形颗粒与器壁平面间液桥力，可按下式计算：

$$F_{\mathrm{lb}}=-2\pi\sigma D_{\mathrm{p}} \tag{4-97}$$

(2)非亲水性颗粒间及与非亲水性器壁间的液桥力。

对表面非亲水($\theta\neq0°$)的等径球形颗粒间液桥力，可按下式计算：

$$F_{\mathrm{lb}}=-\pi\sigma D_{\mathrm{p}}\cos\theta \tag{4-98}$$

对表面非亲水($\theta\neq0°$)的球形颗粒与器壁平面间液桥力，可按下式计算：

$$F_{\mathrm{lb}}=-2\pi\sigma D_{\mathrm{p}}\cos\theta \tag{4-99}$$

液桥的几何形状示于图 4-52。

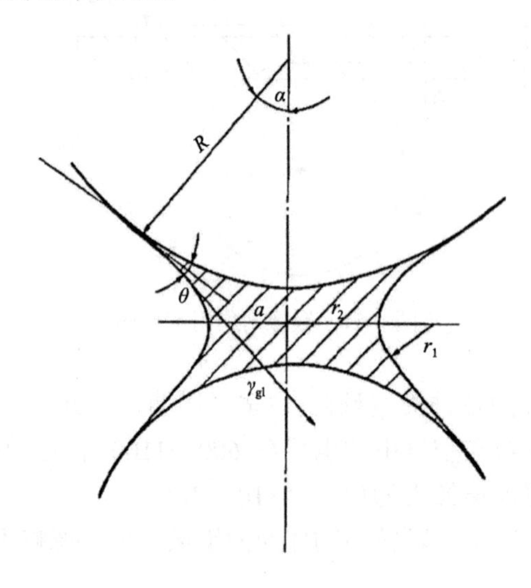

图 4-52　颗粒间的液桥

4）空气中静电力、范德瓦耳斯力及液桥力的比较

在空气中，颗粒的范德瓦耳斯力、静电力和液桥力都是随颗粒尺寸的增大而近似线性增大。其中，在一般的空气氛围中，颗粒的凝聚力主要是液桥力，液桥力可能会达到范德瓦耳斯力的十倍或数十倍；在非常干燥的空气中，颗粒的凝聚力主要是范德瓦耳斯力；而静电力通常要比液桥力和范德瓦耳斯力小，除非对荷电性很强的颗粒，静电力可能是主要的凝聚力。图 4-53 给出了范德瓦耳斯力、液桥力和静电力的最大值与颗粒尺寸之间的变化关系。

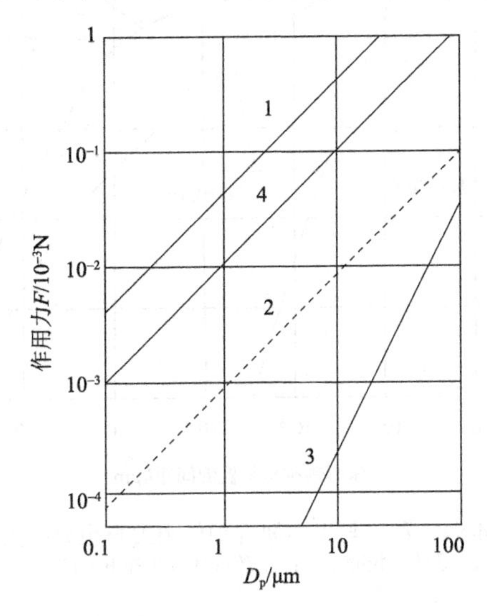

图 4-53　颗粒间作用力与颗粒尺寸的关系

1. 液桥力；2. 导体颗粒静电力；3. 绝缘体颗粒静电力；4. 范德瓦耳斯力

图 4-54 给出了范德瓦耳斯力、液桥力和静电力随颗粒与平面器壁之间距离的变化关系。由图可以看出：

(1) 随着距离的增大，范德瓦耳斯力迅速减小，当距离超过 1 μm 时，范德瓦耳斯力的作用已不存在(曲线 4)。

(2) 距离在 2～3 μm 范围时，液桥力的作用非常显著，但随着距离的增大，液桥力的作用会突然消失(曲线 1)。

(3) 在距离大于 2～3 μm 时，静电力仍能促使颗粒的凝聚(曲线 2 和 3)，而范德瓦耳斯力和液桥力已不再对颗粒凝聚起作用。

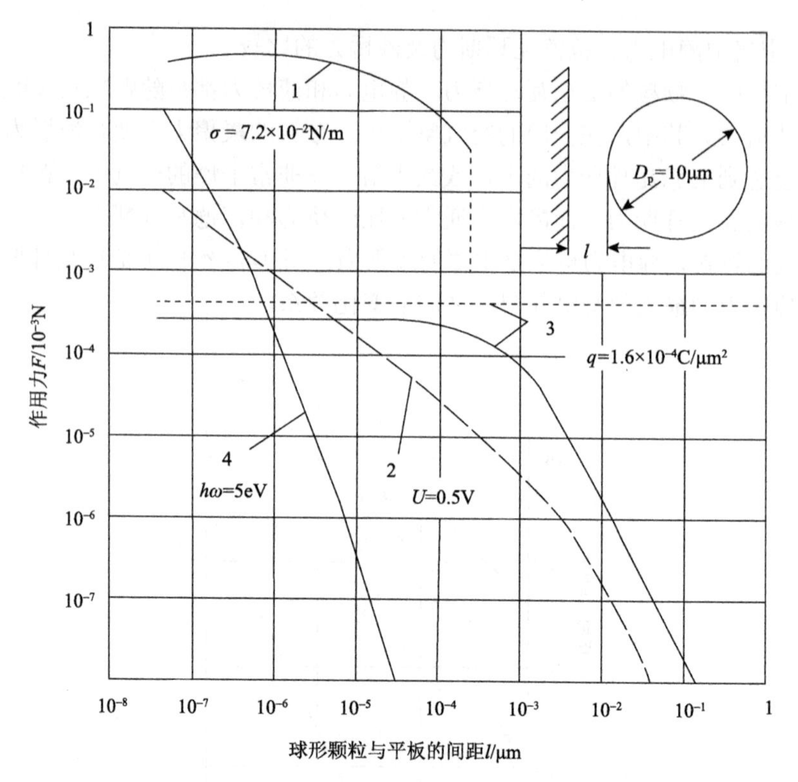

图 4-54　颗粒与平面间各种作用力与距离的关系

1. 液桥力；2. 导体颗粒静电力；3. 绝缘体颗粒静电力；4. 范德瓦耳斯力

2. 颗粒在空气中的分散

1）机械分散

机械分散是指用机械力把颗粒聚团打散，这是常用的分散手段。机械分散的必要条件是机械力(通常是指流体的剪切力及压差力)应大于颗粒间的黏着力。通常机械力是由高速旋转的叶轮圆盘或高速气流的喷射及冲击作用所引起的气流强湍流运动而生成的。微细颗粒气流分级中常见的分散喷嘴(图 4-55)及转盘式差动分散器(图 4-56)均属于此例。

机械分散较易实现，但这是一种强制性分散。互相黏结的颗粒尽管可以在分散器中被打散，但是它们之间的作用力犹存，排出分散器后又有可能重新黏结聚团。机械分散的另一问题是脆性颗粒有可能被粉碎，机械设备磨损后分散效果下降等。

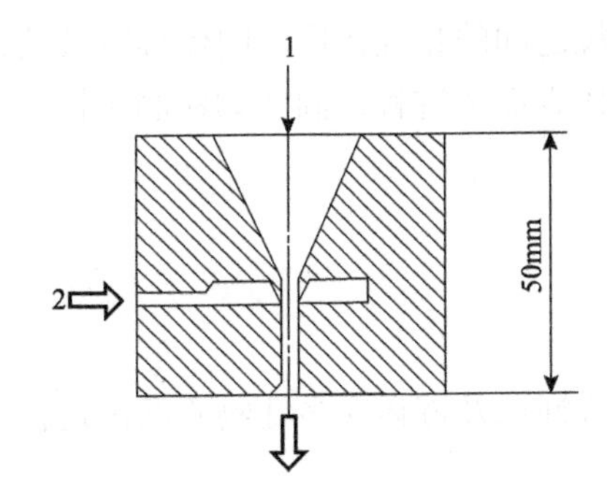

图4-55　分散喷嘴示意图
1. 给料；2. 压缩空气

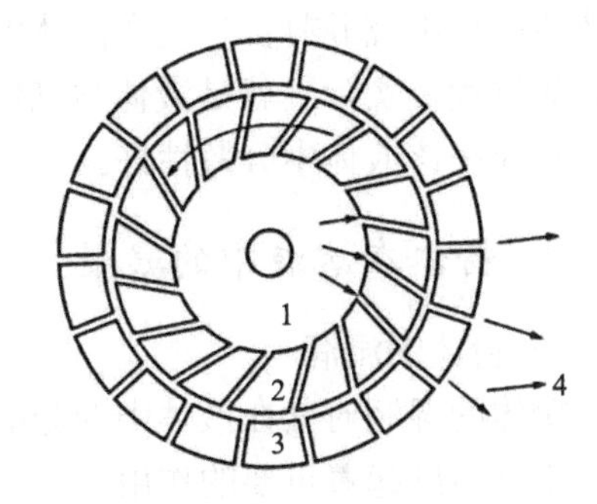

图4-56　转盘式差动分散器示意图
1. 给料；2. 转子；3. 定子；4. 排出料

2）干燥处理

潮湿空气中颗粒间形成的液桥是颗粒聚团的重要原因。液桥力往往是分子间力的十倍或者几十倍。因此，杜绝液桥的产生或破坏已经形成的液桥是保证颗粒分散的重要手段之一。通常采用加温法烘干颗粒。例如，矿粒在静电分选前往往加温至200℃左右，以除去水分，保证物料的松散。

3）颗粒表面处理

普通玻璃球及硅烷化玻璃球与平板之间的黏附有较大差异。硅烷覆盖膜的存在，极大地增大了玻璃对水的润湿接触角(0→118°)，使玻璃表面疏水化，因而可有效地抑制液桥的产生；同时也可降低颗粒间的分子作用力。

4）静电分散

对于同质颗粒，由于表面荷电相同，静电力反而起排斥作用。因此，可以利用静电力来进行颗粒分散。采用接触带电、感应带电等方式可以使颗粒荷电，但最有效的方法是电晕带电。连续供给的颗粒群通过电晕放电形成的离子电帘使颗粒荷电，最终荷电量$q_{\max}$可由下式计算：

$$q_{\max}=\frac{1}{9\times10^{9}}\times\frac{3\varepsilon_0}{\varepsilon_0+2}E_{\mathrm{c}}r^{2} \tag{4-100}$$

式中，r为颗粒半径；ε_0为颗粒的相对介电常数；E_{c}为荷电区的电场强度。

4.4.3　矿物颗粒在液相中的团聚与分散

固体颗粒在液体中的分散过程，本质上受两种基本作用支配：一是固体颗粒与液体的作用(润湿)；二是在液体中固体颗粒之间的相互作用。固体颗粒被液体润湿的过程，实际上就是液体与气体争夺固体表面的过程，固体颗粒润湿性好说明该颗粒在该液体中分散性好。

1. 粉体在溶液中的凝聚

1）粉体的湿润

粉体的湿润对其在液体中的分散性、混合性以及液体对多孔物质的渗透性等物理化学问题起着重要的作用。

(1)粉体层中的液体。粉体层中的液体，根据液体存在的位置(图 4-57)，一部分黏附在颗粒的表面上，一部分滞留在颗粒表面的凹穴中或沟槽内，即在颗粒之间的切点乃至接近切点处形成鼓状的自由表面而存在的液体，还有一部分保留在颗粒之间的间隙中，一部分颗粒浸没在液体中。这四种液体分别称为黏附液、楔形液、毛细管上升液和浸没液。

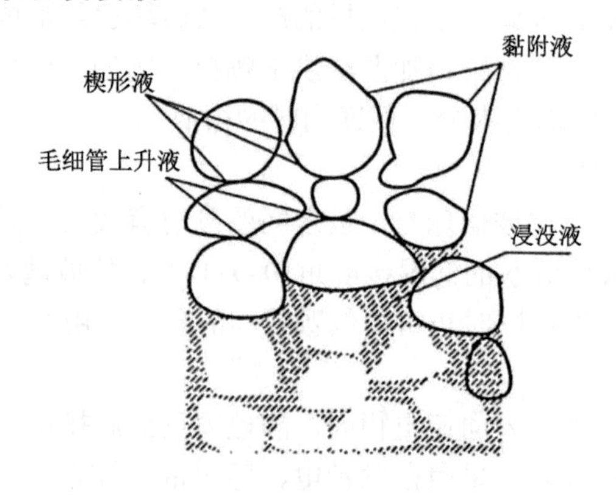

图 4-57　粉体层的湿润

(2)粉体表面的湿润性。粉体表面的润湿性可用杨氏方程来表示。如图 4-58 所示，当固-液表面相接触时，在界面处形成一个夹角，即接触角。用它来衡量液体(如水)对固体(如无机材料)表面润湿的程度，各种表面张力的作用关系可用杨氏方程表示为

$$\gamma_{sg}=\gamma_{sl}+\gamma_{lg}\cos\theta \tag{4-101}$$

式中，γ_{sg}为固体、气体之间的表面张力；γ_{sl}为固体、液体之间的表面张力；γ_{lg}为液体、气体之间的表面张力；θ为液、固之间的润湿接触角。

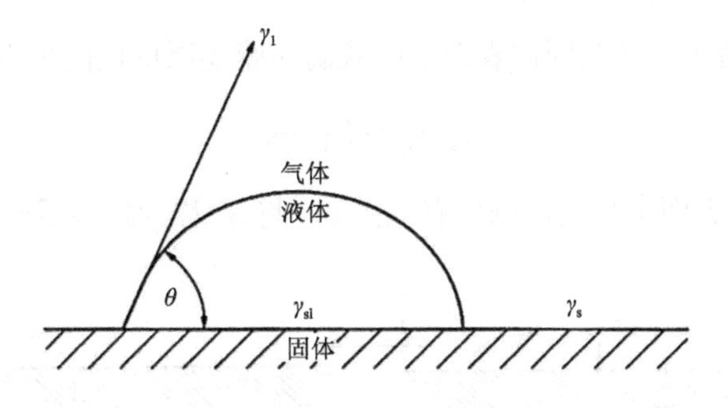

图 4-58　固体表面的润湿接触角

接触角小则液体容易润湿固体表面，而接触角大则不易润湿，即接触角可作为润湿性的直观判断。θ=0°为扩展润湿；θ≤90°为浸渍润湿；90°＜θ＜180°为黏附润湿。

如图 4-58 所示，将固体单位表面上的液滴去掉时所要做的功为

$$W_{ls}=\gamma_l+\gamma_s-\gamma_{ls} \tag{4-102}$$

此时，固-液、液-气、固-气的接触面积相等。功 W_{ls} 叫作黏附功，将这样的润湿称为黏附润湿。如图 4-59 所示，把液滴置于光滑的固体面上，当液滴为平衡状态时，将式(4-102)代入式(4-101)，即得到

$$W_{ls}=\gamma_{ls}(1+\cos\theta) \tag{4-103}$$

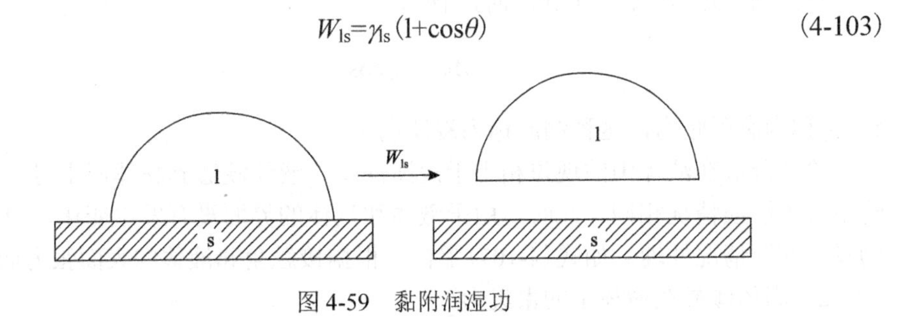

图 4-59　黏附润湿功

为了使液滴能黏附在固体表面上，则应使 $W_{ls}>0$。因 $\gamma_{ls}>0$，$\cos\theta>-1$。W_{ls} 越大，液滴越容易黏附在固体表面上。相反，W_{ls} 为负值时，固体表面则排斥液滴。

为了使黏附于固体表面上的液滴在固体表面广泛分布，则应满足下式：

$$\gamma_{sg}>\gamma_{ls}+\gamma_{sg}\cos\theta \tag{4-104}$$

如图 4-60 所示，将在固体表面上的液滴薄膜还原单位面积需要的功为

$$S_{ls}=\gamma_{sg}-(\gamma_{lg}+\gamma_{ls}) \tag{4-105}$$

为使液体在固体表面上扩展，则应有 $S_{ls}>0$。将 S_{ls} 称为扩展系数，像这样的润湿称为扩展润湿。

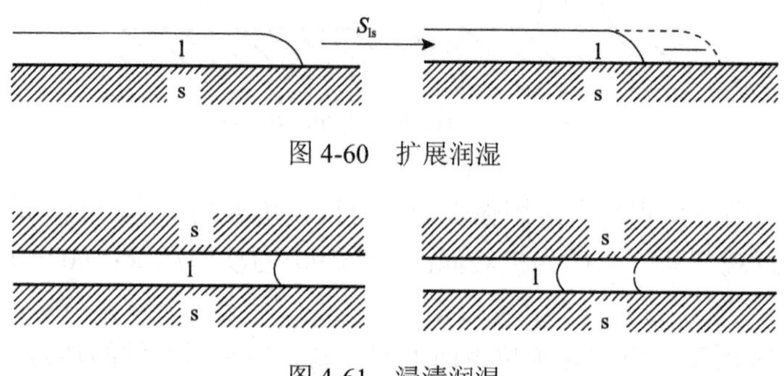

图 4-60　扩展润湿

图 4-61　浸渍润湿

如图 4-61 所示，将浸渍在固体毛细管中的液体还原单位面积，使暴露出新的固体表面所需要的力 A_{ls} 为

$$A_{ls}=\gamma_{sg}-\gamma_{ls} \tag{4-106}$$

将式(4-101)代入式(4-106)时，有

$$A_{ls}=\gamma_{lg}\cos\theta \tag{4-107}$$

将 A_{ls} 称为黏附张力，这种润湿称为浸渍润湿。

粉体分散在液体中的现象相当于浸渍润湿。液体浸透到粉体层中时，与毛细管中液体浸渍情况相同。此时，由于液体和气体的界面没有发生变化，也同样作为浸渍润湿情况处理。如式(4-107)那样，根据接触角和液体的表面张力而决定。

2）固体颗粒在液体中的聚集力

固体颗粒被浸湿后进入液体中，在液体中是分散悬浮还是形成聚团颗粒取决于颗粒间的相互作用。液体中颗粒间的作用力远比在空气中复杂，除了分子作用力外，还出现了双电层静电力、溶剂化膜作用力及因吸附高分子而产生的空间效应力。

(1)分子作用力。当颗粒在液体中时，必须考虑液体分子与组成颗粒分子群的作用以及此种作用对颗粒间分子作用力的影响。此时的哈马克常数可用下式表示：

$$A_{131} = A_{11} + A_{33} - 2A_{13} \approx (\sqrt{A_{11}} - \sqrt{A_{33}})^2 \tag{4-108}$$

$$A_{132} \approx (\sqrt{A_{11}} - \sqrt{A_{33}})(\sqrt{A_{22}} - \sqrt{A_{33}}) \tag{4-109}$$

式中，A_{11}、A_{22}分别为颗粒 1 及颗粒 2 在真空中的哈马克常数；A_{33}为液体 3 在真空中的哈马克常数；A_{131}为在液体 3 中同质颗粒 1 之间的哈马克常数；A_{132}为在液体 3 中不同质的颗粒 1 与颗粒 2 互相作用的哈马克常数。

分析式(4-109)便可发现，当液体 3 的A_{33}介于两个不同质颗粒 1 及 2 的哈马克常数A_{11}、A_{22}之间时，A_{132}为负值，根据分子作用力的公式：

$$F_{\mathrm{M}} = -\frac{A_{132}R}{12h^2} \quad （球体－球体） \tag{4-110}$$

可见，F_{M}变为正值，分子作用力为排斥力。

对于同质颗粒，它们在液体中的分子作用力恒为吸引力，但是，它们的值比在真空中要小，一般约为真空的 1/4。

分子作用力虽然是颗粒在液体中互相聚团的主要原因，但是它并不是唯一的吸引力。

(2) 双电层静电作用力。在液体中颗粒表面因离子的选择性溶解或选择性吸附而荷电，反号离子由于静电吸引而在颗粒周围的液体中扩散分布，这就是在液体中的颗粒周围出现双电层的原因。在水中，双电层最厚可达 100 nm。考虑到双电层的扩散特性，往往用德拜参数 $1/k$ 表示双电层的厚度。$1/k$ 表示液体中空间电荷重心到颗粒表面的距离。例如，对于浓度为 1×10^{-8} mol/L 的 1∶1 电解质(如 NaCl、$AgNO_3$等)水溶液，双电层的德拜厚度 $1/k$ 为 10 nm。

对于同质颗粒，双电层静电作用力恒表现为排斥力。因此，它是防止颗粒互相聚团的主要因素之一。一般认为，当颗粒的表面电位 φ_0 的绝对值大于 30 mV 时，静电排斥力与分子吸引力相比便占上风，从而可保证颗粒分散。

对于不同质的颗粒，表面电位往往有不同值，甚至在许多场合下不同号。对于电位异号的颗粒，静电作用力则表现为吸引力。即使对电位同号但不同值的颗粒，只要两者的绝对值相差很大，颗粒间仍可出现静电吸引力。

(3) 溶剂化膜作用力。颗粒在液体中引起其周围液体分子结构的变化称为结构化。对于极性表面的颗粒，极性液体分子受颗粒的很强作用，在颗粒周围形成一种有序排列并具有一定机械强度的溶剂化膜；对非极性表面的颗粒，极性液体分子将通过自身的结构调整而在颗粒周围形成具有排斥颗粒作用的另一种“溶剂化膜”，如图 4-62 所示。

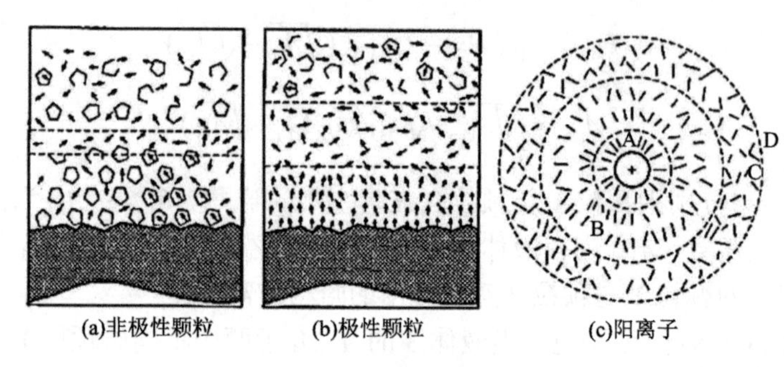

图 4-62　溶剂化结构

A. 直接水化层；B. 次生水化层；C. 无序层；D. 体相水

水的溶剂膜作用力 F_0 可用下式表示：

$$F_0 = K\exp\left(-\frac{h}{\lambda}\right) \tag{4-111}$$

式中，λ 为相关长度，尚无法通过理论求算，经验值约为 1 nm，相当于体相水中的氢键键长；K 为系数，对于极性表面，$K>0$，对于非极性表面，$K<0$。

可见，对于极性表面颗粒，F_0 为排斥力；与此相反，对于非极性表面颗粒，F_0 为吸引力。

根据实验测定，颗粒在水中的溶剂化膜的厚度约为几到十几纳米。极性表面的溶剂化膜具有强烈地抵抗颗粒在近程范围内互相靠近并接触的作用，而非极性表面的“溶剂化膜”则引起非极性颗粒间的强烈吸引作用，称为疏水作用力。

溶剂化膜作用力从数量上看比分子间作用力及双电层静电作用力大 1～2 个数量级，但它们的作用距离远比后两者小，一般仅当颗粒互相接近到 10～20 nm 时才开始起作用，但是这种作用非常强烈，往往在近距离内成为决定性的因素。

极性液体润湿极性固体，非极性液体润湿非极性固体，反映了溶剂化膜的重要作用。

(4)高分子聚合物吸附层的空间效应。当颗粒表面吸附有无机或有机聚合物时，聚合物吸附层将在颗粒接近时产生一种附加的作用，称为空间效应(steric effect)。

当吸附层牢固而且相当致密，有良好的溶剂化性质时，起对抗颗粒接近及聚团的作用，此时高聚物吸附层表现出很强的排斥力，称为空间排斥力。此种力只有当颗粒间距达到双方吸附层接触时才出现。

当链状高分子在颗粒表面的吸附密度很低，比如覆盖率在 50%或更小时，它们可以同时在两个或数个颗粒表面吸附，此时颗粒通过高分子的桥连作用而聚团。这种聚团结构疏松，强度较低，聚团中的颗粒相距较远。

3）描述颗粒聚集状态的理论

Derjaguin、Landau、Verwey 和 Overbeek 考虑了双电层的相互作用以及范德瓦耳斯吸引力，用它们来解释悬浮胶体凝聚和分散的条件，这种理论简称为 DLVO 理论。DLVO 理论认为悬浮液及溶胶的稳定性是由电的作用力和范德瓦耳斯吸引力相互达到平衡而形成的。当两个带同性电荷的胶体微粒相互趋近时，系统能量的变化是吸引能和排斥能的总和。当双电层作用力占优势时，体系表现为分散；当范德瓦耳斯吸引力占优势时，体系表现为团聚。

固体颗粒在液体中分散(稳定)与凝聚(不稳定)是对立的：电的排斥、分散剂、溶剂化层的影响促进了体系分散稳定，而分子的吸引力和各种运动碰撞又促进了絮凝。

2. 粉体在溶液中的分散

1）颗粒在液体中的分散调控手段可分为三大类：介质调控、药物调控、机械调控

(1)介质调控。根据颗粒的表面性质选择适当的介质，可以获得充分分散的悬浮液。选择分散介质的基本原则是：非极性颗粒易于在非极性液体中分散；极性颗粒易于在极性液体中分散，即所谓相同极性原则。

例如：许多有机高聚物(聚四氟乙烯、聚乙烯……)及具有非极性表面的矿物(石墨、滑石、辉钼矿……)颗粒易于在非极性油中分散；而具有极性表面的颗粒在非极性油中往往处于聚团状态，难以分散。反之，非极性颗粒在水中则往往呈强聚团状态。

常用的分散介质大体有三类。

第一类介质是水。大多数无机盐、氧化物、硅酸盐等矿物颗粒及无机粉体如陶瓷熟料、白垩、玻璃粉、立德粉、炉渣倾向于在水中分散(常加入一定的分散剂)；煤粉、木炭、炭黑、石墨等炭质粉末则需添加鞣酸、亚油酸钠、草酸钠等使其在水中分散。

第二类介质是极性有机液体。常用的有乙二醇、丁醇、环己醇及甘油水溶液等。如锰、铜、铅、钴等金属粉末，以及刚玉粉、糖粉、淀粉等有机粉末在乙二醇、丁醇中分散；锰、镍、钨粉在甘油溶液中分散。

第三类介质是非极性液体。环己烷、二甲苯、苯、煤油及四氯化碳等可作为大多数疏水颗粒的分散介质。如用作水泥、白垩、碳化钨等的分散介质时，需加

亚油酸作分散剂。

(2) 药物调控。保证极性颗粒在极性介质中的良好分散所需要的物理化学条件，主要是加入分散剂，分散剂的添加增加了颗粒间的相互排斥作用。

常用的分散剂主要有三种。第一种是无机电解质，例如聚磷酸钠、硅酸钠、氢氧化钠及苏打等。第二种是有机高聚物，常用的水溶性高聚物有聚丙烯酰胺系列、聚氧化乙烯系列及单宁、木质素等天然高分子。第三种是表面活性剂，包括低分子表面活性剂及高分子表面活性剂。

不同药剂的分散机制亦不相同。无机电解质，如聚磷酸盐、水玻璃等，前者是偏磷酸的直链聚合物，聚合度在 20～100 范围内；后者在水溶液中也往往生成硅酸聚合物，为了增强分散作用，往往在强碱性介质中使用。图 4-63 表示两种分散剂对滑石颗粒在水中的分散作用及滑石表面疏水程度的影响。

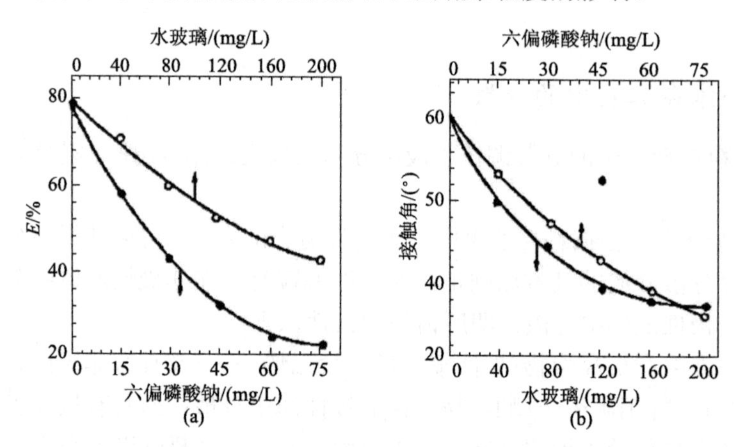

图 4-63　六偏磷酸钠和水玻璃对滑石的分散作用(a)及六偏磷酸钠和水玻璃对滑石的表面疏水程度的影响(b)

无机电解质分散剂在颗粒表面吸附，一方面显著地提高了颗粒表面电位的绝对值，从而产生强的双电层静电排斥作用；另一方面，聚合物吸附层可诱发很强的空间排斥效应。同时，无机电解质也可增强颗粒表面对水的润湿程度，从而有效防止颗粒在水中的聚团。

阴离子型、阳离子型及非离子型表面活性剂均可用作分散剂。表面活性剂作为分散剂，在涂料工业中已获得广泛应用。例如，烷基或烷基芳基磺酸盐、脂肪酸钠、钾盐、烷基聚醚硫酸酯、乙氧基化烷基酚硫酸钠(Triton X-200)等是常用的阴离子型分散剂；氯化烷基吡啶、烷基醚胺、乙氧基化脂肪胺等为阳离子型分散剂；烷基酚聚乙烯醚、二烷基琥珀酸盐、山梨糖醇烷基化合物、聚氧乙烯烷基酚基醚等为非离子型分散剂。

表面活性剂的分散作用主要表现为它对颗粒表面润湿性的调整。通过添加合适的表面活性剂，例如脂肪胺阳离子表面活性剂对石英的吸附，可以使石英表面疏水化，从而诱导产生疏水作用力，从本质上改变石英在水中的聚集状态，使石英由分散变为团聚。

高分子聚合物的吸附膜对颗粒的聚集状态有非常明显并且强烈的作用，其膜厚往往可达数十纳米，几乎与双电层的厚度相当。因此，它的作用在颗粒相距较远时便开始显现出来。高分子聚合物是常用的调节颗粒聚团及分散的化学药剂。聚合物电解质易溶于水，常用作以水为介质的分散剂。而另一些高分子聚合物则往往用于以油为介质的颗粒分散，例如天然高分子类的卵磷脂，合成高分子类的长链聚酯及多氨基盐等。高分子聚合物作为分散剂主要是利用它在颗粒表面所形成的吸附膜强大空间排斥效应。

(3) 机械调控。在液体介质中，颗粒聚团的破坏往往靠机械碎解及功率超声碎解。超声分散是把需要处理的工业悬浮液直接置于超声场中，控制恰当的超声频率及作用时间，以使颗粒充分分散。

图 4-64 表示分散剂及超声波对微细萤石在水中的分散作用。图中曲线 1 是萤石悬浮液的透光率随 pH 值的变化，透光率很高，可见颗粒体系此时处于团聚状态。曲线 2 是加入分散剂六偏磷酸钠后，体系呈分散状态，透光率显著降低，表示可获得较好的分散程度。曲线 3 是用频率为 22 kHz、声强为 1.73 W/cm^2 的超声波对体系作用的结果，透光率极低，可见超声波可以保证萤石颗粒在水中的理想分散。

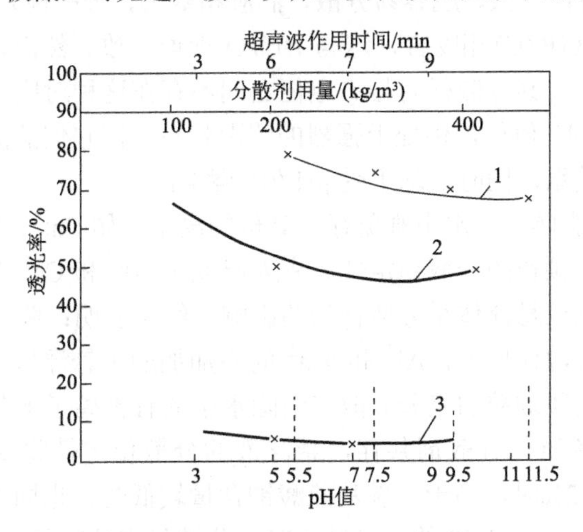

图 4-64 分散剂及超声波对萤石在水中聚集状态的影响

1. pH 值；2. 分散剂；3. 超声波作用

超声分散的机理大致是：一方面，超声波在颗粒体系中以驻波形式传播，使颗粒受到周期性的拉伸和压缩；另一方面，超声波在液体中可能产生“空化”作用，使颗粒分散。超声分散虽可获理想的效果，但大规模地使用超声分散受到能耗过大的限制，尚难以在工业范围中推广应用。

聚团的机械碎解主要靠冲击、剪切及拉伸等机械力实现。强烈的机械搅拌就是一种碎解聚团的简便易行的手段。工业应用的机械分散设备有高速转子/定子分散器，它主要利用机械旋转产生的冲击作用，兼有剪切作用。

机械搅拌的主要问题是，一旦颗粒离开机械搅拌产生的湍流场，外部环境复原，它们又有可能重新形成聚团。因此，用机械搅拌加化学分散剂的双重作用往往可获得更好的分散效果。

2）颗粒在水中分散的主要影响因素

(1) pH 值及 ζ 电位的影响。pH 值对悬浮液的分散稳定性具有强烈的影响，特别是亲水性颗粒（如二氧化硅和碳酸钙）的分散行为受体系 pH 值的支配和控制。不同的 pH 值，颗粒分散行为有显著差异。如二氧化硅和碳酸钙分别在 pH=10.0 和 pH=5.0 左右时分散性最好，而在 pH=2.9 和 pH=11.0 时，分散性最差，团聚行为加强。而疏水的滑石和石墨在水中的分散行为几乎不受介质 pH 值的影响，有显著的团聚现象。从动力学角度看，亲水性颗粒在水中团聚速度较慢，疏水性颗粒团聚速度快。

亲水性颗粒在水中的分散行为与 ζ 电位和湿润性有相当好的一致性，即颗粒表面 ζ 电位的绝对值越大，越容易分散，润湿指数大，分散性好，且团聚时的 pH 值与它们的零电位（PZC）相吻合，这与 DLVO 理论一致。然而，对于疏水性颗粒如滑石和石墨颗粒，其分散行为与 ζ 电位之间不存在这种对应关系，即使在 ζ 电位绝对值很高的 pH 值处，仍处于强烈的团聚状态，而它们的湿润性与分散行为有相当好的一致关系，同时，均不受 pH 值的影响。

(2) 电解质的影响。在水中难免存在高价的离子，如 Ca^{2+}、Mg^{2+}、Al^{3+}等，它们的存在必然影响颗粒的分散稳定性。有人研究了 Al^{3+}和 Ca^{2+}对二氧化硅、碳酸钙、滑石和石墨颗粒悬浮体系分散行为的影响，结果表明：除了 Al^{3+}，都对碳酸钙颗粒有轻微的分散作用外，Al^{3+}和 Ca^{2+}的添加加剧了悬浮体系中颗粒的团聚行为。因此，为了实现颗粒的充分分散，消除水中的有害离子十分必要。

若无机盐电解质与分散剂共存，悬浮液的分散稳定性将受到显著影响。当 NaCl 的含量为 0.2%时，当十二烷基硫酸钠含量较低时，也同样能产生较好的分散稳定效果。但是，当 NaCl 的含量较高时，分散稳定性降低。当 NaCl 的含量为 0.35%时，十二烷基硫酸钠对 Fe_2O_3 悬浮液失去了分散效果。当 NaCl 过量时，不仅十二烷基硫酸钠，几乎所有的离子型分散剂对悬浮液都将失去分散效果。除了NaCl外，其他电解质也具有相同的效果。关于电解质对颗粒聚沉的影响可用经典的DLVO理论解释。加入的NaCl等电解质，起到压缩双电层的作用，引起颗粒聚沉。在高浓度电解质的作用下，小分子分散剂的分散效果变差，甚至完全丧失。

(3)分散剂浓度的影响。通常，在悬浮体系中加入一定量的分散剂便可达到悬浮液的分散稳定。一般来说，分散剂浓度较低时，分散的稳定性随分散剂浓度的增加而变好；当浓度达到一定值后，分散稳定性趋于最佳状态；当浓度进一步增大时，其分散稳定性急剧降低，悬浮液的分散性变差。因此，对于不同的分散剂，均存在一个最佳的分散剂浓度。

在使用与颗粒表面电荷相反的分散剂时，在低浓度下为了消除颗粒表面的电荷，需要加入充足的分散剂，也就是说，分散剂的亲水基团在颗粒表面的荷电部位附着，其疏水基团朝向水相，颗粒表面形成疏水性而分散性变差。但是，如果加大分散剂用量，被吸附的分散剂的疏水基与其他游离的分散剂的疏水基吸引形成双分子吸附，随着分散剂浓度的增大，分散性得到改善。另外，对于带有与颗粒表面相同电荷的分散剂，分散剂在颗粒表面的吸附形式是疏水基朝向颗粒的表面而亲水基朝向水相，颗粒表面的荷电量随分散剂浓度增加而增大，分散性变好。因此，为了提高颗粒的分散性，增加分散剂的用量是非常必要的。

对非水体系中颗粒的凝聚与分散问题的研究已在涂料、印刷油墨、显影液、化妆品、干洗剂及机油等方面得到了广泛的应用。

参 考 文 献

胡福增, 陈国荣, 杜永娟. 2007. 材料表界面. 2版. 上海: 华东理工大学出版社.
刘超, 陈明伟, 梁彤祥. 2020. 矿物材料学. 北京: 化学工业出版社.
沈钟, 赵振国, 王果庭. 2012. 胶体与表面化学. 3版. 北京: 化学工业出版社.
石德珂, 王红洁. 2021. 材料科学基础. 3版. 北京: 机械工业出版社.
严继民, 胡日恒. 1964. 表面张力与压力的关系. 化学学报, 30(2): 1.

第5章　矿物材料加工理论

5.1　矿物材料提纯原理

5.1.1　概述

5.1.1.1　矿物材料的提纯

天然产出的矿物不同程度地含有其他矿物杂质或共伴生矿物。对于具体的矿产品来说，这些矿物杂质有些是允许存在的，如方解石中所含的少量白云石和硅灰石，滑石中所含的部分叶蜡石和绿泥石；但有些是要尽可能去除的，如高岭土、石英、硅藻土、滑石、云母、硅灰石、方解石等矿物中所含的各种铁质矿物和其他金属杂质。还有一些矿物，如石墨、硅藻土、砂质高岭土、煤系高岭土等，原料矿物的品位较低，也必须通过提纯才能满足应用要求。

“矿物提纯”是以满足相关应用领域的要求，如高技术陶瓷、耐火材料、微电子、光纤、石英玻璃、涂料、油墨及造纸填料和颜料、密封材料、有机/无机复合材料、生物医学、环境保护等现代高技术和新材料对非金属矿物原(材)料纯度要求，是重要的非金属矿物粉体材料加工技术之一。主要研究内容包括：石英、硅藻土、石墨、金红石、硅灰石、硅线石、蓝晶石、红柱石、石棉、高岭土、海泡石、凹凸棒土、膨润土、伊利石、石榴子石、云母、氧化铝、氧化镁等无机非金属矿物提纯原理和方法；微细颗粒提纯技术和综合力场分选技术；适用于不同物料及不同纯度要求的精选提纯工艺与设备；精选提纯工艺过程的自动控制等。

由于矿物成矿及应用的特点，大多数矿物与岩石，如石灰石、方解石、大理石、白云石、石膏、重晶石、滑石、蜡石、绿泥石、硅灰石、石英岩等只进行简单的挑选和分类，从而进行粉碎、分级、改性活化和其他深加工。目前进行选矿提纯的主要有石棉、石墨、金刚石、高岭土、硅藻土、石英、云母、红柱石、蓝晶石、硅线石、石榴子石、菱镁矿、萤石、膨润土、叶蜡石、磷矿、硼矿、钾矿等。

选矿提纯技术的依据或理论基础是矿物之间或矿物与脉石之间密度、粒度和形状、磁性、电性、颜色(光性性质)、表面润湿性以及化学反应特性的差异。根据分选原理不同，目前的选矿提纯技术可分为人工拣选、重选、浮选、磁选、电选、化学选矿、光电选等。

矿物提纯的目的和任务是将有用矿物同无用的脉石分离，把彼此共生的有用矿物尽可能地分离并富集成所需的精矿，综合回收有价成分，去除对冶炼和其他加工过程有害的杂质，提高精矿品质，充分利用有限的矿产资源。

5.1.1.2　矿物提纯的流程

矿物提纯是一个连续的生产过程，它由一系列连续的作业组成。不论矿物提纯方法和规模及工艺设备如何复杂，一般都包括以下三个最基本的作业过程。

(1)选别前的准备作业。准备作业包括洗矿、破碎、筛分、磨矿和分级。其目的是使有用矿物与脉石矿物、多种有用矿物之间分离，为选别作业准备。有时也包括进行将物料分成若干适宜粒级的准备工作。

(2)选别作业。选别作业是选矿过程的关键作业(亦即主要作业)，它根据矿物的不同性质，采用不同的选矿方法，如重选法、磁选法、电选法、浮选法等。

(3)产品处理作业。该作业主要包括精矿脱水和尾矿处理。精矿脱水通常由浓缩、过滤、干燥(有时需要)三个阶段组成。尾矿处理通常指尾矿储存、综合利用和尾矿水处理。

矿石经过选矿作业后，通常得到精矿(concentrate)、尾矿(tailings)和中矿(middlings)。精矿是原矿经过选别作业后，得到的有用矿物含量较高，适合于冶炼或其他工业部门要求的最终产品；尾矿是原矿经过选别作业后，得到的有用矿物含量很低，一般需要进一步处理或目前技术经济上不适合进一步处理的矿物；中矿是原矿经过选别之后得到的半成品(或称中间产品)，其有用矿物的含量比精矿低，比尾矿高，一般需要进一步加工处理。人们把对矿石进行分离与富集的连续加工的工艺过程称为选矿工艺流程，如图 5-1 所示。

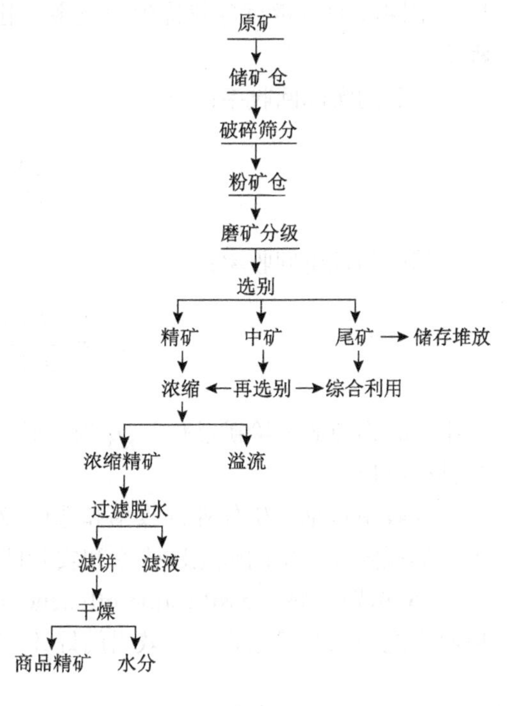

图 5-1　选矿工艺流程示意图

5.1.1.3　矿物提纯指标

为衡量选矿过程进行得好坏，常采用产品的品位、产率、选矿比、富矿比、回收率、选别效率等指标表示。

(1) 品位(grade)。品位指矿物原料及选矿产品中有用成分含量的质量百分比。原矿、精矿和尾矿品位的高低，分别表示原矿的贫富、精矿的富集和尾矿的贫化程度。通常以 α、β、δ 三个希腊字母分别表示原矿、精矿和尾矿的品位。

(2) 产率(productivity)。产率指产品质量与原矿质量之比的百分数。它以希腊字母 γ 表示，产品的质量以英文字母 Q 表示，前者为相对量，后者为绝对量。尾矿产率与精矿产率的关系为

$$\gamma_{尾矿}=100\%-\gamma_{精矿} \tag{5-1}$$

(3) 选矿比(concentration ratio)。选矿比指原矿质量与精矿质量之比。它表示选出 1 t 精矿需处理几吨原矿。

(4) 富矿比(high-grade ore ratio)。富矿比指精矿品位(β)和原矿品位(α)之比。它表示精矿中有用成分含量比原矿中有用成分含量提高的倍数。

(5) 回收率(recovery ratio)。人们把原矿或给矿中所含被回收的有用成分在精矿中回收的质量百分数称为回收率，用 ε 表示。以此来评价该有用成分的回收程度。

精矿的实际回收率：

$$\varepsilon_{实际}=\frac{\beta Q_{\mathrm{k}}}{\alpha Q_{\alpha}}\times 100\% \tag{5-2}$$

精矿的理论回收率：

$$\varepsilon_{理论}=\frac{\beta(\alpha-\delta)}{\alpha(\beta-\delta)}\times 100\% \tag{5-3}$$

式中，α 为原矿或给矿品位；Q_{α} 为原矿质量；Q_{k} 为精矿质量；δ 为尾矿品位；β 为精矿品位。

回收率包括选矿作业回收率和选矿最终回收率。由于取样、分析及矿浆机械流失等原因计算出的理论回收率和实际回收率往往不一致。

(6) 选别效率(classification efficiency)。人们用精矿中有用成分回收率与脉石回收率之差来衡量选别作业效果的好坏，即选别效率，以 V 表示。

$$V=\frac{\varepsilon-\gamma_{\mathrm{k}}}{1-\dfrac{\alpha}{\beta_{纯}}}\times 100\% \quad 或 \quad V=\frac{\beta_{纯}(\beta-\alpha)(\alpha-\delta)}{\alpha(\beta-\delta)(\beta_{纯}-\alpha)}\times 100\% \tag{5-4}$$

式中，$\beta_{纯}$为有用矿物的纯矿物品位；γ_{k} 为精矿产率。

5.1.1.4 矿物提纯的特点

矿物材料提纯的一个重要特点是，其纯度除了化学元素和化学成分要求外，部分矿物还要考虑其矿物成分(如膨润土的蒙脱石含量、硅藻土的无定形二氧化硅的含量、高岭土的高岭石含量)、结构。由于绝大多数非金属矿物只有选矿提纯以后其物理化学特性才能充分体现和发挥，因此，无论是新兴的高技术和新材料产业、环保产业还是传统产业都将对非金属矿物材料的纯度提出更高的要求。而随着非金属矿物材料纯度要求的提高，精选提纯技术的难度也将增加，另外资源的贫化和资源综合利用率要求的提高也将增加精选提纯技术的难度。非金属矿物选矿的主要特点如下所述。

(1) 非金属矿选矿的目的一般是为了获得具有特定物理化学特性的产品，而不是矿物中的某些有用元素；

(2) 对于加工产品的粒度、耐火度、烧失量、透气性、白度等物理性能有严格的要求和规定，否则会影响下一级更高层次的应用；

(3) 对于加工产品不仅要使其中有用成分的含量要达到要求，而且对其中杂质的种类及其含量也有严格的要求；

(4) 非金属选矿过程中应尽可能保持有用矿物晶体结构的完整与粒度，以免影响它们的工业用途和使用价值；

(5) 非金属矿选矿指标的计算一般以有用矿物的含量为依据，多以氧化物的形式表示其矿石的品位及有用矿物的回收率，而不是矿物中某种元素的含量；

(6) 非金属矿选矿提纯不仅仅富集有用矿物、除去有害杂质，同时也粉磨分级出不同规格的系列产品；

(7) 由于同一种非金属矿物可以用在不同的工业领域，而且不同工业部门对产品质量的要求又有所不同，因此往往带来非金属矿选矿工艺流程的特殊性、多样性和灵活性。

5.1.2 物理提纯

5.1.2.1 重力选矿

重力选矿(gravity concentration)是根据矿物密度不同及其在介质中的沉降速度不同来进行矿物分离的选矿方法，简称重选。密度是矿物重选最重要的性质，单位体积矿物所具有的质量，即为矿物密度。

矿粒在介质中沉降时，受到两个力的作用：一个是矿粒在介质中的重力，在特定的介质中，对特定的矿粒，其重力是一定的；另一个是介质的阻力，它与矿粒的沉降速度有关。矿粒沉降的最初阶段，由于介质阻力很小，矿粒在重力作用下做加速沉降。随着沉降速度的加快，介质阻力增加，矿粒沉降加速度随之减小，最后加速度就减小到零。此时矿粒就以一定的速度沉降，这个速度叫沉降末速。沉降末速受很多因素影响，其中最重要的是矿粒的密度、粒度和形状、介质的密度和黏度。在特定的介质中，矿粒的粒度和密度愈大，沉降末速就愈大。若矿粒的粒度相同，密度大的，沉降末速就大。

与其他选矿方法相比，重选具有处理能力大、选别粒度范围宽、设备结构较简单、不消耗贵重生产材料、作业成本低、没有污染等优点，因此被广泛应用于各种矿物的选矿。

1. 重力选矿作业类型

重选过程中的介质在分选过程中所处的运动状态，包括匀速的上升流动、垂直交变的流动、沿斜面的稳定流动、回转运动等。根据介质的运动形式及分选原理不同，重选可分为分级、洗矿、重介质选矿、跳汰选矿、摇床选矿、溜槽选矿、离心选矿七大类。前两类属于选别前的准备作业，后五类属于选别作业，见表 5-1。

表 5-1　重力选矿工艺分类

工艺名称	分选介质	介质的主要运动形式	适宜的处理粒度/mm	处理能力	作业类
分级	水或空气	沉降	0.074	大	准备作业
洗矿	水	上升流，水平流，回转流	0.075	小	准备作业
重介质选矿	重悬浮液或重液	上升流，水平流，回转流	2～70(100)	最大	选别作业
跳汰选矿	水或空气	间断上升或上下交变介质流	0.2～16	大	选别作业
摇床选矿	水或空气	连续倾斜水流或上升水流	0.04～2	小	选别作业
溜槽选矿	水	连续倾斜水流或上升水流	0.01～0.2	小	选别作业
离心选矿	水	回转流	0.01～0.074	小	选别作业

2. 重选的基本原理

由于重选一般在垂直重力场(vertical gravity field)、斜面重力场(cant gravitational field)和离心重力场(centrifugal gravity field)中进行，故就这三种力场中的重选原理分述如下。

1）垂直重力场中按粒度分层及分离原理

矿物粒群按密度分层是重力选矿的实质，就分层过程原理而言，主要有两种理论体系：一种为动力学体系，即在介质动力作用下，依据矿物颗粒自身的运动速度差或距离差分层；另一种为静力学体系，即矿物颗粒层以床层内在的不平衡因素作分层根据。两种体系在数理关系上尚未取得统一，但在物理概念上并不矛盾且相互关联。

(1) 按自由沉降速度差分层。

在垂直流中，矿物颗粒群的分层是依轻、重矿物颗粒的自由沉降速度差发生的。自由沉降是单个颗粒在介质空间中独立沉降，颗粒只受重力、介质浮力和黏滞阻力作用。在紊流(即牛顿阻力)条件下(Re 为 10^3～10^5)，球形颗粒的沉降末速为

$$V_{on} = 54.2\sqrt{\frac{\delta - \rho}{d}} \tag{5-5}$$

式中，V_{on} 为牛顿阻力下的颗粒沉降末速，cm/s；ρ 为介质密度，g/cm^3；δ 为球形颗粒的密度，g/cm^3；d 为球形颗粒的粒径，cm。

在层流条件下(Re<1)，即斯托克斯黏滞阻力，微细颗粒的沉降末速为

$$V_{on} = 54.5d^2\frac{(\delta - \rho)}{\mu} \tag{5-6}$$

式中，μ 为流体的动力黏度，0.1 Pa·s。

对不规则的矿物颗粒，引入球形系数(同体积的球体表面积和矿粒表面积之比)或体积当量直径 dV(以同体积球体直径代表矿粒直径)加以修正，则式(5-5)、式(5-6)同样适用。

入选矿物颗粒粒度级别越窄，则分选效果越好。当入选矿物密度符合等降比的条件时，则粒群在沉降过程中按矿物密度分层，即大密度矿粒沉降速度大，优先到达底层；反之小密度矿粒则分布在上层，从而实现矿物分层、分离。

(2) 按干涉沉降速度差分层。

入选矿物粒群粒级较宽时(即给料上下限粒度比值大于自由沉降等降比)，门罗提出矿物颗粒按干涉沉降速度差分层的观点。成群的颗粒与介质组成分散悬浮体，导致颗粒间碰撞及悬浮体平均密度增大，降低了个别颗粒的沉降速度。A. M. Gandin 在研究细小颗粒在均一群中的干涉沉降时，给出适用于斯托克斯阻力范围内的矿物颗粒干涉沉降速度公式：

$$V_{ns} = V_0(1-\lambda)^n = V_0\theta^n \tag{5-7}$$

式中，θ、λ 分别为矿粒群在介质中的松散度及容积浓度；n 反映了矿粒群粒度和形状影响的指数。

球形颗粒在牛顿阻力条件下 n=2.39，在斯托克斯阻力下 n=4.7，在斯托克斯阻力下的干涉沉降等降比为

$$\sigma = \frac{L}{\rho} = \frac{L}{RS} \tag{5-8}$$

在牛顿阻力条件下干涉沉降比为

$$e_{\rm hs} = \left(\frac{\delta_2 - \rho}{\delta_1 - \rho}\right)^{\frac{1}{2}} \times \left(\frac{\theta_2}{\theta_1}\right)^{4.78} = e_{\rm on}\left(\frac{\theta_2}{\theta_1}\right)^{4.78} \tag{5-9}$$

式中，θ_1、θ_2 分别为等降的轻矿物局部悬浮体的松散度和相邻的重矿物局部悬浮体的松散度，$e_{\rm on}$ 为牛顿阻力下的自由沉降等降比。

两种颗粒混杂且处于等降状态下，轻矿物的粒度总是大于重矿物，即 $\theta_1 < \theta_2$，所以：

$$e_{\rm hs} > e_0 \tag{5-10}$$

即干涉沉降等降比 $e_{\rm hs}$ 始终大于自由沉降等降比 e_0。随粒群松散度增大，干涉沉降等降比降低，但以自由沉降等降比为极限。干涉沉降条件下可分选较宽级别矿物颗粒群。以上属动力学体系范畴，下面介绍静力学分层原理。

(3)按悬浮体密度差分层。

不同密度的矿物粒群组成的床层可视为由局部重矿物悬浮体和轻矿物悬浮体构成。在重力作用下，悬浮体存在静压力不平衡，在分散介质作用下，轻、重矿物分散的悬浮体微团会各自集中，导致按轻、重矿物密度分层。局部轻矿物和重矿物悬浮体的密度分别为

$$\rho_{\rm su1} = \lambda_1(\delta_1 - \rho) + \rho \tag{5-11}$$

$$\rho_{\rm su2} = \lambda_2(\delta_2 - \rho) + \rho \tag{5-12}$$

轻矿物悬浮体与重矿物悬浮体互相以所形成的压强作用，相互有浮力推动，如果 $\rho_{\rm su1} < \rho_{\rm su2}$，则 $\lambda_2(\delta_2-\rho) > \lambda_1(\delta_1-\rho)$，发生正分层(重矿物在下，轻矿物在上)，整理得

$$\frac{\lambda_1}{\lambda_2} < \frac{\delta_2 - \rho}{\delta_1 - \rho} \tag{5-13}$$

式(5-13)右边反映重矿物颗粒下降趋势，左边反映浮力强弱的指标，即发生正分层，两种悬浮体的容积浓度比值应有一定的限度，当 $\lambda_1/\lambda_2 > (\delta_2-\rho)/(\delta_1-\rho)$ 时，出现反分层，重矿物在上，轻矿物在下；当 $\lambda_1/\lambda_2 = (\delta_2-\rho)/(\delta_1-\rho)$ 时，不分层。

(4)不同密度矿物粒群在上升流中的分层原理。

对各自粒度均一的混合粒群，当两种矿物的粒度比值大于自由沉降等降比时，在上升水流作用下，轻矿物粗颗粒的升降取决于重矿物组成的悬浮体密度。

发生正分层的条件：

$$\delta_1 < \lambda_2(\delta_2 - \rho) + \rho \tag{5-14}$$

分层转变的临界条件为

$$\delta_1 < \lambda_2(\delta_2 - \rho) + \rho \tag{5-15}$$

随着上升水流的增大，重矿物扩散开来，它的悬浮体密度减少，至出现分层(反分层)转变时的临界上升水速为

$$U_{\mathrm{cr}} = V_{02}\left(1 - \frac{\delta_2 - \rho}{\delta_1 - \rho}\right)^{n_2} \tag{5-16}$$

式中，n_2为重矿物干涉沉降公式中的指数常数。

密度不同的矿物粒群若实现按密度分层，则上升介质流速u_{a}必须限定在如下条件：

$$u_{\min} < u_{\mathrm{a}} < u_{\mathrm{cr}} \tag{5-17}$$

式中，$u_{\min}$是矿粒群松动混合的最小上升流速。

上述所讲几种矿物粒群的分层原理，形式虽各不相同，但本质上是相关的，从自由沉降到干涉，由于颗粒周围粒群的存在使整个浮体密度比单一介质增大，静的浮力作用补偿了流体的动压力。按悬浮体密度分层是一个极端的理想状态，即当流体和床层颗粒间相对速度为零时，只剩下轻矿物悬浮体和重矿物悬浮体之间的静力作用。按重介质分层是按悬浮体密度分层的一个特例，即轻矿物颗粒与重矿物组成的悬浮体密度相接近。

2）斜面重力场中矿物粒群按密度分层及分离原理

借水流沿斜面流动使有用矿物和脉石分离，称之为斜面流分选。和垂直流一样，斜面流也是一种使矿物颗粒群松散的手段，水流的流动特性对矿物颗粒的松散、分层有重要影响。水是借自身重力沿斜面从上向下流动，其流态有层流和紊流之分，以雷诺数 *Re* 大小作其判据。*Re*≤300 为层流流动；*Re*≥1000 为紊流流动；*Re*≤20～30 也为层流流动。

在紊流斜面流中，矿物颗粒的松散靠紊动扩散作用。紊流中水流的各层间质点可发生交换即形成扰动运动，称之为“紊动扩散作用”。斜面流中某矿物质点均存在法向脉动速度，且沿水的深度分布，下部脉动速度较强，上部逐渐减弱，矿粒

群在紊流斜面流中借法向脉动速度维持松散悬浮，对脉动速度又有“消紊作用”。

在层流斜面流中，流体质点均沿层面流动，没有层间质点交换，矿物粒群主要靠层间斥力松散。即浮体中固体颗粒不断受到剪切方向上的斥力，使粒群具有向两侧膨胀的倾向，其大小随剪切速度增大而增加，当斥力足以克服颗粒在介质中的质量时，矿物颗粒便呈松散悬浮态，如图 5-2 所示。

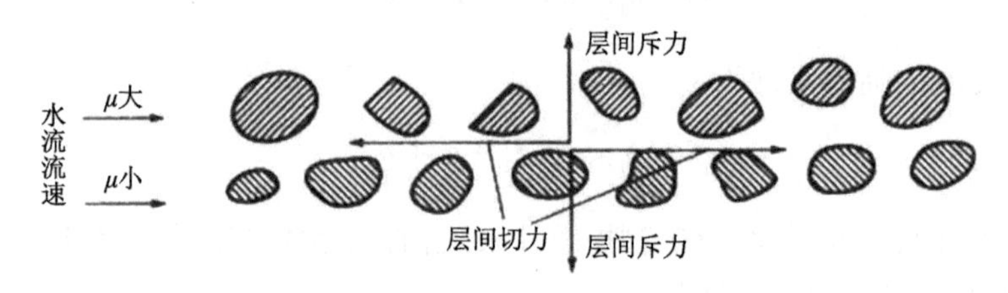

图 5-2　巴格诺尔德层间剪切和层间斥力示意图

斜面流矿物分选有两种方法：一是厚层紊流斜面流处理粗、中粒矿物；二是薄层层流或弱紊流处理微细粒矿物，一般多为后者。下面分别介绍它们分层、分选的原理。

(1) 厚层紊流斜面流矿物分选原理。

矿物粒群(床层)借助水流的“紊动扩散作用”而松散，轻、重矿物沿斜面槽向下运动，在自身重力作用下，重矿物沉至槽底而留在槽内，轻矿物则排出槽外，实现轻、重矿物分离。

矿物颗粒沿槽运动速度 v 表示为

$$v = u_{\text{dmea}} - \left[v_0^2 \left(f\cos\alpha - \sin\alpha \right) - f u_{\text{im}}^2 \right]^{\frac{1}{2}} \tag{5-18}$$

式中，v 为颗粒运动速度；v_0 为颗粒自身沉降末速；f 为颗粒与底面的摩擦系数；α 为斜面倾角；u_{im} 为法向脉动速度；u_{dmea} 为在颗粒直径范围内水流平均速度。

一般来讲，斜度不大，$\alpha<6°$，$\sin\alpha\approx0$，$\cos\alpha\approx1$，则

$$v = u_{\text{dmea}} - f^{\frac{1}{2}} \left(v_0 - u_{\text{im}} \right)^{\frac{1}{2}} \tag{5-19}$$

矿物颗粒运动难度取决于自身沉降末速 v_0、f、u_{dmea}、u_{im}，重矿物 v_0 较大或在粒度较小时 u_{dmea} 不大，则有较小的运动速度。轻矿物颗粒则相反，或因 v_0 较小或因 u_{dmea} 较大而移动速度较大，使两种矿物分离开来。

(2) 薄流层弱紊流(层流)矿物颗粒分选原理。

呈弱紊流流动的矿浆流膜，在紊动扩散作用下松散悬浮，在矿物颗粒自身重力作用下，在流膜内呈多层分布，有沉积层、流变层、悬移层、稀释层，如图 5-3 所示。

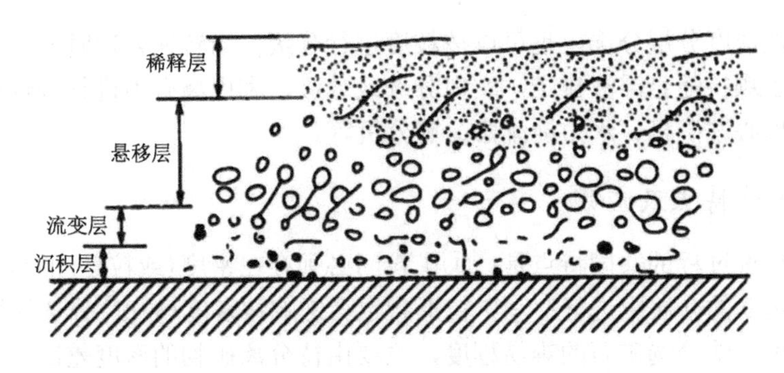

图 5-3 弱紊流矿浆流膜结构示意图

3）离心力场(回转流)中矿物颗粒按密度分层、分离原理

离心力场中矿物分选是借助一定设备产生机械回转，利用回转流产生的惯性离心力，使不同粒度或不同密度矿物颗粒实现分离的方法。离心力场中矿物颗粒的加速度是惯性离心加速度 α，与重力场中加速度 g(g 为定值)有所不同，随转速变化，且远大于重力加速度 g。离心加速度与重力加速度比值称为离心力强度 i，$i=\omega^2r/g$。i 一般为 g 的十余倍至百余倍之间，故明显地加速了微细颗粒的重力分选过程。矿物颗粒的回转运动方法有两种；一种是矿浆在压力作用下沿切线给入圆形分选容器中，迫使其作回转运动，如水力旋流器；另一种是借回转的圆鼓带动矿浆作圆周运动，矿浆呈流膜状相对于鼓壁流动，在回转流中矿物颗粒的分级和分选，除以离心力代替了重力外，其分层和沉降原理与重力场相同。

作回转运动的矿物颗粒在径向受两个力的作用：一是颗粒的离心力；二是介质“浮力”，或称向心力($P_r=\pi d^3\rho\omega^2r/6$)。颗粒在回转流中除去“浮力”后的离心力 C_0 为

$$C_0=\pi d^3(\delta-\rho)/6 \tag{5-20}$$

当 $\delta>\rho$ 时，在离心力作用下，颗粒将沿径向向外运动，向转壁方向沉降。当颗粒的离心力和阻力构成平衡且当 $Re<1$ 时，微细粒矿物多采用斯托克斯公式计算沉降末速，离心沉降末速 v_{0r} 表示为

$$v_{0r}=d^2(\delta-\rho)\omega^2r/18\mu \tag{5-21}$$

离心沉降末速不是常数，随 ω^2r 大小和颗粒所在位置的不同而不同，与回转流的流动特性相关。由于颗粒沉降末速增大，适用的颗粒下限粒度比重力场中减小。

在 $Re>1$ 的沉降条件下，仍可依重力沉降公式得出，只是将式中 ω^2r 换成 g 即可。由式(5-21)可知，矿物颗粒的沉降末速与其质量和粒度有关，回转力场不

仅可以实现密度分层分选，也可以按粒度进行分级，当转速合适时，重矿物沉降至筒壁，小颗粒随悬浮液排走，实现分选或分级，利用离心力进行分选的重选设备主要有离心选矿机、水力旋流器、旋分机等。

3. 重选特点及应用

各种重选过程的共同特点是：①矿粒间必须存在密度(或粒度)的差异；②分选过程在运动的介质中进行；③矿粒形状也会影响按密度(粒度)分选的精确性。

利用重选法分选矿石的难易程度，主要由待分离矿物的密度差决定，可由下式近似地评定：

$$E=\frac{\rho_2-\rho}{\rho_1-\rho} \tag{5-22}$$

式中，E 为矿石的可选性评定系数；ρ_1、ρ_2、ρ 分别为轻产物、重矿物和介质的密度，kg/m^3。

可选性评定系数 E 值大者，分选容易，即使矿粒间的粒度差别较大，也能较好地按密度加以分选。反之，E 值小者，分选比较困难，而且在分选前往往需要将矿粒分组，以减少因粒度差别而影响按密度进行分选。矿石的可选性按 E 值大小可分成五个等级，如表 5-2 所示。

表 5-2　矿物按密度分离的难易度

E 值	$E>5$	$5>E>2.5$	$2.5>E>1.75$	$1.75>E>1.5$	$1.5>E>1.25$	$E<1.25$
难易度	极易选	易选	较易选	较难选	难选	极难选

$E>5$，属极易重选的矿石，除极细(<10～5 μm)的细泥以外，各个粒度的物料都可用重选法选别；

$5>E>2.5$，属易选矿石，按目前重选技术水平，有效选别粒度下限有可能达到 19 μm，但 37～19 μm 级的选别效率也较低；

$2.5>E>1.75$，属较易选矿石，目前有效选别粒度下限可达 37 μm 左右，但 74～37 μm 级的选别效率也较低；

$1.75>E>1.5$，属较难选矿石，重选的有效选别粒度下限一般为 0.5 mm 左右；

$1.5>E>1.25$，属难选矿石，重选法只能处理不小于数毫米的粗粒物料，且分离效率一般不高；

$E<1.25$ 的属极难选的矿石，不宜采用重选。

一般而言，只要有用矿物颗粒较粗，则大部分金属矿物均不难用重选法将其同脉石分离，但共生重矿物相互间的分离则比较困难。例如，白钨矿同石英分离

E=3.1，同辉锑矿分离 E=1.4。又如，锡石同石英 E=3.8，而锡石同辉铋矿 E=1.05，锡石同黄铁矿 E=1.56。采用重介质选矿时，若取 $\rho \approx \rho_1$，则 E 值将趋向于无穷大，表明重介质选矿法可用于选别密度差极小的矿物，在理论上选别粒度下限也应很小，但由于技术上和经济上的原因，目前只能选别大于 0.5～3 mm 的物料。

5.1.2.2　浮游选矿

1. 浮选的概念

浮游选矿是一门分选矿物的技术，是一种主要的选矿方法。其主要原理是利用矿物表面物理化学性质的差异使矿石中一种或一组矿物有选择性地附着于气泡上，升浮至矿液面，从而将有用矿物与脉石矿物分离。因其分选过程必须在矿浆中进行，所以又称浮游选矿，简称浮选。先后出现了各种有独特工艺及专门用途的浮选方法，如离子浮选、沉淀浮选、吸附浮选等。浮选较全面的定义为：利用物料自身具有的或经药剂处理后获得疏水亲气(或亲油)特性，使之在水-气或水-油界面聚集，达到分离、富集和纯化。

2. 浮选的过程

浮选是在气、液、固三相体系中完成的复杂的物理化学过程，其实质是疏水的有用矿物黏附在气泡表面上浮，亲水的脉石矿物留在矿浆中，从而实现彼此的分离。浮选过程是在浮选机中完成的，它是一个连续过程，具体可分以下四个阶段，如图 5-4 所示。

(1) 原料准备。浮选前原料准备包括磨细、调浆、加药、搅拌等。磨细后原料粒度要达到一定要求，其目的主要是使绝大部分有用矿物从镶嵌状态中以单体形式解离出来，另一目的是使气泡能负载矿粒上浮，一般需磨细到小于 0.2 mm。调浆指的是把原料配成适宜浓度的矿浆。之后加入各种浮选剂，以加大有用矿物与脉石矿物表面可浮性的差别。搅拌的目的是使浮选剂与矿粒表面充分作用。

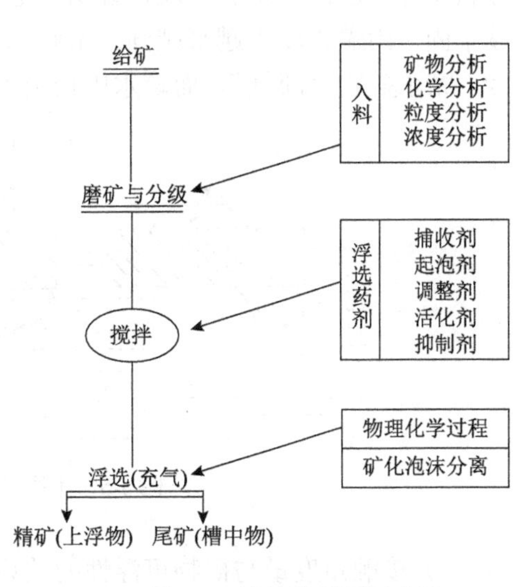

图 5-4　浮选流程图示意图

(2) 搅拌充气。依靠浮选机的搅拌充气器进行搅拌作用并吸入空气，也可以设置专门的压气装置将空气压入。其目的是使矿粒呈悬浮状态，同时产生大量尺寸适宜且较稳定的气泡，增加矿粒与气泡接触碰撞的机会。

(3) 气泡的矿化。经与浮选剂作用后，表面疏水性矿粒能附着在气泡上，逐渐升浮至矿浆面而形成矿化泡沫。表面亲水性矿粒不能附着于气泡而存留在矿浆中。这是浮选分离矿物最基本的行为。

(4) 矿化泡沫的刮出。为保持连续生产，及时排出矿化泡沫，用浮选机转动的刮板把它刮出，此产品叫作“泡沫精矿”。留在矿浆中然后排出的产品，叫作“尾矿”。

3. 浮选基本原理

1）矿物表面的润湿性与可浮性的关系

浮选是在充气的矿浆中进行的，是一种三相体系。其中矿粒是固相，水是液相，气泡是气相，各相间的分界面叫相界面。矿物浮选是在气-液-固三相体系中进行的一种复杂的物理化学过程，它是在固-气-液三相界面上进行的。为使不同矿物在浮选过程中得到有效的分离，必须使它们充分体现其表面性质的差异，其差异越大，分选越容易。而润湿是矿粒与水作用时，表面所表现出的一种最基本的现象。

不同的矿物，其表面的疏水性和亲水性不同，即润湿程度不同，如图 5-5 所示。矿物的上表面是空气中水滴在矿物表面的铺展形式，从左到右，水滴在矿物表面越来越难以展开而逐渐呈球形，说明从左到右，矿物表面的疏水性逐渐增强，亲水性逐渐减弱；矿物的下表面是水中的气泡在矿物表面附着的形式，从气泡在矿物表面附着情况看，从左到右，气泡逐渐在矿物表面展开而呈扁平状，气泡的形状正好与水滴的形状相反，说明气泡在矿物表面展开并与矿物表面结合得越来越牢固，附着程度也越来越强。水和气泡在矿物表面的不同表现，可简单地概述为：亲水矿物“疏气”，而疏水矿物则“亲气”。

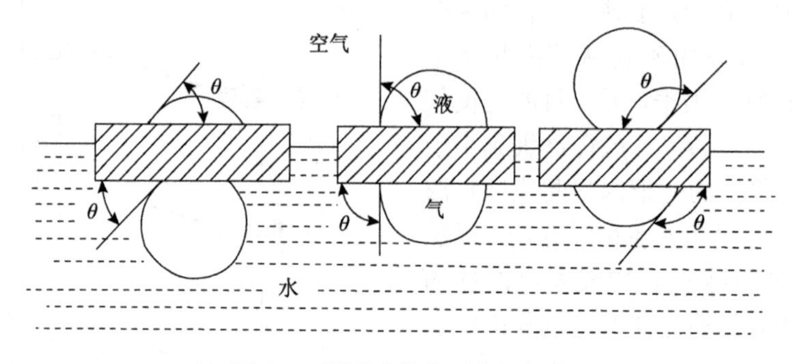

图 5-5　不同矿物表面润湿程度

2）接触角度量与矿物可浮性的关系

根据杨氏方程，接触角 θ 的大小可以度量不同矿物润湿程度的高低，即接触

角 θ 愈大，$\cos\theta$ 愈小，其可浮性愈好。并且 $\cos\theta$ 值介于$-1\sim1$之间，于是对矿物的润湿性与可浮性的度量定义为

$$润湿性=\cos\theta$$

$$可浮性=1-\cos\theta$$

接触角 θ 与矿物可浮性之间的关系是：接触角 θ 愈大，$\cos\theta$ 值就愈小，其润湿性愈弱，则可浮性愈好；反之，接触角 θ 愈小，$\cos\theta$ 值就愈大，其润湿性愈强，则可浮性愈差。

矿物接触角可以测得，表 5-3 列出了部分矿物接触角的测定值，依据接触角可大致判断各种矿物的天然可浮性。

表 5-3　部分矿物接触角测定值

矿物名称	接触角/(°)	矿物名称	接触角/(°)
硫	78	黄铁矿	30
滑石	64	重晶石	30
辉钼矿	60	方解石	20
方铅矿	47	石灰石	0～10
闪锌矿	46	石英	0～4
萤石	41	云母	约 0

3）矿物表面的水化作用

在浮选过程中，水具有极其重要的作用。固体粒度在水中发生的一切界面现象都与水的性质密切相关。

(1) 水分子与矿物表面的水化作用。

当矿物断裂时，其断裂面存在不饱和键及键能，使矿物表面呈现出一定程度的极性。若将破碎的矿物置于水中，则极性的水分子会定向吸附于极性的矿物表面，使矿物表面的不饱和键及键能得到一定的补偿，并使整个体系的表面自由能降到最低。

不同的矿物，因其组织和结构不同，破碎时断裂面的键不同，因而表面不饱和键及键能不同。键能的不饱和程度影响矿物表面的极性，因而使不同矿物与水作用力的大小不同，吸附水分子的多少也不同。极性水分子定向排列在矿物表面的现象称为矿物表面的水化，矿物表面发生水化作用时，形成水化层或水化膜(hydration shell)。水分子进入矿物表面的键能作用范围内，受矿物表面键能作用，按同性电荷相斥、异性电荷相吸的原则定向排列。水分子离矿物表面越近，受矿物表面键能吸引愈强，排列就愈紧密；离矿物表面越远，表面键

能的影响愈弱，水分子的排列逐渐稀疏零乱；当水分子离矿物表面足够远时，矿物表面键能的引力将不能再吸引水分子，这时，水分子呈普通水那样的自由无序状态。

水化膜实际是介于矿物表面与普通水之间的过渡层，类似固体表面的延续，矿物表面与普通水之间的距离就是水化膜(水化层)的厚度，如图 5-6 所示。

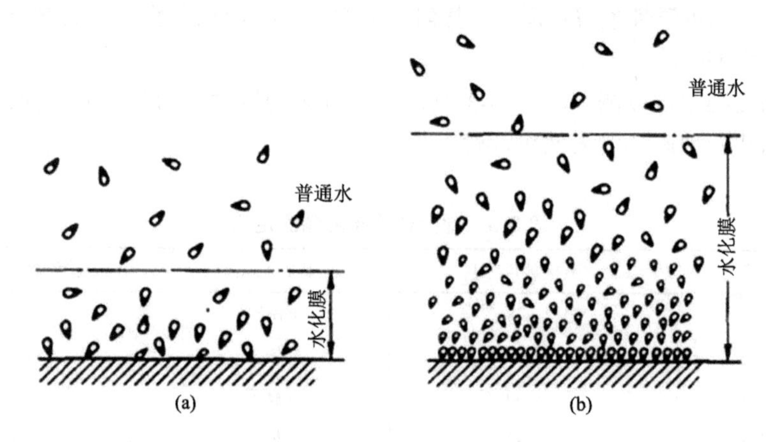

图 5-6　水化作用及水化膜
(a)疏水性矿物；(b)亲水性矿物

水化膜受矿物表面的键能作用，黏度比普通水大，稳定性高，具有同固体相似的弹性，所以水化膜虽然外观是液相，但其性质却近似固相，溶解能力较低。

水化作用是一个放热过程，放出的热量越多，水化作用越强，水化膜越厚，且与矿物表面结合得越牢固。

由此可以看出，当极性矿物与水作用时，水分子定向排列在极性矿物表面，矿物表面发生水化作用，形成一层水化膜，宏观上表现为矿物被水润湿。因此润湿现象的实质是极性水分子定向吸附在矿物表面，并形成一层水化膜的结果。润湿是通过在矿物表面形成一层水化膜而实现的。

(2)水化膜的薄化。

矿物表面的水化膜越厚，矿物的润湿程度越高越亲水；反之，矿物表面的水化膜越薄，矿物表面不易被水润湿，表现为疏水。因此，水化膜的厚薄直接反映了矿物表面润湿程度的高低。水化作用与矿物表面的润湿性一致，与可浮性相反。

在浮选过程中，矿粒与气泡相互接近，先排除隔于两者夹缝间的普通水。由于普通水的分子是无序且自由的，所以易被挤走。当矿粒向气泡进一步接近时，矿物表面的水化膜受气泡的排挤而变薄。

矿粒向气泡附着的过程，可分为三个阶段，如图 5-7 所示。

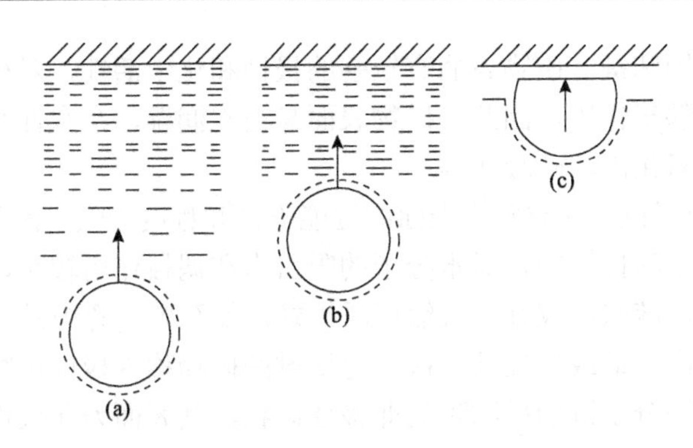

图 5-7　矿粒向气泡附着的三个阶段示意图

阶段(a)为矿粒与气泡相互接近与接触阶段。在浮选过程中，由于浮选机的机械搅拌及充气作用，矿粒与气泡不断发生碰撞，据观察测定，矿粒与气泡的附着并不是碰撞一次就可实现的，而是需要碰撞数次到数十次才能实现。然后，矿粒与气泡间的普通水层被逐渐挤走，直至矿粒表面的水化膜与气泡表面的水化膜相互接触。

阶段(b)为矿粒与气泡之间的水化膜变薄与破裂阶段。矿粒表面有一层稳定的水化膜，气泡表面也存在着类似的水化膜。当矿粒与气泡靠近，并使彼此的水化膜减薄，最后减薄到水化膜很不稳定，并引起迅速破裂。

阶段(c)为矿粒在气泡上附着。矿粒与气泡接触后，从矿物表面排开大部分水化膜，接触周边逐渐展开。但是，在矿物表面上，还留有极薄的残余水化膜。残余水化膜与矿物表面吸附牢固，性质似固体，难以除去。有报道称，由于残余水化膜的存在，不影响矿粒在气泡上的附着。

4）矿物的组成和结构与可浮性的关系

矿物表面物理化学性质的差异是矿物分选的依据；而决定矿物性质的主要因素则是矿物本身的化学组成和物理结构。自然界的矿物，按工业用途可分为两大类：一类是工业矿物，另一类是能源矿物。前者绝大多数是晶体矿物，后者则为非晶体矿物。

(1)矿物的表面键能与可浮性。

矿物破碎时，断裂的是键。由于矿物内部离子、原子或分子仍相互结合，键能保持平衡；而矿物表面层的离子、原子或分子朝向内部的一端，与内部有平衡饱和键能，但朝向外面空间的一端，键能却没有得到饱和(或补偿)。即不论晶体的断裂面沿什么方向发生，在断裂面上的质点均具有不饱和键。根据断裂位置的不同，键力的不饱和程度也不同，也就是说，矿物表面的不饱和键有强弱之分。矿物表面的这种键能不饱和性，决定了矿物表面的极性和天然可浮性。

矿物表面的键能按强弱可分两类：

a．较强的离子键或原子键。具有这类键能的矿物表面，其表面键能的不饱和程度高，为强不饱和键。矿物表面有较强的极性和化学活性，对极性水分子具有较大的吸引力或偶极作用，因此，矿物表面易被水润湿，亲水性强，天然可浮性差，如硫化矿、氧化矿、硅酸盐等。

b．较弱的分子键。这类矿物表面的键能不饱和程度较低，为弱不饱和键。矿物表面极性和化学活性较弱，对水分子的吸引力和偶极作用较小，因此，矿物表面不易被水润湿，疏水性较好，天然可浮性好，如石墨、辉钼矿、硫黄等。

通常将具有离子键或极性共价键、金属键的矿物称为极性矿物，其表面为极性表面；具有较弱分子键的矿物称为非极性矿物，其表面为非极性表面。浮选中常见的矿物是介于上述两类极端情况间的过渡状态。天然矿物与水的键合性质，以亲水性和疏水性表示，疏水则不易被水润湿，表示好浮。这种未加浮选药剂处理的矿物可浮性，称为天然可浮性。一些代表性矿物的天然可浮性如表 5-4 所示。

表 5-4　部分矿物的天然可浮性序列

可浮性系列	代表性矿物	结晶构造
大	石蜡、硫	分子结晶
中	石墨	片状结晶
	滑石	层状分子及离子结晶
小	自然铜	金属结晶
	方铅矿、黄铜矿	共价及金属结晶
	萤石	离子结晶
	方解石	离子结晶
	云母	层状
	石英	架状

自然界天然可浮性好的矿物不多，而且，即使天然可浮性较好的矿物如辉钼矿，受到氧化及水的作用，其可浮性也会降低。因此，浮选中必须添加捕收剂，以提高目的矿物的表面可浮性。捕收剂是高分子药剂，一端具有极性，朝向目的矿物表面，可满足矿物表面未饱和的键能；另一端具有疏水性，朝外排水，从而造成矿物表面的“人为可浮性”，达到矿物分选的目的。

(2)矿物表面的不均匀性与可浮性。

浮选研究常常发现，同一种矿物可浮性差别很大。这是因为实际矿物很少为理想的典型晶格结构，它们存在着许多物理不均匀性及化学不均匀性，这些造成了矿物表面的不均匀性，从而使其可浮性相差较大。

矿物表面不均匀性直接影响矿物和水及水中各种组分的作用，因而，引起矿物可浮性的变化。如方铅矿(PbS)的晶格缺陷影响到矿物与捕收剂的作用，理想的方铅矿晶格内部，Pb—S 之间绝大部分为共价键，只有少量为离子键，其内部电荷是平衡的，所以对外界离子的吸附力不强，缺陷使内部电荷不平衡，从而形成表面活性，增加吸附能力。

矿物的化学不均匀性与其可浮性有关，如不同颜色的闪锌矿(ZnS)其可浮性差异明显。闪锌矿的颜色与其中所含杂质有关，从浅绿色、棕褐色和深褐色直到钢灰色。绿色、灰色和黄绿色是由二价铁离子引起的；棕色、棕褐色和黄棕色是由锌离子本身显色特性和同晶行镉离子的取代所致；随着闪锌矿晶格中铁离子的含量增加，其颜色加深，当铁离子含量达 20%或 26%左右时，这类闪锌矿变成黑色，称为高铁闪锌矿。Fe、In、Ge、Cd 等杂质在硫化锌晶格中置换锌，形成异质同形物或乳浊状的浸染体，甚至形成固溶体。这些成分的相互共生，使闪锌矿的可浮性产生多样化。所以，虽然闪锌矿是浮选常见的矿物，但迄今未能确定它的可浮性。

5）矿物的氧化和溶解与可浮性

矿物的氧化和溶解对浮选过程有重要影响，尤其是氧与重金属 Cu、Pb、Zn、Fe、Ni 等硫化物的作用，影响特别显著。在浮选条件下，氧对矿物、水及药剂的相互作用影响也很大，矿浆中氧的含量能调整和控制浮选，从而达到改善或恶化硫化矿物的浮选效果。

(1)矿物的氧化。

研究表明，硫化矿的可浮性深受氧化的影响，在一定限度内，硫化矿的可浮性随氧化而提高，但过分的氧化则起抑制作用。

硫化矿的氧化作用对可浮性的影响，一直是浮选研究的重要问题。因矿样来源及制备纯矿物的条件不同，研究方法及研究评估不同，所测得的硫化矿氧化顺序也不同。

按电极电位来定氧化速率的顺序是：白铁矿＞黄铁矿＞铜蓝＞黄铜矿＞毒砂＞斑铜矿＞辉铜矿＞磁黄铁矿＞方铅矿＞镍黄铁矿＞砷钴矿＞辉钼矿＞闪锌矿。

在水气介质中定出的氧化速率顺序是：方铅矿＞黄铜矿＞黄铁矿＞磁黄铁矿＞辉铜矿＞闪锌矿。

在碱性介质中硫化矿氧化速率的顺序是：铜蓝＞黄铜矿＞黄铁矿＞斑铜矿＞闪锌矿＞辉铜矿。

根据纯矿物的耗氧速率，评定的氧化速率顺序是：磁黄铁矿＞黄铁矿＞黄铜矿＞闪锌矿＞方铅矿。

(2)矿物的溶解。

矿物在与水相互作用时，部分矿物以离子形式转入液相中，这就是矿物的溶解。物质能溶于水中的最大量为该物质的溶解度，单位为“mol/L”。由于溶解度受温度影响较大，所以常注明温度条件。表 5-5 是几种典型硫化矿及其硫酸盐的溶解度。

表 5-5　几种典型硫化矿及其硫酸盐的溶解度

硫化矿	溶解度/(mol/L)	硫酸盐	溶解度/(mol/L)	硫酸盐比硫化物易溶的倍数
磁黄铁矿 Fe_xS_y	53.60×10^{-6}	$FeSO_4$	1.03(0℃)	约 20000
黄铁矿 FeS_2	48.89×10^{-6}	$FeSO_4$	1.03(0℃)	约 20000
闪锌矿 ZnS	6.55×10^{-6}	$ZnSO_4$	3.3(18℃)	约 500000
辉铜矿 Cu_2S	3.10×10^{-6}	$CuSO_4$	1.08(20℃)	约 350000
方铅矿 PbS	1.21×10^{-6}	$PbSO_4$	1.3×10^{-4}(18℃)	约 107

由表 5-5 可见，硫化矿表面氧化成硫酸盐，溶解度增加，当矿粒粒度很细时，溶解度更大，如重晶石($BaSO_4$)磨至胶体粒度，可使其从难溶变成可溶。

由于矿物的溶解，使矿浆中溶入各种粒子，这些“难免离子”是影响浮选的重要因素之一。如，选矿一般用水中常含有 Na^+、K^+、Ca^{2+}、Mg^{2+}、Cl^-、CO_3^{2-}、HCO_3^-、SO_4^{2-} 等，而矿坑水中含有 NO_3^-、NO_2^-、NH_4^+、$H_2PO_4^-$ 和 HPO_4^{2-}，如果用湖水，则会有各种有机物、腐殖质等。

6）矿物表面的电性与可浮性的关系

浮选药剂通过在固液界面的吸附来改变矿物表面性质，而吸附常受矿物表面电性的影响。

通过测定不同矿物的零电点，可以知道在不同的 pH 值溶液中，矿物的带电性质。图 5-8 中，在不同条件下测出针铁矿的动电位变化，同时用不同的捕收剂进行浮选试验，将两者的结果绘成曲线。针铁矿的零电点是 pH=6.7，当 pH＞6.7

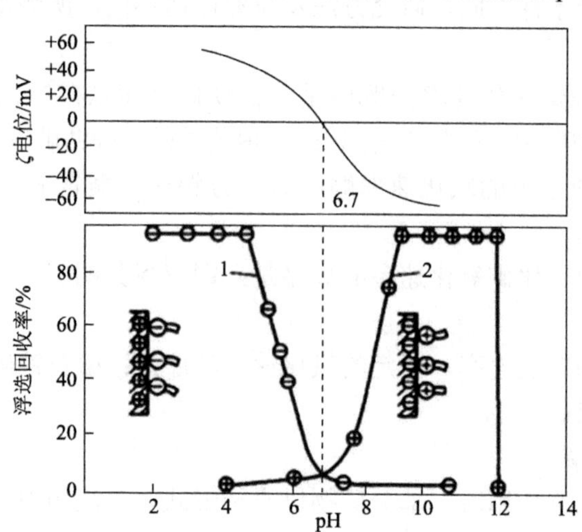

图 5-8　针铁矿的表面电位与可浮性的关系

1. 用 RSO_4^-作捕收剂；2. 用 RNH_3^+作捕收剂

时，矿物表面荷负电，此时用阳离子捕收剂十二胺浮选，能很好地将矿物浮起；如果用阴离子捕收剂，则效果很差，几乎不能浮起。当 pH<6.7 时，矿物表面荷正电，此时需选用阴离子捕收剂十二烷基硫酸钠进行浮选。

7）吸附现象(adsorption phenomena)与浮选的关系

(1)捕收剂(collecting agent)在矿物表面的吸附。

浮选中除辅助捕收剂——中性油外，绝大多数捕收剂为异极性物质。在这种物质的分子结构中，一端是极性的，另一端是非极性的，其中的极性端(极性基)是它的活性部分，能够与其他物质发生作用，另一端是非极性部分(非极性碳氢链)，呈疏水性，如图 5-9 所示。

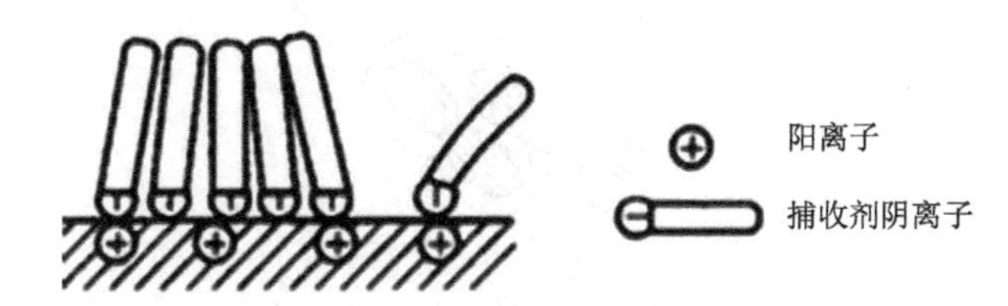

图 5-9　捕收剂在矿物表面吸附示意图

捕收剂借极性基与矿物表面结合，使矿物表面的不饱和键得到补偿，非极性基——碳氢链朝向水，隔断或减弱矿物表面与水分子的作用，使矿物表面疏水化程度提高。由于捕收剂在矿物表面吸附，使矿物表面的水化膜牢固程度降低，变得不稳定，当气泡和矿物颗粒接触距离较大时便发生破裂，使矿粒易于向气泡附着。

(2)起泡剂(foaming agent)在气-液界面的吸附。

起泡剂通常也是异极性的表面活性物质，它能吸附在气-液界面，并降低水的表面张力。起泡剂分子的极性基亲水，非极性基亲气，在气-液界面上呈定向吸附，其非极性基透过界面穿过气相，而极性基留在液体中，如图 5-10 所示。

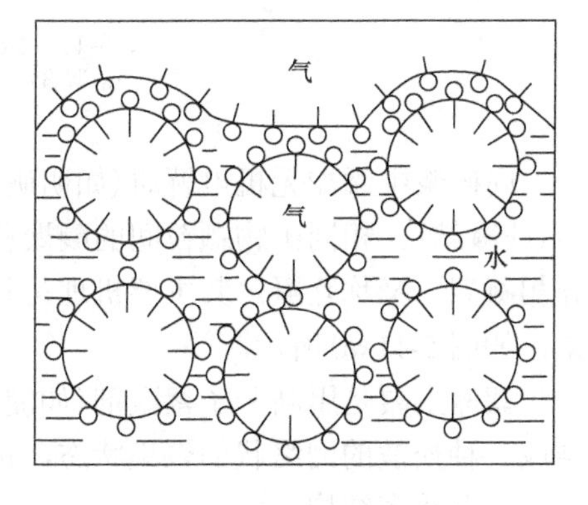

图 5-10　起泡剂在气-液界面的吸附示意图

非极性基之间的范德瓦耳斯力相互作用，极性基相互排斥，又与偶极子相互作用，形成水化膜，对水流有一定的阻力，吸附有药剂的气泡之间存在相同电荷的斥力作用，因此，使气泡不易兼并或破裂，增强了气泡适应变形的能力(即弹性)，提高了泡沫的稳定性。

8）矿粒的分散与聚集对浮选的影响

在浮选体系中微米粒级的矿粒由于质量小、表面能高、表面电荷和比表面积大等原因，浮选效果很差。微粒表面力的作用可成为支配整个体系行为的主导因素，决定矿粒在水中的分散和聚集状态。浮选矿浆中矿粒的分散与聚集对其浮选行为有重要影响。

(1) 微细矿粒的分散和聚集状态。

矿浆中微细矿粒呈悬浮状态，并且各个颗粒可自由运动时，称为分散状态；如果颗粒相互黏附团聚，则称为聚集状态。

根据矿粒在水中聚集的原因不同，可将其分为如下 3 种，如图 5-11 所示。

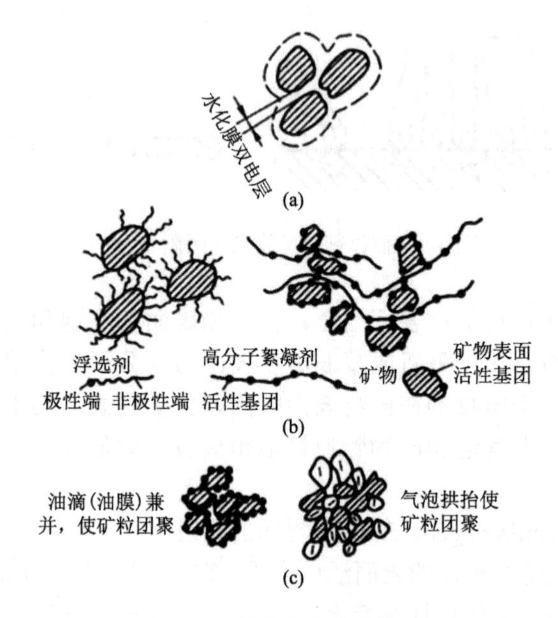

图 5-11　微细粒的聚集状态
(a) 凝聚；(b) 絮凝；(c) 团聚

向矿浆中添加无机电解质（如明矾、石灰）使微细矿粒呈现团聚的现象称为凝聚（或凝结）。相同矿物颗粒间的凝聚称为同相凝聚；不同矿物颗粒间的凝聚称为异相凝聚，又称互凝。其主要机理是外加电解质消除表面电荷、压缩双电层的结果，如图 5-11(a) 所示。

絮凝主要是用高分子絮凝剂（如淀粉和聚电解质），通过桥键作用，把微粒联结成一种松散的网络状的聚集状态，也称为高分子絮凝。所形成的絮团中存在空隙，呈非致密结构。

如果主要由外加表面活性物质（如捕收剂）在矿粒表面形成疏水膜，则各矿粒表面间疏水膜中的非极性基相互吸引，缔合而产生的絮凝称为疏水性絮凝，如

图 5-11(b)所示。

在矿浆中加入非极性油后，促进矿粒聚集于油相中形成团，或者由于大小气泡拱抬，使矿粒聚集成团的现象称为团聚，如图 5-11(c)所示。对于磁性矿物，在外磁场中，矿粒被磁化，成为带有磁极的小磁体。当矿粒在悬浮液中相互接近时，受磁作用力的影响，小磁体的异极相吸形成链状的磁聚团。

(2)选择性絮凝。

对于高分子絮凝，由于絮凝剂的分子相当长，就像架桥一样，搭在两个或多个矿粒上，并以自己的活性剂基团与矿粒作用，从而将矿粒连接形成絮凝团，这种作用称为桥键作用。

选择性絮凝是在含有两种或多种矿物组分的悬浮液中加入絮凝剂，由于各种矿物组分对絮凝剂的作用力不同，絮凝剂将选择性地吸附于某种矿物组分的粒子表面，促使其絮凝沉淀，其余矿物组分仍保持稳定的分散状态，从而达到分离目的。矿物的选择性絮凝可分为 5 个阶段：分散、加药、吸附、选择性絮凝及沉降分离，如图 5-12 所示。

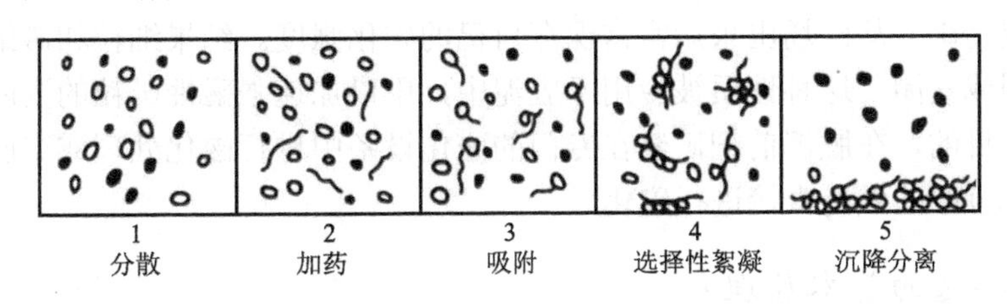

图 5-12　选择性絮凝过程示意图

选择性絮凝是处理细粒物料的重要方法，目前应用的分离形式大致有四类。①浮选前选择性絮凝，脱出细粒脉石，将絮凝沉淀物进行浮选分离，简称絮凝脱泥-浮选。②选择性絮凝后，用浮选法浮去被絮凝的无用脉石矿物，然后再浮选呈分散状态的有用矿物。③在浮选过程中用絮凝剂絮凝(抑制)脉石，然后浮选有用矿物。④在浮选前进行粗细分级，粗粒浮选，细泥进行选择性絮凝。

保证矿粒稳定分散，防止矿粒聚集的主要途径有：调节矿物表面电位；添加亲水性无机或有机聚合物，强化矿物表面的亲水性；通过物理或机械作用破坏絮团，促使矿粒分散，最有效的物理或机械分散的手段是超声波技术。

5.1.2.3　磁力选矿

1. 磁选的概念

磁选(magnetic separation)是在不均匀磁场中，利用矿物磁性的差异实现不同矿物之间分离的一种选矿方法。磁选法通常用于金属矿石的选矿，非金属矿运用磁选是从非金属矿物中除去磁性杂质，从而达到精选非金属矿物的目的。随着高梯度磁选、磁流体选矿、超导强磁选的发展，磁选法的应用越来越深入和广泛。

2. 矿物磁性对磁选过程的影响

矿物磁性对磁选过程有很大影响，磁性产品中矿粒的磁化系数决定磁选机(磁场的或强磁场的)磁场强度的选择。

细粒或微细粒的磁铁矿或其他强磁性矿物(如硅铁、磁赤铁矿、磁黄铁矿)进入磁选机的磁场时，沿着磁力线取向形成磁链或磁束。细的磁链的退磁系数比单个颗粒的小得多，而它的磁化率或磁感应强度却比单个颗粒高得多。在磁选机磁场中形成的磁链对回收微细的磁性颗粒，特别是湿选时有好的影响。这是因为磁链的磁化率高于单个磁性颗粒的磁化率，而且在磁场比较强的区域方向上，水介质对磁链的运动有利，相反的却小于单独颗粒的阻力。

磁选弱磁性矿石或矿物时，除了颗粒的磁化系数外，起重要作用的还有颗粒的剩磁和矫顽力。正是由于它们的存在，使得经过磁选机或磁化设备磁场的强磁性矿石或精矿，从磁场出来后常常保存自己的磁化强度。结果细粒和微细粒颗粒形成磁团或絮团。这种性质被应用于脱泥中，用以加速强磁性矿粒的沉降。为了达到这个目的，在脱泥前把矿浆在专门的磁化设备中进行磁化处理或在脱泥设备(如磁洗槽)中的磁场直接进行磁化。

3. 磁选的基本原理

磁选是在磁选机中进行的，如图 5-13 所示。当矿物颗粒的混合物料(矿浆)给进到磁选机的选别空间后，磁性矿物颗粒被磁化，受到磁力(厂机)的作用，克服

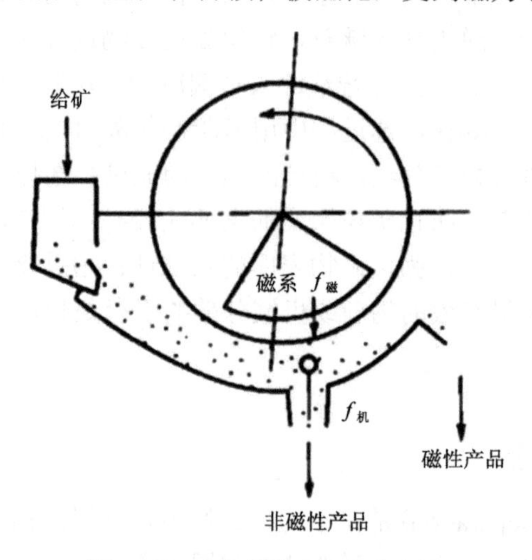

图 5-13　矿粒在选矿机中分离图

了与磁力方向相反的所有机械力(包括重力、离心力、摩擦力、水流动力等)的合力($\sum A$)，吸在磁选机的圆筒上，并随之被转筒带至排矿端，排出成为磁性产品。非磁性矿物颗粒由于不受磁力作用，在机械力合力的作用下，由磁选机底箱排矿管排出，为非磁性产品。

上述过程说明，为保证磁性矿物颗粒与非磁性矿物颗粒分开，必须使作用在磁性矿粒上的磁力大于与它方向相反的机械力的合力。

$$f_{磁} > \sum f_{机} \tag{5-23}$$

5.1.2.4 电力选矿

1. 电选的概念

电选(electric separation)是在高压电场中利用矿物的电性差异使矿物分离的一种选矿方法。它是细粒矿物的重要选矿方法之一。目前电选可用于有色、黑色、稀有金属矿石的精选；非金属矿石和粉煤的分选；陶瓷、玻璃原料和建筑材料的提纯；工厂废料的回收；谷物、种子、食品的精选；矿石和其他物料的分级和除尘等。

2. 电选的依据

矿物的电性是电选的依据。表示矿物电性的指标有多种，起主要作用的是矿物的电导率、介电常数、比导电度及整流性等。由于矿物的组分不同，其电性也不同。即使同种矿物也常常因成矿条件不同及晶格缺陷等而表现出不同电性。各种矿物存在着一定范围的电性数值，可据此判定其可选性。

(1)矿物的电导率是表示矿物传导电流能力大小的物理量，符号为 σ。σ 愈大，导电能力愈强。电导率是在长 1×10^{-2} m、截面面积为 1×10^{-4} m^2 的直柱形矿物沿轴线方向的导电能力。其值是电阻率的倒数，单位为$(\Omega\cdot \text{m})^{-1}$或 S/m。用式(5-24)表示：

$$\sigma = \frac{L}{\rho} = \frac{L}{RS} \tag{5-24}$$

式中，ρ 为电阻率，$\Omega\cdot$m；R 为电阻，Ω；S 为导体的截面面积，m^2；L 为导体的长度，m。

根据电导率的大小，矿物可分为三类：①导体矿物[$\sigma > 10^4(\Omega\cdot \text{m})^{-1}$]，属于这类矿物的很少，只有自然金属、石墨等；②半导体矿物[σ 为 $10^{-10} \sim 10^4(\Omega\cdot \text{m})^{-1}$]，这类矿物较多，如硫化物、金属氧化物、含铁锰的硅酸盐矿物、岩盐、煤和一些沉积岩；③非导体矿物[$\sigma < 10^{-10}(\Omega\cdot \text{m})^{-1}$]，如硅酸盐及碳酸盐矿物。

电导率的大小与温度、矿物的晶体结构特征、矿物的表面状态等因素有关。

(2)矿物的相对介电常数 ε_r 和介电常数 ε。介电性是介质在外电场中可以被极化的性质，极化的结果是在介质两侧出现正、负束缚电荷(对绝缘体及不良导体)或感应自由电荷(对良导体)，内部电场减弱 ε_r 倍，这个 ε_r 便被称为“相对介电常数”，它表示了介质极化的本领。如果将绝缘介质充满电容器时，则该电容器的电容 C 将比真空(空气)电容器的电容 C_0 高出 ε_r 倍。

在国际单位制中，由于真空的介电常数 $\varepsilon_0=8.854\times10^{-12}$ F/m，故某物质的“介电常数” ε 等于其 ε_r 乘以真空的介电常数 ε_0

$$\varepsilon = \varepsilon_r \cdot \varepsilon_0 \tag{5-25}$$

ε 也取 F/m 作为计量单位。在过去常用的高斯单位制中，因设 $\varepsilon_0=1$(是一个纯数)，故 $\varepsilon=\varepsilon_r$，即介电常数就是相对介电常数而不再加以区分，$\varepsilon$ 也成为纯数，则国际单位制中的相对介电常数 ε_r 就等于高斯制中的介电常数。导体矿物的相对介电常数 $\varepsilon_r\approx\infty$；非导体矿物的相对介电常数 $\varepsilon_r\approx1$；半导体矿物介于两者之间。

(3) 矿物的比导电度和整流性。电选中，矿物颗粒的导电性除了与颗粒本身的电阻有关外，还与矿粒和电极间的接触界面电阻有关，而界面电阻又与矿粒和电极的接触面(或接触点)的电位差有关。电位差小时，电子不能流入或流出导电性差的非导体矿粒，而当电位差相当大时，电子便能流入或流出，此时非导体矿粒便表现为导体。实验表明，各种矿物颗粒从非导体到表现为导体，所需要的电位差值不同。石墨的导电性很好，由非导体变成导体所需要的电位差最低(2800 V)，以它作为标准，将其他各种矿物表现为导体时，所需要的电位差与之相比，其比值叫作比导电度。两种矿物的比导电度相差越大，越易选分。

3. 电选的基本原理

1）电选过程

电选是在电选机的电场中进行的(见图 5-14)。待选颗粒进入电场后，由于导电性质的不同，使得矿粒在电场中以某方式带不同性质的电荷或带不同数量的电荷，从而受到不同的电场力作用，以实现分离。矿物颗粒在电场中除电场力的作用外，还受离心力、重力的联合作用。

矿粒的电场力表现为库仑力 f_1、非均匀电场力 f_2、界面吸引力 f_3(荷电矿粒的剩余电荷和圆筒表面相应位置的感应电荷之间产生的吸引力)，重力为 mg，离心力为 $f_{离}$。

在电晕和静电区，导体矿粒先荷负电而后放电，又从辊筒上荷正电，此时库仑力为斥力，其受力情况为

$$f_1 + f_2 > mg\cos\alpha \tag{5-26}$$

导体矿粒被抛出成为导体产品。

非导体矿粒所受的库仑力为吸力，此时的受力情况为

$$f_1 + f_3 + mg\cos\alpha > f_{离} \tag{5-27}$$

因此被吸在辊筒上。

在电场外区，半导体矿粒受力为

$$f_3 < f_{离} + mg\cos\alpha \tag{5-28}$$

从而脱离辊筒而成为半导体产品。

非导体矿粒受力为

$$f_3 > f_{离} + mg\cos\alpha \tag{5-29}$$

因此吸在辊筒上，被刷子刷下成为非导体产品。式中，α 为矿粒在筒体上的位置与筒心连线偏离垂直方向的角度。

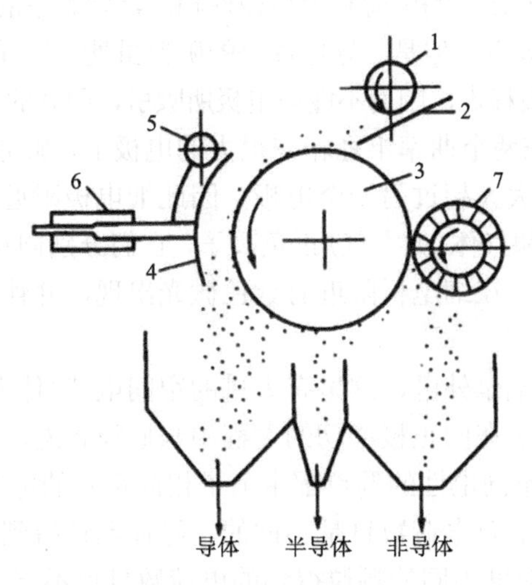

图 5-14　电选分选原理示意图

1. 给矿辊；2. 导矿辊；3. 辊筒电极；4. 电晕电极；5. 偏向电极；6. 高压橡子；7. 毛刷

2）使矿物带电的方法

在矿物电选中使矿粒带电的主要方法有直接传导带电、感应带电、电晕带电和摩擦带电等。

(1) 直接传导带电　如图 5-15 所示，当矿粒直接与电极接触时，矿粒的电位低，电极的电位高。对导体矿粒来说，电极可将电荷传至矿粒表面，使矿粒带上与电极符号相同的电荷而被排斥；非导体矿粒虽然同样置于负电极上，但由于界面电阻大，电极的电荷不能传导至矿粒，相反，在此强电场的作用下，仅仅只受

到电场的极化作用，被电极吸住。最初的电选机就是按照这种原理设计出来的。但在实际中，很少遇到其中一种矿物是良导体，另一种是非导体的矿石。所遇到的绝大多数是半导体的混合物或半导体与非导体的混合物，它们的导电性相差很小。对于选导电性差别小的矿石，采用这种使矿粒带电的方法选别效果不好。

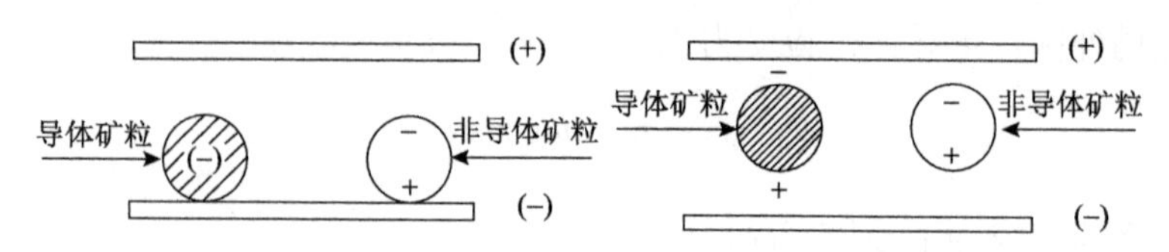

图 5-15　传导带电及感应带电简单原理图

(2) 感应带电　它与传导带电方法的不同点是：矿粒不与带电极直接接触，而是在电场中受到电极的感应，从而使矿粒带电，如图 5-15 所示。导电性好的矿粒在靠近电极的一端产生和电极极性相反的电荷，另一端产生相同的电荷。矿粒上的这种电荷是可以移走的，如移走的电荷和电极极性相同，则剩下的电荷便和电极极性相反，从而矿粒被电极吸引。但是，导电性差的矿粒虽处在同样条件下，却只能被电极极化，其电荷不能被移走，因而不能被电极所吸引，两者的运动轨迹即产生差异。

(3) 电晕带电　在两个曲率半径相差很大的电极上，加足够高的电压时，细电极附近的电场强度将大大超过另一个电极，因此细电极附近的空气将发生碰撞电离，产生大量的电子和气体(如空气)正负离子，它们分别向符号相反的电极移动，形成电晕电流，此时，在细电极附近有紫色微光出现，并伴有“吱吱”声，这种现象叫电晕放电。

矿物颗粒被给到电晕外区，这里有大量的空间电荷(体电荷)——空气负离子和电子。负离子和电子在向正极移动的过程中与矿粒相遇，失去自己的速度，吸附在颗粒上，从而使不同电性的颗粒都带上了相同符号的电荷——负电荷。但是，电性不同的颗粒得到的负电荷数目是不同的，导体颗粒得到的多，非导体颗粒得到的少。电性相同、粒度不同的颗粒得到的电荷数目也不同，粒度大的得到的多，粒度小的得到的少。

矿物颗粒带电后，导电性好的矿粒将负电荷迅速地传递给正极，不受电力作用，而导电性差的矿粒传递电荷速度很慢，受到正极的吸引作用，因此，可以利用在电晕电场中表现出来的这种快慢差异把不同导电性的矿物分开。

(4) 摩擦带电　矿粒相互之间的摩擦和矿粒与给料运输设备的表面发生摩擦也可使矿粒带电。如果不同矿物在摩擦时，能获得足够的不同正负的摩擦电荷，则进入电场中也可把矿物分开。现代电选机有单独采用上述一种带电方法来分选的，也有同时采用两种或两种以上方法分选的。目前，应用最广的是传导带电与电晕带电相结合的方法来选分，其分选效果较好。

5.1.2.5　其他物理选矿方法

1. 拣选

拣选(sorting)是根据块状和粒状物料中不同组分之间某些物理性质的差异来分选的一种选矿方法，其分选粒度的范围为 10～300 mm。自 1940 年第一台拣选机工业应用以来，随着现代电子技术的迅猛发展，特别是微处理机、固体摄像机和机电一体化高速气阀的应用，使拣选成为日趋成熟的选矿方法，自动化程度越来越高，结构日趋完善，品种越来越多。其应用范围已不仅限于预选，还可用于粗选、精选和扫选等选别作业。

拣选作为一种重要的预选方法应用于矿石入选前的预先富集是面对解决入选矿石日益贫化趋势的一项重要对策，是提高选矿技术经济指标的重要途径，尤其对非金属矿更具有特殊的意义，具体表现在如下几个方面：①用拣选法进行矿石预选，可以降低选矿厂 10%～60%的能耗；②通过拣选不仅降低能耗，而且降低了原矿的运输成本和各个后续加工段的费用，减少了选矿量；③采用拣选进行矿石预选可以提高入选矿石品位，有利于提高最终精矿质量；④对于非金属物，它不仅是一种重要的预选方法，也是获得最终产品的一种重要的选矿方法；⑤拣选出的废矿石可用于回填或做建筑材料，不造成环境污染，属于清洁生产的鼓励方法。

拣选分类：拣选分为流水选(连续选)、份选(堆选)、块选三种方式。流水选是指一定厚度的物料层连续通过探测区的拣选方式；份选和块选是指一份或一块矿石单独通过探测区的拣选方式。目前工业上分选以块选为主，块式拣选有手选(即人工拣选)和机械(或自动)拣选两种，前者包括正手选和反手选两种方式；后者包括光度、激发光、磁性检测、核辐射、红外线辐射、电极法、复合、辅助法等拣选方式(图 5-16)。

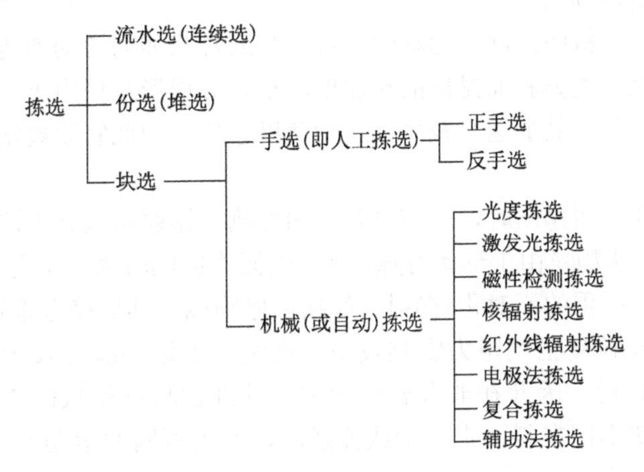

图 5-16　拣选方法分类图

2. 超细分选

随着矿产资源“贫、杂、细”化的日益加剧，如何分选超细颗粒的技术越来越受到重视和关注，超细颗粒的分选技术已成为选矿的重要研究方向之一。超细颗粒主要指粒度在 10 nm 以下的难选矿物，因超细颗粒具有质量小、比表面积大、表面能高、表面电性强等特征，用常规的选矿方法不能有效分选，所以超细颗粒的分选基本上是依据矿物颗粒的表面电性、表面自由能、胶体化学性能等来实现矿物的分离。国内外超细颗粒分选技术主要有以下几种类型。

⑴ 疏水聚团分选　通过对超细矿物颗粒表面进行选择性疏水化，形成疏水聚团，再用常规物理方法进行分离的技术。

⑵ 高分子絮凝分选　是利用高分子絮凝剂在矿浆中选择性的絮凝作用，使得某种矿物微粒絮凝，其他矿粒则处于分散状态，再以常规选矿方法达到矿物分选目的的一种技术。目前它已成为超细颗粒分选的重要方法。

⑶ 复合聚团分选　是指除对超细颗粒施加界面作用力外，还常辅以其他作用力才能将矿物颗粒分离的一种技术，如辅以磁场作用的凝聚磁种分选和疏水-磁复合聚团分选等。

3. 摩擦与弹跳分选

摩擦与弹跳分选(friction and bounce separation)是根据固体颗粒中各组分摩擦系数和碰撞系数的差异，在与斜面碰撞弹跳时产生不同的运动速度和弹跳轨迹而实现彼此分离的一种处理方法。

固体颗粒从斜面顶端给入，并沿着斜面向下运动时，其运动方式随颗粒的形状或密度的不同而不同，其中纤维状或片状几乎全靠滑动，球形颗粒有滑动、滚动和弹跳三种运动方式。

单颗粒单体在斜面上向下运动时，纤维状或片状体的滑动加速度较小，运动速度较小，所以它脱离斜面抛出的初速度较小，而球形颗粒由于是滑动、滚动和弹跳相结合的运动，其加速度较大，运动速度较快，因此它脱离斜面抛出的初速度较大。

当颗粒离开斜面抛出时，受空气阻力的影响，抛射轨迹并不严格沿着抛物线前进，其中纤维状颗粒由于形状特殊，受空气阻力影响较大，在空气中减速很快，抛射轨迹表现出严重的不对称(抛射开始接近抛物线，其后接近垂直落下)，故抛射不远。球形颗粒受空气阻力影响较小，在空气中运动减速较慢，抛射轨迹表现对称，抛射较远。因此在非金属矿物中，纤维状与颗粒状矿物、片状与颗粒状矿物，因形状不同在斜面上运动或弹跳时，产生不同的运动速度和运动轨迹，因而可以彼此分离。

4. 光电分选

利用物质表面光反射特性的不同而分离固体物料的方法称为光电分选(photoelectricity separation)，如图 5-17 所示是光电分选机的原理示意图。光电分选系统由给料系统、光检系统和分离系统三部分组成。给料系统包括料斗、振动溜槽等。固体物料入选前，需要预先进行筛分分级，使之成为窄粒级固体物料，并清除入选物料中的粉尘，以保证信号清晰，提高分离精度。分选时，使预处理后的固体颗粒排队呈单行，逐一通过光检区，保证分离效果。

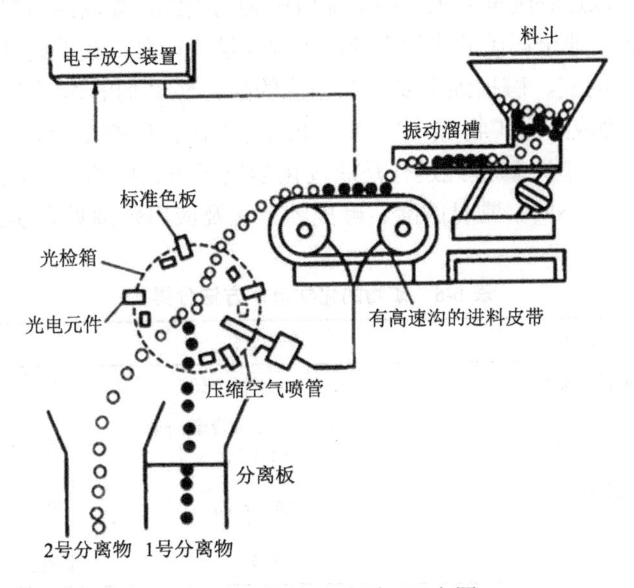

图 5-17 光电分选原理示意图

光检系统包括光源、透镜、光敏元件及电子系统等，这是光电分选机的心脏。因此，要求光检系统工作准确可靠，工作中要维护保养好，经常清洗，减少粉尘污染。固体颗粒通过光检系统后，进入分离系统。其检测所收到的光电信号经过电子电路放大，与规定值进行比较处理，然后驱动执行机构，一般为高频气阀(频率为 300 Hz)，将其中一种物质从物料流中吹动使其偏离出来，从而使入选物料中不同物质得以分离。

光电分选过程为：入选物料经预先分级后进入料斗。由振动溜槽均匀地逐个落入高速沟槽进料皮带上，在皮带上拉开一定距离并排队前进，从皮带首端抛入光检箱受检。当颗粒通过光检测区时，受光源照射，背景板显示颗粒的颜色或色调，当欲选颗粒的颜色与背景颜色不同时，反射光经光电倍增管转换为电信号(此信号随反射光的强度变化)，电子电路分析该信号后，产生控制信号驱动高频气阀，喷射出压缩空气，将电子电路分析出的异色颗粒(即欲选颗粒)吹离原来下落轨道，加以收集。而颜色符合要求的颗粒仍按原来的轨道自由下落加以收集，从而实现分离。

5.1.3 化学提纯

化学选矿是利用不同矿物在化学性质或化学反应特性方面的差异，采用化学原理或化工方法来实现矿物的分离和提纯。化学选矿主要应用于一些纯度要求较高或物理选矿方法难以达到纯度要求的高附加值矿物的提纯，如高纯石墨、高纯石英、高白度高岭土等。非金属矿的化学提纯，主要方法有两种：酸碱处理和化学漂白。

非金属矿物的酸、碱提纯主要是在相应的酸、碱试剂的作用下，把可溶性矿物组分(杂质矿物或有用矿物)溶出浸出，使之与不溶性矿物组分(有用矿物或杂质矿物)分离的过程。酸、碱提纯过程是通过化学反应来完成的。不同的矿物和杂质采取的酸、碱试剂不同。常见的酸、碱提纯方法及应用范围见表 5-6。

表 5-6 矿物的化学选矿方法分类

方法	化学药剂	矿物原料	目的及应用范围
酸法	硫酸、盐酸	石墨、金刚石、石英	提纯；含酸性脉石矿物
	硫酸、盐酸、草酸	膨润土、酸性白土、高岭土、硅藻土、海泡石等	活化改性；阳离子溶出
	硝酸(氢氟酸)或硫酸、盐酸的混合液(如王水)	石英、水晶	提纯；含酸性脉石矿物
	氢氟酸	石英	提纯；超高纯度 SiO_2 制备
碱法	过氧化物(Na、H)、次氯酸盐、过氧乙酸、臭氧等	高岭土、伊利石及其他填料、涂料矿物	氧化漂白；硅酸盐矿物及其他惰性矿物
	氢氧化钠	金刚石、石墨	提纯；溶出硅酸盐等碱(土)金属矿物
	氨水	黏土矿物、氧化矿物与硫化矿物浸出	改性；含碱性的矿石

5.1.3.1 碱熔法

碱熔法(alkali fusion)适用于除去石墨、金刚石等非盐类矿物中的硅酸盐杂质。一般矿物经过浮选后，精矿中的杂质主要是极细粒浸染在矿物裂隙中的部分硅酸盐矿物和钾、钠、钙、镁、铝等的化合物。对于不溶于碱的矿物，除去其中的这些杂质最常用的、最成熟的方法是采用“碱熔—水浸—酸浸”的处理方法。

氢氧化钠高温熔融法是利用矿物中的杂质(硅酸盐等)在 500℃以上的高温下与 NaOH 起反应，一部分生成溶于水的反应产物，被水浸出除去；另一些杂质，如铁的氧化物等，在碱熔后用盐酸中和，生成溶于水的氯化铁等，通过洗涤而除去。提纯过程的主要化学反应如下：

$$SiO_2+2NaOH=\!=\!=Na_2SiO_3+H_2O \tag{5-30}$$

$$Fe^{3+}+3OH^- =\!=\!= Fe(OH)_3\downarrow \tag{5-31}$$

$$Al^{3+}+3OH^- =\!=\!= Al(OH)_3\downarrow \tag{5-32}$$

$$Ca^{2+}+2OH^- =\!=\!= Ca(OH)_2\downarrow \tag{5-33}$$

$$Mg^{2+}+2OH^- =\!=\!= Mg(OH)_2\downarrow \tag{5-34}$$

加入盐酸后的反应如下：

$$Ca(OH)_2+2HCl =\!=\!= CaCl_2+2H_2O \tag{5-35}$$

$$NaSiO_3+2HCl =\!=\!= 2NaCl+H_2SiO_3 \tag{5-36}$$

$$Fe(OH)_3+3HCl =\!=\!= FeCl_3+3H_2O \tag{5-37}$$

$$Al(OH)_3+3HCl =\!=\!= AlCl_3+3H_2O \tag{5-38}$$

实际上，SiO_2 与 NaOH 反应生成的 Na_2SiO_3 可溶于水，在随后的水浸中大部分被除去。另外，碱熔过程中，除了生成 Na_2SiO_3，还可能有 $Na[Al(OH)_4]$生成，它可溶于水，在水浸中被除去。

5.1.3.2　酸溶(浸)法

非金属矿物在实现其特殊工业用途之前，除了像石墨、金刚石这类非盐矿物中需要除掉硅酸盐类杂质外，更多、更常见的是要除掉矿物中的着色杂质，主要是指其中所含的铁的各种化合物。如 Fe_2O_3、FeO、$Fe(OH)_3$、$Fe(OH)_2$、$FeCO_3$ 等，其中有些铁是以单体矿物或矿物包裹体存在。有些是以薄膜铁的形式附着于矿物表面、裂隙或结构层间。酸溶法是除去非金属矿物中单体褐铁矿及薄膜铁的比较有效的方法。酸溶出剂主要有硫酸、盐酸、硝酸、氢氟酸等，其中以硫酸试用最广泛。

1. 酸溶(浸)法提纯的原理

浸出是水溶液和矿物表面进行多相化学反应的过程。我们可以从浸出过程热力学和浸出化学反应机理两个方面理解浸出原理。

1）浸出过程热力学

设有浸出反应：

$$aA+bB==cC+dD \tag{5-39}$$

反应进行的方向和限度，可用给定温度 T(K)条件下，反应的吉布斯自由能变量 ΔG_T来判断。如果 ΔG_T为负值，则反应式(5-39)由左向右自动进行，该反应的吉布斯自由能变量 ΔG_T可表示为

$$\Delta G_T = \Delta G_T^{\ominus} + RT \ln \frac{\alpha_C^c \alpha_D^d}{\alpha_A^a \alpha_B^b} \tag{5-40}$$

式中，α 为在指定温度下 T(K)下，反应中各物质的活度；T 为热力学温度，K；R 为摩尔气体常量，R=8.3145J/(K·mol)；$\Delta G_T^{\ominus}$ 在指定温度下 T(K)下，化学反应的标准摩尔吉布斯自由能变量，可用下式计算：

$$\Delta G_T = \sum \Delta G^{\ominus}{}_{生成物,\ T} - \sum \Delta G^{\ominus}{}_{反应物,\ T} \tag{5-41}$$

式中，$\sum \Delta G^{\ominus}{}_{生成物,\ T}$、$\sum \Delta G^{\ominus}{}_{反应物,\ T}$ 分别为反应生成物 C、D 和反应物 A、B 在 T(K)时的标准摩尔生成吉布斯自由能(可从有关手册中查出)，kJ/mol。

对于可逆电池反应，有

$$-\Delta G_T^{\ominus} = nFE^{\ominus} \tag{5-42}$$

式中，n 为电池反应中的电子迁移数；F 为法拉第常量，F=96 500 C/mol；$E^{\ominus}$ 为标准状态下的电极电位，V。

化学反应的标准摩尔吉布斯自由能变量与反应平衡常数 K 的关系为

$$-\Delta G_T^{\ominus} = -RT \ln K \tag{5-43}$$

2）浸出化学反应机理

浸出化学反应机理主要有活化络合物机理、电化腐蚀机理等。浸出化学反应的电化腐蚀机理解释类似于金属的电化腐蚀。以金的氰化浸出为例，浸出过程中自然金粒内部出现电位不平衡，有电子流动，从而在颗粒表面产生了带正电的阳极区和带负电的阴极区，形成客观存在的相邻两区组成的固体电极，如图 5-18 所示。这就是电化腐蚀原电池形成过程，无数原电池遍布在自然金颗粒表面上，原电池反应不断进行，促进了金的不断溶解。由金溶解的电极反应式可以看出，金的氰化溶解必须有氧或氧化剂存在，并随着溶液中氧浓度的提高，金溶解速度显著提高。

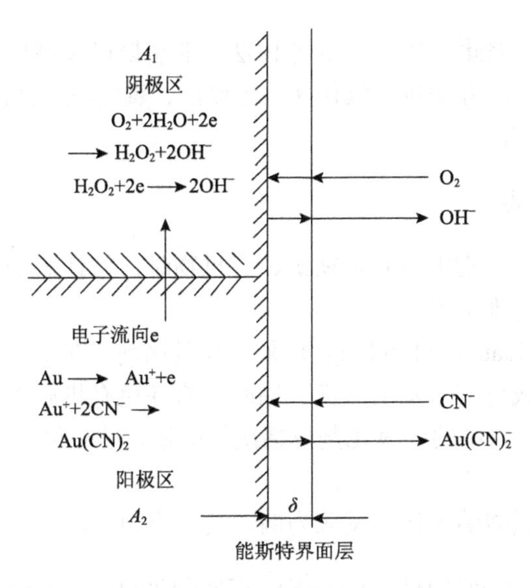

图 5-18　金溶解的电化过程

3）影响浸出过程的因素

浸出过程是发生于固液两相间的反应。固体处在液体中，其表面附着一层液体，这个液层叫能斯特界面层，其厚度约 0.03 mm。当固体颗粒与远处的液体之间做相对运动时，该附面层随着固体一起运动。

酸等浸出溶剂必须通过附面层才能达到固相表面发生反应，而且浸出剂分子与固相反应前后要经过如下几个阶段：①浸出剂分子穿过附面层到达固相表面；②浸出剂被吸附在固相表面；③在固相表面发生化学反应，生成可溶性化合物；④生成的可溶性化合物从固相表面解吸；⑤可溶性化合物穿过附面层向溶液中扩散。

5.1.3.3　氧化-还原漂白法

像高岭土、重晶石粉等这些用作陶瓷、造纸和化工填料的矿物，要求具有很高的白度和亮度，而自然界产出的天然矿物中，往往因含有一些着色杂质而影响其自然白度。采用常规选矿方法，往往因矿物粒度极细和矿物与杂质紧密共生而难以奏效。因此，采用氧化-还原漂白方法(oxidation-reduction bleaching method)将非金属矿物提纯是一条有效的途径。

非金属矿物中有害的着色杂质主要是有机质(包括碳、石墨等)和含铁、钛、锰等矿物，如黄铁矿、褐铁矿、赤铁矿、锐钛矿等。由于有机质通过煅烧等方法容易除去，因此上述金属氧化物成为提高矿物白度的主要处理对象。采用强酸溶解的方法，固然能将上述铁、钛化合物大部分除掉，但是，强酸(如盐酸、硫酸等)在溶解氧化铁、氧化钛的同时，也会溶解氧化铝，从而有可能破坏高岭土等黏土类矿物的晶格结构。因此，氧化-还原漂白法在非金属矿物漂白提纯中占有重要的地位。目前常用的漂白方法包括氧化法、还原法、氧化-还原法联合法等三种，其中还原法应用得最广泛。

1. 氧化漂白法

高岭土等黏土类矿物中含有黄铁矿、有机物时，常使矿物呈灰色。这些物质用酸洗和还原漂白均难除去。

氧化漂白法(oxidation bleaching)是采用强氧化剂，在水介质中将处于还原状态的黄铁矿等氧化成可溶于水的亚铁。同时，将深色有机质氧化，使其成为能被选去的无色氧化物。所用的强氧化剂包括次氯酸钠、过氧化氢、高锰酸钾、氯气、臭氧等。

以黄铁矿被次氯酸钠氧化的反应为例，其反应如下。

$$FeS_2+7NaOCl+H_2O \longrightarrow Fe^{2+}+7Na^{+}+2SO_4^{2-}+7Cl^{-}+2H^{+} \tag{5-44}$$

在较强的酸性介质中，亚铁离子是稳定的。但当 pH 值较高时，亚铁则可能变成难溶的三价铁，失去可溶性。除了 pH 值的影响外，氧化漂白还受到矿石特性、温度、药剂用量、矿浆浓度、漂白时间等因素影响。

(1)温度　随着温度升高，漂白剂的水解速度加快，从而加快漂白速度，缩短漂白时间；但温度过高、热耗量大，药剂分解速度过快而造成浪费并污染环境，实际生产中可通过在常温下加大药量、调整 pH 值、延长漂白时间来达到预期效果。

(2)pH 值　次氯酸盐为弱酸盐，在不同 pH 值下有不同的氧化性能。在碱性介质中较稳定，在中性和酸性介质中不稳定且分解迅速，生成强氧化成分。在弱酸性(pH=5～6)条件下，其活性最大，氯化能力最强，此时二价铁离子也较稳定。

(3)药剂用量　最佳用药量与原矿特性、杂质被氧化程度、反应温度、时间和 pH 值等有关。

(4)矿浆浓度　药剂用量一定时，矿浆浓度降低，漂白效果下降。另一方面，若浓度过高，由于产品得不到洗涤、过滤后残留药剂离子太多，影响产品性能。

(5)漂白时间　时间越长，漂白效果越好。开始时反应速度很快，随后越来越慢，需要通过试验确定合理而又经济的漂白时间。

2. 还原漂白法(reduction bleaching)

1）连二亚硫酸钠漂白法

对黏土类矿物进行还原漂白时最常用的连二亚硫酸盐是连二亚硫酸钠，又称低亚硫酸钠，工业上又称保险粉，分子式为 $Na_2S_2O_4$。工业上可用锌粉还原亚硫酸来制得。保险粉是一种强还原剂，碘、碘化钾、过氧化氢、亚硝酸等都能被它还原。黏土类矿物中存在的三价铁的氧化物，不溶于水，在稀酸中溶解度也较低。但若矿浆加入保险粉，氧化铁中三价铁可被还原为二价铁。由于二价铁易溶于水，经过滤洗涤即可除去，其主要反应为

$$Fe_2O_3+Na_2S_2O_4+H_2SO_4 = Na_2SO_4+2FeSO_3+H_2O \tag{5-45}$$

影响这一还原反应过程的因素很多，但主要是矿浆酸度、温度、药剂用量和反应时间、加入添加剂等。

(1)酸度的影响。

如上所述，在保险粉与氯化铁的反应中，保险粉的$S_2O_4^{2-}$失去两个电子，被氧化成SO_3^{2-}，氧化铁中的三价铁获得电子，被还原成二价铁。

保险粉的标准电极电位为

$$HS_2O_4^-+2H_2O \longrightarrow 2H_2SO_3+H^++2e^- \qquad E_{298}=-0.23\ V \tag{5-46}$$

根据能斯特公式，其电极电位为

$$E = E_{298} + \frac{0.059}{\dfrac{2\lg[H^+]}{HS_2O_4^-}} \tag{5-47}$$

假设$[HS_2O_4^-]=1$,则

$$E = -0.23 + \frac{0.059}{2\lg[H^+]} \tag{5-48}$$

由式(5-48)可以看出，随着 pH 值得增加，保险粉电极电位变得更负，即其还原能力更强。因此，在印染工业中，保险粉通常在碱性条件下使用。

但是从另一方面看，二价铁与三价铁的转换也与 pH 值有密切关系。Fe^{3+}/Fe^{2+}的电极电位为

$$Fe^{3+}+e^- \longrightarrow Fe^{2+} \qquad E_{298}=0.771\ V \tag{5-49}$$

表面上看，Fe^{3+}/Fe^{2+}的电极电位似乎与 pH 值无关，但由于Fe^{3+}和Fe^{2+}的溶解度发生变化，从而影响Fe^{3+}/Fe^{2+}的电极电位。

$$Fe(OH)_3+e^- \longrightarrow Fe(OH)_2+OH^- \tag{5-50}$$

$Fe(OH)_3/Fe(OH)_2$的电位比Fe^{3+}/Fe^{2+}下降了 0.827 V。可见，随着 pH 值升高，三价铁与二价铁的电极电位越来越负，即三价铁的氧化能力越来越低，二价铁的还原能力却逐渐增加。三价铁变得不易还原，而二价铁却易被氧化，甚至可被空

气中的氧所氧化。这样，即使被保险粉还原了的铁，由于氧化，又生成不溶于水的三价铁，从而使漂白反应失去作用。所以，保险粉还原氧化铁的反应，不宜在碱性条件下进行。

但是，反应的 pH 值不宜太低。否则，保险粉的稳定性下降，发生如下不利的反应。

$$3S_2O_4^{2-} + 6H^+ = 5SO_2 + H_2S + 2H_2O \tag{5-51}$$

$$SO_2 + 2H_2S = 3S\downarrow + 2H_2O \tag{5-52}$$

试验表明，pH=0.8 时，在室温下只需 2 min，保险粉就会分解掉一半。图 5-19 是苏州高岭土用保险粉漂白时 pH 值对白度的影响。可以看到，当 pH 值过低时，漂白效果反而下降。

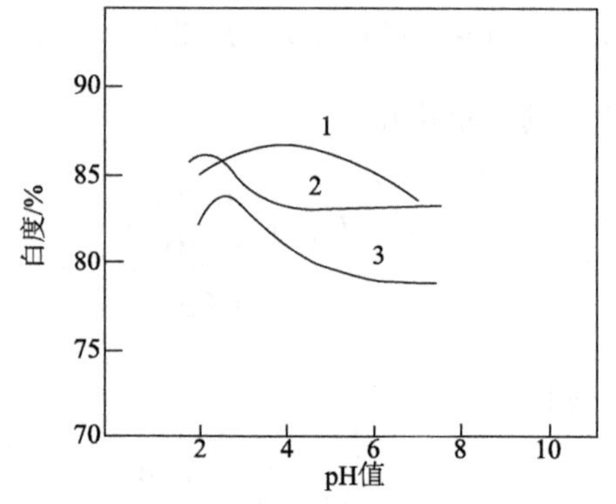

图 5-19　pH 值对高岭土漂白的影响

1. 原土 Fe_2O_3 含量 0.66%；2. 原土 Fe_2O_3 含量 0.61%；3. 原土 Fe_2O_3 含量 0.90%

一般保险粉用量需要通过实验加以确定，当保险粉用量增加到一定量时，高岭土白度不再增加。欲漂白的高岭土含铁量不宜太高，否则消耗保险粉太多，经济上不合算，一般以 Fe_2O_3 含量在 1%以下较好。

(2) 保险粉用量的影响。

从理论上来说，氧化铁含量越高，所需保险粉的量越多，而且能够计算所需保险粉的用量。但实际用量远超过理论计算量，一方面，保险粉很不稳定，在酸性介质中漂白时会不可避免地分解掉一部分；另一方面，它在与氧化铁反应的同时，还会与水慢慢作用，发生如下反应。

$$2NaS_2O_4 + H_2O = Na_2S_2O_3 + 2NaHSO_3 \tag{5-53}$$

(3) 温度的影响。

保险粉与氧化铁的反应与其他化学反应一样，随温度升高而加快，一般反应温度为 40～50℃。但随着温度升高保险粉稳定性大大下降。试验表明，15.4%的保险粉溶液，30℃时，5 天内分解约 15%；35℃时，3 天内几乎分解 50%。生产实践表明，只要控制好其他条件，在常温(25℃)下，甚至在 5～7℃下，仍能取得较好漂白效果。

2）硼氢化钠漂白法

常用的还原漂白剂除了连二亚硫酸钠外，还有连二亚硫酸锌。如上所述，连二亚硫酸钠很不稳定，相比之下，连二亚硫酸锌则稳定些，但是，它却会使漂白废水中锌离子浓度过高，同时，锌离子残存于漂白土内，在用作造纸涂料和填料时，废水中所含的锌离子足以危及河流内的生物，为避免上述缺点，国外采用了一种硼氢化钠漂白法。

硼氢化钠漂白法实际上是一种在漂白过程中通过硼氢化钠与其他药剂反应生成连二亚硫酸钠来进行漂白的方法。具体加药程序是：在 pH 值为 7.0～10.0 的情况下，将一定量的硼氢化钠和 NaOH 与矿浆混合，然后通入 SO_2 气体或使用其他方法使 SO_2 与矿浆接触。调节 pH 值在 6～7，有利于在矿浆中产生最大量的连二亚硫酸钠，再用亚硫酸(或 SO_2)调节 pH 值在 2.5～4，此时即可发生漂白反应，反应如下：

$$NaBH_4+9NaOH+9SO_2 = 4Na_2S_2O_4+NaBO_2+NaHSO_3+6H_2O \quad (5\text{-}54)$$

这种方法的本质仍是连二亚硫酸钠起还原漂白作用。但是，在 pH 值为 6～7 时，生成的最大量的连二亚硫酸钠十分稳定。在随后的 pH 降低时，连二亚硫酸钠与矿浆中氧化铁立即反应，得到及时利用，从而避免了连二亚硫酸钠的分解损失。

3）亚硫酸盐电解漂白法

这是一种在生产过程中产生连二亚硫酸盐进行还原漂白的方法，即在含有亚硫酸盐的高岭土矿浆中，通以直流电，使溶液中的亚硫酸电解还原生成连二亚硫酸，并及时与三价铁反应使其还原为可溶性 Fe^{2+}，从而达到漂白的目的。

4）还原-络合漂白法

黏土矿物中的三价铁用连二亚硫酸钠还原成二价铁后，如果不是马上过滤洗涤，而是像实际生产中那样停留一段时间，会出现返黄现象。解决这一问题的方法就是加入络合剂，使得二价铁离子得到络合而不再容易被氧化。可用来对铁进行络合的药剂种类很多，苏联是在漂白后加入磷酸和聚乙烯醇来提高漂白效果，美国的 R．F．Conley 等则是在漂白后添加羟胺或羟胺盐来防止二价铁的再氧化。我国的一些厂家主要是用草酸作为二价铁的络合剂，另外还有聚磷酸盐、乙二胺乙酸盐、柠檬酸等。

上述用来对铁离子进行络合的药剂，基本都属于螯合剂。它们都含有两类官能团：既含有与金属离子成螯的官能团，又含有促进水溶性的官能团。例如，草酸分子除了有与金属离子成螯的羟基外，尚有亲水基团羰基，与铁离子作用时形成含水的双草酸络铁螯合离子。

该螯合离子为水溶性，在漂白后可随溶液排出。事实上，据测定，用草酸溶解矿物表面的铁要比硫酸及盐酸的速度快三倍，而且由于生成的螯合离子极稳定，故草酸可以从矿物表面排除与晶格联系极牢固的铁离子，使得本已存在于矿浆中的矿物(包括氧化铁、氧化锰、氧化钛等)溶解电离平衡向右移动。

$$2Fe_2O_3+6H_2O \longrightarrow 4Fe(OH)_3 \tag{5-55}$$

$$Fe(OH)_3 \longrightarrow Fe^{3+}+3OH^- \tag{5-56}$$

当有还原剂与草酸配合使用时，不仅被还原的二价铁使氧化铁溶解度提高，而且络离子的电离度和络离子配位体的配位数降低，整个溶液体系中的络离子形成横纵网络，大大提高了铁的络合效率。

5.1.3.4　高温煅烧法

在低于熔点的适当温度下加热物料，使其分解，并除去所含结晶水、二氧化碳或三氧化硫等挥发性物质的过程称为煅烧。例如，石灰石经煅烧失去二氧化碳而生成生石灰；氢氧化铝脱水而生成氧化铝；碱式硫酸钛失去水和三氧化硫而生成二氧化钛等。

影响煅烧过程的主要因素为：煅烧温度、气相成分、化合物的热稳定性等。图 5-20 中，1、2、3 三条曲线分别表示菱铁矿($FeCO_3$)、菱镁矿($MgCO_3$)、方解石($CaCO_3$)的分解压 P_{CO_2} 与温度的关系，水平虚线表示气相中 CO_2 实际分压(P'_{CO_2})。由图 5-20 可见，当温度控制在 T_1 时，这三种碳酸盐的分解压大小排序为：$P_{1CO_2}>P_{2CO_2}>P_{3CO_2}$，此时，$FeCO_3$ 分解，而 $MgCO_3$、$CaCO_3$ 不分解，当 P'_{CO_2} 为定值时(图 5-20 中水平虚线)，分解压小的碳酸盐需要更高的煅烧温度才能分解，对于 $FeCO_3$、$MgCO_3$ 和 $CaCO_3$，其煅烧温度分别大于 T_1、T_2 和 T_3。

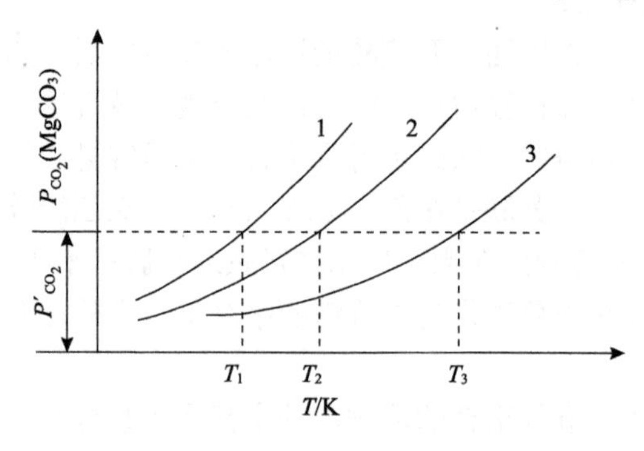

图 5-20　$FeCO_3$、$MgCO_3$ 和 $CaCO_3$ 的分解压曲线

5.2　矿物超细粉碎理论

固体物料在外力作用下克服其内聚力使之破碎的过程称为粉碎。因处理物料的尺寸大小不同，可大致将粉碎分为破碎和粉磨两类处理过程：使大块物料碎裂成小块物料的加工过程称为破碎；使小块物料碎裂成细粉末状物料的加工过程称为粉磨。通常按以下方法进一步划分。

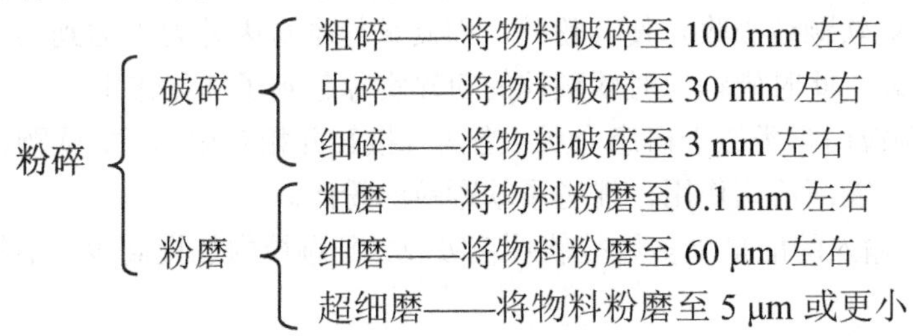

物料经粉碎尤其是粉磨后，粒度显著减小，比表面积显著增大，因而有利于几种不同物料的均匀混合，便于输送和储存，也有利于提高高温固相反应的程度和速度。

由于物料的性质以及要求的粉碎细度不同，粉碎的方式也不同。按粉碎过程所处的环境可分为干式粉碎和湿式粉碎；按粉碎工艺可分为开路粉碎和闭路粉碎；按粉碎产品细度又可分为一般细度粉碎和超细粉碎。按施加外力作用方式的不同，物料粉碎一般通过挤压、冲击、磨削和劈裂几种方式进行，各种设备的工作原理也多以这几种为主。

5.2.1　超细粉碎机理

5.2.1.1　粉碎模型

物料颗粒被粉碎时的破坏形式各不相同，人们提出了三种主要的粉碎模型。

(1) 体积粉碎模型。整个颗粒首先被粉碎成粒度较大的中间颗粒，这些中间颗粒在随后的粉碎中继续被粉碎成细粉。冲击粉碎和挤压粉碎的粉碎模型类似于该模型。

(2) 表面粉碎模型。颗粒的表面被粉碎并与颗粒分离，形成细粉，而颗粒内部不发生变化。研磨和磨削粉碎方式类似于该模型。

(3) 均一粉碎模型。颗粒整体被直接粉碎成细粉，分散度高，粒径较均匀。该模型只在结合极不紧密的物料的粉碎中才出现，一般矿物的粉碎可不考虑该模型。

当待粉碎物料中包含几种物料时，由于各种物料相互影响，其粉碎过程可能较单一物料更为复杂。对此，有两种截然不同的观点。一种观点认为多种物料混合进行粉碎时物料之间无相互影响。和单一物料的粉碎一样，混合物料中每一组分的粒度分布本质上都遵循同样的舒曼粒度特性分布函数。另一种观点认为多种物料混合粉碎时相互之间有影响。从粉碎的结果来看，与单独粉碎时相比，易碎的物料混合粉碎后产品粒径小，难碎物料的产品粒径大。在以磨削粉碎和挤压粉碎为主要原理的场合，这种差别更大，其原因可能在于如下几方面。

(1) 硬颗粒强度高，不易粉碎，当混合物料受力时，输入的能量通过硬颗粒传递给相邻的软颗粒，被软颗粒吸收，使其粉碎，而硬颗粒本身因外力未达到其实际断裂强度而不被粉碎。此时硬颗粒对软颗粒的粉碎实际起到了催化作用。

(2) 硬颗粒对软颗粒而言类似于研磨介质。当两者接触并相对运动时，软颗粒会受到硬颗粒的磨削和表面剪切作用，促进了软颗粒的粉碎。

(3) 混合粉碎时，输入的能量更多地被软颗粒吸收，硬颗粒内能提高少，不易被粉碎。

5.2.1.2 颗粒粉碎与比表面能

比表面能是固体颗粒表面增加单位面积所需要的能量。在超细粉碎过程中，随着颗粒的碎化，表面积大大增加，表面能增加，其增加值等于新增表面积与比表面能的乘积，这些新增表面能需要外力做功提供能量。Tanaka 和 Jimbo 等建立了新增表面能与能耗的关系式：

$$E=K(\Delta S)^{n} \tag{5-57}$$

式中，E 是颗粒粉碎时的能耗；ΔS 指颗粒粉碎的新增表面积；K 是常数；n 是与粉碎状态有关的常数。

可见颗粒粉碎能耗与表面能有密切关系，新增表面积增加，即表面能增加，能耗增加，当颗粒粒径小至微米或亚微米级时，新增的表面能使能耗变得非常大，进一步粉碎变得非常困难，这就使超细粉碎具有了不同于普通粉碎的特殊性。

5.2.2 超细粉碎过程的功耗

粉碎过程是一个能量消耗过程，如何降低粉碎能耗一直是粉碎工程和粉碎理论关注的问题，找出粉碎能耗与粒度的关系是解决这一问题的基础，通常以粒径的函数来表示粉碎功耗。本节介绍有关粉碎功耗的经典理论和一些新的观点。

5.2.2.1 经典粉碎功耗理论

1）Lewis 公式

粒径减小所耗能量与粒径的 n 次方成反比。数学表达式为

$$dE = -C\frac{dD}{D^n} \tag{5-58}$$

式中，E 为粉碎功耗；D 为物料的粒径；C、n 为常数。该式是粉碎过程中粒径与功耗关系的通式。随着粉碎过程的不断进行，物料的粒度不断减小，其宏观缺陷也减小，强度增大，因而减小同样的粒度所耗费的能量也要增加。换言之，粗粉碎和细粉碎阶段的比功耗是不同的。显然用 Lewis 式来表示整个粉碎过程的功耗是不确切的。

2）Ritttinger 定律——表面积学说

1867 年，雷廷智(P. R. Ritttinger)提出：粉碎过程是物料表面积增加的过程；粉碎物料所消耗的功与粉碎过程中新增加的表面积成正比。该学说比较符合粉磨作业过程。数学表达式为

$$dE = C_R dS$$

$$E = C_R\left(\frac{1}{D_2} - \frac{1}{D_1}\right) \tag{5-59}$$

式中，E 为粉碎功耗；D_1、D_2 分别为粉碎前、后的物料平均粒径；C_R 为常数。

3）Kick 定律——体积学说

1874 年和 1885 年，基尔比切夫和基克分别提出了体积理论，认为物体的体积变形导致了物料的粉碎，粉碎物料消耗的功与物料的体积成正比，尤其是粗碎作业。数学表达式为

$$E = C_K\left(\lg\frac{1}{D_2} - \lg\frac{1}{D_1}\right) \tag{5-60}$$

式中符号意义同前，系数 C_K 与物料的物理机械性能有关。

4）Bond 定律——裂纹学说

1952 年，邦德(F. C. Bond)提出：当物料受外力作用时产生应力，当应力超过着力点的强度时，就产生裂纹，裂纹进一步扩展，物料被破碎；粉磨物料所消耗的功与粉碎物料的直径平方根成反比(或与物料的边长平方根成反比)。

$$E = C_B\left(\frac{1}{\sqrt{D_2}} - \frac{1}{\sqrt{D_1}}\right) \tag{5-61}$$

式中的比例系数 C_B 的大小与物料性质及使用的粉碎机类型有关，D_1、D_2 分别为粉碎前、后 80%物料所能通过的筛孔尺寸。

将上面几个学说综合起来看，表面积学说、体积学说和裂纹学说可看成 Lewis 式中的常数 n 分别为1、2 和 1.5 时积分所得。这三种学说可认为是对 Lewis 式的具体修正，从不同角度解释了粉碎现象的某些方面，各代表粉碎过程的一个阶段——弹性变形(Kick 学说)、开裂及裂纹扩展(Bond 学说)和形成新表面(Ritttinger 学说)。粗粉碎时，Kick 学说较适宜；细粉碎(磨)时 Ritttinger 学说较合适；而 Bond 学说则适合于介于两者之间的情况，它们互不矛盾，相互补充，这种观点已为实践所证实。

5.2.2.2 新近粉碎功耗理论

1）田中达夫粉碎定律

由于颗粒形状、表面粗糙度等因素的影响，经典粉碎功耗理论的各式中的平均粒径或代表性粒径很难精确测定。而比表面积测定技术的发展使得用其表示粒度平均情况来得更精确些。田中达夫提出了用比表面积表示粉碎功的定律：比表面积增量对功耗增量的比与极限比表面积和瞬时比表面积的差成正比。

$$\frac{\mathrm{d}S}{\mathrm{d}E}=K\left(S_{\infty}-S\right) \tag{5-62}$$

式中，S_{∞} 为极限比表面积，它与粉碎设备、工艺及被粉碎物料的性质有关；S 为瞬时比表面积；K 为常数，水泥熟料、玻璃、硅砂和硅灰的 K 值分别为 0.70、1.0、1.45 和 4.2。这就意味着，物料越细时，单位能量所能产生的新表面积越小，即越难粉碎。

将式(5-62)积分，当 $S \ll S_{\infty}$ 时，可得

$$S=S_{\infty}\left(1-\mathrm{e}^{-KE}\right) \tag{5-63}$$

式(5-63)相当于式(5-57)中 $n>2$ 的情形，适用于微细或超细粉碎。

2）Hiorns 公式

英国的 Hiorns 在假定粉碎过程符合 Ritttinger 定律及粉碎产品粒度符合 RRS 分布的基础上，设固体颗粒间的摩擦力为 k，导出了如下功耗公式：

$$E=\frac{C_{\mathrm{R}}}{1-k}\left(\frac{1}{D_2}-\frac{1}{D_1}\right) \tag{5-64}$$

可见，k 值越大，粉碎能耗越大。由于粉碎的结果是增加固体的表面积，则将固体比表面能 σ 与新生表面积相乘可得粉碎功耗计算式：

$$E=\frac{\sigma}{1-k}\left(S_2-S_1\right) \tag{5-65}$$

3）Rebinder 公式

苏联的 Rebinder 和 Chodakow 提出，在粉碎过程中，固体粒度变化的同时还伴随有其晶体结构及表面物理化学性质等的变化。他们在将基克定律和田中达夫定律相结合的基础上，考虑增加表面能 σ、转化为热能的弹性能的储存及固体表面某些机械化学性能的变化，提出了如下功耗公式：

$$\eta_{\mathrm{m}}E=\alpha\ln\frac{S}{S_0}+\left[\alpha+\left(\beta+\sigma\right)S_{\infty}\right]\ln\frac{S_{\infty}+S_0}{S_{\infty}+S} \tag{5-66}$$

式中，η_{m} 为粉碎机械效率；α 为与弹性有关的系数；β 为与固体表面物理化学性质有关的常数；S_0 为粉碎前的初始比表面积；其余符号同上。

上述新的观点或从极限比表面积角度或从能量平衡角度反映了粉碎过程中能量消耗与粉碎细度的关系，这是在几个经典理论中未涉及的，从这个意义上讲，这些新观点弥补了经典粉碎功耗定律的不足，是对它们的修正。但是，粉碎理论仍然不够完善，有待进一步研究。

5.2.3　超细粉碎过程的动力学

粉碎过程动力学的研究目的在于了解粉碎过程进行的速度以及与之有关的影响因素，寻求物料中不同粒度级别的粉体颗粒质量随粉碎时间的变化规律，从而实现对粉碎过程的有效控制。

设粗颗粒级别物料随粉碎时间的变化率为 $-\frac{\mathrm{d}R}{\mathrm{d}t}$，影响过程进行速度的因素及其影响程度分别为 A、B、C…和 α、β、γ…，则粉碎速度可用下面的动力学方程表示：

$$-\frac{\mathrm{d}R}{\mathrm{d}t}=KA^{\alpha}B^{\beta}C^{\gamma}\ldots \tag{5-67}$$

式中，K 为比例系数，“−”号表示 R 随时间的增加而减少。$\alpha+\beta+\gamma+\cdots$ 之和为动力学级数，若和值为 0、1、2，则分别为零级、一级、二级粉碎动力学，其中应用最广泛的是一级动力学。

5.2.3.1　零级粉碎动力学

设粉碎(磨)前，粉碎(磨)设备内的物料无合格细颗粒，则粗粒的浓度为 1，在粉碎条件不变时，待磨的粗颗粒量的减少仅与时间成正比，即

$$-\frac{\mathrm{d}R}{\mathrm{d}t}=K_0 \tag{5-68}$$

式中，K_0为比例常数。式(5-68)即是零级粉碎动力学的基本公式。

5.2.3.2　一级粉碎动力学

戴维斯(E. W. Davis)等提出的一级粉碎动力学方程为

$$-\frac{\mathrm{d}R}{\mathrm{d}t}=K_1R \tag{5-69}$$

即粉磨速率与物料中不合格粗颗粒含量(R)成正比。

将式(5-69)积分可得

$$\ln R=-K_1t+C \tag{5-70}$$

若$t=0$时，$R=R_0$，则$C=\ln R_0$，代入式(5-70)得

$$\ln R=-K_1t+\ln R_0$$

阿利亚夫登(V. V. Aliavden)进一步提出了下式：

$$\frac{R}{R_0}=e^{-K_1m} \tag{5-71}$$

式中，参数m值随物料均匀性、强度及粉磨条件而有所变化。

一方面，随着粉磨时间的延长，后段时间的物料平均粒度总比前段小，细粒产率应较高，相应地m值会增大；另一方面，一般固体都是不均匀的，具有若干薄弱局部，随着粉磨过程的进行，物料总体不断变细，这些薄弱局部逐渐减少，物料趋于均匀而较难粉磨，致使粉磨速度降低。因此m值与物料的易磨性变化有关，可根据其值的变化程度来判断物料的均匀性。例如，均匀的石英和玻璃从10～15 mm磨至0.1 mm时，m值为1.4～1.6，变化很小，从52 μm磨至26 μm时，m值仅从1.4变至1.3。但粉磨不均匀物料(如石灰石和软煤)时，其后期的粉磨速度较初期明显降低，m值可降至0.5～0.6。在一般情况下，m值多为1左右。

5.2.3.3　二级粉碎动力学

鲍迪什(F. W. Bowdish)提出，在粉磨过程中，应将研磨介质的尺寸分布特性作为粉磨速度的影响因素。在一级粉碎动力学基础上，加上研磨介质表面积A的影响，得到了二级粉磨动力学基本公式：

$$-\frac{\mathrm{d}R}{\mathrm{d}t}=K_2AR \tag{5-72}$$

介质表面积在一定时间内可认为是常数，所以，将式(5-72)积分可得

$$\ln\frac{R_1}{R_2}=K_2A\left(t_2-t_1\right) \tag{5-73}$$

显然，研磨介质的表面积 A 是不可忽视的因素，而表面积 A 又与不同尺寸介质级配有关，因此，对于不同性质、不同大小的物料，研磨介质的级配选择应得到足够的重视。Bowdish 推算的结果是，对于 28～35 目的物料，钢球直径应大于 2.54 cm；对于 14～20 目的物料，应选用 5.08～6.35 cm 的钢球。

5.2.3.4　粉碎动力学在生产中的应用

1）工业磨机的技术评价

工业磨机技术评价的主要技术指标包括生产能力和能量消耗。理论推导的球磨机有用功率 N 的计算式为

$$N=KD^{2.5}L \tag{5-74}$$

式中，N 为有用功率，kW；D 为磨机有效直径，m；L 为磨机有效长度，m；K 为与磨机转速、研磨介质填充率、最内及外球层球半径等有关的抛落式或泻落式工作的综合指数。

磨机生产率 Q 与有用功率 N 的关系为

$$Q=\frac{k}{\gamma\Delta A}N=\frac{k}{\gamma\Delta A}D^{2.5}L \tag{5-75}$$

式中，k 为比例系数；γ 为物料的比表面能；ΔA 为物料粉磨后新生的表面积。式(5-74)和式(5-75)是评价磨机技术效果的理论基础。

胡基提出了“基准磨”的比较方法。所谓基准磨，是有效内径和有效长度分别都为 1000 mm 的圆筒形磨机，临界转速为 42.3 r/min。若安装功率为 N_T，则求得基准磨的有用功率系数为

$$K=\frac{N_T}{D^{2.5}L} \tag{5-76}$$

如某台磨机的 K 值低于基准值，则有增大输入功率提高其处理能力的余地。棒、球磨机的 K 值最大为 12，砾磨为 4.2～5.0。

安德列耶夫提出了“条件生产率”的评价方法，指出工业磨机的生产率应看成是物料性质、给料条件、给料和产品细度及有用功率等的函数。由于生产能力与粉磨时间成正比，能量消耗与之成反比，故动力学公式可写成：

$$\frac{R_0}{R}=10k'\left(\frac{N\eta}{Q}\right)^m \tag{5-77}$$

$$Q\left(\lg\frac{R_0}{R}\right)^{\frac{1}{m}}=kN\eta=\text{常数} \tag{5-78}$$

$$k=k'^{\frac{1}{m}} \tag{5-79}$$

式中，k 为综合系数；η 为有用功率的利用系数。

如果将 $V\sqrt{D}$ 定义为条件容积，则有条件容积利用系数：

$$q_{\mathrm{V}}=\frac{Q}{V\sqrt{D}} \tag{5-80}$$

可用 q_{V} 值的大小来评价各种不同规格磨机的技术效果。q_{V} 值大，则效果较好；反之亦然。

2）循环负荷率、选粉效率与磨机生产能力的关系

在闭路粉磨系统中，循环负荷率、选粉效率与磨机生产能力三者的协调对于功耗的影响至关重要。选粉设备的选粉效率对生产能力也有着重要的影响。如果循环负荷率太小，则磨内已经达到要求细度的合格物料不能及时从磨内排出，会造成过粉磨现象，显然不利于提高生产能力和降低粉磨电耗；反之，如果循环负荷率太大，虽然可以避免过粉磨现象，但一是磨内物料存量大，二是选粉设备负荷大，选粉效率降低，同样会使部分细颗粒随粗粉回料进入磨内进行“无功二次旅游”，以致难以达到理想的效果。因此，上述几个方面的合理匹配才是粉磨系统的最佳状态。

安德列耶夫根据粉磨动力学推导的循环负荷率 C、选粉效率 E 和生产能力 Q 的关系如下：

$$\frac{Q_2}{Q_1}=\frac{\left(1+C_1\right)\times\left[\ln\dfrac{2+C_1-\dfrac{1}{E_1}}{1+C_1-\dfrac{1}{E_1}}\right]^{\frac{1}{m}}}{\left(1+C_2\right)\times\left[\ln\dfrac{2+C_2-\dfrac{1}{E_2}}{1+C_2-\dfrac{1}{E_2}}\right]^{\frac{1}{m}}} \tag{5-81}$$

或

$$Q(1+C)\left[\ln\frac{2+C-\dfrac{1}{E}}{1+C-\dfrac{1}{E}}\right]^{\frac{1}{m}}=\text{常数} \tag{5-82}$$

$$\lg\left[Q(1+C)\right]+\frac{1}{m}\lg\left[\ln\frac{2+C-\dfrac{1}{E}}{1+C-\dfrac{1}{E}}\right]-\lg\text{常数}=0 \tag{5-83}$$

可见，$\lg[Q(1+C)]$ 与 $\lg\left[\ln\frac{2+C-\dfrac{1}{E}}{1+C-\dfrac{1}{E}}\right]$ 呈线性相关，分别以它们为横纵坐标作图，工作点应在直线附近分布。图 5-21 表示了这些因素相互关系的曲线。

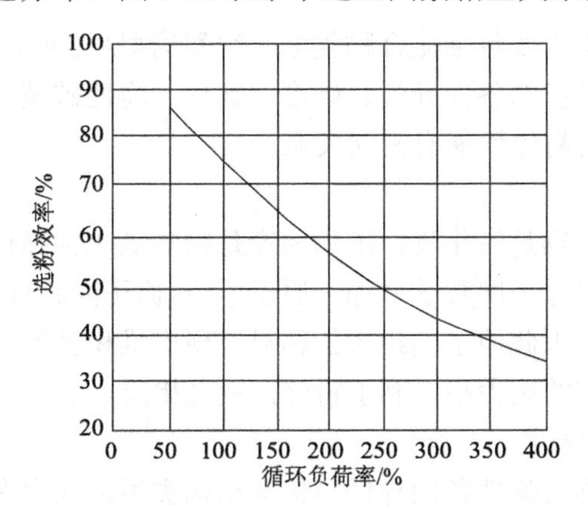

图 5-21　选粉效率与循环负荷率的关系

3）确定磨机的操作条件

磨机操作条件包括许多因素，是多元化的。从粉磨动力学入手，根据不同物料在不同细度时的粉磨速度和有关工作参数，再运用优化原理进行统计分析，可以获得最佳的操作参数。对于多仓磨机，有助于确定研磨体填充率、级配等。

5.2.4　超细粉碎过程的机械化学

粉碎过程，在传统的观念上被认为是一个机械力学过程。因此，物料受外力作用而被粉碎时一般仅从粒度和解离度来考核。但是在实际生产中，特别是在超细粉碎(微粉碎和超微粉碎)时，物料不仅粒度发生变化，而且还伴随着物理化学性质的变化，如表面能增加、吸附和反应活性增强、溶解速度提高等。在粉碎产生的新表面上还会引起物质结构的变化，并伴随有电的、化学的和热的效应。这种现象称为粉碎过程的物理化学现象。

超细粉碎过程不仅是粒度减小的过程，物料在受到机械力作用而被粉碎时，在粒度减小的同时还伴随着被粉碎物料晶体结构和物理化学性质发生不同程度的变化。这种变化对相对较粗的粉碎过程来说是微不足道的，但对于超细粉碎来说，由于粉碎时间较长、粉碎强度较大以及物料粒度被粉碎至微米级或小于微米级，这些变化在某些粉碎工艺和条件下显著出现。这种因机械超细粉碎作用导致的被粉碎物料晶体结构和物理化学性质发生的变化称为粉碎过程机械化学或机械化学效应。这种机械化学效应对被粉碎物料的应用性能产生了一定程度的影响，正在有目的地应用于对粉体物料进行表面活化处理。

5.2.4.1　矿物的化学结构与粉碎性能

矿物的化学结构主要包括化合物类型、空间构型(几何形状)、键型(作用力)等。矿物的弹性、弹性的各向异性、硬度、解离、脆性破裂、裂纹及其扩展等依赖于其化学结构并与粉碎性能有密切关系。

1）弹性

地壳中大多数矿物是氧化物，堆积密度是影响氧化物弹性模数的主要变量。堆积密度随同族元素原子序数的增加、原子半径(原子间距)的增大、键强度的减弱(键长大)而减小，因此原子间距大的物料表现出堆积密度小，更容易压缩，弹性模数小，粉碎所需的施力小，利于粉碎，反之相反。

2）弹性的各向异性

大多数氧化矿物在弹性各向异性与化学结构类型之间存在着一定的关系。所有的硅酸盐都含有([SiO_4]$^{4-}$)四面体，根据单个四面体的连接规律，可以把它们分为骨架状、层状、链状或环状的硅酸盐结构。

在骨架状硅酸盐中，由于成键是接近各向同性的，因此不存在解理面，而且弹性的各向异性也很小；在链状硅酸盐中，沿链状方向的成键较强，引起明显的解理；在层状硅酸盐中，解理和刚度各向异性变得十分明显，矿物弹性的各向异性强，更易于生成解理面，有利于粉碎。

3）硬度

硬度与化学键的强度有着密切的关系。在滑石中镁硅酸盐层在二维方向成键很强，但在层间却不存在强的共价键、离子键，甚至连最弱的氢键也没有，因此，滑石比其他硅酸盐要软得多。分子晶体和氢键固体都比较软，它们的莫氏硬度不超过 3。离子晶体比分子晶体硬，但却比具有三维共价键的晶体如金刚石与 SiC 软。离子晶体表现出晶格能与硬度之间的协同变化。因此在同系盐中，硬度随着电荷的增加以及离子半径的减小而增大，而硬度增大，粉碎所需施力要大，给粉碎带来困难。

4）解理

解理主要决定于晶体结构，许多岩盐结构的化合物在平行于立方{100}面呈现出容易解理的性质。如白云母可以解理成许多薄片。与其他层状硅酸盐一样，解理是在硅酸盐层间进行的，即断开 K—O 键。石墨、滑石、辉钼矿都是层状硅酸盐，易于解理。

在大多数矿物中，硅氧键是最强的键。当成键类型不只存在一种时，解理时沿最弱的键断裂，如石膏沿平行于{010}面解理，打断了层间氢键，而保持较强的离子键和共价键。因此，解理发达的矿物的粉碎取决于最弱的键，这对粉碎是有利的。

5）脆性破裂

脆性破裂常常是由于不稳定裂缝的快速发展引起的，裂缝沿垂直于主拉应力的方向延伸，所消耗的能量相当小。这必然加速粉碎过程。

6）裂纹及其扩展

晶体在质点排列上的缺陷及结构上的位错使化学键最弱的地方首先产生裂纹。在粉碎过程中原生裂纹得到破裂和扩展，同时还产生新的裂纹并使其扩展，促使粉碎过程加速，从而使能耗降低，粉碎效率提高。

由上可知，矿物的化学结构决定了其粉碎性能。因此，在选择粉碎施力方式、设备类型、工艺流程结构时，应首先考虑被粉碎物料的化学结构。

5.2.4.2　粉碎过程的机械化学变化

粉碎过程的机械化学变化主要包括：①被激活物料原子结构的重排和重结晶，表面层自发的重组，形成非晶质结构。②外来分子（气体、蒸汽、表面活性剂等）在新生成的表面上自发地进行物理吸附和化学吸附。③被粉碎物料的化学组成变化及颗粒之间的相互作用和化学反应。④被粉碎物料物理性能的变化。

这些变化并非在所有的粉碎作业中都显著存在，它与机械力的施加方式、粉碎时间、粉碎环境以及被粉碎物料的种类、粒度、物化性质等有关。研究表明，只有超细粉碎或超细研磨过程，上述机械化学现象才会显著出现或被检测到。这是因为超细粉碎是单位粉碎产品能耗较高的作业，机械力的作用力强度大，物料粉碎时间长，被粉碎物料的比表面积大、表面能高。因此，以下主要讨论超细粉碎过程和机械化学现象。

1. 晶体结构的变化

在超细粉碎过程中，由于强烈和持久机械力的作用，粉体物料不同程度地发生晶格畸变，晶粒尺寸变小、结构无序化、表面形成无定形或非晶态物质，甚至发生多晶转换。这些变化可用 X 射线衍射、红外光谱、核磁共振、电子顺磁共振以及差热仪等进行检测。

因粉碎作用引起的粉体物料的晶格畸变 η、晶粒尺寸 D_c(mm) 可用 Hall 公式进行计算：

$$\beta\cos\theta/\lambda = 1/D_c + 2\eta\sin\theta/\lambda \tag{5-84}$$

式中，β 为实际的 X 射线的积分宽度；θ 为衍射角度；λ 为 X 射线的波长。

反应结构变化的有效德拜参数(effect Debye factor)可用下式计算

$$\ln\left(I/I_0\right) = \ln k - 2B_{\text{eff}}\left(\sin^2\theta/\lambda^2\right) \tag{5-85}$$

式中，I、I_0 分别为被测试样品和标准试样的衍射峰强度；k 为常数。

物料结晶程度随衍射峰强度的变化，可用 Stricket 公式进行计算：

$$k = \frac{I}{I_0} \times 100\% \tag{5-86}$$

石英是晶体结构和化学组成最简单的硅酸盐矿物之一，也是较早认识到机械能诱发结构变化和较全面研究粉碎过程机械化学现象所选择矿物材料之一。图 5-22 所示是用振动磨研磨石英所得到的 X 射线衍射曲线以及晶粒尺寸和晶格扰动随研磨时间的变化。通过将微分方程应用于表示晶体尺寸变化与时间的关系，计算得出在研磨的最初阶段以晶粒减小为主，但是延长研磨时间，当粉碎达到平衡后，主要是伴随团聚和重结晶的无定形化。

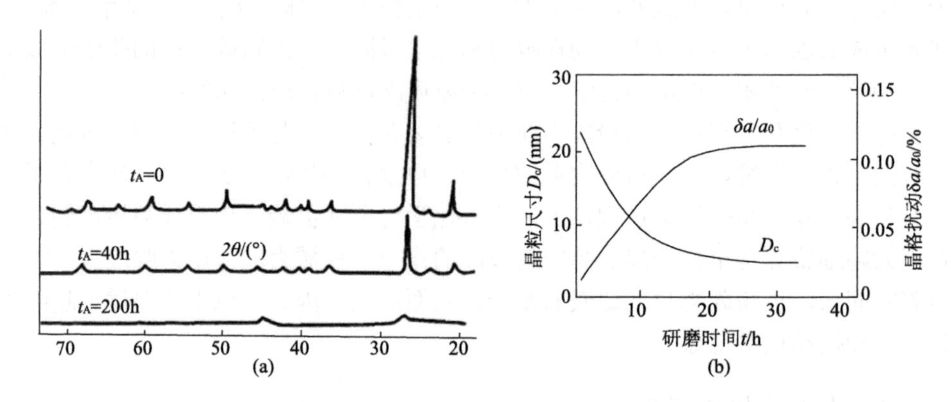

图 5-22　石英的 X 射线衍射和晶粒尺寸及晶格扰动随研磨时间的变化

(a) 振动磨研磨时所得的 X 射线衍射曲线；(b) 晶粒尺寸和晶格扰动随研磨时间的变化

图 5-23 所示是用实验室球磨机对一种平均粒径为 10.4 μm、SiO_2 的质量分数为 99.48%的粉石英进行的干磨和湿磨后样品的 X 射线衍射图。结果表明，无论是湿磨还是干磨，当研磨时间延长到 24 h 以后，X 射线衍射峰的强度均显著下降。这一结果与图 5-24 所示的研磨产品的粒度及比表面积有很好的对应关系，被磨石英的粒度随研磨时间的延长不再减小或比表面积不再趋于增大，也即粉碎达到平衡时，可显著检测到石英晶体结构的变化。

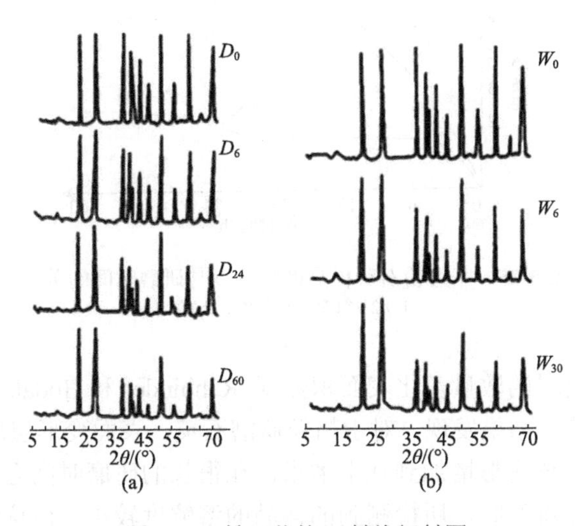

图 5-23　粉石英的 X 射线衍射图

(a) 干磨样品；(b) 湿磨样品；D_0、D_6、D_{24}、D_{60} 分别为原矿样和研磨 6 h、24 h、60 h 的样品；W_0、W_6、W_{30} 分别为原矿样和湿磨 6 h、30 h 的样品

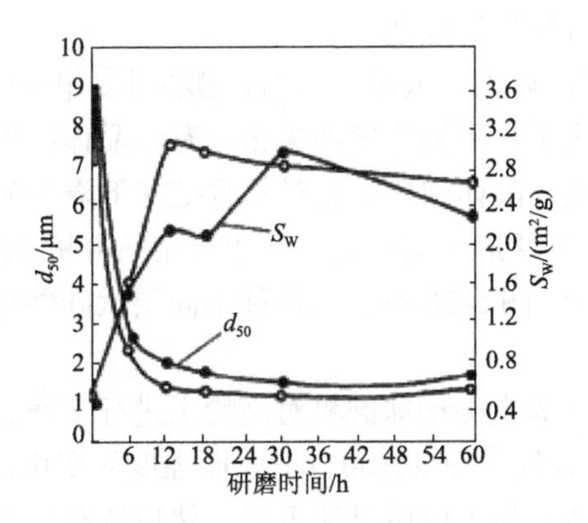

图 5-24　粉石英平均粒径(d_{50})和比表面积(S_W)随研磨时间的变化

● 干磨；○ 湿磨

石英表面在粉碎过程中形成无定形层后一般在稀碱溶液或水中的溶解度增大。图 5-25 所示是上述粉石英在 0.2%氢氧化钠溶液和水中的溶解度随干磨时间

的变化。结果显示，随着研磨时间的延长，粉石英在稀碱溶液中的溶解度迅速增大，在 12 h 之后，增速趋缓。这说明，由于研磨使颗粒变得很细，比表面积增大，使得表面无定形化的比例与整个颗粒相比非常显著。

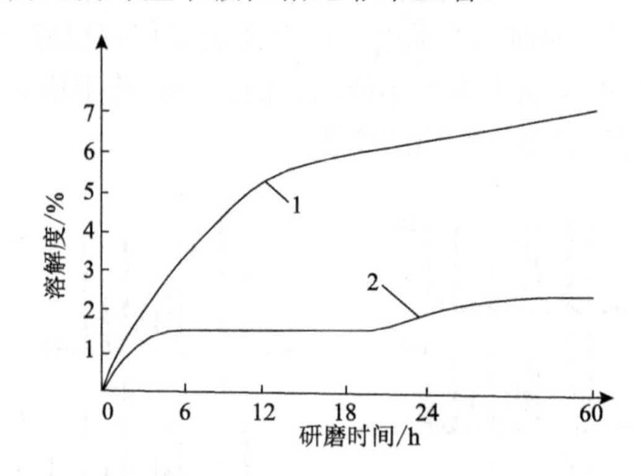

图 5-25　干磨粉石英样品的溶解度与研磨时间的关系

1.0.2%氢氧化钠溶液；2.水

基于无定形材料的数量及比表面积数据，Rehbinder 和 Hodakov 曾经计算了无定形表面层的厚度。结果发现，对于粗粒研磨石英，表面变形层厚度为 2 nm。但是，在干磨过程中该变形增加到几十纳米，在很长的研磨时间之后，整个颗粒变成无定形材料。在湿磨时，所检测到的样品的溶解度较小。但这绝不表明石英在湿磨过程中不形成无定形层。其主要原因是，颗粒的无定形在湿磨过程中不断被溶解在水中。此外，水介质的冷却散热作用和润湿作用(减小黏附)也是湿磨过程中相转换和无定形化较轻的原因之一。

层状硅酸盐矿物(高岭土、云母、滑石、膨润土、伊利石等)在超细粉碎加工过程中的机械激活作用下，不同程度地失去其有序晶体结构并无定形化。由于在这些矿物中无定形一般与晶体结构中脱羟基且键能下降有关。因此，除了 X 射线衍射外，这些矿物在超细研磨中的结构变化也可用热分析(DTA 和 DTG)以及红外光谱(IR)等来进行检测。图 5-26 所示为各种不同层状硅酸盐矿物在细磨后差热曲线的变化。

表 5-7 所列为用实验室振动球磨机对高岭土进行干磨后高岭土衍射峰强度的变化。可以发现两种情形：一种是[001]衍射面强度的变化，在磨矿开始阶段该衍射方向的强度增大，达到最大值后迅速下降，然后逐渐趋于平缓。另一种情形是除了[001]衍射方向以外的衍射强度变化在整个磨矿过程中呈下降趋势。这种强度变化反映出高岭石晶体结构的变化。磨矿最初阶段，高岭石沿[001]面发生解理，增加了[001]方向的衍射概率，从而使[001]面衍射强度增大。但是，随着磨矿的进行，解理作用逐渐减缓直至停止，晶体结构逐步无序化，从而使衍射强度达到最大

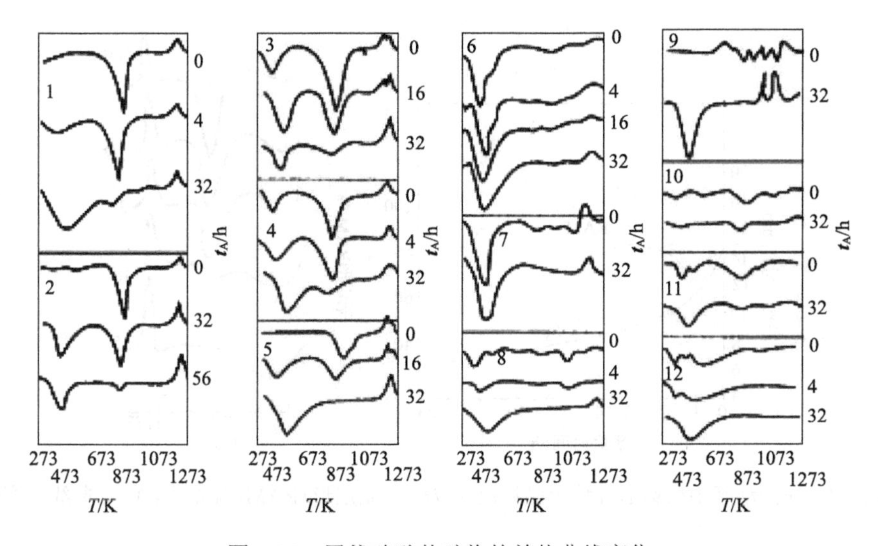

图 5-26　层状硅酸盐矿物的差热曲线变化

1. 高岭土；2. 水洗高岭土；3. 高岭岩；4. 耐火黏土；5. 含高岭土的地开石；6, 7. 膨润土；8. 伊利石；9. 含绿泥石的滑石；10. 滑石；11. 沸石；12. 火山灰

值后迅速下降。和[001]衍射方向不同，高岭石其他结晶方向是晶体断裂方向，有序排列的晶面随磨矿过程不断减少，有序程度下降，从而在整个磨矿过程中，衍射强度不断下降。

表 5-7　高岭土衍射峰强度的变化

衍射面	磨矿时间/h						
	0	6	12	24	48	96	192
001	2 961	3 801	3 696	3 086	2 163	1 534	1 084
002	2 806	3 465	3 480	2 951	1 939	1 499	1 184
003	396	460	488	419	333	280	224
020	746	743	750	729	724	545	460
110	1 350	754	738	694	678	—	—
060	608	754	535	414	389	296	240

图 5-27 是在振动磨中研磨后高岭土晶粒尺寸(D_c)、无定形(RAM)及差热(DTA)曲线的变化。这些 DTA 曲线的变化反映了羟基键能的变化。在研磨一定时间后，高岭土样品的 DTA 曲线与“耐火黏土”相同。长时间研磨后出现以原子团之间键合断裂、脱除羟基，而且在卸去载荷后不再恢复为特征的无定形化。

图 5-28 所示为含量达 90%以上的天然钠基膨润土经冲击和摩擦磨矿后的红外光谱。随着磨矿时间的延长，谱峰出现简并现象。中心位于 1025 cm^{-1} 处的峰逐渐

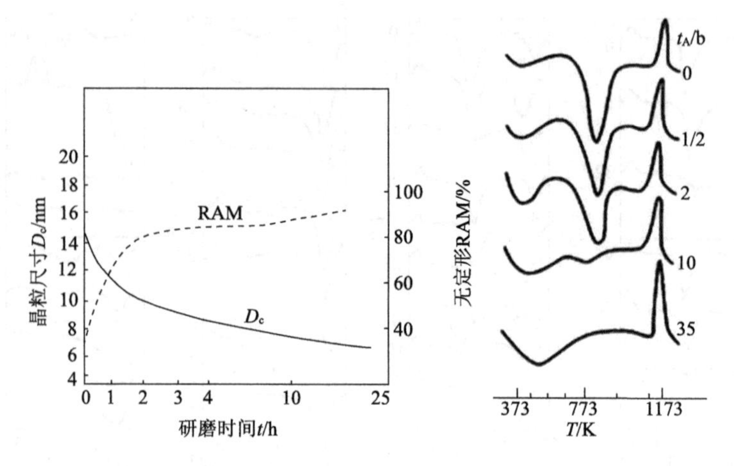

图 5-27　在振动磨中研磨后高岭土晶粒尺寸(D_c)、无定形(RAM)及差热(DTA)曲线的变化

扩宽；结构四面体和八面体引起的谱带(915～515 cm^{-1})逐渐消失，说明晶体结构的破坏首先影响位于硅氧四面体层内的 Al(Mg)O_6 八面体。从图 5-29 所示的 X 射线衍射图来看，经过磨矿后，膨润土的 X 射线衍射强度明显减弱。经过较长时间的磨矿后，层状结构逐步受损，局部呈现无定形。

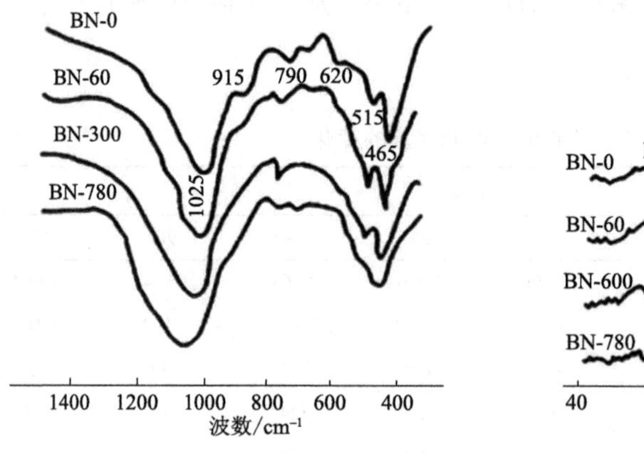

图 5-28　BN-0、BN-60、BN-300 及 BN-780(研磨时间为 0 s、60 s、300 s 及 780 s 样品)的红外光谱

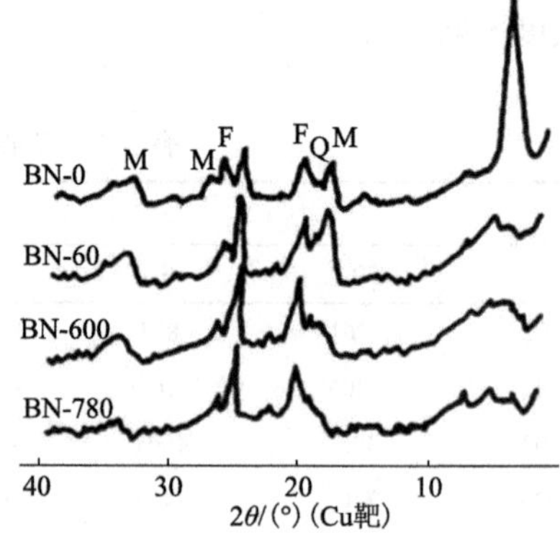

图 5-29　BN-0 至 BN-780 的 X 射线衍射图
M. 蒙脱石；Q. 石英；F. 长石

图 5-30 所示为由斜发沸石、发光沸石和石英组成的天然沸石及以发光沸石为主的合成沸石的 X 射线衍射随磨矿时间(行星球磨机)的变化。由此可见，对于天然沸石，除石英外其余峰在 240 min 后几乎全部消失；对于合成沸石，研磨 30 min 后衍射峰全部消失，说明其结构已无定形化。

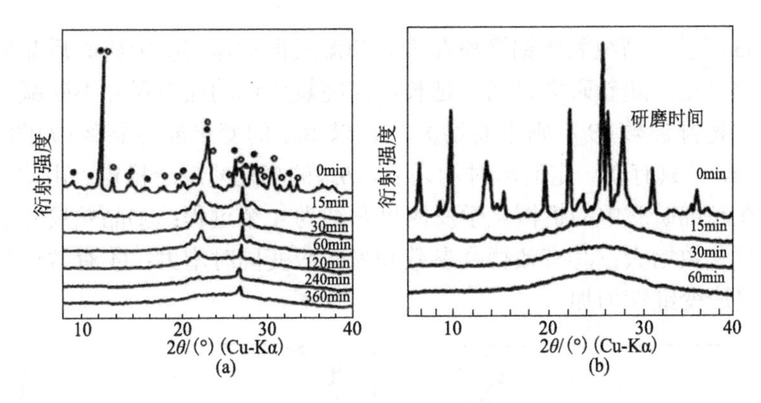

图 5-30　沸石的 X 射线衍射随磨矿时间的变化

(a) 天然沸石；(b) 合成沸石；● 斜发沸石；○ 发光沸石；▲ 石英

图 5-31 所示为研磨前后伊利石的 DTA 曲线，其细磨后结构变化的特征是某些钾离子成为可交换离子。

在滑石和叶蜡石的研磨中，当磨至 Mg^{2+} 成为可交换离子后，开始出现无定形化。图 5-32 所示为在振动磨中研磨一定时间后，叶蜡石的 DTA 曲线。结果表明，研磨 32 h 后已部分产生无定形化。将给料在磨矿之前用 $MgCl_2$ 溶液进行处理，然后在水蒸气环境中研磨 48 h，也出现无定形化。

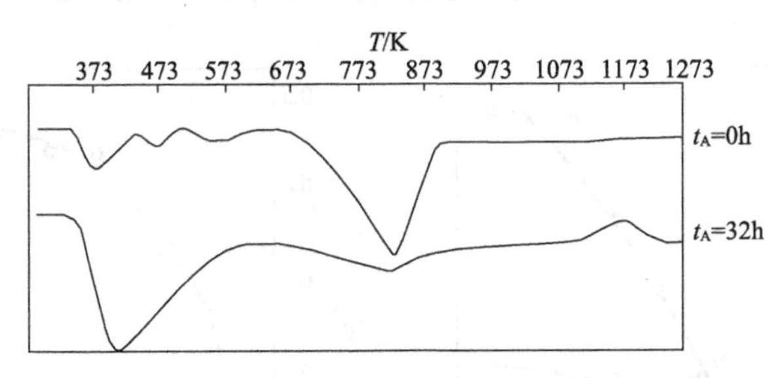

图 5-31　研磨前后伊利石的 DTA 曲线

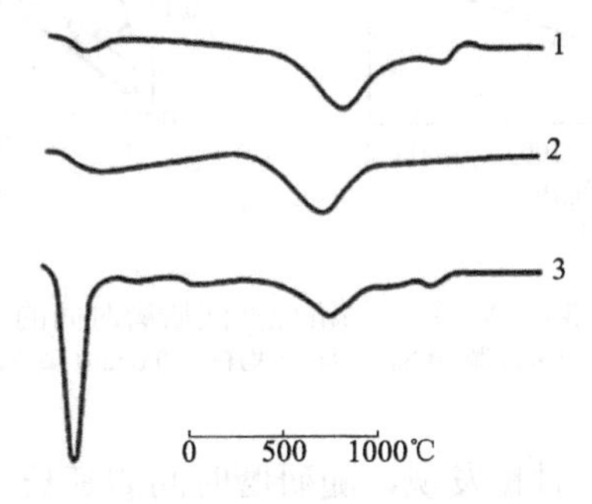

图 5-32　叶蜡石的 DTA 曲线

1. 原样；2. 研磨 32 h；3. 预先用 $MgCl_2$ 处理后研磨 48 h

图5-33所示为高纯氧化铝微粉在干式和湿式振动球磨机中研磨后晶粒尺寸的变化。由此可见，随着研磨时间的延长，高纯氧化铝的晶粒尺寸不断减小，晶格应变和有效德拜参数(B_{eff})则不断增大，且以 $S_{0.6}$ 的变化最为显著(如图 5-34 和图 5-35 所示)。只有在一定研磨时间之后，B_{eff}的变化才趋于稳定。由此可见，高纯氧化铝在超细研磨中的机械化学反应可归纳为 4 个过程：①晶粒尺寸的减小；②有效德拜参数增大；③有效德拜参数和参数应变同时增大；④有效德拜参数稳定，但晶格应变继续增加。

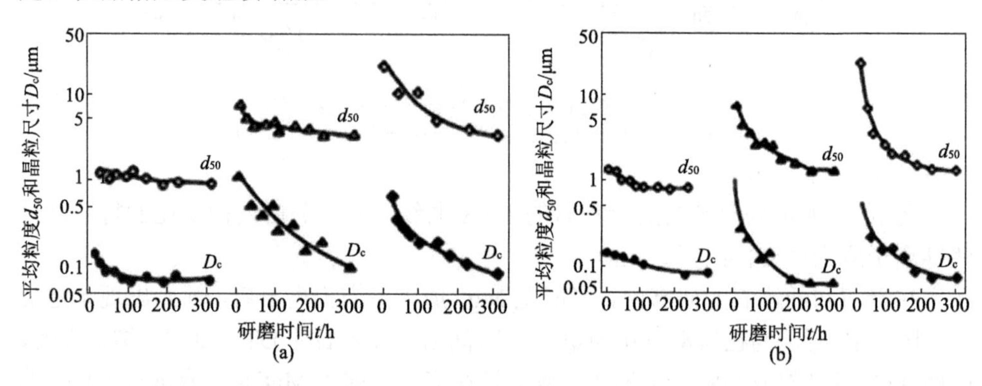

图 5-33　Al_2O_3的平均粒度和晶粒尺寸随研磨时间的变化

(a)干磨；(b)湿磨。○ $S_{0.6}$(给料平均粒径 0.6 μm)；▲ $S_{3.9}$；◆ S_{22}

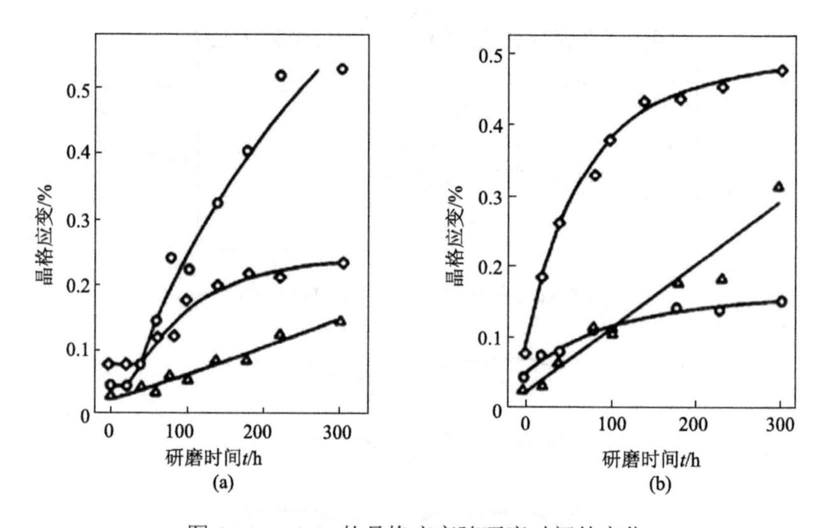

图 5-34　Al_2O_3的晶格应变随研磨时间的变化

(a)干磨；(b)湿磨。○ $S_{0.6}$(给料平均粒径 0.6 μm)；▲ $S_{3.9}$；◆ S_{22}

用振动磨研磨 MgO 时也发现，随研磨时间的延长，晶粒尺寸连续减小，晶格扰动不断增大(如图 5-36 所示)。

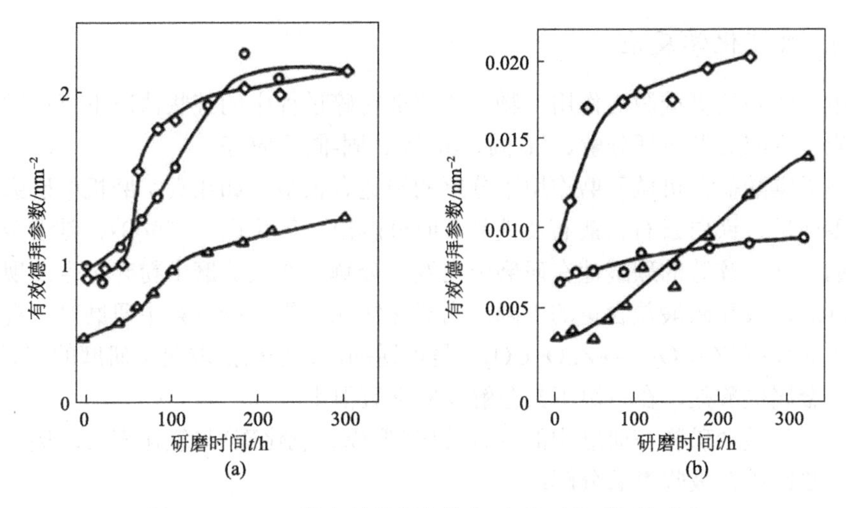

图 5-35 Al_2O_3 的有效德拜参数(B_{eff})随研磨时间的变化

(a)干磨；(b)湿磨。○ $S_{0.6}$(给料平均粒径 0.6 μm)；▲ $S_{3.9}$；◇ S_{22}

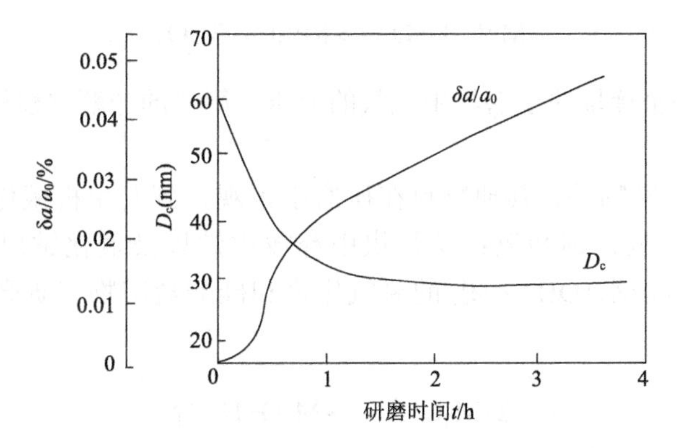

图 5-36 氧化镁的晶粒尺寸(D_c)和晶格扰动($\delta a/a_0$)随研磨时间的变化

多晶转换是超细粉碎过程中机械力诱发的一种不改变被磨物料化学组成的结构变化。它有两种形式，即双变性转换(通常是可逆且吸热的)和单变性转换(大多数是不可逆且放热的)。例如，在室温下氧化铅(斜方晶系 PbO)转换为不稳定的正方铅矿(四方晶系)。在氧化铅的研磨中，正方铅矿的成核作用是通过位错的移动诱发的，这一现象在正方铅矿的研磨中也会出现。但是，这一转变过程由于吸收空气中的二氧化碳形成碳酸铅而受阻或减慢。其他例子如六方晶系的石墨通过研磨转换为不稳定的斜方晶系以及斜方晶系的石墨转换为六方晶系。在研磨高温下稳定的变体已经观察到的主要有 PbO、PbO_2、MnF_2、Sb_2O_3 和复盐的形成。

2. 机械化学反应

由于较强的机械激活作用，物料在超细粉碎过程中的某些情况下直接发生化学反应。反应类型包括分解、气-固、液-固、固-固反应等。

关于碳酸盐在机械研磨作用下分解的报道有很多。如在真空磨机中研磨方解石、菱镁矿、铁白云石、霰石及铁晶石时分解出二氧化碳；碳酸钠、碱土金属及镍、镉、锰、锌等的碳酸盐在研磨中也发生分解；在气流磨中粉碎时也发现了二氧化碳的形成和碳酸盐含量的下降。当氧化锌在二氧化碳气氛中研磨时，观察到碳酸锌的反应（$ZnCO_3 \longrightarrow ZnO+CO_2\uparrow$）是可逆的，其平衡点取决于研磨的方式。对于碱土金属碳酸盐，在室温下其分解反应常数很小。

一些碳酸盐矿物在研磨中的分解反应（形成二氧化碳）与氧化有关。例如，菱铁矿和菱锰矿在吸收氧后分解：

$$2FeCO_3+O \longrightarrow Fe_2O_3+2CO_2\uparrow$$

$$3MnCO_3+O \longrightarrow Mn_3O_4+3CO_2\uparrow$$

这些反应的平衡取决于磨机中氧气的分压，简单的分解过程只取决于二氧化碳的分压。

除了碳酸盐矿物外，其他物料在研磨中也观察到发生机械化学分解。如过氧化钡分解产生氧化钡和氧；从褐煤中释放甲烷以及氯化钠研磨中产生氯气等。一些含有结构水（OH 基团）的氢氧化物和硅酸盐矿物在研磨中直接按下式分解：

$$2(M\text{-}OH) \longrightarrow M_2O+H_2O\uparrow$$

延长研磨时间，在均相反应期间产生的硅酸盐凝胶分解：

$$(M_2O)\cdot(H_2O)_{gel} \longrightarrow M_2O+H_2O\uparrow$$

碳酸镍在一氧化碳和硫化氢混合气氛中研磨生成 $Ni(CO)_4$。这一机械化学气-固反应的过程为

$$NiCO_3 \longrightarrow NiO+CO_2$$

$$NiO+H_2S \longrightarrow NiS+H_2O$$

$$NiS+4CO+H_2O \longrightarrow Ni(CO)_4+H_2S$$

第三步中分解出的 H_2S 通常用于第二步反应。

在研磨氧化铅时，可观察到黄色碳酸铅的生成，其反应式为

$$2PbO+CO_2+H_2O = PbCO_3 \cdot Pb(OH)_2$$

多种物料的机械混磨可导致固-固机械化学反应，生成新相或新的化合物。如方解石或石灰石与石英一起研磨时生成硅钙酸盐和二氧化碳。其反应式为

$$CaCO_3+SiO_2 = CaO \cdot SiO_2+CO_2$$

图 5-37 所示为石灰石和石英混磨不同时间后的 X 射线衍射和差热分析曲线。结果发现，研磨 100 h 后产品出现强烈团聚和非晶态化。研磨 150 h 后在 0.298 nm 处出现一低强度的新衍射峰，这很可能是形成了一种钙硅酸盐化合物。图 5-37(b)所示的热解分析证实，在石灰石和石英的混磨中释放二氧化碳，碳酸钙的分解吸热峰随着磨矿时间的延长而下降，150 h 以后基本上消失。石英的存在加速了碳酸钙的机械化学分解，两种组分之间存在复分解反应。

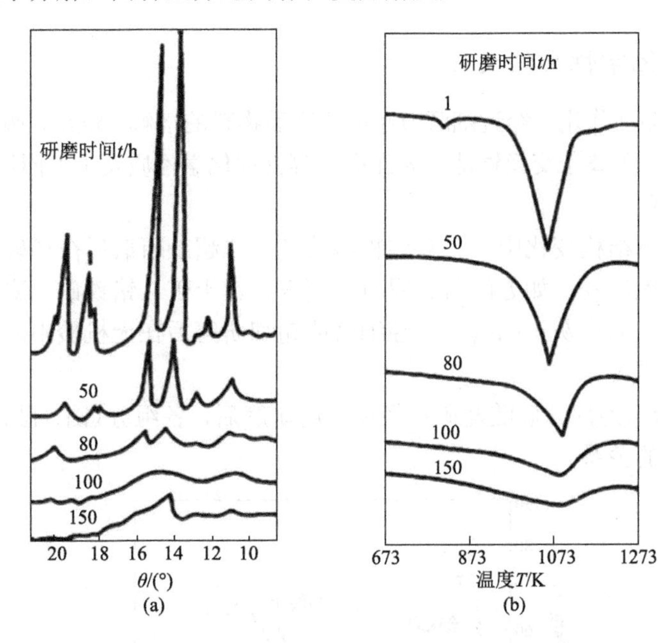

图 5-37　石英和石灰石混磨后的 X 射线衍射(a)和差热分析曲线(b)

氧化锌 (ZnO) 和氧化铝 (Al_2O_3) 在振动球磨机中混磨生成部分锌尖晶石 ($ZnAl_2O_4$) 和非晶质氧化锌粉体。图 5-38 是氧化锌和 50%(摩尔分数)三氧化二铝混磨不同时间后的 X 射线衍射图。由此可见，混磨 2 h 后即有 $ZnAl_2O_4$ 生成。

在特种水泥生产中也观察到了相似的机械化学反应。在生产这种水泥时，将高岭土、石英及氢氧化钙酸盐及硅铝酸盐混合并进行球磨，在细化颗粒的同时促进硅酸钙等有效水泥成分的生成。

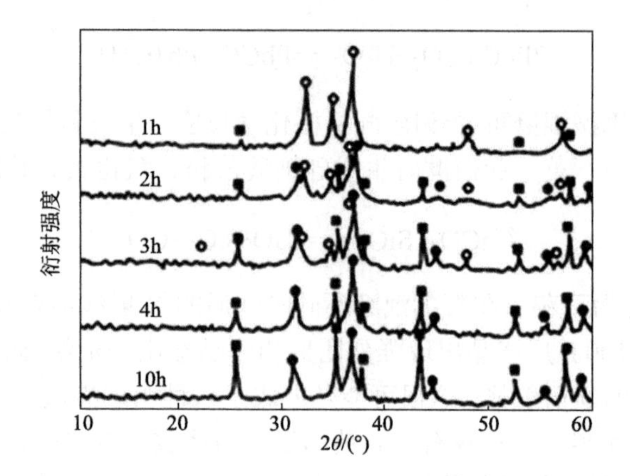

图 5-38　氧化锌和 50%(摩尔分数)三氧化二铝混磨后的 X 射线衍射图

○-ZnO；●-$ZnAl_2O_4$；■-刚玉

3. 物理化学性质的变化

由于机械激活作用，经过细磨或超细研磨后物料的溶解、烧结、吸附和反应活性、水化性能、阳离子交换性能、表面电性等物理化学性质发生不同程度的变化。

1）溶解度

在前述晶体结构变化中，了解到粉石英经干式超细研磨后在稀碱及水中的溶解度增大。其他矿物，如方解石、锡石、刚玉、铝土矿、铬铁矿、磁铁矿、方铅矿、钛磁铁矿、火山灰、高岭土等经细磨或超细研磨后在无机酸中的溶解速度及溶解度均有所增大。

图 5-39 所示为部分硅酸盐矿物经振动磨研磨后，各组分(铝、硅、镁)的溶解度与比表面积的关系。

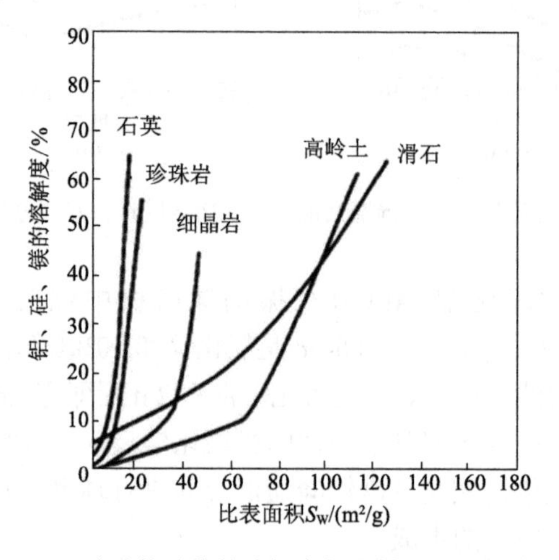

图 5-39　硅酸盐矿物的溶解度与物料比表面积的关系

2）烧结性能

因细磨或超细研磨导致的物料热性质的变化主要有以下两种：

(1) 由于物料的分散度提高，固相反应变得容易，制品的烧结温度下降，而且制品的机械性能也有所改进。例如，白云石在振动磨中细磨后，用其制备耐火材料的烧结温度降低了 375～573 K，而且材料的机械性能提高；石英和长石经超细研磨后可以缩短搪瓷的烧结时间；瓷土的细磨提高了陶瓷制品的强度等。

(2) 晶体结构的变化和无定形化导致晶相转变温度转移。例如，α-石英向 β-石英及方石英的转变温度和方解石向霰石的转变温度都因超细研磨而发生变化。

用行星振动球磨机对陶瓷熔块原料进行细磨后发现，熔块的熔融温度由 1683 K 下降至 1648 K 和 1603 K，同时改善了釉面性能。图 5-40 所示为试样的熔融温度 T 与粉磨时间 t 的关系。

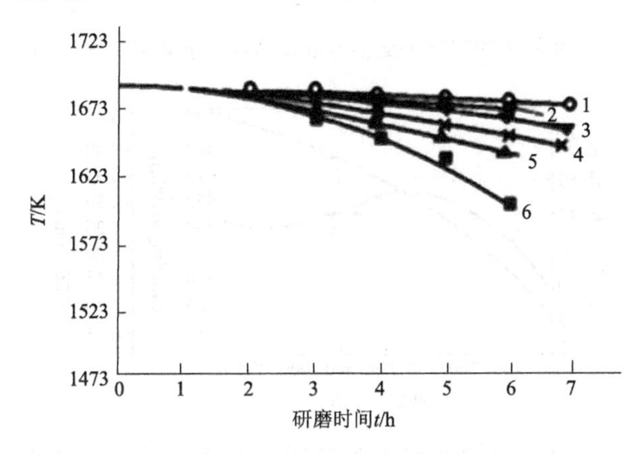

图 5-40　试样的熔融温度 T 与研磨时间 t 的关系

1、2、3、4、5、6 分别为不同研磨条件和化学组成的试样

3）阳离子交换容量

部分硅酸盐矿物，特别是膨润土、高岭土等一些黏土矿物，经细磨或超细研磨后阳离子交换容量发生明显变化。

图 5-41 所示是机械研磨对膨润土离子交换反应的影响。随着研磨时间的延长，离子交换容量(Γ) 在增加到 0.525 mmol/g 后呈下降趋势；而钙离子交换容量(Ca_{Γ}) 则随研磨时间的延长不断下降，研磨产品的电导率 γ 及 Ca^{2+} 周围配位的水分子数 (H_2O/Ca^{2+}) 则在开始时随研磨时间的延长急剧下降，达到最低值后基本上不再变化。

图 5-42 和图 5-43 所示为高岭土的阳离子交换容量和置换反应能力随磨矿时间的变化。由此可见，经一定时间的研磨后，高岭土的离子交换容量及置换能力均有所提高，说明可交换的阳离子增多。

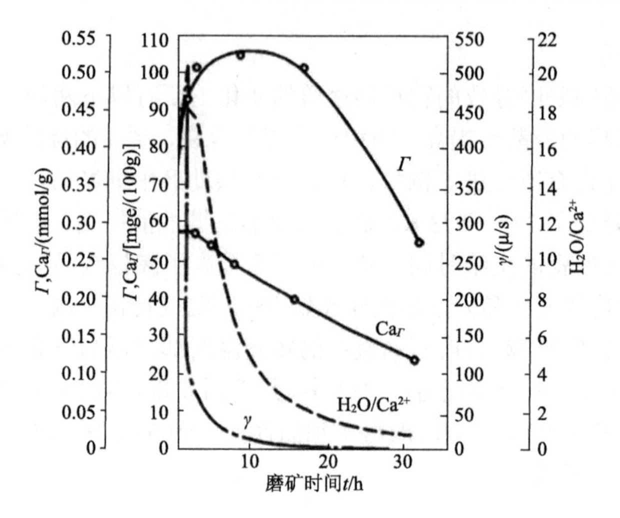

图 5-41　膨润土的阳离子交换容量及其他性能随磨矿时间的变化

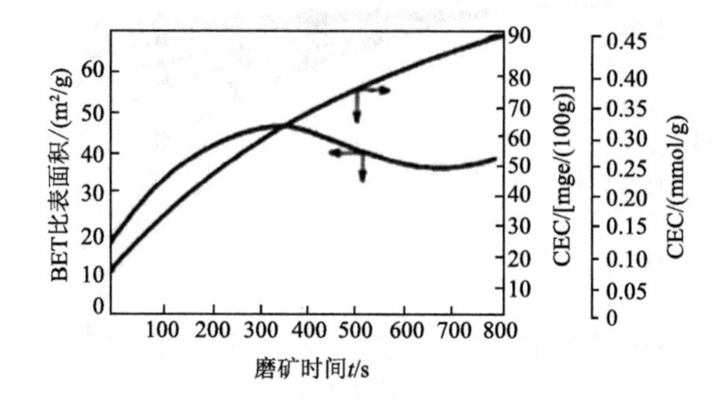

图 5-42　高岭土的比表面积(S_W)及阳离子交换容量与磨矿时间的关系

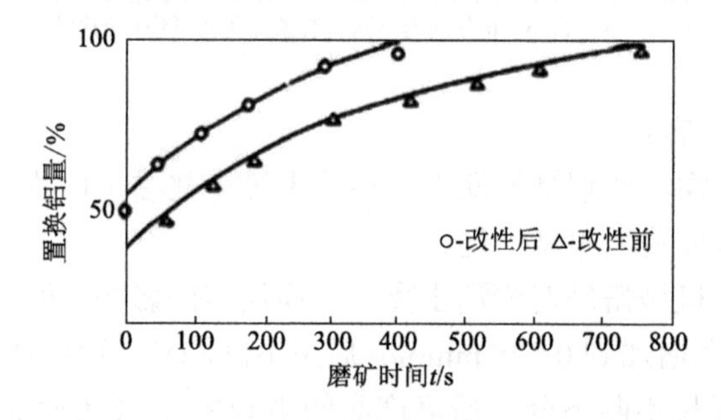

图 5-43　高岭土的置换铝量与磨矿时间的关系(反应温度 150℃)

图 5-44 所示为合成发光沸石的饱和吸附量与行星球磨机研磨时间的关系。随着研磨时间的延长，饱和吸附量迅速下降，达到最低点后基本上不再变化。

除了膨润土、高岭土、沸石之外，其他如滑石、耐火黏土、云母等的离子交换容量也在细磨或超细磨后不同程度地发生变化。

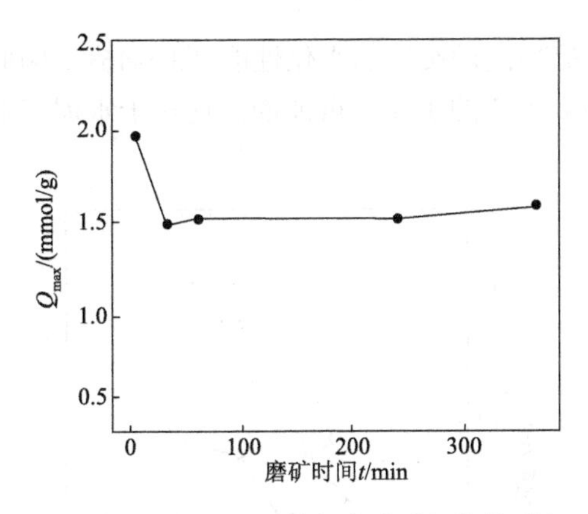

图 5-44　沸石的饱和吸附量与磨矿时间的关系(pH=7)

4）水化性能和反应活性

正如 X 射线及热分析所示，延长研磨时间导致水泥及水泥矿物晶体结构的变化，这些变化影响水泥的水化速度、水化产品的性能及凝结过程。以简单的水泥矿物 β-C_2S 为例，根据以水/固=0.4 制备的浆体中键合水的数量及水化热研究了在球磨机中研磨 90 h 后 β-C_2S 的水化性能。结果显示，在研磨 20 h 后水化热(7 d 和 28 d 值)显著增大；90 h 后仍呈增大趋势(图 5-45)。在 20～90 h 之间，由于粉料团聚，产品的分散没有显著变化，而是引起了大多数晶格的破坏和无定形化。

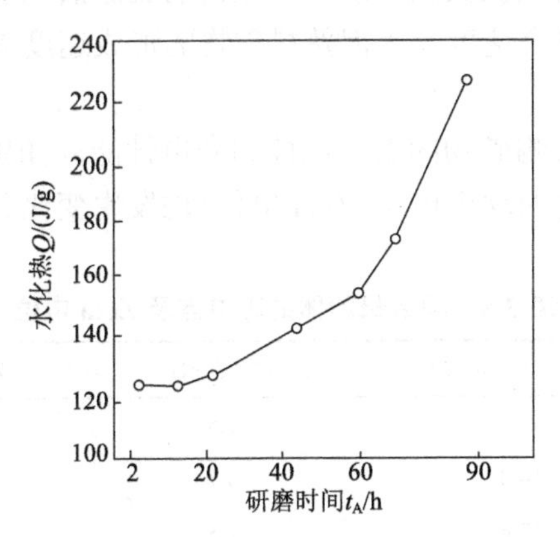

图 5-45　β-C_2S 的水化热随研磨时间的变化

通过细磨可以提高氢氧化钙材料的反应活性，这在建筑材料的制备中是非常重要的。因为这些材料对水化作用有惰性或活性不够。例如，火山灰的水化活性与氢氧化钙的反应活性开始时几乎为零，但是将其在球磨机或振动磨中细磨后可提高到几乎与硅藻土相近。机械激活后的火山灰以适当的比例与熟石灰或硅酸盐水泥混合可用于制备黏结或粉刷砂浆，有时还可制备特殊用途的混凝土。

通过细磨可大大提高高炉废渣的水化性能(图 5-46)。因此，通过细磨或超细磨生产既高强又含较多炉渣的水泥是可能的。这对于水泥工业和环境保护具有重要意义。

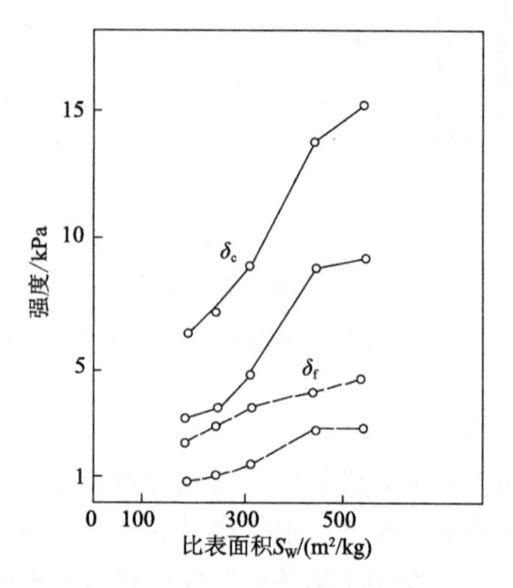

图 5-46　细磨后炉渣的水化活性

δ_c 为压缩强度；δ_f 为挠曲强度

研究发现，经细磨或机械激活后，碳酸钙的脱碳活化能从 160 kJ/mol 下降到 85 kJ/mol，氧化钙的键合速度及水泥熟料矿物的形成速度提高 1.5～2.0 倍。

5）电性

细磨或超细磨还影响矿物的表面电性和介电性能。如黑云母冲击粉碎和研磨作用后，其等电点、表面动电电位(Zeta 电位)均发生变化(表 5-8)。

表 5-8　黑云母粉体的等电点及 Zeta 电位

样品名称	比表面积/(m^2/g)	等电点(pH)	Zeta 电位/(mV，pH=4)
原矿	1.1	1.5	−31
干磨产品	14.4	3.7	−3
湿磨产品	12.6	1.5	−18

6）密度

在行星球磨机中研磨天然沸石(主要由斜发沸石、发光沸石和石英组成)和合成沸石(主要为发光沸石)后发现，这两种沸石的密度发生了不同的变化。如图 5-47 所示，随着磨矿的进行，开始时天然沸石的密度下降，至 120 min 左右达到最小值；此后，随磨矿时间的延长略有提高，但仍低于原矿。合成沸石则在短时间的密度下降之后，随着研磨时间的延长密度提高，研磨 240 min 后，样品的密度值高于未研磨的样品。

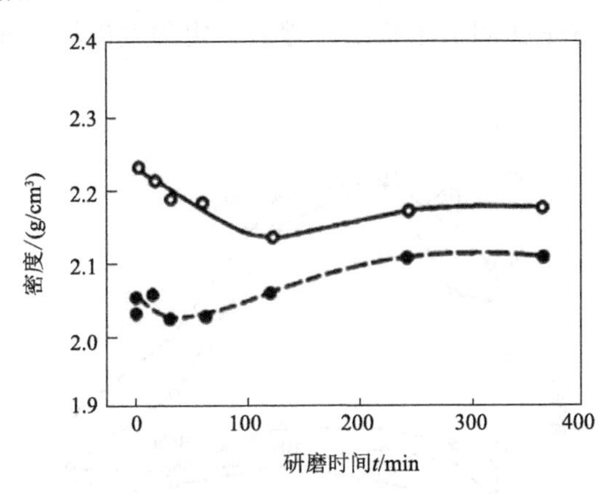

图 5-47　天然和合成沸石的密度随研磨时间的变化

● -合成沸石；○ -天然沸石

7）黏土悬浮液和水凝胶的性质

细磨或超细磨影响黏土悬浮液的稳定性、水凝胶的塑性和吸水膨胀性等。图 5-48 所示为机械激活后黏土矿物的塑性和干弯曲强度。由此可见，湿磨可提高黏土的塑性和干弯曲强度。相反，干磨则在短时间内使物料的塑性和干弯曲强度有所增加，但到达一定时间后，随着磨矿时间的延长有所下降。

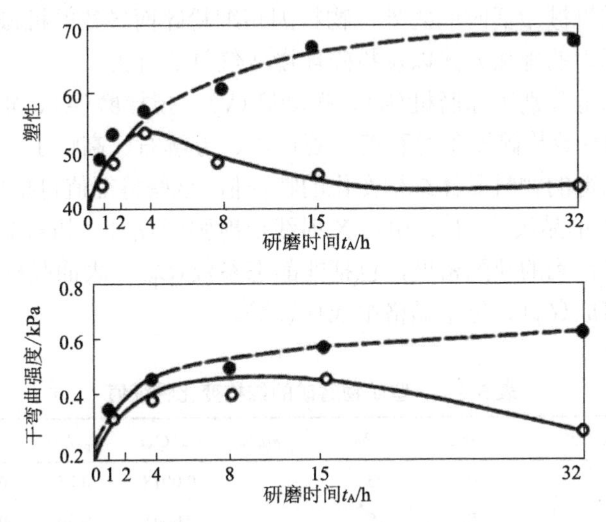

图 5-48　机械激活后黏土矿物的塑性和干弯曲强度

● 湿磨；○干磨

图 5-49 所示为干式磨矿后膨润土膨胀指数的变化。随着磨矿时间的延长，试样的膨胀指数在短时间内先增大后下降，其中以钠基膨润土膨胀指数的下降最为显著。显然，这是膨润土层状结晶遭到一定程度破坏、膨润土质量有所下降的表现。

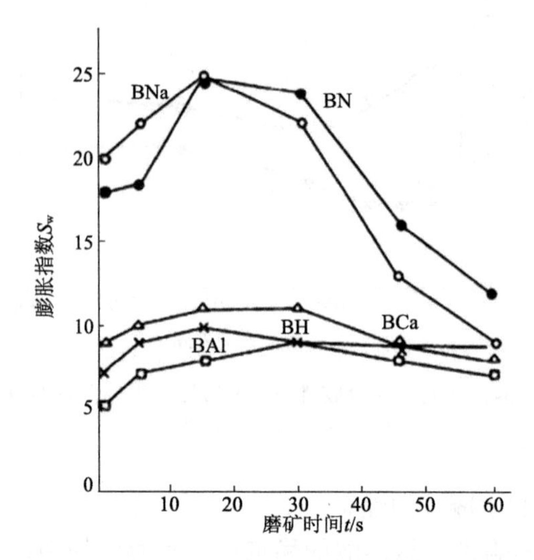

图 5-49　膨润土的膨胀指数与磨矿时间的关系

5.2.4.3　粉碎方式和气氛对机械化学变化的影响

除了粉碎或机械激活时间之外，物料因超细粉碎而导致的机械化学变化还与粉碎方式或机械力的施加方式以及粉碎环境或气氛等有关。

表 5-9 所示是分别用球磨机(K)、振动磨(V)、搅拌磨(A)、辊压磨(W)、高速机械冲击磨(D)等粉碎设备对石英、菱镁矿、方解石、高岭土、锶铁素体等进行超细粉碎后测得的物料晶体结构变化的特征值。这些特征值包括比表面积(S_w)，用 X 射线测定的单晶尺寸(Λ)、相对 X 射线衍射强度(I_{rel})、相对晶格变形以及由上述特征值计算得到的缺陷密度，包括非晶态参数(C_p)、表面晶格组成(C_A)、结晶界面的晶格组成(C_k)、位错晶格组成(C_v)等。

表 5-9　一些矿物磨矿的结构变化特征值

物料名称		S_W/(m²/g)	Λ/nm	I_{rel}/%	$\Delta a/a$/%	$C_A(Q_w)$	$C_p(I_{rel})$	$C_k(\Lambda)$	$C_v(\Delta a/a)$
石英	D	2	80	75		0.0018	0.25	0.025	
	V	5	70	70		0.0045	0.30	0.029	
	W	3	90	80		0.0036	0.30	0.025	
	K	4	80	70		0.0036	0.30	0.025	

续表

物料名称		S_W/(m²/g)	Λ/nm	I_{rel}/%	$\Delta a/a$/%	$C_A(Q_w)$	$C_p(I_{rel})$	$C_k(\Lambda)$	$C_v(\Delta a/a)$
菱镁矿	V	11	20	70		0.0120	0.30	0.108	
	D	1	60	90		0.0011	0.10	0.036	
方解石	V	8	25	50		0.0086	0.50		
	D	2	45	80		0.0021	0.20		
	A(n)	13	35	60		0.0189	0.40		
高岭土	V	15		10		0.027	0.90		
	D	30		20		0.100	0.20		
	A(n)	50		80		0.100	0.20		
锶铁素体	V	3		0		0.0065	1		
	V(n)	25	60	25	4.3	0.0541	0.75	5.042	0.093
	A(n)	6	80	60	2.5	0.0130	0.40	0.032	0.029
	A(n)	40	25	25	6.0	0.0865	0.75	0.101	0.165

图 5-50 所示为不同粉碎方式在不同环境中研磨后得到的有效德拜参数(B_{eff})和结晶层菱面晶体石墨的偏移(*akh*)。结果显示，用冲击式超细粉碎机在空气中粉碎，反映石墨晶体结构扰动的菱面晶体偏移最多；用乳钵在空气中研磨，反映石墨晶体结构缺陷的有效德拜参数 B_{eff} 最大；用振动磨在氮气中研磨，石墨的有效德拜参数和结晶层的菱面晶体石墨偏移均最小。

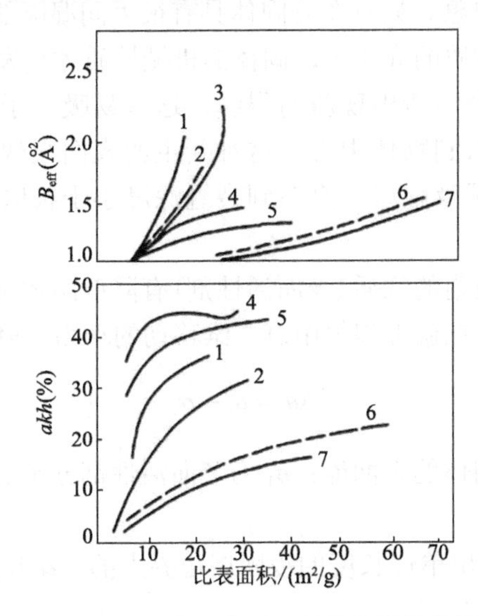

图 5-50 碎方式和环境对石墨晶体结构的影响

1. 乳钵(空气)；2. 球磨机(氧气)；3. 振动球磨机(氧气)；4. 冲击式超细粉碎机(空气)；5. 冲击式超细粉碎机(氮气)；6. 球磨机(氮气)；7. 振动球磨机(氮气)

干磨和湿磨这两种粉碎方式对物料的机械化学变化也有不同的影响。这一因素在前述石英、氧化铝、膨润土、石灰石、白云石等的机械化学中已经提及，不再赘述。总之，影响物料机械化学变化的因素除了原料性质和给料粒度以及粉碎或激活时间外，还有设备类型、粉碎方式、粉碎环境或气氛、粉碎助剂等。在机械化学的研究中要注意这些因素的综合影响。

5.2.5　粉碎过程的影响因素

1）水介质的作用

众所周知，水介质侵入岩石后，岩石强度降低。为水所饱和的岩石在干燥时能恢复其强度，这种岩石强度降低现象是一种可逆过程。

水对岩石强度的影响，在很大程度上取决于岩石的孔隙和裂缝。在其他条件相同的情况下，孔隙较大和裂缝发达的岩石被水浸湿时，强度降低的程度也大些。水浸入岩石后，不仅影响岩石的强度，而且会降低杨氏模数。这种现象在多孔岩石中表现得特别明显，如为水饱和的矿岩，其杨氏模数就比干砂岩要小三分之二，所以，常规的湿式磨矿比干式磨矿效果更好。

2）吸附效应的作用

列宾捷尔认为，固体在介质作用下，发生应变和破坏的过程中，其机械性质之所以发生变化，主要是由于固体和周围介质间分界面上发生物理化学变化，即产生润湿现象和吸附现象。只有在对固体具有很大润湿能的介质中，或者在含有易吸附于固体表面的物质的介质中，固体的机械性质才会发生变化。

在粉碎过程中，会不断出现新的裂缝，这些易吸附于固体表面的物质呈楔形沿裂缝从各方向伸入到物体中去。这种新生的表面很快就会被单分子的吸附层所遮盖，这些单分子吸附层一直钻到裂缝深度小于被吸附原子或分子大小的地方为止。

列宾捷尔发现被吸附的物质(表面活性剂)有降低固体强度的效应。在这个效应中，表面活性剂分子在微细裂缝中有二维移动的动力，降低了固体的自由能。

$$\Delta\sigma = \sigma_0 - \sigma_1 \tag{5-87}$$

式中，σ_0 为在真空中固体的表面能；σ_1 为表面活性剂分子达到饱和程度时的固体表面能。

式(5-87)也能表示出单位长度的吸附层边界上的二维压力 P 的大小，即

$$P = A\sigma$$

此外，还可以推测出被吸附物质进入固体内的另一种机理：当裂缝在液面下

形成时，微缝空间处于绝对真空状态，所以液体的蒸气和液体中所溶解的物质能够立即饱和微缝的空间，同时吸附层能盖住微缝的整个表面。

在有表面活性物质存在的情况下发生破碎时，吸附层会很快传播开来，深入很细的裂缝中，卸去载荷后，微缝不能在分子力的作用下重新闭合。表面活性物质的作用只有在粉碎过程中不断形成碎裂带才能表现出来。因此，粉碎过程必须是多次的、周期性的，这样，残余缝隙区才能周期性地转变为粉碎区。

所以，能够促进粉碎过程中的助磨剂的作用，不只是由于助磨剂与岩石发生纯粹化学作用的结果，还与吸附过程有关。这种过程能在被粉碎层内造成附加的应力，随着显微缝数目以及显微缝隙渗入岩石深度的增加，被粉碎层变得疏松了。

总之，大量研究表明，吸附效应的作用取决于温度的高低、应力的大小、应力状态的特点、应力状态的持续时间以及多晶体的化学组成与其分散体的结构等因素。

3）环境的物理化学性质对矿浆流变特性的作用

克利佩(R. Klimpel)和埃尔沙洛(H. Elshall)在 1977 年和 1979 年的第十二、十三届国际选矿会议上提出，在湿法磨矿中，矿浆性质是一个关键因素，水量及助磨剂对矿浆性质的影响很重要。克利佩认为矿浆中的固体含量、黏度分布特性、化学环境和矿浆温度等因素决定了矿浆的流变特性。

由流变学可知，由细粒分散固体组成的矿浆，其流动性可分为：塑性流体、假塑性流体和膨胀性流体。克利佩等经过长期研究矿石和煤在磨矿循环中的流变特性和磨矿效果的关系，结合流变学理论，总结出矿浆浓度和黏度、矿浆浓度和磨矿速度的一般规律。他们指出：当矿浆中固体体积浓度低于 40%～50%时，或少数黏性很高的矿料的体积浓度不超过 30%时，矿浆的黏度较小，流变特性属于膨胀性，测得的磨矿速度符合一级磨矿动力学规律，磨机的处理能力随矿浆浓度的变化不显著。矿浆浓度较高，固体体积浓度约为 45%～55%时，因其黏度较高，矿浆的流变特性表现为假塑性，磨矿速度仍符合一级磨矿动力学规律，但磨矿速度较快，从而使磨机的生产能力随浓度变大而提高的幅度增大，磨矿效率高。当矿浆浓度过高时，由于细粒固体含量高，提高了矿浆的黏度，屈服应力也急剧增高，其流变特性属于高屈服应力的塑性体，则磨矿速度较低，表现为非一级磨矿动力学规律，磨机的处理能力将会大幅度下降。

从提高磨矿效率角度出发，磨矿浓度必须保持在假塑性区域内。克利佩发现，假塑性区域的位置和范围都有可变性。磨机中添加某些具有分散作用的水溶性化学药剂，能大幅度降低矿浆黏度，在一定程度上可改变假塑性区的位置，并扩大其范围，以提高磨矿速度。

在超细粉碎过程中加入化学药剂的目的，主要在于控制矿粒的分散性和矿浆的流动性，因为有些表面活性剂能显著降低水的表面张力，使分散相的质点易于润湿，从而促使其分散。有些虽不能明显地降低水的表面张力，但可起保护胶体的作用，使分散相免除因电解质导致其聚沉的影响。因此，加入表面活性剂后，矿浆中的固体沉降性质、分散性质及流动性质均有变化。

5.2.6　超细颗粒的分散与助磨

5.2.6.1　概述

在超细粉碎过程中，当颗粒的粒度减小至微米级后，颗粒的质量趋于均匀，缺陷减少，强度和硬度增大，粉碎难度大大增加。同时，因比表面积及表面能显著增大，微细颗粒相互团聚(形成二次或三次颗粒)的趋势明显增强；对于湿法超细粉碎，这时矿浆的黏度显著提高，矿浆的流动性明显变差。如果不采取一定的工艺措施，粉碎效率将显著下降，单位产品能耗将明显提高，这就是在超细粉碎过程中必须使物料良好分散以及在某些情况下使用分散剂或助磨剂的背景。

助磨剂是一类能显著提高超细粉碎作业效率或降低单位产品能耗的化学物质，它包括不同状态(固态、液态和气态)的有机物和无机物。添加助磨剂的主要目的是提高物料的可磨性，阻止微细颗粒的黏结、团聚和在磨机衬板及研磨介质上的黏附，提高磨机内物料的流动性，从而提高产品细度和细产品的产量，降低粉碎极限和单位产品的能耗。很显然，分散剂也是一种助磨剂，它是通过阻止颗粒的团聚、降低矿浆黏度来起助磨作用的。

在湿式超细粉碎过程中，除了采用分散剂分散或化学分散外，还可采用物理分散的方法。物理分散方法包括以下两种：

(1)超声分散。将所需分散的超细粉体悬浮体置于超声场中，用适当的超声频率和作用时间加以处理。它包括超声乳化(主要用于分散难溶于液态的药剂和难以相溶的两种或多种液态物质)、超声分散(用于超细粉体在液相介质中的分散，在测量超细粉体粒度时，通常使用超声分散进行预处理)、超声清洗等。

超声波用于超细粉体悬浮体的分散效果虽然较好，但由于其能耗高，大规模使用在经济上还存在很多问题。

(2)机械搅拌分散。通过强烈的机械搅拌引起液流强湍流运动而使超细粉体聚团碎解悬浮。但是在停止搅拌后，分散作用消失，超细粉体可能重新团聚。此外，在超细设备中，转速往往受到一定的限制，因此机械搅拌难以单独完成超细粉碎过程“降黏”的目的。因此，必须采用与化学分散相结合的手段。

化学分散就是通过在超细粉体悬浮体中添加分散剂(无机电解质、表面活性剂、高分子分散剂等)以阻止颗粒之间的团聚，从而达到降低矿浆黏度和物料稳定分散的目的。

5.2.6.2　助磨剂和分散剂的作用原理

1. 助磨剂的作用原理

关于助磨剂的作用原理主要有两种观点。

(1)“吸附降低硬度”学说。认为助磨剂分子在颗粒上的吸附降低了颗粒的表面能或者引起近表面层晶格的位错迁移，产生点或线的缺陷，从而降低了颗粒的强度和硬度；同时，阻止新生裂纹的闭合，促进裂纹的扩展。

(2)“矿物流变学调节”学说。认为助磨剂通过调节矿浆的流变学性质和矿粒的表面电性等，降低矿浆的黏度，促进颗粒的分散，从而提高矿浆的可流动性，阻止矿粒在研磨介质及磨机衬板上的黏附以及颗粒之间的团聚。

在磨矿时，磨矿区内的矿粒通常受到不同种类应力的作用，导致形成裂纹并扩展，然后被粉碎。因此，物料的力学性质，如在拉应力、压应力或剪切应力作用下的强度性质将决定对物料施加的力的效果。显然，物料的强度越低、硬度越小，粉碎所需的能量就越少。根据格里菲斯定律，脆性断裂所需的最小应力为

$$\sigma = \left(\frac{4E\gamma}{L}\right)^{\frac{1}{2}} \tag{5-88}$$

式中，σ 为抗拉强度；E 为杨氏弹性模量；γ 为新生表面的表面能；L 为裂纹的长度。

式(5-88)说明，脆性断裂所需的最小应力与物料的比表面能成正比。显然，降低颗粒的表面能，可以减少使其断裂所需的应力。从颗粒断裂的过程来看，根据裂纹扩展的条件，助磨剂分子在新生表面的吸附可以减小裂纹扩展所需的外应力，防止新生裂纹的重新闭合，促进裂纹的扩展。助磨剂分子在裂纹表面的吸附如图 5-51 所示。

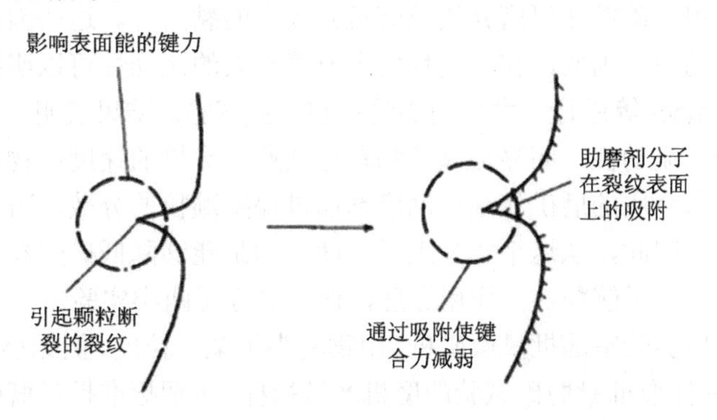

图 5-51　助磨剂分子在裂纹表面吸附的示意图

实际颗粒的强度与物料本身的缺陷有关，使缺陷(如位错等)扩大无疑将降低颗粒的强度，促进颗粒的粉碎。

列宾捷尔(Rehbinder)首先研究了在有无化学添加剂两种情况下液体对固体物料断裂的影响。他认为，液体(尤其是水)将在很大程度上影响断裂。添加表面活性剂可以扩大这一影响。原因是固体表面吸附表面活性剂分子后表面能降低了，从而导致键合力的减弱。

列宾捷尔等提出的上述机理得到了一些试验结果的验证。例如，在振动球磨机中研磨 64 h 后，石英粉的表面自由能从未加助磨剂(5%硬脂酸)的 51.44 mJ/m^2 降低到 36.87 mJ/m^2(20℃)。

表 5-10 所列为水对岩石抗压强度影响的测定结果。结果显示，岩石湿抗压强度较干抗压强度低。磨矿实践也表明，添加 0.59 mL/L 草酸钠后，赤铁矿的莫氏硬度降低了 42.5%，显微硬度降低了 38%。

表 5-10　水对岩石抗压强度的影响

岩石类型	抗压强度/MPa		湿/干/%
	干	湿	
玄武岩	172	86.5	50.3
含砂岩玄武岩	66	29	44.0
白云石	116.9	86.9	83.0
花岗岩	160.9	108.9	67.7
石灰石	86.9	49	56.3
石英岩	261.8	209.8	80.2

除了颗粒的强度和硬度以及比表面能外，从粉碎工艺来考察，影响粉碎机产量、粉碎产品细度和单位产品能耗的主要因素还有矿浆的黏度，矿粒之间的黏结、聚结或团聚作用，矿粒在研磨介质及磨机衬板上的黏附等。这些因素都将影响磨机内矿浆的流动性。因此，在一定程度上改善矿浆的流动性可以明显提高磨矿效率。对此，Klimpel 等进行了大量的实验室和工业试验。结果表明，助磨剂改善了干粉或矿浆的可流动性，明显提高了物料连续通过磨机的速度；物料流动性的提高，改善了研磨介质的磨矿作用；助磨剂通过保持颗粒的分散，阻止了颗粒之间的聚结或团聚。因此，从这个意义上讲，助磨剂是能够降低矿浆黏度并提高矿浆流动性的物质。为了解释这一作用原理，他们进行了两类实验。

第一类是用实验室的批量磨矿机，用物料小于某一粒度，例如小于 75 μm(200 目)的产量作为标准批量磨矿试验的磨机产量指标。所谓标准批量磨矿是指物质种类、给料粒度、磨机型号、磨矿条件如磨矿时间等恒定。这种试验得到的磨矿结果(小于指定粒级的产率)与矿浆黏度的关系，如图 5-52 所示。他们将这一关系分为三个区域。其中 *A*、*B* 区属于一阶粉碎区域。在该区域内，细粒级产率随矿浆黏度(或矿浆浓度)的增大而提高；*C* 区属于非一阶粉碎区域，当矿浆黏度(或浓度)增大到一定值后，指定细粒级产率开始下降。在一阶粉碎区域，添加助磨剂几乎没有什么效果。但是在非一阶粉碎区域(即 *C* 区)添加助磨剂后显著提高了细粒级产率，而且将一阶粉碎区域从 *A* 和 *B* 扩大到 *A'* 和 *B'*，即添加助磨剂后可相应地增大磨矿浓度。

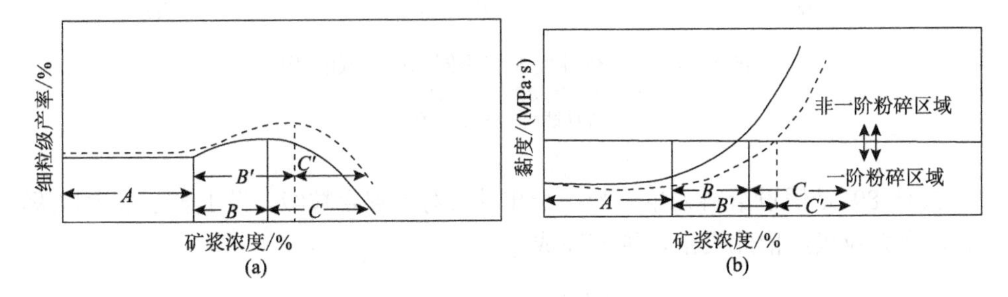

图 5-52　指定细粒级产率及矿浆黏度与矿浆浓度的关系
(a)细粒级产率与矿浆浓度的关系；(b)矿浆黏度与矿浆浓度的关系；
—不加助磨剂；---- 加助磨剂

第二类实验也是在实验室批量磨机上进行，采用比粉碎速度 S_j 和一阶粉碎分布 B_{ij} 来进行评价。当粉碎属于一阶时，给定颗粒的粉碎速度与该粒级的质量或产率成正比。因此，j 粒级的粉碎速度$=S_jW_j(t)W$。式中，S_j 为 j 粒级的比粉碎速度；W 为磨机中的装料量，$W_j(t)$ 为磨矿时间 t 时，粒级物料的质量分数。若开始给料时，$W_j(0)$ 为给料中最大粒级的质量分数，则

$$-\frac{\mathrm{d}W_j(t)}{\mathrm{d}t}=S_jW_j(t) \tag{5-89}$$

$$\lg W_j(t)=\lg W_j(0)-\frac{S_j(t)}{2.3} \tag{5-90}$$

测定该粒级的量随磨矿时间的减少，使用对数坐标图，可以直接得出三种重要参数。第一，如果绘出的图是直线，那么 j 粒级是一阶粉碎方式，负的斜率就是 S_j 的值；第二，图形直接给出磨机产量；第三，如果绘出的图是非线性的，说明黏度增加或者细粒级增多，那么粉碎速度将减慢。图 5-53 所示的为 $\lg\frac{W_1(t)}{W_1(0)}$ 随磨矿时间的变化。由此可见，图(a)及(b)反映的是一阶粉碎区域，图(c)反映的是非一阶粉碎区。在非一阶粉碎区，S_j 显著下降。

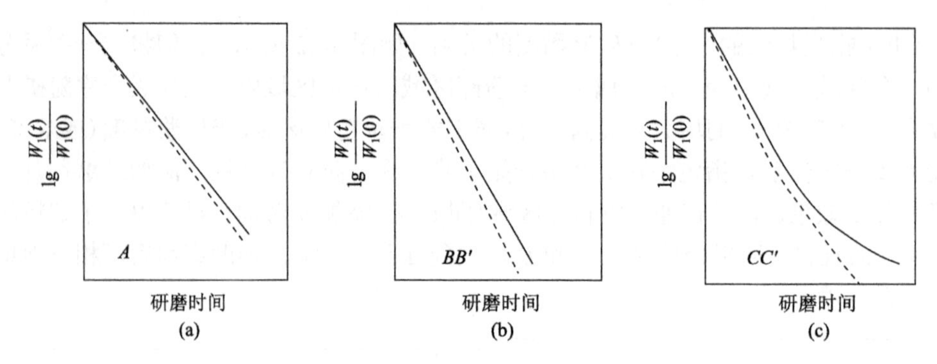

图 5-53　比粉碎速度 S_j 在不同黏度区域的变化

(a) A 区；(b) BB' 区；(c) CC' 区

— 不加助磨剂；---- 加助磨剂

式(5-89)是假设给料为单一粒级导出的，对于混合粒级，设 1 表示最大粒级，2 表示次大粒级，依此类推，则应写成

$$-\frac{\mathrm{d}W_j(t)}{\mathrm{d}t}=S_jW_j(t)-\sum_{i=j+1}^{n}b_{ij} \tag{5-91}$$

式中，$\sum b_{ij}=B_{ij}$ 表示 j 粒级物料粉碎后进入 i 粒级及其他更细粒级分数的累积。

以上分别从磨矿工艺的不同过程，即磨机内机械力对颗粒的作用过程及物料分散和输送过程解释了助磨剂的作用机理。实际上，影响磨矿产量或产品细度的因素是很复杂的。除了设备类型之外，还有物料的强度和硬度性质、表面性质、给料粒度、矿浆黏度或浓度、颗粒的团聚与分散状态等。因此，从整个细磨或者超细磨工艺来看，上述两种作用原理是统一的、同时存在的。

2. 分散剂的作用原理

在超细粉体的悬浮体中，粉体分散的稳定性取决于颗粒间相互作用的总作用能，即取决于颗粒间的范德瓦耳斯作用能、静电排斥作用能、吸附层的空间位阻及溶剂化作用能的相互关系。粒间分散与团聚的理论判据是颗粒间的总作用能，可用式(5-92)表示

$$V_{\mathrm{T}}=V_{\mathrm{W}}+V_{\mathrm{R}}+V_{K_j}+V_{r_j} \tag{5-92}$$

式中，V_{W} 为范德瓦耳斯作用能；V_{R} 为双电层静电作用能；V_{K_j} 为空间位阻作用能；V_{r_j} 为溶剂化作用能。

范德瓦耳斯作用能 V_{W}　两个半径分别为 R_1 和 R_2 的球形颗粒的范德瓦耳斯作用能可表示为

$$V_{\mathrm{W}}=\frac{AR_1R_2}{6H\left(R_1+R_2\right)} \tag{5-93}$$

若 $R_1=R_2=R$，则有

$$V_{\mathrm{W}}=\frac{AR}{12H} \tag{5-94}$$

式中，H 为颗粒间距；A 为颗粒在真空中的 Hamaker 常数。

双电层静电作用能 V_{R}　半径为 R_1 和 R_2 的球形颗粒在水溶液中的静电作用能可用式(5-95)表示

$$V_{\mathrm{R}}=\frac{\varepsilon R_1R_2}{4\left(R_1+R_2\right)}\left(\varphi_1^2+\varphi_2^2\right)\left[\frac{2\varphi_1\varphi_2}{\varphi_1^2+\varphi_2^2}\ln\left(\frac{1+\mathrm{e}^{-KH}}{1-\mathrm{e}^{-KH}}\right)+\ln\left(1-\mathrm{e}^{-2KH}\right)\right] \tag{5-95}$$

式中，φ 为颗粒的表面电位；ε 为水的介电常数；K 为 Debye 长度的倒数；H 为颗粒间距。

在湿式超细粉碎过程中，无机电解质及聚合物分散剂因使颗粒表面产生相同符号的表面电荷，引起排斥力从而使颗粒分开(图 5-54)。

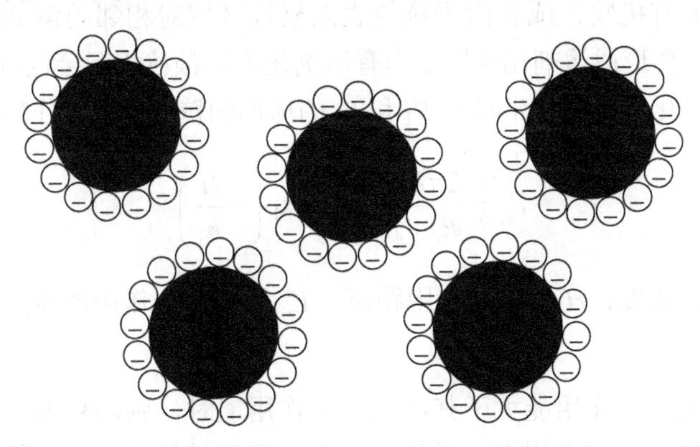

图 5-54　颗粒的静电排斥力作用示意图

空间位阻作用能 V_{K_j}　颗粒表面吸附有高分子表面活性剂时，它们在相互接近时产生排斥作用，可使粉体分散体更加稳定，不发生团聚(图 5-55)，这就是高分子表面活性剂的空间位阻，可用式(5-96)来表示

$$V_{K_j}=\frac{4\pi R^2\left(\delta-0.5H\right)}{A_{\mathrm{p}}\left(R+\delta\right)}kT\ln\frac{2\delta}{H} \tag{5-96}$$

式中，A_p为 1 个高分子在颗粒表面占据的面积；δ为高分子吸附层厚度；H为颗粒间距；k为玻尔兹曼常数；T为热力学温度。

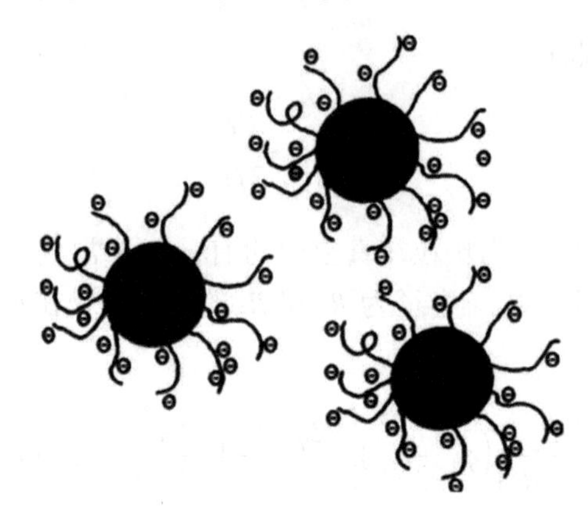

图 5-55　颗粒的空间位阻作用示意图

溶剂化作用能V_{r_j}　颗粒在液相中引起周围液体分子结构的变化，称为溶剂化作用。当颗粒表面吸附阳离子或含亲水基团（—OH、PO_4^{3-}、—$N(CH_3)_3^+$、—$CONH_2$、—COOH 等）的有机物，或者由于颗粒表面极性区域对相邻的溶剂分子的极化作用，在颗粒表面会形成溶剂化作用。当有溶剂化膜的颗粒相互接近时，产生排斥作用能，称为溶剂化作用能。半径为R_1和R_2的球形颗粒的溶剂化作用能可以表示为

$$V_{r_j} = \frac{2\pi R_1 R_2}{R_1 + R_2} h_0 V_{r_j}^0 \exp\left(-\frac{H}{h_0}\right) \tag{5-97}$$

式中，h_0为衰减长度；H为相互作用距离；V_{r_j}为溶剂化作用能能量参数，与表面润湿性有关。

当颗粒间的排斥作用能大于其相互吸引作用能时，则颗粒处于稳定的分散状态；反之，颗粒之间产生团聚。显然，作用于颗粒间的各种作用能是随着条件变化而变化的。添加分散剂对超细粉体在液相中的表面电性、空间位阻、溶剂化作用以及表面润湿性等有重要影响。

3. 助磨剂及分散剂的种类及选择

1）助磨剂的种类

按照添加时的物质状态，助磨剂和分散剂可以分为固体、液体、气体三种；根据其物理化学性质，可以分为有机和无机两种。

固体助磨剂和分散剂：如六偏磷酸钠、三聚磷酸钠、焦磷酸钠、硬脂酸盐类、

胶体二氧化硅、炭黑、氧化镁粉、胶体石墨、用于水泥的石膏等。

液体助磨剂：包括各种表面活性剂、高分子聚合物等。如用于石灰石、方解石以及水泥熟料等的三乙醇胺、聚丙烯酸钠、六偏磷酸钠、水玻璃等；用于石英等的甘醇、三乙醇胺；用于滑石的聚羧酸盐；用于硅灰石的六偏磷酸钠等；用于黏土矿物及硅酸盐矿物的水玻璃等。

气体助磨剂：如蒸气状的极性物质(丙酮、硝基甲烷、甲醇、水蒸气等)以及非极性物质(四氯化碳)等。

2）助磨剂和分散剂的选择

在超细粉碎中，助磨剂和分散剂的选择对于提高粉碎效率和降低单位产品能耗是非常重要的。但是，助磨剂和分散剂的作用具有选择性，也即对某种物料可能是有效的助磨剂和分散剂，而对另一种物料可能没有助磨作用甚至起阻磨作用。例如，虽然三乙醇胺对石灰石及水泥熟料有较好的助磨效果，但是对于石英几乎没有助磨效果或者助磨效果很小，而 0.1%的油酸钠甚至对石英的磨矿起副作用。

选择助磨剂和分散剂时，第一要考虑被磨物料的性质。由于前人已经做了大量的试验研究和文献总结工作，我们可以从有关文献资料中查阅到适用于待磨物料的助磨剂和分散剂，然后进行比较实验。第二要考虑粉碎方式和粉碎环境，如干法粉碎还是湿法粉碎。在某些干法作业中可能选用某些气体助磨剂更方便且效果更好。第三要考虑助磨剂和分散剂的成本和来源，如果成本太高、来源很少，即使作为助磨剂效果很好也应该慎用。第四要考虑助磨剂和分散剂对后续作业的影响，如选矿分离作业、分级、过滤脱水乃至干燥作业等。第五是要考虑对环境的影响，选用的助磨剂和分散剂必须满足环保要求，不污染环境，不危害人体健康。

4. 影响助磨剂和分散剂作用效果的因素

虽然助磨剂和分散剂在一定条件下对于提高超细粉碎作业的效率、降低单位产品的能耗具有显著的效果，但其作用效果受诸多因素的影响，包括：助磨剂和分散剂的用量、用法、矿浆浓度、pH 值、被磨物料粒度及其分布、粉碎机械种类及粉碎方式等，下面分别进行讨论。

1）助磨剂和分散剂的用量

助磨剂和分散剂的用量对助磨的作用效果有重要影响。一般来说，每种助磨剂和分散剂都有其最佳用量。这一最佳用量与要求的产品细度、矿浆浓度、助磨剂和分散剂的分子大小及其性质有关。

图 5-56 所示为氧化铝、锆英石、石英砂等用振动磨进行超细磨矿时，助磨剂(三乙醇胺)用量对于其小于 1 μm 粒级产品产率的影响。由此可见，除锆英石之外，

随着助磨剂用量的增加，小于 1 μm 粒级产率增加到一最大值后趋于下降。对于氧化铝和石英，其最佳用量为 0.1%；对于锆英石，最佳用量为 0.15%。

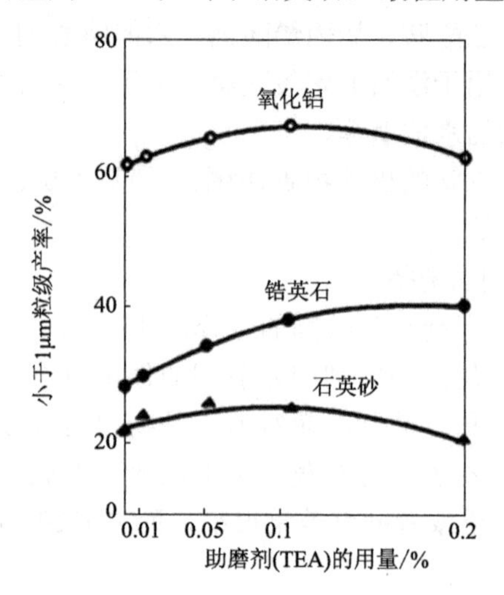

图 5-56　助磨剂用量对细产品产量的影响

图 5-57 所示为用盘式搅拌磨研磨时，焦磷酸钠用量对碳化硅产品中位粒径 d_{50} 的影响。(a) 为助磨剂用量不同(0 g/kg、2 g/kg、4 g/kg、6 g/kg) 时，d_{50} 随研磨时间的变化；(b) 为不同研磨时间下，d_{50} 随助磨剂用量的变化。明显可见，无论研磨时间如何，焦磷酸钠的最佳用量为 4 g/kg 左右，用量超过 6 g/kg 以后，d_{50} 反而增大。

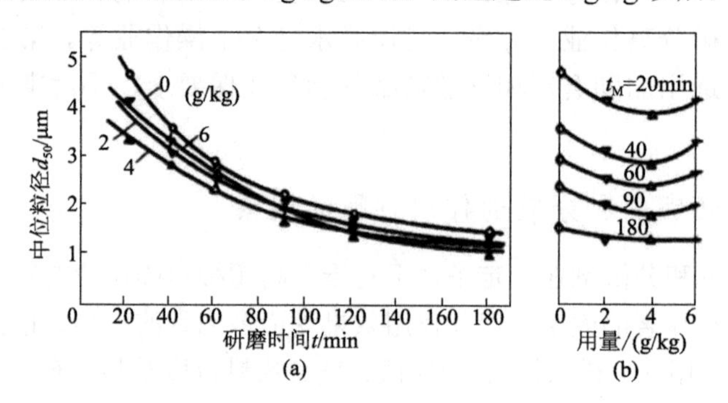

图 5-57　助磨剂用量对碳化硅中粒径 d_{50} 的影响

图 5-58 是用振动球磨机干式研磨方解石时，几种无机与有机助磨剂和分散剂对细粒级产品产量的影响。由此可见，除了丙醇和丁醇在试验的用量范围内细粒级产品未随其用量增大而下降外，其余都在达到一定最高点后下降，其中以硅酸、甲醇和乙醇为最敏感。对于以调节料浆黏度为目的的分散剂来说，分散剂的用量对矿浆黏度有重要影响，对于某些聚合物类分散剂，用量过大，将导致浆料黏度

增大。图 5-59 和图 5-60 分别为高聚物分散剂用量对固含量为 80%的超细重质碳酸钙浆料和 59%的超细高岭土浆料的降黏效果。由图可见，对于分散剂聚丙烯酸盐，在适当的用量下有明显的降黏效果，但随着用量的进一步增大，浆料黏度反而增加，特别是对于重质碳酸钙浆料。其原因可用图 5-61 来解释，用量过大后，引发聚合物链的缠绕，使颗粒形成聚团。

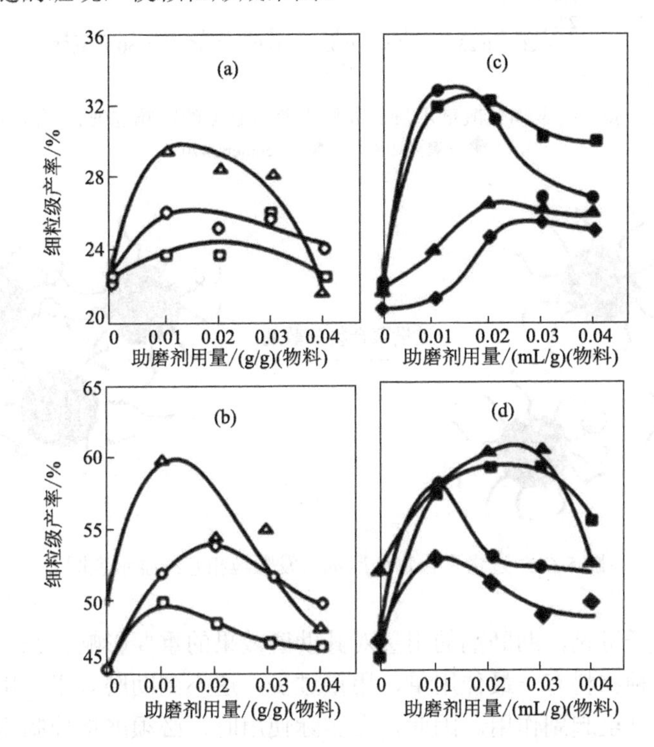

图 5-58　助磨剂用量对方解石干式磨矿的影响

(a)、(c)研磨时间 5min；(b)、(d) 研磨时间 10min

○—磷酸；□—三聚磷酸；△—硅酸；●—甲醇；■—乙醇；▲—丙醇；◆—丁醇

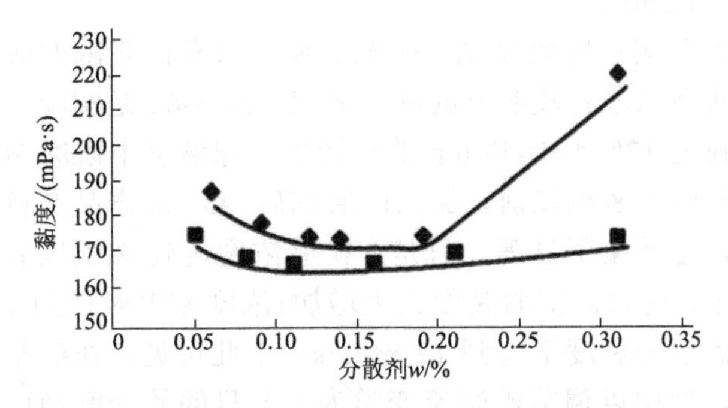

图 5-59　高聚物分散剂用量对重质碳酸钙浆料黏度的影响(80%固含量)

◆—聚丙烯酸盐；■—Acumer 9470

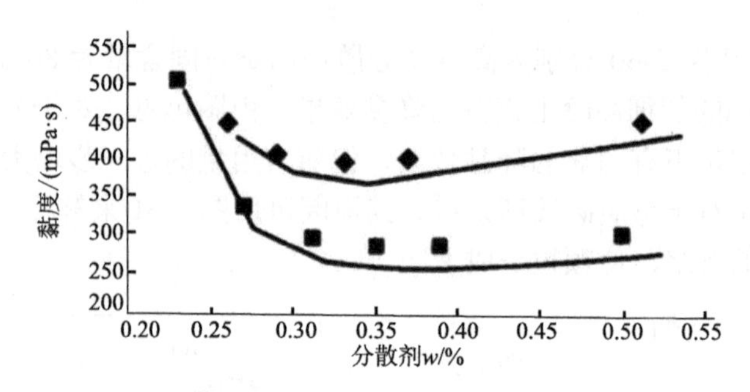

图 5-60　高聚物分散剂用量对高岭土浆料黏度的影响(59%固含量)
◆—聚丙烯酸盐；■—Acumer 9470

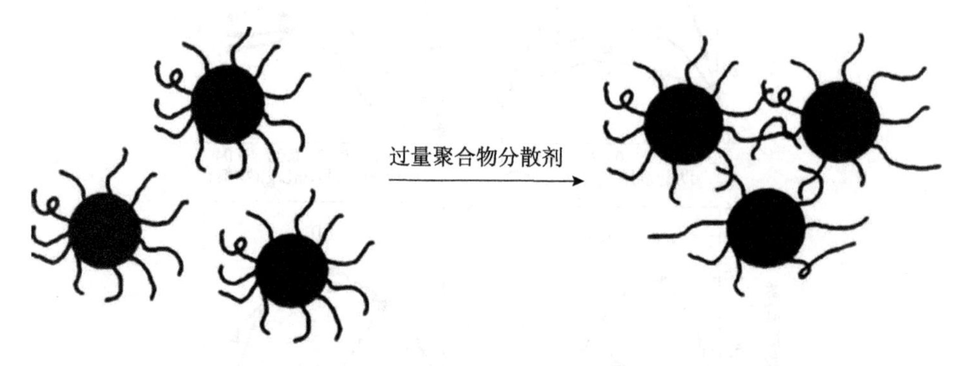

图 5-61　过量聚合物分散剂引发颗粒相互缠绕示意图

由上述例子可见，助磨剂的用量对其助磨效果的重要影响。在一定的粉碎条件下，对于某种物料有一最佳用量，用量过少，达不到助磨效果；用量过多则不起助磨作用，甚至起副作用。因此，在实际使用时，必须严格控制用量。最佳用量依产品细度或比表面积、浓度、pH 值以及粉碎方式和环境等变化，最好通过具体试验来确定。

2）矿浆浓度或黏度

许多关于助磨剂作用效果试验研究表明，只有矿浆浓度或体系的黏度达到某一值时，助磨剂才有较明显的助磨效果。图 5-62 是实验室批量磨矿的实验结果。给料粒度 12%小于 43 μm 的铁燧岩在球磨机中研磨 30 min。结果显示，在磨矿浓度小于 80%以前，加入助磨剂后−43 μm 产品产量只是较不加助磨剂略有提高，但效果不显著。只是在矿浆浓度达到 80%以后，加入助磨剂才有显著的效果。这时矿浆的黏度大大增加(浓度 83%时达到 108 mPa·s)，而添加助磨剂后矿浆的黏度下降到 12 mPa·s。由此可见，在矿浆固体浓度较小或黏度较低时，使用以调节矿浆流变学为主要目的的助磨剂可能没有明显的助磨效果。

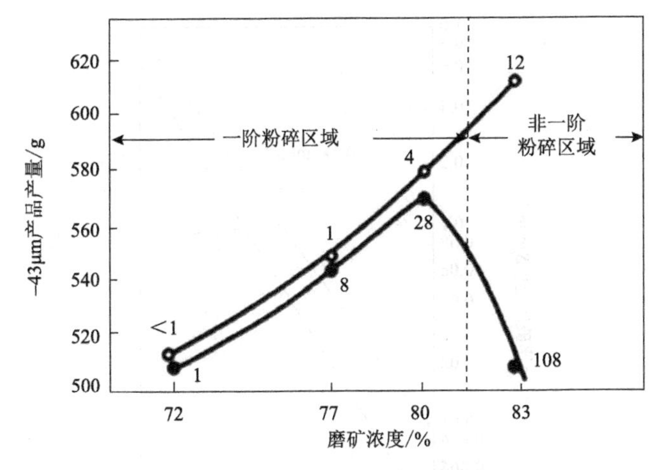

图 5-62　磨矿浓度和矿浆黏度对助磨剂作用效果的影响

图中各点处所标数据为矿浆黏度，单位为 mPa·s

●—不加助磨剂；○—每吨矿石加入 272 g XFS-4272

3）粒度大小及其分布

粒度大小及其分布对助磨剂作用效果的影响体现在两个方面：一是粒度越小，颗粒质量越趋于均匀，缺陷越小，粉碎能耗越高，助磨剂则通过裂纹形成和扩展过程中的防“闭合”和吸附降低硬度作用来降低颗粒的强度，提高其可磨度；二是粒度越细，比表面积越大，在相同含固量情况下系统的黏度增大。因此，粒度越细，分布越窄，使用助磨剂的作用效果越显著。如图 5-63 所示，随着磨矿时间的延长，产品的比表面积越来越大(粒径越来越小)，这时添加助磨剂与不加助磨剂相比较，产品比表面积的差值也越来越大。这说明，粉碎粒度越细，使用助磨剂的效果越显著。图 5-64 从比粉碎速度的角度说明粒度大小对助磨剂的作用的影响。添加胺以后，石英的比粉碎速度与不加胺相比，其差距随粒度增大而缩小。由此可以推论，在粗磨时，助磨剂胺的作用与水相比，几乎没有什么明显的助磨效果。因此，一般而论，在粗粒磨矿时，没有必要添加助磨剂。

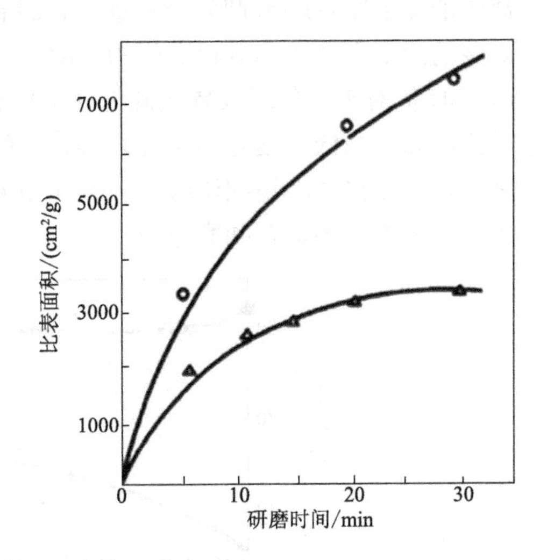

图 5-63　助磨剂对被磨物料比表面积的影响

○—加助磨剂；△—不加助磨剂

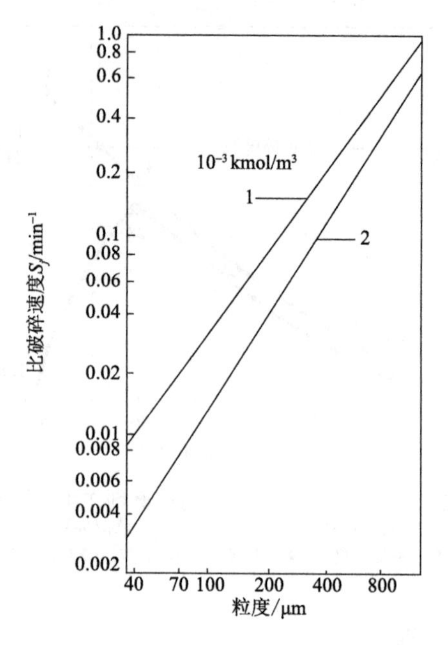

图 5-64　粒度对石英比粉碎速度的影响

1. 加助磨剂；2. 不加助磨剂

4）矿浆 pH 值

矿浆 pH 值对某些助磨剂作用效果的影响：一是通过对颗粒表面电性及定位离子的调节影响助磨剂分子与颗粒表面的作用；二是通过对矿浆黏度的调节影响矿浆的流变学性质和颗粒之间的分散性。图 5-65 所示是用搅拌磨超细研磨碳化硅时，pH 值对矿浆黏度及碳化硅电动电位（ζ 电位）的影响。在 ζ 电位绝对值最大处，矿浆的黏度最低。这是由于此时颗粒之间的静电斥力增大，有利于颗粒的分散。因此，在碳化硅的超细研磨中，碱性 pH 值调整剂，从调节矿浆流变学的角度考虑，适量添加剂也有助磨作用。

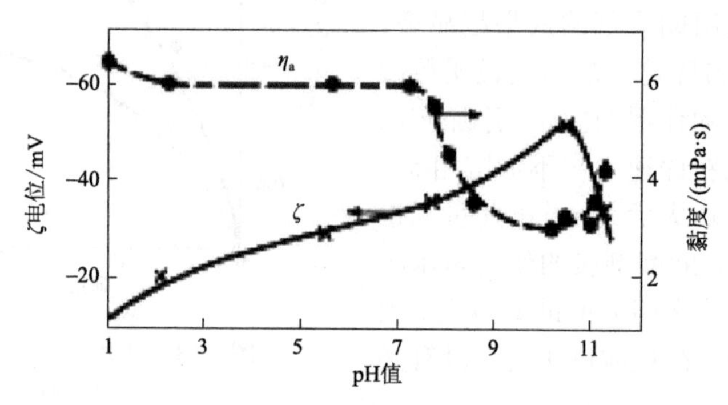

图 5-65　pH 值碳化硅 ζ 电位及黏度的影响

●—黏度；✖—ζ 电位

图 5-66 是添加 10^{-5} mol 胺后，石英可磨度及悬浮液性质随 pH 值的变化。由此可见，石英的可磨度及悬浮液的流动性随 pH 值的增大而增加，碱性环境有利于胺对石英的助磨作用。

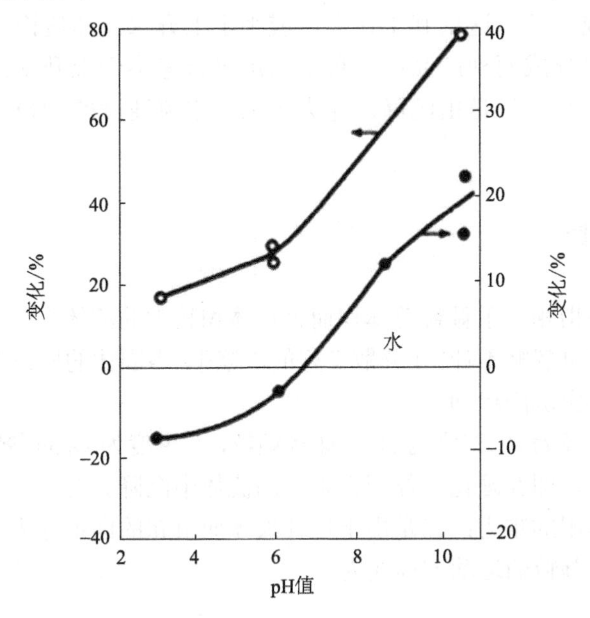

图 5-66 添加 10^{-5} mol 胺后 pH 值对石英可磨度及流动性的影响

●—可磨度；○—流动性

5.3 矿物材料分级原理

5.3.1 概述

分级是根据物料颗粒在流体介质中沉降速度的差别把混合矿物分离成两种或两种以上产品的一种方法。在选矿中流体介质通常是水，当物料粒度过细不能有效筛分分离时，一般采用湿式分级。因为流体介质中颗粒的速度不仅与粒度有关，还与物料的相对密度和颗粒形状有关，所以在利用重选机分选矿物的过程中分级原理也极为重要。分级机对磨矿流程的效能影响较大。

阻力的性质是由物体的沉降速度决定的。在低速运动时，运动是平稳的，与固体接触的流体层随固体一起运动，而与固体相距短距离以外的液体却静止不动。在上述两个位置之间，在沉降颗粒周围的液体中存在一个强剪切区。实际上，全部的运动阻力是由剪切力或液体黏度引起的。因此，将其称为黏性阻力。高速运动时，主要阻力是由固体排开液体而产生的，此时黏性阻力较小，这种阻力称为绕流阻力。无论是黏性阻力还是绕流阻力哪种起主导作用，流体内颗粒的下沉加速度急剧下降，并且很难达到临界沉降末速。分级机实际上是一个分级柱(sorting column)，液体在分级柱中以均匀速度上升。物料给入分级柱后，或下降或上升，这依其末速大于或小于上升水流速度而定。因此，分级柱将给入的物料分成两种产品：一种是由沉降末速小于上升水流速度的颗粒组成的溢流产品，另一种是由沉降末速大于上升水流速度的颗粒组成的沉砂或称底流。

5.3.2 自由沉降

自由沉降是指相对于颗粒总体积而言在体积较大的流体中颗粒的沉降，此时颗粒的拥挤现象可忽略不计。在分散良好的矿浆中，当固体的质量分数约小于 15%时，物体进行自由沉降运动。

假设一个直径为 d、密度为 D_s 的球状颗粒，在密度为 D_f 的黏性流体中受重力作用而自由沉降，即在理论上体积无限大的流体中沉降。有三个力作用于该矿粒上：一是向下作用的重力；二是由于排开液体而引起的向上浮力；三是向上作用的流体阻力 D。颗粒的运动方程式为

$$mg - m'g - D = \frac{m\mathrm{d}x}{\mathrm{d}t} \tag{5-98}$$

式中，m 为颗粒的质量；m'为排开液体的质量；x 为颗粒的速度；g 为重力加速度。

当达到沉降末速时，$\mathrm{d}x/\mathrm{d}t=0$，则 $D=(m-m')g$。

因此

$$D = \left(\frac{\pi}{6}\right) g d^3 \left(D_s - D_f\right) \tag{5-99}$$

斯托克斯假设对一个球形颗粒的流体阻力是由黏性阻力引起的，且推导出下式：

$$D = 3\pi d\eta \mathrm{v} \tag{5-100}$$

式中，η 为流体黏度；v 为沉降末速。

将式(5-100)代入式(5-99)，则得

$$3\pi d\eta v = \left(\frac{\pi}{6}\right) g d^3 \left(D_s - D_f\right) \tag{5-101}$$

及

$$v = \frac{gd^2\left(D_s - D_f\right)}{18\eta} \tag{5-102}$$

此式称为斯托克斯定律。

牛顿假设流体阻力是由绕流阻力引起的，并推导出：

$$D = 0.055\pi d^2 v^2 D_f \tag{5-103}$$

代入式(5-99)，得

$$v = \left[\frac{3gd\left(D_s - D_f\right)}{D_f}\right]^{1/2} \tag{5-104}$$

此式称为绕流阻力牛顿定律。

斯托克斯定律适用于粒径小于 50 m 左右的颗粒。粒度上限可由无量纲雷诺数求出。牛顿定律适用于粒径大于 0.5 mm 的颗粒。因此，存在一个中间粒度分布，此粒度分布恰是大多数湿式分级物料的粒度范围，但在这一粒度范围内，上述两个定律均与相应试验数据不符合。

对于特定流体，斯托克斯定律[式(5-102)]可简化为

$$v = k_1 d_2 (D_s - D_f) \tag{5-105}$$

而牛顿定律[式(5-104)]可简化为

$$v = k_2\left[d\left(D_s - D_f\right)\right]^{1/2} \tag{5-106}$$

式中，k_1、k_2 为常数；$(D_s–D_f)$ 为密度为 D_s 的颗粒在密度为 D_f 的流体中的有效密度。

两个定律均表明，在特定的流体中，颗粒的沉降末速仅仅是颗粒粒度和密度的函数。由此可知：①如果两个颗粒密度相等，则粒径较大的颗粒具有较高的沉降末速；②如果两个颗粒粒径相等，则密度较大的颗粒具有较高的沉降末速。

假定两个矿粒的粒径分别 d_a、d_b，密度分别为 D_a、D_b，在密度为 D_f 的流体中等速下降，则其沉降末速必定相等，因此，根据斯托克斯定律[式(5-105)]得

$$d_a^2\left(D_a - D_f\right) = d_b^2\left(D_b - D_f\right) \tag{5-107}$$

或

$$\frac{d_a}{d_b}=\left(\frac{D_b-D_f}{D_a-D_f}\right)^{1/2} \tag{5-108}$$

此式称作两个矿粒的自由沉降比，即以相同速度沉降的两个矿粒所需的粒度比。

同理，根据简化的牛顿定律[式(5-106)]，大颗粒的自由沉降比为

$$\frac{d_a}{d_b}=\frac{D_b-D_f}{D_a-D_f} \tag{5-109}$$

假设方铅矿(密度 7.5 g/cm^3)和石英(密度 2.65 g/cm^3)的混合物在水中进行分级，对于细颗粒，按照斯托克斯定律，自由沉降比[式(5-107)]应为

$$\left(\frac{7.5-1}{2.65-1}\right)^{1/2}=1.99$$

由此可知，遵循牛顿定律的大颗粒自由沉降比大于遵循斯托克斯定律的小颗粒自由沉降比。这说明，对于大颗粒，矿物颗粒间的密度差对分级效果的影响更明显。这确定了重选的应用范围。应尽量避免物料过磨，由此将较粗的物料给入分选设备，在比重差的强化作用下，可实现高效分选。然而，在常规球磨分级流程中，高密度的细粒级物料更易于过磨，因此在粗磨流程中最好选用棒磨机替代球磨机以强化重选中的重力效应。

根据式(5-108)和式(5-109)，可推导出自由沉降比的通式如下：

$$\frac{d_a}{d_b}=\left(\frac{D_b-D_f}{D_a-D_f}\right)^{n} \tag{5-110}$$

式中，符合斯托克斯定律的小颗粒，n=0.5；符合牛顿定律的大颗粒，n=1；50 μm～0.5 cm 的中间粒级，n=0.5～1。

5.3.3 干涉沉降

随着矿浆中固体颗粒比例的增大，颗粒的群集效应更加明显，颗粒的沉降速度开始下降。矿浆体系开始变得如重液一样，其密度是矿浆的密度而不是荷载液体的密度；此时，干涉沉降占主导优势。由于矿浆的密度和黏度较高，而颗粒通过矿浆进行干涉沉降分离，因此，沉降阻力主要是由紊流引起的。牛顿定律的修

正式可确定此条件下颗粒的近似沉降速度：

$$v = k\left[d\left(D_{s} - D_{p}\right)\right]^{1/2} \tag{5-111}$$

式中，D_p 为矿浆密度。

颗粒的密度越小，有效密度 D_s-D_p 减小的效应就越显著，沉降速度下降得越大。同理，颗粒越大，沉降速度随矿浆密度的增大而下降得越显著。这在分级机的设计中是至关重要的，实际上，干涉沉降使粒度对分级的影响减小，进而强化了密度对分级的影响。以石英和方铅矿的混合物在密度为 1.5 的矿浆中的沉降分离为例进行说明。根据式(5-109)可推导出干涉沉降比为

$$\frac{d_{a}}{d_{b}} = \left(\frac{D_{b} - D_{p}}{D_{a} - D_{p}}\right) \tag{5-112}$$

因此，在这一体系中，

$$\frac{d_{a}}{d_{b}} = \frac{7.5 - 1.5}{2.65 - 1.5} = 5.22$$

由此可知，方铅矿颗粒在矿浆中的沉降速度等于粒径是其 5.22 倍的石英颗粒的沉降速度，而在绕流阻力作用下，计算出的自由沉降比则为 3.94。

干涉沉降比总是大于自由沉降比，而矿浆越稠，等降颗粒的粒径比越大。对石英和方铅矿而言，实际上，能够获得的最大干涉沉降比是 7.5 左右。干涉沉降分级机强化密度对分级的影响，而自由沉降分级机则利用相对稀释的悬浮液，以强化粒度在分级中的作用(图 5-67)。一般选用某个重选机处理相对较稠的矿浆，尤其是在处理重质砂矿时。重选机处理量较大，同时强化了比重差对分选的影响，然而分选效率可能会降低，因为矿浆的黏度随着密度的增加而增大。高浓度给矿矿浆的密度接近所需分选物料的密度，因此，需要较低密度的矿浆，即使这弱化了密度差异的影响。

随着矿浆浓度的增大，颗粒表面仅由薄层水膜覆盖。其可称为流砂态，即在表面张力的作用下，混合物呈完全悬浮状态，不易分离。固体颗粒处于完全流化态，这意味着，每个矿粒可自由运动，但如果它不与其他颗粒碰撞，就不能移动而处于原地。矿浆的性质如同黏性液体的，比重大于矿浆的固体颗粒通过矿浆时，其将在矿浆黏性阻力的作用下运动。

在分级机的分级柱中设计某种阻滞设施，或制成锥形分级柱，或在机底安置格筛，以此来产生流化态(图 5-68)。

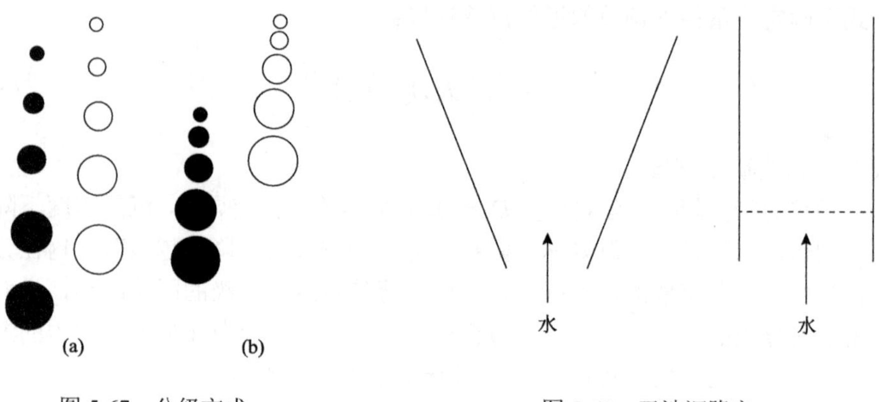

图 5-67　分级方式
(a) 自由沉降；(b) 干涉沉降

图 5-68　干涉沉降室

这种干涉沉降分级柱称为干涉沉降室。因设有阻滞装置，补加水流速在柱底最大。矿粒不断下沉，直至共沉降速度与上升水流速度相同。此时，颗粒不再进一步下沉。当许多颗粒达到这一状态，大量矿粒滞留在阻滞装置上，进而在矿浆中形成压力。矿粒沿阻力最小的路径上升，这一路径往往是沿柱体的中轴，直至其进入或接近沉降矿粒顶部压力较低的区域，矿粒按之前沉降的状态继续下降。当矿粒由底部上升至中心时，边壁的矿粒会沉降进入所产生的空隙中，进而形成环流，颗粒呈流化态。混杂状态的矿粒不断碰撞，起到清除任何夹带或黏附矿泥的擦洗作用，随后将矿泥从沉降室排出，成为分级的溢流。因此分级的分离效果较好。

5.3.4　水力分级

水力分级是利用水力将固体粒子群进行分级的方法。

1. 水力分级在选矿中的应用

(1) 与磨矿作业构成闭路作业，及时分出合格粒度产物，以减少过磨。

(2) 在某些重选作业(如摇床选、溜槽选等)之前，作为准备作业，对原料进行分级，分级后的产物，分别给入不同设备或在不同操作条件下进行分选。

(3) 对原矿或选后产物进行脱泥或脱水。

(4) 在实验室内，测定微细物料的粒度组成。

2. 水力分级机

水力分级机的主要特点是须向给入矿浆内补加水，水的流动方向与矿粒的沉降方向相反。水力分级机往往由一系列分级柱组成，通过每个分级柱的垂直水流上升而矿粒则沉降分离(图 5-69)。第一个分级柱内的流速最高，最后一个分级柱内的流速最低，从而可获得一些分级产品，在第一个分级柱中可获得高密度的粗粒产品，而后者的分级产品为细粒产品。细粒矿泥成为最后一个分级柱的溢流。分级柱的尺寸依次增大，部分原因是后续分级柱处理的液体量包括了前一个分级柱用于分级的所有水量，另一部分原因是从一个分级柱流向下一个分级柱液体的表面流速逐渐降低。

水力分级机可能属于自由沉降型，也可能属于干涉沉降型。前一种很少使用，其结构简单、处理量大，但分级效率较低。此类分级机的特点是分级柱沿其长度的横截面相同。

在矿业中分级机的最大用途是对某个重选过程的给矿进行分级以减弱粒度的影响和强化密度的效用。此类分级属干涉沉降型分级机。其余自由沉降分级机不同之处在于其分级柱底部尖缩，形成一个干涉沉降室(图 5-68)。干涉沉降分级机的用水量比自由沉降分级机的耗水量少得多，且由于干涉沉降室内的擦洗作用以及总体来说，矿浆的悬浮作用，使得分级作用更具选择性。由于等降颗粒的粒度比较大，这类的分级机还有一定的分选富集作用，且第一分级柱产品的品位高于其他分级柱产品(图 5-70)。这称为分级机的增益。在某些情况下，第一分级柱产品的品位足够高，以致其可直接作为精矿产品。

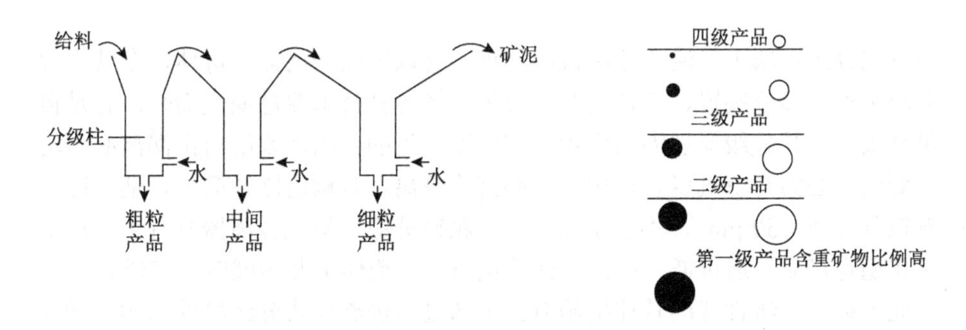

图 5-69　水力分级机原理　　　图 5-70　干涉沉降分级机的额外增量机

在分级期间，流化态层趋于扩大，因为矿粒易于混入此层而不是脱离该床层。因其密度的增大，易于改变分级产品的性质。在现代多室水力分级机中，流化态床层的组成是自动控制的。斯托克斯水力分级机常用于重选给矿的粒度分级。

每个干涉沉降室的底部均装有给水管，水压恒定，以维持固体颗粒的流化态，矿粒逆着由间隙上升的水流而沉降。水力分级机的每个干涉沉降室内均装有一个排矿阀，此排矿阀与压力阀相连接，以便能精确控制由操作者给定的分级条件(图

5-71)。排矿阀可由水力和电力控制，在操作中，调节该阀以平衡流化态物料所产生的压力。尽管给矿速度时时发生变化，但是单个分级室内的固体浓度仍能保持相对稳定。毫无疑问，每一分级产品的排出量将随给矿的波动而变化，但由于此种变化往往由阀门加以平衡，所以分级产品的浓度几乎保持恒定。

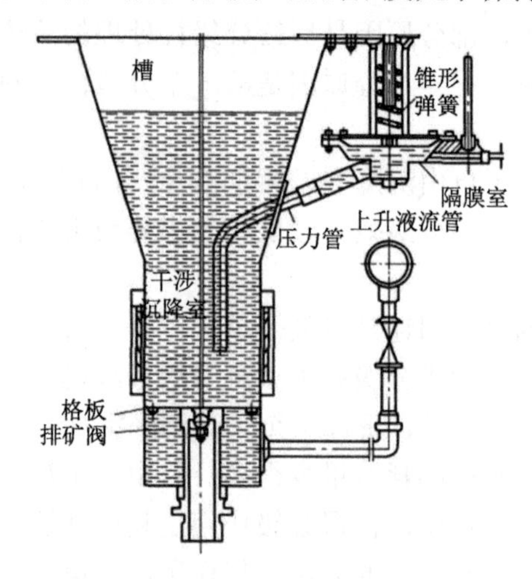

图 5-71　水力分级机分级剖面图

5.3.5　旋风分级

旋风式分级机属于气流式分级机的一种，是以旋风分离器为母体，在其内部增加分散装置、筛分装置、粒径调节装置等，经各种技术改进演变而来。它是自由涡类分级机，其分级原理为利用颗粒在气流产生的自由涡或准自由涡离心力场中所受到的离心力与空气曳力作用，离心沉降分离。其构造比较简单，适于比较细的颗粒分级(5～50 μm)，不适于高浓度、精密分级。旋风分离器具有无运动部件、工作稳定可靠、造价低、维修方便等优点，在粉体工业领域应用广泛。

工业上提高分级性能的具体措施有：①通过改进旋风式分级机的结构，增加内构件；②将分级原理不同的分级机相互组合；③设计合理的分级系统。

各类分级机的组合：①将分级原理不同的分级机相互组合，可实现多粒径分级、降低分级粒径或高精度分级；②射流分级机和旋风式分级机的结合；③涡轮式分级机和旋风式分级机的结合；④离心分级机与旋风式分级机结合。

1. DS 型分级机

日本 NPK 公司研制的DS 型无动件分级机，是一种无转子的半自由涡式分级机(图 5-72)。含有微细颗粒的两相流在负压的作用下旋转进入分级机，经上部筒体壁旋转分离后，部分空气和微粉通过插入管离开分级机；剩余部分需要进一步分级的物料通过中心锥体进入分级区，经离心力的作用被分成粗粉和细粉。“二次空气”经叶片圆周(角度可调)进入分级室，使颗粒充分分散，提高分级效率。粗粉经环形通道进入卸料仓，细粉从中心锥体下部排出。分级点的调节也是通过调整中心锥体的高度和二次风量来完成的。DS 型分级机的切割粒径为 1～300 μm，处理量为 10～4000 kg/h，分级精度 d_{75}/d_{25} 为 1.1～1.5，有较高的固气比。

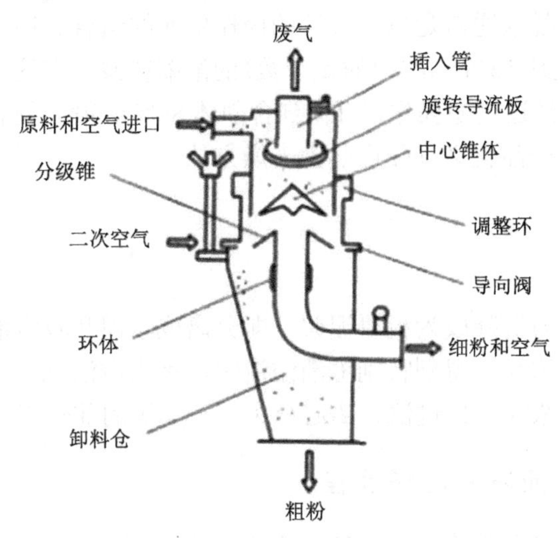

图 5-72　DS 型无动件分级机结构示意图

2. MC 型微粉分级机

MC 型微粉分级机，无运动部件，靠两相流沿器壁的旋转流动所产生的离心力场进行分级。其原理是夹带分散颗粒的气固两相流在负压的吸引下，进入上部的涡旋腔，在导向圆锥体的引导下以稳定的浓度进入分级室，在离心力的作用下被分离成粗细两种颗粒。细粉通过分级锥体上部的中心通道，在由入口进入的二次空气夹带下，从出口排出分级机；粗粉则沿着分级锥体落入粗粉室。该机的分级切割粒径范围在 5～50 μm，可通过改变导向锥体和分级锥体之间的缝隙、二次空气量以及不同区域的压力来调节，其处理能力为 0.5～1000 kg/h。

5.4　固 液 分 离

5.4.1　概述

许多选矿过程需要使用大量的水，因此，最终精矿必须从固液比很高的矿浆中分离出来。通过脱水，即固液分离，使精矿含水率降低从而便于运输。在选矿的不同阶段进行局部脱水，分别为后续作业准备给矿。固液分离方法可以大致分为以下三种：①沉降；②过滤；③热力干燥。

当固液密度差异很大时，沉降效率高。由于载矿介质为水，所以选矿过程都属于这种情况。然而，沉降往往不适用于湿法冶金过程，因为在一些情况下，载体液体的密度与固体的高品位浸出液密度接近，在这种情况下必须使用过滤方法。

选矿过程中的脱水通常是以上方法的操作单元的组合。通过沉降或浓缩去除大部分水，从而得到 55%～65%(质量分数)的浓缩料浆。在这个阶段，脱水率大约可达到 80%。再经过过滤操作，可得到含固体 80%～90% 湿滤饼。要得到固液比 95%左右的最终产品就必须使用热力干燥方法。

5.4.2　沉淀浓缩

稀悬浊液用重力沉降成为稠厚泥浆，即分离成淤泥和较澄清溢流的操作，称为沉降浓缩或沉淀浓缩；得到特别澄清溢流时，称为澄清化。在处理量大的悬浊液的流程中，沉降浓缩用作过滤、离心分离、干燥等的前一工序。

1. 凝聚性悬浊液的沉降过程

把许多颗粒凝聚而成的凝聚性悬浊液(凝聚性泥浆，能发生沉降)倒入量筒内，充分搅拌后，静置观察时，通常会呈现如图 5-73 所示的沉降过程，出现 A、B、C、D、E 五种层。

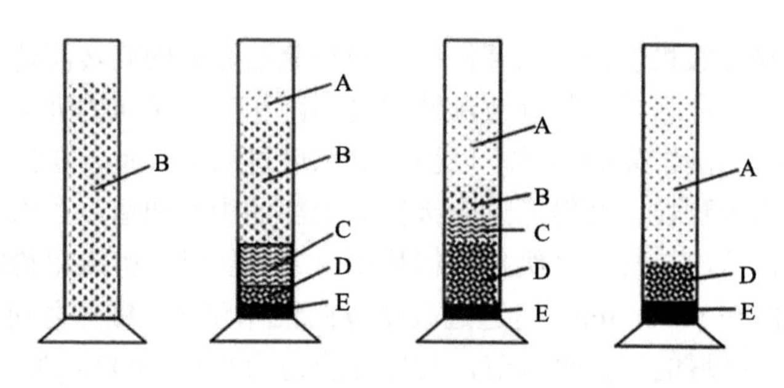

图 5-73　沉降浓缩过程

A 层：最上面的澄清层。凝聚良好时，由于沉降粉体的过滤作用而澄清，A-B 界面明显。凝聚不佳时，因残留微粒子而变得混浊，界面不明显。该界面高度和时间的关系可用作增稠器设计和操作的基本数据，其关系曲线称为间歇沉降曲线。

B 层：干扰沉降凝聚层。其浓度与悬浊液初期浓度几乎相等，液体为连续相，高度上几乎无浓度差，A-B 界面的沉降速度等于干扰沉降速度。

C 层：B 和 D 的中间浓度的过渡层。通过凝聚堆积起来的毛细管网时，液体被挤出，颗粒的水平位置保持不变，但沿垂直方向压缩，该层液体已不是连续相。

D 层：颗粒紧密堆积、毛细管流减少的状态，沉降速度极小。

E 层：含少量水分的固体颗粒层。

当 B 层存在时，随着时间的推移，A-B 界面几乎是保持线性地下降，故称为恒速沉降区间。达到临界点时，B 层消失，沉降速度逐渐减小。

2. 浓密机

浓密机又称为增稠器(thickener)，能连续地浓缩固体浓度低的大量泥浆，因此在工业上获得广泛应用。浓密机通常是一个锥形底的圆筒或圆池，直径为 10～30 m，大的可达 100 m。原液由供料筒加入，浓缩后的淤泥用池底的耙子刮至池中心，由泵排出，澄清液由上端周边溢流而出。固体颗粒在浓密机内的沉降过程大致可分为三个阶段：①在容器上部，颗粒浓度很小，颗粒沉降可认为互不干扰，为自由沉降阶段；②在容器下部，颗粒浓度增大，颗粒沉降互相干扰，沉降速度很小，为干扰沉降阶段；③在容器底部，沉聚泥浆经历增稠压缩。与间歇沉降相同，在稳定状态下形成 A、B、C、D 层，A 层和 C 层占大部分，B 层的浓度与原液浓度相等，一般这一层极少。

5.4.3 离心分离

离心分离(centrifugal separation)是在离心力场中进行沉降分离和过滤脱水等的单元操作。离心力可达到重力的数百倍甚至数十万倍。根据分离过程的特点，离心分离可分为离心沉降和离心过滤两种。

1. 离心沉降机

离心沉降机(sedimentation centrifuge)主要用于悬浊液中微细粒子或密度差小的液-液乳胶的分离，其分离机理是利用离心力场中的沉降现象。离心机有如下三种结构形式。

(1)圆筒式离心机。又称为管式离心机，典型的例子是夏普利斯(Sharpless)离心机，其直立圆筒内径 75～150 mm，高约 1500 mm，回转速度 15 000 r/min，离心加速度达重力加速度的 10^4～10^5 倍，生产能力 200～2000 L/h。图 5-74 为实验室用小型圆筒式离心机。

图 5-74 圆筒式离心机

(2) 蝶片式离心机。最初是瑞典的拉瓦尔(G. D. Laval)于 1878 年发明的。它的形状比圆筒式离心机大，离心加速度一般为重力加速度的 7000 倍，由 30～150 块圆锥状蝶片组成，蝶片直径 200～500 mm，每块相隔 0.15～1.3 mm。

(3) 螺旋卸料离心机。在圆筒形或圆锥形的转筒内装有螺旋输送机，螺旋与转筒一起回转，但转速稍有差异，用以运送固态物料。螺旋卸料离心机的最大直径为 100～1300 mm，加速度可达重力加速度的 600 倍。其生产能力大，固态物料处理量可达 50～80 t/h，高温、高压下也可操作。

2. 离心过滤机

离心过滤机(filtering centrifuge)是在离心力场中对悬浊液进行过滤和脱水的操作，用于较粗(0.1～9 mm)的颗粒和结晶性固体形成多孔性的滤饼，可配备洗涤功能，有间歇式和连续式两种。间歇式离心过滤机有一网筒绕垂直轴回转，通常转速在 4000 r/min 以下，直径达 1100 mm。连续离心过滤机大多是大容量的，自动卸料，用于淀粉过滤的离心加速度达重力加速度的 80 倍，过滤面积 1 m^2，过滤马铃薯的产量达 8 t/h。图 5-75 所示为卧式过滤离心机。

图 5-75　卧式螺旋卸料过滤离心机

5.4.4　喷雾干燥

喷雾干燥塔(spray drying tower)如图 5-76 所示。喷雾干燥塔早在 20 世纪 50～60 年代就开始应用于陶瓷工业中的面砖粉料制备，现广泛用于化工、食品、医药、陶瓷、环保废液、生化、冶金等行业，对溶液、乳浊液、悬浮液、糊状液的物料进行喷雾干燥。它是将料液雾化，形成极细的雾群，使料液表面积大大增加，与热空气接触，瞬间干燥成产品。其优点是干燥速度快、效率高、操作简便、可靠，可使操作过程自动化、连续化，能保持产品原有的品质，产品纯度高、生产环境好。但是，由于喷雾干燥用物理方法脱水，需要供给热量以蒸发水分，另外，设备较复杂和庞大。

图 5-76　喷雾干燥塔

喷雾干燥塔是上部为圆柱形、下部为圆锥形的圆筒，圆筒顶部有进气管和热空气分配器，内装雾化器，底部为粉料出口。粉料出口处有排气管，与捕集细粉的旋风分离器或袋式除尘器相连。工作时，料浆经雾化器分散成许多细小的液滴，热空气从顶部经进气管和热空气分配器进入圆筒内。当热空气与液滴相遇时，彼此之间产生强烈的热量和质量交换，液滴中的水分迅速蒸发，很快成为干燥的粉料，最后沉降至筒体底部，从粉料口排出。带有少量细粉的干燥尾气则经过旋风分离器等除尘设备，将其中的细粉收集后排入大气中。一般整个系统在负压下操作，以防止粉尘外逸。

5.4.5　闪蒸

闪蒸(flash distillation)就是高压的饱和液体进入比较低压的容器中后，由于压力的突然降低，这些饱和液体变成容器压力下的一部分饱和蒸气和饱和液的现象。而多级闪蒸即由多个闪蒸的步骤组成的系统。

1. 现象

物质的沸点是随压力增大而升高，而压力越低，沸点就越低。 这样就可以让高压高温流体经过减压，使其沸点降低，进入闪蒸罐。这时，流体温度高于该压力下的沸点。流体在闪蒸罐中迅速沸腾气化，并进行两相分离。使流体达到气化的设备不是闪蒸罐，而是减压阀。闪蒸罐的作用是提供流体迅速气化和气液分离的空间。

2. 形成原因

当水在大气压力下被加热时，100℃是该压力下液体水所能允许的最高温度。再加热也不能提高水的温度，而只能将水转化成蒸汽。水在升温至沸点前的过程中吸收的热叫“显热”，或者叫饱和水显热。在同样大气压力下将饱和水转化成蒸汽所需要的热叫“潜热”。然而，如果在一定压力下加压，那么水的沸点就要比100℃高，所以就要求有更多的显热。压力越高，水的沸点就高，热含量亦越高。压力降低，部分显热释放出来，这部分超量热就会以潜热的形式被吸收，引起部分水被“闪蒸”成蒸汽。

3. 闪蒸干燥

热风从干燥机底部的旋流器沿切线方向进入干燥机内，并产生高速回旋的上升气流；待干燥的物料由加料器输送至干燥室内，并在高速回旋气流和底部搅拌器的共同作用下，团块状物料被不断破碎、分散、沸腾和干燥。干燥合格的物料被气流从干燥机上部出口带出，经捕集后得到干燥成品；颗粒太大或湿度较高的物料被设置在干燥室上部的分级堰板阻拦，而在干燥室内继续得到进一步干燥，直至被气流带出。闪蒸干燥机装置见图 5-77。

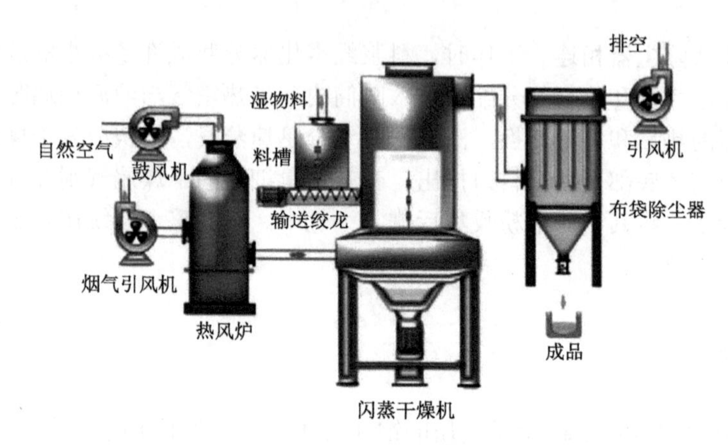

图 5-77 闪蒸干燥机

参 考 文 献

丁明. 2003. 非金属矿加工工程. 北京: 化学工业出版社.

董颖博. 2020. 环境矿物材料. 北京: 冶金工业出版社.

陶京平, 王立新. 2009. 旋风式分级机的技术进展综述. 硫磷设计与粉体工程, 1:8-12.

王利剑. 2010. 非金属矿物加工技术基础. 北京: 化学工业出版社.

吴胜利, 刘宇, 杜建新, 等. 2002. 铁矿石的烧结基础特性之新概念. 北京科技大学学报, 24(3): 254-257.

吴一善. 1993. 粉碎学概论. 武汉: 武汉工业大学出版社.

应德标. 2006. 超细粉体技术. 北京: 化学工业出版社.

张锐, 王海龙, 许洪亮. 2013. 陶瓷工艺学. 2 版. 北京: 化学工业出版社.

张长森. 2006. 粉体技术及设备. 上海: 华东理工大学出版社.

郑水林. 2006. 超细粉碎工程. 北京: 中国建材工业出版社.

周仕学, 张鸣林. 2010. 粉体工程导论. 北京: 科学出版社.

B. A. 威尔斯, T. J. 纳皮尔 • 马恩. 2011. 矿物加工技术. 7 版. 印万忠, 丁亚卓, 刘杰, 等译. 北京: 冶金工业出版社.

第6章　矿物材料热力学基础

6.1　热力学基本参数和关系

热力学第一定律和第二定律建立在牢固的实验基础上，不能用逻辑推理或其他理论来推导、证明，但其正确性已被无数实验事实所证实。将热力学的基本定律用于化学过程或与化学有关的物理过程，就形成了化学热力学。化学热力学主要研究：①化学过程及其与化学密切相关的物理过程中的能量转换关系；②判断在环境条件下，指定的热力学过程(如化学反应、相变化等)进行的方向以及可能达到的最大限度。热力学基本定律适用于迄今所知的所有物理或化学过程，当然在矿物材料的加工与应用中也不例外。

6.1.1　热力学第一定律

6.1.1.1　热力学第一定律的表述

在介绍热力学第一定律之前，首先了解一下第零定律。当均相系统A和B通过导热壁分别与C达成热平衡时，则系统A和B也彼此互为热平衡，这就是热力学第零定律。该定律的提出是在热力学第一定律建立之后，但其含义应在第一定律之前，故称之为热力学第零定律。热力学第零定律揭示了均相系统都存在一种平衡性质，这就是温度。温度是系统冷热程度的一种度量。

热力学第一定律内容的第一种表述形式是能量转换与守恒定律(law of conservation and conversion of energy)，即能量不能凭空产生或消灭，只能由一种形式以严格的当量关系转换为另一种形式。热力学第一定律内容的第二种表述形式是：第一类永动机的创造是不可能实现的。隔离体系与环境之间不可能交换物质或能量，其能量必须维持恒值才不违背能量转换与守恒的原则。故，热力学第一定律内容还有第三种表述形式：隔离体系的能量为一常数。热力学第一定律内容的各种表述形式之间是等效的，即如果有一种表述形式不成立，则其他表述形式也无法成立。

热力学第一定律是众多科学家(如迈耶、焦耳、亥姆霍茨等)对大量实验事实的经验总结，而起决定性作用的则是 1840～1849 年间焦耳(Joule)所进行的“热功当量”(mechanical equivalent of heat)实验。焦耳的实验证实了热和各种形式的功之间可以相互转化，并且测定了热和功的当量关系：1 cal= 4.17 J。迄今，更精确实验数值为 1 cal= 4.184 J。1847 年，亥姆霍茨(Helmholtz)在焦耳实验基础上建立了第一定律的数学表示形式。

在绝热过程中系统从始态变到终态，热力学能的变化值等于绝热过程的功，即 $\Delta U=U_2-U_1=W_{Q=0}$；在没有功交换的过程中，热力学能的变化值就等于过程中的热交换量，即 $\Delta U=U_2-U_1=Q_{W=0}$；如果系统与环境之间既有热的交换，又有功的传递，则系统热力学能的变化值可表示为

$$\Delta U = Q + W \tag{6-1}$$

式(6-1)可作为热力学第一定律的数学表达式。说明系统与环境之间可以发生热和功的交换，但能量的总值保持不变。对于发生的微小变化，式(6-1)可以表示为

$$\mathrm{d}U=\delta Q+\delta W$$

6.1.1.2 焓和热容

1）等容热

在等容过程中系统与环境交换的热称为等容热，用符号 Q_V 表示。根据热力学第一定律：

$$\mathrm{d}U=\delta Q_V$$

对于等容过程，$\delta W_\mathrm{e}=0$，假定不做非体积功，则 $\delta W_\mathrm{f}=0$，于是得

$$\mathrm{d}U=\delta Q_V \quad 或 \quad \Delta U=Q_V \ (\mathrm{d}V=0，W_f=0) \tag{6-2}$$

表示：在等容、不做非体积功的过程中，系统热力学能的变化值与等容热相等。

2）等压热

等压过程中系统与环境交换的热称为等压热，用符号 Q_p 表示。根据热力学第一定律：

$$\mathrm{d}U = \delta Q + \delta W = \delta Q + \delta W_\mathrm{e} + \delta W_\mathrm{f} \tag{6-3}$$

其中，体积功 $\delta W_\mathrm{e} = -p\mathrm{d}V$，假定不做非体积功，$\delta W_\mathrm{f} = 0$，因为是等压过程，$\mathrm{d}p = 0$，$\delta Q = \delta Q_p$，则上式变为

$$dU = \delta Q_p - pdV\left(dp = 0,\ W_f = 0\right) \tag{6-4}$$

在 $dp = 0$，$W_f = 0$ 的条件下，移项并整理得

$$\delta Q_p = dU + pdV = d\left(U + pV\right) \tag{6-5}$$

从式(6-5)可以看出，等压热 Q_p 与 3 个状态函数关联。

为方便起见，将式(6-5)括号中的 3 个物理量用一个符号 H 来表示，定义了焓(enthalpy)，其数学定义式为

$$H \overset{\text{def}}{=} U + pV \tag{6-6}$$

将式(6-6)代入式(6-5)，得

$$\delta Q_p = dH \quad 或 \quad \delta Q_p = \Delta H \quad \left(dp = 0,\ W_f = 0\right) \tag{6-7}$$

说明，对于不做非体积功的等压过程，等压热与系统的焓变在数值上相等。化学实验多数在恒定的大气压强下进行，测定等压热比较容易。式(6-7)实用性很强，故在物理化学数据表中常用焓变来表示相变化和化学变化的热效应。

从焓的定义(6-6)可知，焓是由系统的 3 个状态函数(U、p、V)组成，故焓也是状态函数，是系统的广延性质。热力学能的绝对值无法测定，故焓的绝对值也无法测定，而只能计算焓的变化值。式(6-6)中的 pV 项不是体积功的计算式，但它具有能量的单位。组成焓的函数 U 和 V 都具有能量的单位，故焓 H 也具有能量单位，用"J"或"kJ"表示。

当系统发生微小变化时，$dH = dU + pdV + Vdp$。在隔离系统中，$dU = 0$，$pdV = 0$，但 Vdp 不一定等于零。例如，在一个绝热、定容的钢瓶中，发生氢气与氯气化合生成氯化氢气体的反应，是放热反应。由于反应前后气体的分子数没变，钢瓶内的温度和压强会升高，即 $Vdp>0$，所以 $dH>0$。

因为焓是定义的状态函数，虽然它具有能量的单位，但它不是能量，不遵守能量守恒定律。在运用式(6-5)和式(6-7)时，都必须满足非体积功等于零的前提。如果过程中做了非体积功(如电功)，则式(6-5)和式(6-7)就不成立。如果系统的状态在非等压过程中发生了变化，其焓的变化值可以用焓的定义式进行计算，如

$$\Delta H = \Delta U + \Delta\left(pV\right) = \Delta U + \left(p_2V_2 - p_1V_1\right)$$

如果系统是理想气体，则

$$\Delta H = \Delta U + \Delta\left(nRT\right) \tag{6-8}$$

如果系统物质是固相或液相等凝聚态，因 $\Delta(pV)$ 值较小，则近似有 $\Delta H_{凝聚态} \approx \Delta U_{凝聚态}$。所以，在等压、不做非体积功的过程中，测定了 Q_p，就可以得到 ΔH 的值，从而可以计算 ΔU 的值，此为定义焓的最初目的。

通常将焓看作是温度、压强和物质的量的函数，即 $H=H(T,p,n)$。对于 $\mathrm{d}n=0$ 的均相封闭系统，$H=H(T,p)$，焓的全微分为

$$\mathrm{d}H = \left(\frac{\partial H}{\partial T}\right)_p \mathrm{d}T + \left(\frac{\partial H}{\partial p}\right)_T \mathrm{d}p$$

3）热容

对于无相变和化学变化且不做非体积功的均相封闭系统，系统升高单位热力学温度时所吸收的热称为该系统的热容，用符号 C 表示。由于热容的数值与系统的质量(或物质的量)和升温的条件有关，故有各种各样的热容，其单位也不尽相同。例如，物质单位质量的热容称为比热容；物质单位物质的量的热容称为摩尔热容；在等容条件下测定的热容称为等容热容；在等压条件下测定的热容称为等压热容。

热容的数值与温度有关，如同一个系统在 300 K 时升高 1 K 与在 1000 K 时升高 1 K 所需的热量显然是不一样的，故热容是温度的函数，通常用 $C_p(T)$ 或 $C_V(T)$ 表示。

(1) 等压热容。在等压条件下，某系统的温度从 T_1 升到 T_2 时所吸收的热为 Q_p，则平均等压热容 $\langle C_p \rangle(T)$ 的计算式为

$$\langle C_p \rangle(T) = \frac{Q_p}{T_2 - T_1} \tag{6-9}$$

$\langle C_p \rangle(T)$ 实际是等压热容在温度区间 $T_1 \sim T_2$ 的一个平均值。当升温的区间趋于零时，即 $(T_1-T_2) \to 0$，其等压热容的定义式为

$$C_p(T) \overset{\text{def}}{=} \frac{\delta Q_p}{\mathrm{d}T} \tag{6-10}$$

等压热容单位是 J/K。热容还与系统的数量有关，故单位物质的量的等压热容称为摩尔等压热容，可表示为

$$C_{p,m}(T) \overset{\text{def}}{=} \frac{1}{n} \times \frac{\delta Q_p}{\mathrm{d}T} \tag{6-11}$$

摩尔等压热容的单位是 J/(K·mol)。如果所处的压强为标准压强，则称为标准摩尔

等压热容 $C_{p,m}^{\ominus}(T)$。

热容是热力学的基本数据之一，实验可测量，是温度的函数。常见物质的标准摩尔等压热容 $C_{p,m}^{\ominus}(T)$ 与温度的关系式通常可表示为

$$C_{p,m}^{\ominus}(T) = a + bT + cT^{2} + \cdots \tag{6-12a}$$

$$C_{p\cdot m}^{\ominus}{}'(T) = a' + b'T^{-1} + c'T^{-2} + \cdots \tag{6-12b}$$

式中，a、b、c …和 a'、b'、c' … 为经验常数。常见物质的经验常数或在不同温度下的标准摩尔等压热容的数值可以从热力学数据表上查阅。

(2) 等容热容。与等压热容类似，相应的平均等容热容 $\langle C_V \rangle(T)$ 的计算式为

$$\langle C_V \rangle(T) = \frac{Q_V}{T_2 - T_1} \tag{6-13}$$

等容热容的定义式为

$$C_V(T) \overset{\text{def}}{=} \frac{\delta Q_V}{\mathrm{d}T} \tag{6-14}$$

摩尔等容热容为

$$C_{V,m}(T) \overset{\text{def}}{=} \frac{1}{n} \times \frac{\delta Q_V}{\mathrm{d}T} \tag{6-15}$$

对于不做非体积功的均相封闭系统，分别在等容或等压的过程中，有 $\mathrm{d}U=\delta Q_V$、$\mathrm{d}H=\delta Q_p$，则可用以下关系式计算热力学能和焓的变化值：

$$C_V(T) = \frac{\delta Q_V}{\mathrm{d}T} = \left(\frac{\partial U}{\partial T}\right)_V \qquad \Delta U = Q_V = n\int_{T_1}^{T_2} C_{V,\mathrm{m}}(T)\mathrm{d}T \tag{6-16}$$

$$C_p(T) = \frac{\delta Q_p}{\mathrm{d}T} = \left(\frac{\partial H}{\partial T}\right)_p \qquad \Delta H = Q_p = n\int_{T_1}^{T_2} C_{p,\mathrm{m}}(T)\mathrm{d}T \tag{6-17}$$

热容是温度的函数，在温度区间不大时，可以近似认为热容是与温度无关的常数。

热力学第一定律给出了能量守恒与转化以及在转化过程中各种能量之间的相互定量关系。在一定的条件下，一个系统从始态到终态的变化若发生了，根据热力学第一定律可以计算变化过程中系统与环境之间所交换的能量，由此算出

ΔU(或 ΔH)。

6.1.2 热力学第二定律

6.1.2.1 热力学第二定律的表述

热力学第一定律的核心是能量守恒原理，主要解决变化过程中的能量效应，但无法区分不同能量形式之间质的差别。热力学第一定律明确“一切违背能量守恒的过程都是不可能发生的”，但却无法对那些不违背能量守恒原理的过程是否能够发生及能够发生的程度作出回答。热力学第一定律只解决变化中的能量关系，并不能解决过程中的方向和限度问题。解决过程方向性和限度问题必须借助独立于热力学第一定律之外的热力学第二定律。热力学第二定律的两种经典表述如下：

(1) 克劳修斯(Clausius)说法(Clausius's statement of second law of thermodynamics)：热不能自动地自低温物体传递到高温物体。

(2) 开尔文(Kelvin)-普朗克(Planck)说法(Kelvin-Planck's statement of second law of thermodynamics)：不可能制作一种循环操作的机器，其作用是从一个热源吸取热量转变为当量的功而不引起任何其他的变化。

以上两种表达形式不同，但所阐明的规律是一致的。克劳修斯的说法是指热传导的不可逆性，开尔文的说法是指功转变为热的不可逆性，都是指某一件事情是“不可能”的，一旦发生就会留下影响。值得注意的是，他们并不是说不能将热从低温物体传到高温物体(冰箱制冷就是案例)，也并不是说热不能全部变成功(理想气体的等温可逆膨胀就可将所吸收的热全部变成了功)，而是强调：要实现这两个过程会产生一些其他影响。

奥斯特瓦尔德(Friedrich Wilhelm Ostwald)将开尔文的说法表述为(图 6-1)：第

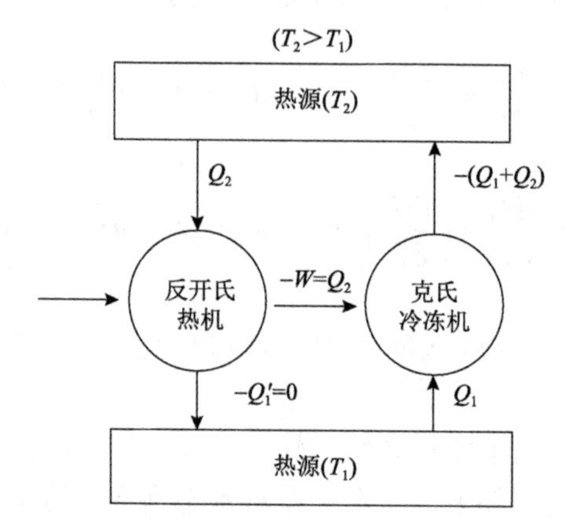

图 6-1　克劳修斯和开尔文说法关系图

二类永动机是不可能造成的。所谓第二类永动机是一种能够从单一热源吸热，并将所吸收的热全部变为功而无其他影响的机器。第二类永动机并不违反能量守恒定律，但却永远造不成。为了区别于第一类永动机，故称之为第二类永动机。

热力学第二定律否定了自发过程成为可逆过程的可能性，故热力学第二定律的另一种实质性的表达形式是：一切自发过程(实际过程)都是不可逆的。

由于开氏说法和克氏说法与实验上可测量的热和功相联系比较直观，故被普遍接受作为判断过程方向性的准则。

热力学第一定律确定了各种形式能量间相互转变的当量关系，而第二定律则指出了热和功这两种不同的能量传递方式相互转变的条件。原则上说，各种形式的功(如机械功、电功、表面功……)之间可以无条件地 100%地相互转变；而功和热的相互转变则并非如此，功可以无条件地 100%地转变为热，而热却不能 100%地无条件地转变为功。对于热力学第二定律，应理解整个说法的完整内容，不能断章取义。如决不能误解为热不能转变为功，同样也不能误解为热不能全部转化为功。开氏和克氏两种经典说法并不违反热力学第一定律，这正说明“不违反热力学第一定律的现象并不一定就能发生”，故它们是独立于热力学第一定律的另一条基本定律。

热力学第二定律与第一定律一样，尽管不能从其他更普遍的定律推导出来，但是建立在无数事实的基础上，是人类长期经验的总结，热力学的基本定律真实地反映了客观事实，凡是违背热力学定律的尝试都以失败而告终。

6.1.2.2　熵(S)的定义

运用热力学第二定律可以判断自然界一切过程进行的方向与限度，但是很难精确地判断过程的方向。Clausius 在 1850 年发现热力学第二定律，并于 1854 年首次定义了新的热力学函数熵(entropy)。熵函数的定义式为

$$\mathrm{d}S \equiv \frac{\delta Q_{\mathrm{r}}}{T} \tag{6-18}$$

式中，S 是熵函数，Q_{r} 是可逆过程的热效应，T 是热源的温度，即为系统的温度，因为可逆过程中热源的温度与体系的温度相同。

由熵的定义式可知其物理含义：系统的熵变等于可逆过程的热温商。式(6-18)定义的是微观过程的体系熵变。若系统经历一个宏观过程，则其熵变为

$$\Delta S = \int_{T_1}^{T_2} \frac{\delta Q_{\mathrm{r}}}{\mathrm{d}T} \tag{6-19}$$

式中，ΔS 是系统宏观过程的熵变。式(6-18)和式(6-19)均为熵的热力学定义式。

熵的热力学定义式采用过程量 Q，但是熵函数本身却是一个状态函数。可以证明：对于可逆过程，其热温熵是只与体系的始末态有关，而与途径无关的量，体系的熵变为状态函数。

用熵函数可以定量地判断自然界的一切过程，包括化学反应过程进行的方向和限度(熵增原理)：当$\Delta S>0$时，为自发过程；当$\Delta S=0$时，为可逆过程；当$\Delta S<0$时，为不可能过程。熵函数已应用于一切科学领域。

6.1.2.3　亥姆霍兹(Helmholtz)自由能和吉布斯(Gibbs)自由能

利用熵增原理原则上可以判别一切过程的方向与限度，但是熵增原理只能运用于隔离系统和绝热系统，而热力学中常见的体系大多不属于此类系统。为了能更方便地判断过程的性质，人们定义了一些新的热力学函数，如亥姆霍兹自由能和吉布斯自由能，用来判断热力学过程的方向和限度，而且只需计算系统的热力学量的变化值，不必考虑环境因素。

根据热力学第一定律，$\mathrm{d}U=\delta Q+\delta W$，即 $\delta Q=\mathrm{d}U-\delta W$。设系统从温度为 T_{sys} 的热源吸取热量 δQ，根据热力学第二定律的数学表达式

$$\mathrm{d}S \geqslant \frac{\delta Q}{T_{\mathrm{sys}}}$$

将从第一定律得到的 δQ 的表达式代入上式，整理得

$$-\left(\mathrm{d}U - T_{\mathrm{sys}}\mathrm{d}S\right) \geqslant -\delta W$$

在等温过程中，有 $T_1=T_2=T=T_{\mathrm{sys}}$，$\mathrm{d}T=0$，则可将上式改写为

$$-\mathrm{d}\left(U-TS\right)_T \geqslant -\delta W \tag{6-20}$$

亥姆霍兹定义的函数是

$$A \overset{\mathrm{def}}{=} U-TS \tag{6-21}$$

人们将 A 称为亥姆霍兹自由能(Helmholtz free energy)或亥姆霍兹函数。由于 A 是由状态函数组成的，故 A 也是系统的状态函数，具有容量性质。由此可得

$$\left(-\mathrm{d}A\right)_T \geqslant -\delta W \quad 或 \quad \left(-\Delta A\right)_T \geqslant -W \tag{6-22}$$

式(6-22)表明，在等温过程中，一个封闭系统的亥姆霍兹自由能的减少值等于或大于系统对环境做的总功(包括体积功和非体积功)。因此，亥姆霍兹自由能可以理解为系统在等温条件下做功的本领，所以它也曾被称为功函，表示系统

做功的能力。式(6-22)中的不等号是从热力学第二定律的数学表达式引入的，故式(6-22)也可以用来判断过程的可逆性：等号表示过程是可逆的，大于号表示过程是不可逆的。对于可逆过程，亥姆霍兹自由能的减少值等于系统对环境所做的最大功；对于不可逆过程，则系统亥姆霍兹自由能的减少值大于对环境所做的功(都是指绝对值)。

A 是系统自身的状态函数，故 ΔA 的值只取决于系统的始态和终态，而与变化的途径无关，同时与过程可逆与否也无关。但只有在等温的可逆过程中，系统的亥姆霍兹自由能减少值$(-\Delta A)_T$才等于对环境所做的最大功$-W_{\max}$。

式(6-22)两边乘以负号，方程变号，得

$$\mathrm{d}A \leqslant \delta W$$

若系统经历一恒温、恒容过程，体积功为零：

$$\delta W = p\mathrm{d}V + W_\mathrm{f} = W_\mathrm{f} \qquad (\mathrm{d}V = 0)$$

于是
$$\mathrm{d}A < \delta W_\mathrm{f}$$

若没有有用功，不等式为

$$\mathrm{d}A \leqslant 0 \quad 或 \quad \Delta A \leqslant 0 \tag{6-23}$$

式(6-23)也是热力学判别式，称为亥姆霍兹不等式，使用的条件是：恒温、恒容、有用功等于零的过程。此式也可以用来判断过程的方向性：等号表示为可逆过程，小于号表示为不可逆自发过程。用亥姆霍兹不等式来判断过程的方向性，只需求算系统的 A 函数的变化值，而无需考虑环境变化，使用方便。

式(6-23)的物理含义是：在恒温、恒容、不做有用功的条件下，系统的亥姆霍兹自由能只会自发地减少。利用亥姆霍兹自由能作为热力学判据虽然比熵函数方便，但是使用的范围缩小了，只能应用于恒温、恒容、不做非体积功的过程。

以上定义的亥姆霍兹自由能函数可用来判断等温、等容过程的方向，但是化学反应过程一般并不在等容条件下进行，而是在等压条件下进行，为了能方便地判别化学反应的方向性，需要引入新的热力学函数，如吉布斯自由能。

将式(6-20)功 W 分为体积功(W_e)和非体积功(W_f)两部分，即

$$-\mathrm{d}(U - TS)_T \geqslant -\delta W_\mathrm{e} - \delta W_\mathrm{f}$$

因为 $\delta W_\mathrm{e}=-p\mathrm{d}V$，代入上式并移项得

$$-\mathrm{d}(U - TS)_T - p\mathrm{d}V \geqslant -\delta W_\mathrm{f}$$

上式中已引入了等温条件，现再引入等压条件，即 $p_1=p_2=p_{\mathrm{sys}}=p$，$\mathrm{d}p=0$。代入上式，

整理得

$$-\mathrm{d}(U+pV-TS)_{T,p} \geqslant -\delta W_{\mathrm{f}}$$

代入焓的定义式 $H=U+pV$，得

$$-\mathrm{d}(H-TS)_{T,p} \geqslant -\delta W_{\mathrm{f}}$$

吉布斯定义的函数是

$$G \overset{\mathrm{def}}{=} H-TS \tag{6-24}$$

人们将 G 称为吉布斯自由能(Gibbs free energy)或吉布斯函数。由于 G 是由系统的状态函数组成的，因此 G 也是状态函数，具有容量性质。由此可得

$$-(\mathrm{d}G)_{T,p} \geqslant -\delta W_{\mathrm{f}} \quad 或 \quad (-\Delta G)_{T,p} \geqslant -W_{\mathrm{f}} \tag{6-25}$$

式(6-25)表明，在等温、等压条件下，一个封闭系统的吉布斯自由能的减少值等于或大于系统对环境做的非体积功。式(6-25)中的不等号也是从热力学第二定律的数学表达式引入的，故式(6-25)也可以用来判断过程的可逆性，大于号表示过程是不可逆的，等号表示过程是可逆的，即对于可逆过程，吉布斯自由能的减少值等于系统对环境所做的最大非体积功。对于不可逆过程，则系统吉布斯自由能的减少值大于对环境所做的非体积功。

吉布斯自由能是系统的状态函数，故 ΔG 的数值只取决于系统的始、终态，而与变化的途径无关。但只有在等温、等压的可逆过程中，系统吉布斯自由能的减少值 $(-\Delta G)_{T,p}$ 才等于系统对环境所做的最大非体积功 $-W_{\mathrm{f,max}}$。

6.1.3　热力学函数的基本关系

U、H、S、A、G 等五个常用的热力学函数，均为状态函数，其中只有熵 S 的单位为 J/K，其他 4 种函数的单位均为 J，量纲均为能量。

1. 四个基本热力学关系式的导出

热力学第一定律的数学表达式和 H 的定义式分别为

$$\text{(a)}\ \mathrm{d}U=\delta Q+\delta W \qquad \text{(b)}\ H=U+pV$$

热力学第二定律引出的熵的计算式和 A 以及 G 的定义式分别为

(c) $\mathrm{d}S = \delta Q_{\mathrm{r}} / T$　　(d) $A = U - TS$　　(e) $G = H - TS = A + pV$

几个热力学函数之间的关系如图 6-2 所示，(a)～(e) 5 个公式是之后导出所有热力学关系式的根本。式(a)只适用于组成不变($\mathrm{d}n$=0)的均相封闭系统，因为只有物质守恒，能量才能守恒。再引入不做非体积功(W_{f}=0)的条件，则式(a)可以改写成

$$\mathrm{d}U = \delta Q + \delta W = \delta Q - p\mathrm{d}V \tag{6-26}$$

将第二定律引出的熵的计算式(c)改写为 $\delta Q_{\mathrm{r}}=T\mathrm{d}S$，代入式(6-26)，得

$$\mathrm{d}U = T\mathrm{d}S - p\mathrm{d}V \tag{6-27}$$

式(6-27)是热力学第一与第二定律的联合公式，是四个基本公式中最重要、最根本的公式。对于一般的热力学封闭系统，热力学能 U 的独立变量应该有 3 个即 $U=U(S,V,n)$。如果假定系统的组成不变，$\mathrm{d}n$=0，则 $U=U(S,V)$。凡是从式(6-27)导出的公式都要服从 $\mathrm{d}n$=0、W_{f}=0 的限制条件。这里用 $T\mathrm{d}S$ 来代替 δQ，引入了可逆条件，但式(6-27)中的物理量(U、S、V、T、p)都是系统的状态函数，无论实际过程是否可逆，只要始、终态相同，U、S、V 的变量均为定值。如果是不可逆过程，可以设计相应的可逆过程进行计算。当然，在不可逆过程中，δQ 则不能用 $T\mathrm{d}S$ 来计算。

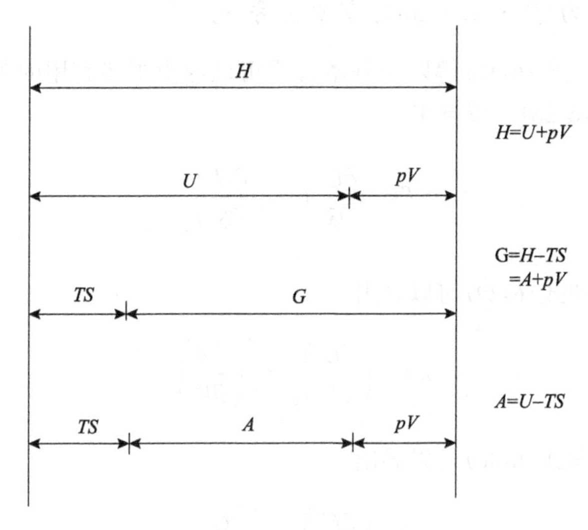

图 6-2　几个热力学参数关系图

根据式(6-27)和 H、A、G 的定义式，可以导出另外以下三个基本公式。

将焓的定义式(b)全微分，得 $\mathrm{d}H = \mathrm{d}U + p\mathrm{d}V + V\mathrm{d}p$。将式(6-27) $\mathrm{d}U$ 的表达式代

入，整理得

$$dH = TdS + Vdp \qquad H = H(S, p) \tag{6-28}$$

同理，将 A 的定义式(d)全微分，得 $dA = dU - TdS - SdT$。将式(6-27) dU 的表达式代入，整理得

$$dA = -SdT - pdV \qquad A = A(T, V) \tag{6-29}$$

将 G 的定义式(e)全微分，得 $dG = dA + pdV + Vdp$。将式(6-29)代入，整理得

$$dG = -SdT + Vdp \qquad G = G(T, p) \tag{6-30}$$

式(6-27)～式(6-30)四个公式就是热力学的基本方程，它们的适用条件与式(6-27)一致，即组成不变、无相变、W_f=0 的热力学均相封闭系统。因为上述方程中的 U、H、S、A、G、T、p 和 V 皆为状态函数，其改变值只与始、终态有关，与过程可逆与否无关，所以四个基本关系式也适用可逆和不可逆过程的热力学状态函数变化值的计算。其中，式(6-27)是最基本的，它包含着热力学第一和第二定律的成果，其余三个公式是根据式(6-27)和函数的定义式衍生出来的。式(6-30)用得最多，因为大部分实验都是在等温、等压条件下进行的。

2. 四个热力学方程导出的重要关系式

从式(6-27)～式(6-30)等四个基本公式可以导出很多有用的关系式。例如，从式(6-27)和式(6-28)可以导出

$$T = \left(\frac{\partial U}{\partial S}\right)_V = \left(\frac{\partial H}{\partial S}\right)_p \tag{6-31}$$

从式(6-27)和式(6-29)可以导出

$$p = -\left(\frac{\partial U}{\partial V}\right)_S = -\left(\frac{\partial A}{\partial V}\right)_T \tag{6-32}$$

从式(6-28)和式(6-30)可以导出

$$V = \left(\frac{\partial H}{\partial p}\right)_S = \left(\frac{\partial G}{\partial p}\right)_T \tag{6-33}$$

从式(6-29)和式(6-30)可以导出

$$S=-\left(\frac{\partial A}{\partial T}\right)_V=-\left(\frac{\partial G}{\partial T}\right)_p \tag{6-34}$$

式(6-31)～式(6-34)是T、p、V、S等变量的表达式，适用于从一个已知的热力学函数去计算未知的热力学函数。也可整理得

$$\left(\frac{\partial U}{\partial S}\right)_V=T\cdot\left(\frac{\partial U}{\partial V}\right)_S=-p$$

$$\left(\frac{\partial H}{\partial S}\right)_p=T\cdot\left(\frac{\partial H}{\partial p}\right)_S=V$$

$$\left(\frac{\partial A}{\partial T}\right)_V=-S\cdot\left(\frac{\partial A}{\partial V}\right)_T=-p$$

$$\left(\frac{\partial G}{\partial T}\right)_p=-S\cdot\left(\frac{\partial G}{\partial p}\right)_T=V$$

在上述四组八个关系式中，每个方程等号左边皆为不易测量的微分，而等号右边或为易测量的物理量或为有明确物理意义的物理量。如此，通过等号右边的物理量给出了左边偏微分的物理意义，为理解等号左边的偏微分提供了极大方便。

3. 麦克斯韦(Maxwell)关系式

在数学分析中，如果Z是关于变量x和y的全微分函数，则有

$$\mathrm{d}Z=\left(\frac{\partial Z}{\partial x}\right)_y\mathrm{d}x+\left(\frac{\partial Z}{\partial y}\right)_x\mathrm{d}y=M\mathrm{d}x+N\mathrm{d}y$$

式中，$M=\left(\frac{\partial Z}{\partial x}\right)_y, N=\left(\frac{\partial Z}{\partial y}\right)_x$，都是$Z$的一阶偏导数。如果对$Z$求二阶偏导数，应有

$$\frac{\partial^2 Z}{\partial y\partial x}=\left(\frac{\partial M}{\partial y}\right)_x\qquad\frac{\partial^2 Z}{\partial x\partial y}=\left(\frac{\partial N}{\partial x}\right)_y$$

由于Z是全微分函数，而全微分函数具有二阶偏导数与求导次序无关的性质，因此

$$\left(\frac{\partial M}{\partial y}\right)_x=\left(\frac{\partial N}{\partial x}\right)_y$$

又由于状态函数就是数学中的全微分函数，因此，可将上式的结果用于式(6-27)～式(6-30)四个热力学基本方程，由此可得

$$\left(\frac{\partial T}{\partial V}\right)_s=-\left(\frac{\partial p}{\partial S}\right)_V \qquad \left(\frac{\partial T}{\partial p}\right)_s=\left(\frac{\partial V}{\partial S}\right)_p$$
$$\left(\frac{\partial S}{\partial V}\right)_T=\left(\frac{\partial p}{\partial T}\right)_V \qquad -\left(\frac{\partial S}{\partial p}\right)_T=\left(\frac{\partial V}{\partial T}\right)_p \tag{6-35}$$

以上四个关系式称为麦克斯韦关系式，其重要特点就是：将一些热力学实验无法测量的量，即熵随压力或体积的变化率与可测量的量 p、V、T 的相关偏微分关联起来。任何热力学公式的最终形式中的所有变量都必须是实验可测量的量，而在公式的推导过程中经常会出现一些不可测量的偏微分，麦克斯韦关系式就起着重要作用，使所推导的热力学公式更具实用价值。

6.1.4 化学位

在化学体系中常有体系组成发生变化，如封闭体系内发生化学反应，在敞开体系中环境与体系间有物质交换，因此，有必要把组成不变的封闭体系热力学基本方程推广到组成可变的体系。现先讨论均相、组成可变、只有体积功时的体系的热力学基本方程。

若体系内各物质的量为 n_1、n_2、…、n_r，根据状态公理，体系独立的变量数应为 $r+2$；由于组成不变的封闭体系的内能 U 是以 S、T 为独立变量的特性函数，对于组成可变体系，可写作

$$U=U(S,V,n_1,n_2,\cdots,n_r)$$

U 是状态函数，则其全微分为

$$\mathrm{d}U=\left(\frac{\partial U}{\partial S}\right)_{V,n}\mathrm{d}S+\left(\frac{\partial U}{\partial V}\right)_{S,n}\mathrm{d}V+\sum\left(\frac{\partial U}{\partial n_i}\right)_{S,V,n_{j\neq i}}\mathrm{d}n_i \tag{6-36}$$

上式脚标中的 n 为 n_1、n_2、…、n_r 的简写，代表所有物质的量不变。因为：

$$\left(\frac{\partial U}{\partial S}\right)_{V,n}=T \qquad \left(\frac{\partial U}{\partial V}\right)_{S,n}=-p$$

令$\left(\dfrac{\partial U}{\partial n_i}\right)_{S,V,n_{j\neq i}}=\mu_i$，则式(6-36)可写为

$$\mathrm{d}U=T\mathrm{d}S-p\mathrm{d}V+\sum\mu_i\mathrm{d}n_i \tag{6-37}$$

因 $\mathrm{d}H=\mathrm{d}U+p\mathrm{d}V+V\mathrm{d}p$，代入式(6-37)，可得

$$\mathrm{d}H=T\mathrm{d}S+V\mathrm{d}p+\sum_i\mu_i\mathrm{d}n_i \tag{6-38}$$

因 $H=H(S,p,n_1,n_2,\cdots,n_r)$，

$$\begin{aligned}\mathrm{d}H&=\left(\frac{\partial H}{\partial S}\right)_{p,n}\mathrm{d}S+\left(\frac{\partial H}{\partial p}\right)_{S,n}\mathrm{d}p+\Sigma\left(\frac{\partial H}{\partial n_i}\right)_{S,p,n_{j\neq i}}\mathrm{d}n_i\\&=T\,\mathrm{d}S+V\mathrm{d}p+\Sigma\left(\frac{\partial H}{\partial n_i}\right)_{s,p,n_{j\neq i}}\mathrm{d}n_i\end{aligned}$$

由此可得

$$\mu_i=\left(\frac{\partial U}{\partial n_i}\right)_{S,V,n_{j\neq i}}=\left(\frac{\partial H}{\partial n_i}\right)_{S,p,n_{j\neq i}}$$

根据以上的推导方法，类似的可得

$$\mathrm{d}A=-S\mathrm{d}T-P\mathrm{d}V+\sum_i\mu_i\mathrm{d}n_i \tag{6-39}$$

$$\mathrm{d}G=-S\mathrm{d}T+V\mathrm{d}P+\sum_i\mu_i\mathrm{d}n_i \tag{6-40}$$

且

$$\mu_i=\left(\frac{\partial U}{\partial n_i}\right)_{S,V,n_{j\neq i}}=\left(\frac{\partial H}{\partial n_i}\right)_{S,p,n_{j\neq i}}=\left(\frac{\partial A}{\partial n_i}\right)_{T,V,n_{j\neq i}}=\left(\frac{\partial G}{\partial n_i}\right)_{T,p,n_{j\neq i}} \tag{6-41}$$

无疑，μ_i 是一个新热力学势函数，称为物质 i 的化学势。由定义可知，μ_i 的物理意义是在恒熵恒容及除物质 i 外的其他物质的量 $n_{j\neq i}$ 都保持不变的条件下，体系中组分 i 物质的量改变 Δn_i 后，体系内能改变量 ΔU 与 Δn_i 之比在 $\Delta n_i\to 0$ 时的极限值。同样可表达成以 H、A、G 表示的三个 μ_i 的定义式的物理意义。

由化学势的定义式可知，化学势是状态函数，属强度量，其绝对值不能确定，故不同物质的化学势大小不能进行比较，化学势的 SI 单位为 J/mol。此外，化学势总是对某物质某相态而言，没有所谓体系的化学势；对多相体系也不能笼统

地说组分 i 的化学势而不指明相态，如冰及水共存的体系，可有 $\mu_{H_2O}(s, T, p)$ 及 $\mu_{H_2O}(l, T, p)$，而不能笼统地说 H_2O 的化学势 $\mu_{H_2O}(T, p)$。

若某均相的状态变量为 T、p、n_1、n_2、…、n_r 时，则 μ_i 是 n_1、n_2、…、n_r 的零次齐次函数，根据齐次函数的 Euler 定理，可得

$$\begin{aligned}\mu_i &= \mu_i\left(T, p, n_1, n_2, \cdots, n_r\right) = \mu_i\left(T, p, \frac{n_1}{n}, \frac{n_2}{n}, \cdots, \frac{n_r}{n}\right),\ n = \sum n_i \\ &= \mu_i\left(T, p, x_1, x_2, \cdots, x_r\right) \\ &= \mu_i\left(T, p, x_1, x_2, \cdots, x_{r-1}\right)\end{aligned} \tag{6-42}$$

即 μ_i 是 T、p、x_1、x_2、…、x_{r-1} $(\sum x_i = 1)$ 的函数。

化学势与温度、压力的关系如下，并和 G 与 T、p 的公式相对照。

$$\left(\frac{\partial \mu_i}{\partial T}\right)_{p,n} = -S_i \qquad \left(\frac{\partial G}{\partial T}\right)_{p,n} = -S \tag{6-43}$$

$$\left[\frac{\partial\left(\frac{\mu_i}{T}\right)}{\partial T}\right]_{p,n} = -\frac{H_i}{T^2} \qquad \left[\frac{\partial\left(\frac{G}{T}\right)}{\partial T}\right]_{p,n} = -\frac{H}{T^2} \tag{6-44}$$

$$\left(\frac{\partial \mu_i}{\partial p}\right)_{T,n} = V_i \qquad \left(\frac{\partial G}{\partial p}\right)_{T,n} = V \tag{6-45}$$

公式推导如下：

$$\begin{aligned}\left(\frac{\partial \mu_i}{\partial T}\right)_{p,n} &= \left[\frac{\partial}{\partial T}\left(\frac{\partial G}{\partial n_i}\right)_{T,p,n_{j\neq i}}\right]_{p,n} = \left[\frac{\partial}{\partial n_i}\left(\frac{\partial G}{\partial T}\right)_{p,n}\right]_{T,p,n_{j\neq i}} \\ &= -\left(\frac{\partial S}{\partial n_i}\right)_{T,p,n_{j\neq i}} = -S_i\end{aligned}$$

$$\begin{aligned}\left(\frac{\partial \mu_i}{\partial p}\right)_{T,n} &= \left[\frac{\partial}{\partial p}\left(\frac{\partial G}{\partial n_i}\right)_{T,p,n_{j\neq i}}\right]_{T,n} = \left[\frac{\partial}{\partial n_i}\left(\frac{\partial G}{\partial p}\right)_{T,n}\right]_{T,p,n_{j\neq i}} \\ &= \left(\frac{\partial V}{\partial n_i}\right)_{T,p,n_{j\neq i}} = V_i\end{aligned}$$

式(6-44)推导方法与上式相同。化学势是一个极为重要的势函数，它在相平衡、化学平衡等讨论中应用频繁，是热力学原理引向化学领域起桥梁作用的热力学函数。

6.2　相和相图热力学

多相系统是热力学中极其普遍的研究对象，研究相科学理论在矿物材料等行业中具有重要的理论指导意义。如何设计合适的工艺路线来获得目标合金？如何从天然盐矿中提取纯净的无机盐？在生产水泥、耐火材料、矿物材料时如何合理配料？以上均需相平衡理论的指导。常需采用蒸发、冷凝、升华、溶解、结晶、精馏、萃取等相变过程获得高质量的产品，而对这些多相系统的相平衡性质的理解，以及生产工艺路线与操作条件的设计，均离不开相平衡的基本知识。

6.2.1　相的相关概念

1. 相

相(phase)是指系统内部物理性质和化学性质完全均匀的部分。指定的条件下，相与相之间有明显的物理界面，在界面上系统的宏观性质(如密度、黏度等)会发生飞跃式的改变。例如，在大气压强下和0℃时，有一个冰与水的混合系统，H_2O(s)内部的物理和化学性质是均一的，是固相；而H_2O(l)内部的物理和化学性质也是均一的，是液相。H_2O(s)和H_2O(l)之间有明显的界面，在界面上密度、黏度等宏观性质会发生突变。只有一个相的研究系统称为均相系统(homogeneous system)，有若干个相平衡共存的系统则称为多相系统(heterogeneous system)。在多相系统中，若发生相变过程，同一物质总是从化学势较高的相向化学势较低的相转移，当在两相中的化学势相等时，就达到了相平衡状态，各相的组成在宏观上不再随时间而改变。

在多相系统中，平衡共存的相的数目称为相数，用符号Φ表示。对于气态混合物，无论包含多少种气体，它们都是均匀混合的，因此只有一个相，Φ=1。对于液态系统，根据液体之间相互溶解的程度，可以形成不同相数的系统。例如，水与乙醇彼此是完全互溶的，可以形成单相系统，Φ=1；水与苯彼此互溶的量都很小，它们混合时可以形成两相平衡系统，Φ=2。此体系中，在底部是密度较大的溶有少量苯的水层，在上部是密度较小的溶有少量水的苯层，两层之间有明显的物理界面。不同的液体甚至还可以形成 Φ=3 的三个液相平衡共存的系统。

对于固态系统，一般是有一种固体便有一个相。例如，$CaCO_3(s)$与 $CaO(s)$两种粉末，无论粉碎(宏观上)得多么细，混合得多么均匀，还是两个相，因为虽然每粒粉末从肉眼看来是非常小，但是用显微镜看，它还是由成千上万个分子组成，仍保留原有物质的物理和化学性质。即使是同一种单质，如果形成具有不同晶体结构的固体，则一种晶体结构就是一个相。例如，碳单质可以形成焦炭、石墨、金刚石、C_{60}和C_{70}等不同晶态的固相。$H_2O(s)$在高压下也会形成多种不同结晶状态的固相。如果两种金属是以原子的形式均匀混合形成固态溶液，这是单相系统，简称固溶体。例如，在一定条件下，金与银、铜与锌能形成单相的固溶体，通常称为合金。

2. 相图

研究多相系统的状态如何随温度、压强和组成等改变而改变，并用图形来表示这种变化，这种图形就称为相图(phase diagram)。根据变量的数目，相图有不同的形状。例如，有两个变量，相图用平面图表示；有三个变量，则用立体图表示。根据需要还有三角形相图及直角相图等不同形状的相图。一个处于稳定状态的系统在相图中可以用一个“点”来表示，称为状态点或物系点，它具有与坐标对应的稳定的温度、压强或浓度等状态函数的值。

相图上的点与系统实际状态之间存在一一对应关系。有了相图，就可以知道在一定的温度和组成的条件下，一个相平衡系统存在着哪几个相；同时还知道当T、p或组成发生变化时，系统的状态如何随之变化。

3. 相平衡

系统中任何一种物质i的化学势在任何一相中皆相等，则该系统达到相平衡，即

$$\mu_i(\alpha)=\mu_i(\beta)=\cdots=\mu_i(\delta)$$

4. 自由度

当系统的温度、压强或组成发生变化时，会引起系统状态的变化。确定平衡系统的状态所必需的独立强度变量的数目称为自由度数(degrees of freedom)，简称自由度，用符号f表示。自由度可理解为在不引起旧的相消失、新的相产生的前提下，在一定范围内独立变化的强度变量的数目；这些强度变量通常为温度、压强和浓度等。如果指定某个强度变量为定值，则除该变量以外的其他强度变量数目称为条件自由度，用f^*表示。对于单组分纯水系统，在液态单相区，要维持$H_2O(l)$这个相不变，则温度和压强都可以在一定范围内做适当的改变，这时有两

个自由度，即温度和压强，f=2。如果要维持气、液两相平衡，即 $H_2O(g)$-$H_2O(l)$，则只有一个自由度，f=1。因为压强与温度之间存在函数关系，即在一定温度下，$H_2O(l)$有固定的饱和蒸气压，压强和温度两者之中只要改变一个，另一个就有对应的定值，所以自由度等于 1。

5. 物种数和组分数

相平衡系统中所含物质种类的数目称为物种数，用字母 S 表示。而相平衡系统中，能够确定各相组成所需要的最少独立物种数称为独立组分数，简称组分数(number of component)，用字母 C 表示。组分数和物种数是两个不同的概念，在同一多相平衡系统中，物种数可随着考虑问题的角度不同而不同，但组分数是一个确定值。组分数在数值上等于系统中所有物种数 S 减去系统中独立的化学平衡数目 R，再减去独立的浓度限制条件 R'，即 $C=S-R-R'$。

6. 相律

在一个多相平衡系统中，相数、组分数、自由度与温度和压强之间必定存在一定的相互关系，自由度应该等于确定系统状态的总的变量数目减去变量之间关系式的数目。

根据热力学基本原理，吉布斯于 1875 年推导出了其间的关系，即在不考虑其他力场的情况下，只受温度和压强影响的多相平衡系统中，自由度等于组分数减去相数再加上 2，用公式表示为：$f=C-\Phi+2$。这就是吉布斯相律，简称相律(phase rule)。式中，“2”代表温度和压强。

相律的推导过程如下。假设一平衡系统中有 S 种物质，如果 S 种物质分布于同一相中，不存在化学反应，且整个系统有相同的温度 T 和压强 p，欲描述此系统的状态，所需要的自由度数应为系统的物种数，外加温度 T 和压强 p 两个变量，即 S+2 个变量；但是在同一相中，物质浓度之间存在等式$\sum x_i=1$，即只要知道了其中 S–1 个物质的浓度，则另一浓度就不再是独立变量，故单相系统只需独立变量数为$(S-1)+2$。

若系统不止一个相，而是 Φ 个相，且每一物质皆分布在各个相中，这时描述该系统所需要的变量似乎为 $\Phi(S-1)+2$。但是，在相平衡条件下，应有

$$\mu_1(\alpha)=\mu_2(\beta)=\cdots=\mu_i(\Phi)$$

$$\mu_2(\alpha)=\mu_2(\beta)=\cdots=\mu_2(\Phi)$$

……

$$\mu_S(\alpha)=\mu_S(\beta)=\cdots=\mu_S(\Phi)$$

有一个化学势相等的关系式，就应少一个独立变量。S 个物种分布在 Φ 个相中一共应有 $S(\Phi-1)$ 个等式，描述系统所需要的总的独立变量数目应从总数中减去上述等式的数目，即

$$\begin{aligned} f &= \Phi(S-1) - S(\Phi-1) + 2 \\ &= S - \Phi + 2 \end{aligned}$$

当系统中还存在 R 个独立的化学平衡条件和 R'浓度限制条件时

$$\begin{aligned} f &= S - R - R' - \Phi + 2 \\ &= C - \Phi + 2 \end{aligned}$$

即为相律的数学表达式。

6.2.2 相平衡热力学

相平衡理论最早在 19 世纪 70 年代由吉布斯首先提出物相、组分和自由度等概念。近年来，相平衡和相图对新材料的设计开发提供了更多路径和依据。矿物材料、半导体材料、高温超导材料、耐高温高强度的新结构材料及各种功能材料，如新型陶瓷材料(碳化物、硅化物、氮化物等)、储氢材料、光敏材料、压电材料、固体电解质等都是相平衡的重要研究对象。

6.2.2.1 单组分体系相平衡热力学

当相与相间为没有任何限制的 pVT 平衡体系(忽略界面相、重力场等)，吉布斯相律的形式为 $f=C-\Phi+2$，单组分体系即 $C=1$，均相体系 $\Phi=1$，$f=2$，即 T、p 在有限的范围内同时改变而不产生新相及消失原有的相，这就是双变量均相体系。当 $\Phi=2$，即有两个能任意相互作用的体相，则 $f=1$，即 T、p 中只有一个能独立改变，p 与 T 互为函数关系。当 $\Phi=3$，则 $f=0$，三相平衡共存，T、p 为定值，即三相点。

Clapeyron 方程是 pVT 体系纯物质两个体相 α 和 β 平衡时 T 与 p 之间热力学关系。现从相平衡条件出发，采用微元法(沿平衡态微变，根据热力学基本方程或化学势等温式，以寻找热力学关系的方法)推导 Clapeyron 方程。相平衡时，

$$\mu^{\alpha}(T,p) = \mu^{\beta}(T,p) \tag{1}$$

沿平衡态微变到新的平衡态，

$$\mu^{\alpha}(T+\mathrm{d}T, p+\mathrm{d}p) = \mu^{\beta}(T+\mathrm{d}T, p+\mathrm{d}p) \tag{2}$$

二式相减可得

$$\mathrm{d}\mu^{\alpha}(T,p)=\mathrm{d}\mu^{\beta}(T,p) \tag{3}$$

按全微分展开：

$$\left(\frac{\partial\mu^{\alpha}}{\partial T}\right)_p \mathrm{d}T+\left(\frac{\partial\mu^{\alpha}}{\partial p}\right)_T \mathrm{d}p=\left(\frac{\partial\mu^{\beta}}{\partial T}\right)_p \mathrm{d}T+\left(\frac{\partial\mu^{\beta}}{\partial p}\right)_T \mathrm{d}p \tag{4}$$

$$-S_{\mathrm{m}}^{\alpha}\,\mathrm{d}T+V_{\mathrm{m}}^{\alpha}\mathrm{d}p=-S_{\mathrm{m}}^{\beta}\mathrm{d}T+V_{\mathrm{m}}^{\beta}\mathrm{d}p \tag{5}$$

$$\frac{\mathrm{d}p}{\mathrm{d}T}=\frac{S_{\mathrm{m}}^{\beta}-S_{\mathrm{m}}^{\alpha}}{V_{\mathrm{m}}^{\beta}-V_{\mathrm{m}}^{\alpha}}=\frac{\Delta_{\alpha}^{\beta}S_{\mathrm{m}}}{\Delta_{\alpha}^{\beta}V_{\mathrm{m}}} \tag{6}$$

由于平衡相变时，

$$\Delta_{\alpha}^{\beta}S_{\mathrm{m}}=\frac{\Delta_{\alpha}^{\beta}H_{\mathrm{m}}(\alpha)}{T} \tag{7}$$

代入式(6)，得

$$\frac{\mathrm{d}p}{\mathrm{d}T}=\frac{\Delta_{\alpha}^{\beta}H_{\mathrm{m}}}{T\Delta_{\alpha}^{\beta}V_{\mathrm{m}}} \tag{6-46}$$

式(6-46)即为 Clapeyron 方程，是 1839 年由 Clapeyron 利用一个无穷小的 Carnot 循环方法首先推导出来，当时热力学理论及方法正在形成。Clapeyron 方程用文字表述为：单组分两相平衡时的压力随温度的变化率与此时的摩尔相变焓成正比，而与温度和摩尔相变体积的乘积成反比。

Clapeyron 方程的推导过程未作任何假设，它对任何纯物质的两相平衡(固-固、固-液、固-气、液-气等)都适用。从公式看，只有在 $\Delta_{\alpha}^{\beta}H_{\mathrm{m}}\neq 0$ 时公式才有意义，而这是一级相变时才能满足，故 Clapeyron 方程是适用于一级相变类型的单组分两相平衡的规律。

对于凝聚态的相变，压力改变不大时，ΔS_{m} 和 ΔV_{m} 的改变很小，根据式(6-46)可认为

$$\frac{\mathrm{d}p}{\mathrm{d}T}=\text{const.}\ (\text{常数})$$

对于有气相参加的两相平衡，压力改变时摩尔体积的变化 ΔV_{m} 比较大，与气相的体积相比，凝聚态(固相或液相)的体积可以忽略，即 $\Delta V_{\mathrm{m}}^{\mathrm{L(s)\to G}}=V_{\mathrm{m}}^{\mathrm{G}}-V_{\mathrm{m}}^{\mathrm{L(s)}}=V_{\mathrm{m}}^{\mathrm{G}}$，根据气态方程，1 mol 气体的体积

$$V_{\mathrm{m}}^{G}=\frac{RT}{p}$$

因而 Clapeyron 方程可以改写成

$$\frac{\mathrm{d}p}{\mathrm{d}T}=\frac{\Delta H_{\mathrm{m}}}{RT^2}p \tag{6-47}$$

称为 Clausius-Clapeyron 方程。也可写成

$$\frac{\mathrm{d}\ln p}{\mathrm{d}T}=\frac{\Delta H_{\mathrm{m}}}{RT^2} \tag{6-48}$$

在假设 ΔH_{m} 是常数的条件下，由积分上式可得

$$\ln p=-\frac{\Delta H_{\mathrm{m}}}{RT}+C \tag{6-49}$$

在已知压力 p 和相变温度 T 时，可以求得相变时的热效应 ΔH_{m} 和 C。若令 $C=\ln A$，则

$$p=A\cdot\exp\left(-\frac{\Delta H_{\mathrm{m}}}{RT}\right) \tag{6-50}$$

式(6-50)表明，固相与气相之间或液相与气相之间平衡时，相平衡温度 T 与压力 p 之间的关系应为指数关系，由 Clapeyron 方程和该式可以求出单组元物质的两相平衡温度和压力之间的关系图，即 p-T 相图，如图 6-3 所示。液/气(L-G)和固/气(S-G)相平衡温度与压力之间呈指数关系，而液/固(L-S)平衡根据 Clapeyron

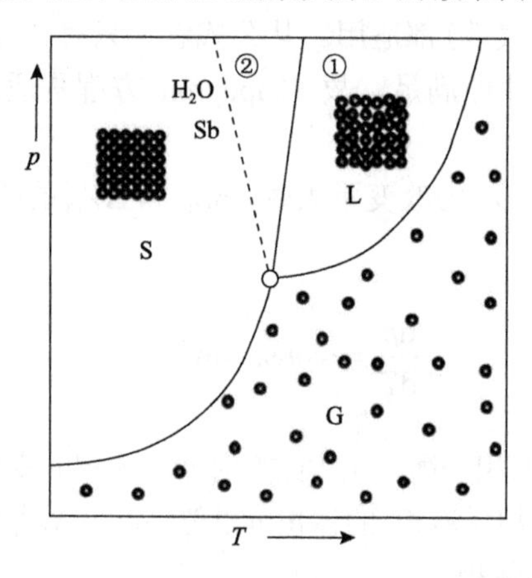

图 6-3　单组元物质的状态与温度和压力的关系

方程，则为直线关系。

凝聚态之间的相平衡(L-S)温度与压力之间的关系，还有一个 dp/dT 的正负问题。对于绝大多数单组元材料，ΔH_m 与 ΔV_m 是同符号的，即在熔化时，S→L 的转变是吸热相变，而且体积膨胀，因而 dp/dT>0，相平衡温度随压力的提高而增高(如图 6-3 中线①)。对于少数物质，如 H_2O、Sb、Bi、Si、Ga 等，在熔化时 S→L 转变是吸热相变，但却发生体积的收缩，ΔH_m 与 ΔV_m 异号，因而 dp/dT<0，相平衡温度随压力的提高而降低(如图 6-3 中线②)。

单组元材料只有在相平衡温度下，两相的自由能才是相等的，在其他温度下两相自由能不等，这个自由能差也称作相变自由能。相变自由能与温度的关系被称作 Gibbs-Helmholtz 方程。对于某一温度 T 之下的 A→B 相变而言，相变自由能为

$$\Delta G = G^{\mathrm{B}} - G^{\mathrm{A}} \tag{6-51}$$

ΔG 与温度的关系可将上式在定压下对温度 T 进行微分得到

$$\left[\frac{\partial(\Delta G)}{\partial T}\right]_p = \left(\frac{\partial G^B}{\partial T}\right)_p - \left(\frac{\partial G^A}{\partial T}\right)_p = -S^B - \left(-S^A\right) = -\Delta S \tag{6-52}$$

温度一定时，$\Delta G=\Delta H-T\Delta S$，因而

$$-\Delta S = \frac{\Delta G - \Delta H}{T} \tag{6-53}$$

将其代入上式可得

$$\left[\frac{\partial(\Delta G)}{\partial T}\right]_p = \frac{\Delta G - \Delta H}{T} \tag{6-54}$$

移项并整理上式后，再将两边同除以 T，可以得到

$$\frac{1}{T}\left[\frac{\partial(\Delta G)}{\partial T}\right]_p - \frac{\Delta G}{T^2} = -\frac{\Delta H}{T^2} \tag{6-55}$$

上式的左边 $\dfrac{\Delta G}{T}$ 是对 T 的微分，所以该式可以写成

$$\left[\frac{\partial(\Delta G / T)}{\partial T}\right]_p = -\frac{\Delta H}{T^2} \tag{6-56}$$

将上式移项积分，此时 $\mathrm{d}(1/T)=-\mathrm{d}T/T^2$，可得

$$\int \mathrm{d}\left(\frac{\Delta G}{T}\right)_p = \int -\frac{\Delta H}{T^2}\mathrm{d}T$$

$$\frac{\Delta G}{T} = -\int \frac{\Delta H}{T^2}\mathrm{d}T + I \tag{6-57}$$

式中，I 为积分常数，可见 ΔG 与温度的关系取决于 ΔH 与温度的关系。

$$\Delta H = \int \Delta C_p\,\mathrm{d}T + \Delta H_0$$

$$\Delta C_p = C_p^{\mathrm{B}} - C_p^{\mathrm{A}} \tag{6-58}$$

式中，ΔH_0 为积分常数，C_p^{A}、C_p^{B} 分别为相变中的母相 A 和产物 B 的热容。热容通常表示为温度的多项式，例如，$C_p = a + bT + cT^{-2}$,这时

$$\Delta C_p = \Delta a + \Delta bT + \Delta cT^{-2} \tag{6-59}$$

$$\begin{aligned}\Delta H &= \int \Delta C_p\,\mathrm{d}T + \Delta H_0 \\ &= \Delta H_0 + \int\left(\Delta a + \Delta bT + \Delta cT^{-2}\right)\mathrm{d}T\end{aligned}$$

$$\Delta H(T) = \Delta H_0 + \Delta aT + \frac{\Delta b}{2}T^2 - \frac{\Delta c}{T} \tag{6-60}$$

代入式(6-57)并积分得到

$$\frac{\Delta G}{T} = -\int \frac{\Delta H_0 + \Delta aT + \frac{1}{2}\Delta bT^2 - \frac{\Delta c}{T}}{T^2}\mathrm{d}T + I$$

$$\frac{\Delta G}{T} = \frac{\Delta H_0}{T} - \Delta a\ln T - \frac{\Delta b}{2}T - \frac{\Delta c}{2T^2} + I \tag{6-61}$$

$$\Delta G = \Delta H_0 - \Delta aT\ln T - \frac{\Delta b}{2}T^2 - \frac{\Delta c}{2T} + IT \tag{6-62}$$

式(6-62)就是相变自由能与温度的关系式，受 $C_p=a+bT+cT^{-2}$ 的形式和适用温度范围的制约。将各相的 C_p 相应地代入后，按以上公式即可计算出相变自由能与温度的关系。

6.2.2.2　二元体系相平衡热力学

二组元材料的热力学理论是材料热力学最基本的内容。两相平衡的基本判据，即平衡态判据(equilibrium state criterion)是体系的吉布斯自由能为极小值(min)，即

$$dG = 0 \quad 或 \quad G = \min \tag{6-63}$$

A-B 二元系，在 p、T 一定时，如图 6-4 所示，在 α 与 γ 两相平衡共存的状态下，根据平衡态判据应该有

$$dG^{\alpha+\gamma} = 0$$

$$G^{\alpha+\gamma} = \min$$

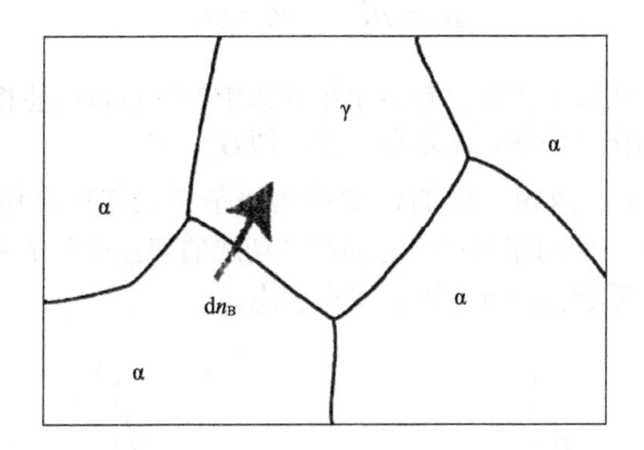

图 6-4　A-B 二元系两相平衡

若有 dn_B 个 B 原子自 α 转移到 γ，在平衡态下，应该不引起吉布斯自由能的变化，即

$$dG^{\alpha+\gamma} = dG^{\alpha} + dG^{\gamma} = 0$$

参照化学势的定义，应该存在下述关系

$$dG^{\alpha} = \left(\frac{\partial G^{\alpha}}{\partial n_B}\right)_{p,T,n_A} (-dn_B)$$

$$dG^{\gamma} = \left(\frac{\partial G^{\gamma}}{\partial n_B}\right)_{p,T,n_A} (dn_B)$$

$$dG^{\alpha+\gamma} = \left(\frac{\partial G^{\alpha}}{\partial n_B}\right)(-dn_B) + \left(\frac{\partial G^{\gamma}}{\partial n_B}\right)(dn_B) = 0 \tag{6-64}$$

若有 $dn_B \neq 0$，则

$$\left(\frac{\partial G^{\alpha}}{\partial n_{B}}\right)_{p,T,n_{A}}=\left(\frac{\partial G^{\gamma}}{\partial n_{B}}\right)_{p,T,n_{A}} \tag{6-65}$$

同理，应有

$$\left(\frac{\partial G^{\alpha}}{\partial n_{A}}\right)_{p,T,n_{B}}=\left(\frac{\partial G^{\gamma}}{\partial n_{A}}\right)_{p,T,n_{B}} \tag{6-66}$$

所以由平衡态条件，将派生出各组元化学势相等的两相平衡条件，即

$$\mu_{A}^{\alpha}=\mu_{A}^{\gamma} \qquad \mu_{B}^{\alpha}=\mu_{B}^{\gamma} \tag{6-67}$$

这一条件中，实际上也可以包容单组元系中的摩尔自由能相等的两相平衡条件，因为单元系的化学势就是摩尔自由能，即 $G_{m}^{\alpha}=G_{m}^{\gamma}$。

如图 6-5 所示，两相平衡的化学势相等条件也称作公切线法则(common tangent law)：平衡两相的摩尔自由能曲线公切线的切点成分是两相平衡成分，两切点之间成分的体系(合金)处于两相平衡状态。

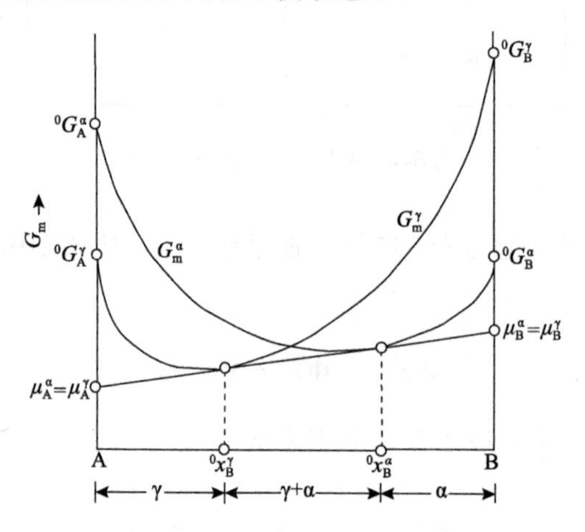

图 6-5　二元系两相平衡的公切线法则

6.2.2.3　多元体系相平衡热力学方程

多元系的相平衡最能直观分析的是三元系。根据吉布斯相律，A-B-C 三元系两相平衡的自由度为 3，即 $f=C-\Phi+2=3-2+2=3$。

如果在压力和温度已经确定了的情况下(即等温、等压下)讨论自由度数，则两相平衡时自由度数为 1。这一个自由度的含义是这样：α 与 β 两相平衡时，有独

立成分变量 4 个，例如为 $\chi_B^\alpha,\chi_C^\alpha,\chi_B^\beta,\chi_C^\beta$，另有两个成分变量因为有下列约束条件而成为非独立的。

$$\chi_A^\alpha+\chi_B^\alpha+\chi_C^\alpha=1$$

$$\chi_A^\beta+\chi_B^\beta+\chi_C^\beta=1$$

$\chi_B^\alpha,\chi_C^\alpha,\chi_B^\beta,\chi_C^\beta$ 等 4 个独立变量(independence variable)中，只有 1 个是自由的，因为 4 个独立变量有下面 3 个约束条件存在：

$$\mu_A^\alpha=\mu_A^\beta$$

$$\mu_C^\alpha=\mu_C^\beta$$

$$\mu_B^\alpha=\mu_B^\beta$$

从这 1 个自由度出发，三元系两相平衡的相平衡成分的确定过程(计算过程)如图 6-6 所示。α 与 β 相平衡时，由于有一个自由度，4 个独立成分变量（$\chi_B^\alpha,\chi_C^\alpha,\chi_B^\beta,\chi_C^\beta$）中的哪一个都可以自由确定，图中是自由确定了 χ_C^α 的数值，即图中的虚线。χ_C^α 被确定之后，其余的 3 个独立成分变量的数值将被约束条件确定。这 4 个独立成分变量全部确定后，就确定了一条 α 与 β 平衡的共轭线。不断地改变自由确定变量 χ_C^α 的数值，不断重复上述过程，就会获得一系列 α 与 β 平衡的共轭线——平衡相成分。

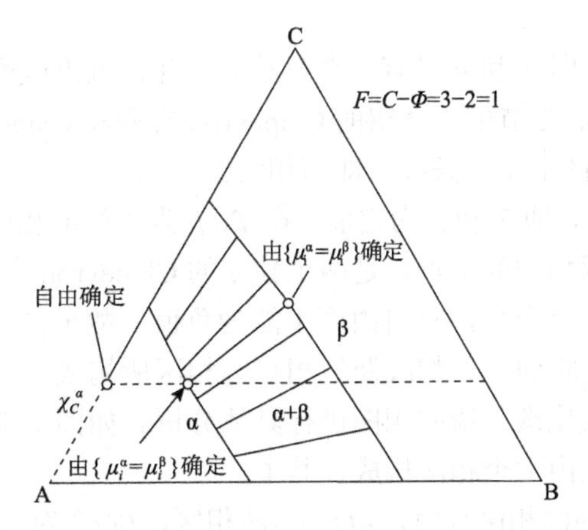

图 6-6　三元系等温等压下两相平衡的一个自由度

6.2.3　相图热力学

1876 年，吉布斯相律的出现是经典热力学的一个重要里程碑，使当时的材料组织研究有了最基本的理论指导。1899 年，H. Roozeboom 把相律应用到了多组元系统，将理解物质内可能存在的各种相及其平衡关系提升到了理性阶段；其后，Roberts Austen 通过实验构建了 Fe-Fe_3C 相图的最初形式，使钢铁材料研究有了理论支撑。20 世纪初，G. Tamman 等通过实验建立了大量金属系相图，推动了合金材料的开发。20 世纪 70 年代，由 L. Kaufman、M. Hillert 等倡导的相图热力学计算，使金属、陶瓷材料的相图，特别是多元相图研究，提升到了一个新的发展时期。相图是材料研究的“拐棍”，具有丰富内容的信息库。

6.2.3.1 单组分体系相图

物质处在不同的状态，其热力学变量间可以用函数的形式表达，如 6.2.2 节中所讨论的 Clapeyron 方程等，也可用几何图形方式表达，这就是相图。

相图的坐标是热力学强度变量，如 T、p、x_B…。

对于 pVT 系统、单组分体系(C=1)，在整个体系的 T、p 相同时，吉布斯相律的具体形式为：$f=C-\Phi+2=3-\Phi$。

当 Φ=1(单相区)，f=2，即自由度(独立的强度变量)为 2。对单组分体系只能是 T 和 p 为独立变量，即在有限的范围内，T 和 p 可自由变化而不产生新相或消失旧相。因此，在由 T 和 p 为坐标的相图上为一个平面，称为单相面，描述其状态的热力学关系即状态方程，如气态时理想气体状态方程 $pV=nRT$ 或范德瓦耳斯方程等。

当 Φ=2，f=1，即 T 和 p 只有一个可独立变化。温度改变时，相应的蒸气压就随之而变，遵守 6.2.2 节中所介绍的 Clapeyron 方程和 Clapeyron-Clausius 方程，在 T、p 为坐标的相图上是一条线，即两相线。

当 Φ=3，则 f=0，即 T 和 p 为定值。在 T、p 为坐标的相图上为一个点，称为三相点，它是三条两相线的交点，是两个独立的 Clapeyron 方程联立的解。

由于体系至少为一个相，且自由度不能为负值，故至多只能有三个相，单组分体系相图就是由单相面、二相线及三相点等相区所构成。

以下对水、二氧化碳、硫的相图进行具体分析。如图 6-7 所示，水的相图，在压力不高时基本上由七个相区构成，其中，

单相区：BOA 为固相区(冰)，AOC 为液相区，BOC 为气相区。

二相区：AO 线为冰水平衡线，BO 线为冰气平衡线，CO 线为液气平衡线，AO、CO 线不能无限延伸。

三相点：O 点是固液气三相平衡，T=273.16 K，p=610.15 Pa，偏离三相点，必然会有一相或二相消失而进入二相区或单相区。

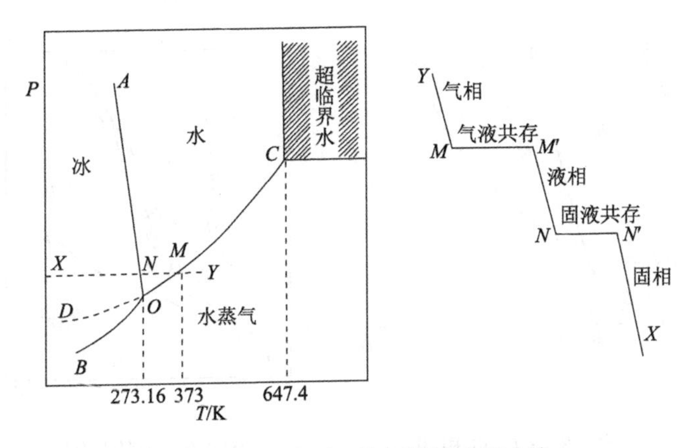

图 6-7 水在常压下的相图及冷却曲线

关于水的相图还应注意以下几点：

(1) 整个相图中相区是交错的，即一个 Φ 相区的邻接相区一定是 $\Phi \pm n$ 相区，如 BO 与 OA 两个二相区不会直接相连，其间隔着三相区 O，水和水蒸气两个单相区其间以二相线 OC 隔开。

(2) 冷却曲线的绘制：从 Y 点(气相区)出发降温(在压力不变条件下)，至 M 点进入二相区，气凝结为水，M、M'间为水和水蒸气共存，直至 M'气相消失，进入液相区，降温至 N 点，冰开始凝结进入冰水共存的二相区，直至 N'点，水全部凝结为冰进入固相区 NX。这就是冷却过程中相态的变化。

(3) 亚稳态——过冷水：二相线 OC 是水气共存线，沿 OC 线缓慢降低压力或降温，始终保持二相至 O 点，存在 O 点时无冰出现这种现象，OD 虚线是 CO 二相线之延伸，此时水的蒸气压高于同温下冰的蒸气压，这就是水蒸气与过冷水的亚稳平衡，只要稍受外界因素干扰(振动或投入小冰粒)，过冷水就立即凝结为冰，回到 OB 稳定平衡线上。

(4) AO 线的斜率 $\mathrm{d}p/\mathrm{d}T<0$，但 CO_2 相图(如图 6-8 所示)中 AO 线的斜率 $\mathrm{d}p/\mathrm{d}T>0$，显然这是由 Clapeyron 方程所决定的，固液平衡时，

$$\mathrm{d}p / \mathrm{d}T = \Delta_{\mathrm{s}}^{\mathrm{l}} H_{\mathrm{m}} / T \Delta_{\mathrm{s}}^{\mathrm{l}} V_{\mathrm{m}}$$

由于 $T>0$，$\Delta_{\mathrm{s}}^{\mathrm{l}} H_{\mathrm{m}}>0$，但水 $\Delta_{\mathrm{s}}^{\mathrm{l}} V_{\mathrm{m}} = V_{\mathrm{m}}^{\mathrm{l}} - V_{\mathrm{m}}^{\mathrm{s}}<0$，故 $\mathrm{d}p/\mathrm{d}T<0$。而对 CO_2 而言，$\Delta_{\mathrm{s}}^{\mathrm{l}} V_{\mathrm{m}} = V_{\mathrm{m}}^{\mathrm{l}} - V_{\mathrm{m}}^{\mathrm{s}}>0$，故 $\mathrm{d}p/\mathrm{d}T>0$，大多数物质属于 CO_2 类型的相图。

(5) 临界状态：OC 线不能无限延伸，C 点是水的临界点(T_c=647.4 K、p_c=22.112 MPa)，是另一种特殊状态的开始，气液二相的差别消失，如密度趋向相等，临界压力 p_c 是临界温度 T_c 时的饱和蒸气压。一旦超过临界点($p>p_c$、$T>T_c$)，气液两相界限消失，物质处于超临界流体状态，这是物质存在的另一种状态。

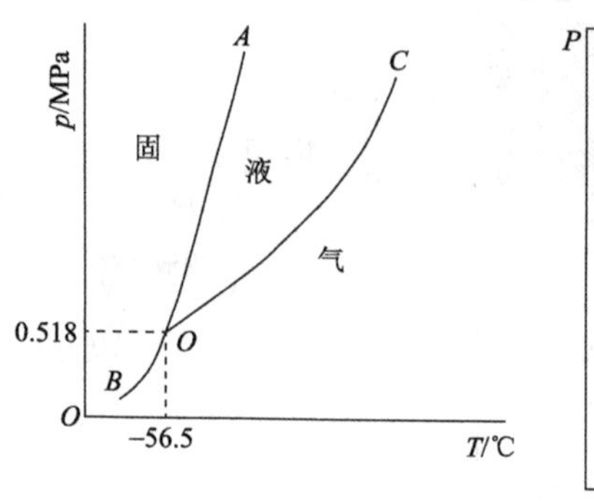

图 6-8　CO_2的相图

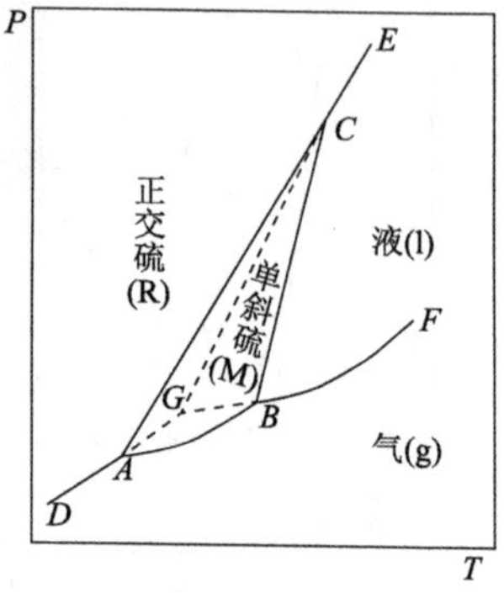

图 6-9　硫的相图

在 CO_2 相图上也存在临界点，T_c=304.3 K、p_c=7.4×10^3 kPa，由于 T_c 及 p_c 均不高，在工业上和实验室较易达到，应用十分普遍。临界点的存在有可能选择适当的路径，不通过二相共存区使气态连续达到液态。

根据以上原理可以对 CO_2 相图及硫的相图(图 6-9)进行分析，唯有硫由于存在二种固态(正交硫、单斜硫)，而存在 3 个三相点(*A*、*B*、*C*)及 1 个亚稳的三相点 *G*、6 个稳定平衡的二相线、3 条亚稳平衡的二相线、1 个临界点 *F*，其相图属于 CO_2 类型。硫相图可以看成是以 4 个三相点为中心的 4 个 CO_2 类型相图组合而成。

6.2.3.2　二组分体系平衡相图

二组分体系相图有成百上千种各不相同，但是任何复杂的相图都存在共性，因其热力学原理是共同的，且受相律约束，由基本类型相图所组成，大致可归纳为以下几点。

1）热力学基础

相图是用几何语言来表达的体系各强度变量之关系，相图中的任何点、线、面都由热力学解析关系所决定，具有具体体系的规律，如沸点升高与降低、凝固点升高与降低等。

2）相律

相律是相平衡的“法律”，对 *pVT* 二组分体系，各相 *p*、*T* 相同时，*T-x* 或 *p-x* 相图的相律可具体化为 $f^*=3-\Phi$，不仅可指导相图的构作，而且可发现相图中的错误。在结晶学和矿物学中存在一个“邻晶共结原理”，是相律存在的必然结果。该原理认为：在有化合物生成的体系中，端元组分间不能发生共结，而是由它们所生成的化合物和某一端元组分共结。如果生成多个化合物，则是组成上邻近端元组分的化合物与端元组分共结。如 SiO_2-Al_2O_3 相图，由于生成莫来石，自然界决不存在石英与刚玉共生的矿，只能是石英与莫来石、刚玉与莫来石共生。

3）基本相图

对各类二组分体系相图，可认为是由 4 个基本相图所组成，如图 6-10 所示。

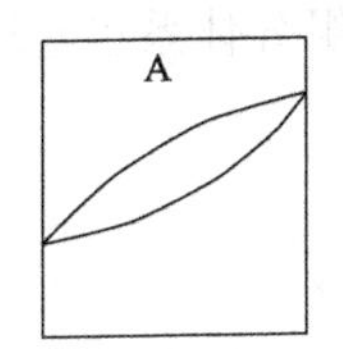

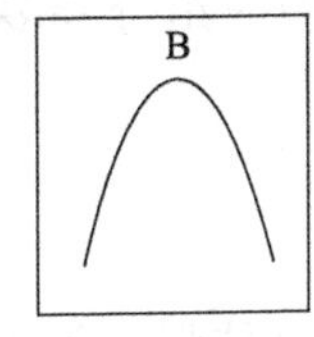

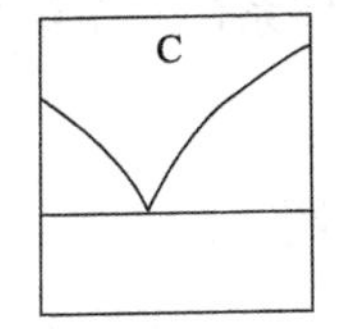

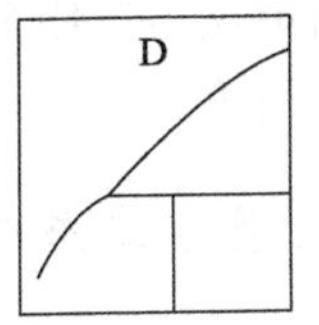

图 6-10　基本相图

任何复杂的相图都可看成由若干个简单相图按一定规律组合或演变而成的，如图 6-11 及图 6-12 所示。

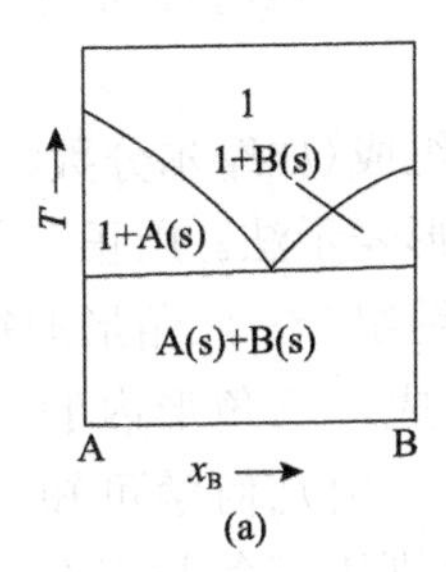

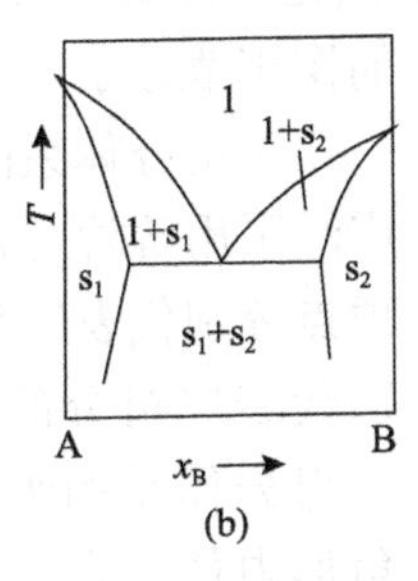

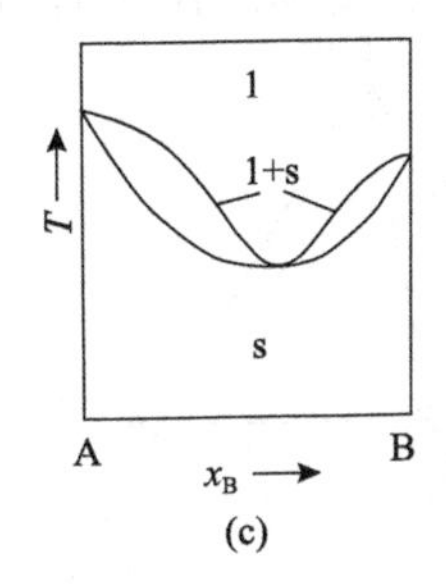

图 6-11　(a) 固态完全不互溶；(b) 固态部分互溶；(c) 固态完全互溶

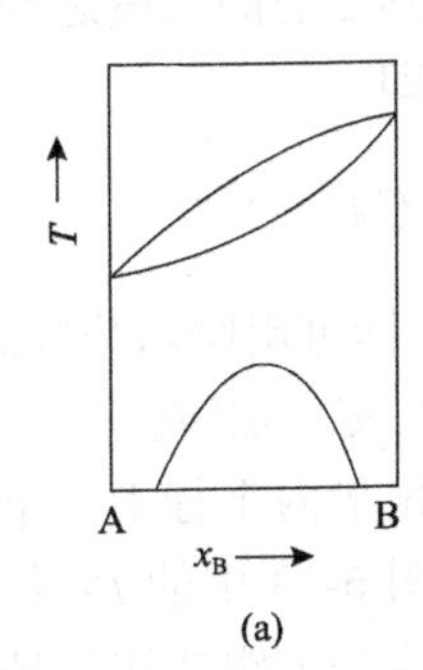

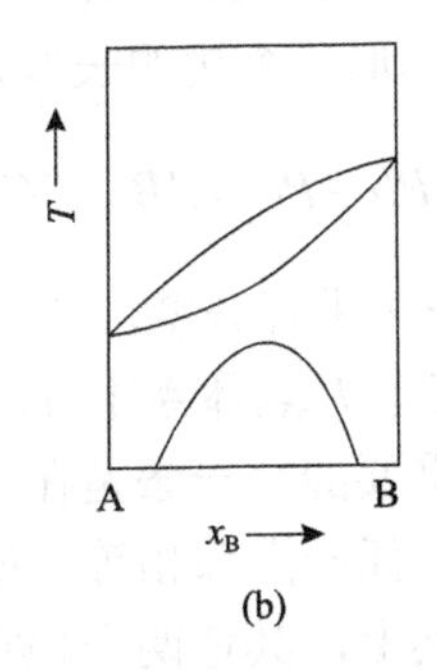

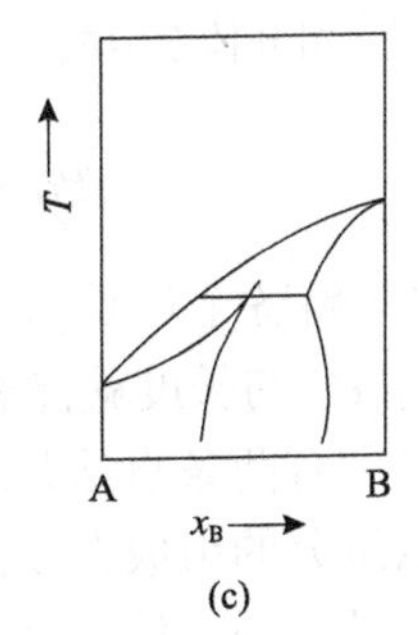

图 6-12　相图组合

图 6-11(c) 是由二个 A 型图组成，而 (b) 则可看成是 A、B、C 型基本相图演变组成的。图 6-12(b) 可看成是由 A、B、D 型基本相图演变组成的。

因此，只要熟练掌握一些基本的简单相图及相图的演变和组合规律，任何“复杂”的相图其实并不复杂。

4）相区交错规则

(1) 在不绕过临界点的前提下，一个 Φ 相区绝不会与同组分的另一个 Φ 相区直接相连，由 Φ 相区到另一个 Φ 相区必定要经过同组分的 $\Phi \pm n$（n 为整正数）相区，即相图中的相区是交错的。

(2)任何多相区必与单相区相连，Φ相区的边界必与Φ个结构不同的单相区相连。

该规则不仅对二组分体系，对单组分及三组分等多组分体系也普遍适用，是相律的必然结论。

6.2.3.3　三组分体系相图

三组分的 pVT 体系，C=3，故相律的具体形式为$f=C-\Phi+2=5-\Phi$。因此，三组分体系的最大平衡共存相数为 5，最大自由度为 4，即温度、压力和两个组分的浓度。

三组分体系相图的完整描绘需要四维空间，因而不能在现实的三维空间描绘。然而，在实际应用上往往是固定一个或两个变量，这时便可用立体或平面的图形表示。

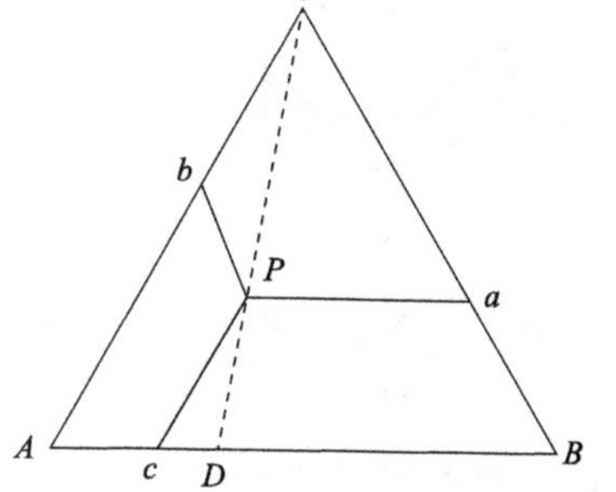

图 6-13　三组分体系组成

三组分体系的组成(如摩尔分数、质量分数)广泛采用等边三角形表示法。用正三角形的三个顶点分别代表三个纯组分，三角形的每一条边分别代表二组分的组成，三角形内的点则可代表三组分体系的组成。由几何学可知，通过正三角形内任一点 P 分别用三条与三个边的平行线(图 6-13)，从 P 点到三边的长度之和等于正三角形一个边的长度，即

$$Pa + Pb + Pc = AB = BC = CA$$

据此几何性质，将各个边长当作 1 进行分度，三边坐标可用摩尔分数或质量分数。这样 Pa、Pb、Pc 的长度就能表示 P 点体系中 A、B、C 的组成。

正三角形中有两条直线是重要的。一条是在三角形内平行于一个边的直线。直线所对顶点组分的组成在线上任一点都相等，如图 6-13 中的 Pa 线上都相等。另一条是通过顶点的直线。在其上，其他两个顶点组分的组成比保持常数。例如 CPD 直线上，A 与 B 的组成比保持不变，都等于 $DB:AD$。

三组分体系的相图也是多种多样的，但其实质与二组分体系的相图类似，以盐水三组分体系的固液相图为例来加以说明。

两种盐与水组成三组分体系，有可能生成复盐、水合盐以及复盐的水合盐，于是这类体系也出现各种形式的相图，下面列举其中的四种：

(1)两种盐不生成复盐，盐与水也都不生成水合盐(图 6-14)。

(2)两种盐生成复盐，但它们不与水生成水合盐(图 6-15)。

(3)两种盐不生成复盐，但盐与水生成水合盐(图 6-16)。

(4) 既可生成复盐也可生成水合盐(图 6-17)。

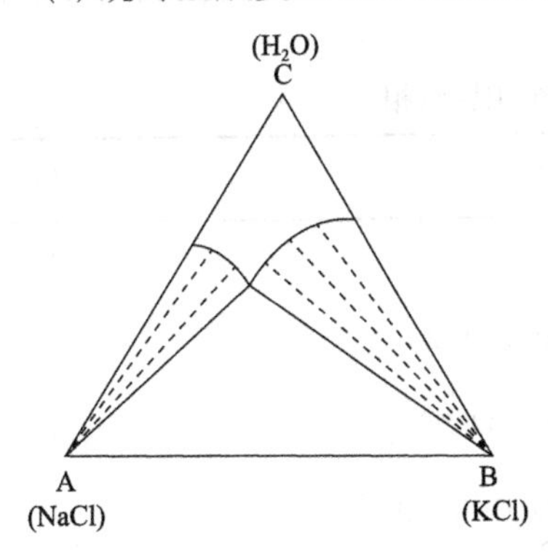

图 6-14　NaCl-KCl-H_2O 体系相图

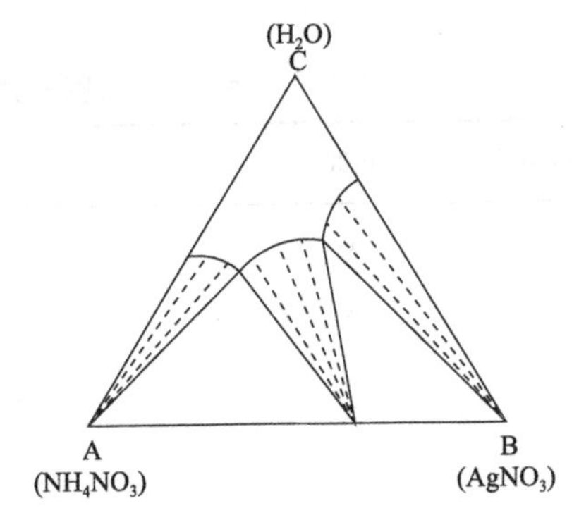

图 6-15　NH_4NO_3-$AgNO_3$-H_2O 体系相图

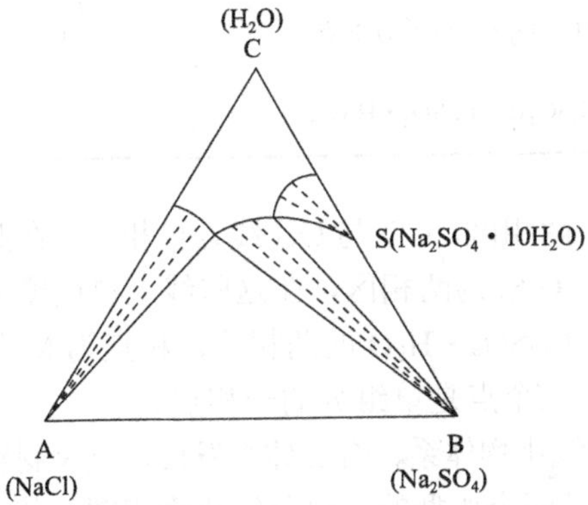

图 6-16　NaCl-$Na_2SO_4\cdot 10H_2O$-H_2O 体系相图

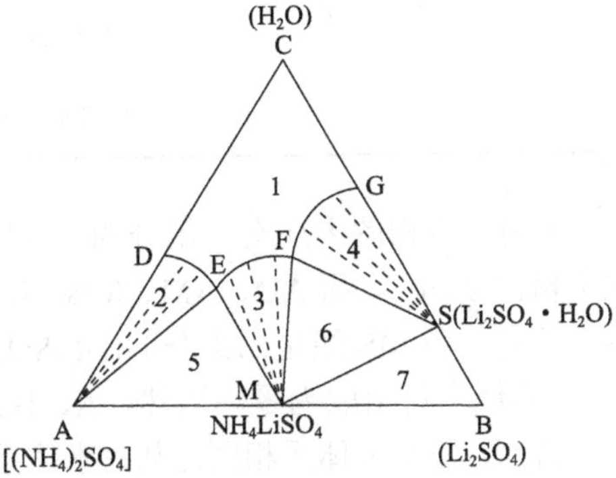

图 6-17　$(NH_4)_2SO_4$-Li_2SO_4-H_2O 体系相图

图 6-14 至图 6-17 都是等温等压相图。下面着重讨论既有复盐也有水合盐的图 6-17，首先阐明图中某些特殊点和线的意义。

M 点是复盐 NH_4LiSO_4，S 点是水合盐 $Li_2SO_4\cdot H_2O$。D 点是 $(NH_4)_2SO_4$ 在水中的饱和溶液，该溶液中 $(NH_4)_2SO_4$ 的浓度为它在纯水中的溶解度。G 点是 Li_2SO_4 在水中的饱和溶液。

DE 线是 $(NH_4)_2SO_4$ 在含有 Li_2SO_4 的水中的饱和溶液。从溶解度的意义上讲常称为 $(NH_4)_2SO_4$ 的溶解度曲线。类似地，EF 和 FG 分别是 NH_4LiSO_4 和 $Li_2SO_4\cdot H_2O$ 的溶解度曲线。

E 点是同时被 $(NH_4)_2SO_4$ 和 NH_4LiSO_4 所饱和的溶液。F 点是同时被 NH_4LiSO_4 和 $Li_2SO_4\cdot H_2O$ 所饱和的溶液。

以上的点和线都可由实验上测定溶解度得出，该相图就是依据这些数据绘制而成的。

相图6-17中的三组分体系相图相区共七个，各相区的相态及自由度列入下表。

表 6-1 相图 6-17 中的七个相区物相

相区编号	相数	相态	自由度
1	1	溶液 l	2
2	2	$(NH_4)_2SO_4$(s)+l(DE 线)	1
3	2	NH_4LiSO_4(s)+l(EF 线)	1
4	2	$Li_2SO_4 \cdot H_2O$(s)+l(FG 线)	1
5	3	$(NH_4)_2SO_4$(s)+NH_4LiSO_4(s)+l(E 点)	0
6	3	$(NH_4)_2SO_4$(s)+$Li_2SO_4 \cdot H_2O$(s)+l(F 点)	0
7	3	NH_4LiSO_4(s)+Li_2SO_4(s)+$Li_2SO_4 \cdot H_2O$(s)	0

此外，本相图中还有二组分的单相区与两相区。CD 与 CG 线为单相区，在此线上自由度为 1。而 AD、AM、MB、BS、SG 线为两相区，在这些线上自由度为零。还有一条 MS 线是二组分 NH_4LiSO_4 与 $Li_2SO_4 \cdot H_2O$ 的两相区，相点为 M 与 S，在该线上自由度为零。当然，A、B、C 三个点是单组分的一相点。

目前，三组分体系相图已从盐水体系向氧化物体系、合金体系发展，这是材料研究深入的必然结果。图 6-18 和图 6-19 是两个典型的三组分氧化物相图，其中 ZrO_2-SiO_2-Al_2O_3 是固相完全不互溶但生成新化合物的相图，而 ZrO_2-SiO_2-$NaAl_{11}O_{17}$ 是生成化合物且部分互溶的三组分体系相图。

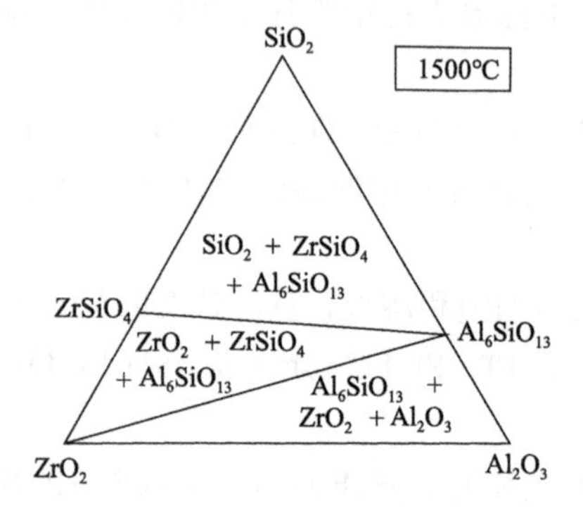

图 6-18 ZrO_2-Al_2O_3-SiO_2 体系相图

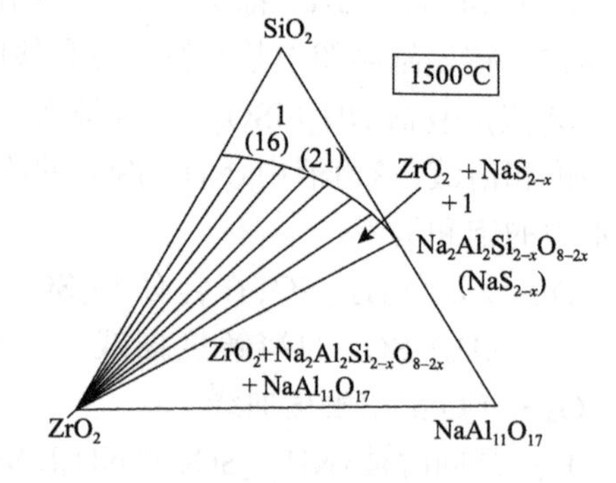

图 6-19 ZrO_2-$NaAl_{11}O_{17}$-SiO_2 体系相图

6.2.4　晶体缺陷热力学

固体(如矿物晶体)在热力学上最稳定的状态是处于 0 K 时的完整晶体状态，此时，其内部能量最低。晶体中的原子按理想的晶格点阵排列。实际的真实晶体中，在高于 0 K 的任何温度下，都或多或少的存在着对理想晶体结构的偏离，即存在着结构缺陷。结构缺陷的存在及其运动规律，对固体的一系列性质和性能有着密切的关系，尤其是新型陶瓷性能的调节和应用功能的开发常常取决于对晶体缺陷类型和缺陷浓度的控制，因此掌握晶体缺陷的知识是掌握矿物材料的基础。

晶体缺陷从形成的几何形态上可分为点缺陷、线缺陷和面缺陷三类。其中点缺陷按形成原因又可分为热缺陷、组成缺陷(固溶体)和非化学计量化合物缺陷，点缺陷对材料的动力性质具有重要影响。当晶体的温度高于绝对 0 K 时，由于晶格内原子热振动，使部分能量较大的原子离开平衡位置而造成缺陷。由于质点热运动产生的缺陷称为热缺陷，它在热力学上是稳定的。

热缺陷又分为肖特基缺陷和弗伦克尔缺陷。

(1) 肖特基缺陷。如果表面正常格点上的原子，在热起伏过程中获得能量离开平衡位置但并未离开晶体，仅迁移到晶体表面外新表面的一个位置上，在原表面格点上留下空位。原子的迁移相当于空位的反向迁移，表面的空位移至晶体的内部。显然，产生肖特基缺陷的晶体会增大体积。为了维持晶体的电中性，正、负离子空位同时按化学式关系成比例产生。

(2) 弗伦克尔缺陷。晶格热振动时，一些原子离开平衡位置后挤到晶格的间隙位置中形成间隙原子，而原来的结点形成空位。此过程中，间隙原子与空位成对产生，晶体体积不发生变化。

晶间偏析(grain boundary segregation)也是晶体缺陷的一种，它不是偶然产生的缺陷，其本质是一种热力学平衡状态。以此为例：在研究普通的两相平衡时，两相的自由能之和 $G=G^{\alpha}+G^{\beta}$ 为最小时平衡的条件，或者写成为

$$\mathrm{d}G=\mathrm{d}G^{\alpha}+\mathrm{d}G^{\beta}=0$$

晶间偏析作为相平衡来研究时，有如下两点基本假设：一是把晶界的存在看成是“晶界相(grain boundary phase)”与“晶内相(grain inner phase)”的平衡。二是达到平衡态时，晶界相中的原子数保持一定。

如图 6-20 所示，在某 A-B 二元系中，若固溶体 α 是一种晶粒组织，则可以把相看作是晶内相，而晶界是有一定厚度的晶界相 b。在平衡状态下，应有

$$\mathrm{d}G=\mathrm{d}G^{\alpha}+\mathrm{d}G^{b}=0 \tag{6-68}$$

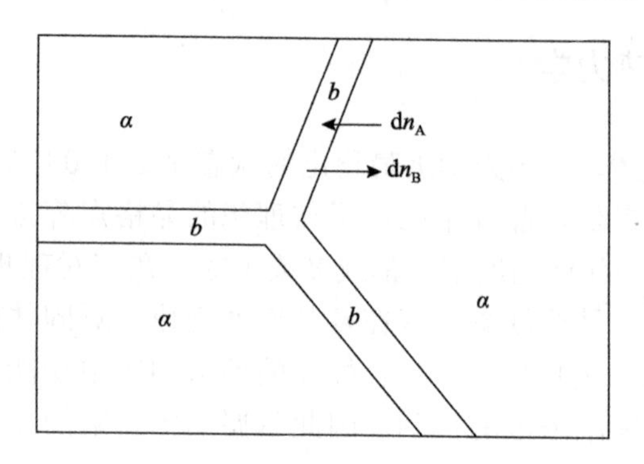

图 6-20　晶界相与晶内相的平衡

为了符合第 2 项假设，当有 dn_A 个 A 原子由 α 进入 b 时，必有 dn_B 个 B 原子由 b 进入 α。此时两个相的自由能变化为

$$dG^{\alpha} = -\mu_A^{\alpha} dn_A + \mu_B^{\alpha} dn_A$$

$$dG^{b} = +\mu_A^{b} dn_A - \mu_B^{b} dn_A$$

平衡时总的自由能变化为

$$dG = -\mu_A^{\alpha} dn_A - \mu_B^{\alpha} dn_A + \mu_A^{b} dn_A - \mu_B^{b} dn_A = 0$$

此时，应有 $dn_A=dn_B\neq 0$，

$$-\mu_A^{\alpha} + \mu_B^{\alpha} + \mu_A^{b} - \mu_B^{b} = 0 \tag{6-69}$$

这就是晶界相与晶内相平衡时的特殊条件，也称为平行线法则(parallel rule)。这一特殊条件来源于前面的第 2 项假设。如果定义摩尔晶界能 G_m^b 为晶界相自由能 G_m^b 与晶内相自由能 G_m^{α} 之差，即

$$\Delta G_m^b = G_m^b - G_m^{\alpha} = \sigma F = \sigma \frac{V_m^b}{\delta} \tag{6-70}$$

式中，σ 为表面张力，F 为晶界面积，V_m^b 为晶界相的摩尔体积，δ 为晶界厚度。对于两个纯组元，摩尔晶界能为

$$\Delta G_A^b = G_A^b - G_A^{\alpha} = \sigma_A \frac{V_A^b}{\delta} \tag{6-71}$$

$$\Delta G_B^b = G_B^b - G_B^{\alpha} = \sigma_B \frac{V_B^b}{\delta} \tag{6-72}$$

当已知固溶体成分 X_B^α 时，可以通过平行线法则求出晶界相成分 X_B^b，因为这时晶内相与晶界相之间满足下式

$$\Delta\mu_B = \mu_B^b - \mu_B^\alpha = \mu_A^b - \mu_A^\alpha = \Delta\mu_A \tag{6-73}$$

如图 6-21 所示，过 X_B^α 成分的自由能点做自由能曲线的切线，再做此切线的平行线，使之与晶界相的自由能曲线相切，此切点成分就是晶界相的成分。

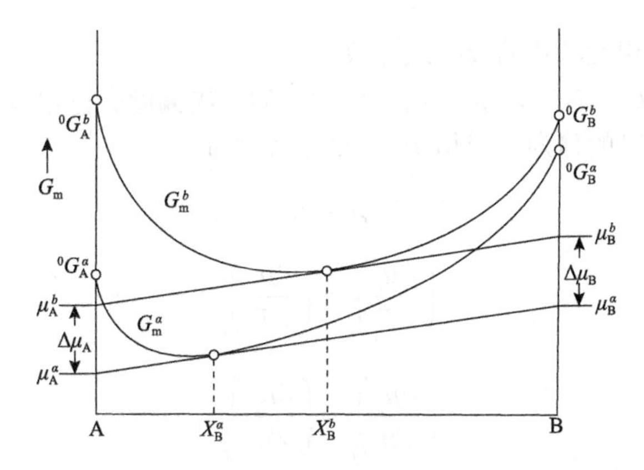

图 6-21　晶界相与晶内相的摩尔自由能与平行线法则

6.2.5　相变热力学

6.2.5.1　相变的类型

在系统内，强度性质都相同的均匀部分称为相，所谓均匀指要达到分子的分散程度。“相”是一个宏观概念，几个分子不可能成为相。相与相之间有界面存在，在界面上，有的物理性质(如密度等)可能发生突变。系统中的同一物质在不同相态之间的转变称为相变。各类不同相变可以按热力学分类，归属一级相变和高级(二级、三级…)相变，各有其热力学参数改变的特征。

由 1 相转变为 2 相时，$G_1=G_2$，$\mu_1=\mu_2$，但化学势的一级偏微商不相等的称为一级相变。即一级相变时

$$\left.\begin{aligned}\left(\frac{\partial\mu_1}{\partial T}\right)_p &\neq \left(\frac{\partial\mu_2}{\partial T}\right)_p \\ \left(\frac{\partial\mu_1}{\partial p}\right)_T &\neq \left(\frac{\partial\mu_2}{\partial p}\right)_T\end{aligned}\right\}$$

但

$$\left(\frac{\partial \mu}{\partial T}\right)_p = -S \qquad \left(\frac{\partial \mu}{\partial p}\right)_T = V$$

因此一级相变时，具有体积和熵(及焓)的突变：

$$\left.\begin{array}{l}\Delta V \neq 0 \\ \Delta S \neq 0\end{array}\right\}$$

焓的突变表示为相变潜热的吸收或释放。

当相变时，$G_1=G_2$，$\mu_1=\mu_2$，而且化学势的一级偏微商也相等，只是化学势的二级偏微商不相等的称为二级相变。即二级相变时

$$\mu_1 = \mu_2$$

$$\left(\frac{\partial \mu_1}{\partial T}\right)_p = \left(\frac{\partial \mu_2}{\partial T}\right)_p$$

$$\left(\frac{\partial \mu_1}{\partial p}\right)_T = \left(\frac{\partial \mu_2}{\partial p}\right)_T$$

$$\left.\begin{array}{l}\left(\dfrac{\partial^2 \mu_1}{\partial T^2}\right)_p \neq \left(\dfrac{\partial^2 \mu_2}{\partial T^2}\right)_p \\ \left(\dfrac{\partial^2 \mu_1}{\partial p^2}\right)_T \neq \left(\dfrac{\partial^2 \mu_2}{\partial p^2}\right)_T \\ \left(\dfrac{\partial^2 \mu_1}{\partial T \partial p}\right)_p \neq \left(\dfrac{\partial^2 \mu_2}{\partial T \partial p}\right)_T\end{array}\right\}$$

但

$$\left.\begin{array}{l}\left(\dfrac{\partial^2 \mu}{\partial T^2}\right)_p = -\left(\dfrac{\partial S}{\partial T}\right)_p = -\dfrac{C_p}{T} \\ \left(\dfrac{\partial^2 \mu}{\partial p^2}\right)_T = \dfrac{V}{V}\left(\dfrac{\partial V}{\partial p}\right)_T = -V \cdot \beta \\ \left(\dfrac{\partial^2 \mu}{\partial T \partial p}\right)_p = \left(\dfrac{\partial V}{\partial T}\right)_p = \dfrac{V}{V}\left(\dfrac{\partial V}{\partial T}\right)_p = V \cdot \alpha\end{array}\right\}$$

式中，$\beta = -\dfrac{1}{V}\left(\dfrac{\partial V}{\partial p}\right)$ 称为材料的压缩系数；$\alpha = \dfrac{1}{V}\left(\dfrac{\partial V}{\partial p}\right)_p$ 称为材料的膨胀系数。

由上式可见，二级相变时

$$\left.\begin{aligned}\Delta C_p \neq 0\\ \Delta\beta \neq 0\\ \Delta\alpha \neq 0\end{aligned}\right\}$$

即在二级相变时，在相变温度、$\dfrac{\partial G}{\partial T}$无明显变化，体积及焓均无突变，而 C_p 及 $\alpha(\beta)$ 具有突变。

一级和二级相变时，两相的自由能、熵及体积的变化分别如图 6-22 及图 6-23 所示。

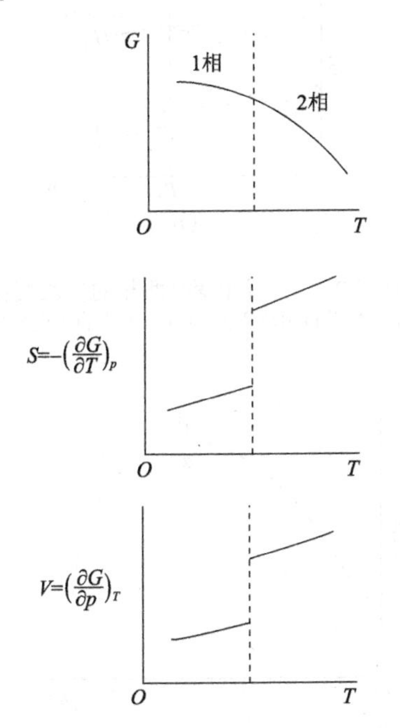

图 6-22　一级相变时两相的自由能、熵及体积的变化

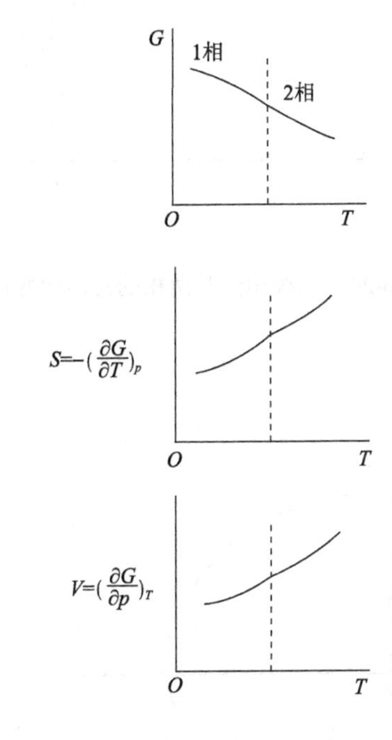

图 6-23　二级相变时两相的自由同素异构相变

二级相变时，在相变温度、$\dfrac{\partial G}{\partial T}$无明显变化时，$G$-$T$ 图中可以有两种情况，如图 6-24 所示。其中，Ⅰ、Ⅱ分别表示Ⅰ相和Ⅱ相。在第一种情况下，Ⅰ相的自由能总比Ⅱ相高，显示不出相变点上下的稳定相。在第二种情况下，在相变点附近未能显示二级偏微商不相等，只是三级偏微商不相等。可以认为，热力学的分类还是正确的，但它不保证超过相变点的情况。一级相变时的自由能、焓及体积

的变化如图 6-25 所示。二级相变时，焓及有序化参数的变化如图 6-26 所示。二元系相图中，具有二级相变时，平衡两相的浓度相同，即单相区与单相区接触，不需由两相区分隔开，如图 6-27 所示。

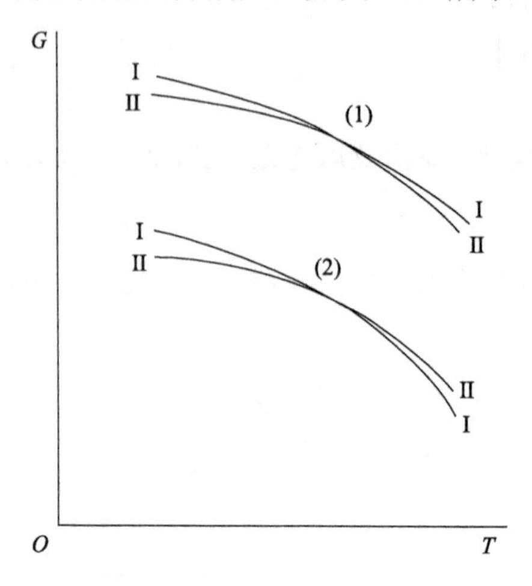

图 6-24　二级相变时两相的自由能变化

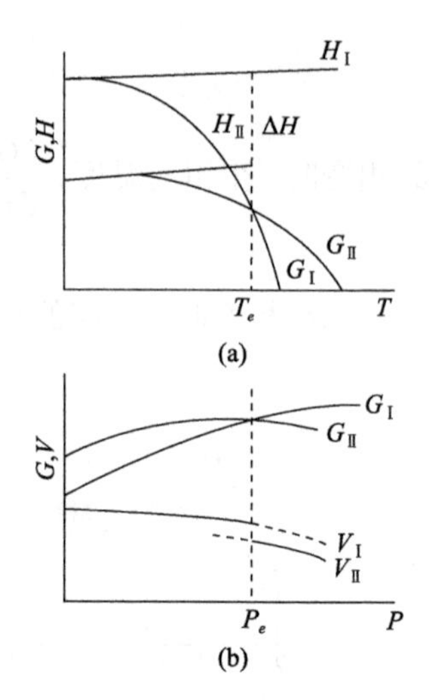

图 6-25　一级相变时两相的参数变化
(a) 焓及自由能变化；(b) 体积及自由能变化

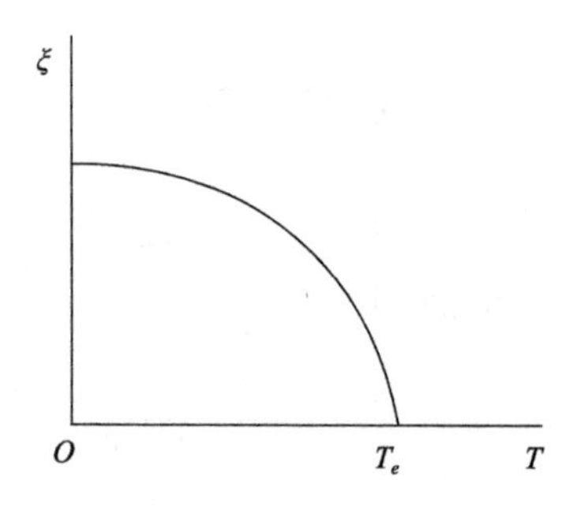

图 6-26　二级相变时参数的变化

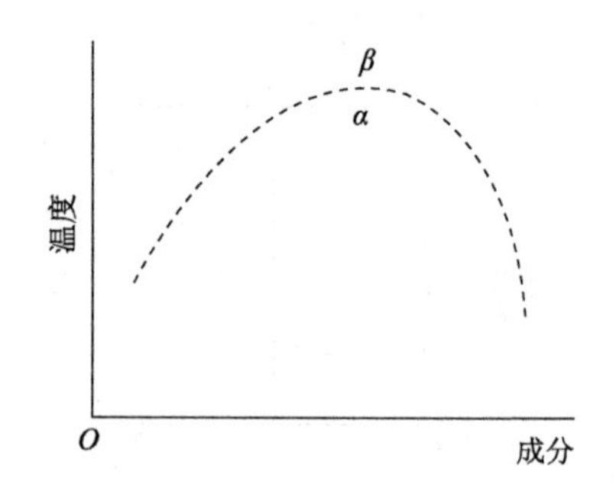

图 6-27　具有二级相变时的二元系相图

当相变时两相的化学势相等，其一级和二级的偏微商也相等，但三级偏微商不相等的，称为三级相变。依此类推，化学势的$(n-1)$级偏微商相等，n 级偏微商不相等时称为 n 级相变，$n \geqslant 2$ 的相变均属高级相变。

晶体的凝固、沉积、升华和熔化，金属及合金中的多数固态相变都属一级相变。超导态相变、磁性相变、液氦的相变以及合金中部分的无序-有序相变都为二级相变。量子统计爱因斯坦玻色凝结现象称为三级相变。二级以上的高级相变并不常见。

6.2.5.2　相变的发生

以一级固态相变过程为例，一级相变需要或多或少的相变驱动力，也显示或多或少的热滞。纯组元两相的吉布斯自由能相等时的温度为两相的平衡温度，如图 6-28(a)中的 T_0 温度。当温度低于 T_0 时，1 相将转变为 2 相。两相之间热力势的降低(ΔG)作为相变驱动力。浓度为 x 的二元合金，由一相(α)析出另一相(β)形成两相(α+β)混合时的相变驱动力为 ΔG，以图 6-28(b)示例，即以母相和混合相之间的自由能差策动相变。冷却时的相变，为了获得相变驱动力需要一定的过冷度 ΔT(此时 $\Delta T=T_0-T$)。相反，加热相变时需要一定的过热度 ΔT(此时 $\Delta T=T-T_0$)。ΔG 习惯上称为相变驱动力，实际上是进行相变所需做的功，如形核功及驱动长大所需的功。一般主要是补偿新相形成时所增加的表面能量、扩散所需的能量和赋予固态相变时的应变能和界面迁动能量，相变总驱动力的热力学计算是材料热力学的主要内容。

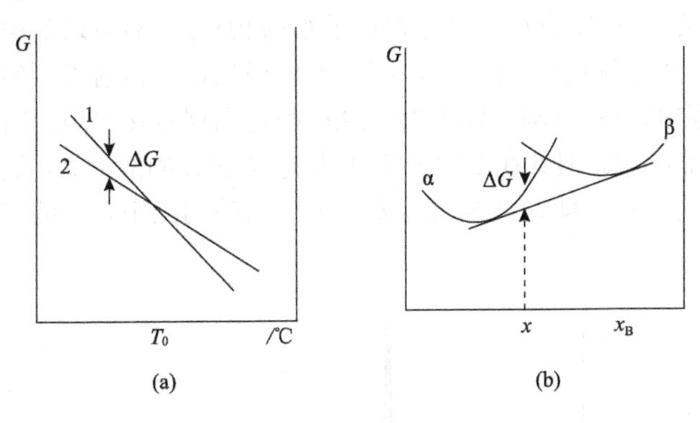

图 6-28　相变驱动力示意图
(a)纯组元；(b)二元合金

6.3　硅酸盐熔体结构与热力学

6.3.1　硅酸盐熔体结构模型

6.3.1.1　硅酸盐玻璃结构

玻璃是由熔体过冷硬化而成具有不规则结构的非晶态固体，一般通过熔体冷却方法即熔融法制得。玻璃的现代定义可表述为：玻璃是原子的排列对 X 射线呈现不规则的网络结构，并具有玻璃转变现象的固体。以 SiO_2 为例，方石英晶体是硅、氧原子规则排列的固体，而石英玻璃中的原子排列则呈不规则网络结构，其二维结构模型对比如图 6-29 所示。

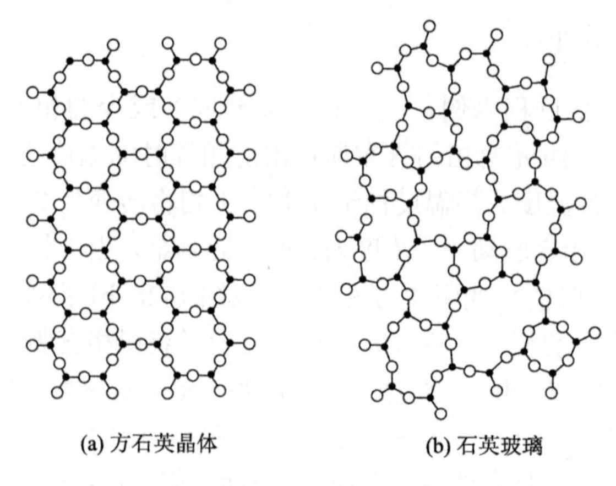

图 6-29　方英石晶体与石英玻璃的二维结构

在 X 射线衍射图(图 6-30)中，方石英晶体显示狭窄尖锐的特征衍射峰，分别与满足 Bragg 条件($\lambda=2d\sin\theta$)的特定晶面的衍射相对应；石英玻璃中的原子呈不规则排列，没有特定间距的晶面存在，因而不出现尖锐的衍射峰，但实际上原子间距仍分布在一定的尺寸范围，故在 $2\theta=22.6°$附近出现宽化平坦的衍射峰；而 SiO_2 凝胶虽然同为非晶态，但其在 $2\theta<5°$范围内对 X 射线的散射大，这是由与原子排列无关的不均匀结构，即在纳米尺度方石英单元的间隙中存在的空气或水对低角度衍射所致。

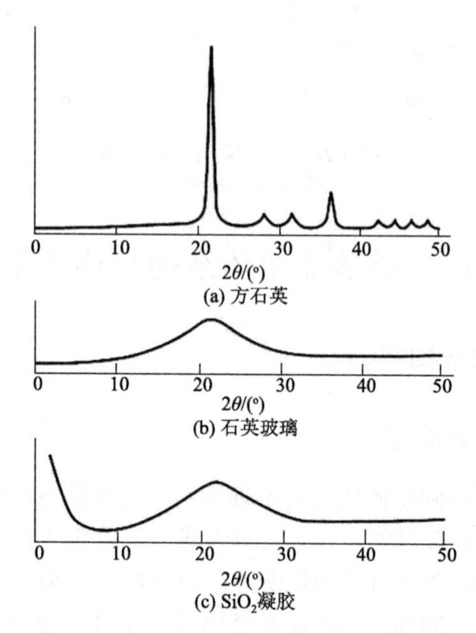

图 6-30　方石英、石英玻璃及二氧化硅凝胶的 X 射线衍射图

非晶态材料的共同特征是具有玻璃化转变温度。晶体的特征是当持续升温时可在某一固定温度熔化，即具有熔点 T_m，在该温度下，由于原子排列由固相有序结构转变为液相无序结构，因而比体积(为密度的倒数，即单位质量的体积)快速增大(图 6-31)。当熔体冷却至 T_m 以下时，都具有晶化的倾向，因为原子的聚集体以晶态有序排列时其能量最低，因而晶体是最稳定的材料。由于建立长程有序要求原子通过扩散而重新排列，故晶体形成通常发生在一段时间之内。因此，只要冷却速率足够快，并能够抑制建立晶体长程有序所需的扩散作用，则几乎所有物质都能形成玻璃。

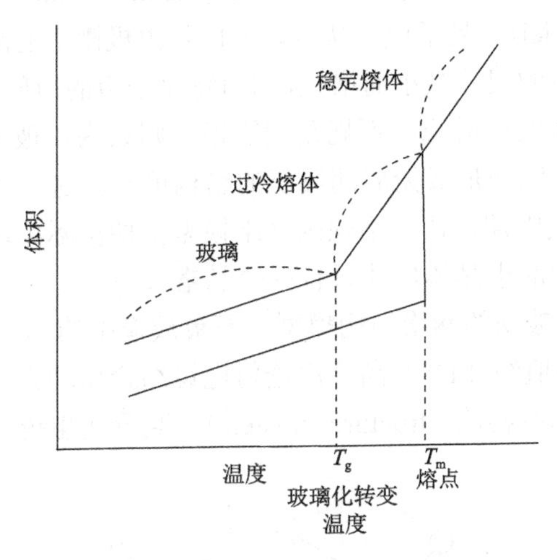

图 6-31　玻璃形成的比体积随温度变化曲线

玻璃结构在本质上是凝固的液态结构。从热力学上看，过冷熔体中原子的堆垛比较松散，因而其比体积必然大于相应的晶体。随温度的降低，比体积对温度的曲线斜率最终必然降低至与晶体的曲线斜率相同。斜率发生变化的温度即玻璃化转变温度 T_g(图 6-31)。在 T_g 处，由玻璃转变为过冷熔体而比体积变大，称为玻璃转变现象。反之，使过冷熔体冷却时，在 T_g 处即转变为固体玻璃。

玻璃化转变点 T_g 点一般相当于玻璃黏度为 $10^{12.4}$ Pa·s 时的温度(K)，理论上为熔点 T_m 的 2/3：而对于固溶体组成的玻璃，T_g 点则为液相线温度 T_L 的 2/3。以 SiO_2 为主要成分的硅酸盐玻璃，具有相当复杂的结构，在熔体状态时就具有很强的黏滞性，原子扩散相当困难，因而在冷却过程中晶核的形成和生长速率都很低，一般的冷却速率 10^{-4}～10^{-1} K/s 就足以使其避免结晶而形成玻璃。而对于典型的金属玻璃，即含有约 80%(摩尔分数)金属(元素电负性 EN＜1.8)和 20%(摩尔分数)半金属(1.8＜EN＜2.2；最常见的是 B、Si、Ge、As、Sb、Te)的金属合金，形成玻璃时要求其冷却速率高达 10^5 K/s 数量级。可以形成金属玻璃的两种成分是 Au_4Si

和 $Fe_{0.78}Si_{0.09}B_{0.13}$。

晶体的结构是有序的，原子占位具有定域性，熔体具有流动性；结构是无序的，原子占位具有非定域性。玻璃化转变对应于熔体相原子非定域性的丧失，原子被冻结在无序结构状态，这就是玻璃化转变的本质，即结构无序的熔体转变为结构无序的固体。这一过程不同于熔体的结晶过程。在熔体结晶过程中，同时存在两种类型的转变，即结构无序向有序的转变和原子非定域化向定域化的转变。而在玻璃化转变中，只实现了原子非定域化向定域化的转变，而结构无序却依然存在。

玻璃结构的代表性模型有晶子模型(crystallite model)和不规则网络模型(random network model)。晶子模型认为，玻璃是由极微小的晶体集合体构成，衍射峰的宽度随小晶体的尺寸减小而增大，因而宽化平坦的衍射峰[图 6-30(b)]可被解释为小晶体集合体的衍射峰。不规则网络模型则认为，玻璃结构是由[SiO_4]四面体之间无序排列，因而形成无周期反复的结构单元。这一争论自 1930 年开始，直到 20 世纪 70 年代中期，认为不规则网络模型更切实际，理由是根据宽化峰宽度计算的玻璃结构中的小晶体尺寸只有单位晶格大小。

图 6-32 为石英玻璃的网络结构模型。石英玻璃中的 Si—O—Si 键角分布于 120°～180°范围，峰值约 144°。高分辨透射电镜结合振动光谱分析显示，石英玻璃中存在两种不同的结构簇(structure clusters)，高分辨电镜照片显示其结构单元尺寸为 5～20 nm。

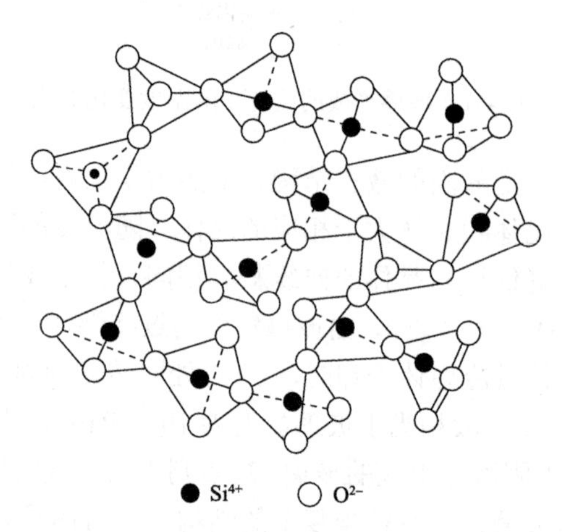

图 6-32　石英玻璃的不规则网络结构模型

依据 Zachariasen 规则，可判断哪些氧化物能够形成大面积的玻璃网络结构：①氧化物玻璃网络由氧的多面体组成；②在玻璃网络中，每个氧原子的配位数应为 2；③在玻璃网络中，每个金属原子的配位数应为 3 或 4，如[SiO_4]、[BO_3]等；④氧化物多面体是以顶点而不是共棱或共面而连接的；⑤每个多面体最少必须有

3 个顶点与其他多面体连接。

满足 Zachariasen 规则的氧化物能形成大面积的三维玻璃网络，因而被称为成网组分(network former)；其他氧化物不能形成大面积一次键网，但当其与成网氧化物结合时，能破断三维网络的一次键而降低一次键的密度(图 6-33)，从而使玻璃的转变温度降低，故此类氧化物被称为变网组分(network modifier)(表 6-2)。

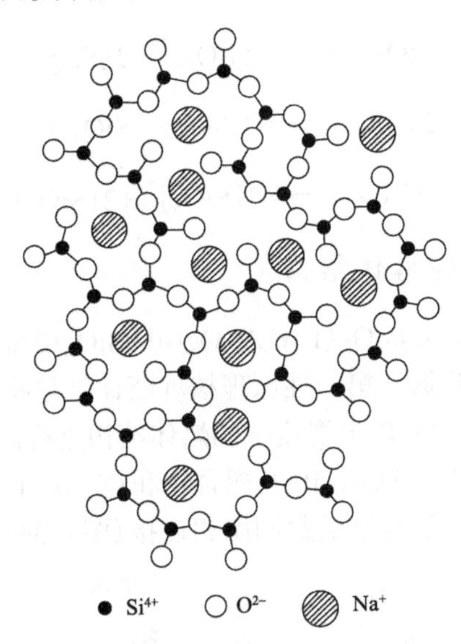

图 6-33　石英玻璃含氧化钠时的二维结构模型

表 6-2　氧化物玻璃体系的成网组分和变网组分

成网组分	变网组分	成网组分	变网组分
SiO_2	Li_2O	As_2O_5	BaO
Al_2O_3	K_2O		CaO
GeO_2	Na_2O		ZnO
B_2O_3	Cs_2O		PbO
P_2O_5	MgO		

6.3.1.2　硅酸盐熔体结构表征

20 世纪 80 年代，基于大量精确的红外和拉曼光谱、核磁共振谱(NMR)调定，确定了二元硅酸盐玻璃中存在$[SiO_4]^{4-}(Q^0)$、$[Si_2O_7]^{6-}(Q^1)$、$[SiO_3]^{2-}(Q^2)$、$[Si_2O_5]^{2-}(Q^3)$、$[SiO_2](Q^4)$(Q 的上标表示每个 Si 原子占有的桥氧数)，分别相当于岛状、双四面体、单链、层状和架状结构单元，其相应的 ^{29}Si 的 NMR 谱的特征化学位移分别为−62、−72、−85、−92、−106，随金属阳离子的不同而略有变化。

对于岛状至架状硅酸盐成分体系，可由下列反应描述阴离子结构单元之间的化学平衡：

$$2[SiO_4]^{4-} = [Si_2O_7]^{6-} + O^{2-}$$

$$3[Si_2O_7]^{6-} = 3[SiO_3]^{2-} + 3[SiO_4]^{4-}$$

$$6[SiO_3]^{2-} = 2[Si_2O_5]^{2-} + 2[SiO_4]^{4-}$$

$$2[SiO_3]^{2-} = [SiO_2] + [SiO_4]^{4-}$$

$$2[Si_2O_5]^{2-} = 2[SiO_3]^{2-} + 2[SiO_2]$$

6.3.1.3　硅酸盐-磷酸盐熔体结构

对于组成范围为 $0.1[x\mathrm{Na_2O}\text{-}(1-x)\mathrm{Al_2O_3}]\text{-}0.9\mathrm{SiO_2}+2\%$(摩尔分数)$P_2O_5$ 玻璃和熔体相，采用多核核磁共振、第一性原理核屏蔽计算与拉曼光谱数据相结合的方法，对 25℃下玻璃和 1200℃以上温度下的熔体结构进行测定。结果表明，在上述玻璃和熔体相中，磷主要以 PO_4、P_2O_7 配合物和 Q_P^n (n =1～4)的形式存在。Q_P^n 表示一个 PO_4 单元由 n 个桥氧与硅酸盐网络相连接(图 6-34)。

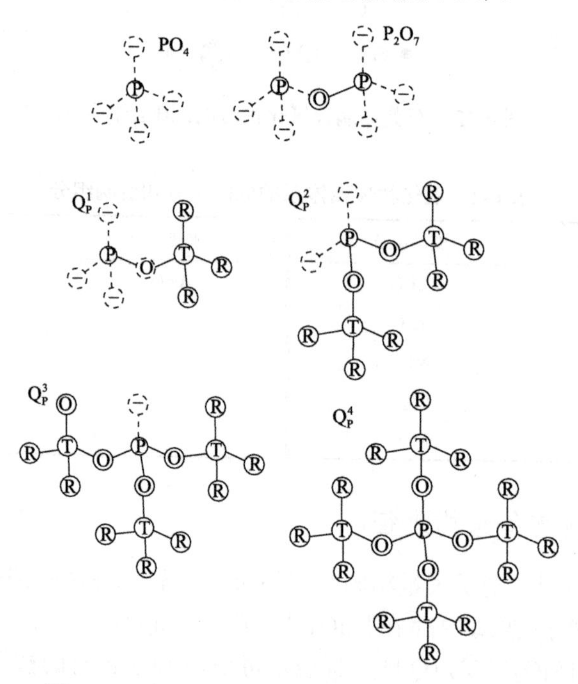

图 6-34　硅酸盐-磷酸盐体系 Q_P^n 结构单元示意图

粗线，P—O—T 桥键；虚线，非桥氧键；虚线圈，非桥氧；T，磷酸盐单元相邻四配位阳离子(Al^{3+}、Si^{4+})；R，铝硅酸盐网络

磷在硅酸盐熔体中的溶解机理可概略表示为以下 6 种主要形式：

(1)　$6Q_{Si}^3 + P_2O_5 = 2PO_4 + 6Q_{Si}^4$

(2)　$4Q_{Si}^3 + P_2O_5 = P_2O_7 + 4Q_{Si}^4$

(3)　$6Q_{Si}^3 + P_2O_5 = 2Q_P^1 + 4Q_{Si}^4$

(4)　$4Q_{Si}^3 + P_2O_5 = 2Q_P^2$

(5)　$2Q_{Si}^3 + 4Q_{Si}^4 + P_2O_5 = 2Q_P^3$

(6)　$8Q_{Si}^3 + P_2O_5 = 2Q_P^4$

在 P_2O_5 含量恒定条件下，随 Al_2O_3/Na_2O 比值增大，磷对硅酸盐聚合作用的影响相应减小。在玻璃化转变温度以上，磷酸盐溶质与硅酸盐溶剂之间相互作用随温度而变化。

对于过碱性熔体，随温度升高，磷酸盐物种(species)的聚合度随之增大，而硅酸盐物种的聚合度相应减小：

$$2PO_4 + Q_{Si}^4 = P_2O_7 + Q_{Si}^3 \qquad \Delta H = 140 \sim 190\,\text{kJ/mol} \tag{1}$$

$$P_2O_7 + 5Q_{Si}^4 = 2Q_P^1 + 3Q_{Si}^3 \qquad \Delta H = 65\,\text{kJ/mol} \tag{2}$$

式中，Q_{Si}^n、Q_P^n 分别表示具有 n 个桥氧的硅酸盐和磷酸盐结构单元。在玻璃化转变温度至 900℃，以反应(1)为主，而在更高温度下，主要发生反应(2)。随温度升高，两反应均趋向于正向进行。

对于接近准铝酸盐熔体，在玻璃化转变温度以上，各 Q 物种的含量随温度而变化，而硅酸盐物种含量不受温度变化影响：

$$2Q_P^3 = Q_P^2 + Q_P^4 \qquad \Delta H = 13 \sim 19\,\text{kJ/mol}$$

对于过铝质熔体，在玻璃化转变温度以上，随温度升高，磷酸盐物种的聚合度减小，而硅酸盐物种的聚合度相应增大：

$$Q_P^4 + Q_{Si}^3 = Q_P^3 + 2Q_{Si}^4 \qquad \Delta H = 13 \sim 23\,\text{kJ/mol}$$

研究表明，熔体在高温区的结构与玻璃相类似，而各物种含量依赖于温度变化。因此，对于过碱性和过铝质熔体，其聚合作用性质随温度变化而更加显著，而对于接近准铝酸盐熔体，则磷酸盐和硅酸盐聚合作用都与温度变化无关，即熔体聚合作用性质对温度变化不甚敏感。

综上所述，在富硅的过碱性、准铝质和过铝质硅酸盐玻璃和熔体相中，P_2O_5 溶解过程受硅酸盐网络与磷酸盐各物种之间复杂的相互作用所控制。磷酸盐物种可分为两类：一是出现于碱硅酸盐熔体和玻璃相中，如 PO_4、P_2O_7（及可能的 P_3O_{10}）的磷酸盐物种，其中非桥氧以碱金属如 Na^+ 为终端相连接；二是磷酸盐络合物 Q_P^n，其磷酸盐与硅酸盐网络之间包含桥氧 P—O—T（T=Al+Si），以及与碱金属相连接的非桥氧。含有 1～4 个桥氧的磷酸盐物种存在于玻璃与熔体相中，其中某些物种出现于实验研究的所有成分范围。

6.3.1.4　硅酸盐-钛酸盐熔体结构

天然硅酸盐熔体的 TiO_2 含量极少超过 2.0%。即便如此，TiO_2 仍对液相线温度下的相关系和熔体不混溶作用具有显著影响。有研究表明，在铝硅酸盐熔体中钛与碱金属（M^+）反应生成钛酸盐络合物：

$$3TiO_2+M_2O = M_2Ti_3O_7$$

而在过铝质熔体中，则发生如下反应：

$$Al_2O_3+TiO_2 = Al_2TiO_5$$

以上反应表明，在铝硅酸盐熔体中存在钛酸盐的络合作用。

对硅酸盐-钛酸盐体系熔体结构的谱学和性质研究表明，其中 Ti^{4+} 极可能形成 TiO_4 配位；但在 TiO_2 含量小于约 1.0%条件下，氧化硅的整体结构及缺陷允许容纳六次配位的 Ti^{4+}。而在 TiO_2 含量大于约 7.0%条件下，至少部分 Ti^{4+} 呈八面体配位。在天然硅酸盐熔体中 TiO_2 含量范围内，Ti^{4+} 主要呈四次配位。在这种结构位置，TiO_2 显然是一种具有聚合性质的成网组分。

6.3.2　含水硅酸盐熔体结构及作用机理

含水硅酸盐熔体结构不同于干熔体相，H_2O 在熔体相的溶解过程将显著改变熔体结构，进而影响熔体性质、组分活度及液线相关系和其他热力学性质。

6.3.2.1　含水硅酸盐熔体结构表征

采用共焦显微拉曼（confocal micro-Raman）和傅里叶红外光谱（FTIR），原位测定水饱和过碱性铝硅酸盐熔体、共存的硅酸盐饱和流体及超临界富硅酸盐液体相的结构，测定温度达 800℃，测试压力约 800 MPa；两种含铝硅酸盐玻璃相成分为 $Na_2O \cdot 4SiO_2$-$Na_2O_4(NaAl)O_2$-H_2O，分别相当于 Al_2O_3 含量（摩尔分数）5%和 10%（NA5，NA10）。

结果表明，分子水（H_2O）和与阳离子键合的 OH 均存在于上述三相中。$OH/H_2O°$ 比值与平衡温度和压力（f_{H_2O}）呈正相关，且在实验温压范围内，

$(OH/H_2O^\circ)_{melt}>(OH/H_2O^\circ)_{fluid}$，结构单元 Q^3、Q^2、Q^1、Q^0 共存于熔体、流体和超临界液相中；随 f_{H_2O} 增大，Q^0、Q^1 比例相应增大，而 Q^2、Q^3 随之减小(表 6-3)。因此，熔体相的 NBO/T 值与 f_{H_2O} 呈正函数关系；而共存的流体相硅酸盐的 NBO/T 值对 f_{H_2O} 变化不甚敏感。

表 6-3　与流体相共存硅酸盐熔体中结构 Q^n 单元的摩尔分数

样品号	温度/℃	压力/MPa	f_{H_2O} /MPa	Q^0	Q^1	Q^2	Q^3
NA5	200	0.1	0.1	0.041	0.13	0.61	0.22
	400	247	48	0.014	0.13	0.69	0.17
	600	532	327	0.10	0.26	0.53	0.10
	800	799	1009	0.27	0.43	0.27	0.03
NA10	200	0.1	0.1	n.d.	n.d.	0.56	0.43
	400	242	47	0.04	0.23	0.51	0.22
	600	526	321	0.029	0.339	0.55	0.08
	800	791	987	0.24	0.35	0.38	0.028

注：n.d.，小于检测限；数据引自 Mysen, 2010. Geochim Cosmochim Acta, 74:4123-4139.

水在硅酸盐熔体相中的溶解平衡反应如下：

$$H_2O(melt)+O(melt)=\!=\!=2OH(melt)$$

显然，熔体相中 Q^n 单元的含量变化将导致熔体结构的解聚作用增大。以 NBO/T 表征熔体结构的聚合度，则

$$NBO/T=\sum_{n=0}^{n=i} X_{Q^n}\cdot(nbo/t)Q^n$$

式中，NBO 为非桥氧，T 为四次配位阳离子(Si+Al)，X_{Q^n} 为 Q^n 单元的摩尔分数，(nbo/t) Q^n 为 Q^n 单元中每个四配位阳离子的非桥氧。

铝硅酸盐熔体结构解聚作用随 f_{H_2O} 升高而增强，反映了 Q^0、Q^1 相对含量比例增大，而 Q^2、Q^3 相应减小。与无铝硅酸盐熔体相比，含铝熔体这一效应更为显著。

熔体相 Q^n 含量变化类似于作为 H_2O 含量函数的淬火熔体相。在高温、高

压条件下，对于含水无铝硅酸盐熔体，其 H_2O 含量与熔体结构的关系可概略表示为

$$Q^n(M)+H_2O=\!=\!=Q^{n-1}(H)$$

式中，$Q^{n-1}(H)$表示其 H 与 O 形成 Si—OH 键的结构单元；$Q^n(M)$表示与金属离子 M 形成 Si—OM(此处为 Si—ONa)的单元。

铝硅酸盐熔体更广泛的解聚作用反映了溶解水与熔体中 Al^{3+}之间的相互作用。四面体配位 Al^{3+}与溶解 H_2O 形成 Al—OH 键，则相当于干熔体中与四配位 Al^{3+}起平衡电荷作用的碱金属在含水熔体相将转变为变网组分。H_2O 与铝硅酸盐之间此种相互作用可概略表示：

$$Q^n_{Al}(M)+H_2O=\!=\!=Q^{n-1}(H)+Al—OH+M_2O_Q$$

式中，$Q^n_{Al}(M)$表示含有四面体配位 Al^{3+}与非桥氧键合的变网阳离子 M(此处为 Na)的结构单元；$Q^{n-1}(H)$表示含有与氧键合 H^+的单元；Al—OH 表示 OH 与 Al^{3+}键合；M_2O_Q为熔体相中的变网组分。

6.3.2.2　水成核作用与反应平衡

在铝硅酸盐熔体中，水的溶解将破坏四面体网络的化学键，导致熔体结构解聚(图 6-35)和黏度减小。依赖于水含量、成核作用与熔体成分，水对铝硅酸盐熔体的性质起着复杂的作用。已知熔体相中的水以分子水($H_2O°$)和羟基水(OH)两种形式存在(图 6-36)，而随碱金属离子半径的减小($K^+→Na^+→Li^+$)，OH/$H_2O°$比值相应显著减小，水的成核作用则依赖于温度、压力和水含量。水依赖于硅酸盐熔体相总成分不同而具有两性行为：在聚合的硅质熔体(SiO_2 质量分数＞60%)中，水作为最强的变网组分而破坏硅酸盐网络；而在解聚的如玄武岩熔体中却与之相反，水具有稳定硅酸盐网络的趋势。

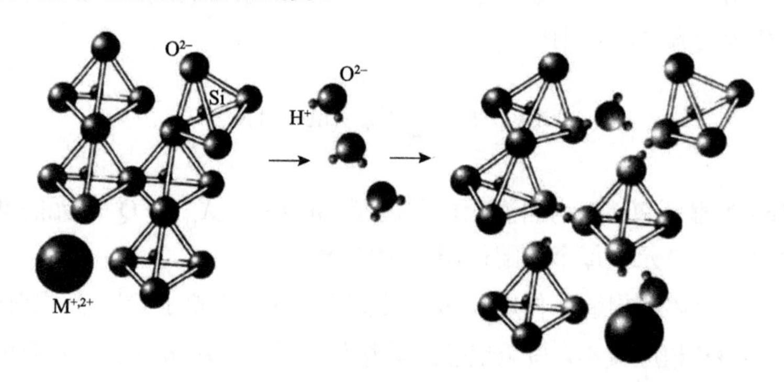

图 6-35　硅酸盐熔体相 H_2O 的解聚效应示意图

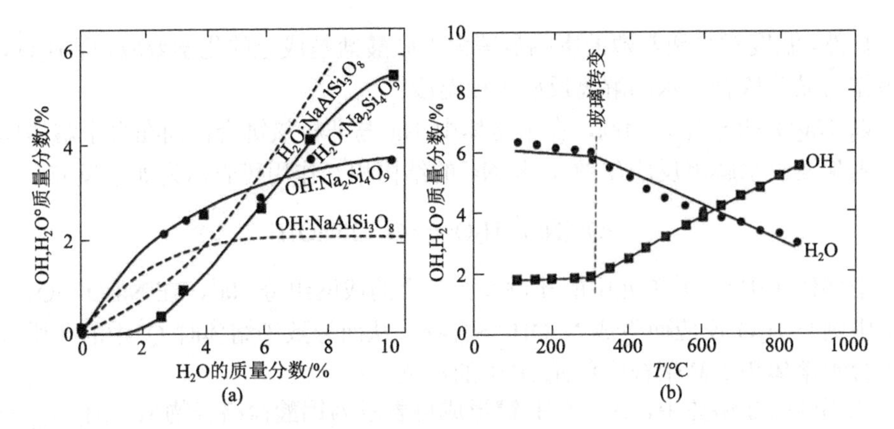

图 6-36　硅酸盐熔体中分子水和羟基水与 H_2O 含量(a)及温度(b)关系图

不同键合类型的 OH 族与熔体网络的相互作用由如下不同反应所聚动：

$$Si-O-Si+H_2O^\circ = 2Si-OH$$

$$Si-O-Al+H_2O^\circ = Si-OH+Al-OH$$

$$Al-O-Al+H_2O^\circ = 2Al-OH$$

$$M-O-M+H_2O^\circ = 2M-OH$$

$$Si-O-M+H_2O^\circ = Si-OH+M-OH$$

$$Al-O-M+H_2O^\circ = Al-OH+M-OH$$

以上反应可看作发生于铝硅酸盐熔体网络之中，其中 M 为变网组分，Si、Al 属成网组分。

水的两性行为表明水分子解离为 H 和 OH，与水作为液态溶剂类似：

$$H_2O^\circ(\text{melt}) = H^+(\text{melt})+OH^-(\text{melt}) \qquad \text{(a)}$$

研究表明，①H^+与 OH^-可重新结合生成 H_2O°；②OH^-与 M 型变网组分相联结，而 H^+与非桥氧(O^-)联结生成 T－OH 族(T=Si，Al)：

$$T-O^-+H^+ = T-OH$$

$$M^++OH^- = M-OH$$

以上模型是基于对含有不同 M 型阳离子相互作用的热化学循环的研究，水解离反应(a)的 Arrhenius 函数为

$$\lg K_a=4.359-3629.59/T$$

显然，温度对平衡常数的影响显著大于硅酸盐基成分的化学效应，即 H_2O/OH 成核作用显著依赖于水的解离反应平衡温度。

以 Na_2O-SiO_2 体系为例，在干熔体中 Na^+与非桥氧键合；而在含水熔体体系中，则除发生水解离反应(a)外，与 Na^+的结构相互作用可表示为如下反应：

$$2Q^3(Na)+H_2O = Q^4+2NaOH$$

即在干熔体相中与 Q^3 单元中的非桥氧相键合的成网组分 Na^+，在 Na_2O-SiO_2-H_2O 熔体中则与 H_2O 反应而生成 NaOH 络合物，从而导致干熔体时 Q^3 中的非桥氧转变为含水熔体相更高聚合度单元 Q^4 中的桥氧。

在铝硅酸盐熔体中，Al—OH 键形成可表示为铝酸盐络合物 $M^{m+}_{1/m}Al_mO_{2m}$ 来描述硅酸盐成核作用。以 $Al(OH)_3$ 表示熔体相生成的 Al—OH 键：

$$2M^{m+}_{1/m}Al_mO_{2m}+3/mH_2O+2Q^n \rightleftharpoons 2/mAl(OH)_3+2Q^{n-1}\left(1/mM^{m+}\right)$$

四面体配位 Al^{3+}转变为含羟基络合物，导致硅酸盐熔体聚合度减小。对于 Na_2O-Al_2O_3-SiO_2-H_2O 体系，熔体结构单元 Q^n 比例变化与总水含量成函数关系(图 6-37)。随着聚合单元 Q^4 的比例减小，解聚单元 Q^3、Q^2 随之呈规律变化，重要性也依次增大。

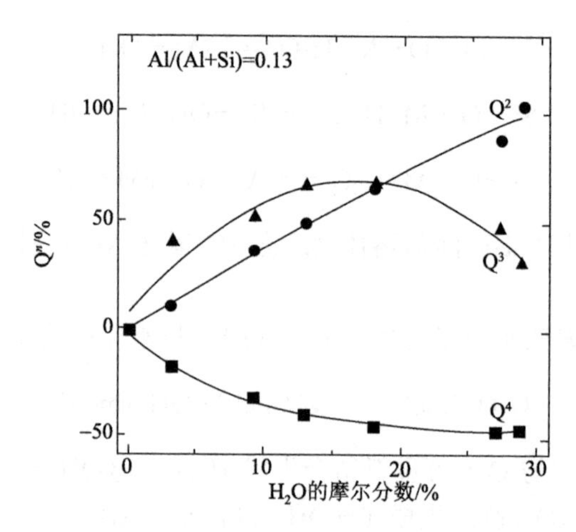

图 6-37 淬火铝硅酸盐熔体(100℃/s，1400℃/1.5GPa)结构变化与水含量关系图

6.3.3 硅酸盐熔体密度与状态方程

硅酸盐熔体的状态方程反映了熔体相的体积性质与其特定成分(X_i)、温度(T)和压力(P)之间的定量函数关系。基于此种关系可计算高温高压下的熔体密度以及体积的所有微分和积分性质。与零压热容测定或模拟值相结合，由状态方程则

可计算高温高压下的全部热力学状态函数。基于对前人已有状态函数的对比分析，Ghiorso 提出了新的硅酸盐熔体状态函数，以期适用于各种熔体成分和由参考压力(P_r，10^5 Pa)至约 100 GPa 的压力范围。

6.3.3.1　熔体状态方程

新状态方程将任一温度、压力下硅酸盐熔体的摩尔体积表示为如下形式：

$$V=\frac{V_{0,T}+\left(V_{1,T}+V_{0,T}a\right)\left(P-P_r\right)+\left(\frac{V_2}{2}+V_{1,T}a+V_{0,T}b\right)\left(P-P_r\right)^2}{1+a\left(P-P_r\right)+b\left(P-P_r\right)^2} \tag{6-74}$$

由此状态方程，可推导出其他热力学状态函数。密度是了解硅酸盐熔体热力学和动力学行为的基本物理性质。在参考等压条件下，熔体状态方程可简化为

$$V_{T,P_r}-V_{0,T}=V_{0,T_r}e^{\alpha(T-T_r)} \tag{6-75}$$

式中，α 为热膨胀系数。在参考压力 P_r 下，体积对压力的导数为

$$\left.\frac{\partial V}{\partial P}\right|_{T,P_r}=V_{1,T} \tag{6-76}$$

在公式(6-75)中，$V_{0,T}$ 和 α 设定为常数，故上两式必须拓展以包括成分变量的影响，并限定 $V_{1,T}$ 对温度的函数关系。

硅酸盐熔体的压缩系数 β 系通过测定声速来确定，其关系式为

$$\beta=\frac{1}{\rho c^2}+\frac{TV\alpha^2}{C_P} \tag{6-77}$$

式中，c 为声速；ρ 为密度；C_P 为等压热容。结合式(6-75)～式(6-77)，则有

$$\left.\frac{\partial V}{\partial P}\right|_{T,P_r}=V_{1,T}=-V_{0,T_r}^2\left(\frac{1}{Mc^2}+\frac{T\alpha^2}{C_P}\right)\left[e^{\alpha(T-T_r)}\right]^2 \tag{6-78}$$

式中，M 为质量。将声速标定为温度的函数，则由上式可直接计算设定温度下的 $\left.\frac{\partial V}{\partial P}\right|_{T,P_r}$ 值。

考虑体积、热容、质量和声速等物理量，参考压力模型参数与成分的函数关系，采用简单混合关系，结合式(6-75)、式(6-77)即形成 $V_{0,T}$ 和 $V_{1,T}$ 体积及其温度导数、热容和质量均为广度热力学量，表示为偏摩尔形式如下：

$$V_{0,T}=\sum_i n_i \bar{v}_{i,T}$$

$$\left.\frac{\partial V_{T,P}}{\partial T}\right|_{T_r}=\sum_i n_i \frac{\partial \bar{v}_i}{\partial T}$$

$$C_P=\sum_i n_i \bar{C}_{P,i}$$

$$M=\sum_i n_i \mathrm{MW}_i$$

式中，n_i为热力学组分 i^{th} 的摩尔数；符号上横线表示偏摩尔量；MW_i 为组分 i^{th} 的分子量。体系成分通常选择氧化物组分。热膨胀系数的定义为

$$\alpha=\frac{1}{V_{0,T}}\left.\frac{\partial V_{T,P_r}}{\partial T}\right|_{T_r} \tag{6-79}$$

6.3.3.2　10^5 Pa 下熔体密度标定

对于含铁熔体，还原-氧化反应通常表示为

$$FeO+1/4O_2 = FeO_{1.5}$$

由质量作用定律，以上反应的分配系数为

$$\ln\frac{X_{FeO_{1.5}}}{X_{FeO}}=\frac{1}{4}\ln f_{O_2}+\text{非理想项}$$

式中，氧逸度的系数为$\frac{1}{4}$，而据实验数据确定其值为 0.196±0.001。实验结果显示，还原态、中间态、氧化态铁之间的平衡反应控制着熔体相的 Fe_2O_3 和 FeO 含量：

$$(1-2y)FeO+2yFeO_{1.5} = FeO_{1+y} \tag{6-80}$$

反应 $FeO+1/4O_2 = FeO_{1.5}$ 的分配系数 K_d 为

$$\begin{aligned}K_d&=\frac{X_{FeO_{1.5}}}{X_{FeO}}\\&=\exp\left\{-\frac{\Delta H^\ominus}{RT}+\frac{\Delta S^\ominus}{R}-\frac{\Delta C_P^\ominus}{R}\left[1-\frac{T_0}{T}-\ln\left(\frac{T}{T_0}\right)\right]-\frac{1}{RT}\sum_i \Delta W_i X_i\right\}\end{aligned} \tag{6-81}$$

反应(6-80)的平衡常数 $K_{6\text{-}80}$ 定义

$$K_{6\text{-}80}=\frac{\alpha_{\mathrm{FeO}_{1+y}}}{(\alpha_{\mathrm{FeO}})^{1-2y}(\alpha_{\mathrm{FeO}_{1.5}})^{2y}}=\frac{X_{\mathrm{FeO}_{1+y}}}{(X_{\mathrm{FeO}})^{1-2y}(X_{\mathrm{FeO}_{1.5}})^{2y}} \tag{6-82}$$

公式(6-80)中的参数相当于氧化-还原反应($FeO+1/4O_2 = FeO_{1.5}$)的热力学性质($\Delta H^{\ominus}$、$\Delta S^{\ominus}$、$\Delta C_p^{\ominus}$)或与总成分(X_i)对熔体相 Fe_2O_3/FeO 比值影响相关的相互作用项(ΔW_i)。

对于所有含铁熔体的密度数据，在实验温度和氧逸度条件下的 FeO、$FeO_{1.3}$ 和 $FeO_{1.5}$ 的含量由同时求解公式(6-80)～式(6-82)而获得，密度拟合同时给出三种组分的偏摩尔体积。

6.3.4　矿物共生相分析的基本原理

6.3.4.1　成分空间概念

矿物是具有几何上有序的原子排列结构的结晶体，其结构中等效点的重复性和对称性限定了矿物的化学组成。在结晶学中，形象地表达三维图像是一种基本的研究方法。在三维以下或更高维空间中，描述矿物的化学组成同样是适用的。结晶岩中常见造岩矿物的成分空间一般不超过 20 维。大多数矿物的化学组成仅需要几种组分就可表示出来。

例如，在成分空间中的 MgO 和 SiO_2 两点即限定了一条直线(图 6-38)。它们的任何机械混合物均可表示在这条直线上。因此，最少组分数是 2。类似地，在成分空间中限定一个面需要 3 个点。一旦确定了这些点的化学成分，平面上所有的其他点就可用组分来表示。在平面的任何一侧加第 4 个点将限定一个四面体。一旦确定了每个点的化学成分，该四面体就对应于一个四组分体系。再增加组分就超出了通常所习惯的操作维数，需要用到线性代数等数学方法。

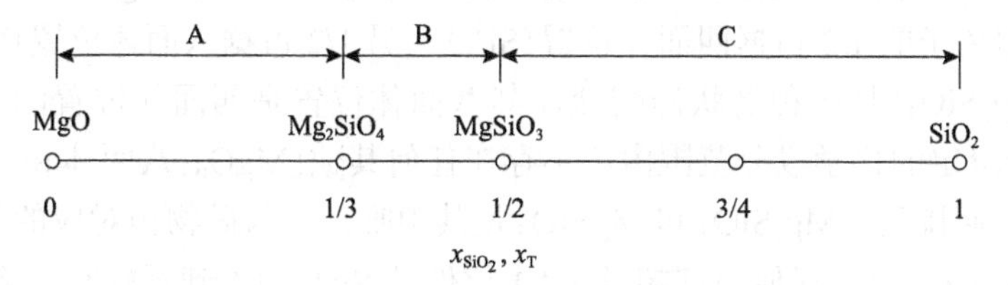

图 6-38　在 MgO-SiO_2 图中各矿物的位置

为了用 MgO 和 SiO_2 来描述成分空间中同一直线上的所有矿物，即方镁石(MgO)、镁橄榄石(Mg_2SiO_4)、顽辉石($MgSiO_3$)和石英(SiO_2)，可以选用氧化物组分的摩尔数为单位，因为任何硅酸盐和氧化物矿物的组成都可以表示为氧化物的形式。例如：

$$Mg_2SiO_4 = 2MgO + SiO_2$$

即 1 mol 镁橄榄石相当于由 2 mol MgO 和 1 mol SiO_2 构成。因此，镁橄榄石的组成应位于化学成分图中 SiO_2 的摩尔分数为 1/3 或 MgO 的摩尔分数为 2/3 处（图 6-38）。应该注意，作为化学组分的 SiO_2 是没有矿物学意义的，因为很显然，在镁橄榄石中是没有石英的！无论何种矿物，其氧化物组分的摩尔分数之和均应等于 1。

如果设想在一个实验坩埚中放入 1 mol MgO 和 1 mol SiO_2，则总成分位于 MgO-SiO_2 成分图的中点。控制实验条件，加热至 1400℃，这两种组分就完全化合在一起，生成顽辉石，这是因为总成分适合于化学反应：$MgO+SiO_2 = MgSiO_3$。若坩埚中的总成分位于成分图中 MgO 的摩尔分数为 2/3 处，或 SiO_2 的摩尔分数为 1/3 处，加热至 1600℃，按照化学反应：$2MgO+SiO_2 = Mg_2SiO_4$，将结晶出镁橄榄石。以上所选择的总成分 $MgSiO_3$ 和 Mg_2SiO_4 均有其对应的矿物。这两种化学组成与顽辉石和镁橄榄石的空间群对称性相结合，产生了标志着这些矿物特征的物理性质和光学性质。

如果坩埚中的总成分为 1 mol MgO 和 3 mol SiO_2，则它对应于二组分图中的 C 区（图 6-38），即 MgO 的摩尔分数为 1/4、SiO_2 的摩尔分数为 3/4 处。当加热至可发生化学反应的温度时，实验产物不再是一种矿物，而是等量的顽辉石（$MgSiO_3$）和方石英（SiO_2）。这是因为，对于这种特定的化学成分，不存在比顽辉石和方石英的混合物更稳定的有序并且对称的结构。在 C 区内的任意总成分均能得到相同的实验结果，唯有顽辉石和方石英的比例不同。

显然，矿物的化学成分受其晶体结构所控制。在 MgO-SiO_2 二元体系中，方镁石（MgO）具有一种 ABC 型的八面体骨架结构，全部由［MgO_6］八面体构成。石英和方石英（SiO_2）的结构全部由［SiO_4］四面体构成。顽辉石（$MgSiO_3$）属单链状硅酸盐，其阳离子的 1/2 占据四面体位置（Si^{4+}），另 1/2 占据八面体位置（Mg^{2+}）。镁橄榄石（Mg_2SiO_4）是一种岛状硅酸盐，其八面体位置是四面体位置的 2 倍。在 MgO-SiO_2 限定的化学成分范围内，不存在任何其他［MgO_6］八面体和［SiO_4］四面体稳定的几何排列，Mg_2SiO_4 和 $MgSiO_3$ 是其中唯一的与矿物相对应的化学成分。从纯的 $MgSiO_3$ 开始，任何想把超过 1∶1 比例的 SiO_2 加入到顽辉石结构中都会被结构所拒绝。由于多余的 SiO_2 不能为结构所容纳，因而只能形成独立的矿物方石英（SiO_2）。同样，相应于图 6-38 中由 A、B 所限定的总成分，也都不存在相应的单一矿物，而是以与总成分相当的比例形成两种矿物。

上述实例仅代表 n 维空间中的一个方向，对于另一种组分，例如 FeO 对于

$MgO-SiO_2$ 体系中的矿物效应，可以参考由 $MgO-FeO-SiO_2$ 所限定的三元体系(图 6-39)。FeO 在成分空间中相对于 MgO 和 SiO_2 的位置并不重要。重要的是 3 个组分间两两连成直线，且这些直线是两两共面的。这样，每条直线就限定了一个二元体系，而图 6-39 的等边三角形则限定了一个三元体系。

在图 6-39 中，矿物方铁矿(FeO)、铁橄榄石(Fe_2SiO_4)、铁辉石($FeSiO_3$)标绘在 $FeO-SiO_2$ 连线的相对位置上。除了已表示出的矿物外，不存在其他结构上稳定的矿物。虽然铁橄榄石和镁橄榄石的晶胞大小和其他物理性质显著不同，但它们都具有相同的空间群对称性。镁橄榄石受其组分 MgO∶SiO_2=2 的约束，铁橄榄石也受类似的约束。由于 Fe^{2+}(0.068 nm)和 Mg^{2+}(0.080 nm)的离子半径相似，电荷相同，在八面体结构位置上能以任意比例混合，因此，镁橄榄石和铁橄榄石之间构成完全的固溶体系列。在图 6-39 中，结构上允许的橄榄石成分变化于镁橄榄石和铁橄榄石的连线上。线上的每一点都对应于唯一的一种晶体结构，即八面体(M)位置为四面体(T)位置的 2 倍。与此相似，完全的固溶体也存在于顽辉石和铁辉石之间。

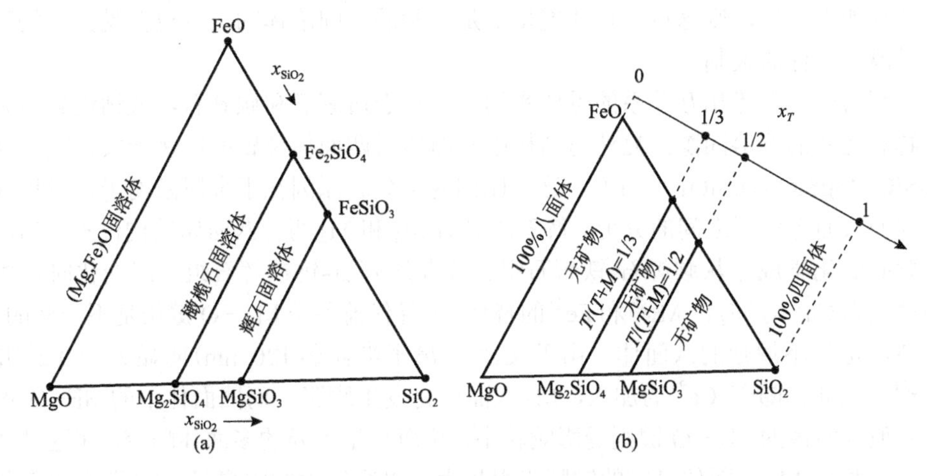

表 6-39　(a)方镁石(MgO)、石英(SiO_2)及附加组分方铁矿(FeO)的成分关系；(b)按四面体位置阳离子的摩尔分数 x_T 表示图(a)中的关系

在 $MgO-FeO-SiO_2$ 三元体系中，增加一个附加组分 CaO 就扩展为一个四面体(图 6-40)。不难发现，在四面体内的很大区域，例如 Fe_2SiO_4-Mg_2SiO_4-Ca_2SiO_4 和 $FeSiO_3$-$MgSiO_3$-$CaSiO_3$ 平面之间，不存在相应的单一矿物。但这两个平面本身对应于结构上允许的八面体和四面体比例分别为 2 和 1 的矿物橄榄石和辉石。

依此类推，在一个 n 维成分空间中，存在着一些对应于所有已知的矿物和固溶体的独特成分域，每个域的特殊性在于其原子能呈几何排列，并遵循结晶学的对称规律，故其方式是有限的。各域之间彼此被没有已知矿物存在的区域所分隔。在矿物中，固溶体的范围是有限度的。如果因离子半径或电荷差异而不能有另外

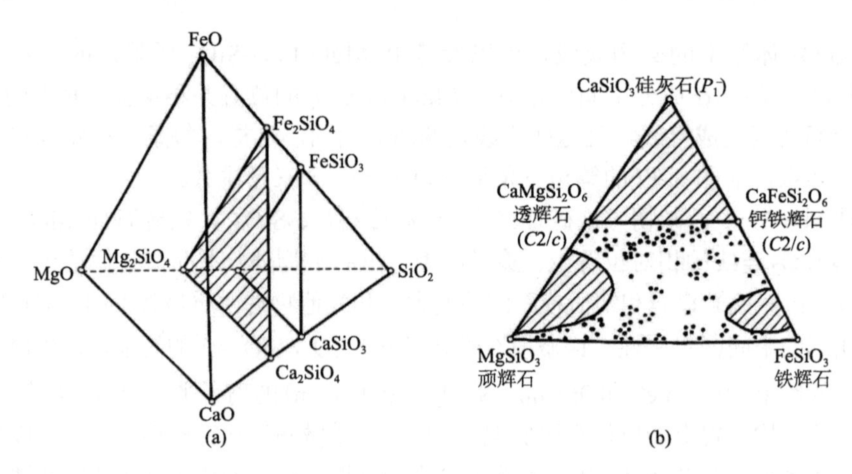

图 6-40　(a) 在氧化物、橄榄石、辉石之间固溶体的相互关系上第四组分(CaO)的效应；(b) 不同地质环境下辉石的分析结构(阴影区表示固溶体缺失)

的替代加以补偿，则这种替代在能量上是不利的。固溶体的范围也会受到矿物形成时温压条件的限制。

辉石族是上述相互关系的重要实例。但对于透辉石和顽辉石，或钙铁辉石和铁辉石之间的混溶间隙，显然与结构中八面体对四面体位置的比例无关，因为在 $CaSiO_3$-$MgSiO_3$-$FeSiO_3$ 平面上，这一比例为常数。原因在于金属阳离子在对称性不同的八面体位置之间的分配。辉石族具有 M_1 和 M_2 两种八面体结构位置。当斜方辉石的化学成分从顽辉石-铁辉石组分线向透辉石-钙铁辉石组分线变化时，主要表现为 Ca^{2+}对 M_2 位 Mg^{2+}和 Fe^{2+}的替代。在替代前各个 M_2—O 键长是不一样的，故 M_2 位呈不规则的八面体。由于 Ca^{2+}的离子半径(0.120 nm)明显大于 Fe^{2+}和 Mg^{2+}，因此，随着 Ca^{2+}的加入，M_2 八面体将发生膨胀，而四面体中的 Si—O 键及其他八面体的 M_1—O 键则受影响较小，从而产生差异的多面体畸变。在这种情况下，要求 M_2 八面体最短的键膨胀得最大，以容纳大的阳离子。随着 Ca^{2+}替代量的增大，引起应变积累，直至斜方结构变得不稳定而产生混溶间隙。

最先出现混溶间隙处的化学成分取决于温度。一般来说，固溶体的范围随温度的升高而增大。加热时，单斜辉石的 M_2 八面体中越长的键，其膨胀幅度就越大，因为这种键相对较弱(图 6-40)。这与替代所引起的效应正好相反。提高温度的总效应是使那些由于阳离子替代而发生应变的八面体消除畸变，从而使已发生替代的成分趋于稳定。

6.3.4.2　独立组分分析

根据矿物相律，在一定的温压范围内，结晶岩中平衡共存的矿物相数小于或等于构成该岩石的独立组分数。由于大多数常见的造岩矿物大都呈固溶体，因此，确定结晶岩中某一组分是否为独立组分的唯一判据，是看其是否可以全部由构成岩石中的复杂固溶体矿物所容纳。换言之，在进行硅酸盐体系共生相分析时，应同时考虑各氧化物组分之间的量比关系和复杂固溶体矿物相优先的原则。

SiO_2：为主要独立组分。相对于其他组分过剩时，则形成石英族矿物。

TiO_2：常作为铁镁矿物，特别是碱性铁镁矿物中的类质同象组分；与 FeO 构成铁钛氧化物矿物，如钛铁矿、钛磁铁矿、钛铁晶石等；与 CaO 构成钙钛矿、榍石等；含量相对过剩时，生成独立矿物金红石、锐钛矿或板钛矿。

Al_2O_3、Cr_2O_3、Fe_2O_3： Al_2O_3 主要作为 SiO_2 的类质同象替代($Al^{3+}\rightarrow Si^{4+}$)，形成各种铝硅酸盐矿物；$Al_2O_3$、$Cr_2O_3$、$Fe_2O_3$ 呈类质同象替代，形成尖晶石族、石榴子石族矿物；此外，Cr_2O_3 还主要呈 Al_2O_3 的类质同象物，出现于辉石族矿物中；Fe_2O_3 则作为 Al_2O_3 的类质同象组分，出现于铁镁矿物，特别是碱性辉石、碱性闪石中。当 Al_2O_3、Fe_2O_3 含量相对过剩时，则分别形成独立矿物刚玉和赤铁矿。

FeO、MnO、NiO、MgO：常呈类质同象形成各种铁镁矿物，如橄榄石族、辉石族、闪石族、云母族、石榴子石族、尖晶石族等。

CaO：在超镁铁岩中，主要作为 MgO、FeO 的类质同象组分形成辉石族矿物；在其他岩石中，主要与 Na_2O 呈类质同象，形成斜长石、闪石族矿物；在含量相对较高的变质环境下，可与 SiO_2 形成硅灰石。

Na_2O：常与 Na_2O 呈类质同象，形成碱性辉石、碱性闪石、斜长石和霞石等，或与 K_2O 呈类质同象，形成碱性长石、白榴石等。

K_2O：常与 Na_2O 呈类质同象，形成碱性长石、钾霞石、白榴石等或云母族矿物。

Li_2O：主要形成透锂长石(petalite，$LiAlSi_4O_{10}$)、锂云母、锂辉石、磷铝锂石[amblygonite，(Li, Na)Al[PO_4](F, OH)]、磷铁锂矿(triphylite，$LiFePO_4$)和锂电气石等。

P_2O_5：常作为独立组分，形成磷灰石、磷铝石(variscite，$AlPO_4·2H_2O$)、独居石等。

H_2O、CO_2：在地质过程中常以流体相存在，一般不作为体系的独立组分，主要形成闪石族、云母族和碳酸盐矿物。

SO_3、S：主要形成黝方石[$Na_6Al_6Si_6O_{24}(SO_4)·H_2O$]、蓝方石[$Na_6Ca_2Al_6Si_6O_{24}(SO_4)_2$]、硬石膏和黄铁矿、磁黄铁矿等。

F、Cl：主要参与闪石族、云母族、磷灰石、黄玉、方柱石[$(Na, Ca)_4[Al(Al, Si)Si_2O_8]_3(Cl, F, OH, CO_3, SO_4)$]、方钠石($Na_8Al_6Si_6O_{24}Cl_2$)、董石、冰晶石和粒硅镁石族[$(Mg, Fe^{2+})_5[SiO_4]_2(F, OH)_2$]等矿物的形成。

在确定独立组分时，应认真考察各组分之间的量比关系。只有在某一类质同象组分相对过剩，以至于出现独立的富含该组分的矿物相时，该组分才能作为独立组分。因为只有独立组分之间的量比关系，才对硅酸盐体系中的共生相组合起着决定性的影响。

6.3.4.3 共生相混合计算的数学模拟

从理论上讲，根据硅酸盐体系的化学成分计算其共生矿物相组合、含量和成分的实质，是在常见的成分空间中，计算体系保持最低自由能状态的矿物相构成的问题。这需要用到矿物的生成自由能数据，但由于大多数造岩矿物为复杂固溶体，且矿物的生成自由能是温度、压力的函数，故在实际应用中，往往得不到系统而精确的矿物生成自由能数据。

然而实际上，若以矿物相律和质量平衡原理为基础，采用最小二乘法或线性规划的数学模型，同时佐以相似体系中共存矿物相的化学成分，仍可由体系的总成分计算出其共生矿物相组合及含量，并能在一般化学分析的精度范围内接近各矿物相的化学成分。

进行以上计算时，应首先根据矿物相律，构成体系中平衡共存矿物相的最大数目。为此，需要区别所研究体系的具体情况，仔细考察各氧化物组分之间的量比关系，并按照复杂固溶体矿物相优先的原则，确定构成体系的独立组分数。

按照质量平衡原理，设某一硅酸盐体系由 n 种矿物相和 m 种氧化物组分所构成，则体系中每一种矿物的含量 x_i 与其相应的氧化物组分含量 α_{ij} 的乘积之和，应等于体系总成分中该组分的含量 b_i，即

$$\sum_{j=1}^{m} a_{ij} x_j = b_i \qquad (i = 1, 2, \cdots, n)$$

在对矿物组成计算中，必须使体系总成分中 m 种氧化物组分最大限度地分配入 n 种矿物相中，从而使拟合计算的残差最小，而所求各矿物相的含量之和最大(接近100%)。此即为满足(AX=B；$X \geqslant 0$)，求 max $S=\sum_{j=1}^{m} x_j$(取目标函数 S 为极大)的线性规划问题。为求得方程组的非负解，可采用线性规划中的改进单纯形法求解 X。

在进行上述计算时，应尽可能采用各矿物相的化学成分分析数据。对于晶体结构较为简单、化学组成通常大致符合化学计量比的矿物，则可直接采用其理论化学组成作为初始系数矩阵中的化学成分初值进行拟合计算。并视剩余组分的种类和量比关系，依据矿物晶体化学原理，通过对剩余组分的平差和轴心项修正等方法，不断修正原始系数矩阵，提高拟合度，从而使各矿物相的化学成分逐步接近其真实组成。

应予注意的是，在罕见的情况下，计算的平衡共存的矿物相数有可能小于体系的独立组分数，这表明体系具有单变线或零变点的矿物组合。无论何种情况，都极有必要将计算的矿物组合与光学鉴定结果进行对比，以确保所计算的矿物组

合为体系达到化学平衡的稳定矿物共生组合。

确定矿物共生组合的主要标志有：①各矿物相之间都有相互直接接触关系；②各矿物均属同一世代，相互间无交代现象；③同种矿物的化学成分及光性特征相近，若有环带，则其边部的成分及光性近似；④矿物对之间元素的分配具有规律性；⑤矿物共生关系应符合相律，矿物种类一般不超过 5～6 种。矿物成分太复杂是不平衡的标志。

由于该法以质量平衡原理为基础，因而能为矿物含量的计算精度提供严格的约束条件，其计算精度远非光学统计法所能相比。根据该法计算所获得的矿物含量，通过对矿物密度的校正，则可换算为矿物体积分数，用于对结晶岩进行定量矿物分类命名。

6.4　矿物材料反应热力学

高温过程是矿物资源加工的通用技术之一。高温相平衡的热力学原理可用来判定在设定条件下体系发生某些化学反应的可能性(自由能变判据)，估算反应过程的能量消耗(能量守恒判据)，以及预测反应产物的相组成及化学成分(质量平衡判据)，从而对矿物材料的设计和制备提供理论依据。

6.4.1　反应吉布斯自由能

化学反应的吉布斯自由能由下式计算：

$$\Delta_r G_m = \sum v_i \Delta_f G_m(\text{产物}) - \sum v_j \Delta_f G_m(\text{反应物}) + RT\ln Q_a$$

$$\ln Q_a = \sum v_i \ln a_i(\text{产物}) - \sum v_j \ln a_j(\text{反应物}) \tag{6-83}$$

式中，v_i 为物质 i 在反应式中的计量系数；Q_a 为活度熵；熔体组分活度 $\ln a_j$ 可按照硅酸盐熔体规则溶液模型计算。

反应混合物的总反应吉布斯自由能服从混合律：

$$\sum \Delta_f C_m = \sum n_i \times \Delta_r G_{m,i}^{\ominus} \tag{6-84}$$

式中，n_i 为反应物组分 i 的摩尔分数。

6.4.2　反应能量消耗

反应物料由室温加热至反应温度所吸收热量可由化合物的热容来计算：

$$Q_p = \Delta H = \int_{T_1}^{T_2} C_p \mathrm{d}T \tag{6-85}$$

考虑反应物中各组分的摩尔分数，由上式得到反应物料的总吸收热量计算公式：

$$\sum Q_p = \sum v_i \Delta H = \sum v_i \int_{T_1}^{T_2} C_p \mathrm{d}T \tag{6-86}$$

其中，

$$C_p = k_0 + k_1 T^{-0.5} + k_2 T^{-2} + k_3 T^{-3}$$

$$C_p = a + bT + cT^{-2} + dT^{-0.5}$$

$$C_p = a_1 + a_2 T + a_3 T^{-2} + a_4 T^2$$

化合物之间反应所产生的反应热量可由盖斯定律求解，即

$$\Delta_\mathrm{r} H_\mathrm{m} = \sum v_i \Delta_\mathrm{f} H_{\mathrm{m},i}(\text{产物}) - \sum v_i \Delta_\mathrm{f} H_{\mathrm{m},i}(\text{反应物}) \tag{6-87}$$

式中，v_i为物质 i 在反应式中的计量系数，

$$\Delta_i H_\mathrm{m} = \Delta_\mathrm{f} H^\ominus + \int_{T_1}^{T_2} C_p \mathrm{d}T \tag{6-88}$$

由上述两个式子计算各反应式的反应热，再乘以各反应物的摩尔分数之和，即为设定反应温度下 1 mol 反应物料所消耗的总反应热量。

由式(6-86)计算反应物的总吸收热量，与由式(6-87)计算的反应热量加和，即为反应完成所需消耗的总热量。

6.4.3 热力学参数

首先引入“矿物端员”概念。矿物端员是指构成固溶体矿物的一种化合物，与固溶体矿物本身具有相同的结构，可以作为独立矿物存在。

研究涉及的大多数矿物热力学数据见表 6-4 和表 6-5；其余无机化合物的数据见表 6-6。

表 6-4　矿物端员组分的热力学性质

矿物相	符号	分子式	$\Delta_\mathrm{f}H_\mathrm{m}^\ominus$ / (kJ/mol)	$S_\mathrm{m}^\ominus$ / [J/(K·mol)]	k_0	$k_1(\times10^{-2})$	$k_2(\times10^{-3})$	$k_3(\times10^{-7})$
钠长石	Ab	$NaAlSi_3O_8$	−3921.618	224.412	393.64	−24.155	−78.928	107.064
钙长石	An	$CaAl_2Si_2O_8$	−4228.730	200.186	439.37	−37.341	0.0	−31.702

续表

矿物相	符号	分子式	$\Delta_f H_m^{\ominus}$ / (kJ/mol)	$S_m^{\ominus}$ / [J/(K·mol)]	k_0	$k_1(\times 10^{-2})$	$k_2(\times 10^{-3})$	$k_3(\times 10^{-7})$
方解石	Cc	$CaCO_3$	−1206.819	91.725	178.19	−16.577	−4.827	16.660
透辉石	Di	$CaMgSi_2O_6$	−3200.583	142.500	305.41	−16.049	−71.660	92.184
顽辉石	En	$MgSiO_3$	−1545.552	66.170	166.58	−12.006	−22.706	27.915
铁辉石	Fs	$FeSiO_3$	−1194.375	95.882	169.06	−11.930	−20.971	29.253
赤铁矿	Hm	Fe_2O_3	−835.627	87.437	146.86	0.0	−55.768	52.563
钛铁矿	Ilm	$FeTiO_3$	−1231.947	108.628	150.00	−4.416	−33.237	34.815
高岭石	Kln	$Al_2Si_2O_5(OH)_4$	−4120.327	203.700	523.23	−44.267	−22.443	9.231
方钙石	Lm	CaO	−635.090	37.750	58.79	−1.339	−11.471	10.298
菱镁矿	Mgs	$MgCO_3$	−1113.636	65.210	162.30	−11.093	−48.826	87.466
磁铁矿	Mt	Fe_3O_4	−1117.403	146.114	207.93	0.0	−72.433	66.436
方镁石	Per	MgO	−601.500	26.951	61.11	−2.962	−6.212	0.584
微斜长石	Mcr	$KAlSi_3O_8$	−3970.791	214.145	381.37	−19.410	−120.373	183.643
α-石英	Qz	SiO_2	−910.700	41.460	80.01	−2403	−35.467	49.157

注：引自 Berman，1998. J. Petrol，29(2)：457-463.

表 6-5　矿物端员组分的热力学性质

矿物相	符号	分子式	$\Delta_f H_m^{\ominus}$ / (kJ/mol)	$S_m^{\ominus}$ / [J/(K·mol)]	a	$b(\times 10^{-5})$	c	d
钠长石	Ab	$NaAlSi_3O_8$	−3937.86	207.40	0.4520	−1.3364	−1275.9	−3.9536
霓石	Acm	$NaFeSi_2O_6$	−2584.42	170.60	0.3502	0.4145	−453.0	−3.0229
钙长石	An	$CaAl_2Si_2O_8$	−4332.74	199.30	0.3914	1.2556	−3036.2	−2.5832
钙铁榴石	Andr	$Ca_3Fe_2[SiO_4]_3$	−5761.60	316.40	0.8092	−7.0250	−6789	−7.1030
羟铁云母	Ann	$KFe_3AlSi_3O_{10}(OH)_2$	−5419.32	414.00	0.8157	−3.4861	19.8	−7.4667
方解石	Cc	$CaCO_3$	−1207.77	91.70	0.1847	−0.1226	513.9	−1.8486
透辉石	Di	$CaMgSi_2O_6$	−3200.15	142.70	0.3145	0.0041	−2745.9	−2.0201
顽辉石	En	$MgSiO_3$	−3089.38	132.50	0.3562	−0.2990	−596.9	−3.1853
铁辉石	Fs	$FeSiO_3$	−2388.19	192.00	0.3574	−0.2756	−711.1	−2.9926
铁透闪石	Ftr	$Ca_2Fe_5Si_8O_{22}(OH)_2$	−10527.10	705.00	1.2900	2.9991	−8447.5	−8.9470
透闪石	Trm	$Ca_2Mg_5Si_8O_{22}(OH)_2$	−12420.29	551.00	1.2296	2.5438	−12163.5	−7.7503

续表

矿物相	符号	分子式	$\Delta_f H_m^{\ominus}$ / (kJ/mol)	$S_m^{\ominus}$ / [J/(K·mol)]	a	$b(\times 10^{-5})$	c	d
钙铁辉石	Hd	$CaFeSi_2O_6$	−2843.45	175.00	0.3104	1.2570	−1846.0	−2.0400
赤铁矿	Hm	Fe_2O_3	−822.54	87.40	0.1740	−0.3479	−1849.5	−0.8978
钛铁矿	Ilm	$FeTiO_3$	−1233.26	108.50	−0.0030	6.5050	−5105.7	2.4266
六方钾霞石	Kls	$KAlSiO_4$	−2114.50	134.00	0.2420	−0.4482	−895.8	−1.9358
方钙石	Lm	CaO	−634.26	38.10	0.0524	0.3679	−752.0	−0.0500
微斜长石	Mcr	$KAlSi_3O_8$	−3969.62	214.00	0.4488	−1.0075	−1007.3	−3.9731
磁铁矿	Mt	Fe_3O_4	−1115.81	146.10	0.2548	−0.6385	−2454.7	−1.4263
方镁石	Per	MgO	−601.41	26.90	0.0652	−0.1270	−461.9	−0.3872
金云母	Phl	$KMg_3AlSi_3O_{10}(OH)_2$	−6211.76	325.00	0.7703	−3.6939	−2328.9	−6.5316
α-石英	Qz	SiO_2	−910.80	41.50	0.0979	−0,3350	−636.2	−0.7740
榍石	Sph	$CaTiSiO_5$	−2596.48	129.20	0,1767	2.3852	−3990.5	0
硅灰石	Wo	$CaSiO_3$	−1633.15	81.70	0.1651	−0.1841	−793.3	−1.1998

注：引自 Holland，1990. J. Metamorphic Geol，8：89-124；2011，J. Metamorphic Geol，29：333-383.

表 6-6 无机化合物的热力学性质

化合物	符号	分子式	$\Delta_f H_m^{\ominus}$ / (kJ/mol)	$S_m^{\ominus}$ / [J/(K·mol)]	$C_p^{\ominus}$ / [J/(K.mol)]	a_1	a_2	a_3	a_4
锐钛矿	Ant	TiO_2	−933.032	49.915	55.183	75.019		−17.615	
硅酸铝	As	$Al_2Si_2O_5$	−3211.220	136.440	224.086	229.492	36.819	−14.560	
硬水铝石	Dsp	$Al_2O_2(OH)_2$	−2004.136	70.417	131.266	120.792	35.146		
氟化氢	Hf	HF	−272.546	173.669	29.151	26.903	3.431	1.088	
高岭石	Kin	$Al_2Si_2O_5(OH)_4$	−4098.102	202.924	245.166	274.010	138.783	−62.342	
偏硅酸锂	Ann	$KFe_3AlSi_3O_{10}(OH)_2$	−1649.500	80.291	100.492	126.482	28.200	30.543	
莫来石 1	Mul	$Al_4Si_2O_{13}$	−6819.209	274.889	325.314	233.593	633.876	−55.856	−385.974

续表

化合物	符号	分子式	$\Delta_f H_m^{\ominus}$ / (kJ/mol)	$S_m^{\ominus}$ / [J/(K·mol)]	$C_p^{\ominus}$ / [J/(K.mol)]	a_1	a_2	a_3	a_4
莫来石 2						503.461	35.104	−230.120	−2.510
铁板钛矿	Pbr	Fe_2TiO_5	1753.514	156.482	164.300	191.790	23.167	−30.568	−0.121
碳酸钾 1	Pc	K_2CO_3	−1150.182	155.519	114.217	97.906	92.048	−9.874	
碳酸钾 2						209.200			
偏硅酸钾	Pms	K_2SiO_3	−1545.080	146.022	118.674	135.645	24.476	−21.548	
钙钛矿	Prv	$CaTiO_3$	−1658.538	93.722	97.709	127.486	5.690	−27.949	
碳酸钠	Sc	Na_2CO_3	−1130.768	138.783	111.281	50.082	129.076		
铁酸钠	Sf	$Na_2Fe_2O_4$	−1330.512	176.565	207.507	199.577	26.610		
偏铝酸钠	Sma	$NaAlO_2$	−1133.027	70.291	73.504	89.119	15.272	−17.908	
偏硅酸钠	Sms	Na_2SiO_3	−1561.427	113.763	111.777	130.090	40.166	−27.070	

注：引自叶大伦，2002. 实用无机物热力学数据手册. 2 版. 北京：冶金工业出版社.

采用 Berman 的热力学数据，矿物端员组分摩尔生成自由能计算公式为

$$
\begin{aligned}
\Delta_f G_m = \Delta_f H^{\ominus} - TS^{\ominus} + k_0 \left\{ \left(T - T_r\right) - T\left(\ln T - \ln T_r\right) \right\} \\
+ 2k_1 \left\{ \left(T^{0.5} - T_r^{0.5}\right) + T\left(T^{-0.5} - T_r^{-0.5}\right) \right\} \\
- k_2 \left\{ \left(T^{-1} - T_r^{-1}\right) + T/2\left(T^{-2} - T_r^{-2}\right) \right\} \\
- k_3 \left\{ \left(T^{-2} - T_r^{-2}\right) + T/3\left(T^{-3} - T_r^{-3}\right) \right\}
\end{aligned}
\tag{6-89}
$$

采用 Holland 等的热力学数据，计算公式为

$$\Delta_f G_m = \Delta_f H - TS^{\ominus} + \int_{298}^{T} C_p \mathrm{d}T - T\int_{298}^{T} \frac{C_p}{T}\mathrm{d}T \tag{6-90}$$

硅酸盐熔体组分的摩尔吉布斯生成自由能按下式计算：

$$\begin{aligned}\Delta_f \overline{G}_m = \Delta_f \overline{H}^{\ominus} + \int_{T_+}^{T_{\text{fusion}}} \overline{C}_p^{\text{sol}} \mathrm{d}T + T_{\text{fusion}} \Delta\overline{S}_{\text{fusion}}^{\ominus} + \int_{T_{\text{fusion}}}^{T} \overline{C}_p^{\text{liq}} \mathrm{d}T \\ - T\left(\overline{S}^{\ominus} + \int_{T_r}^{T_{\text{fusion}}} \frac{\overline{C}_p^{\text{sol}}}{T}\mathrm{d}T + \Delta\overline{S}_{\text{fusion}}^{\ominus} + \int_{T_{\text{fusion}}}^{T} \frac{\overline{C}_p^{\text{liq}}}{T}\mathrm{d}T\right)\end{aligned} \tag{6-91}$$

当 $T < T_{\text{fusion}}$ 时，上式简化为

$$\Delta\overline{G}_T^{\ominus} = \Delta_f \overline{H}^{\ominus} + \int_{T_r}^{T} \overline{C}_p^{\text{sol}} \mathrm{d}T - T\left(\overline{S}^{\ominus} + \int_{T_r}^{T} \frac{\overline{C}_p^{\text{sol}}}{T}\mathrm{d}T\right) \tag{6-92}$$

其中，摩尔热容：

$$\overline{C}_p^{\text{sol}} = k_0 + k_1 T^{-0.5} + k_2 T^{-2} + k_3 T^{-3} \tag{6-93}$$

以下各实例中的物相组成，统一采用基于相混合方程的线性规划法或最小二乘法程序计算。

1. 硅酸盐熔融反应

基础玻璃熔制是微晶玻璃制备过程中的高能耗工段，对硅酸盐熔融反应的热力学研究，如利用高铝飞灰制备堇青石、硅灰石微晶玻璃的熔融反应以及拉制玄武岩玻纤过程的熔融反应等，对原料配方、降低熔融温度具有重要指导意义。以下通过高铝飞灰制备堇青石的实例，对 SiO_2-Al_2O_3-MgO 体系进行热力学分析。

高铝飞灰原料取自北京石景山某热电厂，化学成分见表 6-7。物相组成为：莫来石(Mul) 13.9%、玻璃相 76.6%、磁铁矿(Mt) 1.2%、赤铁矿(Hm) 2.1%、方钙石(Lm) 1.8%、方镁石(Per) 1.2%、钙钛矿(Prv) 2.3%、磷灰石(Ap) 0.9%。

表 6-7 高铝飞灰化学成分分析结果

样品	BF-02	样品	BF-02
SiO_2	48.13	CaO	3.30
TiO_2	1.66	Na_2O	0.21

续表

样品	BF-02	样品	BF-02
Al_2O_3	39.03	K_2O	0.69
Fe_2O_3	2.94	P_2O_5	0.63
FeO	0.77	H_2O^+	0.21
MnO	0.02	烧失	0.69
MgO	1.05	总量	99.33

注：引自中国地质大学(北京)化学分析室王军玲分析。

通过添加适量菱镁矿和石英砂引入 MgO 和 SiO_2，调整配料组成至堇青石微晶玻璃的成分范围。原料配比：菱镁矿(MgS) 23.8%、石英(Qz) 17.5%、高铝飞灰 58.7%。换算为端员组分摩尔分数：玻璃相组分 SiO_2 0.343、Al_2O_3 0.133、Na_2SiO_3 0.001、$KA1SiO_4$ 0.007；结晶相 Mul 0.015、Mt 0.003、Hm 0.007、Lm 0.015、Per 0.012、Pry 0.007；外加配料 Qz 0.232、Mgs 0.225。

该体系玻璃熔制过程可能发生如下化学反应(固体→熔体)：

$$SiO_2\,(gls) = SiO_2$$

$$Al_2O_3\,(gls) = Al_2O_3$$

$$Na_2SiO_3\,(gls) = Na_2SiO_3$$

$$KA1SiO_4\,(gls) = KAlSiO_4$$

$$Al_6Si_2O_{13}\,(Mul) = 3Al_2O_3 + 2SiO_2$$

$$Fe_3O_4\,(Mt) + 0.5SiO_2\,(Qz) = Fe_2O_3 + 0.5Fe_2SiO_4$$

$$Fe_2O_3\,(Hm) = Fe_2O_3$$

$$CaO\,(L，m) + SiO_2\,(Qz) = CaSiO_3$$

$$MgO\,(Per) + 0.5SiO_2\,(Qz) = 0.5Mg_2SiO_4$$

$$CaTiO_3\,(Prv) + SiO_2\,(Qz) = CaSiO_3 + TiO_2$$

$$SiO_2\,(Qz) = SiO_2$$

$$MgCO_3\,(Mgs) + 0.5SiO_2\,(Qz) = 0.5Mg_2SiO_4 + CO_2\uparrow$$

式中，gls 表示高铝飞灰中的玻璃体相(下同)。

由式(6-89)或式(6-90)、式(6-91)或式(6-92)可计算各组分在不同温度下的摩尔生成自由能，进而由式(6-83)计算各反应摩尔吉布斯自由能。最后按照式(6-84)对各反应组分的摩尔分数加权，计算总反应吉布斯自由能。

2. 氧化镁铝热还原反应

金属镁冶炼工艺主要有无水氯化镁电解法和白云灰硅热还原法。20 世纪，世界原镁主要由电解法生产，但由于原料制备困难、设备腐蚀和原镁纯度较低等原因，2000 年后逐步被硅热还原法所取代，此法又称皮江法，系由 P1geon 发明而得名。现今中国原镁产量已占世界总产量约 90%，几乎均采用硅热还原法生产。以下采用 Knacke 等和伊赫桑·巴伦有关无机化合物和纯物质的热力学数据，重点对铝热还原法炼镁反应进行热力学计算。

以金属铝为还原剂，在真空条件下氧化镁可能发生如下还原反应：

$$4MgO+2Al=\!=MgAl_2O_4+3Mg(g)$$

该反应的吉布斯自由能变化为

$$\Delta_r G_{(A1)} = \Delta_r G^{\ominus}_{(A1)} + RT\ln\left[\left(\frac{P_{Mg}}{P_0}\right)^3 \frac{a_{MgAl_2O_4}}{a^3_{MgO}\cdot a^2_{Al}}\right] \tag{6-94}$$

反应在真空下进行，气相可视为理想气体，MgO、Al 近于纯物质，故上式可简化为

$$\Delta_r G_{(A2)} = \Delta_r G^{\ominus}_{(A2)} + 3RT\ln\left(\frac{P_{Mg}}{P_0}\right) \tag{6-95}$$

不同温压条件下反应的 $\Delta_r G$ 计算结果见表 6-8。标准状态下，氧化镁铝热还原反应温度高达约 1500℃。当体系压力降低至约 10^2 Pa 时，此反应在 900℃即可进行，但此时反应速率相对较慢。实验结果表明，当反应温度超过 1150℃时，反应约 4 h，氧化镁的还原率接近于理论值。

表 6-8 不同温压下铝热反应的吉布斯自由能计算结果

温度/℃	$\Delta_r G^{\ominus}$/(kJ/mol)	$\Delta_r G$/(kJ/mol)				
		10^4 Pa	10^3 Pa	10^2 Pa	10 Pa	1.0 Pa
900	136.95	69.28	1.91	−65.47	−132.84	−200.22
1000	105.64	32.21	−40.91	−114.03	−187.15	−260.27

续表

温度/℃	$\Delta_r G^{\ominus}$/(kJ/mol)	$\Delta_r G$/(kJ/mol)				
		10^4 Pa	10^3 Pa	10^2 Pa	10 Pa	1.0 Pa
1100	74.50	−4.70	−83.57	−162.43	−241.29	−320.15
1200	43.49	−41.48	−126.08	−210.69	−295.29	−379.90
1300	12.60	−78.14	−168.48	−258.83	−349.18	−439.53
1400	−18.20	−114.70	−210.79	−306.88	−402.97	−499.07
1500	−48.92	−151.19	−253.02	−354.86	−456.69	−558.53
1600	−79.58	−187.62	−295.19	−402.77	−510.35	−617.92

3. 钾长石烧结反应

钾长石具有稳定的架状结构，常温常压下几乎不被任何酸、碱分解。以下对不同体系中钾长石分解反应进行热力学评价和工艺过程对比。

1）$KAlSi_3O_8$-$CaCO_3$ 体系

苏联因铝土矿资源短缺，在 20 世纪 40 年代即开始利用霞石正长岩生产氧化铝，副产碳酸钠、碳酸钾和 Portland 水泥。主要工艺过程为：选矿所得霞石正长岩矿泥与石灰石粉均匀混合成球，生料进行高温烧结，发生如下反应：

$$KAlSi_3O_8+6CaCO_3 = KAlO_2+3Ca_2SiO_4+6CO_2$$

烧结熟料与氢氧化钠溶液反应，碱金属铝酸盐溶解进入液相。通入 CO_2 反应，生成氢氧化铝沉淀；滤液经分离结晶过程分别制取碳酸钠和碳酸钾：

$$2KAlO_2+CO_2+3H_2O = 2Al(OH)_3+K_2CO_3$$

滤渣的主要物相为 β-硅酸二钙，与石灰石、低品位铝土矿和硫铁矿矿渣混合，在 1600℃下煅烧后，再掺入 β-硅酸二钙干料 15%和石膏 5%，经球磨制得 Portland 水泥。热力学计算表明，反应($KAlSi_3O_8+6CaCO_3 = KAlO_2+3Ca_2SiO+6CO_2$)在 900 K 时就可以进行，而实际工业生产中，生料烧结温度达 1300℃时，反应进行得比较彻底。

2）$KAlSi_3O_8$-$CaCO_3$-$CaSO_4$ 体系

在硬石膏和碳酸钙作用下，钾长石可发生热分解而生成硫酸钾，化学反应为

$$KAlSi_3O_8+0.5CaSO_4+7CaCO_3 = 0.5K_2SO_4+3Ca_2SiO_4+0.5Ca_3Al_2O_6+7CO_2\uparrow$$

在钾长石：硬石膏：碳酸钙的质量比为 1：1：3.4，烧结温度为 1050℃，反应时间 2～3 h 条件下，钾长石的分解率达 92.8%～93.6%。

热力学计算表明，该反应在约 900 K 即可进行。反应产物经水浸、过滤，滤液用于制取硫酸钾；滤渣物相主要为β-硅酸二钙和铝酸三钙，可用作硅酸盐水泥生产原料。

3）$KAlSi_3O_8$-CaF_2-$(NH_4)_2SO_4$ 体系

在萤石和硫酸铵共存条件下，钾长石经低温焙烧发生如下反应：

$$KAlSi_3O_8+6.5CaF_2+7(NH_4)_2SO_4 = 0.5K_2SO_4+6.5CaSO_4+3SiF_4+0.5Al_2O_3+HF\uparrow+14NH_3\uparrow+6.5H_2O\uparrow$$

实验表明，在低温焙烧过程中，氟化物及硫酸铵对钾长石分解起着重要作用。加热至约 200℃时，萤石与 H_2SO_4 共热代替 HF，产生的 F^-能破坏钾长石结构，使 K 析出进入溶液相。钾长石与萤石、硫酸铵在 200℃下共热 1 h，反应产物用水浸取、过滤，滤液可制取硫酸钾，K_2O 浸取率可达 90%以上。

热力学计算表明，以萤石和硫酸铵为助剂，钾长石分解温度可降低至约 600 K 以下，但反应过程产生大量 NH_3，同时伴有 HF 溢出，故对尾气回收净化要求应极严苛。

4）$KAlSi_3O_4$-$CaCl_2$ 体系

钾长石与氯化钙在高温下熔融，钾长石中 K^+与氯化钙中 Ca^{2+}发生交换反应，生成钙长石和可溶性 K^+。化学反应为

$$KAlSi_3O_8+0.5CaCl_2 = KCl+0.5CaAl_2Si_2O_8+2SiO_2$$

实验表明，当氯化钙：钾长石质量比达 0.809 以上时，在烧结温度 800℃、反应时间＞30min 条件下，K^+溶出率可达 95%以上。

热力学计算表明，该反应在 400 K 以下就可进行。钾长石与氯化钙只有在高温熔融后，K 与 Ca^{2+}才能发生交换反应。氯化钙的熔点为 772℃，实验确定的烧结反应温度约为 800℃。

5）$KAlSi_3O_8$-Na_2CO_3 体系

在 $KAlSi_3O_8$-Na_2CO_3 体系，将钾长石粉体与适量碳酸钠混合后，进行中温烧结，发生如下化学反应：

$$KAlSi_3O_8+2Na_2CO_3 = KAlSiO_4+2Na_2SiO_3+2CO_2\uparrow$$

反应产物为六方钾霞石和偏硅酸钠，二者均为酸溶性物相，故经酸溶、分离等过程，分别制得无机硅化合物、氧化铝和碳酸钾、硫酸钾等制品。

热力学计算表明，该反应在约 900 K 下即可发生，但要使反应进行得比较完

全，烧结温度应控制在约 830℃。

上述各反应过程的一次资源消耗、能耗和 CO_2 排放量计算结果表明，除采用氯化钙助剂外，与以石灰石、石灰石+石膏、萤石+硫酸铵助剂相比，以碳酸钠助剂分解钾长石具有一次资源消耗最少、烧结能耗最低、CO_2 排放量最少等优势，而对比氯化钙活化钾长石矿化 CO_2 联产氯化钾工艺(高温固碳法)与水热碱法分解钾长石制取硫酸钾技术，前者的资源消耗、能耗、CO_2 排放量分别为水热碱法的 1.59 倍、2.45 倍和 4.10 倍，且固碳效率低。

参 考 文 献

韩德刚, 高执棣, 高盘良. 2001. 物理化学.北京: 高等教育出版社.

郝士明. 2003. 材料热力学. 北京: 化学工业出版社.

黄昆. 2014. 固体物理学. 北京: 北京大学出版社.

马鸿文. 2021. 硅酸盐热力学导论. 北京: 化学工业出版社.

孙世刚. 2008. 物理化学. 厦门: 厦门大学出版社.

汪存信. 2009. 物理化学. 武汉: 武汉大学出版社.

王竹溪. 2014. 热力学. 北京: 北京大学出版社.

徐祖耀. 2014. 相变导论. 上海: 上海交通大学出版社.

伊赫桑 • 巴伦. 2003. 纯物质热化学数据手册. 程乃良, 牛四通, 徐桂英, 等译.北京: 科学出版社: 1885.

Knacke O, Kubaschewski O, Hesselmann K.Thermochemical Properties for Inorganic Substances. Berlin: Springer-Verlag, 1991.

第7章 非金属矿物的表面改性

表面改性是指在保持材料或制品原性能的前提下，赋予其表面新的性能，如亲水性、生物相容性、抗静电性能、染色性能等。表面改性技术是指用物理、化学、机械等方法对矿物粉体表面进行处理，根据应用需求有目的地改变粉体表(界)面的物理化学性质，如表面组成、表面结构和官能团、表面润湿性、表面电性、表面光学性质、表面吸附和反应特性以及层间化合物等。任何使非金属矿物表面性质发生变化的各种措施都可以认为是表面改性。非金属矿物经表面改性后，不仅能够提高、改善其物理性能，而且能提高其在工业应用中的加工性能及其产品质量。例如非金属矿物作为涂料和填料，分别用于生产纸、油漆、油墨、防腐剂、塑料、橡胶、胶黏剂、封闭剂、药物、化妆品和润滑剂等产品时，使用改性的非金属矿物则具有更高层次的功能性。本章主要介绍了非金属矿物表面改性的应用与目的、表面改性的方法与原理、表面改性剂及改性机理。

7.1 非金属矿物表面改性的应用与目的

7.1.1 非金属矿物表面改性的应用

随着非金属矿等矿物材料深加工技术的发展与进步，非金属矿物表面改性已逐渐发展成独立于制品生产部门的单独的粉体加工工艺。表面改性矿物粉体的主要应用领域是有机/无机复合材料、无机/无机复合材料、功能材料等。下面就硅灰石、云母和高岭土的表面改性做简单介绍。

7.1.1.1 硅灰石的表面改性

处理硅灰石的表面改性剂主要有硅烷、钛酸酯、铝酸酯等。用硅烷偶联剂处理的硅灰石按40%(质量分数)加至聚丙烯中，产品塑料的抗拉强度为380 kg/cm^2(未表面处理的硅灰石为280 kg/cm^2、纯聚丙烯为350 kg/cm^2)，可见改性后所获得的材料的性能及经济效益较好。英国Blue Circle公司用0.5%氨基硅烷和甲基丙烯酸烃基硅烷对硅灰石进行表面改性，发现经氨基硅烷表面改性的硅灰石用作聚酰胺化合物、聚氨基甲酸乙酯、环氧树脂、三聚氰胺、聚氯乙烯、聚碳酸酯和乙缩醛树脂的填料时，使塑料复合物的刚性、强度和热变形温度提高，热膨胀降低，是一种有效的增强剂，且在潮湿条件下能保持固有性能且易加工，因此比其他填料的优越性大。虽然如此，用 0.75%甲基丙烯酸羟基硅烷表面处理的硅灰石仍是有效的增强剂，在某些情况下可代替 30%的玻纤，而产品的强度和无凹口冲击强度不降低，刚性还略有提高。用 296 g 蓖麻油脂肪酸和 142 g 四异丙氧钛酸酯的反应物表面处理硅灰石作为聚氨酯的填料使用时，其分散和互溶程度大大改善，且机械性能和表面性能良好。

7.1.1.2　云母的表面改性

云母通常用硅烷、丁二烯、钛酸酯、铝酸酯和氯化石蜡处理，其表面改性的作用在于改进润湿过程，提高聚合物的耐冲击强度、降低收缩性和黏度。例如将热固性酚醛树脂 35 份、云母 30 份、玻纤 30 份、铝酸锆聚合物 2 份、添加剂 3 份混合，制成模塑件，在沸水中 0 h、5 h 及在 170℃时的抗弯强度分别为 15.5 kg/mm^2、15.0 kg/mm^2 及 14.5 kg/mm^2(云母未处理时分别为 13.0 kg/mm^2、11.7 kg/mm^2 及 9.0 kg/mm^2)，23℃和 170℃时的抗弯模量分别为 1500 kg/mm^2 和 1300 kg/mm^2(云母未处理时为 1300 kg/mm^2 和 800 kg/mm^2)，热变形温度＞250℃(负载 18.5 kg/cm^2)，放于沸水中 0 和 5 h 后的电阻分别为 9.0×10^{11} Ω 和 1.0×10^{11} Ω(云母未处理时为 9.0×10^{11} Ω 和 3×10^{8} Ω)，外观比用未处理云母有很大改善。湿磨云母经改性后效果较好，适用于聚烯烃(消耗的云母占改性云母的一半)。云母也可与其他填料和增强剂结合使用，上述酚醛树脂中即为与玻纤共同使用，明显降低了产品的变形及成本。依据云母的结构特点，也可部分代替玻纤、石棉等使用。硅烷处理过的云母还可用于聚酰胺和聚酯改性。

7.1.1.3　高岭土的表面改性

高岭土具有自然酸性，如果不进行表面改性，在环氧树脂和乙烯树脂中的应用就会受到一定的限制。黏土加热到 550℃的脱羟温度以上，用硅烷偶联剂处理便比较有效，例如用硅烷处理的黏土以 40%的质量分数加到聚丙烯中，所得产品的抗拉强度为 270 kg/cm^2。而加入改性的黏土时为 230 kg/cm^2 细粒级，且形状不规则的黏土经硅烷偶联剂表面改性的效果更好，可在某些产品中取代炭黑而不降低增强性能。经氨基硅烷表面处理的高岭土可用于降低交联聚乙烯和乙烯-丙烯橡胶的渗水程度，特别适用于在高温环境下抵抗最大湿度和应力，已在电子元件、高压绝缘电缆中投入使用。用乙烯基功能型处理剂表面改性的高岭土用于聚酰胺、聚酯及其他极性聚合物，其效能是降低水的吸附，提高热变形温度，增加尺寸稳定性和耐冲击强度，但改善抗弯模量效果不明显。

7.1.2　非金属矿物表面改性的目的

粉体表面改性的目的因应用领域的不同而异，但总的目标是改善或提高粉体原料的应用性能以满足新材料、新技术发展或新产品开发的需要。

(1) 在塑料、橡胶、胶黏剂等高分子材料及复合材料领域中，非金属矿物填料占有重要的地位。这些无机矿物填料，如碳酸钙、高岭土、滑石、氧化铝、石英、硅灰石、石棉等，不仅可以降低材料的生产成本，还能提高材料的刚性、硬度、尺寸稳定性并赋予材料某些特殊的物理性能，如耐腐蚀性、阻燃性和绝缘性等。但由于这些无机矿物填料与基质(即有机高聚物)的界面性质不同，相容性差，因而难以在基质中均匀分散，导致材料的某些力学性能下降以及易脆化等缺点。因此，除了粒度和粒度分布的要求外，必须对无机矿物填料表面进行改性，以改善其表面的物理化学特性，增强其与基质(即有机高聚物或树脂)等的相容性，提高其在有机基质中的分散性，以提高材料的机械强度及综合性能。由此可见，表面改性是无机矿物填料由一般填料变为功能性填料所必需的加工手段之一；同时也为高分子材料及复合材料的发展提供了新的技术方法。

(2) 通过表面改性提高涂料或油漆中颜料的分散性并改善涂料的光泽、着色力、遮盖力和耐磨性、耐热性、保光性、保色性等。涂料的着色颜料和体质颜料，如钛白粉、锌钡白、碳酸钙、碳酸钡、重晶石、石英粉、白炭黑、云母、滑石、高岭土、硅灰石、氧化铝、石墨等多为无机粉体，为了提高其在有机基质油漆涂料中的分散性，必须对其进行表面改性，以改善其表面的润湿性，增强与基体的结合力。在新发展的具有电、磁、声、光、热、防腐、防辐射、特种装饰等功能的特种涂料中的填料和颜料不仅要求粒度超细，而且要求具有一定的“功能”，因此，必须对其进行表面处理。此外，为提高某些颜料的耐磨性、耐热性、遮盖力和着色力等，用一些性能较好的无机物包覆之，如用氧化铝、二氧化硅包覆钛白粉可有效改善其耐磨性等性能。

(3) 当今许多高附加值产品，要求有良好的光学效应或视觉效果，使制品更富色彩。这就需要对一些粉体原料进行表面处理，使其赋予制品良好的光泽和装饰效果。如白云母粉经氧化钛、氧化铬、氧化铁、氧化锆等金属氧化物进行表面改性后，用于化妆品、塑料、浅色橡胶、油漆、特种涂料等，表面改性可赋予这些制品珠光效应，大大提高了这些产品的价值。

(4) 在造纸工业中，对造纸用无机填料进行表面改性处理以改变粉体表面电荷性质，增加其与带相反电荷的纤维结合强度，从而提高纸张强度和造纸过程中填料的留着率。

(5) 为了控制药效，达到使药物安全、定量和定位释放的目的，新发展的药物胶囊就是用某种安全、无毒的薄膜材料，如丙烯酸树脂对药粉进行包膜而制备的。

(6) 为保护环境和人体健康，对有害的原料如石棉粉体，用对人体和环境无害又不影响其使用性能的其他化学物质进行表面处理，覆盖、封闭其表面活性点，以消除污染；对某些用作精细铸造、油井钻探等的石英砂进行表面涂覆以改善其黏结性能；对用作保温材料的珍珠岩等进行表面涂覆以改善其在潮湿环境下的保温性能；对膨润土进行阳离子覆盖以改善其在非极性溶剂中的膨胀、分散、黏结、触变等应用特性。

7.1.3　非金属矿物表面改性影响因素

非金属矿物的表面改性工艺方法较多，影响因素也较多。细致地分析这些影响因素有助于选择正确的表面改性处理方法、工艺、设备，从而达到预期的目的。影响填料表面改性的主要因素如下所述。

7.1.3.1　颗粒的表面性质

填料颗粒表面性质的影响，是指比表面积、表面官能团的类型、表面酸碱性、水分含量等对表面改性处理效果的影响。

一般来说，粒度越细，粉体的比表面积越大，达到相同包覆率所需改性剂的用量也越大。但是，粉体的比表面能随粉体颗粒粒径的减小而增加，比表面能大的粉体，一般团聚倾向很强，会影响到表面改性后产品的应用性能，因此，最好在表面改性剂处理前进行解团聚。

颗粒表面官能团的类型影响表面改性剂与颗粒表面作用力的强弱。若表面改性剂能与粉体表面发生化学作用(即化学吸附)，改性剂分子在颗粒表面的包覆较牢固；若改性剂分子仅靠物理吸附与颗粒表面发生作用，则作用力较弱，颗粒表面的包覆不牢固，在一定条件下(如剪切、搅拌、洗涤)可能脱附。所以选择表面改性剂也要考虑颗粒表面官能团的类型。如对含硅酸较多的石英粉、黏土、硅灰石、水铝石等酸性矿物，选用硅烷效果较好；对不含游离酸的碳酸钙等碱性矿物填料，用硅烷偶联剂处理效果则欠佳。

填料表面的酸碱性对填料表面与改性剂的作用也有一定影响。填料粒子的表面与各种官能团相互作用的强弱顺序大致是：当表面呈酸性时(SiO_2 等)，胺＞羧酸＞醇＞苯酚；当表面呈中性时(Al_2O_3、Fe_2O_3 等)，羧酸＞胺＞苯酚＞醇；当表面呈碱性时(MgO、CaO 等)，羧酸＞苯酚＞胺＞醇。

矿物填料的含水量也对某些表面改性剂的作用产生影响，如单烷氧基型钛酸酯的耐水性较差，不适合用于含湿量(吸附水)较高的填料；而单烷氧基焦磷酸酯型和螯合型钛酸酯偶联剂，则能用于含湿量或吸附水较高的矿物填料(高岭土、滑石粉等)。

7.1.3.2 表面改性剂的种类、用量及使用方法

非金属矿物的表面改性很大程度是通过表面改性剂在矿物表面的作用来实现的。因此，表面改性剂的种类、用量和用法对表面改性的效果有重要影响。

(1) 表面改性剂种类。选择表面改性剂的种类主要考虑的因素是填料的性质、产品的用途以及工艺、价格等因素。

从表面改性剂分子与填料表面作用考虑，应该是改性剂分子与颗粒表面的作用越强越好，应尽可能选择能与颗粒表面进行化学反应或化学吸附的表面改性剂。例如，石英、长石、云母、高岭土等呈酸性的硅酸盐矿物表面可以与硅烷偶联剂形成较牢固的化学吸附，因而硅烷偶联剂常用于这类矿物的偶联剂。但硅烷偶联剂一般不能与碳酸盐类碱性矿物进行化学反应或化学吸附，因此，硅烷偶联剂一般不宜作轻钙、重钙的表面改性剂。钛酸酯和铝酸酯类偶联剂则在一定条件下和一定程度上可以与碳酸盐类碱性矿物进行化学吸附，因而这一类型的偶联剂可用于轻钙、重钙表面的改性剂。表面改性剂与矿物填料作用的基团不同，对矿物进行改性的效果亦不同，而且不同种类的表面改性剂所适用的复合材料基体的种类也不同。

在实际选用表面改性剂种类时，还必须考虑不同应用领域对填料应用性能的技术要求不同，如表面润湿性、分散性、pH 值、遮盖力、耐候性、光泽、抗菌性、防紫外线、介电性等。

改性工艺也是选择表面改性剂时要考虑的重要因素。对于湿法工艺必须考虑表面改性剂的水溶性问题。因为只有能溶于水才能在湿式环境下与填料颗粒充分地接触和反应。

选择表面改性剂还要考虑价格和环境因素。在满足应用性能的前提下，尽量选用价格便宜的表面改性剂，以降低表面改性成本。同时要注意选择不对环境造成污染的表面改性剂。

表面改性剂的种类甚多，使用中要考虑的影响因素也很多，其选择过程是一个复杂的过程。在某些情况下，可以通过混合使用两种或多种改性剂来达到需要改性的目的。

(2) 表面改性剂的用量。表面改性剂的用量与包覆率存在一定关系。对于湿法改性，表面改性剂在粉体表面的实际包覆量不一定等于表面改性剂的用量，因为总是有一部分表面改性剂不能与粉体颗粒作用，在过滤时被流失。因此，实际用量要大于达到单分子吸附所需的用量。进行表面改性时，一般在开始时，随着改性剂用量的增加，粉体表面的包覆量提高较快，但随后增势趋缓，到一定用量后，表面包覆量不再增加。因此，用量过多是不必要的，会增加生产成本。

(3) 改性剂的使用方法。改性剂的使用方法，包括选择溶剂的类型和分散方法以及表面改性剂的混合使用等。为了提高包覆效果并减少表面改性剂的用量，必

须注意改性剂的均匀分散。为此，可采用适当溶剂稀释以及乳化、喷雾添加等方法来提高其分散度。例如，对于硅烷偶联剂，与粉体表面起键合作用的是硅醇。因此，要达到好的改性效果最好在添加前进行水解。对于使用前需要稀释和溶解的其他表面改性剂，如钛酸酯、铝酸酯、硬脂酸等要采用相应的有机溶剂，如无水乙醇、甲苯、乙醚、丙酮等进行稀释和溶解。对于在湿法改性工艺中使用的硬脂酸、钛酸酯、铝酸酯等不能直接溶于水的有机表面改性剂，要预先将其皂化、铵化或乳化。

添加表面改性剂的最好方法是使表面改性剂与粉体均匀和充分的接触，以达到表面改性剂的高度分散和表面改性剂在颗粒表面的均匀包覆。因此，最好采用与粉体给料速度连动的连续喷雾或滴加方式。

由于矿物填料表面的不均一性，有时混合使用两种改性剂比单一改性剂的效果更好。一般来说，先加起主要作用和以化学吸附为主的表面改性剂，后加起次要作用和以物理吸附为主的表面改性剂。例如，混合使用偶联剂和硬脂酸时，一般应先加偶联剂，再加硬脂酸。

7.1.3.3 表面改性工艺

表面改性工艺要满足表面改性剂的应用要求或应用条件，对表面改性剂分散性好，能够实现表面改性剂在粉体表面均匀且牢固的包覆；同时要求工艺简单、参数可控性好、产品质量稳定，而且能耗低、污染小。因而，选择表面改性工艺时要考虑以下因素：表面改性剂的特性，如水溶性、水解性、沸点或分解温度等；前段粉体制备作业的工艺(湿法或干法)，如果是湿法作业可考虑利用湿法改性工艺；表面改性方法，如对于表面化学包覆，既可利用干法，也可采用湿法工艺，但对于无机表面改性剂的沉淀包膜，只能采用湿法工艺。

7.1.3.4 表面改性设备

表面改性设备性能的优劣，关键在于以下基本工艺特性。

(1)要实现改性剂在颗粒表面的均匀包覆，必须使表面改性剂与颗粒充分接触和呈良好的分散状态。高性能的表面改性剂能使粉体及表面改性剂良好分散、粉体与表面改性剂的接触或作用机会均等，以达到均匀的单分子吸附，减少改性剂用量。

(2)为达到良好的表面化学改性(或包覆)效果，必须要有一定的反应温度和反应时间。选择温度范围应首先考虑表面改性剂对温度的敏感性，以防止表面改性剂因温度过高而分解、挥发等。但温度过低会增加反应时间，而且包覆率低。若改性剂通过溶剂稀释，温度过低，则溶剂分子难以挥发，也将影响包覆的稳定性和均匀性。反应时间也影响到表面改性剂在颗粒表面的包覆状况，一般随着时间的延长，包覆量也会随之增加，但反应时间过长，包覆或吸附量不再增加，甚至有所下降(因机械力作用，长时间剪切或冲击将会导致部分包覆层或吸附层分解解吸)。

(3) 单位产品能耗和磨耗应较低，无粉尘污染，设备操作简便，运行平稳。

7.2　非金属矿物表面改性的方法及原理

7.2.1　概述

矿物等粉体的表面改性方法有多种不同的分类法。根据改性方法性质的不同，分为物理方法、化学方法和包覆方法。根据具体工艺的差别，分为涂覆法、偶联剂法、煅烧法和水沥滤法。综合改性作用的性质、手段和目的，本节将其分为机械化学改性法、表面包覆改性法、表面化学改性法、沉淀反应改性法和接枝改性法等，加以介绍。

7.2.2　机械化学改性方法及原理

机械化学改性是利用粉体超细粉碎及其他强烈机械力作用有目的地对颗粒表面激活，在一定程度上改变颗粒表面的晶体结构、溶解性能(表面无定形化)、化学吸附和反应活性(增加表面的活性点或活性基团)等。

机械化学作用激活了非金属矿物粉体表面，可以提高颗粒与其他无机物或有机物的作用活性。因此，如果在粉碎过程中添加表面活性剂及其他有机化合物，包括聚合物，那么机械激活作用可以促进这些有机化合物分子在无机粉体(如填料或颜料)表面的化学吸附或化学反应，达到边产生新表面边改性，即减小粒度和表面有机化双重目的。

机械力化学改性方法的先进性与高效性已被许多研究结果所确认，但相关理论的研究却很少。在超细磨矿等粉碎机械力作用过程中改性时，药剂与矿物间的均匀混合过程中伴随矿物粉体粒度减小导致反应物接触面积增大，这无疑会使改性效果提高。但最重要的原因应是机械力对矿物表面激活所带来的对改性反应的促进作用。现有的一些研究结果表明，粉碎机械力化学高效改性是基于过程中新鲜表面和高活性表面的大量出现及这些表面因结构和结晶变化而出现的能量增高的原理而实现的。

(1) 新鲜表面和高活性表面。新鲜表面是指在粉碎机械力作用下，矿物断开结构键，且尚未实现饱和的表面。高活性表面是指断键键能和不饱和程度高于常态下的新表面。在较弱的机械力作用下和超细磨矿初期，矿物颗粒倾向于沿颗粒内部原生微细裂缝和强度较弱的部位断裂生成，形成键力较弱的新鲜表面。随着磨矿时间的延长，键力较强的键被冲击断开，一部分粉碎输入能量在矿物表面储存，使表面被机械激活。层状矿物更是如此，磨矿初期，矿物沿结合力较弱的层间剥离，继而在其他晶体方向断裂，最后引起整体晶体形态的变形。如高岭石层面仅有OH^-官能团，但结构断裂后，出现Si—O和Al—OH等活性官能团。因此，在超细磨矿等机械力作用下，矿物结晶构造的整体变形对改性具有重要作用。

许多研究都认为，改性是通过药剂与矿物表面活性点或与表面的中间反应态进行反应而实现的。因此，新鲜表面，特别是高活性表面成为矿粒与改性药剂之间高效反应的基础。

有研究者报道了将石英、Al_2O_3和SiC在*n*-癸烷液体中球磨同时进行改性，改性剂十六醇和十八烷基硅氧烷均与矿物的粉碎断裂新生表面发生了反应。如硅烷与石英的反应过程为

$$\equiv SiSiO \equiv \longrightarrow SiO\cdot + \equiv Si\cdot \xrightarrow{2RSi(OC_2H_5)_3}$$
$$2\equiv SiOSi(OC_2H_5)_2R + C_2H_5OC_2H_5$$

也有研究者在进行α-Al_2O_3的有机化改性时还考虑到了水的作用。研究表明，α-Al_2O_3表面覆盖的改性剂量正比于α-Al_2O_3在改性反应前的吸水量。显然，药剂的作用状况与α-Al_2O_3表面和水的某种反应密切相关，这一观点与传统的偶联剂与矿物表面的作用机理一致。

(2)矿物表面能量的储存与增高。根据粉碎机械力化学理论，矿物颗粒在粉碎机械力作用下的行为不仅是机械物理过程，而且是一种复杂的物理化学过程。粉碎过程中施加的大量机械能，除消耗于颗粒细化外，还有一部分能量储存在颗粒表面。对不同位置表面原子的电荷密度和势能的大致计算表明，不规则处表面原子其活性高于正常表面原子。这种能量的储存及增高是通过晶格畸变和非晶化等作用来完成的。颗粒表面的能量储存是机械力激活矿物表面的又一重要方式。有研究者提出了活性化颗粒表面模型，显示储存能量的活性点可沿颗粒表面层呈现局部和整体的均匀分布。

晶格畸变是矿物晶格点阵粒子在排列上部分失去周期性，是形成晶格缺陷的外在体现。粉碎机械力不仅能引起矿物颗粒的断裂，而且在磨矿的中、后期(细化接近极限)还引起塑性变形，从而导致表面位错的出现、增殖和移动。由于位错储存能量，因此形成机械化学活性点。

矿物颗粒在机械力作用下呈现非晶态化是位错的形成、流动及互相作用而导致晶体结构无序化的结果。随着粉碎时间的延长，非晶态层逐渐变厚，最后导致整个结晶颗粒无定形化。矿物颗粒在非晶化过程中储存的能量远高于单纯位错所储存的能量。

因塑性变形和颗粒非晶化储存能量导致的表面激活在室温下可持续长达10^{-7} mN/m，但活性程度较低。在颗粒发生塑性变形之前，颗粒表面存在一个能量极高的活性状态，但持续时间极短，约10^{-5}～10^{-7} mN/m。

矿物颗粒的晶格畸变与非晶化已通过石英、高岭石和白云石等许多矿物的超细粉碎所证实。另外，研究还表明，晶格畸变和非晶化现象还与磨矿方式、时间、环境等因素有关。

矿物颗粒的晶格畸变和非晶化作用除导致表面物化性质发生变化外，还引起相间反应速度的加快，后者对改性过程的意义有时更为重要。

7.2.3 表面包覆改性方法及原理

包覆改性是一种较早使用的传统改性方法，也是目前最常用的无机粉体表面改性的方法。它利用有机表面改性剂分子中的官能团在颗粒表面吸附或化学反应对颗粒表面进行改性。所用表面改性剂主要有偶联剂(硅烷、钛酸酯、铝酸酯、锆铝酸酯、有机络合物、磷酸酯等)、高级脂肪酸及其盐、高级胺盐、硅油或硅树脂、有机低聚物及不饱和有机酸、水溶性高分子等。包覆处理改性是对矿物粉体进行简单改性处理的一种常见方法。

按照颗粒间改性包覆的性质和方式，可分为物理法、化学法和机械法；按照包覆时的环境介质形态，可分为干法(空气介质)和湿法(水等液体介质)；按照包覆反应的环境与形态，可分为液相法、气相法和固相法。以上分类均为第一层次的分类，在此基础上，再作第二、第三层次的分类，便可基本反映粉体表面包覆改性的方法。本节采用按包覆反应的环境与形态作为第一层次分类的方法介绍粉体表面包覆改性的各种方法和原理。

7.2.3.1 液相法

液相法是指在液态介质中实现粉体颗粒表面包覆和制备复合颗粒材料的改性方法。其中，能够进行无机颗粒包覆改性的具体方法主要包括溶液反应法、溶剂蒸发法和液相机械力化学法等。

1）溶液反应法

溶液反应法指通过沉淀剂和水解等方法使可溶性盐溶液生成沉淀，包覆在欲改性的颗粒粉体(母颗粒)表面进行改性的方法。主要有化学沉淀包覆法、水解包覆法和溶胶-凝胶法等。

(1)化学沉淀包覆法是将被包覆颗粒通过机械等方法均匀分散在反应溶液中，然后通过化学反应使生成的新物质颗粒包覆在母颗粒表面。该包覆过程存在均匀成核和非均匀成核两种机制，控制溶液中反应物浓度略高于均匀形核所需的临界浓度，可以达到均匀形核所需的势垒以保证均匀形核的同时进行。被改性母颗粒的存在使得反应体系中有大量的外来界面，这些界面形核势能非常低，非均匀形核很容易在这里发生。溶液中均匀形核而成的新核沉积在母颗粒表面，进一步长大，和母颗粒成为一体，从而得到小颗粒层包覆母颗粒的复合颗粒。

在 $Ca(OH)_2$ 水溶液中加入 CO_2 气体，利用沉淀反应制备了表面包覆纳米 $CaCO_3$ 的复合碳酸钙、复合白云石与复合硅灰石粉体材料，实现了矿物填料的表面纳米化修饰改造，并使矿物表面的棱角被钝化，在 PP 塑料中应用时抗冲击比能可提高 25%以上。

(2) 水解包覆法是在金属无机盐或金属醇盐溶液中加入母颗粒，再通过加热或其他控制方式引发金属盐发生水解反应，生成的金属氢氧化物或含水金属氧化物同体沉淀在粉体颗粒表面上，再通过水洗、除杂、脱水、热处理晶型转化等环节使金属氧化物包覆在粉体颗粒表面。如通过硫酸氧钛 ($TiOSO_4$) 和四氯化钛 ($TiCl_4$) 的水解进行包覆改性的化学反应式分别为

$$TiOSO_4 + 2H_2O \longrightarrow TiO_2 \cdot H_2O \downarrow + H_2SO_4$$

$$TiCl_4 + 2H_2O \longrightarrow TiO_2 + 4HCl$$

钛盐水解包覆改性方法最典型的应用是制备云母珠光颜料，将作为基体的云母微细颗粒置于悬浮液中搅拌，充分分散，再置于钛盐的水解体系中；水解生成沉淀物水合二氧化钛包覆在云母表面；将复合物再加热，表面水合二氧化钛转化为晶体相，即制备成云母珠光颜料。钛盐水解法也用来制备具有类似二氧化钛颜料性质、表面包覆 TiO_2 的复合颗粒材料，如通过对煅烧高岭土颗粒和绢云母颗粒进行表面 TiO_2 包覆改性制备煅烧高岭土/TiO_2 复合颜料和绢云母/TiO_2 复合颗粒材料等。

将硫酸铝和氢氧化钠溶液添加到 TiO_2 悬浮液中，通过反应、陈化、洗涤和干燥等手段制得表面包覆纳米氧化铝的 TiO_2/Al_2O_3 复合颗粒材料，提高了二氧化钛的分散比，将硅酸钠和氧氧化钠溶液添加到 TiO_2 悬浮液中，可实现二氧化钛表面的 SiO_2 包覆，从而提高耐老化性。

水解包覆法主要用于对化学性质稳定的物质进行表面包覆改性，具有包覆均匀、稳定、致密和效果优良等优点，但存在工艺复杂、对环境有一定污染和不能使用碱性矿物作为母颗粒（沉淀反应体系为强酸性）等问题。

(3) 溶胶-凝胶法是将前驱体溶入溶剂中（水或有机溶剂）形成均匀溶液，通过溶质与溶剂产生水解或醇解反应制备出溶胶，再将经过预处理的被包覆粉体悬浮液与其混合，在凝胶剂的作用下，溶胶经陈化转变成凝胶，后经高温煅烧可得包覆型复合粉体以实现对被包覆粉体的改性。如采用溶胶-凝胶法以组成为 $3A1_2O_3 \cdot 2SiO_2$ 的混合溶胶对 SiC 微细粉进行包覆处理，形成的包覆涂层在低于 1000℃下经热处理可结晶成莫来石层。涂覆改性后的 SiC 微粉在中高温条件下的

表面抗氧化性明显提高。

2）溶剂蒸发法

溶剂蒸发法是指通过溶剂蒸发方法生成干态颗粒，并将其包覆在母颗粒表面的改性方法。如冷冻干燥方法就是将金属盐水溶液喷到低温有机液体上，使液滴瞬时冷冻，然后在低温降压条件下升华、脱水，再通过分解制得粉料，并包覆在被改性的粉体颗粒表面的加工过程。按溶剂蒸发形式，除冷冻干燥方法外，溶剂蒸发法还包括喷雾干燥、喷雾反应和超临界流体喷雾法等。

3）液相机械力化学法

液相机械力化学法是在液体介质(主要是水)体系条件下，借助同体物质在机械研磨细化中产生的机械力化学效应，引发作为包覆物(wall material)的固体细颗粒物质与作为被包覆(core material)粗颗粒物质之间的界面反应并形成前者往后者表面上包覆的改性方法。研究表明，在具有机械力化学效应的体系里进行粒-粒包覆方式的改性复合，因机械力化学效应导致颗粒间具有反应活性、增加彼此间的接触碰撞机会以及形成颗粒间的渗透作用从而可以提高复合颗粒的性能。

中国地质大学(北京)材料科学与工程学院提出并开展了粉体液相机械力化学包覆改性和制备矿物/TiO_2复合颗粒材料的研究，完成了以碳酸钙、绢云母、水镁石等矿物颗粒为母颗粒的表面二氧化钛改性与复合颗粒材料设计、制备等工作，结合我国在矿物加工工程、粉体技术和矿物材料等方面的产业特点，成功地组合形成了液体介质条件下的机械力活化反应系统，并在该系统中实现了颗粒分割细化几何尺度匹配、颗粒表面活化反应基团生成、颗粒间作用行为调节等工艺过程，并成功地实现了矿物/TiO_2复合颗粒材料的产业化，其最终制备的产品性能大大优于国外同类型产品。该项技术从制备方法和工艺的简洁性、对环境的保护性和制备复合材料性能角度都体现出了先进性和创新性。

7.2.3.2　固相法

固相法是指有固体相物质直接参与包覆改性过程的复合颗粒制备工艺，大体上可分为固相反应法、固相机械力化学法和机械力混合法等几种。

1）固相反应法

固相反应也是指固体直接参与化学反应并发生化学变化，同时至少在固体内部或外部的一个过程中起控制作用的反应。利用固相间的反应使两种或多种反应物在界面上发生接触，而且反应物从接触面上延伸到晶粒内部。由于简单的混合与接触不会(或很慢)发生化学反应，所以这里的固体直接参与并非是简单的混合和接触，而是需要外界施于一定的能量，如研磨等机械作用力、微波辐射和超声波作用等。另外，也包括燃烧或自蔓延方式，即利用某些反应物可燃的特性或在反应物中加入可燃物的方法，使反应物在固态下燃烧或在燃烧产生的高温下生成复合颗粒。

在研磨等机械力作用下的同相反应法不同于机械力化学法。前者可使两种(或多种)固体反应物组分在界面发生充分的接触使反应物之间的化学反应较完全，往往涉及物质内部并有新产物生成；而后者只局限于表面键合和轻微的向内部的渗透。对前者而言，机械力只是加速和促进化学反应的手段；而对后者，正是机械力的强烈作用使反应物间发生轻微和少量反应。

2）固相机械力化学法

固相机械力化学法是指颗粒在空气介质中被粉碎和混合时，由于机械力的强烈作用，使不同的颗粒在界面发生化学键合行为。当颗粒之间存在几何尺度的较大差异时，便形成包覆型复合颗粒，从而实现超细粉体包覆改性。

日本、俄罗斯和中国等相继开展了固相机械力化学法的研究工作，日本和俄罗斯还开发了专门的进行包覆的改性设备与装置。日本东京理科大学本田宏隆和小石真纯在HYB高速气流冲击设备中进行了尼龙12/PMMA、聚乙烯/PMMA和聚乙烯/石英的核壳结构颗粒复合实验。机械力活化效应在形成表面单层膜的包覆方面尤其重要，俄罗斯国家高效材料及工艺研究院在特制的离心振动磨机中制备了以TiO_2等颜料为子颗粒，无机矿物材料作为母颗粒的包膜色素材料。具体工艺过程：将基料载体先装于振动离心磨机内，以加速度离心力为20～55 g的抛甩工艺条件碾磨1～5 min。再按(80～85)：(20～15)的组合比例关系加入颜料添加剂，并以相同的抛甩工艺条件进行碾磨包覆处理。这一技术在中国的产量化实践表明，虽然制备的改性复合粉体初步具有颜料性能，但颗粒团聚现象严重、分散性差，性能难以保持稳定。南京大学采用自行研制的剧烈搅拌研磨机进行了SiO_2和CaO颗粒表面的中超炭黑包覆改性，通过设备中的搅拌浆实现颗粒混合、黏附作用，并带动研磨球产生挤压和剪切作用使其均匀附着在SiO_2和CaO表面，并不断向内部渗透。产生的机械力化学作用导致彼此在接触面上发生化学反应并牢固结合。

固相机械力化学法具有工艺简单、无须干燥处理等优点，但也存在颗粒团聚现象严重、分散性差、颗粒间反应弱、包覆不完整、复合颗粒材料性能差且不保持稳定等问题。

3）机械力混合法

机械力混合法是指对细颗粒和粗颗粒组成的混合物料进行机械混合，在两者较充分混合的基础上，再通过细颗粒的解聚和分散、在粗颗粒表面黏附、粗细颗粒相互位置的重新分布与交换等环节，实现细颗粒对粗颗粒表面的包覆改性。由于这里的机械力一般只达到能够提供颗粒解聚、分散和彼此碰撞的程度，所以细颗粒在粗颗粒表面的包覆往往不存在化学作用，故包覆程度较弱。

机械力混合法有时是作为固相机械力化学改性的初始环节出现的。如有研究者在使用磁铁矿粉(0.17 μm)对 PMMA 母颗粒(5 μm)进行机械力化学改性时，就把整个改性过程分为高速搅拌器（HSSM）混合改性和 Angmill 机械扩散体系(AMS)改性两个阶段，其中 HSSM 系统就起到机械力混合法的初级改性降作用。

7.2.3.3　气相法

气相法进行颗粒表面包覆改性是指在真空或惰性气体中，通过两种或两种以上物质的蒸发、沉积和冷凝等物理过程，或使两种或两种以上物质发生化学反应等方式实现一种物质在另一种物质表面的包覆，或以气体(空气、二氧化碳等)为介质，通过物理或化学过程实现一种物质在另一种物质表面的包覆。目前，气相法包覆改性主要有气相蒸发冷凝法、气相反应法和流化床煅烧法等。

(1) 气相蒸发冷凝法　指在充入低压惰性气体的真空蒸发室里，通过加热源加热使两种或两种以上物质原料气化形成等离子体，等离子体与惰性气体原子碰撞而失去能量，然后骤冷凝结成包覆型复合改性颗粒。按加热方式可分为高频感应加热法、电子束加热法、电阻加热法、等离子体喷雾加热法和激光束加热法等。

(2) 气相反应法　以挥发性金属无机或有机化合物等蒸气为原料，通过气相热分解和其他化学反应制备单质物质和复合颗粒材料的方法，包括激光合成法、等离子体合成法和 SPCP 法(surface corona discharge induced plasma chemical process，通过表面电晕放电引起等离子体化学反应实现小颗粒在大颗粒表面的包覆)等。

(3) 流化床煅烧法　指在流化床内进行颗粒包覆，然后煅烧使包覆物生成多孔新物相的包覆改性方法。

7.2.4　表面化学改性方法及原理

表面化学改性法就是采用多种工艺过程，使表面活性剂与粉体颗粒表面进行化学反应，或者使表面改性剂吸附到粉体颗粒表面，使粉体表面性能改变的方法。这种方法包括利用游离基反应、螯合反应、溶胶吸附以及偶联剂处理等进行表面化学改性。

表面化学改性常用的表面改性剂主要有硅烷偶联剂、钛酸酯偶联剂、锆铝酸盐偶联剂、有机铬偶联剂、高级脂肪酸及其盐、有机胺盐及其他各种类型表面活性剂、磷酸铬、不饱和有机酸等。具体选用时要综合考虑粉体的表面性质、改性产品的用途、质量要求、处理工艺以及表面改性剂的成本等因素。

表面化学改性一般在高速加热混合机或捏合机、流态化床、研磨机等设备中进行。这是因为粉体的表面改性处理大多是在粉体物料中加入少量表面改性剂溶液进行的操作。如果在溶液中进行表面改性处理（如浸渍），也可在反应釜或反应罐中进行，处理完后再进行脱水干燥。此外还可采用所谓“流体磨”(fluid mill)对粉体进行表面改性处理。英国和日本等国家制造的这种设备已应用于生产实践。英国 Atritor 公司制造的用于粉体表面改性处理的流体磨(Atritor-Dryer Pulveriser等)是一种连续改性设备，最适合于在蒸气相中进行表面改性处理；操作过程中温度、压力、表面能、停留时间等均可严格控制。由于这一系统起着快速干燥机的作用，加入其中的表面改性剂的溶剂组分能迅速地被气化，留下来的活性成分吸附在颗粒表面。这种设备可用于云母、滑石、碳酸钙、硅灰石等无机填料的表面化学改性处理。日本奈良机械制作所生产的 HYB 高速气流冲击式粉体表面改性处理装置可在短时间内均匀地完成包覆、成膜等处理。

7.2.5 沉淀反应改性方法及原理

沉淀反应改性是利用无机化合物在颗粒表面进行沉淀反应，在颗粒表面形成一层或多层“包覆”或“包膜”，以达到改善粉体表面性质，如光泽、着色力、遮盖力、保色性、耐候性、耐热性等目的的处理方法。这是一种“无机/无机包覆”或“无机纳米/微米粉体包覆”的粉体表面改性方法。粉体表面包覆纳米 TiO_2、ZnO、$CaCO_3$ 等无机物的改性，就是通过沉淀反应实现的。如珠光云母就是用这种方法，即通过金属氧化物(氧化钛等)在白云母颗粒表面的沉淀反应包覆于云母颗粒表面而制得的；钛白粉表面包覆 SiO_2 和 Al_2O_3 以及硅藻土和煅烧高岭土表面包覆纳米 TiO_2 和 ZnO；硅灰石粉体表面包覆纳米碳酸钙和纳米硅酸铝。

粉体的沉淀反应性，无机物处理大多采用湿法，在分散的粉体水浆液中，加入所需的改性(处理)剂，在适当的 pH 值和温度下，使无机改性剂以氢氧化物或水合氧化物的形式均匀沉淀在颗粒表面，形成一层或多层包覆层，然后经过洗涤、脱水、干燥、焙烧等工序使该包覆层牢固地固定在颗粒表面，从而达到改进粉体表面性能的目的。这种用作粉体表面沉淀反应改性的无机物一般是金属的氧化物、氢氧化物及其盐类。

表面沉淀反应改性一般在反应釜或反应罐中进行，影响沉淀反应改性效果的因素比较多，主要有浆液的 pH 值、浓度、反应温度和时间、颗粒的粒度和形状以及后续处理工序(洗涤、脱水、干燥或焙烧)等。其中 pH 值及温度因直接影响无机改性剂(如钛盐等)在水溶液中的水解产物，是沉淀反应改性最重要的控制因素之一。

无机表面改性剂的种类以及沉淀反应的产物和晶型往往决定了改性后粉体材料的功能性和应用性。因此，要根据粉体产品的最终用途或性能要求来选择沉淀反应的无机表面活性剂。这种表面活性剂一般是最终包膜产物(金属氧化物)的前驱体(盐类)或水解产物。

7.2.6　接枝改性及原理

接枝改性是指在一定的外部激发条件下，将单体烯烃或聚合烯烃引入填料表面的改性过程，有时还需要在引入单体烯烃后激发导致填料表面的单体烯烃聚合。由于烯烃和聚合烯烃与树脂等有机高分子基体性质接近，所以增强了填料与基体间的结合而起到补强作用。

产生接枝聚合的外部激发条件有多种，如化学接枝法、电解聚合法、等离子接枝聚合法、氧化法和紫外线与高能电晕放电方法等。在烯烃单体中研磨物料实现接枝聚合物在物料表面的附着也属于一种接枝改性的激发手段。

7.2.7　其他表面改性方法

其他表面改性方法有高能改性、微胶囊化改性、酸碱处理、用表面活性剂覆盖改性、等离子体处理、插层改性及复合改性等。

(1) 高能改性　高能改性是利用紫外线、红外线、电晕放电和等离子体照射等方法进行表面处理。这种方法具有可以进行完全干法处理的优点，不需用改性剂，不存在环境污染的问题。如用 Ar 低温等离子处理 $CaCO_3$ 可改善其与聚丙烯(PP)的界面黏性。这是因为经低温处理后的 $CaCO_3$ 离子表面存在一非极性有机层作为相界面，可以降低 $CaCO_3$ 的极性，提高与 PP 的相容性。电子束辐射可使石英、方解石等粉体的荷电量发生变化。但是，高能改性方法技术复杂、成本较高，一般只应用在高分子材料的制造和表面处理、电子材料的等离子蚀刻等技术中，在粉体表面处理方面用得不多。

(2) 微胶囊化改性　微胶囊化改性是在现代医药领域最先采用的一种新技术。其目的在于使药物超细粉的药效实现缓释效应。该方法是在超细粉体的表面包覆一层均匀并具有一定厚度的薄膜的一种表面改性方法。微胶囊中，通常将被包围的粉体(或微液滴)称为芯物质或核心物质，外表的包膜为膜物质。膜的作用在于控制调节芯物的溶解、释放、挥发、变色、成分迁移、混合或与其他物质的反应速度及时间，起到“阀门”的隔离控制调节作用，以备按需的要求保存备用，也可对有毒有害物质起到隐蔽作用。据报道，微胶囊的直径大多在 0.5～100 μm 膜壁范围。膜壁厚度约 0.5～10 μm。微胶囊的制备方法很多，可分为化学法、物理法和物理化学法三类。

(3) 酸碱处理　酸碱处理也是一种表面辅助处理方法，通过酸碱处理可以改善粉体表面(或界面)的吸附和反应活性。此外还有化学气相沉积(CVD)和物理气相沉积(PVD)等方法。

(4) 用表面活性剂覆盖改性　利用具有双亲性质的表面活性剂覆盖无机化合物表面使其表面获得有机化改性是最常用的方法，为了实现好的改性效果，必须考虑无机化合物的表面电性质。许多无机氧化物或氢氧化物都有自己的等电荷点，例如 SiO_2、TiO_2、α-Fe_2O_3、$Al(OH)_3$ 和 $Mg(OH)_2$ 的等电荷点的 pH 值依次为 2～3、6、7、8.5～10 和 12.4。因此可根据等电点控制溶液在一定的 pH 值，通过表面活性剂吸附而获得有机化改性。例如 SiO_2 的等电点 pH 值很低，表明在高于等电点 pH 值以上的溶液中 SiO_2 的表面带有负电荷，这样就可让 SiO_2 颗粒在中性或碱性溶液中吸附阳离子表面活性剂而获得有机改性。Elton 曾用 SiO_2 吸附不同浓度的十六烷基三甲基溴化铵(CTAB)，发现浓度不同时，改性 SiO_2 对水的接触角有明显影响。

已知 CTAB 的临界胶束浓度(CMC)为 8.5×10^{-4} mol/L。由表 7-1 可知，随 CTAB 浓度增大，接触角增大，在浓度低于 CMC 时便可形成憎水性的单分子层吸附，此时 θ 为 90°，但超过 CTAB 的 CMC 后又可在颗粒表面形成亲水的双层吸附，此时 SiO_2 的值又降为 0°。

表 7-1 CTAB 浓度和改性 SiO_2 接触角(θ)的关系

CTAB 浓度/(mol/L)	0	10^{-7}	10^{-6}	10^{-4}	2×10^{-4}	5×10^{-4}	10^{-3}
接触角 θ/(°)	0	84	90	90	68	51	0

$Al(OH)_3$ 及 $Mg(OH)_2$ 的等电点 pH 值相当高，即它们在高 pH 值溶液中表面才会带上负电荷，所以它们的正电性很强，在低于等电点的较广泛的 pH 值范围的溶液内均可吸附阴离子表面活性剂而获得有机化改性。以 $Mg(OH)_2$ 吸附硬脂酸钠或油酸钠等，使亲水性的 $Mg(OH)_2$ 转变为亲油性，从而能改善其在聚丙烯中的分散性和提高复合材料的机械力学性能。以十二烷基苯磺酸钠处理的 $Al(OH)_3$ 也获得了憎水性的有机化改性的 $Al(OH)_3$。

SiO_2 及 TiO_2 的等电点 pH 值为酸性或接近中性，欲对其进行有机化改性，可在偏碱性溶液中直接吸附阳离子表面活性剂。但阳离子表面活性剂价格相当高，往往又具有毒性，这是其主要缺点。一种较好的办法是通过某些无机阳离子(例如 Ca^{2+} 或 Ba^{2+} 等)“活化”，使 SiO_2 表面由负电荷转变为正电荷：

$$SiOH + Ca^{2+} \longrightarrow SiOCa^{+} + H^{+}$$

然后再吸附阴离子表面活性剂即可获得憎水性 SiO_2，此种考虑最早曾应用于石英的浮选。以硅胶、白炭黑、凹凸棒土为吸附剂，通过 Ba^{2+} 或 Ca^{2+} 活化，再吸附硬脂酸钠、十二烷基磺酸钠或十二烷基苯磺酸钠等阴离子表面活性剂，制得了相应的有机化改性样品。从现有情况看，对 SiO_2 来说，用 Ba^{2+} 活化的效果比用 Ca^{2+} 好。钙硅胶有机化改性时以十二烷基磺酸钠效果较好。例如以表面羟基浓度为 2.99 mmol/g 的硅胶吸附 Ca^{2+}，在试验条件下对 Ca^{2+} 的吸附量为 2.91 mmol/g，这

表明一个 Ca^{2+}可交换一个 H^+，从而可制得荷正电的硅胶，从而使其易于吸附十二烷基磺酸钠而获得有机化改性。

TiO_2 是最常用的白色涂料，其等电点 pH 值相对较低(约 5.8～6)。而 Al_2O_3 的等电点 pH 值较高，故可在钛白浆液中加入铝盐或偏铝酸钠，再以碱或酸中和使析出的水合 Al_2O_3 覆盖在钛白颗粒上，使其荷正电，然后再令其吸附阴离子表面活性剂而获得有机化改性。试验证明，与 Al_2O_3 表面 Al^{3+}能形成难溶性盐的表面活性剂将有更好的改性效果。例如钛白、铝钛白对十二烷基苯磺酸钠的吸附等温线均有极大值，此时，在 pH 为 4.5(稍低于钛白的等电点)的介质中，钛白对此活性剂的吸附量不大，但铝钛白在 pH 为 6～7 的介质中的吸附量便高达 300 μmol/g，约增大 1 个数量级，这显然与表面反应有关。

TiO_2 的铝改性除用 Al_2O_3 的表面包覆说明外，也可用下列过程示意，见图 7-1。

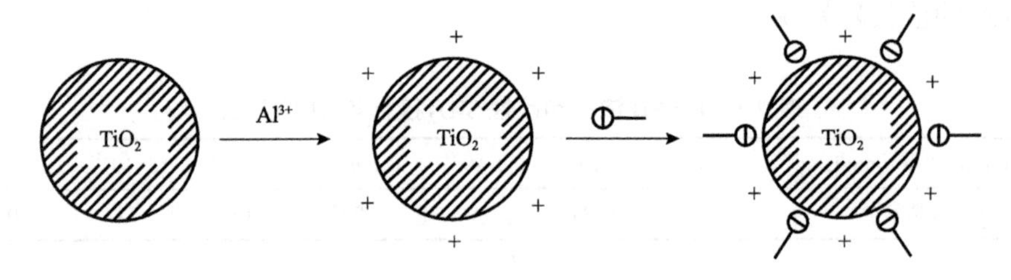

图 7-1　TiO_2 铝改性示意图

应当指出，利用铝盐在 TiO_2 表面上包覆处理，本身就具有重要意义。由于 TiO_2 有光致半导体活性，光照后易变色。而经 Al_2O_3 包覆后的钛白粉不仅具有优良的抗粉化性能，还能降低光化学活性，提高耐候性，用于高档涂料中。另外，近年由于钛白粉价格较高，已有一些代用品(如陶瓷钛)问世。这实际上是以某些黏土为核心，在其上覆盖 TiO_2 制成的，大大降低了产品的成本。目前在国内外已引起极大关注的云母钛(也称云母钛珠光颜料)，实际上就是以云母为核心，在其上包覆了 TiO_2。日本开发的双层包覆颜料，也是在云母钛的表面上包覆了 Al_2O_3 制成的。例如将原料云母湿法粉碎后加入到一定量的硫酸氧钛、硫酸铝和尿素混合水溶液中，加热至沸，按下列反应可得到第一层为 TiO_2、第二层为 Al_2O_3 的双层包覆颜料。调整 Al_2O_3 的比例可以改变色调。整个包覆反应如下：

$$(NH_2)_2CO + 3H_2O \longrightarrow 2NH_4OH + CO_2$$

$$TiOSO_4 + 2NH_4OH \longrightarrow TiO(OH)_2 + (NH_4)_2SO_4$$

$$Al_2(SO_4)_3 + 6NH_4OH \longrightarrow 2Al(OH)_3 + 3(NH_4)_2SO_4$$

(5) 等离子体处理　等离子体是借助于气体放电可产生等离子体，即在一个辉光放电管中装有正负两个金属电极，管内抽真空，再加数百伏直流电压，此时会产生辉光放电现象，可见一些明暗程度不同的区域，并产生等离子体。等离子体是一种电离气体，是电子、离子、中性粒子的独立集合体，宏观上呈电中性，但它具有很高的能量，与有机化合物原子间的键能相当，故将等离子体引入化学反应不仅使反应温度大为降低，也可使本来难以发生或反应速度很慢的反应成为可能。等离子体化学反应主要是通过高速电子碰撞分子使之离解、电离、激发，并在非热平衡状态下进行反应。

等离子体目前已较广泛地应用于固体表面改性。低温等离子体处理对玻璃纤维/环氧树脂复合材料性能有显著的影响。玻璃纤维放入等离子体发生器内进行处理(用 N_2 和 Ar 作载气，功率为 240 W)，随着处理时间的延长(从 2～25 min)，玻璃纤维失重由 0.28%增至 0.82%，这是由等离子体中高能粒子对纤维表面碰撞所引起的“刻蚀”作用(亦即使表面粗糙度增大)所致。由于粗糙度增大，新生表面积扩大，使某些极性基团(羟基)能更多地暴露，故纤维对偶联剂的吸附量大为增加。这必然改善纤维与环氧树脂的润湿性，从而提高界面黏接和复合材料的力学性能。表面改性效果的表征和评价有许多方法，通过考察改性粉体填充形成的制品性能，特别是力学性能便可对改性效果做出直接评价。这种方法虽耗资且费力，但结论可靠，在表面改性的研究和应用中一直被广泛采用。考察改性产品自身性能，即测试表面特性及若干物理化学性质而对改性效果进行预先评价，既可避免因考察其加工制品性能而由制品其他加工条件带来的评价误差，同时又简单易行。

(6) 插层改性法　插层改性是利用层状结构的粉体颗粒晶体层之间结合力较弱(如分子键或范德瓦耳斯键)和存在可交换阳离子等特性，通过离子交换反应或化学反应改变粉体的层间和界面性质的改性方法。因此，用于插层改性的粉体一般来说具有层状或者类层状晶体结构，如蒙脱土、高岭土、蛭石等层状结构的硅酸盐矿物以及石墨等。用于插层改性的改性剂大多为有机物，也有无机物。插层改性的工艺依插层剂种类、插层方法、插层原料特性等而定。

(7) 复合改性　复合改性是指综合采用多种方法(物理、化学和机械方法等)来改变颗粒的表面性质以满足应用需要的方法。目前应用的复合改性方法主要有有机物理/化学包覆、机械力化学/有机包覆、无机沉淀反应/有机包覆等。

7.3　表面改性剂及改性机理

粉体的表面改性主要是依靠改性剂在粉体表面的吸附、反应、包覆或成膜等来实现的。因此，表面改性剂对于粉体的表面改性或表面处理具有决定性作用。

粉体的表面处理往往都有其特定的应用背景或应用领域。因此，选用表面改性剂必须考虑被处理物料及应用对象。例如，用作高聚物基复合材料、塑料及橡胶等增强用无机非金属矿物的表面处理所选用的表面改性剂，既要能够与矿物表面吸附或反应、覆盖于矿物表面，又要与有机高聚物有较强的化学作用。因此，从分子结构上来说，用于无机非金属矿物表面改性的改性剂应是一类具有一个以上能与矿粒表面的官能团和一个以上能与有机高聚物基结合的基团。由于粉体表面改性涉及的应用领域很多，可用作表面改性剂的物质也很多。

从结构特性来分，表面改性剂主要有以下几种：偶联剂、表面活性剂、有机高分子、有机硅、超分散剂、无机物(金属化合物及盐)等。

由于实际应用领域的不同，牵涉的表面活性剂也不同。因而对各种类型的表面改性剂的种类、结构、性能或功能以及分子结构、分子量大小、烃链长度、官能团或活性基团等功能性特征、作用机理或作用模型的了解与掌握更是指导表面改性剂应用的基础。

7.3.1　偶联剂

偶联剂的化学通式为：R_nAX_{4-n}，其中，R 为与聚合物成键的基团；X 为与粉体相结合的基团；A 为在一个化学成分中连接两个基团的四价中心原子。

硅、钛、锆以及元素周期表中其他ⅣA 族的元素可用作偶联剂化合物的中心原子，它们能形成四价化合物。按其化学结构可分为硅烷类、钛酸酯类、锆铝酸盐及络合物等几种。

偶联剂是具有两性结构的物质。其分子中的一部分基团可与粉体表面的各种官能团反应，形成强有力的化学键合，另一部分基团可与有机高聚物发生某些化学反应或物理缠绕，从而将两种性质差异很大的材料牢固地结合起来，使非金属矿物粉体和有机高聚物分子之间产生具有特殊功能的“分子桥”。

偶联剂适用于各种不同的有机高聚物和非金属矿物的复合材料体系。经偶联剂进行表面处理后的非金属矿物粉体，既抑制了填充体系“相”的分离，又使非金属矿物粉体有机化，即使增大填充量，仍可较好地均匀分散，从而改善制品的综合性能，特别是抗张强度、冲击强度、柔韧性和挠曲强度等提高明显。

影响偶联的因素有：偶联剂的化学结构和作用机理；粉体表面的性质和化学组成；聚合物材料的化学组成以及相应的反应性；偶联剂在粉体表面上物理和化学吸附机理；被偶联材料的表面张力、偶联剂的分子覆盖和分子取向；粉体表面的制备方法对吸附和键稳定性的作用；pH 值和溶剂等对吸附的影响；偶联剂中有机部分与聚合物的反应活性等。

7.3.1.1　硅烷偶联剂

硅烷偶联剂是研究最早且应用最广的偶联剂之一，是一类具有特殊结构的低分子量有机硅化合物，通式为 $RSiX_3$。其中 R 代表与聚合物分子有亲和力或反应能力的活性官能团，如氨基、硫基、乙烯基、环氧基、氰基、氨丙基等；X 代表能够水解的烷氧基(如甲氧基、烷氧基、酰氧基等)和氯离子。表 7-2 为具有广泛应用的有机硅烷的基本性质。

表 7-2　某些含机官能团的硅烷的物理性质

结构式	分子量	密度/(g/cm³)	n_D^{25}	沸点/(℃)
$CH_2{=}CHSi(OCH_2CH_3)_3$	190.3	0.894	1.397	161
$CH_2{=}C(CH_3)C(O)O(CH_2)_3Si(OCH_3)_3$	248.1	1.045	1.429	255
环氧 $CH_2O(CH_2)Si(OCH_3)_3$	236.1	1.069	1.427	290
$HS(CH_2)_3Si(OCH_3)_3$	238.3	1.072	1.440	212
$H_2N(CH_2)_3Si(OCH_2CH_3)_3$	221.3	0.942	1.420	217

在进行偶联时，首先 X 基水解形成硅醇，然后再与粉体表面上的羟基反应，形成氢键并缩合成—SiO—M 共价键(M 表示无机粉体颗粒表面)。同时，硅烷各分子的硅醇又相互缩合，聚成网状结构的膜覆盖在粉体颗粒表面，使无机粉体表面有机化。其化学反应的简要过程如下。

(1)水解：

$$RSiX_3 + 3H_2O \xrightarrow[\text{催化}]{\text{pH}} RSi(OH)_3 + 3HX$$

(通常HX为醇或酸)

(2)缩合：

$$3RSi(OH)_3 \longrightarrow HO-\underset{OH}{\overset{R}{Si}}-O-\underset{OH}{\overset{R}{Si}}-O-\underset{OH}{\overset{R}{Si}}-OH + 2H_2O$$

(3)氢键成型：

$$R-\underset{OH}{\overset{OH}{Si}}-O\cdots\overset{H\ H}{O}\cdots H + HOM \rightleftharpoons R-\underset{OH}{\overset{OH}{Si}}-OM + 2H_2O$$

(4)共价键成型：

$$R-\underset{OH}{\overset{OH}{Si}}-O\cdots\overset{H}{O}-H + HOM \rightleftharpoons R-\underset{OH}{\overset{OH}{Si}}-OM + 2H_2O$$

硅烷偶联剂可用于许多无机矿物粉体颗粒表面处理，其中对含硅酸成分较多的石英粉、玻璃纤维、白炭黑等的效果最好，对高岭土、水合氧化铝等的效果也比较好，对不含游离酸的碳酸钙效果欠佳。这是因为硅酸盐等矿物表面由 Si—OH 和

Al—OH 官能团组成，可与硅烷醇形成共价键，而碳酸盐表面不含有羟基。

硅烷偶联剂不仅对不同矿物进行改性的效果不同，对不同基体树脂也有不同的作用。不同树脂适合的硅烷偶联剂类型列于表 7-3。

表 7-3　特定树脂的优选硅烷偶联剂类型

树脂	硅烷的官能团	树脂	硅烷的官能团
环氧	环氧、氨基	聚酯	乙烯基、甲基丙酰基
蜜胺	氨基	聚乙烯	乙烯基、甲基丙酰基
聚酰胺	环氧、氨基	聚丙烯	甲基丙酰基
酚醛	环氧、氨基	聚氯乙烯	巯基、氨基
聚丁二烯	乙烯基、甲基丙酰基、巯基	聚氨酯	甲基丙酰基、巯基、氨基

因硅烷偶联剂对粉体进行表面处理首先要水解成相应的多羟基硅醇，因此要注意以下几点：①添加适量酸碱或缓冲剂处理调节液维持一定的 pH 值，以控制水解速度和处理液的稳定时间。②控制会影响缩合、交联的杂质或添加适量催化剂，调节缩合或交联反应性。③控制表面处理时间和适宜的烘干温度，保证表面处理反应完全。④对某一指定的非金属粉体来说，要注意选择适合的硅烷偶联剂品种来处理。大多数硅烷偶联剂适宜处理含二氧化硅或硅酸盐成分多的粉体，如白炭黑、石英粉、玻璃纤维等效果最好，高岭土、三水合氧化铝次之。⑤还应考虑经硅烷偶联剂处理的填料应用于什么体系的高分子中，要进行合理选择。

7.3.1.2　钛酸酯偶联剂

钛酸酯偶联剂是美国肯里奇(Kenrich)石油化学公司在 20 世纪 70 年代开发的一类新型偶联剂，具有独特的结构，对于热塑性聚合物与干燥充填剂有良好的偶联功能，是无机颜料和涂料等中广泛应用的表面改性剂。

1）钛酸酯偶联剂分子结构及六个功能区的作用机理

钛酸酯偶联剂的分子结构可划分为六个功能区，每个功能区都有其各自的特点，在偶联剂中发挥各自的作用。钛酸酯偶联剂的通式和六个功能区：

$$\overbrace{\underset{1}{(RO)_M}—\underset{2}{Ti}}^{\text{偶联剂无机相}}\cdot\overbrace{—(\underset{3}{O}\underset{4}{X—R'}—\underset{5}{Y})_{\underset{6}{N}}}^{\text{亲有机相}}$$

式中，$1 \leqslant M \leqslant 4$，$M+N \leqslant 6$；R 为短碳链烷烃基；R′为长碳链烷烃基；X 为 C、N、P、S 等元素；Y 为羟基、氨基、环氧基、双键等基团。

其中，功能区 1：$(RO)_M$为与无机填料、颜料偶联作用的基团；功能区 2：Ti—O 具有酯基转移和交联功能；功能区 3：X 为连接钛中心带有功能性的基团；功能区 4：R′为长链的纠缠基团，适用于热塑性树脂；功能区 5：Y 为固化反应基团，适用于热固性树脂；功能区 6：N 为非水解基团数。

(1) 功能区 1　钛酸酯偶联剂通过烷氧基团与粉体表面吸附的微量羟基或质子发生化学反应，偶联到颗粒表面形成单分子层，同时释放出异丙醇。由功能区 1 发展成偶联剂的 3 种类型。每种类型由于偶联基团上的差异，对粉体表面的含水量有选择性。一般单烷氧基适用于干燥的仅含键合水的低含水量的无机粉体；螯合型适用于高含水量的无机粉体；配位型偶联剂耐水性好，可在溶剂型涂料或水性涂料中使用。

(2) 功能区 2　某些钛酸酯偶联剂能够和有机高分子中的酯基、羧基等进行酯基转移和交联，造成钛酸酯、无机粉体及有机高分子之间的交联，促使体系黏度上升，呈触变性。

(3) 功能区 3　钛酸酯分子中连接钛中心的基团如长链烷氧基、酚基、羧基、磺酸基、磷酸基以及焦磷酸基等。这些基团决定钛酸酯偶联剂的特性和功能。如磺酸基赋予一定的触变性；焦磷酸基具有阻燃、防锈、增加黏结性以及亚磷酸配位基具有抗氧化性能等。通过这部分基团的选择，可以使偶联剂兼有多种功效。

(4) 功能区 4　长的脂肪族碳链比较柔软，能和有机基料进行弯曲缠绕，增强和基料的结合能力，提高它们的相容性，引起无机粉体界面上的表面能变化，导致黏度大幅度下降，改善无机粉体和基料体系的熔融流动性和加工工艺，缩短混炼时间，增加无机物的填充量，并赋予柔韧性及应力转移功能，从而提高抗张强度、撕裂强度和抗冲击强度。还赋予粉体和基料体系的润滑性，改善分散性和电性能等。

(5) 功能区 5　当活性基团连接在钛的有机骨架上，就能使偶联剂和有机聚合物进行化学反应而交联。例如，不饱和双键能和不饱和树脂进行交联，使无机粉体和有机基料结合。

(6) 功能区 6　钛酸酯偶联剂分子非水解基团的数目至少具有两个以上。在螯合型钛酸酯偶联剂中具有 2 个或 3 个非水解基团；在单烷氧基型钛酸酯偶联剂中有 3 个非水解基团。由于分子中的 3 个立体支撑点的作用，可以加强链纠缠，并且带有大量碳原子，急剧改变表面能，导致黏度大幅度下降。3 个非水解基团可以是相同的，也可以是不同的，可根据相容性要求，任意调节碳链长短；又可根据性能要求，部分改变连接钛中心的基团，既可以适用于热塑性，也可适用于热固性树脂。

了解了六个功能区的作用机理，就可根据待处理物料的特性及应用，灵活选择或设计能满足各种性能要求的钛酸酯偶联剂。

2）钛酸酯偶联剂的应用

钛酸酯偶联剂可用来处理各种无机填料，如碳酸钙、滑石粉、硫酸钡及三水合氧化铝等。经过处理的填料主要用于聚乙烯、聚丙烯、聚氯乙烯和聚苯乙烯等热塑性塑料，较之不经表面处理直接使用这些无机填料，有改善填充体系加工流动性和提高力学性能的效果。由于使用填料的化学成分不同，基体树脂种类不同，必须选用适当的钛酸酯偶联剂才能得到最佳效果。

钛酸酯偶联剂的用量是要使钛酸酯偶联剂分子中的全部异丙氧基与无机粉体表面所提供的羟基或质子发生反应，过量是没有必要的。钛酸酯偶联剂的大致用量为无机粉体用量的0.1%～0.3%左右。被处理填料或颜料的粒度越细，比表面积越大，钛酸酯偶联剂的用量就越大。最适当的用量可以用黏度测定法求得：高熔点的聚合物通常用低分子量的液体，如矿物油代替做模拟试验，钛酸酯用量从粉体质量的 0、0.25%、0.5%、1.0%、2.0%及 3.0%做试验，黏度下降最大点，就是较合适的钛酸酯用量。

无机粉体的湿含量、形状、比表面积、酸碱性、化学组成等都可影响偶联作用效果。一般来说，钛酸酯类偶联剂对较粗颗粒粉体的偶联效果不如细粒粉体的效果好。单烷氧基钛酸酯在干燥的填料体系中效果最好，在含游离水的湿粉体中效果较差。在湿粉体中应选用焦磷酸酯基钛酸酯。比表面积大的湿粉体最好使用螯合型钛酸酯偶联剂。

钛酸酯偶联剂在使用过程中应特别注意以下几个问题：①严格控制使用温度、防止钛酸酯分解。②应尽量避免与具有表面活性的助剂并用，因为它们会干扰钛酸酯偶联剂界面处的偶联反应。如果必须使用这些助剂时，应在粉体、偶联剂和聚合物充分混合作用后再加入这些助剂。③多数钛酸酯都不同程度地与酯类增塑剂发生酯交换反应。因此，加料顺序应注意避免首先与这些物质接触，以免发生副反应而失效。注意分散均匀。因钛酸酯偶联剂一般用量为 0.5%～3%，不易与大量粉体均匀混合，可采用适量稀释剂及喷雾方法使其均匀分散混合。④注意技术结合，提高偶联效果。如钛酸酯与硅烷偶联剂并用能产生协同效应。

7.3.1.3　锆铝酸盐偶联剂

1）锆铝酸盐偶联剂特性

美国 Cavendon 公司最先于 1983 年开发了一种新偶联剂，其商品名称为“Cavco Mod”。它是含两种有机配位基的铝酸锆低分子量无机聚合物，特点是能显著降低填充体系的黏度。在不使用偶联剂时，由于填充表面存在着羟基或其他含水基，粒子间易发生相互作用，致使粒子凝聚，黏度上升。而加入锆偶联剂后，它可抑制填充粒子的相互作用，降低填充体系的黏度，提高分散性，从而增加填充量。该类偶联剂不但可用于碳酸钙、高岭土、氢氧化铝和二氧化钛等，而且对于二氧化硅、白炭黑也有效。它的另一特点是价格低廉，据报道其价格仅为硅烷偶联剂的一半。

Cavco Mod 的分子结构如图 7-2 所示。其中，X 为有机官能团。

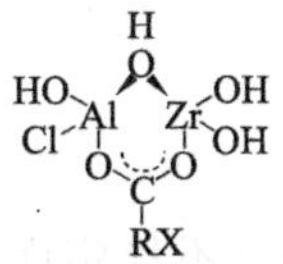

图 7-2　Cavco Mod 锆铝酸盐偶联剂的分子结构

由于在锆铝酸盐偶联剂分子结构中含有两个无机部分(锆和铝)和一个有机功能配位体，因此，与硅烷等偶联剂相比锆类偶联剂的一个显著特点是，分子中无机特性部分的质量分数大，一般介于 57.7%～75.4%，而硅烷偶联剂除 A-1100 外，其余小于 40%。因此，与硅烷相比锆铝酸盐偶联剂分子具有更多的无机反应点，可增强与无机粉体颗粒表面的作用。

锆铝酸盐偶联剂通过氢氧化锆和氢氧化铝基团的缩合作用可与羟基化的表面形成共价键连接。但是更为重要的特性是能够参与金属表面羟基的形成并与金属表面形成氧络桥联的复合物，这种作用的过程如图 7-3 所示。

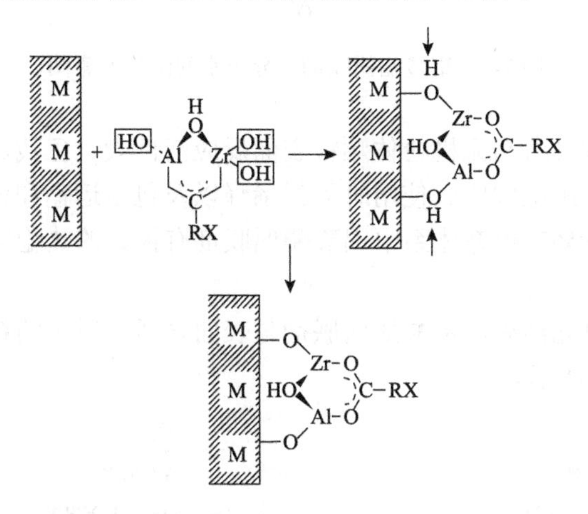

图 7-3　锆铝酸盐偶联剂与金属表面的作用

2）锆铝酸盐偶联剂的应用

这类偶联剂主要用于涂料、黏结剂和塑料。可明显降低黏度，促进黏接强度，提高涂膜耐温性和耐盐雾性，改善粉体分散性，降低沉降性和提高塑料制品冲击强度。锆类偶联剂性能好，价格也较便宜，在很多情况下可代替硅烷偶联剂。

锆类偶联剂均为液态，使用方法主要有以下几种。①直接加入到填料的水浆或非水浆料中，用高速剪切机械搅拌混合。②先将偶联剂溶解在溶剂中，再与无机矿物粉体等混合。③先将偶联剂配成低级醇、丙二醇或者甲醚等溶液，在高速捏合(或混合)机中与无机矿物粉体等直接混合，温度约 70℃。④将偶联剂直接加入到基体树脂中，再与无机矿物粉体等复合。

7.3.1.4　铝酸酯偶联剂

1）铝酸酯偶联剂特性

以前认为铝酸酯因易水解和缔合不稳定而不能作为偶联剂使用，福建师范大学高分子研究所针对此问题合成了具有下列通式和空间结构的铝酸酯，采取部分满足中心铝原子配位数的特殊结构，使得铝酸酯作为偶联剂使用成为现实。

铝酸酯偶联剂的结构通式为 $(RO)_x-Al(D_n)-(OCOR')_m$，分子空间结构示意见图 7-4。

R′
C
O
O
Al
O
O
C
R″
O
O

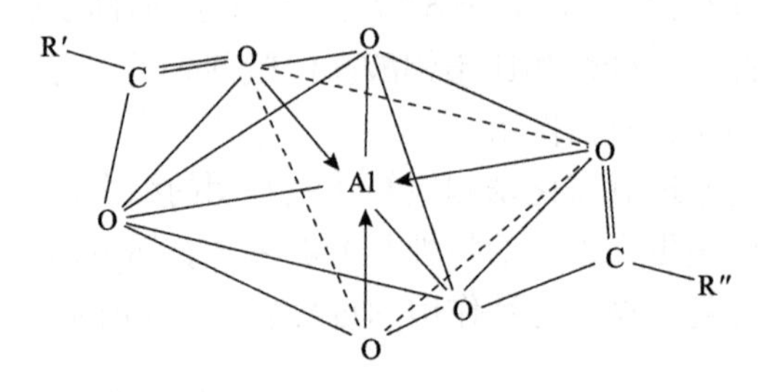

图 7-4　铝酸酯偶联剂的分子空间结构示意图

铝酸酯偶联剂具有与无机粉体颗粒表面反应活性大、色浅、无毒、味小、热分解温度较高、适用范围广、使用时无需稀释以及包装运输和使用方便等特点。研究中还发现在 PVC 填充体系中铝酸酯偶联剂有很好的热稳定协同效应和一定的润滑增塑效果。

根据已有的研究结果，铝酸酯偶联剂与表面含活泼质子的粉体的偶联作用机理示意图如图 7-5 所示。

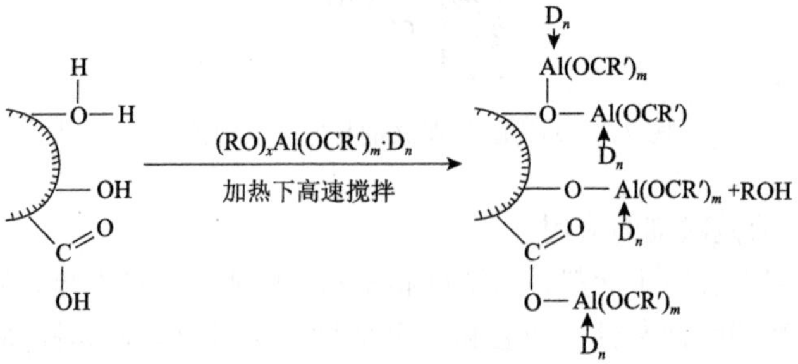

H
O—H
OH
C
O
OH
(RO)xAl(OCR′)m·Dn
加热下高速搅拌
Dn
Al(OCR′)m
O— Al(OCR′)
Dn
O— Al(OCR′)m +ROH
Dn
C
O
O— Al(OCR′)m
Dn

图 7-5　铝酸酯偶联剂处理填料作用机理

2）铝酸酯偶联剂的使用方法

铝酸酯偶联剂的用量一般为复合制品中粉体质量的 0.3%～1.0%。对于注射或挤出成型的塑料硬制品，可用粉体量的 1.0%左右。其他工艺成型的制品、软制品及发泡制品，可用粉体量的 0.3%～0.5%。高比表面的粉体，如氢氧化铝、氢氧化镁、白炭黑可用 1.0%～1.3%。

使用时可采用填料预处理法或直接加入法。

(1) 填料预处理法　填料先在预热至 110℃左右的高速混合机中搅拌，敞口烘干 10 min，然后将捏碎的偶联剂逐渐加入，3～5 min 后即可出料。

(2) 直接加入法　若物料总含水量低于 0.5%，可直接高速加入偶联剂。加入方法同上，但加料顺序以填料、偶联剂和少量增塑剂先加为好，热拌 3 min 后，再加入其他组分，然后按原工艺进行捏合。

7.3.1.5　有机铬偶联剂

1）有机铬偶联剂的特性

有机铬偶联剂即络合物偶联剂，是由不饱和有机酸与三价原子形成的配价型金属络合物。

有机铬偶联剂在玻璃纤维增强塑料中偶联效果较好，且成本较低。但其品种单调，适用范围及偶联效果均不及硅烷及钛酸酯偶联剂。其主要品种是甲基丙烯酸氯化铬络合物。它们一端含有活泼的不饱和基团，可与高聚物基料反应，另一端依靠配价的铬原子与玻璃纤维表面的硅氧键结合，偶联作用机理如图 7-6 所示。

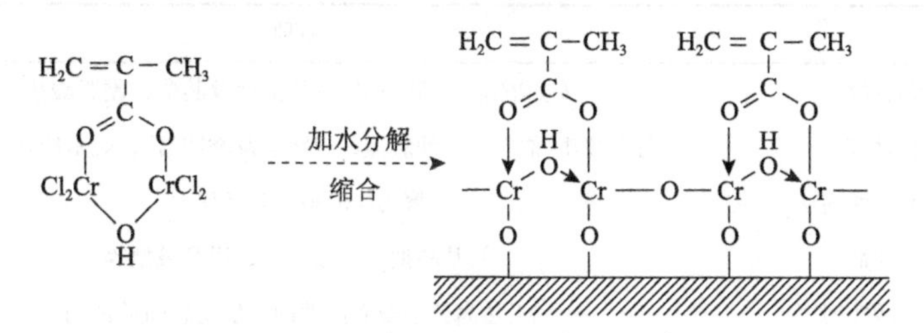

图 7-6　有机铬偶联剂的偶联作用机理

2）有机铬偶联剂的应用

有机铬络合物类偶联剂因铬离子毒性及对环境的污染已无大发展，但因其处理玻璃纤维效果很好且较便宜，目前仍有少量应用。

有机铬络合物偶联剂使用方法以 B-30l 为例。

(1) 处理液配制　用 983 g 自来水加 17 g B-30l，配成质量分数为 1.7%的水溶液，用 $NaHCO_3$ 溶液调节 pH 值至 4～5，调节时注意慢慢滴加同时用力搅拌，以免局部 pH 值过大而产生沉淀。

(2) 处理工艺　将已热处理脱蜡的玻璃布完全浸泡在处理液中，室温下浸渍 5 min，用挤压法控制处理的玻璃布湿增重约 60%，处理过的玻璃布室温晾置 50～60 min，再在鼓风烘箱中 125℃下 10 min 后保存于阴凉干燥处即可使用。

7.3.2 表面活性剂

7.3.2.1 概述

表面活性剂(surface active agent，surfactant)是一类重要的精细化学品，早期主要应用于洗涤、纺织等行业，现在其应用范围几乎覆盖了精细化工的所有领域。

目前人们对表面活性剂的定义尚无统一的描述，但普遍认为从其名称上看应包括三方面的含义，即“表(界)面”(surface)、“活性”(active)和“添加剂”(agent)。具体地讲，表面活性剂应当是这样一类物质，在加入量很少时即能明显降低溶剂(通常为水)的表面(或界面)张力，改变物系的界面状态，能够起润湿、乳化、起泡、增溶及分散等一系列作用，从而达到实际应用的要求。

表面活性剂分子由性质截然不同的两部分组成。一部分是与油有亲和性的亲油基(也称憎水基)，另一部分是与水有亲和性的亲水基(也称憎油基)。

表面活性剂的种类很多，分类方法各异，最常用且方便的分类方法是按其离子类型和亲水基类型进行分类，可分为阴离子表面活性剂、阳离子表面活性剂、两性表面活性剂、非离子型表面活性剂及特殊类型表面活性剂等，见表 7-4。

表 7-4 表面活性剂按亲水基分类

类型	品种
阴离子表面活性剂	硫酸酯盐、磷酸酯盐、磺酸盐及其酯、硬脂酸盐
阳离子表面活性剂	高级胺盐(伯胺盐、仲胺盐、叔胺盐及季铵盐)、烷基磷酸取代胺
非离子型表面活性剂	聚乙二醇型、多元醇型
两性表面活性剂	氨基酸型、咪唑啉型、甜菜碱型等
特殊类型表面活性剂	天然高分子表面活性剂、生物表面活性剂

阴离子、阳离子和非离子型，如高级脂肪酸及其盐、醇类、胺类及酯类等的表面活性剂是主要的表面改性(处理)剂之一。其分子的一端为长链烷基，结构与聚合物分子结构相近，特别是与聚烯烃分子结构近似，因而和聚烯烃等有机高聚物有一定的相容性。分子的另一端为羧基、醚基、氨基等极性基团，可与无机粉体颗粒表面发生物理化学吸附或化学反应，覆盖于粉体颗粒表面。因此，用高级脂肪酸及其金属盐等表面活性剂处理无机粉体类似于偶联剂的作用，可提高无机粉体与聚合物分子的亲和性，改善制品的综合性能。

非金属矿物粉体表面改性常用的表面活性剂主要有以下几种。

7.3.2.2 高级脂肪酸及其盐

高级脂肪酸属于阴离子表面活性剂，其通式为 RCOOH。分子一端为长链烷基(C_{16}～C_{18})，其结构和聚合物分子近似，因而与聚合物基料有一定的相容性；另一端为羧基，可与无机粉体颗粒表面发生物理、化学吸附作用。因此，用高级脂肪酸及其盐，如硬脂酸处理非金属矿物粉体类似偶联剂的作用，有一定的表面处理效果，可改善无机粉体与高聚物基料的亲和性，提高其在高聚物基料中的分散度。此外，由于高级脂肪酸及其盐类本身具有润滑作用，还可以使复合体系内摩擦力减小，改善复合体系的流动性能。

非金属矿物粉体常用的高级脂肪酸及其盐类表面处理剂有硬脂酸、硬脂酸钙、硬脂酸锌等，用量约为粉体质量的 0.5%～3%，使用时可直接与无机粉体混合分散均匀，也可以将硬脂酸稀释后喷洒在无机填料、颜料表面，搅拌均匀后再烘干，除去水分。

7.3.2.3　高级胺盐

高级胺盐，属于阳离子表面活性剂。胺类分子通式为 RNH_2(伯胺)、R_2NH(仲胺)、R_3N(叔胺)等。其中，至少有 1～2 个长链烃基(C_{12}～C_{22})。与高级脂肪酸一样，高级胺盐的烷烃基与聚合物的分子结构相近，因此与高聚物基料有一定的相容性，分子另一端的氨基可与无机粉体表面发生吸附作用。

在对膨润土或蒙脱石型黏土进行有机覆盖处理以制备有机土时，一般采用季铵盐，即甲基苯基或二甲基烃基铵盐。用于制备有机土的季铵盐，其烃基的碳原子数一般为 12～22，优先碳原子数为 16～18，其中 16 碳烃基占 20%～35%，18 碳烃基占 60%～75%。阴离子盐类最好是氯化物、溴化物或混合物，以氯化物为最佳。然而，其他的阴离子如乙酸、氢氧化物和氮化物也可能存在于季铵盐中。

可用作膨润土覆盖剂的品种较多，如双烷基甲基苯基二氢化牛脂氯化铵、甲基苯基椰子油酸氯化铵等都是国内外常用的制备有机土的覆盖剂。这些覆盖剂可单独使用，也可混合使用，近年来的研究表明，混合使用覆盖剂较使用单一覆盖剂的效果好。

7.3.2.4　非离子型表面活性剂

非离子型表面活性剂对填充(或复合)体系的作用机理与各类偶联剂相似。亲水基团和亲油基团分别与粉体和高聚物基料发生相互作用，加强二者的联系，从而提高体系的相容性和均匀性。两个极性基团之间的柔性碳链起增塑润滑作用，赋予体系韧性和流动性，使体系黏度下降，改善加工性能。如用高级脂肪醇聚氧乙烯醚类[通式为 $RO(CH_2CH_2)_mH$，R 为 C_{12}～C_{18} 烃基]作处理剂对硅灰石粉进行的表面改性结果表明，改性后大大提高了硅灰石在 PVC 电缆料中的填充性能。

除上述表面活性剂外，磷酸酯也可用于无机粉体的表面处理，如单脂型磷酸酯：

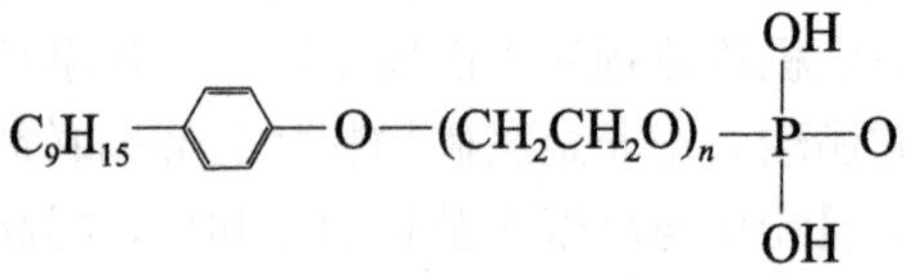

$$C_9H_{15}-C_6H_4-O-(CH_2CH_2O)_n-P(OH)_2-O$$

用于滑石粉的表面包覆处理，可改进滑石粉与高聚物（如聚丙烯）的界面亲和性，改善其在有机高聚物基料中的分散状态，并提高高聚物基料对粉体的湿润能力。

7.3.2.5　有机硅

高分子有机硅又称硅油或硅表面活性剂，是以硅氧键链(Si—O—Si)为骨架，硅原子上接有机基团的一类聚合物。其无机骨架有很高的结构稳定性和使有机侧基呈低表面取向的柔屈性。覆盖于骨架外的有机基团则决定了其分子的表面活性和其他功能。绝大多数有机硅都带有低表面的侧基，特别是烷烃基中表面能最低的甲基。有机硅除了用作无机粉体，如高岭土、碳酸钙、滑石、水合氧化铝等的表面改性剂外，还因其化学稳定性、透过性、不与药物发生反应和良好的生物相容性，也是最早用于药物包膜的高分子材料。其主要品种有聚二甲基硅氧烷、有机基改性硅氧烷及有机硅与有机化合物的共聚物等。

(1) 聚二甲基硅氧烷　聚二甲基硅氧烷的分子结构为

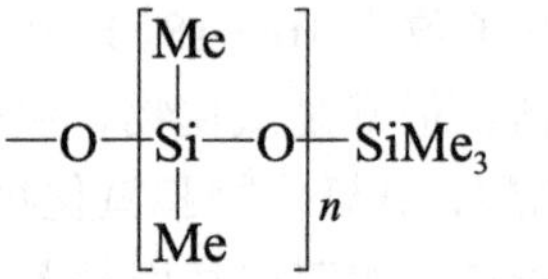

$$-O-\left[\begin{matrix}Me\\ |\\ Si-O\\ |\\ Me\end{matrix}\right]_n-SiMe_3 \qquad n=0\sim2500$$

式中，Me 代表甲基(CH_3，下同)。因其分子通体为甲基，故表面张力极低，仅约16～21 mN/m(室温)。分子量小的表面张力较低，但增减幅度甚微，其黏度也随分子量递增。它不溶于水、低级醇、丙酮、乙二醇等，可溶于脂烃、芳烃、高级醇、醚、酯类、氯化烃等大多数有机溶剂。

(2) 有机基改性硅氧烷　聚硅氧烷进行有机基改性的常见类型为

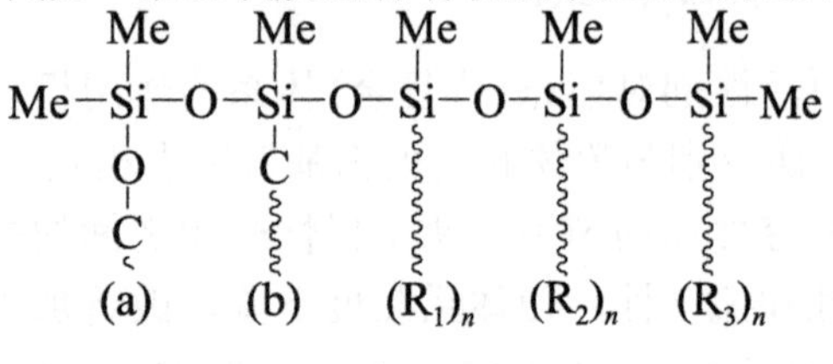

$$\begin{matrix} & Me & & Me & & Me & & Me & & Me & \\ & | & & | & & | & & | & & | & \\ Me- & Si & -O- & Si & -O- & Si & -O- & Si & -O- & Si & -Me \\ & | & & | & & \wr & & \wr & & \wr & \\ & O & & C & & \wr & & \wr & & \wr & \\ & | & & \wr & & \wr & & \wr & & \wr & \\ & C & & \wr & & \wr & & \wr & & \wr & \\ & (a) & & (b) & & (R_1)_n & & (R_2)_n & & (R_3)_n & \end{matrix}$$

其改性后的最终性能由以下两项因素决定：改性剂与主链是以(a)—Si—O—C 键，还是以(b)—Si—C 键连接；改性剂 R_1、R_2、R_3 的类型，n 的数目及其所在的位置。—Si—O—C 连接键易水解变为二甲基硅氧烷。—Si—C 连接键对水解稳定，无—Si—O—C 连接键的缺点。以下介绍三种改性聚硅氧烷。

a. 带活性基的聚甲基硅氧烷，这种有机硅是改性剂的一种特例，其硅原子上接有若干氢键，或以羟基封端。结构式如下：

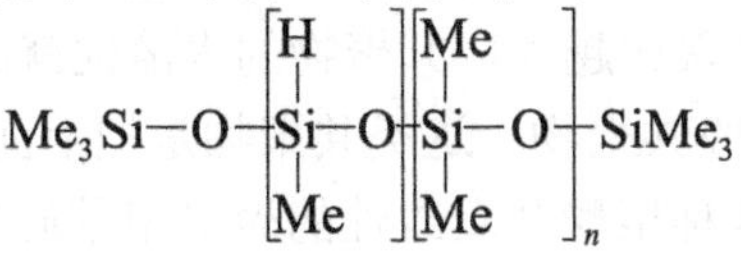

$$Me_3Si-O-\left[\begin{matrix}H\\|\\Si\\|\\Me\end{matrix}-O\right]\left[\begin{matrix}Me\\|\\Si\\|\\Me\end{matrix}-O\right]_n-SiMe_3 \text{ 和 } HO-\left[\begin{matrix}Me\\|\\Si\\|\\Me\end{matrix}-O\right]_n-H$$

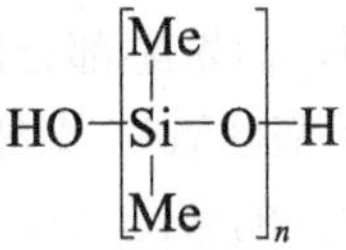

氢键和羟基有很强的反应活性，易与无机粉体表面形成牢固的化学键，故常用于处理无机粉体。

b. 苯基或高烷基改性的聚二甲基硅氧烷，结构式如下：

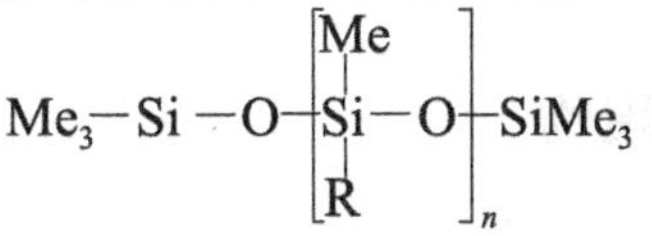

$$Me_3-Si-O-\left[\begin{matrix}Me\\|\\Si\\|\\R\end{matrix}-O\right]_n-SiMe_3 \quad \text{R为高烷基或苯基}$$

上述分子式中取代甲基的高烷基或苯基较大，有一定的定向作用和空间效应，对硅氧烷骨架的柔韧性造成障碍，故改性后的黏度和表面张力都相应增大。其他取代基改性还有用赋予水溶性的多缩乙二醇、有机不饱和基、氨基、反应官能团的羧酸基、酰胺基或环氧基等。

c. 带有机锡基团的聚硅氧烷，其母体结构式如下：

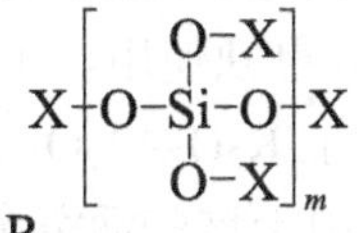

$$X-\left[\begin{matrix}O-X\\|\\O-Si-O\\|\\O-X\end{matrix}\right]_m-X \quad \text{其中，}m=1\sim10$$

X 最好是接有$Y{=}R_1-\overset{\displaystyle R_2}{\overset{|}{Sn}}-R_3$基团的乙基。这一结构易在酸或碱的催化下水解，缩聚成带—Si—O—Y 基团的聚硅氧烷。有机钇功能基团 Y 有很强的防污和防毒、杀菌功能。

(3) 有机硅与有机化合物的共聚物　这类共聚物兼有有机硅的高表面活性和有机化合物的特性，如好的相容性、水溶性或耐热性等。其结构式通常为

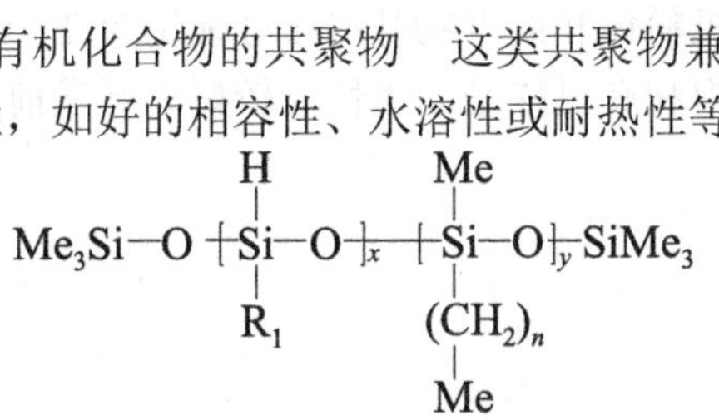

$$Me_3Si-O-\left[\begin{matrix}H\\|\\Si\\|\\R_1\end{matrix}-O\right]_x-\left[\begin{matrix}Me\\|\\Si\\|\\(CH_2)_n\\|\\Me\end{matrix}-O\right]_y-SiMe_3 \quad \text{其中，}n\geqslant0$$

a. 聚甲基硅氧烷-聚醚嵌段共聚物　聚醚是一种有很好亲水性的化合物，通常为聚环氧乙烷、聚环氧丙烷或聚环氧乙烷-聚环氧丙烷共聚物。经其共聚改性的有机硅是在聚硅氧烷主链的硅原子上通过 Si—C 或 Si—O—C 键连接上各种数目的同一种聚醚基团 R_1。其性能取决于以下几个方面。

有机硅部分的结构是直链还是支链，侧基是甲基还是其他有机基团。

聚醚部分的类型和性质，包括聚醚中各氧化烯类间的比例，与有机硅的连接键是 Si—O—C 还是 Si—C，是嵌段共聚还是无规共聚。

有机硅与聚醚间总的分配比例。通常有机硅部分的共聚比越大，共聚物的表面活性就越高，而聚醚部分的共聚比越大，共聚物的水溶性就越好。

b. 聚二甲基硅氧烷-聚酯嵌段共聚物　这类共聚物是把上面结构式中的 R_1 基团换成耐热性好的聚酯基团。这种聚酯共聚改性的聚二甲基硅氧烷就兼有很高的表面活性和即使温度达 220℃都不会发生热分解的优异稳定性。

常用于处理无机粉体的有机硅一般为带活性基的聚甲基硅氧烷，其硅原子上接有若干氢键或羟基封端。

7.3.3　不饱和有机酸及有机低聚物

7.3.3.1　不饱和有机酸

不饱和有机酸作为无机粉体的表面改性剂，带有一个或多个不饱和双键及一个或多个羟基，碳原子数一般在 10 个以下。常见的不饱和有机酸是：丙烯酸、甲基丙烯酸、丁烯酸、肉桂酸、山梨酸、2-氯丙烯酸、马来酸、衣康酸等，多用于表面呈酸性矿物的表面改性。一般来说，酸性越强，越容易形成离子键，故多选用丙烯酸和甲基丙烯酸。各种有机酸可以单独使用，也可以混合使用。

含有活泼金属离子的无机粉体常带有 K_2O-$A1_2O_3$-SiO_2、Na_2O-$A1_2O_3$-SiO_2、$CaAl_2O_3$-SiO_2 和 MgO-$A1_2O_3$-SiO_2 结构。由于这些活泼金属离子的存在，用带有不饱和双键的有机酸进行表面处理时，就会以稳定的离子键形式，构成单分子层薄膜包覆在颗粒表面。由于有机酸中含有不饱和双键，在和基体树脂复合时，由于残余引发剂的作用或热、机械能的作用，打开双键，和基体树脂发生接枝、交联等一系列化学反应，使无机粉体和高聚物基料较好地结合在一起，提高了复合材料的力学性能。因此，不饱和有机酸是一类性能较好、开发前途较大的新型表面改性剂。

7.3.3.2　有机低聚物

1）聚烯烃低聚物

聚烯烃低聚物主要品种是无规聚丙烯和聚乙烯蜡。

丙烯在高效催化作用下进行聚合反应，生成聚丙烯，反应式如下：

$$n\mathrm{H_2C}-\underset{\mathrm{H}}{\mathrm{C}}=\mathrm{CH_2}\xrightarrow{\text{高效催化剂}}\left[\underset{\mathrm{CH_3}}{\underset{|}{\mathrm{CH}}}-\mathrm{CH_2}\right]_n$$

生成的聚丙烯有三种不同的立体异构体，即等规立构聚丙烯、间规立构聚丙烯和无规立构聚丙烯。三种不同的立构聚丙烯的性能差异很大，等规立构聚丙烯和间规立构聚丙烯性能较接近，无规立构聚丙烯性能相差甚远。无规立构聚丙烯作为无机粉体的表面处理剂，可以发挥其特长。

聚乙烯蜡，即低分子量聚乙烯，平均分子量1500～5000，白色粉末，相对密度0.9，软化点101～110℃。聚乙烯蜡经部分氧化即为氧化聚乙烯蜡。氧化聚乙烯蜡的分子链上带有一定量的羧基和羟基。

聚乙烯蜡可以专门合成生产，也可以和无规立构聚烯烃类似，将低压法生产高密度聚乙烯的副产品综合利用，即所谓的"低聚物"。

聚烯烃低聚物有较高的黏附性能，可以和无机粉体较好地浸润、黏附、包覆。同时，因其基本结构和聚烯烃相似，可以和聚烯烃很好地相容结合，广泛地应用于聚烯烃类复合材料中无机粉体的表面处理。

2）其他低聚物

(1) 聚乙二醇　据报道，用聚乙二醇包覆处理硅灰石可显著改善填充聚丙烯(PP)的缺口冲击强度和低温性能。这种聚乙二醇的平均分子量为2000～4000。

(2) 双酚A型环氧树脂　将分子量340～630的双酚A型环氧树脂和胺化酰亚胺交联剂溶解在乙醇中，加入适当的云母粉，经过一定时间搅拌后，即得到环氧树脂与交联剂包覆的活性填料。

7.3.4 超分散剂

超分散剂是一类新型的聚合物分散助剂，主要用于提高非金属矿物粉体在非水介质，如油墨、涂料、陶瓷原料及塑料等中的分散度。超分散剂的分子量一般在1000～10000之间，其分子结构一般含有性能不同的两个部分。其中一部分为锚固基团，可通过离子对、氢键、范德瓦耳斯力等作用以单点或多点的形式紧密地结合在颗粒表面上。另一部分为具有一定长度的聚合物链。当吸附或覆盖了超分散剂的颗粒相互靠近时，由于溶剂化链的空间障碍而使颗粒相互弹开，从而实现颗粒在非水介质中的稳定分散。

7.3.4.1 分子结构及品种

1）超分散剂的主要特点

超分散剂克服了传统分散剂在非水分散体系中的局限性。与传统分散剂相比，超分散剂主要有以下特点：①在颗粒表面可形成多点锚固，提高了吸附牢度，不易解吸；②溶剂化链比传统分散剂亲油基团长，可起到有效的空间稳定作用；③形成极弱的胶束，易于活动，能迅速移向颗粒表面，起到润湿保护作用；④不会在颗粒表面导入亲油膜，从而不致影响最终产品的应用性能。

2）超分散剂的分子结构

下面介绍几种常见超分散剂品种的分子结构。

(1)含取代氨端基的聚酯分散剂，可用于颗粒在有机溶剂及磁粉在基质中的分散。分子结构可写作：

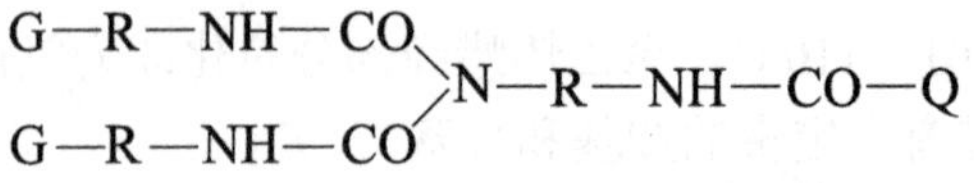

$$\left.\begin{matrix} G—R—NH—CO \\ G—R—NH—CO \end{matrix}\right\rangle N—R—NH—CO—Q$$

式中，G 为—NCO、—NH_2；R 为 C_2～C_{10} 烷基；Q 为聚酯链(溶剂化段)。

(2)用于分散颜料的接枝共聚物分散剂。其分子结构包括两部分，主链为顺丁烯二酸酐同乙烯基单体的共聚物，侧链为乙酸乙烯酯或丙烯酸酯类聚合物。

(3)聚(羟基酸)酯类分散剂。用于颜料分散，其分子结构可写作：

$$HO\!\left[X—COO\right]_n M$$

其中，X 为二价烷基，M 为 H 或金属。

(4)分子结构为 YCOZR 的分散剂。其中：Y 为聚酯醚；Z 为 $—\overset{T_1}{\overset{|}{N}}—A—$ 或 —O—A—(T_1 为 H 或烷基，A 为烷基或烷烃基)；R 为 $—N\langle^{T_2}_{T_3}$ 或 $N^+\langle^{T_2}_{T_4}—T_3W^-$ (T_2、T_3、T_4 同 T_1，W^- 为有/无色阴离子)。

(5)一种低聚皂类分散剂。分子结构为

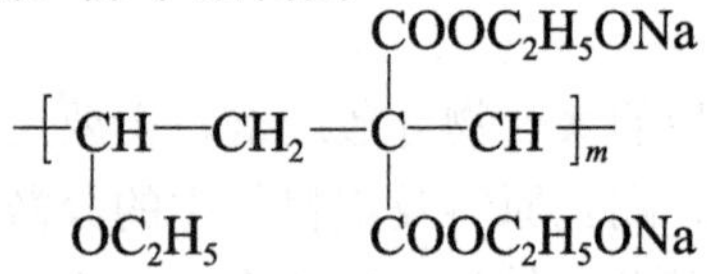

$$\left[\underset{\substack{|\\OC_2H_5}}{CH}—CH_2—\overset{COOC_2H_5ONa}{\underset{COOC_2H_5ONa}{\overset{|}{\underset{|}{C}}}}—CH\right]_m$$

(6)一种水溶性高分子分散剂：

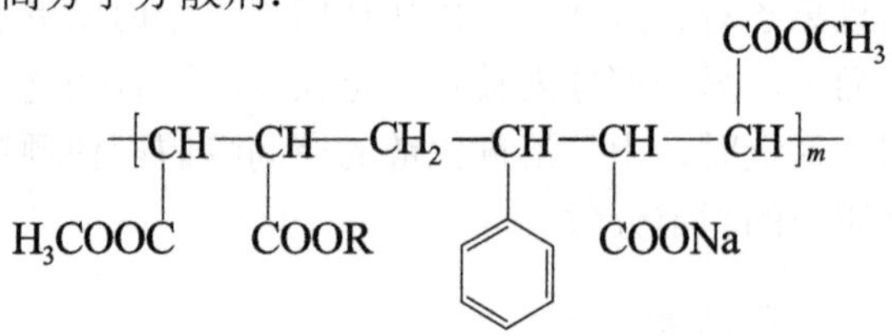

$$\left[\underset{\substack{|\\H_3COOC}}{CH}—\underset{\substack{|\\COOR}}{CH}—CH_2—\underset{\substack{|\\C_6H_5}}{CH}—\underset{\substack{|\\COONa}}{CH}—\overset{\substack{COOCH_3\\|}}{CH}\right]_m$$

(7)一种酞菁颜料分散剂：

$$—\!\left[D—Z—O\!\left(OC—X—O\right)_y H\right]_m\!—$$

其中，D 为酞菁自由基；Z 为二价桥基，如—CH_2；$O\!\left(OC—X—O\right)_y$— 为聚酯链。此外，还有 Croda Resins 公司开发的硫型聚合物分散剂。国外从 20 世纪 70 年代初开始研究超分散剂，投入了较大的开发力量，至今已经取得很大进展，并在颜料、油墨、涂料、陶瓷等工业中得到日益广泛的应用，开发出了一系列不同牌号、适用于不同场合的产品。

7.3.4.2 使用方法

基于超分散剂分子本身的结构特点及其在非水分散体系中的作用特性，在应用过程中必须达到：①锚固段在颗粒表面牢固地结合；②超分散剂在颗粒表面形成较完整的单分子覆盖层；③在介质中的溶剂化段有足够的长度以提供空间稳定作用。因此，在使用过程中须着重考虑以下几个因素。

(1) 超分散剂的选择 颗粒本身的化学结构及粒子表面吸附的其他物质对锚固段与颗粒表面的结合都有重要的影响。颗粒的表面性能包括比表面积、表面能、表面化学结构、表面极性、表面酸碱性等。颗粒表面与锚固段发生较强的相互作用，包括氢键、共价键、酸-碱作用，含—OH、—COOH、—O—及其他极性基团的表面更易与锚固段形成牢固的结合，在颗粒表面棱角凹凸部位有更强的吸附力。一些典型的锚固官能团有$—NR_2$、$—N^+R_3$、—COOH、$—COO^-$、$—SO_3^-$、$—PO_4^{2-}$、—OH、—SH 以及嵌段异氰酸酯等。因此，需要根据颗粒表面特性来选择超分散剂的类型。

对表面极性较强的无机颗粒，选择能通过偶极-偶极作用、氢键作用或离子对键合形成单点锚固的超分散剂，如 Solsperse-17000/TiO_2。

对多环有机颜料或表面有弱极性基团的颗粒，选择含多个锚固官能团能通过多点弱锚固增强总的吸附牢度的超分散剂，如 Solsperse-13000/联苯胺黄。对非极性表面的颗粒，应选择适当的表面增效剂与超分散剂配合使用。利用表面增效剂与有机颜料物理化学性质相似的特点，使之更易吸附在颗粒表面上，同时为超分散剂提供了一些极性锚固位。

(2) 溶剂化链的选择 为确保超分散剂对固体颗粒在非水介质中的分散具有足够的空间稳定作用，应使其溶剂化段与分散介质有很好的相容性。根据相似相容规则，应使溶剂化段的极性与所有介质相匹配。若以脂肪烃或芳香烃等非极性化合物为溶剂，则溶剂化段应为低(非)极性的，如 Solsperse-6000；若以芳烃酯类、酮类等中等极性化合物为溶剂，则应选择中等极性的溶剂化段，如 Solsperse-24000；若以醇溶性、水性基料为分散介质，则应选择在极性溶剂中有一定溶解的超分散剂，如 Solsperse-20000。

(3) 用量的确定 在实际应用中，超分散剂用量存在一个最佳值，以达到单分子层的完全覆盖，过少会影响其作用效果，过多则会提高成本，影响最终产品的质量。通常超分散剂用量是通过分散体系黏度随超分散剂用量变化曲线的最低点来确定的，一般为 2 mg 超分散剂/m^2 颗粒表面。对无机颜料而言，相当颜料质量的 1%～2%；对有机颜料而言，相当于颜料质量的 5%～15%。

(4) 加料顺序的影响 在多相分散体系中，超分散剂及其他助剂、树脂加入顺序不同，在颗粒表面形成的吸附层的结构、组成也有差别，因此，分散体系的某些性能亦不同，故对于多相分散体系，要根据性能要求选择适当的加料顺序。一般先将超分散剂与分散介质混合，然后加入其他助剂，最后加入待分散的颗粒。

(5)分散工艺及设备　固体颗粒在使用介质中的分散工艺及设备，主要依据分散质量、生产分散体的费用及被分散的颗粒形态(干粉或膏状物)而定。对于低黏度的分散体物料，一般采用球磨机；对于高黏度的膏状物分散体，一般采用多辊(如三辊)磨；若遇到黏度更高的颜料膏状物，更为有效的分散设备是双臂 Z 形捏合机。在相同固体含量情况下，超分散剂作用的分散体系具有更低的黏度。

(6)粒度及粒度分布的影响　在一定的分散介质中，需要根据分散颗粒的粒度及粒度分布确定溶剂化链分子量及分子量分布，以免溶剂化链过长或过短引起不良作用。

超分散剂具有许多独特的优点，除了广泛应用于油墨和涂料工业外，还用于陶瓷粉体分散，可提高分散体系固体含量，增加稳定性，消除陶瓷结构微观不均匀性；用于复合材料中，超分散剂不仅可以增加填料填充量，而且可以提高填料的分散度，增强填料和高聚物基料界面之间的结合力，改善复合材料的力学性能。

7.3.5　其他改性剂

其他无机改性剂主要有金属氧化物及其盐类，如氧化钛、氧化铬、氧化铁、氧化锆等金属氧化物或氢氧化物及其盐。因此，在一定反应条件下能在粉体颗粒表面形成金属沉淀化合物或在一定 pH 值的溶液中生成金属氢氧化物的盐类均可作为粉体的无机表面改性剂：如硫酸氧钛、四氯化钛和铬盐等可用于云母珠光颜料和着色云母的表面改性剂；铝盐、硅酸钠用于钛白粉的表面氧化铝和氧化硅包膜的改性剂；硫酸锌用于氢氧化镁和氢氧化铝无机阻燃填料表面包覆水合氧化锌的改性剂；氢氧化钙、硫酸钙用于重质碳酸钙表面包覆纳米碳酸钙的表面改性剂；以 $Al_2(SO_4)_3$、和 Na_2SiO_3 为无机表面改性剂在硅灰石、粉煤灰微珠表面包覆纳米硅酸铝。金属氧化物、碱或碱土金属、稀土氧化物、无机酸及其盐以及 Cu、Au、Mo、Co、Pt、Pd、Ni 等金属或贵金属常用于吸附和催化粉体材料，如氧化铝、硅藻土、分子筛、沸石、二氧化硅、海泡石、膨润土等的表面改性处理剂。

参考文献

丁浩. 2013. 粉体表面改性与应用. 北京: 清华大学出版社.

卢寿慈. 2004. 粉体技术手册. 北京: 化学工业出版社.
任俊, 沈健, 卢寿慈. 2005. 颗粒分散科学与技术. 北京: 化学工业出版社.
陶珍东, 徐红燕, 王介强. 2019. 粉体技术与应用. 北京: 化学工业出版社.
杨华明, 张向超. 2016. 非金属矿物加工工程与设备. 北京: 化学工业出版社.

第 8 章　非金属矿物的功能改性原理

为了提升非金属矿物的利用率和使用效果，需要对其进行精细加工，而功能改性是非金属矿物材料精细加工最主要的措施之一。通过功能化改性，能够有效改善非金属矿物的分散性，提高其表面活性，增加功能特性，增强粉体与其他物质间的相容性。本章介绍了非金属矿物功能改性的几种途径，包括包覆功能化改性、插层功能化改性、有机复合功能化改性、交联功能化改性、置换功能化改性等；还主要介绍了当前比较热门的纳米化改性及其原理和应用；最后列举几种非金属矿物功能化改性的实例来进一步说明功能化改性的应用。

8.1　非金属矿物材料的功能归类

材料的物理性质可分为两类，一类是材料的本征性质，即材料在使用状态下被动地支撑或防御外界作用的能力；另一类是物理效应，指在一定条件下、一定限度内对材料施加某种作用时，通过材料能将这种作用转换为另一种功能的性质，与功能材料密切相关。所谓功能材料指的是在力、声、热、电、磁、光等外场作用下，其性能会发生改变的材料，它是能源、计算技术、通信、电子、激光和空间科学等现代技术的基础，也是材料科学与工程领域中最活跃的部分。

8.2　非金属矿物功能改性的原理与途径

传统意义上，无机矿物的表面改性是指利用偶联剂、表面活性剂以及一些有机聚合物等通过物理化学吸附作用或者化学键合反应等手段将改性剂接枝、涂覆于无机矿物粉体的表面，以期降低粉体材料的团聚提高其分散性，同时改善其表面性质达到改性目的。目前对无机矿物粉体表面修饰改性较为常用的方法主要有包覆、插层、复合、热处理等。

8.2.1　包覆功能化改性

包覆功能化改性是指通过化学反应或吸附作用在非金属矿物表面均匀包覆其

他材料，提升其稳定性、化学活性、分散性等性质的方法，根据制备工艺可以分为物理涂覆、化学包覆、无机沉淀包覆、薄膜包覆等。包覆功能化改性的非金属矿物粉体主要用于以填充料的形式添加到塑料、橡胶等基质中，起到增强目的。

以电气石为例，介绍包覆功能改性的方法。电气石的颜色一般较深，富含铁的电气石呈黑色；富含锂、锰的电气石呈玫瑰色或蓝色；富含镁的电气石常呈褐色；富含铬的电气石呈深绿色；在色泽上并不能满足应用，特别是涂料和化学纤维应用的要求。以下介绍的是一种电气石微粉的表面 TiO_2 包覆改性增白方法，可以满足涂料、涂层材料、功能纤维等对超细电气石功能粉体白度和高遮盖力等的要求。其工艺过程为：①将电气石粉体加水制浆，加酸调节溶液 pH 值至 1.5～3.5；同时加入 $SnCl_2$ 或 ZnO；②将电气石料浆加热至 55～95℃，加入钛盐溶液，同时添加 NaOH 或尿素溶液，以保持料浆 pH 值为 2.5～3，在反应釜或反应罐中对电气石粉体进行表面 TiO_2 沉淀包覆反应，反应时间为 2～6 h；③将包覆反应产物进行过滤、洗涤、干燥和焙烧。电气石原料的粒度为 2～45 μm；料浆质量比为：电气石粉体∶水＝1∶(6～15)；用于调节浆液 pH 值的酸为硫酸或其他无机酸；$SnCl_2$ 或 ZnO 的加入量为电气石粉体质量的 0.1%～1.0%。

所加的钛盐溶液为 $TiCl_4$ 或 $TiOSO_4$，用量以 TiO_2 计，为电气石粉体质量的 30%～150%。焙烧温度为 500～900℃，恒温焙烧时间为 0.5～2.0 h。图 8-1 为电气石微粉表面包覆 TiO_2 改性增白的工艺流程。

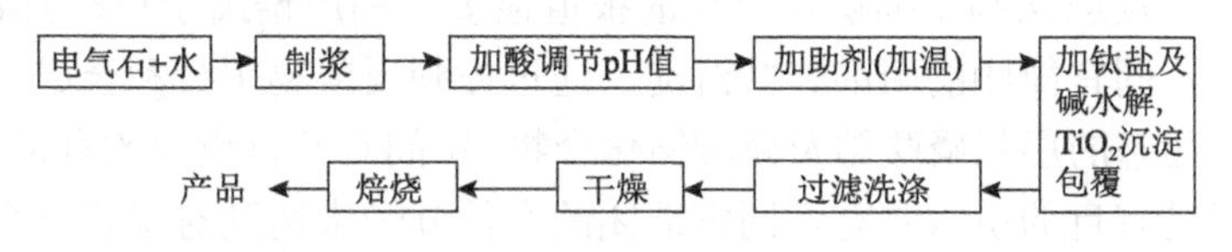

图 8-1 电气石微粉表面包覆 TiO_2 改性增白的工艺流程

用本方法进行包覆改性后的电气石粉体，其白度可以提高到 60%以上。同时，因表面包覆了锐钛型 TiO_2 层，其遮盖力和抗菌性能均有显著提高。

8.2.2 插层功能化改性

由于层状化合物的层间以弱的静电力或范德瓦耳斯力连接，结合力较弱，在一定条件下，某些客体物质，如原子、分子等，可以克服层间的这种弱的作用力，在不破坏层板本身结构的同时可逆地插到层间空隙。因此，用于插层改性的非金属矿物一般具有层状或类层状晶体结构，如：蒙脱土、高岭土等硅酸盐矿物或黏土矿物，以及石墨等。插层技术发展至今，已经出现了种类繁多的插层方法，大致可以概括为直接反应法、离子交换法、分子嵌入法以及剥离重组法。

8.2.2.1 直接反应法(direct reaction)

制备插层化合物最简单的方法就是客体与主体的直接反应。客体分子与含有主体的物种反应，在客体分子的模板作用下进行自组装，一步得到客体分子插层的方法称作直接反应法，如图 8-2 所示。客体如果是液体或低熔点固体，则可直接用作反应剂；固体是有机客体和有机金属客体，则常常将其溶于极性溶剂中。在制备层状磷酸盐、层状氧化锰、层状双氢氧化合物的插层化合物时，经常采用这种方法。

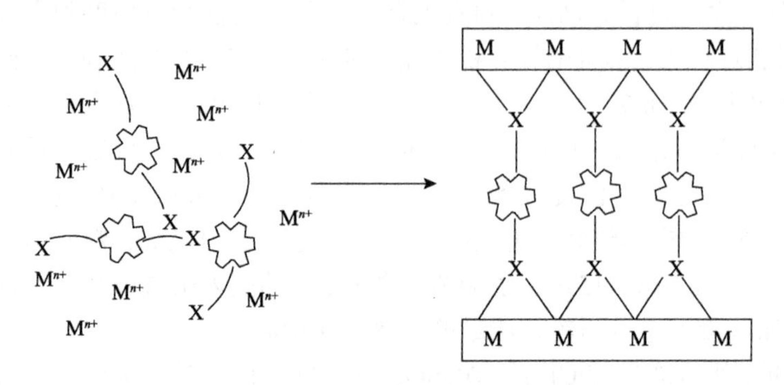

图 8-2 直接插层法的示意图

利用直接反应法制备插层化合物的报道很多。利用锆离子(Zr^{4+})或其他四价金属离子与不同官能团的磷酸酯共沉淀，通过控制反应物用量和合成气氛，可制备晶态和半晶态的层状磷酸锆及磷酸锆化合物；层间有共价束缚的有机客体分子，从而可以通过有目的引入具有不同官能团的客体分子来达到对层状化合物层间表面的裁剪与设计。也可利用锆离子(Zr^{4+})分别同含有磷酸酯官能团的冠醚直接进行酯交换反应，在水及丙酮溶液的混合溶液中通过锆离子与冠醚的自组装，得到以共价方式束缚在层间的具有不同尺寸的冠醚客体分子的层状磷酸锆化合物。一般在层状磷酸锆层间引入冠醚的方法是：首先在层状磷酸锆层间预插入容易离去的基团，如 TBA^+，然后同要引入的冠醚分子进行离子交换。

除了层状磷酸锆采用直接反应法得到客体插层的化合物外，蒙脱石及双氢氧化合物也经常采用直接合成的方法得到客体分子插层的复合物。将含有极性官能团的聚合物与硅酸盐凝胶水热晶化，可得到分散均匀的纳米复合物。在该过程中电荷补偿是原位形成纳米复合物的驱动力，一步合成工艺大大简化了纳米复合物的制备流程，具有应用价值。也可利用有机硅烷作为硅源，与 LiF、$Mg(OH)_2$ 溶液回流，一步反应直接合成层间束缚有机客体的晶态黏土。采用直接合成的方法，在一定的条件下，把氢氧化钠同客体分子与苯甲酸或苯甲酸混合，得到客体分子的阴离子，然后逐滴加入镁及铝的硝酸盐的混合溶液中，通过共沉淀即可得到有机阴离子插层的 Mg-Al 双氢氧化合物。利用共沉淀的方法，通过控制体系的 pH、温度及氮气气氛，用含有客体的有机双阴离子物质天冬氨酸(D,L-aspartic)、谷氨酸(D-glutamic acid)以及大分子聚天冬氨酸(polyaspartic acid)同一定量的硝酸镁及硝酸铝共沉淀得到了天冬氨酸、谷氨酸以及聚天冬氨酸插层的 Mg-Al 双氢氧化合物。采用相似的方法，也得到了两性分子氨基酸在一系列(Mg-Al，Mn-Al，N-Al，Zn-Al，Zn-Cr)双氢氧层状化合物中的组装。利用共沉淀一步合成客体分子在 LDHs 层间的组装，其中 pH 控制及惰性气氛的控制是成功实现插层的重要影响因素。除了利用以上这些湿化学法直接反应生成客体在层状化合物层间插层外，还有人研究了通过干法直接反应得到客体分子在层状双氢氧化合物层间插层的方法。有研究者将癸二酸固体与双氢氧 MgAl-LDH-CO_3 混合物在高出癸二酸熔点 20～30℃下加热，制得了癸二酸柱撑的 LDHs；利用此方法，还可得到癸酸以及苯基膦酸插层的 LDHs。采用此种方法得到的产物中有未反应的层状双氢氧化合物 MgAl-LDH-CO_3，不能得到客体插层的纯产物，但为替代传统的湿法组装有机离子插层的 LDHs 指出了一个新方向。采用聚合物熔体可实现在 Na-蒙脱石层间的直接插入，在制备过程中加入的长链表面活性剂分子是这种聚合物直接插入蒙脱石层间的关键，加入的这种表面活性剂分子可以使聚合物同蒙脱石间具有较好的相容性。利用该法得到的聚合物纳米复合材料同传统的聚合物插层方法制得的材料的性能基本相同，表明这种聚合物熔体插层法具有更为广泛的适用性。

8.2.2.2　离子交换法(ion exchange method)

层状化合物的改性一般都是利用层间离子的可交换性。几乎所有带电荷的层状主体都可以进行离子交换反应，离子交换法广泛用于带电荷的层状主体化合物衍生物的制备。离子交换不仅适用于一些较小的有机配合物离子或过渡金属、稀有金属的水合离子，也适用于一些较大的分子或离子，如有机大分子或聚阳(阴)离子。离子交换法主要有三种方式(图 8-3)：

(1)直接离子交换法[图 8-3(a)]，即目标客体离子直接跟层状主体层间的离子进行交换的方法。

(2)反应离子交换法[图 8-3(b)]，目标客体分子含有能与层状主体层间离子反应的基团，通过主客体的反应，增大了客体离子的插层驱动力，从而实现客体离子在层间的插层。

(3)二次离子交换法[图 8-3(c)]，先在层间引入容易插层的较大体积离子作为离子交换的前驱体，然后再在合适的条件下，同目标客体离子进行交换，从而得到客体离子插层的复合物。

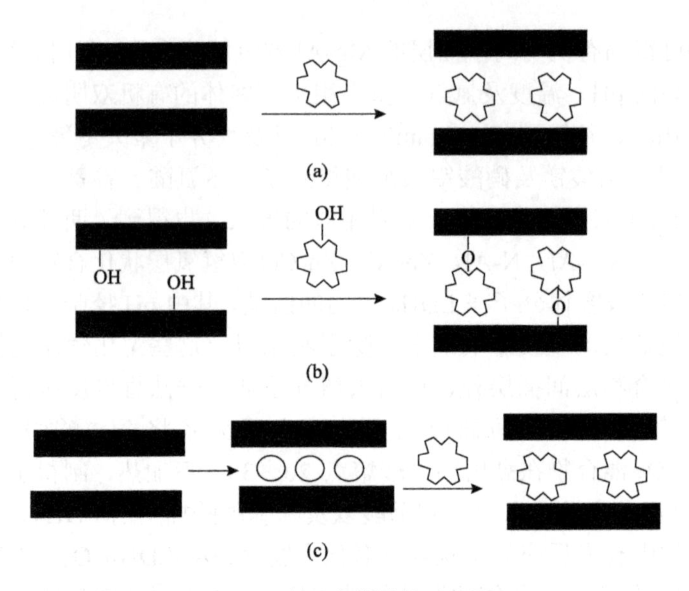

图 8-3　离子交换法的示意图

利用离子交换法制备的插层复合材料的研究很多。例如，选取不同链长的氨基酸同钠型蒙脱石进行离子交换，可得到不同链长氨基酸插层的复合物；发现氨基酸链长影响了氨基酸在蒙脱石层间的排列。利用类似的方法可得到氨基酸在蒙脱石层间的插层，插层后的氨基酸依旧具有其本身手性构型。研究光敏性分子在固体表面的光化学及光物理行为在太阳能转换及制备光敏性薄膜中具有潜在应用价值，尤其是研究光敏性分子钌的嘧啶配合物[$Ru(bpy)_3^{2+}$]在层状材料层间的光学行为吸引了更多学者的注意。钌的嘧啶配合物一般是通过离子交换的方法引入层间，通过引入聚乙烯吡咯烷酮(PVP)与钌的嘧啶配合物共插入黏土的层间，发现共插入的聚乙烯吡咯烷酮分子不仅引起了插层的配合物分子的荧光随其插层量降低而蓝移，也阻止了配合物的团聚。通过在黏土层间隙引入季铵离子对层间进行改性，然后引入中性胺作为辅助活性剂分子，诱导四乙基硅烷(TEOS)在层间的插层、水解以及固化，然后煅烧，可得到二氧化硅柱撑的孔状黏土异质结构(porous clay heterostructure)，这为设计层状材料作为新型催化剂提出了新的思路。

黏土作为制备聚合物纳米复合材料的无机材料，在基础理论及应用开发方面都具有重要意义，国内外对黏土基聚合物纳米复合材料方面的研究异常活跃。制备黏土聚合物纳米复合材料最常用的方法也是离子交换，一般是先用有机阳离子进行离子交换，一方面使层间距增大，另一方面改善层间的微环境，以利于单体或聚合物插入黏土层间形成纳米复合材料。除阳离子型层状化合物外，对阴离子型黏土层状双氢氧化合物的离子交换性能研究也很多，一般认为，LDHs 层间为碳酸根离子（CO_3^{2-}）时，不能进行离子交换；因此在制备需要同客体进行离子交换的 LDHs 时，一定要控制 LDHs 层间为硝酸根（NO_3^-）或者氯离子（Cl^-）。通过一次离子交换或者二次离子交换实现生物分子在黏土矿物层间的固定，这是由于黏土在水中具有较大的溶胀性可以容纳某些生物分子。肌红蛋白（myoglobin，Mb）及血红蛋白（hemoglobin，Hb）可在层状硅酸盐硅钠石层间实现固定，采用的方法是：先用四丁基氢氧化铵（TBAOH）同硅钠石层间的 H^+进行一次离子交换，形成活性中间体溶胶，然后通过控制体系的 pH，使肌红蛋白及血红蛋白同插层的四丁基铵离子进行二次交换，得到了肌红蛋白及血红蛋白插层的硅钠石纳米复合物。

离子交换反应遵循质量守恒原理，但对离子交换过程的理论研究比较困难。因为交换过程中，离子在固体表面存在扩散效应，离子会吸附在固体外表面，因而在表面形成双电层；另外，离子交换量也不仅仅是由层间可交换的离子决定的，还与层板结构有关。影响离子交换反应的主要因素有交换离子的种类和浓度、层状主体自身的性质。总而言之，离子交换是一种较为有效的制备插层化合物的方法，但是要得到交换完全的产物，必须综合考虑各方面的因素，才能制备出期望的层状衍生物。

8.2.2.3　分子嵌入法（molecule imbedding method）

对于层板不带电的中性层状化合物而言，如石墨和层状双硫属化合物，无法进行离子交换引入客体，而科研工作人员研究发现可以通过分子嵌入引入客体。目前主要采用三种方法实现分子嵌入：氧化还原嵌入、电化学嵌入、加热嵌入（客体呈气相或熔盐状态）。图 8-4 为分子在中性主体化合物中的嵌入过程示意图。

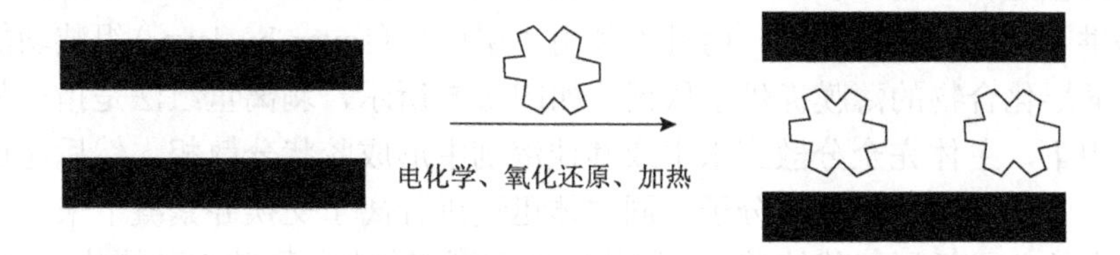

图 8-4　分子嵌入法的示意图

氧化还原嵌入是指通过客体-主体间的氧化还原反应实现分子嵌入，引入客体。以石墨为例，在插入氧化性客体时，多利用氧化还原反应进行客体分子嵌入，经常选用的氧化剂为浓硫酸、浓硝酸、单质溴、过氧化氢等，这是由于这些强氧化剂具有强氧化性，很容易打开石墨片层的边缘，以利于插层分子的进入，继而，插入物进入层间后不断扩散，引起石墨结构的改变。

电化学嵌入法可以利用阴极的还原作用实现嵌入，也可利用阳极的氧化作用实现嵌入。利用阴极还原的方法时，可用主体单晶作为阴极，用客体或铂作阳极，在适当水溶液或非水溶液中进行恒电位电解。如用 TiS_2 单晶作为阴极，在 $CuCl_2$ 的乙氰溶液中进行电解，可得到插层化合物 $Cu_xTiS_2(0\leqslant x\leqslant 0.9)$，作者认为采用这种方法制备 Cu_xTiS_2 具有简便、快捷、化学计量比易控制的优势，而且为进行热力学测试和研究级数提供了一种新的手段。利用阳极氧化的方法时，可以在某些金属(如 Fe、Co、Cd、Al、Mn、Ni、Ga、Au、Ag、Tl、U 等)的溴化物水或有机溶剂中，以石墨为阳极进行电解插层。在 KBr 的水溶液中，利用阳极氧化法，可得到溴在石墨中的插层物；插层后石墨质量增加 10%，电阻率下降 30%。用层状硅酸盐主体修饰的电极浸入液体苯胺生成夹层物后，在盐酸溶液中进行电化学氧化即形成聚苯胺夹层物。利用这种方法得到的硅酸盐插层物相对于离子交换法而言，因电极制作困难，其应用受到限制。

高温法可以分为气相扩散法、熔盐法等。气相扩散法是将石墨和插层物分别置于一真空密封管的两端，在插层物端加热，利用两端的温差形成必要反应压差，使得插层物以小分子的状态进入鳞片石墨层间，从而制得石墨层间化合物。此种方法生产的石墨层间化合物的阶层数可控制，但其生产成本高，适用于沸点低的客体分子，如单质溴及金属钾等的插入。熔盐法是将几种插入物与石墨混合加热复合，形成石墨插层物。对于其他中性层状化合物，也可通过客体与主体层之间形成配位键，即形成配位插层化合物而进行插层。在严格无水的条件下，吡啶取代层间的氧配体可插入 MoO_3 层间。

8.2.2.4　剥离重组法(exfoliation recombination)

对于一些体积较大的客体分子，在插层过程中，由于动力学及热力学的原因，并不能直接进行插层，剥离重组法不仅为这些客体分子在层状化合物层间的有效组装提供了另外一种途径口，而且为利用“层层”(1ayer by layer)组装功能性客体分子插层化合物的薄膜提供了依据。如图 8-5 所示，剥离重组法是指在某种剥离剂作用下，主体完全分散到水中或其他溶剂中形成胶状分散相，然后通过引入一些其他带相反电荷的客体分子，同主体迅速进行离子交换并絮凝下来。在制备体积较大的分子插层层状钛酸盐、层状钙钛矿型氧化物、层状双硫属化合物等时，经常采用剥离重组法。

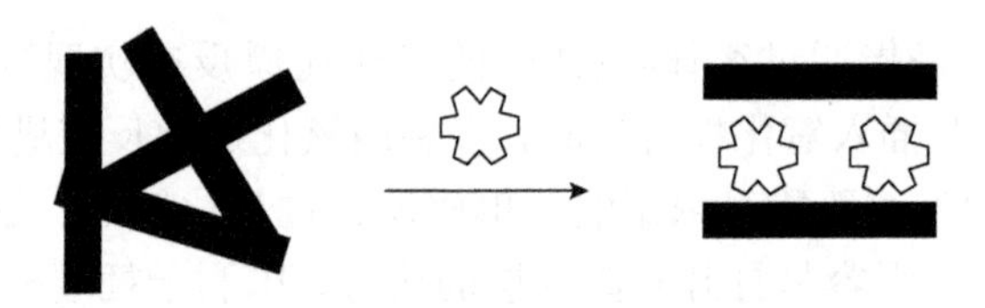

图 8-5　剥离重组法的示意图

几个有代表性的利用剥离重组法制备插层复合物的案例有：利用 $Na_{0.33}TaS_2$ 分散在 *N*-甲基甲酰胺和水中能形成均一相胶状溶液的性质，随后加入大的聚阳离子 $[Fe_6S_8(Pet_3)_6]^{2+}$溶液，成功地将 $[Fe_6S_8(Pet_3)_6]^{2+}$引入 TaS_2 的层间。利用相似的方法可得到具有电荷传输性质的共轭分子聚苯胺(polyaniline)插层的 MoS_2 复合物。利用水和与水不溶的有机溶剂形成的界面，把剥离的单片 MoS_2 分散在水中，要组装的有机客体分子溶于有机溶剂中，通过界面自组装可以得到有机分子插层的 MoS_2 复合物的膜或者粉体；利用这种界面自组装的方法克服了传统插层技术中只能在过渡金属二硫化物层间插入具有电子施主即路易斯碱(Lewis base)的客体分子的缺陷，扩展了在过渡金属二硫化物层间插层的客体物质种类；利用此方法也获得了高度规整的二茂铁插层的 MoS_2 复合物导电薄膜。利用剥离的 α-ZrP 层板表面带有容易离去的 TBA^+基团的性质，通过 NH_4^+ 修饰的基体表面可以很容易地同剥离的 α-ZrP 层板任何一个表面弱束缚的 TBA^+进行交换。通过这种离子交换作用，可成功地把剥离的 α-ZrP 层板引入基体表面；由于层板的另一个表面上依旧保留的 TBA^+很容易被其他阳离子取代，只要把基体浸入想要引入的带正电荷的客体溶液中进行离子交换，α-ZrP 层板另一面就会束缚有一层客体分子，反复进行以上过程，就可得到多层束缚有客体分子的 α-ZrP 膜；利用此方法，得到了聚阳离子以及细胞色素(cytochrome)插层的 α-ZrP 插层复合材料。

基于以上理论基础，下面以有机插层蛭石为例，来具体介绍插层功能改性的方法。蛭石属于层状结构的硅酸盐矿物，与膨润土一样，也可以用来制备有机插层材料。蛭石具有高的层电荷的特点，可以通过离子交换吸附更多的阳离子，因此，有机插层蛭石具有有机碳含量高的特点，这有利于它通过分配过程对水中非离子型有机污染物的吸附。以下简单介绍有机插层蛭石的实验室制备工艺和样品的性能研究。

采用十六烷基三甲基溴化铵(HDTMA)有机插层蛭石的实验室制备过程是：蛭石细磨→加水搅拌分散→加入有机插层剂搅拌反应→过滤洗涤→干燥。

X 射线衍射表明，由于有机阳离子进入蛭石层间，蛭石的 d_{001} 值从 1.45 nm 增加到 2.90 nm，而且(001)峰衍射强度极高，其他衍射强度很弱。$HDTMA^+$的结构为直链型，其长度为 2.35 nm。蛭石晶体层间域厚度等于实测的 d_{001} 值减去蛭石硅酸盐层厚度(0.93 nm)，即为 1.97 nm，说明 $HDTMA^+$在蛭石晶层层间以倾斜方式排列，倾角大约为 57°。实验结果表明，在 HDTMA 用量较低的情况下(相当于 10%～20% CEC 的加入量)，加入的 HDTMA 完全被蛭石吸附；在用量较高的情况下，只有部分 HDTMA 被蛭石吸附。蛭石中被交换出来的 Na^+含量最高，其次是 Ca^{2+}、Mg^{2+}和 K^+，虽然 Ca^{2+}也是晶层层间的主要阳离子之一，但在 10%～

20%CEC 加入量时交换出来的 Ca^{2+}含量很低，而 Na^+始终具有较高的含量，说明 HDTMA 优先置换 Na^+。比较被交换出来的阳离子合计数与进入蛭石层间的 $HDTMA^+$量，得出在 10%～40%用量下两者基本相等，属于计量离子交换反应，但在更大的用量下，前者明显低于后者，说明除了离子交换反应外，还有部分 $HDTMA^+$是以 HDTMA·Br 分子的形式进入蛭石层间域的；而且用量越大，分子吸附所占比例越高。

基于以上实验结果，离子交换反应机制可表示为

$$HDTMA^+Br^-+Na^+\text{-蛭石}\longrightarrow HDTMA^+\text{-蛭石}+Na^+Br^-$$

分子吸附机制可表示为

$$HDTMA\cdot Br+\text{蛭石}\longrightarrow (HDTMA\cdot Br,Na^+)\text{-蛭石}$$

若 HDTMA 在层间采取倾斜方式，则有机插层蛭石的 d_{001} 值将取决于 HDTMA 在层间的倾角，而与 HDTMA 在层间的含量多少无关。相反，若 HDTMA 在层间采取平铺方式，则随层间 HDTMA 含量的增加，铺满第一层还会在其上铺第二层等，也即有机插层蛭石的 d_{001} 值与 HDTMA 在层间的含量多少有关。表 8-1 为不同 HDTMA·Br 用量下有机插层蛭石的 d_{001} 值。将 10%CEC 加入量下得到的有机插层样品记为 HDTMA-10，其他加入量依次类推。由表 8-1 可见，除了 HDTMA-10 未见到有机插层蛭石的 2.90 nm 左右衍射峰外，其余样品在 2.93～3.01 nm。说明不同 HDTMA·Br 用量下有机插层蛭石的 d_{001} 值变化不大，也即 HDTMA 在层间以倾斜立式方式排列。

表 8-1　不同 HDTMA·Br 用量下有机插层蛭石的 d_{001} 值

样品号	d_{001}/nm	样品号	d_{001}/nm	样品号	d_{001}/nm
HDTMA-10	1.45	HDTMA-60	2.93	HDTMA-100	2.99
HDTMA-20	2.90	HDTMA-80	2.94	HDTMA-200	3.01
HDTMA-40	2.93				

在 HDTMA-10 中，由于 HDTMA 加入量很少，部分 HDTMA 又被吸附在蛭石的外表面上，能进入蛭石层间的 HDTMA 更少，不足以撑开蛭石的蛭石晶层，因此未见有插层蛭石的 2.90 nm 衍射峰。在 HDTMA-20 中，X 射线衍射结果表明仍然有相当可观的蛭石残留，说明反应的不均匀性，即部分蛭石与 HDTMA 发生了离子交换反应，部分蛭石未与 HDTMA 发生反应。在 HDTMA-40、HDTMA-60 中也有部分蛭石残留，HDTMA-100 中残留的蛭石已很少，在 HDTMA-200 中完全没有蛭石残留，说明所有的蛭石晶层都被 HDTMA 撑开。

表 8-2 所列为不同 HDTMA·Br 用量下有机插层蛭石的 BET 比表面积测定结果。由表可见，所有的有机插层蛭石的比表面积都较小，甚至比蛭石原矿还小，说明 HDTMA 虽然撑开了蛭石晶层层间，但 HDTMA 自身又阻碍了 N_2 分子接近内表面。理论上，每克蛭石含有几百平方米的内表面积。在 HDTMA 用量较小时，蛭石与 HDTMA 的反应会出现两种可能情况。第一种情况，HDTMA 将所有蛭石的晶层撑开，那么 HDTMA 在蛭石层间的分布必然较稀疏，如图 8-6(a) 所示。第二种情况，HDTMA 只将其中的一部分蛭石的晶层撑开，在撑开的蛭石层中 HDTMA 尽可能地紧密排列，而残留另一部分蛭石保持不变，如图 8-6(b) 所示。

表 8-2　不同 HDTMA·Br 用量下有机插层蛭石的 BET 比表面积

样品	比表面积/(m^2/g)	样品	比表面积/(m^2/g)	样品	比表面积/(m^2/g)
原矿	67.09	HDTMA-40	43.34	HDTMA-100	35.43
HDTMA-10	50.86	HDTMA-60	40.80	HDTMA-200	41.76
HDTMA-20	44.91	HDTMA-80	36.35		

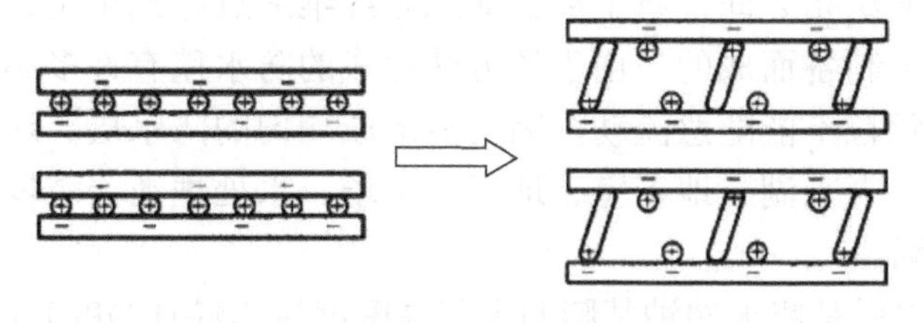

(a) HDTMA 将所有蛭石上的晶层撑开

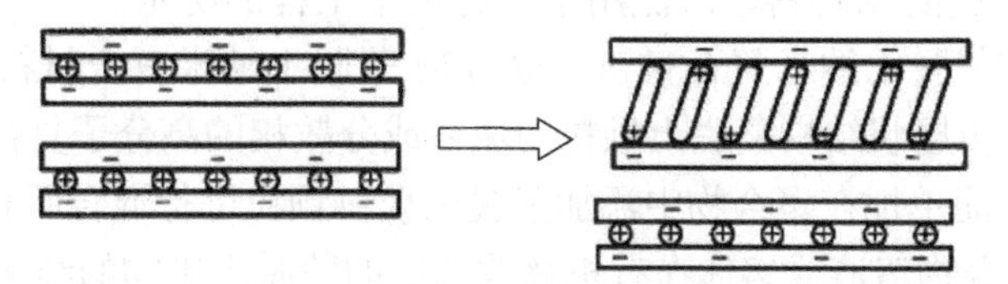

(b) HDTMA 只将其中一部分蛭石的晶层撑开

图 8-6　蛭石与 HDTMA 反应可能出现的两种情况

为什么会出现第二种情况？原因可能是要使蛭石的晶层撑开，首先必须要克服晶层-晶层阳离子-晶层之间的吸引力，也即要有一定数量的 HDTMA 才行。即存在一个 HDTMA 含量的最低限，比如 10% CEC 的 HDTMA 加入量都没有将蛭石的晶层撑开。而一旦蛭石晶层被撑开，再进行交换就非常容易，因此很容易将已撑开的层间塞满。在 HDTMA 加入量较小的情况下，如果将 HDTMA 完全平分到各个蛭石颗粒上，则由于存在一个 HDTMA 含量的最低限，可能导致所有的蛭石晶层都撑不开。相反，如果出现某种情况，一个蛭石的晶层被撑开，其他 HDTMA 就会优先去交换已撑开的层间中的无机阳离子，结果导致一部分蛭石充分吸附 HDTMA，而另一部分蛭石未吸附上 HDTMA。

哪些蛭石颗粒可能会最先被撑开？一是颗粒最细的部分；二是蛭石晶层层间阳离子主要是 Na^+的那部分。因为实验结果表明，在 HDTMA 用量降低时，交换出来的无机阳离子主要是 Na^+。

8.2.3　复合功能化改性

复合是指以非金属矿物原料和有机聚合物或聚合物单体反应形成复合功能材料（compound function material）。复合功能化改性，即综合采用物理、化学、机械等多种手段改变颗粒的表面性质以满足实际应用的需要。目前工业化程度较深的是膨润土基防水毯/板及聚合物/蒙脱土纳米复合材料。

(1) 防水毯和防水板　目前工业生产的防水毯和防水板多使用膨润土为原料制成。膨润土防水毯（geosynthetic clay liner，GCL）是将天然钠基膨润土填充在聚丙烯织布和非织布之间，将上层的非织布纤维通过膨润土用针压的方法连接在下层的织布上制备而成的。由于该方法做成的防水毯有许多小的纤维空间，其中的膨润土颗粒不能随意流动，因此能形成均匀的防水层。这种材料广泛用于地铁、隧道、人工湖、地下室、地下停车场、水处理池，垃圾填埋场等，用于防水和防渗漏。

膨润土防水板是将天然钠基膨润土和高密度聚乙烯（HDPE）压缩成型的具有双重防水的高性能防水材料，广泛用于各种地下工程的防水。

(2) 聚合物/蒙脱土纳米复合材料　聚合物/蒙脱土纳米复合材料是以聚合物材料为基体，纳米级层状结构蒙脱土颗粒为填料或分散相的高分子复合材料。但这种高分子材料不是简单地在聚合物中添加蒙脱土填料颗粒进行混合而制得，而是通过聚合物单体、聚合物溶液或熔体在有机物改性后的蒙脱土矿物的结构层间插层聚合或剥离作用，使蒙脱土矿物形成纳米尺度的基本单元并均匀分散于聚合物基体中而制成的。按其复合的形式，聚合物/蒙脱土纳米复合材料可分为插层型纳米复合材料（intercalated nanocomposite）和剥离型纳米复合材料（exfoliated nanocomposite）。在插层型复合材料中，聚合物插入膨润土颗粒的硅酸盐片层间，层间距因大分子的插入而明显增大，但片层之间仍存在较强的范德瓦耳斯吸引力，片层与片层的排列仍是有序的，因此，插层型复合材料具有各向异性。在剥离型纳米复合材料中，聚合物分子大量进入膨润土硅酸盐片层间，黏土片层完全剥离，层间相互作用力消失，叠层结构被完全破坏，硅酸盐片层以单一片层状无序而均匀地分散于聚合物基体中，因此，剥离型复合材料具有较强的增强效应，是理想的强韧性材料。

目前，制备聚合物/蒙脱土纳米复合材料主要采用插层复合法，根据机制可分为原位插层聚合法和聚合物插层法。

原位插层聚合法是利用有机物单体通过扩散和吸引等作用力进入膨润土片层，然后在膨润土层间引发聚合，利用聚合热将黏土片层打开，形成纳米复合材料；聚合物插层法是指聚合物分子利用溶剂的作用或通过机械剪切等物理作用插入膨润土的片层，形成纳米复合材料，这种方法又分为溶液插层和熔融插层。经有机化处理的膨润土，由于体积较大的有机离子交换了原来的 Na^+，层间距离增大，同时因片层表面被有机阳离子覆盖，黏土由亲水性变为亲油性。当有机化膨润土与单体或聚合物作用时，单体或聚合物分子向有机膨润土的层间迁移并插入层间，使膨润土层间距进一步胀大，得到插层复合材料。

聚合物/蒙脱土纳米复合材料的物理化学性能显著优于相同组分的常规材料，甚至表现出常规材料所不具有的纳米效应，因此成为当前材料科学研究开发的热点。近年来，对聚合物/蒙脱土纳米复合材料的研究日益广泛和深入，并且已经有一些成功的实例，如聚酰胺(PA)/蒙脱土纳米复合材料、聚丙烯(PP)/蒙脱土纳米复合材料、聚苯乙烯(PS)/蒙脱土。

8.2.4　交联功能化改性

柱撑黏土(pillared clays，PILC)是基于一些层状硅酸盐矿物如蒙脱石、高岭石等其片层间的结合力弱以及存在可交换的八面体阳离子等性质，利用改性剂与硅酸盐矿物通过离子交换或化学反应进入其片层之间，导致层状硅酸盐矿物的片层间距扩张，使矿物具有一定的功能特性。常用的柱撑剂主要是一些具有催化功能的无机阳离子，如 Al^{3+}、Ce^{3+}、Zr^{4+}等，而常用的插层剂则多为有机物，主要有十二烷基三甲基溴化铵、十六烷基三甲基溴化铵、十八烷基三甲基氯化铵、吡啶类衍生物和其他阳离子型表面活性剂等。通过柱化剂(或称交联剂)在黏土矿物层间呈“柱状”支撑，增加了黏土矿物晶层间距，具有大孔径、大比表面积、微孔量高、表面酸性强、耐热性好等特点，是一种新型的类沸石层柱状催化剂，在石油、化工、环保等领域中有着良好的应用前景。

自 1997 年用羟基铝作柱化剂成功研制出柱撑蒙脱石(Al-PILC)以来，多核金属阳离子已成为理想的柱化剂，先后研制出 Zr-PILC(以羟基锆作柱化剂)，羟基铬、羟基钛、羟基 Al-Cr、羟基 Al-Zr、羟基 Al-M(M 为过渡金属阳离子)、羟基 Al-Ga、羟基 Nb-Ta 等作柱化剂的柱撑黏土。至今，Al-PILC 的热稳定性(thermal stability)最好，并且有较强的酸性。柱撑蒙脱石的合成利用了蒙脱石在极性分子作用下层间距所具有的可膨胀性及层间阳离子的可交换性，将大的有机或无机阳离子柱撑剂或交联剂引入其层间，像柱子一样撑开黏土的层结构，并牢固地连在一起。

作为新型的、耐高温的催化剂及催化剂载体——柱撑蒙脱石必须在一定温度下保持足够的强度，即高温下“柱子”不“塌陷”，也就是热稳定性好，这是衡量柱撑蒙脱石质量的重要指标。柱撑蒙脱石经焙烧后，水化的柱撑体逐渐失去所携带的水分子，形成更稳定的氧化物型大阳离子团，固定于蒙脱石的层间区域，并形成永久性的空洞或通道。

又如：累托石是蒙脱石层与云母层 1∶1 形成的规则间层结构。用无机聚合物进行交联，无机聚合物取代蒙脱石层间的水化阳离子，生成“层柱”结构，而无交换性和膨胀性的云母层便形成了“层柱”支撑的固定上下层面，形成的孔和通道不易塌陷。累托石层间距 d_{001} 由 2.38 nm 增大到 3.79 nm，当加热到 800℃时，其结构稳定不变。

交联累托石是催化剂载体，也是吸附剂的重要材料。累托石催化剂载体内比表面积大，活性大；既是活性剂又是载体；定向性好，转化率高；反应过程中，可抗 600～700℃的热蒸汽，热稳定性好；抗重金属(钒、镍)的污染性好。

8.2.5　置换功能化改性

以制备有机膨润土为例，改性是指用有机胺阳离子置换蒙脱石中的可交换阳离子。这种置换反应后的膨润土在有机溶剂中也能显示出优良的分散、膨胀、吸附、黏结和触变等特性，称为有机膨润土。有机膨润土广泛应用于涂料、石油钻井、油墨、灭火剂、高温润滑剂等领域。

有机膨润土的制备工艺可分为三种，即湿法、干法和预凝胶法。

湿法的原则工艺流程是：

原土→粉碎→制浆→提纯→改性或活化→有机覆盖→过滤→干燥→打散解聚→包装

现将主要工序分述如下。

(1) 制浆。将膨润土加水充分分散，并除去砂粒和杂质。为使膨润土很好分散，可边加料、边搅拌，同时加入分散剂。

(2) 提纯。如原土纯度不够，要进行提纯。

(3) 改性或活化。从原理上讲，各种黏土矿物都可作为有机土原料，但以钠基膨润土和锂基膨润土为好。作为有机土原料，可交换阳离子的数量应尽可能高。为提高原土的阳离子交换容量，对于钙基膨润土和阳离子交换容量较低的钠基膨润土，必须首先进行改性处理。为了增强膨润土与有机覆盖剂(organic covering agent)的作用，在覆盖之前，一般用无机酸或氢离子交换树脂对膨润土进行活化预处理。

(4)有机覆盖。将浓度为 5%左右的矿浆加热到 38～80℃，在不断搅拌下，徐徐加入有机覆盖剂，再连续搅拌 30～60 min，使其充分反应。

反应完毕，停止加热和搅拌，将悬浮液洗涤过滤、干燥和打散解聚，即得有机膨润土产品。

干法生产有机膨润土的原则工艺流程是：

精选钠基膨润土→加热混合→挤压→干燥→解聚→有机膨润土

将含水量 20%～30%的精选钠基膨润土与有机覆盖剂直接混合，用专门的加热混合机混合均匀，再加以挤压，制成含有一定水分的有机膨润土。可将该含水有机膨润土进一步干燥和打散解聚为粉状产品，也可以将其直接分散于有机溶剂中，制成凝胶或乳胶体产品。

预凝胶法制备有机膨润土的原则工艺流程是：

原土→粉碎→分散制浆→改性提纯→有机覆盖→抽提水分→加热脱水→预凝胶产品

将粉碎后的原土进行分散制浆、改性提纯，然后进行有机覆盖。在有机覆盖过程中，加入疏水有机溶剂(如矿物油)，将疏水的有机膨润土复合物萃取进入有机相，分离出水相，再蒸发除去残留水分，直接制成膨润土预凝胶。

制备有机膨润土常用的有机覆盖剂主要是长链有机胺盐，尤其是季铵盐，如甲基苄基二氢化牛脂氯化铵、甲基苄基椰子油酸氯化铵、二甲基双十八烷基氯化铵、十八烷基二甲基苄基氯化铵等。

影响有机膨润土质量指标的主要因素有膨润土的质量(类型、纯度、阳离子交换容量等)，有机覆盖剂的结构、用量、用法，制备工艺条件（矿浆浓度、反应温度、反应时间等）。

有机膨润土原料要求含砂量小、阳离子交换容量高，通常阳离子交换容量和纯度成正比关系。此外，可交换阳离子的种类也对有机膨润土的质量有很大影响。一般来说，应选用纯度高、交换容量大、可交换钠离子数量多的优质钠基膨润土作为有机膨润土的原料。但是，天然产出的膨润土不同程度地存在杂质，因此，提纯工艺对有机膨润土的质量有重要影响。另外，同一膨润土原料在覆盖前用不同的改性剂或活化剂处理也对膨润土的阳离子交换容量及活性产生重要影响，从而影响有机膨润土的质量。

有机覆盖剂的结构、用量、用法直接影响有机膨润土的质量。有机覆盖剂的结构类型和碳链长度不同，亲油性(lipophilicity)有明显差别，因而直接影响有机膨润土的应用性能和用途。有机胺盐对蒙脱石的亲和力与其分子量有关，分子量愈大，愈易为蒙脱石吸附，这是因为高级胺盐除和蒙脱石中的可交换阳离子交换反应外，还兼有分子吸附作用。因此，制备有机膨润土选用的季铵盐，其长链烷基碳原子数一般应大于 12。研究表明，在制备有机膨润土时，混合使用两种以上的覆盖剂，但在某些性能和用途方面使用单一覆盖剂的效果要好。

有机膨润土悬浮液的稳定性与覆盖剂用量有很大关系。当覆盖剂用量和蒙脱石的阳离子交换容量相等时，可交换的阳离子全部被有机胺盐离子交换出来，此时悬浮液的黏度最大，如继续增加有机覆盖剂的用量，悬浮液黏度变小。因此，覆盖剂用量应适当，以满足阳离子交换容量为原则，过大和过小都不能获得最大的黏度值(viscosity value)。

制备有机膨润土时，矿浆浓度以膨润土的充分分散为最佳，过高的浓度将导致膨润土分散不开，影响其与有机胺盐离子的交换反应，过低的浓度虽有助于分散，但耗水量大，使生产成本增加。

温度是影响有机胺阳离子与膨润土中可交换阳离子进行交换反应的重要因素，因此，温度一定要适当。一般最佳温度在 65℃左右。

反应时间一般与矿浆浓度、反应温度等有关，从 0.5 h 至数小时不等，最佳的反应时间最好在其他工艺条件确定的基础上通过试验来确定。

8.2.6　高温煅烧功能化改性

高温煅烧(high-temperature calcination)功能化改性非金属矿物材料的热处理和高温处理加工，在国外称为火法加工。通过热处理，可以改变非金属矿物材料的化学组成、物理性质，从而改善其本来就具有的某种或某些技术性能。

(1)高岭土煅烧改性　煅烧是生产特殊高岭土产品的一种广泛应用的工艺。高岭土理论化学成分为：SiO_2 46.54%，Al_2O_3 39.50%，H_2O 13.96%。煅烧实际上就是除去这部分占总量约 14%的结构水，同时也排除掉一部分挥发性物质和有机质。

(2)石膏热处理改性　石膏是含 $CaSO_4$ 的矿物，在自然界有两种稳定形式：一种是含两个结晶水的，称为二水石膏；另一种是不含结晶水的，称为无水石膏。通常所说的石膏，是指二水石膏。无水石膏又称硬石膏。天然石膏突出的工艺特性在于，当石膏煅烧时，在不同的温度下产生具有不同特性的产物。当煅烧温度为 65～70℃时，石膏开始脱水，变为半水石膏；继续加热到 200℃以内，石膏脱水，由半水石膏变为无水石膏，但与水接触时很快又凝结为二水石膏；温度超过 200℃，凝结变慢；加热到 200～300℃时，主要生成无水石膏，凝结更慢，但凝后强度大；300～450℃的产物为无水石膏，虽凝结较快，但强度较低；450～700℃之间的产物化学成分虽未改变，但产生一种新变种，叫“烧死”石膏，它极难溶于水，遇水也不凝结，没有强度；加热到 800℃时无水石膏缓慢凝结并硬化；800～1000℃时生成游离石灰，成为极有价值的普通煅烧石膏；继续加热到 1000℃以上，游离石灰增加，生成快速凝结的煅烧石膏。

半水石膏是由石膏失水或无水石膏吸水而成。工业生产中的半水石膏是由天然石膏煅烧而成，又称熟石膏(calcined gypsum)或建筑石膏(building gypsum)。熟石膏与水按一定比例混合，成为塑性体，经过一段时间，变成固体。刚刚形成固体时，强度较低，随着物理和化学作用的进行，强度增加，成为石材般的坚硬物体。这个变硬过程的实质是熟石膏重结晶为二水石膏，形成许多针状晶体，成为二水石膏坚硬的晶核。半水石膏又分为 A 型和 B 型两种，虽都是由二水石膏煅烧而成，但因煅烧条件不同而异。

(3) 珍珠岩煅烧膨胀改性　珍珠岩(perlite)是火山喷发的酸性熔岩(SiO_2 含量在 70%左右)经急速冷却而成的玻璃质岩石。这种岩石从内部喷发出来时，由于粒度很大，存在于岩浆中的水蒸气因急速冷凝来不及逸散，便形成每一立方毫米内约有十几万个以上的极其微小的水泡，均匀分布在岩石中。当这些岩石突然受高温作用时，小水泡迅速汽化，体积增大，最后冲破阻力爆发出来，在玻璃质岩体中留下空洞，从而实现岩石的膨胀。岩石冷却后便具有均匀的微孔结构从而形成膨胀珍珠岩。膨胀后的珍珠岩体积可达原体积的 30 倍，通常为 10～20 倍。膨胀珍珠岩为洁白、轻质、蜂窝状颗粒，具有容量小、热导率低、耐火、可用温度高、吸音、吸湿、抗冻、耐酸、电绝缘等优点，但吸水性强、耐碱性差。

(4) 蛭石煅烧膨胀改性　蛭石是金云母或黑云母经热水变质作用、交代作用和水化作用等而形成的变质云母矿。蛭石的膨胀受其水化程度的影响。当蛭石片急剧受热时，其四周的边缘要比解理面的中间部分先被加热，层间的水分从边缘部分排除比从中间部分更快。水分沿蛭石片周边封闭了层间空间，在其中造成了能有效地使之膨胀的高蒸气压力。加热速度越快，蛭石片边缘和中心上的温度梯度就越大，水分封闭周边也发生得越早，层间水分参与膨胀的过程越有效，因而膨胀程度越高。由于膨胀机理与珍珠岩不同，蛭石的膨胀不是向三维空间的各个方向膨胀，而是几乎完全沿着与层片垂直的一个方向膨胀，就像手风琴拉开一样。

(5) 石灰石、白云石煅烧改性　石灰石在 900℃以上(一般 1000～1300℃)温度下煅烧分解可得到生石灰。

石灰是石灰石应用最早、用途最广泛的深加工产品，直到现代，石灰仍广泛应用于合金、化工、建材、轻工、农业等各个部门。

石灰石的煅烧是在窑炉中进行的。在古代，甚至在现代的一些乡镇企业，多用简单的立窑生产石灰，以木材、煤、焦炭为燃料，装料和出料采用手工操作。而在工业发达国家，石灰石的煅烧都是在自动化程度很高的现代窑炉中，以煤气或燃油为燃料。用于煅烧石灰石的设备除了各种形式的立窑外，近代还发展了水平燃烧的室式窑如隧道窑、轮窑以及更加现代化的回转窑。

石灰石煅烧时，分解出大量的 CO_2，再加上燃料燃烧产生的 CO_2，其总质量超过窑炉所产石灰的质量。如将这种具有多种用途的宝贵资源回收利用，可产生一系列石灰的深加工产品。目前广泛用作塑料、橡胶、造纸、涂料等填料和颜料的轻质碳酸钙（或称沉淀碳酸钙），就是最有发展前途的石灰碳化制品之一。尤其是随着碱法造纸工艺的逐渐采用，轻质碳酸钙的需求将会不断增长。

8.2.7 超声波加热改性

对凹凸棒土超声波(ultrasonic)加热改性时，用超声波引起的空化作用可以产生局部的高温高压。超声波的空化作用以及在溶液中形成的冲击波和微射流，可以导致凹凸棒土聚集体之间强烈地相互碰撞和聚集，将凹凸棒土的棒状晶束或晶束的聚集体打碎，从而达到均匀分散的目的，最终完成利用超声波分散制备凹凸棒土粒子。

8.2.8 微波加热改性

以石墨微波加热(microwave heating)改性为例，用微波加热也可以使膨胀石墨膨化并脱除残硫而制成膨化石墨，膨胀倍率大，含残硫量很低，因而用该方法制造的石墨制品，使用性能好、成本低。方法包括下列步骤：膨胀石墨样品检验，样品粒度为 32～50 目，水分少于 15%，挥发分少于 14%，含硫量少于 2.5%，灰分少于 1%；用微波加热进行膨胀石墨的膨化(extrusion)、脱硫(desulfuration)，微波功率为 1.0～2.5 kW，膨化时间为 3～18 s；收集膨化的石墨。

8.3 非金属矿物纳米化功能改性的原理和应用

8.3.1 非金属矿物纳米化的现状

随着纳米科技的发展，纳米物质所表现出来的一些新异特性深深地吸引住了人们，如表面效应(surface effect)、小尺寸效应(small-size effect)、量子尺寸效应(quantum size effect)以及宏观量子隧道效应(macro-quantum tunneling effect)等。这些特性打破了人们对材料的传统应用观念，纳米材料的制备及其功能应用的研究达到了前所未有的高潮。自然界中无机非金属矿物的结构极其复杂，而正是这些复杂的结构赋予了它们许多与生俱来的特性，这些特性的应用给我们的生产、生活带来了极大的便捷。目前，无机非金属矿物的纳米化在世界范围内还处于初期研究阶段，纳米化是否能够赋予矿物新的特性，是否能够使矿物原有的性质得到加强，是研究的重点之一。

8.3.1.1　非金属纳米矿物微粒的特性

纳米粒子是由数目较少的原子或分子组成的原子群或分子群，其表面原子是既无长程有序，又无短程有序的非晶层，而在粒子内部存在着结晶完好、周期性排布的原子。正是由于纳米粒子的这种特殊结构类型，导致了纳米粒子特殊的表面效应和量子体积效应等特性，并由此产生许多与宏观块状样品不同的理化性质。当小粒子尺寸进入纳米量级时，其本身具有量子尺寸效应、小尺寸效应、表面效应和宏观量子隧道效应，因此展现出许多特有的性质，在医药、磁介质及新材料等方面有着广阔的应用前景，同时也将推动基础研究的发展。

所谓纳米矿物(nano mineral)是对矿物显微颗粒达到纳米量级的所有矿物的统称，一般来说纳米矿物的颗粒被界定在 1～100 nm 之间。矿物在形成过程中，周围的温度、压力及流体成分千差万别，因此一些矿物在某些特定的环境中产生了纳米量级的结晶或非结晶的甚至是准晶态的具有不同的化学成分、显微结构以及物理性质的固体颗粒，这就是自然界中的纳米矿物。目前已发现的纳米矿物资源主要分布在大洋底部及陆地，受限于开采技术，大洋底的纳米矿物尚难利用，陆地的纳米矿物有氧化物和硅酸盐等，其中层状结构的黏土矿物尤为重要。

顾名思义，非金属纳米矿物是指除金属之外的纳米矿物的总和。例如，黏土类矿物如蒙脱石、高岭石、绿泥石、海泡石等在自然状态下就有许多处于纳米级别的微粒；某些煤矸石中的硅质微粒，其颗粒粒度可达 15～20 nm；我国南方一些地区的黄土中的硅质风化产物，是暴露在自然条件下的岩石及矿物长期风化的结果，粒度达到 50～100 nm；还有一些地区的火山灰是温度极高的火山喷发后的残留物，其粒度也为十到几十纳米。

8.3.1.2　非金属矿物纳米化改性的意义

对于大部分非金属矿物材料来讲，在传统工艺技术下，其粒度均是在微米量级以上，在这一量级以上的材料保持着传统的物理、化学、磁、电等特性，但一进入纳米量级，材料的物理和化学性质则产生巨大的变化，一些有关纳米的特性也会随之而来。随着非金属矿物深加工技术的不断进步以及纳米科技的发展，非金属纳米矿物材料的研究逐渐成为国内外学者研究的焦点，我国非金属矿物与材料科技工作者在研究制备矿物材料的基础上注意到了利用天然非金属矿物的纳米属性制备纳米矿物材料的科学和技术问题，并进行了一些深入的研究与探索，部分技术已投入生产应用。

非金属矿物纳米化是非金属纳米矿物材料研究的基础和重点，对纳米材料制备技术的发展及应用具有较大的促进意义。例如，一些非金属矿物(如高岭石、蒙脱石)由于其具有层状结构特征，可以通过层间插层和剥离技术进行纳米化，与传统的纳米材料制备技术相比，具有原料丰富、工艺简单、成本低廉等特点，应用前景十分广阔；介孔矿物材料和生物矿物材料中的纳米性质为纳米材料的合成提供了新的模板和自组装思路。

8.3.1.3 非金属矿物纳米化研究的特点

在纳米化研究中，非金属矿物具有以下特点：

(1)种类繁多：已知的矿物种类达到3000多种。

(2)结构复杂：结晶学中的32种点群、230种空间群都来自矿物结构。其复杂的结构给合成纳米非金属矿物带来了困难，但也正是因为这些结构使得非金属矿物具有许多优良的特性，同时也给它们的纳米化提供了特殊的途径，如层状硅酸盐(高岭石、蒙脱石)的插层纳米化以及海泡石天然纳米孔道的利用。

(3)成分多样：从成分上分类，非金属矿物包括自然元素、硫化物及其类似化合物、氧化物、氢氧化物、含氧盐（硅酸盐、硼酸盐、硫酸盐、碳酸盐、硝酸盐等)、卤化物。

(4)具有多种特性，应用广泛：矿物的光学、力学、磁学、电学等性质可以直接应用到生产中去。比如冰洲石可获得偏振光用于激光偏光材料；石墨相对密度小、耐高温，在航空、宇航工业中可作为轻质材料；石英的压电性在电子工业中作为振荡元件；等等。一些纳米黏土矿物如高岭石、蒙脱石、海泡石等在塑料、橡胶、涂料、医药等领域的研究也在开展。

(5)矿物在自然界形成时就具有纳米级微粒。

(6)纳米化相对困难：能够用化学合成法进行纳米化的非金属矿物较少，而且结构简单。大量结构复杂的非金属矿物目前还无法进行合成。物理破碎法受仪器、设备、成本等因素的影响又具有一定的难度。

正是以上这些特点，既给非金属矿物的纳米化带来了一定的困难，同时又赋予了它们许多新的纳米化途径，从一定程度上丰富了纳米材料制备的方法，促进了纳米材料制备方法的发展。

8.3.2 非金属矿物纳米化的方法及原理

8.3.2.1 非金属矿物纳米化的方法

非金属矿物纳米化(nanocrystallization)过程中仍存在许多尚未解决的难题，

制备方法种类不多，一般可分为物理法和化学法，具体制备方法和分类见表 8-3。

表 8-3　非金属矿物纳米化的方法及其分类

纳米微粒制备方法分类		具体方法	特点
物理法	物理气相法	激光气化法、高温电阻丝法等	微粒细小均匀，成本高，设备复杂，适用范围小
	物理液相法	高压气体雾化法、超声波粉碎法、高压液相剥片法等	微粒粒径小，粒度分布较窄，成本高，设备复杂
	物理固相法	高能机械球磨法、固体介质粉碎法、气流粉碎、冲击波诱导爆炸反应法、电弧法等	操作简单，成本较低，但易引入杂质，粒度不易控制且分布不均匀
化学法	化学气相法	化学气相合成法、化学气相沉积法等	为合成矿物，不适合结构复杂的矿物制备
	化学液相法	电化学法、插层聚合法、聚合物插层法（溶液插层、熔融插层）、柱撑法等	成本低，操作简单，多适合于层状矿物，形成复合材料
	化学固相法	机械化学法等	产量较大，成本适中，粒径较小，粒度不易控制，适用范围大

8.3.2.2　非金属矿物纳米化原理

(1) 机械化学的定义及应用　日本学者神保元二指出：在粉碎过程中，同时存在固体表面结晶构造的变化，并进行着化学变化和物理化学的变化。在粉碎机械操作过程中产生的物质化学变化，称为机械化学。简单地讲，即是在物质受到机械力的作用时，其自身晶体结构、化学组成、物理性质等发生一定程度的变化。随着超细粉碎在工业发展中越来越突出的地位，人们在研究超细粉碎过程中的机械化学的同时，也将其应用到材料开发、建材工业、催化合成及废物处理等领域，并取得了良好的效果。

机械化学法在材料学中的应用集中体现在以下几个方面：控制烧结性、电磁材料的研制、催化剂特性的变化、超细粉体的制备、粉体的表面改性、功能粉体合成、机械合金化(MA)、生物陶瓷材料的合成制备、晶型转变、环保材料的处理和制备等。

(2) 机械化学在超细粉碎过程中的原理及应用　由表 8-4 可以看出，随着微粒粒径的减小，所需机械破碎的碰撞速度显著提高。因此，采用加速碰撞的机械破碎法制备超细微粒是有限度的。目前，效果较好的气流粉碎机，平均粒径也只能超细到 1 μm 左右。而机械化学法通过在超细粉碎中产生的化学反应，不仅可以提高粉碎的效率，更能够突破极限，进一步减小微粒的粒径。因此对于非金属矿物来讲，是目前较为可行的纳米化方法之一，更是其纳米化方法发展的方向。

表 8-4　粒径 100 μm 的微粒破碎所需碰撞速度

试料	碰撞速度/(m/s)	试料	碰撞速度/(m/s)
石英玻璃	114	石灰石	23
硼硅玻璃	225	大理石	22
石英	66	石膏	13
长石	49		

机械化学作用对物质性质的影响在合成化学、表面化学、固体化学和材料科学的研究中都有反映，但表现形式有所不同。尽管目前对机械能的作用和耗散机理还不清楚，对众多的机械化学现象还不能定量和合理地解释，也无法明确界定其发生的临界条件，但对超细粉碎过程中机械化学作用的较一致的看法是：①形成表面和体相缺陷；②表面结构及化学组成发生变化；③表面电子受力被激发产生等离子体；④表面键断裂引起表面能量变化；⑤晶型转变；⑥形成纳米相复合层及非晶态表面。通过机械化学作用有可能诱发在通常热化学条件下难以或不能进行的反应。

在非金属矿物的超细粉碎过程中，因机械作用导致的机械化学变化的主要表现包括：①晶体结构的变化；②物理、化学性质的变化。在本书第 5 章中，已做详细叙述。

综上所述，对于大多数天然非金属矿物来讲，目前机械化学法是其纳米化较易实现的方法。几年来，国内外在这些方面的研究已经取得了一定的成果，但大都处于实验室阶段，随着研究的不断深入和超细纳米化设备的不断发展，机械化学法将会得到更大的完善与发展。

8.3.3　电气石纳米化改性

目前，电气石纳米化的研究不是很多，有关纳米级电气石的性质及其应用的研究和报道并不多见。衫原俊雄等把直径为 300 nm 的电气石微粒加入到纤维丝中，这种纤维能够通过促进血液循环有效地增强人体的生理机能；日本东京大学的中村辉太郎和久保哲治郎教授成功地把 100 nm 的电气石微粒混入纤维原料中并制成织物。国内研究者采用超细粉碎机对电气石进行超细粉碎，可以加工成粒度小于 0.1～15 μm 的超细粉；将粒径小于 2 μm 的天然电气石、沸石和钛铝陶瓷氧化物粉碎和固体分散剂混合，与聚酯切片共混造粒获得母粒，然后将母粒与聚酯切片混料，再按常规熔融纺丝(melt spinning)制成纤维；制备了一种含有多孔材料载体和电气石微粒的电磁屏蔽材料，电气石微粒的粒径为 0.3～10 μm，在屏蔽材料中的含量为 5%～30%(质量分数)；利用负氧离子远红外保健织物的制备方法，在织物的至少一面上或纤维、纱线间包含细度为 30～100 nm 的复合无机微粒混合物，相对织物的重量比在 0.5%～5%之间，其中电气石和远红外粉的重量比为 50∶1～1∶50。

物质的介电性能(介电常数)(dielectric constant)与极化性能(polarization)密切相关，一般来讲极化作用越大，介电常数也越大。那么电气石的自发极化所产生的静电场以及与静电场有关的各种特性与其介电性有着密不可分的关系。国内一些学者对亚纳米铁电陶瓷、钛酸铅超微粉、超细钛酸钡陶瓷、纳米微晶 / 聚合物复合材料以及纳米金红石相二氧化钛的介电性进行了研究，发现介电性与微粒尺寸有一定的关系，一般来讲都是最佳尺寸对应最高的介电常数值。同理可以推测，电气石微粒特别是纳米微粒的尺寸应该对与其电性相关的特性有一定的影响。

8.3.4 $LiFePO_4$ 纳米化改性

目前，$LiFePO_4/C$ 复合材料的研究已经较为成熟，碳材料的掺入大大提高了颗粒与颗粒之间的导电率，防止二价铁的氧化，同时也起到了抑制颗粒继续长大的作用，使 $LiFePO_4$ 的实际放电容量已达到理论容量(170 mA·h/g)的 90%以上。但不可忽视的是，碳材料的掺入显著降低了材料的振实密度，大大降低了材料的加工性能，同时降低了材料的理论容量。而 $LiFePO_4$ 纳米化的研究在一定程度上解决了这种窘境，甚至有人提出下一代锂离子二次电池性能的提高将完全依赖于纳米结构材料的应用，$LiFePO_4$ 纳米化改性的优势包括改善电子传导率、改善锂离子扩散速率(diffusion rate)、提供高的比表面积(specific surface area)。

(1) 改善电子传导率　电子传导率是指材料传导电子的能力，与电子在材料中的迁移时间有关。$LiFePO_4$ 纳米化使材料的粒径大大减小，电子在固相中的迁移距离缩短，根据迁移时间公式：

$$t=L^2/D$$

式中，t 为迁移时间，L 为迁移距离，D 为迁移常数，可见迁移时间与迁移距离的平方成正比，从而在理论上可知材料的纳米化能够加快电子的传导速率。

通过实验研究发现，与微米级材料相比，在纳米材料中电子迁移(electron migration)时间明显减小，这说明了材料纳米化具有明显改善电子传导率的作用。

(2) 改善锂离子扩散速率　$LiFePO_4$ 晶体是有序的橄榄石型结构，属于正交晶系。最初的研究表明，Li^+ 只能沿着(010)方向进行一维扩散，难以穿过通道之间的高能势垒，不能交叉传递，与 $LiFePO_4$ 的宏观各向异性相一致；且温度一定时，Li^+ 扩散系数恒定。研究表明，在毫米尺寸的 $LiFePO_4$ 单晶中，Li^+ 扩散速率很低，且沿着二维通道进行扩散，这颠覆了前人的结论。最新的研究表明：在点缺陷存在时，Li^+的扩散系数在一维通道中不是恒定的，而是由颗粒尺寸决定的。因为点缺陷会使 Li^+受到晶格的吸引力变大，不易脱出，不利于 Li^+的扩散；而颗粒越小，颗粒中点缺陷的含量会越少，越利于 Li^+的扩散。同时点缺陷的存在也减弱了 Li^+扩散的各向异性，导致 Li^+的扩散从一维转变到二维、三维。另外，类似改善电子传导率的原理认为：材料粒径的减小，缩短了 Li^+扩散距离，从而提高了锂离子的扩散速率。

(3) 提供高的比表面积　纳米化使 $LiFePO_4$ 的粒径减小，比表面积得到极大的增加，材料与电解液的接触面积增大，从而提高了材料的反应利用率，使其电化学性能得到大幅度提高。另外，纳米级材料表面原子比例高，这些表面原子由于处于亚稳态而具有很大活性，易于进行锂的脱嵌反应。采用溶胶-凝胶和喷雾干燥(spray-drying)相结合的方法可制备多孔纳米 $LiFePO_4/C$ 材料，其比表面积达到了 20.2 m^2/g，大大改善了材料的倍率性能(rate capability)。

除此之外，纳米 $LiFePO_4$ 还具有很多其他优势：①提高材料活性，促使一些难以进行的电极反应发生；②可以改变锂离子和电子的化学势，造成电极电位的变动；③扩大固熔体构成的范围，增强材料承受体积应力的能力。

一般来讲，纳米 $LiFePO_4$ 的振实密度会低于大颗粒 $LiFePO_4$，但通过控制纳米材料的形貌，可以得到较高振实密度的纳米材料。纳米粒子团聚形成球形 $LiFePO_4$，由于粒子间隙小，没有粒子架桥现象，堆积密度高，大大提高了材料振实密度和体积比能量，加强其实用性。采用 KCl 熔盐法可合成球形 $LiFePO_4/C$ 材料，由纳米一次粒子和球形化的二次粒子组成，振实密度达到 1.55 g/cm^3，0.1 C 首次放电比容量达到 130.3 mA·h/g，循环性能和倍率性能良好。另外，将 $LiFePO_4$ 纳米小颗粒填充到大颗粒间隙，同样可以明显提高材料的振实密度，同时保持较好的电化学性能。利用无机 Fe_2O_3 和有机 $FeC_6H_5O_7·5H_2O$ 两种三价铁作为铁源，可制得的 $LiFePO_4/C$ 复合材料振实密度达到 1.41 g/cm^3，0.1 C 和 1 C 的放电比容量分别为 135 mA·h/g 和 110 mA·h/g。研究表明：以无机 Fe_2O_3 为铁源得到的是微米级大颗粒，而以有机柠檬酸铁为铁源得到的是纳米级小颗粒，通过两种铁源的合理配比，可以使纳米小颗粒填充到大颗粒中，达到提高材料振实密度的目的。

8.3.5　碳酸钙的纳米化改性

日本早在 20 世纪四五十年代就率先将纳米碳酸钙投入工业化生产，其 CC、CCR、DD 等产品，已成功地应用于橡胶、塑料、油墨等行业。我国于 80 年代初开始研制和生产超细碳酸钙，如湖南资江氮肥厂采用双喷新工艺生产的超细填料级 P、R 系列产品，也相继投入市场，受到橡胶、塑料、油墨行业的重视。

纳米级超细碳酸钙不仅可用于塑料、橡胶中增容降低成本，还具有补强作用。由于它分散性能好、黏度低，可代替部分陶土，有效提高纸的白度和不透明度，改善纸的平滑度、柔软度，改善油墨的吸收性能，提高保留率。纳米碳酸钙可以部分甚至大部分替代炭黑和白炭黑作补强填料，具有填充量大、补强和增白效果好等特点，适宜在浅色橡胶制品中推广应用。

采用粒径为 1 μm $CaCO_3$ 及 30 nm $CaCO_3$ 粒子填充 PVC、PVC/ACR 体系，结果表明，粒径为 1 μm $CaCO_3$ 对 PVC、PVC/ACR 增韧增强效果不如 30 nm $CaCO_3$ 明显。当纳米 $CaCO_3$ 用量为 10%时，PVC 复合材料拉伸强度出现最大值(58 MPa)，为纯 PVC(47 MPa)的 123%，而 1 μm $CaCO_3$ 样品则无明显增强效果。但是同时研究发现，纳米碳酸钙由于难以分散，当填料用量超过 20%时，纳米级 $CaCO_3$ 填充 PVC 材料的拉伸强度和缺口冲击强度均低于微米级 $CaCO_3$ 填充体系。

在涂料中应用研究表明，改性纳米碳酸钙填充聚氨酯清漆，其柔韧性、硬度、流平性及光泽等性能均优于未改性纳米碳酸钙填充清漆性能。这归因于改性碳酸钙表面因吸附改性剂，在粒子和基料界面间形成韧皮膜，它能在高模量碳酸钙和低模量有机基料的界面区间进行适度的应力转移，提高了涂膜的柔韧性和硬度。同时由于改性碳酸钙在涂料基体中分散性好，而未改性碳酸钙表面能高，处于聚集状态，因此改性碳酸钙填充的涂料的光泽、流平性、柔韧性、硬度优于未改性。

纳米碳酸钙的应用研究表明，纳米颗粒表面独特的性质，使该类材料具有良好的应用前景。但是，在纳米颗粒间的有效分散方面仍存在困难。如果不能有效地将纳米碳酸钙颗粒均匀分散于基体材料中，纳米颗粒的优势往往就显现不出来。

8.4　几种典型非金属矿物的功能改性实例

8.4.1　凸凹棒石的功能改性

8.4.1.1　热活化改性

以凹凸棒石为例：热活化改性通过煅烧活化凹凸棒石脱去吸附水、沸石水及部分或大部分结合水，可变为多孔的干草堆状结构，使空隙度、比表面积增大，吸附性能提高。

凹凸棒石加热到 200℃以前，失去吸附水；在 200～400℃下煅烧一定时间，可大大提高凹凸棒石的吸附性能。其机理是凹凸棒石在低温下煅烧后，矿物内部纤维间的吸附水和结构孔道内的沸石水被脱除，从而增大了比表面积。研究结果表明，开始时随着煅烧温度的升高，凹凸棒石的比表面积显著提高，在 250℃左右比表面积最大，此后随着温度的升高，比表面积反而急剧下降。

经不同温度处理后的凹凸棒石的应用性能不同(图 8-7)。经 120℃以下温度干燥处理后的凹凸棒石胶体性能最佳；经 120～250℃处理的凹凸棒石对气体的吸附性能最佳；经 400℃以下温度处理的凹凸棒石对液体的吸附性能最佳；经 400～700℃处理的凹凸棒石脱色性能最好。煅烧产品除作为吸附材料外，还可用于活性填料。

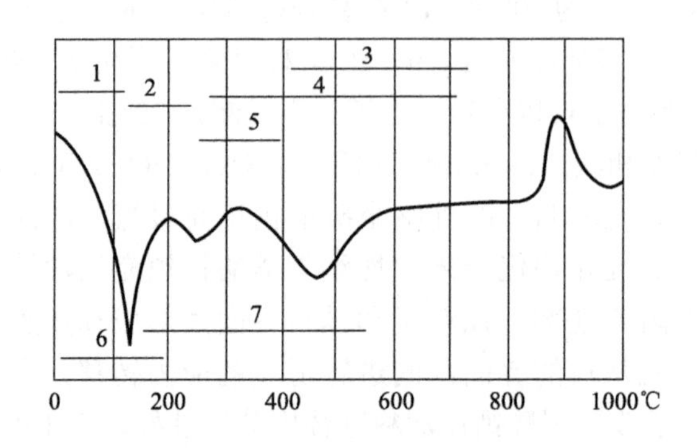

图 8-7　凹凸棒石的热效应

1. 最佳胶体性能；2. 最佳气体吸附性能；3. 显示最佳脱色效率；4. 失水分解；5. 最佳吸附性能；6. 吸附自由水；7. 结合水

8.4.1.2　界面活化改性

阳离子、阴离子和非离子型表面活性剂(non-ionic surface active agent)对凹凸棒石黏土的活化都有一定效果，其中阳离子表面活性剂用得最多。如四元胺盐，包括脂肪胺醋酸盐、红油、脂肪族硫酸盐、烷基芳基磺酸盐、烷醇胺、胺氧化物及其他脂肪胺及胺类衍生物，都是有效的表面活性剂。有类似作用的其他表面活性剂还有甘醇(ethylene glycol)及各种聚合物(polymer)、硅油(silicone oil)、偶联剂(coupling agent)等。使用表面活性剂的主要目的是提高其分散性、选择性吸附性能、脱色性及与基料的相容性。

制备疏水体系用的凹凸棒石改性黏土可称为有机凹凸棒石黏土。通常使用季铵盐或磷化合物作为表面活化改性剂，原土应经过煅烧活化(200～550℃)。有机凹凸棒石黏土与有机膨润土的用途和性能不同，是一种高效吸附剂。它能有效地除去液体中的无机和有机杂质，用于水的净化、脱色漂白、去除溶解或胶粒状染色体、毒素、金属阳离子类微生物和农药等。

制备有机凹凸棒石黏土常用的改性剂为三甲基氯化铵、十六烷基三甲基溴化铵、甲基三烷基(C_6～C_{10})氯化铵、四丙基氯化铵水化物、十八烷基甲基双羟乙基氯化铵、甲基油脂基乙基酰胺-2-牛脂基咪唑甲酯等。

8.4.1.3　酸活化改性

酸活化是凹凸棒石基吸附材料的重要制备方法之一。其基本原理和工艺与用膨润土制备活性白土相似。不同浓度的酸及不同处理时间所得产品的性能、用途不同，其中以 2～3 mol/L HCl 处理时可获得最高的吸附脱色效果。酸处理主要溶出了 Al^{3+}、Fe^{3+}、Mg^{2+}等离子，从而破坏了凹凸棒石的 2∶1 型结构，其对硅酸盐中的 Si^{2+}(SiO_2)不起作用而残留在固相中。过程的机理是：酸处理首先是除去有机物，进而以 H^+取代交换性阳离子，再进一步造成了八面体层的逐步溶解，最初表现为纤维束解离，进而在硅酸盐四面体层间形成了微孔，但仍维持着矿物的骨架，并含有由酸分解作用而形成的硅烷醇基团(见图 8-8)，同时表面积和孔隙度(porosity)增加。所形成的二氧化硅环绕并保护着未遭破坏的硅酸盐核，使矿物仍基本保持其纤维状态。随着酸处理浓度的增大和反应时间的延长，结构全部被破坏，硅烷醇基团的凝聚作用加强，从而使孔隙及表面积减少，吸附能力下降。酸活化样品如用 Na_2CO_3 进行处理，则孔隙将会消失。

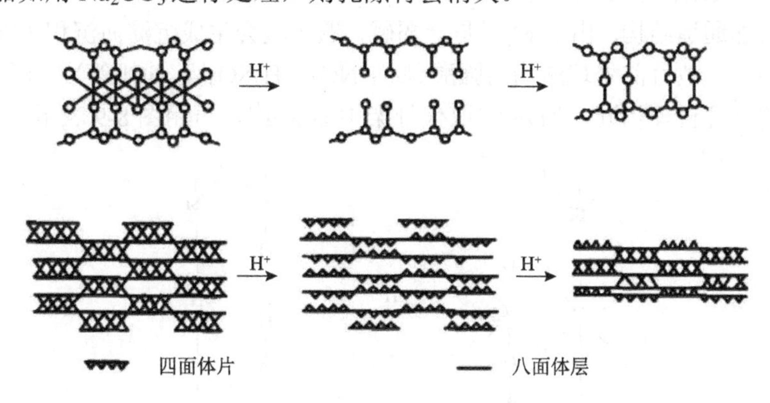

图 8-8　酸处理凹凸棒石的作用机理

凹凸棒石经酸处理后实际上已成为一种活性二氧化硅材料。如果采用较低浓度处理，可制得另一类吸附材料。例如，用 1 mol/L 稀盐酸在常温下搅拌处理 1 h，再脱水干燥、粉碎后制得改性土，将改性土在溶液中分散，加入一定浓度的过渡金属盐溶液(例如用 Ti、V、Cr、Mn、Fe、Co、Ni、Cu 等过渡元素的硫酸盐配制成 0.5～5.0 mol/L 浓度的溶液)，采用浸渍法与改性土反应 2 h 以上，再干燥、焙烧，并粉碎至 325 目，即可制成一种凹凸棒石催化氧化剂。过渡金属的外围电子具有$(n-1)d^{2\sim10}ns^{1\sim2}$结构，它们的化合态除 s 电子可成键外，有些 d 电子也能成键，所以有多种连续氧化态。多价就成为过渡元素最主要的化学特征。利用这一特性，可与凹凸棒石黏土一起加工成为有多种用途的催化剂。

8.4.2　海泡石的功能改性

海泡石不仅具有较高的比表面，且具有分子筛(molecular sieve)的特性。因此，工业上常用它作为活性组分 Zn、Cu、Mo、W、Fe、Ca 和 Ni 的载体，用于脱金属(demetalization)、脱沥青(deasphaltizing)、加氢脱硫(hydrogen desulfurization)及加氢裂化(hydrogen cracking)等过程。另外，也被直接用于一些反应的催化剂，如加氢精制、加氢裂化、环己烯骨架异构化及乙醇脱水等反应。但是，天然海泡石酸性极弱，因此很少直接用来作为催化剂，常要对其进行表面改性后才能应用。目前研究最多的表面改性方法是酸处理和离子交换改性。其次是有机金属配合物改性及矿物改性和热处理改性等。

8.4.2.1　酸处理

天然海泡石的比表面积与其组成密切相关。产地不同的海泡石，化学组成也不相同，但其结构单元均为硅氧四面体与镁氧八面体交替成具有 0.38 nm×0.94 nm 大小的内部通道结构。由于 Mg^{2+}是一弱碱，遇弱酸会生成沉淀而沉积于海泡石的微孔结构中，故目前处理酸均为强酸(如 HNO_3、H_2SO_4 及 HCl 等)。不同强酸对海泡石的处理机理相同，均为 H^+取代骨架中的 Mg^{2+}，可用图 8-9 表示。

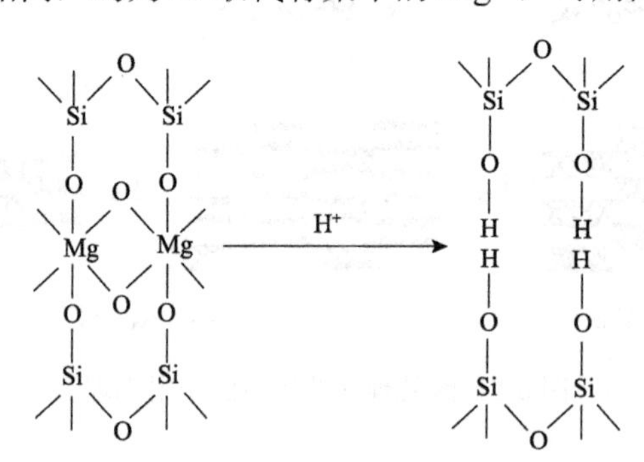

图 8-9　强酸对海泡石的处理机理示意图

由图 8-9 可见，海泡石经酸处理其 Si—O—Mg—O—Si 键变成了两个 Si—O—H 键，即出现了“撇开”状态的结构。此时内部通道被连通，故表面积增大。用盐酸对海泡石进行处理的结果表明，酸处理使海泡石比表面积得到显著提高，孔径由微孔(＜2 nm)发展为 2～5 nm 的中孔；脱镁历程就单位晶胞而言，是从八面体边缘位置开始逐渐向中间位置深入；就整个纤维体而言，是一部分滑石片段单元完全脱镁引起晶内通道连通并向中孔发展。不完全脱镁产物具有宏观上的不均匀性，完全脱镁产物保持了未脱水缩合的结构状态。吡啶吸附红外光谱表明，天然海泡石与酸改性海泡石都只在 1450 cm^{-1}、1490 cm^{-1} 及 1613 cm^{-1} 处有吸收峰，而在 1450 cm^{-1} 处未出现吸收峰，表明与天然海泡石相比，经酸处理的海泡石表面仍然只存在路易斯酸。对 NH_3 的微分吸附热研究表明，经酸处理后海泡石表面酸中心热稳定性有所增强；甲基环已烷裂化反应表明酸改性前后海泡石极弱的表面酸性导致其很难使烃类形成碳正离子，但在已形成正碳离子的体系中海泡石中的 L 酸对芳烃歧化反应有一定的促进作用，且这种改性后的海泡石能抑制 REY 分子筛骨架的破坏，在水蒸气条件下，能降低 REY 分子筛表面酸密度，并对氢转移生焦反应有所抑制。海泡石对钒破坏 REY 分子筛的抑制作用可归因于 Mg^{2+}优先与 V_2O_5 结合形成 $Mg_3(VO_4)_2$ 而失去危害性。

海泡石的比表面积与脱镁率密切相关。用盐酸处理海泡石的结果表明，当脱镁率为 36%时，改性海泡石的比表面积可达 554.4 m^2/g。随着脱镁率的提高，海泡石的微孔向中孔和大孔方向扩展，晶体结构也相应地变为硅氧四面体结构。这种扩散或转变过程是不均匀的，其机理可用图 8-10 表示。

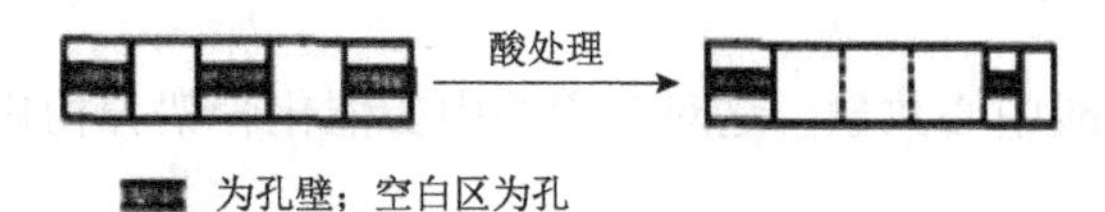

图 8-10　海泡石的通道扩展机理

海泡石对 Pd^{2+}及 Cd^{2+}的吸附容量与海泡石的比表面积密切相关。比表面积越大，海泡石的吸附容量也越大。酸的强度对 Pd^{2+}、Cd^{2+}的吸附也有较大影响，当 pH 值从 2.5 增至 3.5 时，Pd^{2+}吸附曲线有明显的突跃；从 Cd^{2+}的吸附曲线看，pH 值在 1～5 时，吸附率随 pH 值增加而增大。由于海泡石的表面存在大量的 Si—OH 及 M—OH 等基团，即海泡石的表面有永久性电荷，受酸的影响，这些基团可以质子化或解离。随着溶液酸性的增加，表面基团逐步质子化而带正电荷，这就增加了海泡石与阳离子间的排斥力，从而降低了海泡石对阳离子的吸附性能。

在酸处理过程中，酸浓度、处理时间及处理温度对海泡石的结构有较大影响。酸浓度越大，处理温度及时间越长，脱镁产物越接近硅氧四面体；反之，海泡石晶型并无较大改变。就 BET 比表面积看，浓度为 1 mol/L 与 2 mol/L 的 H_2SO_4 对海泡石的影响差别不大，然而孔容和孔径却差别较大。天然海泡石经 873 K 焙烧后 BET 比表面积下降为原来的 50%，表明海泡石的热稳定性较差。而经 1 mol/L 的 H_2SO_4 处理后的海泡石经 873 K 焙烧后 BET 比表面积比天然海泡石高，而孔容与孔径与未经焙烧的海泡石相比并无较大差异，表明酸改性使海泡石的热稳定性增加。此外，随着焙烧温度的升高，海泡石的比表面积迅速下降。说明一方面随着镁的溶解，不断产生新的内表面，比表面积增大；另一方面新生的 Si—OH

基团间相互作用不断加强，甚至彼此形成缩合物使表面积降低。环己烯骨架异构化(CSI)反应表明，酸处理海泡石较天然海泡石能更有效地催化 CSI 反应。经 1 mol/L H_2SO_4 处理的海泡石活性比天然海泡石高 6 倍，且催化活性与表面酸性几乎呈线性关系。用 HNO_3 对海泡石进行改性发现，经酸处理的海泡石在 773 K 以上的高温时，其比表面积会急剧下降，这是由经高温处理后，海泡石的内部结构已发生折叠，造成对中孔和微孔的严重性封闭所致，从而对获得高比表面积的催化剂不利。经 473 K 处理的海泡石具有最大的比表面积。由此可见，经酸处理的海泡石为获得更高的比表面积和理想的孔分布，应选择一个适宜的处理温度。

综上所述，不同酸对海泡石的处理机制相同——均取决于 H^+对 Mg^{2+}的取代作用(而与阴离子关系不大)，故不同强酸对海泡石的影响基本相同。用强酸处理海泡石的主要作用如下：

(1)高海泡石的比表面积和抗热性，用来制备高比表面积的催化剂和催化剂载体；

(2)改变孔径分布，调整孔径大小，使之对特定反应具有适宜的孔径和高的比表面积；

(3)增加表面酸中心数量，这对需酸的中心催化骨架异构化及歧化反应十分有利。

8.4.2.2　离子交换改性

如 H^+取代 Mg^{2+}一样，金属离子也可进入海泡石晶格取代镁，其取代机理如图 8-11 所示。离子交换改性克服了酸处理使海泡石结构变化的效果，却不能增加海泡石的比表面积，然而金属离子取代八面体边缘的镁离子可使海泡石产生中等强度的酸性或碱性。将 Al^{3+}引入海泡石时发现，海泡石的结构在 Al^{3+}取代前后并无较大改变，然后吡啶吸附研究表明，Al^{3+}的引入不仅能增加海泡石表面 L 酸中心数量，而且能诱发 B 酸中心。乙醇脱水实验表明铝交换海泡石催化剂的催化活性是天然海泡石活性的 200 倍。

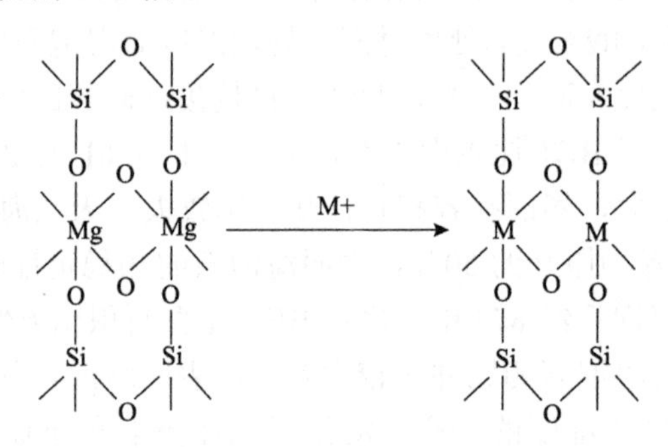

图 8-11　海泡石晶格离子交换机理

将 Cu^{2+}引入海泡石，结果表明海泡石的表面酸性及结构并无重大的变化，这可能是由于 Mg^{2+}及 Cu^{2+}直径相近之故。但当将 Cu^{2+}海泡石进行脱水处理时，发现有两种不同晶格铜参与脱水过程：一种铜一步失去与其配位的两个水分子；另一种则分两步脱水。与天然海泡石的脱水过程比较，后一种 Cu^{2+}可能是诱发酸中心的来源。用 B^{3+}及 Al^{3+}对海泡石进行改性并用作 CSI 反应的催化剂的研究结果表明，用 BF_3-甲醇溶液改性的海泡石具有比 Al-海泡石更高的活性和选择性，然而活化能并无多大差别。众所周知，硼和铝均为第三主族元素，尽管其离子态电荷相同，但硼具有较铝更小的离子半径。故 B^{3+}具有较 Al^{3+}更强的极化能力，因此硼能诱发更多的活性中心。一般来说电荷越高，离子半径越小，交换后的 M-海泡石酸性越强，故高价金属离子的引入一直是研究的目标。用 V 对海泡石进行改性时发现，它们不仅能取代八面体中 Mg^{2+}，而且部分取代硅氧四面体中的硅。

综上所述，高价金属离子的引入能诱发强的表面酸性，其主要原因如下：

(1)高价金属离子配位数多，难饱和，易接受外来电子(L 酸中心)。

(2)高价金属离子半径小，电荷密度高，极化能力强，易诱发周围的水或羟基等基团产生形变(B 酸中心)。另外，高温处理时，B 酸与 L 酸可相互转化，所以对引进不同价态的阳离子来说，离子价态高的离子能诱发更强的酸中心；对同族金属阳离子而言，离子半径越小，电荷密度越高，交换后海泡石的酸性亦越强。

与之相反，低价金属离子的引入能产生强碱中心。用离子交换法制备碱金属海泡石催化剂发现，碱金属-海泡石的碱性与碱金属的电负性成反比关系，即金属的电负性越低，交换海泡石的碱性越强；反之则碱性越弱。一般认为金属的电负性越小，其接受电子的能力越弱，给电子能力越强，故八面体中 O 原子的电荷密度亦越高，相应的碱金属-海泡石碱性也越强。故碱金属-海泡石的碱性大小顺序为 Cs-海泡石＞Rb-海泡石＞K-海泡石＞Na-海泡石＞Li-海泡石。丙二腈与酮之间的缩合反应表明碱金属-海泡石催化剂具有很高的活性，且活性与碱金属离子的半径成正比关系，Cs-海泡石的催化活性甚至比 Cs-分子筛高。腈酮间的缩合反应显然需在强碱中心进行，可见，用低价的碱金属离子对海泡石处理可制得强碱性的海泡石催化剂。

总之，高价金属离子 M^{n+}(n＞2)取代海泡石骨架中的 Mg^{2+}能增加海泡石表面的酸性；同价金属离子 M^{2+}取代 Mg^{2+}时，海泡石的结构及表面酸性无显著变化；当海泡石中的 Mg^{2+}被低价的碱金属阳离子取代时则增加了海泡石表面的碱性。

8.4.2.3　有机金属配合物改性

有机金属配合物对黏土的改性通常是由配位体与黏土层中的金属阳离子通过键合或取代部分阳离子而使有机金属得以固定，它对制备低负载量、高分散度的贵金属催化剂有较大的经济价值。但有机金属配合物易形成多聚体及其制备条件苛刻，故用金属配合物对海泡石的改性研究相对较少。用 Pd$(C_2H_5)_2$ 对海泡石进行改性，并将其用于苯乙烯的二聚合反应的研究结果表明，Pd 海泡石催化剂具有很高的催化活性。研究也发现，配合物 Pd$(C_3H_5)_2$ 的水合物稳定性差，易形成二聚物，在催化上述反应时易还原成 Pd（Ⅰ）物相。另外，经 Pd 配合物处理的 Al_2O_3、MgO、SiO_2 及 NaY 分子筛对上述反应无活性。

8.4.2.4　矿物改性

上述酸及离子交换改性实际上都是将海泡石结构单元中的镁替换成不同的离子或配合物。矿物改性是利用海泡石高的比表面积将矿物沉积于海泡石的表面及微孔中的一种处理方法。分别以环氧丙烷及氨水作沉淀剂将 $AlPO_4$ 沉积到海泡石的结构中。研究结果表明，$AlPO_4$ 的引入不仅能提高海泡石的表面酸性，而且孔结构也得到不同程度的调整；$AlPO_4$-海泡石对催化反应有较高活性和良好的选择性，且反应条件温和。

8.4.2.5　热处理改性

热处理一般是用热空气在滚动干燥机内快速焙烧。热处理后海泡石的性质取决于焙烧温度、失水与相变等。在 100～300℃加热，可以提高海泡石的吸附能力，而加热到 300℃以后，海泡石的吸附能力减弱。

8.4.3　膨润土的功能改性

膨润土具有较大的比表面积和大量孔道结构，可用于废水处理。膨润土去除水中污染物的途径主要有以下几种：一是表面吸附，其吸附容量与表面积和孔容有关；二是表面络合，其吸附容量与膨润土表面 Si—O/Al—O 基的数目及其与被吸附物的键合能力有关；三是层间阳离子交换，其吸附容量与阳离子交换容量(CEC)有关；四是层间有机相分配，其吸附容量与膨润土内的有机质含量有关。天然膨润土中有机碳含量很低，如产自内蒙古自治区的钙基膨润土，其有机碳质量比仅为 0.02%，因而通过分配而进入膨润土内的有机污染物的吸附容量较小。另一方面，天然膨润土的亲水性很强，故未经改性的膨润土由于水分子的强烈竞争，对有机物质的吸附也不理想，特别是对一些弱极性或非极性类有机污染物更是如此。同时膨润土表面 Si—O/Al—O 基数目有限、键合力不强，层间阳离子交换容量受膨润土内所含蒙脱石种类和含量的制约，其吸附性能较弱，无法满足工业化实际应用的需要，一般不直接用作吸附剂。因此，研究工作者往往根据不同的需要，利用其结构特征，对膨润土进行改性或者活化处理。通过改变膨润土的表面性质和层间结构，可以提高其对水中污染物的吸附性能和选择性。

改性膨润土的常用方法之一是利用表面活性剂或有机分子对膨润土进行有机化改性，增加其有机碳含量，使其表面由亲水性转变为疏水性，以增强对水中弱极性或非极性类有机污染物的吸附能力；其次是利用其层间易膨胀性，在层间引入其他大分子结构的聚合物，增大膨润土片层结构之间的距离。这样一方面扩大了层内储存空间，另一方面也同时增大了膨润土的比表面积，从而增加了其对污染物的吸附容量。除上述两种改性以外，膨润土的热活化、酸活化等也是人们常常采用的简单而有效的改性方法。

8.4.3.1　膨润土的无机改性

膨润土的无机改性是指利用膨润土的膨胀性、吸附性或层间阳离子的可交换性，将聚合无机阳离子或无机高分子聚合物引入到层间的一种改性。用这种方法合成的膨润土称为无机膨润土(inorganobentonite)或柱撑黏土(pillared interlayered clays，PILCs)。

改性剂的选择是制备无机膨润土的关键，直接影响到其性能和应用。水合羟基-聚合金属阳离子是最常用的改性剂，包括 Al、Fe、Cr、Mg、Ti、Zr、Nb、Co、Ni 和 Mo 等十几种金属的多核羟基聚合阳离子都是理想的柱撑剂，其中尤以高电荷的羟基铝聚合阳离子(通常称 Keggin 离子)$[Al_{13}O_4(OH)_{24}(H_2O)_{12}]^{7+}$的柱撑最多。经铝柱撑膨润土的合成分为两个主要步骤，第一步是柱化液的制备，一般采用碱液(Na_2CO_3/NaOH)水解 $AlCl_3$ 溶液完成，OH^-/Al^{3+}配比和 pH 控制是关键。第二步是膨润土的柱撑。将一定量膨润土按比例加入到柱化液中搅拌，Keggin 离子通过与膨润土的层间阳离子交换作用插入结构层，经干燥、粉碎即成。根据需要，还可通过焙烧过程，使聚合阳离子脱水、脱羟后在层间域位置形成柱状金属氧化物簇而制得多孔无机黏土材料。

无机柱撑膨润土具有独特的结构和性能。膨润土层间的柱状金属氧化物可长时间保持稳定，因而大大提高了膨润土的热稳定性。当膨润土层间距被撑开至 1.8 nm 以上时，即使在 800℃以上的高温下，黏土硅酸盐层也不致坍塌。无机改性膨润土最重要的优势还在于其与孔结构、吸附性质及酸中心有关的反应性能。由于“层柱”，将黏土层间分隔为二维多孔网状结构，使分散的矿物单晶片形成柱层状缔合结构，在缔合颗粒之间形成较大的空间，从而将膨润土层间撑开。它不仅增加了层内空间反应活性点，而且还有效地提高了膨润土的层间距及比表面积，由此改变了原土在水中的分散状态及性质，增强了其对环境物质的吸附性能和离子交换能力。因此，膨润土的聚合金属阳离子柱撑受到不同领域学者的广泛重视，自 1977 年 Brindley 等首次采用聚合羟基 Zr-Al 柱撑黏土矿物以来，无机柱撑膨润土有从单一羟基铝柱撑向 Al 与其他金属元素复合柱撑的方向发展的趋势，可制备出具有不同的酸度、孔结构、机械强度和水热稳定性的材料，用于各种不同的目的。

8.4.3.2　膨润土的有机改性

膨润土有机改性的研究始于20世纪30年代，其基本原理是用有机分子/离子、有机聚合物等，通过离子交换，把黏土矿物中原先存在的水合无机阳离子置换出来，依靠化学键力与膨润土结合而成有机膨润土(organobentonite)。自 Jordan 于1949年首次用有机胺盐改性膨润土制得单阳离子有机膨润土以来，人们对此开展了大量研究，并已有专著发表。

常用的有机改性剂有伯胺、仲胺、叔胺、季铵盐/季鏻盐等有机表面活性剂，也有用具有聚合性能的改性剂，如丙烯酰胺、甲基丙烯酸酯等，其中以季铵盐阳离子表面活性剂应用最多，通常可用$[R_3NR']^+$(R 为甲基或乙基，R′为 C_{10}～C_{18}的长碳链烷基)表示。用单一表面活性剂改性的有机膨润土有单阳离子有机膨润土、非离子有机膨润土(常为长碳链表面活性剂改性)等，用两种表面活性剂复合改性的有双阳离子有机膨润土(长、短碳链季铵盐结合改性)、阳-非离子有机膨润土(阳离子和非离子表面活性剂混合改性)，以及阴-阳离子有机膨润土(阴、阳离子表面活性剂混合改性)等，研究最多的是用十六烷基三甲基季铵盐阳离子表面活性剂(CTMA)改性的有机膨润土。实验室制备有机膨润土的一般方法如下：将一定量经干燥、研磨粉碎的膨润土原土与表面活性剂溶液混合后搅拌，待膨润土与季铵盐阳离子交换反应完全后离心分离，然后将所得固体用水洗涤，脱水后在温和条件下烘干即得有机膨润土。

有机膨润土的吸附性能取决于其结构。由于季铵盐阳离子进入层间，膨润土的表面性质和层间结构发生明显变化，在表面由亲水变为疏水的同时，黏土矿物中的有机质含量也大大增加，对水中有机物的吸附能力显著增强，膨润土改性后层间距增大，这是膨润土最重要的结构特征。有机膨润土的层间距越大，其疏水性越强，吸附性能越好。研究表明：有机膨润土的结构特性(底面间距、比表面积、层间域环境、有机阳离子/分子的构型和排列模式等)与所用阳离子表面活性剂的种类、浓度、用量、配比等均有关。通过改变表面活性剂与膨润土的用量和配比，可以得到不同底面间距的有机膨润土，进而能够有效地调控层间域内有机分子的排列方式。随着表面活性剂负载量的增大，有机膨润土层间表面活性剂的排列模式经历了从平卧的单层、双层到准三层或倾斜双层等变化过程，层间域内有机相也存在着“似液态”向“似固态”的转变。

表面活性剂的碳链长度也是影响有机膨润土结构和性能的重要因素，用短碳链表面活性剂(如四甲基季铵盐)改性的膨润土，其层间存在大量微孔网络，比表面积增大；用长碳链表面活性剂(如溴化十六烷基三甲基胺)改性的膨润土，其层间微孔结构被表面活性剂堆垛，比表面积明显降低。研究还表明：改性所用表面活性剂的有机碳链愈长，有机膨润土的热稳定性愈好，分解温度愈高。因此，可以根据使用目的的不同和不同需要，选用不同种类的表面活性剂，合成出具有各种不同结构和性能的有机膨润土。

8.4.3.3　无机-有机复合改性

无机-有机复合改性是指将无机聚合物和表面活性剂相结合而对膨润土进行的一种改性，用这种方法合成的膨润土称为无机-有机膨润土(inorgano-organo bentonite)。无机-有机复合膨润土的制备流程一般为：先用多核羟基聚合阳离子处理膨润土，使其进入膨润土的层间，撑大层间距，并导致电荷反转，然后再加入有机表面活性剂。

由于多核羟基聚合阳离子可以有效地撑开膨润土的层间距，有机表面活性剂长碳链亲水性的一端又具有强烈的吸附架桥作用，且由于疏水作用形成长碳链尾部的强烈反应，弥补了表面吸附自由能电荷部分的不良影响。因此，无机-有机膨润土既具有有机膨润土的良好疏水性、可通过分配作用吸附有机物，又具有无机柱撑膨润土比表面积和孔容较大的优势，从而提高了膨润土对污染物的吸附能力。

膨润土的活化也是常用的改性方法，有酸活化、热活化、氢化活化、氧化活化和还原活化等，其中酸活化(常用的酸活化剂有磷酸、硫酸和盐酸)相对比较简便且应用较多。酸活化膨润土制备过程大致如下：将松散的膨润土加水浸泡成泥浆状，然后加酸煮沸搅拌，分离、洗涤、脱水后，干燥、粉磨即得成品。通过酸活化处理，可除去膨润土结构通道中的杂质，有利于吸附质分子的扩散。当用酸活化膨润土时，半径较小的 H^+与层间阳离子进行交换，膨润土层间的 Na^+、Ca^{2+}等阳离子转变为酸的可溶性盐类而溶出，孔容积得到增大。而且，层间晶格裂开，晶层间距扩大，活性表面增加。酸化处理可制备出具有较强吸附能力和脱色能力的活性膨润土(俗称为活性白土)，可达到较好的改性目的，活化时间、温度、酸用量等均可影响活性白土的性质。

在高温下将膨润土焙烧一定时间，以除去膨润土的表面吸附水、层间水及孔隙结构中的一些杂质，这一过程称为膨润土的热活化。膨润土热活化后比表面积增加，结构变得疏松，吸附性能增强。

除上述方法以外，通过有机硅烷(如氯硅烷、烷氧基硅烷)与膨润土表面的活性羟基反应，将硅烷基接枝到黏土表面的硅烷化改性也是人们一直有浓厚兴趣的研究方向之一。采用硅烷化方法改性后的膨润土，热稳定性提高，疏水性和有机碳含量增加，因而吸附性能增强。由于膨润土在冶金、机械、食品、水利、交通、医药、造纸、化工、石油、纺织、环保和材料等领域有着广泛的应用基础，国内外许多学者对膨润土进行了大量的研究和改性，以获得具有不同性能和应用目的的膨润土功能材料。

参 考 文 献

高濂, 孙静, 刘阳桥. 2003. 纳米粉体的分散及表面改性. 北京: 化学工业出版社.
潘邻. 2006. 表面改性热处理技术与应用. 北京: 机械工业出版社.
杨华明, 杜春芳, 张毅. 2019. 非金属矿物精细化加工技术. 北京: 化学工业出版社.
曾令可, 王慧. 2006. 陶瓷材料表面改性技术. 北京: 化学工业出版社.
郑水林, 王彩丽, 李春全. 2019. 粉体表面改性. 北京: 中国建材工业出版社.

第 9 章　矿物材料的结构/功能复合设计

9.1　概　　述

由异质、异性、异形的有机聚合物、无机非金属、金属、矿物材料等材料作为基体或增强体，通过复合工艺组合而成的复合材料，除具备原材料的性能外，同时能产生新的性能。复合材料在人类历史中的出现远在几千年之前：先民用植物茎秆混合黏土作为建筑材料，即可视为复合材料的滥觞；发展到今天，高楼大厦、桥梁堤坝中大规模应用的钢筋混凝土则是不折不扣的多相复合材料，复合材料已经渗透在人们生活的方方面面。

复合材料本身由多相组成，如果其中一相或多相为矿物材料则可称之为矿物复合材料。矿物复合材料具有诸多优点。其一，矿物来自于自然，人与自然和谐发展理应倡导天地人合一，在此基础上发展的矿物复合材料符合材料生态化的趋势。其二，矿物来源丰富，对降低复合材料成本有明显优势。其三，有部分矿物尤其是尾矿属于废弃物，而工业固体废弃物的堆存是突出的环保问题，通过研发以固体废弃物为原料制备复合材料，则可以达到变废为宝的目的。例如，以碳酸钙和黏土矿物为填料的聚合物基复合材料就是矿物复合材料的典型代表。充分发挥矿物材料在资源、成本、环保、功能等方面的优势，根据人们在生产中的实际需要，设计和制备不同类型、不同基体的矿物复合材料，是提升矿物材料自身价值的重要举措。

9.1.1　材料复合的概念

复合材料就是由两种或两种以上组分材料构成，因复合而具有一些新性能或功能的多相材料。复合材料的组分材料虽然保持其相对独立性，但其性能却不是组分材料性能的简单加合，而是有重要的提升，甚至因为组分材料间的复合效应、协同效应而使得复合材料产生新的功能或性能。

随着现代科学的发展和技术的进步，对于材料性能的要求日益提高，希望材料既具有某些特殊性能，又具有良好的综合性能。长期以来，人类不断地研究改进原有材料，研究出许多新的材料，并且积累了丰富的应用经验。但发现，所使用的任何一种单一材料尽管有其若干突出的优点，但在一定程度上存在一些明显的缺点，很难满足人类对各种综合指标的要求。因此，采用人工设计和合成的当代新型工程材料应运而生。人类发现将两种或两种以上的单一材料，采用复合的方式可制成新的材料。这些新的材料利用其特有的复合效应，可以优化设计，保留其原有组分材料的优点，克服或弥补其缺点，并显示出一些新的性能，这就是复合材料产生的背景。

复合材料具有原组成材料所不具备的，并能满足实际需要的特殊性能和综合性能，同时有很强的可设计性。采用复合的方式在一定程度上是研究新材料的捷径，使材料研究逐步摆脱靠经验和摸索的方法研制材料的轨道，向着按预定性能设计新材料的方向发展。复合材料的出现是材料设计方面的一个突破，其研究与开发越来越受到世界各国的高度重视，并得到迅速发展。

自然界中存在许多天然的“复合材料”。例如，树木和竹子是纤维素和木质素的复合体；动物骨骼则由无机磷酸盐和蛋白质胶原复合而成。人类很早就接触和使用各种天然的复合材料，并效仿自然界制作复合材料。例如，世界闻名的传统工艺品漆器就是由麻纤维和土漆复合而成，至今已有四千多年的历史。纵观复合材料的发展历史，早期复合材料由于其性能相对比较低、生产量大、使用面广，也称为常用复合材料；现代复合材料是材料发展中合成材料时期的产物。学术界开始使用“复合材料”(composite material，CM)一词大约是在 20 世纪 40 年代。当时出现了玻璃纤维增强不饱和聚酯树脂，并在第二次世界大战中被美国空军用于制造飞机构件，开辟了现代复合材料的新纪元。后来随着高技术发展的需要，在此基础上又发展出高性能的先进复合材料。

材料科学家们认为，就世界范围而论，1940～1960 年玻璃纤维和合成树脂大量商品化生产，玻璃纤维复合材料发展成为具有工程意义的材料，同时相应地开展了与之有关的科研工作；至 60 年代，在技术上臻于成熟，在许多领域开始取代金属材料，称为复合材料发展的第一代。

20 世纪 60～80 年代后陆续开发出多种高性能纤维，进入高性能复合材料的发展阶段，被称为复合材料发展的第二代。成功的典型案例包括 1960～1965 年英国研制出的碳纤维，1971 年美国杜邦公司开发出的 Kevlar-49。

1980～1990 年是纤维增强金属基复合材料的时代，其中以铝基复合材料的应用最为广泛，可认为是复合材料发展的第三代。1990 年以后则被认为是复合材料发展的第四代，主要发展多功能复合材料，如机敏(智能)复合材料和梯度功能材料等。

随着新型复合材料的不断涌现，复合材料不仅应用在导弹、火箭、人造卫星等尖端工业中，在航空、汽车、造船、建筑、电子、桥梁、机械、医疗和体育等各个领域也得到越来越广泛的应用。

矿物复合材料是指组成复合材料的多种组分中，含有一种或多种矿物组分从而使材料具有新性能的多相固体材料。这里所谓的矿物组分是指除金属矿物、矿物燃料、宝石以外的其化学成分或物理性能满足工业利用而具有经济价值的所有非金属矿物。

9.1.2　复合材料的类别

复合材料一般由基体与增强体或功能组元组成，依据金属材料、无机非金属材料和有机高分子材料等的不同组合，可构成各种不同的复合材料体系，所以其分类方法也较多。如根据复合过程的性质分类，可分为自然复合、物理复合和化学复合的复合材料；按性能高低分类，可分为常用复合材料和先进复合材料，后者主要由碳、芳纶、陶瓷等纤维和晶须等高性能增强体与耐高温的高聚物、金属、陶瓷和碳(石墨)等构成，通常用于各种高技术领域中用量少而性能要求高的场合。下面根据复合材料的用途、基体类型、增强体类型等对其进行如下分类。

1）按用途分类

复合材料按用途可分为结构复合材料和功能复合材料。对于结构复合材料，是由能承受载荷的增强体组元与基体组元构成的，主要用作承力和次承力结构，通常增强体承担结构使用中的各种载荷，基体则起到黏接增强体予以赋形并传递应力和增韧的作用。要求它质量轻，强度和刚度高，且能耐受一定温度，在某种情况下还要求有膨胀系数小、绝热性能好或耐介质腐蚀等性能。功能复合材料目前正处于发展的起步阶段，具备非常优越的发展基础。功能复合材料，是指除力学性能以外还提供其他物理性能的复合材料，是由功能体(提供物理性能的基本组成单元)和基体组成的。基体除了起赋形的作用外，某些情况下还能起到协同和辅助的作用。功能复合材料品种繁多，包括具有电、磁、光、热、声、机械(指阻尼、摩擦)等功能作用的各种材料。目前结构复合材料占绝大多数，但已有不少功能复合材料付之应用，而且有广阔的发展前途。

2）按基体类型进行分类

复合材料所用基体主要是有机聚合物，也有少量金属、陶瓷、水泥及碳(石墨)，常用复合材料按基体类型分类如图 9-1 所示。

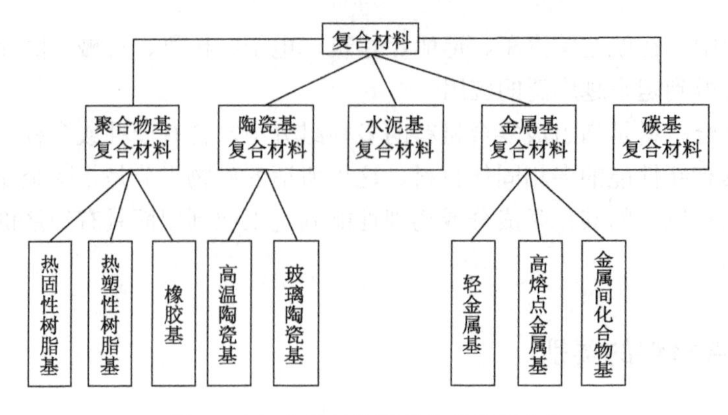

图 9-1　复合材料按照基体的类型分类

3）按增强体的类型进行分类

复合材料通常也可以按增强体形式分类，如颗粒增强型、纤维增强型，晶须、短切纤维无规则地分散在基体材料中制成的复合材料、板状复合材料和层叠式复合材料。增强体是长与宽尺寸相近的薄片，以平面二维为增强材料与基体复合而成复合材料，按照增强体的类型进行分类如图 9-2 所示。

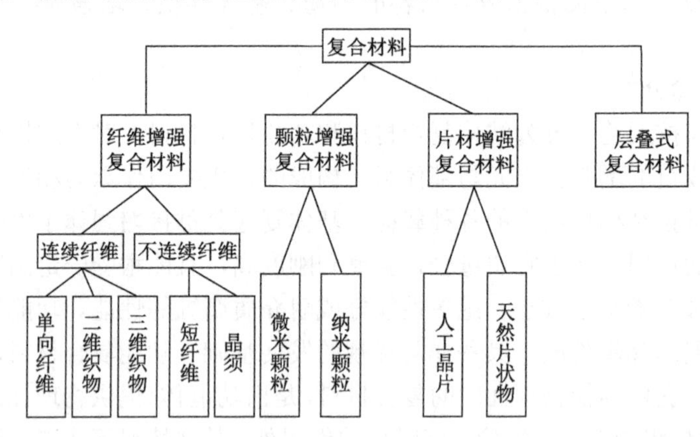

图 9-2　复合材料按照增强体的类型分类

不同的增强体均匀分散在基体材料里面，它们的结构示意图如图 9-3 所示。

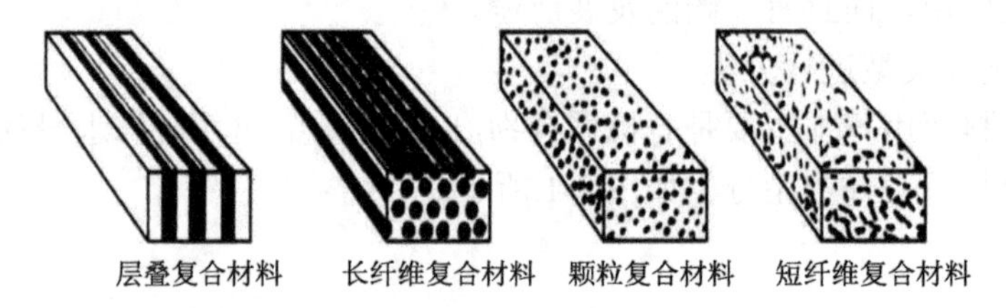

图 9-3　不同增强体的复合材料的结构示意图

其中，短纤维在复合料中的排列方式又有随机排列和定向排列之分。按纤维的种类，可分为玻璃纤维增强、碳纤维增强、芳纶纤维增强、氧化铝纤维增强、石英纤维增强、钛酸钾纤维增强和金属丝增强等。按金属丝的种类，又可分为铁丝、铜丝、不锈钢丝等。按增强作用的机制，增强颗粒复合材料也可分为弥散增强型和颗粒增强型两类。按层压板增强材料的不同，可分为纸纤维层压板、布纤维层压板、木质纤维层压板、石棉纤维层压板等。

对于矿物材料而言，按照复合材料基体的种类，可以将矿物复合材料分为以下两大类。

1）矿物/有机复合材料

(1)矿物/塑料复合材料。

随着塑料、橡胶、胶黏剂等高分子材料及复合材料工业化应用进程的加快，各工业部门不断提出严格的要求，如较高的拉伸强度、模量、热导率、热畸变温度及较低的热膨胀性和成本等；而采用无机非金属矿物填料是主要手段之一。由于石油资源的紧缺，导致树脂和石化原料价格上涨，因此，在制品中采用无机非金属矿物填料和增强剂以降低成本变得日趋迫切。现代社会对塑料材料更是提出了高质量、多功能的要求，如性能好、价格低廉；既耐高温又易加工成型；既具有较好的刚性又具有较好的抗冲击性能等。单一的聚合物很难同时满足多样化、高品质等要求，这就必须对塑料改性。在塑料加工行业中应用最多的是填充改性与共混改性。

在塑料改性中使用矿物填料作为填充剂和改性剂，不仅可以显著降低塑料制品的原材料成本，而且可以有效地改善塑料的性能。随着新型改性填料、复合填料的出现，填料已被认为是一种功能性添加剂。填料是塑料材料的重要添加剂之一。按添加量 15%计算，塑料工业现在每年耗用的矿物填料至少在 250 万吨以上。用作塑料矿物填料种类很多，主要有 $CaCO_3$、滑石、高岭土、云母、硅灰石、石墨、水镁石、重晶石等。

矿物填料在塑料中的作用很大，几乎可以影响塑料的产品设计、性能及生产工艺的全过程。矿物填料在塑料中的主要作用：①降低成本，增大容量，利用矿物填料取代部分塑料基体物质。②增强、补强作用，矿物的活性表面可与若干大分子链相结合，与基体形成交联结构。矿物交联点可传递、分散应力起加固作用，而且产品的硬度、强度会明显提高。纤维状矿物则可提高塑料制品的冲击强度。矿物填料的硬度与塑料产品的抗压强度呈正相关。③调整塑料的流变性及橡胶的混炼胶性能(如可塑度、黏性、防止收缩、改善表面性能等)和硫化性能。④改变塑料的化学性质如降低渗透性，改变界面反应性、化学活性、耐水性、耐候性、防火阻燃性、耐油性等，以及着色、发孔、不透明性等。⑤热性能的改善。提高热畸变温度，降低比热容，提高热导率等。⑥改进电磁功能。不降低塑料电学性质的同时提高耐电弧性，赋予塑料产品以磁性等。

(2) 高吸水保水材料。

高吸水保水材料是一类可吸收自身重量数百至数千倍水，且在受热、受压情况下具有良好水分保持性能的功能高分子材料。高吸水保水材料吸收水分后再经干燥，吸水能力仍可恢复，可以反复使用。图 9-4 为高吸水保水材料的吸水溶胀示意图。

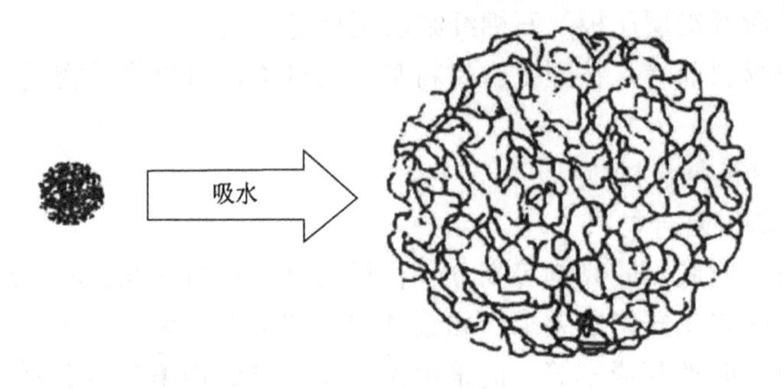

图 9-4　高吸水保水材料的溶胀示意图

高吸水保水材料是一种三维网络结构的新型功能高分子材料，但存在一些缺点。近年来，高吸水性材料研究的一个重点是高吸水性复合材料，它可以改善纯有机吸水树脂凝胶强度较低、耐盐性差、生产成本较高等不足，提高吸水材料的综合性能，扩大其应用领域，具有重要的实际意义。我国黏土资源丰富、廉价易得。黏土矿物是一类层状的含水硅铝酸盐，在矿物粉体的表面含有大量吸水性羟基，在层间存在大量的可交换性阳离子。矿物粉体具有良好的亲水性能，在水溶液中能够较好地分散，当它和有限的水混合时具有塑性和韧性。利用黏土矿物具有表面羟基、可交换性阳离子、分散性和亲水性等特点，可与有机树脂以某种形式结合形成矿物粉体/有机树脂高吸水保水复合材料。不仅可以改善吸水材料的综合性能，促进材料的多样化、性能的优化，而且可以降低吸水材料的生产成本，同时对于高效开发天然矿物资源、提高矿物的利用价值也具有重要意义。

矿物/有机聚合物复合高吸水保水材料是以带有—OH、—COOH 等亲水基团的线型或体型高聚物为基体树脂，树脂单体、接枝聚合物交联共聚或共混交联共聚前同含有 Si—O、—OH 等活性键的天然矿物预混合，其后在一定温度、时间等反应条件下进行交联复合聚合反应，生成具有吸水、储水性能的功能材料。目前添加的矿物有高岭土、膨润土、云母、滑石、硅藻土等用来制备高吸水性复合材料，但是还有许多性能优良的矿物尚处于起步阶段，如膨胀蛭石、累托石、偏高岭土等。另外，其他矿物也在逐渐地开发，同时，粉煤灰等工业废品也在逐渐地被应用。在今后的发展中，除了寻找单一矿物进行制备高吸水性复合材料的同时，也可尝试采用两种甚至多种矿物进行复合。

(3)环境矿物复合材料。

环境矿物复合材料是以天然矿物为主要原料，在制备和使用过程中能与环境相容和协调或在废弃后可被环境降解或对环境有一定净化和修复功能的材料。

利用天然矿物开发研制环境矿物复合材料具有得天独厚的条件，因为：矿物材料原料是天然矿物，与环境有很好的相容性；矿物材料生产能耗小、成本低；矿山尾矿综合利用即属于环境材料学研究内容；很多矿物材料具有很好的环境修复、环境净化功能。

因此，大力开展和加强矿物环境复合材料研究符合新形势下矿物复合材料学的特点。根据矿物复合材料的特点和在环保领域的应用情况，环境矿物复合材料的主要发展方向是：①环境工程矿物复合材料，即具有环境修复(如大气、水污染治理等)、环境净化(如杀菌、消毒、过滤、分离等)和环境替代功能(如替代环境负荷大的材料)的矿物复合材料；②环境相容矿物复合材料，即与环境有很好相容协调性的矿物复合材料(如生态建材等)。

矿物材料用于环保目的在很早以前即开始，近年来更是备受关注，新技术、新材料、新方法、新应用成果层出不穷。

矿物复合材料除了在传统的污水处理、大气吸附、过滤脱色等方面应用水平不断提高外，在生态建材(如低温快烧陶瓷，具有保温、隔热、吸声、调光等功能的建材等)、杀菌、消毒及矿山尾矿综合利用等方面有新的应用技术和产品。

2）矿物/无机复合材料

矿物凝胶材料在工业中的应用主要为建筑混凝土。目前用于建筑混凝土填料的矿物凝胶材料主要有煤矸石、粉煤灰、石灰石粉和矿渣粉等。

粉煤灰是指燃煤电厂中磨细煤粉在锅炉中燃烧后从烟道排出，被收尘器收集的粉状物质。目前我国的燃煤电厂发电约占全国总电力的70%以上，每年粉煤灰的排放量达1.4亿吨以上，而粉煤灰的利用率却相对较低。粉煤灰作为水泥混凝土组成材料之一，已成为越来越被重视的可开发性资源。按其品质及加工的粗细程度分类，当粗加工时，可成为水泥混凝土的掺合料，尤其是在泵送混凝土中是必不可少的一种胶结材料。当精加工时，即成为高强高性能混凝土矿物外加剂，在建筑、水利、电力、公路、市政等行业的混凝土工程中得到广泛应用，并具有不可替代的优良性能。实践证明，粉煤灰掺入混凝土中，不但能够提高新拌混凝土的工作性能，以及硬化混凝土的物理力学性能，而且还能够极大地增加混凝土结构的耐久性，包括混凝土的抗冻性、抗渗性、抗化学侵蚀性等，同时由于粉煤灰的“缓释”效应，可在长达几十年的龄期内，不断地、缓慢地与水泥进行反应，改善混凝土内部的孔隙结构，提高混凝土的抗压强度以及抗渗透等性能。

煤矸石的主要矿物成分为高岭石，主要化学成分为Al_2O_3、SiO_2和C。根据煤矸石组成和结构性质，其已被用于制取多种化工产品。但是，这些技术只利用了煤矸石中的一部分成分，不仅利用率低，而且存在二次污染。

石灰石粉主要指石灰岩经机械加工后的微细粉体，是一种容易得到且廉价的材料。目前，砂浆或混凝土中对石灰石粉的使用主要有两个途径：一是将石灰石粉部分取代细骨料；二是将石灰石粉作为掺合料使用。

9.1.3　复合材料的性能特点

与传统材料相比，复合材料大多具有人为的特征，即一般在自然界中是不存在的，需要采用人工方法进行合成与制备，具备一定的可设计性。复合材料通常由各不相同组分构成，存在各向异性，并存在明显的相界面，其性能是复合材料中各组分性能的综合体现。可以基于材料科学和经验，根据使用要求和受力情况进行材料的设计，确定复合材料组分及其成分、形状和分布及其随后的实现工艺及参数。影响复合材料性能的因素很多，如所选用基体和增强物的特性、含量、分布及界面结合情况等。因此，只有通过材料内部组元结构的优化组合，才能获得良好的综合性能。工程中常用的不同种类复合材料的性能特点主要表现为以下几个方面。

1）比强度与比模量高

比强度和比模量是用来度量材料承载能力的性能指标。比强度越高，同一零件的自重越小；比模量越高，零件的刚性越大。复合材料的突出优点是比强度和比模量高，有利于材料的减重。表 9-1 为几种常见纤维增强的聚合物基复合材料的比强度、比模量值。复合材料的力学性能呈现轻质高强的特征，其比强度和比模量都比钢和铝合金高出许多。

表 9-1　几种复合材料的比强度和比模量值

材料	密度/(g/cm^3)	拉伸强度/$\times 10^3$ MPa	弹性模量/$\times 10^5$ MPa	比强度/$\times 10^7$ MPa	比模量/$\times 10^9$ MPa
钢	7.8	1.03	2.1	0.13	0.27
铝合金	2.8	0.47	0.75	0.17	0.26
钛合金	4.5	0.96	1.14	0.21	0.25
玻璃纤维增强树脂基复合材料	2.0	1.06	0.4	0.53	0.20
碳纤维 n/环氧树脂复合材料	1.45	1.50	1.4	1.03	0.97
碳纤维 I/环氧树脂复合材料	1.6	1.07	2.4	0.67	1.5
有机纤维/环氧树脂复合材料	1.4	1.4	0.8	1.0	0.57
硼纤维/环氧树脂复合材料	2.1	1.38	2.1	0.66	1.0
硼纤维/铝复合材料	2.65	1.0	2.0	0.38	0.57

2）良好的抗疲劳性能

疲劳破坏是材料在变载荷作用下，由于裂缝的形成和扩展而形成的低应力破坏。金属材料的疲劳破坏常常是没有任何预兆的突发性破坏。而聚合物基复合材料中纤维与基体的界面能阻止裂纹扩展，其疲劳破坏总是从纤维的薄弱环节开始逐渐扩展到结合面上，因此，破坏前有明显的预兆，不像金属那样来得突然。大多数金属材料的疲劳强度极限是其拉伸强度的 40%～50%，而碳纤维聚酯树脂复合材料则达 70%～80%。

3）减振性能好

受力结构的自振频率除与结构本身形状有关外，还与材料的比模量的平方根成正比。复合材料比模量高，故具有高的自振频率，避免了工作状态下共振而引起的早期破坏。同时，复合材料界面具有较好的吸振能力，使材料的振动阻尼高，减振性好。根据对相同形状和尺寸的梁进行的试验可知，轻金属合金梁需 9 s 才能停止振动，而碳纤维复合材料梁只需 2.5 s 就会停止同样大小的振动。

4）抗腐蚀性能好

很多复合材料都能耐酸碱腐蚀，如玻璃纤维增强酚醛树脂复合材料，在含氯离子的酸性介质中能长期使用，可用来制造耐强酸的化工管道、泵、容器、搅拌器等设备；而用耐碱玻璃纤维或碳纤维构成的复合材料能在强碱介质中使用，在苛刻环境条件下也不会被腐蚀。复合材料耐化学腐蚀的优点使其可以广泛用在沿海或海上的军、民用工程中。

5）良好的高温性能

聚合物基复合材料可以制成具有较高比热容、熔融热和气化热的材料，以吸收高温烧蚀时的大量热能。碳化硅纤维、氧化铝纤维与陶瓷复合，在空气中能耐 1200～1400℃高温，要比所有超高温合金的耐热性高出 100℃以上。同时，增强纤维、晶须、颗粒在高温下又都具有很高的高温强度和模量，并在复合材料中起着主要承载作用，强度在高温下基本不下降。

6）耐磨性好

复合材料具有良好的耐摩擦性能，例如，金属基体中加入了大量高硬度、化学性能稳定的陶瓷纤维、晶须、增强颗粒，不仅提高了基体的强度和刚度，也提高了复合材料的硬度和耐磨性。复合材料的高耐磨性在汽车、机械工业中有广泛的应用前景，可用于汽车发动机、刹车盘、活塞等重要零件，能明显提高零件的性能和寿命。

7）容易实现制备与成形一体化

材料制备与制件成形有时可一次完成，例如，在纤维增强复合材料中根据构件形状设计模具，再根据铺层设计来敷设增强材料，最后注入液态基体，使其渗入增强材料的间隙中，基体材料与增强材料组合、固化后直接获得复合材料构件，无须再加工就可使用，可避免多次加工工序。

对于矿物复合材料而言，矿物复合材料在具有复合材料普遍特性的同时，拥有其他复合材料所不具有的特点：

(1) 复合材料所需矿物成分廉价易得、原料取之不尽用之不竭，这直接降低了复合材料的加工成本。

(2) 矿物材料加工过程中不产生污染。由于矿物材料结构和成分的特点，使其在加工过程中不产生污染物或者加工废弃物可循环利用。不仅如此，某些工业废弃物、矿渣等也是矿物复合材料的加工来源。

(3) 矿物本身的结构特点使其在作为填料时能很好地改善复合材料的各方面性能。

9.2　复合设计的基本原则与效应

复合材料区别于传统材料的根本特点是其可设计性好，设计人员可以根据所需制品对其力学及其他性能的要求进行设计，对结构进行设计的同时也是对材料本身进行设计，具体来说可以体现在以下两个方面：一是对其力学性能进行设计，使其具有一定的强度和刚度；二是对其进行功能进行设计，使制品具有除力学性能外的其他性能。

复合材料的设计应该分为以下三个步骤：①明确设计条件。如性能要求、载荷情况、环境条件、形状限制等。②材料设计。包括原材料选择、铺层性能的确定、复合材料层合板的设计等。③结构设计。包括复合材料典型结构件(如杆、梁、板、壳等)的设计，以及复合材料结构(加桁架、刚架、硬壳式结构等)的设计。

组分材料和铺层方向可以按照设计要求进行选择，选择不同的基体材料以及增强材料和它们之间的含量比，不同的铺层方向及其构成形式，可以形成不同结构及功能的复合材料。而且组分材料之间要彼此相容(包括物理、化学、力学性能等方面)，使其真正复合成为一个整体，成为一种新材料。

要想制备一种性能优异的复合材料，首先要根据所要求的性能进行设计，这样才能制备出理想的复合材料，复合材料的设计应该遵循以下几个原则。

1）组元的选择

在设计时挑选合适的组元最为重要，在选择材料的组元时应该明确各组元在使用时所要承担的功能，也就是说必须要对材料的性能有所要求。对材料的组元进行复合，一般需要材料达到以下的性能，如高强度、高刚度、高耐蚀、耐磨、耐热或者其他的导电或者传热性能，因此必须要根据复合材料的性能来选择组成复合材料的基体材料和增强材料。举例来说，若所涉及的复合材料用作结构件，复合的目的就是要使复合后的材料具有最佳的强度、刚度以及韧性等，因此在设计结构件复合材料时，首先必须明确其中的一个组元主要起到承受载荷的作用，它必须具有高强度以及高模量，这种组元就是要选择的增强材料，而其他组元应起传递载荷以及协同作用，而且要把增强材料黏接在一起，这类组元就是要选择的基体材料。其次，除了考虑性能要求之外，还应该考虑复合材料的各组元之间的相容性，这包括物理、化学、力学等性能的相容，使材料的各组元之间彼此和谐地共同发挥作用。在任何使用条件之下，复合材料的各组元之间的伸长、弯曲、应变等都应该彼此协调一致。另外，还要考虑复合材料各组元之间的浸润性，使得增强材料与基体之间达到比较理想的具有一定结合强度的界面，适合的界面不仅有利于提高材料的整体强度，更重要的是便于将基体所承受的载荷通过界面传递给增强材料，使其充分地发挥作用，如果之间的结合强度太低，则界面很难进行载荷的传递，会影响复合材料的整体强度，但要是结合强度太高，它会遏制复合材料断裂对能量的吸收，容易发生脆性断裂，除此之外，还应该联系到复合材料的结构来进行考虑。在实际的生产过程中，针对不同的基体材料以及增强体材料，也应该选择合适的制备方法。比如，对于金属基复合材料中，采用纤维与颗粒、晶须增强时，同样是采用固态法，但用纤维增强时，一般采用扩散结合，而使用颗粒或者晶须增强时，往往采用粉末冶金法进行结合，因为颗粒或者晶须增强若采用扩散结合，势必会使制造工艺十分复杂，且无法保证颗粒或者晶须的均匀分散。

2）界面的设计

在设计复合材料时，界面是不能忽视的重要组成部分，复合材料的界面是指基体与增强物之间化学成分有显著变化，构成彼此结合的、能起载荷传递的微小区域。复合材料的界面虽然很小，但是它是有尺寸的，约几个纳米到几个微米，是一个区域或者一个带、或者是一个层，它的厚度呈不均匀分布状态。界面是复合材料的特征，可以将界面的机能归纳为以下几种效应：①传递效应，界面能够传递力，即将外力传递给增强物，起到基体与增强物之间的桥梁作用；②阻断效应，结合适当的界面有利于阻止裂纹的扩展、重点材料的破坏，减缓应力集中的作用；③不连续效应，在界面产生物理性能的不连续性和界面摩擦出现的现象，比如抗电性、电感应性、磁性、耐热性、尺寸稳定性等；④散射和吸收效应，光波、声波、热弹性波、冲击波等在界面产生散射和吸收，如透光性、隔热性、隔音性、耐机械冲击以及耐热冲击等；⑤诱导效应，一种物质的表面结构使另一种与之接触的物质的结构由于诱导作用而发生改变，由此产生一些现象，如强的弹性、低的膨胀性、耐冲击性和耐热性等。在界面上的这些效应，是任何一种单体材料所没有的特性，它对材料的复合具有十分重要的作用。

在进行复合材料的界面设计时，界面的黏接强度是衡量复合材料中基体与增强体界面结合状态的一个指标。界面的黏接强度对复合材料整体的力学性能影响很大，过高过低时都是不利的，其中增强体特性、基体特性、复合工艺条件、环境条件、几何条件等这些宏观因素都会影响复合材料界面的微观结构以及性能特征。在复合材料的设计过程中，两相的表面能够相互浸润是进行黏接的首要条件，浸润性不良，会在界面上产生空隙，容易发生应力集中，从而使复合材料发生开裂，浸润性表示的是液体在固体表面的铺展程度，好的浸润性意味着液体（基体）将会在增强材料上面铺展开来，并会覆盖整个增强材料的表面，它只表示液体与固体发生接触时的情况，并不能表示界面的黏接性能，一个体系中的两个组元可能具有良好的浸润性，但它们之间结合可能会很弱，如范德瓦耳斯物理键合形式，具有良好的浸润性，是两个组元达到良好黏接效果的必要条件而不是充分条件。为了提高复合材料各组元之间的浸润性，常常通过对增强材料进行表面处理的方法来改善浸润条件，有时也可以通过改变基体的成分来实现。当基体材料浸润增强材料之后，紧接着就会发生基体与增强体材料的黏接，黏接是指两种不同类型材料相互接触并结合在一起的现象，对于一个给定的材料体系，可能同时会有不同的黏接机理，不同的材料体系一般会对应不同的黏接机理。界面的黏接机理主要有界面反应理论、浸润理论、可变形层理论、约束层理论、静电作用理论、机械作用理论等。

9.2.1　颗粒矿物复合设计与混合法则

在进行颗粒矿物复合设计时，若用作结构件或者增强材料时，增强效果与颗粒的体积含量、直径、分布空间以及分布状态有关，颗粒增强复合材料的设计原则如下：

(1)颗粒应该高度弥散均匀分散在基体中，使其阻碍导致塑性变形的位错运动(金属、陶瓷、基体)或者分子链的运动(聚合物基体)；

(2)颗粒的直径大小要合适，因为颗粒直径过大，会引起应力集中或者本身破碎，从而导致强度的降低，如果颗粒的直径太小，则起不到强化作用，因此，一般的粒径为几微米到几十微米；

(3)颗粒的数量一般大于 20%，数量太少达不到强化的效果，当数量过多时，一般情况下会引起材料的脆断；

(4)颗粒和基体之间应该具有一定的黏接作用，若没有，基体和颗粒之间的结合会变弱，界面很难进行载荷的传递，会影响复合材料的整体强度。

在制备颗粒状复合材料时，应该选取具有合适粒径大小的颗粒状物质，为提高浸润性，可以对矿物颗粒表面进行基团化改性，从而提高它们之间的相容性，同时也应该优化制备工艺，减少矿物颗粒之间的团聚，使颗粒能够均匀、弥散地分布在基体材料之中。

9.2.2　纤维矿物复合设计与各向异性

在进行纤维矿物复合设计时，应该遵循以下的几个原则：

(1) 纤维的强度以及模量都要高于基体，即纤维应该具有高模量以及高强度，除个别情况之外，在多数的情况之下承载主要是靠纤维。

(2) 纤维与基体之间应该具有一定的黏接作用，两者的结合应该保证所受的力能够通过界面传递给纤维。

(3) 纤维与基体之间的热膨胀系数不能相差太大，否则在热胀冷缩的过程中会自动削弱它们之间的结合强度。

(4) 纤维与基体之间不能发生有害的化学反应，特别是不能发生强烈的反应，否则将会引起纤维性能的降低从而失去强化效果。

(5) 纤维所占的体积以及纤维的尺寸和分布必须适宜，一般而言，基体中纤维的体积含量越高，其增强效果就会越显著，纤维直径越细，则缺陷就会越小，纤维的强度也就会越高，连续纤维的增强作用远远大于短纤维，不连续的短纤维的长度必须达到一定的长度(一般是长径比＞5)才会显示出明显的增强效果。

根据复合材料中纤维长度的不同，可以将纤维分为长纤维、短纤维以及晶须，因为它们都是属于一维增强体，所以纤维增强的复合材料均表现出明显的各向异性。在实际使用的过程中，特别是对于长纤维而言，一般是轴向方向承载载荷，在径向方向上主要是依靠远低于纤维强度的基体材料的内聚强度。因此，在使用的过程中要明确所制备的复合材料的载荷承载方向，同时对于纤维材料而言，也要确定出合适的长径比，在一定程度上，提高材料的力学性能。

复合材料在掺入纤维之后，由于纤维在材料的破坏过程中具有粘脱、拔、桥接以及载荷传递等作用，可在受力的过程中吸收较大的能量，因而起到减缩、阻裂、增韧以及提高耐久性和环境稳定性等作用。矿物纤维在自然界中的储量较大、廉价易得且具有安全无害以及耐热、绝缘、强度适中等优点，在电子、机械、生物医学、化工、纺织等领域都有着广阔的应用前景。根据不同的矿物纤维的性质，可以将其掺入到不同的基体之中，从而制备出具有优良性能的矿物材料。

常见的纤维增强材料可以分为以下几种，根据纤维所表现出的不同特性，可以选择不同的基体材料或者通过改性等方法，制备出具有不同性能的矿物复合材料，常见的纤维矿物复合材料有以下几种：

(1) 玄武岩纤维增强复合材料。大量的实验表明，玄武岩连续纤维具有很好的耐酸碱性、耐水性，以及高温稳定性，且当它与树脂类的材料进行复合时，表现出比玻璃纤维以及碳纤维更强的亲和性，具有更大的黏接强度以及更好的润湿性。可以用它来增强热固性树脂或者热塑性树脂。另外玄武岩是一种典型的硅酸盐材料，可以采用适当的方式将其加入到混凝土材料之中，它与混凝土材料具有天然的相容性，此外由于它优越的耐腐蚀性以及抗收缩性，可以提高混凝土材料的耐久性，扩大混凝土材料的使用范围，提高其抗冲击性能，降低其脆性，从而提高其承载能力，改善混凝土材料的抗裂性。另外，玄武岩的纤维较细，比表面积较大，容易在混凝土的内部形成连续的三维网状结构，这种网状结构能够极大地提高混凝土材料的抗冲击性能。

(2)岩棉纤维增强矿物保温复合材料。岩棉是一种优质高效的保温材料，与传统的保温材料相比，岩棉及其制品具有容重轻、热导率小、不燃烧、防火无毒、适用范围广、化学性能稳定、使用周期长等突出优点，是国内外公认的理想保温材料，广泛应用于建筑等各个行业。

(3)陶瓷纤维增强复合材料。陶瓷纤维是由天然或人造无机物采用不同工艺制成的纤维状物质，也可由有机纤维经高温热处理转化而成，除具有优异的力学性能外，还具有抗氧化、高温稳定性好等优点。陶瓷纤维增强复合材料的机理主要是通过裂纹偏向和纤维拔出机制。在复合材料中，通常纤维均匀分布于基体中，两者通过复合形成有机整体，在外加负荷作用下基体传递一部分负荷到纤维上，从而减少基体本身的负担，同时纤维阻止裂纹扩展。当纤维承受应力大于其本身强度时，纤维发生断裂，断裂时纤维从基体中拔出吸收能量。因此，纤维既是承载单元又起到补强的作用。可以将陶瓷基纤维与树脂基材料、陶瓷材料以及水泥基材料进行复合，确定合适的制备工艺、纤维长度以及纤维的体积分数来制备优异性能的材料。

(4)矿物纤维增强复合材料。水镁石纤维、镁石纤维具有多个层次结构。自然纤维以束状产出，每束由很多单根纤维组成，纤维间相互黏结在一起。单根纤维直径在微米级，每个单根纤维又是由很多更细的纤维丝组成。细纤维丝的直径在纳米级。纤维丝间以紧密的方式结合成一根纤维，但这些纤维丝间仍然可以劈分，经过劈分，天然水镁石纤维可以成为纳米级纤维。水镁石纤维可以与水泥基材料进行复合，选用合适的分散剂使纤维在混凝土材料中均匀结合和良好分散，发挥其功能和作用。另外，水镁石纤维用于造纸可以改善纸的光学性能、纸页表面的平滑度、印刷质量、滤水性能和干燥效率。并且由于矿物复合纤维的形状是纤维状，因而与颗粒状的碳酸钙、滑石粉相比，它能够与植物纤维产生交织作用，构成植物纤维与矿物复合纤维的网状结构，矿物复合纤维进行了复合改性，能够更好地同植物纤维相结合，同时它还有易分散、污染小等特点。

(5)硅灰石纤维增强复合材料。可以将硅灰石纤维与橡胶进行复合，在实际的制备过程中，应该确定合适的长径比以及纤维直径，这两个因素会影响纤维的比表面积进而影响材料的性能，同时也要选合适的表面改性剂，对硅灰石纤维进行表面化学改性。它是通过偶联剂等表面改性剂与无机填料表面进行化学反应或化学吸附的方式来完成的。偶联剂属两性结构物质，一端的极性基团与矿物基团反应或亲和从而牢固附着，另一端非极性基团与树脂表面结合，因而能在无机材料与高分子材料的界面上架起“分子桥”起连接的作用，把两种极性不同的材料紧密结合起来。改性剂用量不足会造成硅灰石与橡胶的相容性不好，硅灰石与橡胶的连接界面缺陷增多，使橡胶制品的力学性能下降，同时也不利于硅灰石针状粉的分散；若改性剂用量过大，不但会增加橡胶制品的成本，而且还会影响硫化胶的硫化特性，更重要的是会导致改性剂在硅灰石表面的多层物理吸附，使橡胶与填料界面之间的黏结力下降，同样导致橡胶制品力学性能的下降。

9.2.3　层状矿物复合设计

层状复合材料是指复合材料中的增强相分层铺叠，即按相互平行的层面配置增强相，各层之间通过基体材料相连。层状复合材料通常为含有重复性排列的高强度、高模量片层状增强物的复合材料，其强度和大尺寸增强物的性能比较接近，而与晶须或者纤维类小尺寸增强物的性能相差较大。由于薄片增强的强度不如纤维相增强高，因此层状结构复合材料的强度受到了限制，然而，在增强的各个方向上，薄片增强物对强度和模量都有增强效果，这种纤维单向增强的复合材料具有明显的优越性。一般来说，层状材料具有以下的特点：

(1) 性能互补。不同性能互补，如将高硬度材料与高韧性材料层状复合之后制成性能互补的复合板。

(2) 表层保护作用。用耐热、耐腐蚀、耐磨的材料做复合板的表层起到保护作用。

(3) 利用材料物理性能的差异，如利用热膨胀系数不同的材料制作热敏元件和利用导热和膨胀系数不同复合而成的电子封装材料。

(4) 经济效益。将不同价格的物质作为层状复合的原料进行复合使其得到性能好、寿命长、安全可靠、具有更高的强度、韧性和更小比重，或者具有优良高的耐热性和耐腐蚀性的材料。

常见的层状矿物增强材料可以分为以下几种，根据层状材料所表现出的不同特性，可以选择不同的基体材料(有机聚合物)或者通过改性等方法，制备出具有不同性能的矿物复合材料。常见的层状矿物复合材料有以下几种。

(1) 蒙脱石插层复合材料。有机聚合物/蒙脱石纳米复合材料与常规聚合物基复合材料相比，具有以下特点：只需少量纳米蒙脱石即可使复合材料获得较高的强度、弹性模量、韧性及阻隔性能等；具有优良的热稳定性及尺寸稳定性；因为蒙脱石在二维方向上起增强作用，其力学性能等优于纤维增强聚合体系；由于蒙脱石呈片层平面择优取向，因此膜材具有很高的阻隔性；蒙脱石在我国有丰富的资源，且价格低廉。聚合物/蒙脱石复合材料由于具有上述许多优良的性能，以及密度比常规填充复合物轻和成本较低等优点，可广泛应用于航空、汽车、家电、电子等行业作为新型高性能工程塑料。目前，丰田汽车公司已成功地将尼龙 6/蒙脱石纳米复合材料应用于汽车上。

(2) 高岭石插层复合材料。高岭石的晶体结构由一层硅氧四面体和一层铝氧八面体以等比例形式交替排列，每个结构单元的氧原子与相邻单元八面体层的羟基形成氢键，层间靠氢键及范德瓦耳斯力连接成重叠的层间堆砌。高岭石片层晶体结构与蒙脱石不同，层间缺乏可交换的离子，能普遍吸附于蒙脱石晶层间的有机化合物一般不能嵌入。能嵌入高岭石层间并与之产生相互作用的主要是一些有机的小分子。例如，①与高岭石之间能形成强氢键作用的尿素、甲酰胺分子等；②或者是与硅酸盐层具强双极性作用的，类似于类铵盐类的化合物；③或者是含短链脂肪族酸的碱盐，如醋酸钾、丙酸钾等。这些有机小分子都具有较强的极性，且能与高岭石层间形成氢键，因此可直接嵌入且在一定温度、时间内稳定存在。而另一些极性较强、空间体积稍大，且具有—NH—、—CO—NH—、—CO—等基团的有机单体，虽不能直接嵌入高岭石的层间，但可通过置换反应实现嵌入，同时由于与层间具有相互作用，也保证了有机分子在层间的稳定性。

(3) 蛭石插层复合材料。蛭石是结构单元层为 2∶1 型、层间具有水分子及可交换性阳离子的三八面体或二八面体铝硅酸盐矿物。蛭石具有较好的阳离子交换能力、层膨胀能力、吸附能力和很好的保温、隔热性能，同时我国的蛭石矿产资源丰富，具有广阔的应用前景。与其他层状矿物一样，蛭石层间距及其层间基团对蛭石插层复合材料有很大的影响。蛭石的有机化改性主要是通过阳离子交换法实现的，通过阳离子交换，用有机阳离子中和蛭石结构层中的剩余负电荷，并降低硅酸盐片层的表面能，进而增加蛭石与有机物之间的亲和性，选用合适的材料对其进行改性是目前研究的热点。综合考虑复合材料的基体和材料用途的差异，可把目前所研究的聚合物/蛭石复合材料分为三大类：塑料基蛭石纳米复合材料、橡胶基蛭石纳米复合材料和高吸水性蛭石复合材料。这些复合材料都是将蛭石材料与其他材料的优点相结合，从而制备出具有不同功能的高性能复合材料。

(4) 云母插层复合材料。云母是叶硅酸盐族的一大类硅酸盐铝矿的属名，是由硅氧四面体的片状结构构成。由于云母特殊的片层结构使其具有优异的耐候性、耐化学腐蚀性、低导热性以及高温下持久的稳定性等优点，被广泛应用于电气工业。对云母插层进行有机改性可以在一定程度上提高与有机插层之间的结合能力，从而提高复合材料性能。另外，云母插层材料可以与聚合物等材料进行复合，在实际的制备过程中，要考虑其含量、配比、粒径以及制备工艺对最终复合材料性能的影响。

(5) 累托石复合材料。在累托石的层间嵌入不同的物质，从而制备出具有不同性能的功能材料，TiO_2 与累托石复合，既实现 TiO_2 的固载，又可利用累托石良好的吸附性，增加催化剂与有机污染物的接触，提高光催化效率，为累托石的开发利用提供了一条新途径；利用银、铜、锌等金属离子及其氧化物或一些光催化材料(TiO_2)等无机物制成抗菌性强、耐高温、稳定性和安全性好等特性的无机抗菌材料。也可以将累托石与有机材料进行复合，制备出力学性能较好的结构支撑材料。根据实际生产中的应用将具有不同性质的层状材料与其他材料进行复合，从而制备出更高性能的新材料是当前研究的热点，具有广阔的应用前景。

参 考 文 献

李顺林, 王兴业. 1993. 复合材料结构设计基础. 武汉: 武汉理工大学出版社.
刘超, 陈明伟, 梁彤详. 2019. 矿物材料学. 北京: 化学工业出版社.
王荣国, 武卫莉, 谷万里. 2015. 复合材料概论. 哈尔滨: 哈尔滨工业大学出版社.
张以河. 2013. 矿物复合材料. 北京: 化学工业出版社.